U0237648

徐英宝

江苏镇江人，1933年11月生。1960年毕业于苏联列宁格勒林业技术学院。现为华南农业大学教授，曾任造林学教研室主任。享受国务院颁发政府特殊津贴。长期致力于华南热带、亚热带人工林培育的理论与技术的研究，侧重于松杉类、竹类和常绿阔叶树种以及生态林研究，取得丰硕成果。出版著作《广东省城市林业优良树种及栽培技术》《中国南方混交林研究》《华南主要经济树木》等10部，发表学术论文58篇。

徐英宝青年时期（1957年）

1959年摄于列宁格勒林业技术学院校园

1985年，冯敬全、张坤洪等本科生组成的小组，前往怀集调查广东竹类瑰宝——茶秆竹

1987年肇庆林科所试验林，5年生木荷，均高为3.9m，地径为3.2cm

1987年在悦城林场的试验地调查的25年生南洋楹，均高6.67m，地径为8.07cm

1993年，徐英宝教授（左三）指导的硕士研究生郑永光（左一）的硕士论文答辩会

一览众山绿

——徐英宝文集

本书编辑委员会 编

中国林业出版社

图书在版编目(CIP)数据

一览众山绿——徐英宝文集 / 本书编辑委员会编. -- 北京：中国林业出版社, 2013.11
ISBN 978-7-5038-7259-4

Ⅰ. ①一… Ⅱ. ①一… Ⅲ. ①林业 - 文集 Ⅳ. ①S7-53

中国版本图书馆CIP数据核字(2013)第265069号

出　版　中国林业出版社（100009 北京西城区德内大街刘海胡同 7 号）
网　址　http://lycb.forestry.gov.cn
电　话　(010) 83229512
发　行　中国林业出版社
印　刷　北京中科印刷有限公司
版　次　2013 年 11 月第 1 版
印　次　2013 年 11 月第 1 次
开　本　889mm × 1194mm　1/16
印　张　31.75
彩　插　16 面
字　数　950 千字
定　价　268.00 元

《一览众山绿——徐英宝文集》编辑委员会

序一

徐英宝教授是我的一个师弟。当我快要从前苏联列宁格勒林业技术学院林业系毕业（5年级）的时候，他刚来到这个学院的林业系上一年级。如此，我们有过一年的同学之谊。我作为留苏学林的老学长，还曾帮助这些小师弟、小师妹们补习过功课。特别是在帮助学习植物学方面，因为根据我自己的经验，这是我们中国留学生在还没有熟练俄文之前学习最难的课程之一。

不过，徐英宝与我的关系比其他师弟妹们更近一步，因为他从1962年起成为了我的小同行。我在北京林业大学（原名北京林学院）教造林学，而他到了华南农业大学（原名华南农学院）也是教造林学。我们虽然相隔很远，但同行之间的接触还是较多的，特别是改革开放以来，业务交流的机会更为频繁。他在徐燕千教授手下工作，而徐燕千教授也是我在造林界景仰和经常讨教的老师之一。以徐燕千教授为首的一班造林学者对我国热带亚热带造林问题有较深入的研究和重要的贡献，而徐英宝教授正是这一班人中的佼佼者。他对于我国一些热带树种的造林技术研究以及在我国南方营造混交林问题研究等方面都很有建树。我从中汲取了不少有用的知识。

没有想到时间过得那么快。就在前年英宝还陪我一起去看望过徐燕千先生，而这竟是与燕千先生最后一次见面。而今英宝自己也将年届八十，为此他的学生们帮他整理出版了文集。这是一件承前启后的好事，对森林培育学的发展繁荣，特别是对我国南方的森林培育事业都会起到很好的作用，我对此表示祝贺，也欣然命笔作序以示贺意。

中国工程院副院长、院士
北京林业大学原校长、教授　沈国舫

2013年3月16日

序二

徐英宝教授是我校林学院森林培育学教授，是广东省乃至全国知名的老一辈森林培育学家，也是林学教育家。

徐英宝教授早年毕业于苏联列宁格勒林业技术学院，1962年冬到华南农业大学，从事森林培育的教学与科研工作。他几十年如一日，默默耕耘，孜孜不倦，在华南地区森林培育研究和成果推广工作以及林业人才的培养上，成绩斐然，为我校森林培育学科的建设和发展做出了重要的贡献。他深入林区，深入林业生产第一线，研究薪炭林、混交林、马尾松、南洋楹、黎朔等林分和树种的栽培技术，取得了丰硕的学术成果。他对我国热带亚热带树种的造林技术研究，造诣颇深，建树良多，尤其是在能源林、混交林和马尾松丰产林造林技术上成果显著，曾获得国家、林业部、广东省等科技进步奖。晚年更加关注生态公益林造林技术研究，提出生态公益林中引进珍贵树种以及科学合理经营的理念，其学术观点和成果对广东省森林培育起到很好的指导作用。他忠诚教育事业，既教书又育人，培养了一大批林学本科生和研究生，深得同学们的爱戴。许多学子已成长为我省林业事业的中坚力量，可谓桃李满天下。他也十分关心我校林学学科人才的培养和引进，为林学学科，尤其是森林培育学科队伍的壮大做出了重要贡献。

值此徐英宝教授年届八十之际，他的学生们帮他整理出版了这本文集。这是我校森林培育学科的一件承前启后的好事，是我校森林培育学科的一个成果总结，对我校具有热带亚热带特色森林培育学科的建设具有重要的作用；对广东省乃至我国华南地区的森林培育事业也有很好的作用。在此，表示祝贺，并命笔作序。

华南农业大学校长
教授、博士生导师

2013年7月11日

前言

这本文集是我大半生工作的总结，表达了我对林学专业的真挚感情和认真学习态度。尽管还有许多不足之处，但我尽了自己的努力。

我出生于20世纪30年代，与同辈人相比，幸运的是我入大学一年，即1955年被选派至苏联列宁格勒林业技术学院林业系学习。我和同学们一样非常珍惜这宝贵的学习机会，5年间在苏联教授的严格要求下，在完成学业的同时，还培养了我们严谨对待知识的科学态度。

1962年冬，我调至华南农学院林学系造林学教研室任教，在徐燕千教授悉心指导下开展教学科研工作，使我获益匪浅。在培养研究生过程中，他们勤奋好学的精神和完成论文的出色表现，对我工作有很大促进，如今他们均事业有成，令我深感欣慰。

光阴似箭，如白驹过隙，不觉已至耄耋之年。在研究生们的热情帮助和大力支持下本文集才得以顺利完成，谨对他们表示真诚的感谢！

回顾往事，思绪万千，师生之情，同窗之谊，同行之助，一切都在无言中，感恩祖国的培育，感恩人民的教育，并对帮助和支持本文集出版的同志们致以衷心的感谢。

徐英范

YILANZHONGSHANLU

一览众山绿

目录

第三部分　人工林试验和调查研究

第四部分　造林学研究生毕业论文

第五部分　部分参编著作

附　录

Contents

Part 1 Forest Popular Science

Part 2 Review of Silviculture

Part 3 Experiment and Investigation on Plantations

Part 4 Silviculture Graduate Thesis

Part 5 The Writer of Forestry Work

Appendices

第一部分

林业科普

绿色的世界[①]

一、丰富多彩的绿色世界

漫游绿色世界

我们伟大的社会主义祖国，疆域辽阔，东濒太平洋，西迄世界高原，地势复杂，气候多样，资源富饶。被人们称为“绿色世界”的森林资源，尤为丰富多彩。在组成我国许多浩瀚的树木植物世界里，其树种总数达五千余种，其中用途广泛、经济意义很大的乔灌木约2000种。仅我国的“南海明珠”——海南岛一地，就有树木约1400种。

我国的森林种类繁多，有寒带林和热带林，高山林和海岸林，针叶林和阔叶林，常绿林和落叶林……同一季节，在东北原始森林里，林业工人正在冰天雪地紧张地伐木的时候，海南岛的椰子林却在强烈阳光下，一片浓绿；南方的农民正在积极准备种植杉木的时候，云南芒市的咖啡树已经结豆，而怒江河谷野生的樱花正在盛开。

东北、内蒙古是我国最大的原始森林地区，森林绵亘千里，一片林海。其中有许多上等用材树种，如红松、落叶松、桦木、椴树、黄波罗等。大、小兴安岭，长白山等林区，是我国重要的木材供应基地之一，每年采伐量都很大。

西南的森林，仅次于东北。祖国的大林区之一就在“世界屋脊”上。在西藏高原的东部和喜马拉雅山的南坡，山峰高耸，河流湍急。在河谷两旁的山坡上，分布着连绵不断的苍郁的原始森林。在接近雅鲁藏布江大转弯的地方，广阔茂密的森林，像一望无际的绿色海洋，这些森林分布在海拔4100m以上的地方，树木有那深绿色的、高达40m以上的像千层宝塔似的喜马拉雅冷杉，它是很好的建筑用材。还有适应性很强的乔松，耐旱耐瘠，生长迅速。此外还有落叶松、铁杉、高山栎、云杉、桧柏等等。

云南、四川都是我国植物种类十分丰富的省份，森林大部分集中在河谷流域。有些地区，峰峭谷邃，盘旋奥曲，一丘一壑，气象万千。这里有著名的楠木、香樟等珍贵树木，有粗大得可以做水桶的龙竹。西双版纳是我国最富有热带特征的森林地区，这里的低山和沟谷里，仍保存着世界上已不可多得的热带原始森林。山沟里生长着数百年以上的大树，树皮光滑而灰白，有的树干中部长着像皇冠一样的附寄生植物。几百米长的藤本植物缠绕着树干，像悬帘一样。

① 本文为作者编写的科学知识普及丛书《绿色的世界》(广州：广东人民出版社，1973：1~46)。

编者说明： 该书是徐英宝先生自1973年以来已发表作品的文集，因年代问题，对有些国家的名称，本书还保留原来的叫法，每篇文章首页均注明发表年代，现名称已有改变，请读者注意。

华北地区森林比较少，山西五台山、吕梁山等地，河北小五台山、东陵等地，有面积不大的森林分布。

西北地区森林主要在新疆天山、阿尔泰山及昆仑山一带，甘肃白龙江流域中、下游，有许多原始森林，千百年来，一直没有开发利用。这个林区90%以上都是珍贵的针叶树。青海柴达木盆地也有不少古老的森林，生长着许多高大树木，如龙柏、云杉等。

长江以南各地，气候温暖，四季分明，雨量充沛，因此植物生长条件优越，树木种类很多。主要用材树木是杉木和马尾松。阔叶树中具有经济价值的也很多，如油茶、油桐、乌桕、杜仲、漆树、盐肤木、棕榈等，其中很多林产品，都是重要的工业原料和外贸物资。南方的特产还有很多，如柑橘、荔枝、龙眼、桃、杏、樟、肉桂、八角等等。

广东、广西在北回归线以南的地区，都属热带。海南岛、雷州半岛一带气候湿热，到处都是一片苍郁的树林。在五指山脉的高山峻岭上，生长着百年以上的青皮、坡垒、花梨、母生、绿楠、红椤、竹叶松等数十种珍贵热带树木，都是建筑、造船、飞机上所需要的最好材料。

台湾，是我国森林很多的一个省份，森林占台湾土地面积一半以上。台湾省出产多种贵重木材及丰富林产品，所产的樟脑，产量最高曾达到全世界总产量80%以上。

读者们，你们听说过关于树木的一些珍闻吗？在这里，我们给你们介绍一下吧！

“长寿的树”

在我国重庆北温泉，现在还有宋朝的桂花树。杭州有宋梅。浙江天目山和江西庐山的柳杉，四川青城山的银杏，这些树都已经历了千年以上的风霜。南京的六朝松已有1400年的历史。不过，这些树的寿命虽长，但和圆柏、花柏、柏木等相比，他们都还是“小弟弟”呢。山东曲阜孔庙的圆柏已有2400年的历史，苏州邓尉的汉代古柏，台湾的红桧，成都诸葛亮庙前的柏木，都有几千岁了。世界上最长寿的树，据说是非洲西部加那利亚岛的龙血树，已有8000年的岁数。美国加利福尼亚的世界爷树，年龄也达7800岁，人们曾在该树基部挖通修路，车辆行驶无阻。目前，人们认为这些树是最长寿的了。但是，从辩证唯物主义的观点看来，在这浩瀚的绿色世界里，或许还有更长寿的树，等待着人们去发现呢！

“又高又大的树”

我国的柏树、银杏、柳杉、樟树等，都有高达五六十米、十几人合抱的参天古树。我国台湾的红桧，是东亚最大的乔木，树高58m，胸径6.5m，树龄约3000年。

浙江磐安有一株杉木，树高41m，胸径1.4m，树龄在400年以上，堪称杉木王。另外，福建漳浦有一株1000年生的油桐王，树高36m，树冠直径36.5m，结果累累，每年平均采果2000斤①，可榨油100余斤，等于一般油桐树产量的十几倍。上面介绍的树，都是既高又大。但如单论“体高”，则应推桉树了。

“树中巨人”——桉树

你听说过一棵树能长到20多层楼房那么高的吗？这种直冲云霄的“高个子”，名叫桉树。

桉树是热带的远客，引种到我国，至今约有百年以上的历史。桉树在原产地大洋洲，种类极多，大约有上千种，常用的则有100多种。我国引种桉树约有70余种，最早于1910年引入大叶桉、蓝桉等于广东、云南各地。现在我国广泛栽培的桉树主要有大叶桉、柠檬桉、赤桉、蓝桉、细叶桉、窿缘桉等。在气候温暖湿润的地区，如广东、广西、福建、台湾、云南、四川等地，都生长良好。广东潮

① 1斤=500g。

汕地区和雷州半岛等地，都已建成大面积的桉树林基地，在经济建设中日益发挥着巨大作用。

桉树生长很快，又高又挺直，在树木中，要算它的个儿最高了。90 年前，在桉树老家，有人实测一株王桉，树高 114m，真与 40 余层的大厦一样高。

我们别看这位“树中巨人”长得这么高大，但它的种子却又小得出奇。赤桉、大叶桉的种子 600 万粒才有 1kg 重，20 粒种子才有一颗米大；柠檬桉的种子虽然大些，但每千克也有 300 万粒左右。

桉树有很大经济意义，桉材可做矿柱、枕木、桥梁、电杆和建筑之用，桉树的枝、叶、根中含有芳香油，特别是柠檬桉，有“油桉”之称。桉油是医药、轻工业的重要原料。桉树的芳香油氧化时能产生过氧化氢，能使空气洁净，所以它是疗养区、住宅区和公园绿化的良好树种。在澳大利亚，人们称赞柠檬桉的树形美丽，把它形容为“林中仙女”。

“生长最快的树”

我国速生树种有上百种，如杉、松、桉、泡桐、木麻黄、毛竹等。它们当中，究竟谁生长最快呢？应该说各有千秋。从树粗生长看，应推泡桐最快，7 年生胸径达 50cm。从树高生长言，木麻黄较快，桉树也差不多，竹子更出色。在海南岛最南边崖县的沿海沙地，8 年生的木麻黄，树高 22m。毛竹从竹笋到长成一株十多米高的竹子，只用短短的几十天。但是竹子是单子叶植物，没有形成层，所以竹笋多粗，竹子就有多粗。毛竹造林五六年即可采伐利用，是世界上生长最快的植物之一。

活化石树

中国是一个古生树种很多的国家之一。被称为活化石树的银杏和水杉，就是突出的典型代表。在古代冰川原始时期以前，银杏广布于北半球，而水杉也曾分布于北美及欧洲，但到冰川时期都逐渐绝迹，而我国在冰川时期受害很少，银杏和水杉等古生树种迄今仍然保存，成为我国的独产，为全世界所注意。

银杏俗称白果树，是落叶大乔木，树形美观，我国人民长期以来栽培为庭园和行道观赏树。叶为扇形，每到秋天变黄，别有风趣。种子富含营养，可食。木材是雕刻、家具和建筑的上材。

水杉也是珍贵用材树种，30 年前于四川万县谋道溪地方才被发现，现在湖北利川水杉坝还有小片天然林分布。新中国成立以来，全国不少地区广为引种栽培。它能耐水湿、轻度盐碱和一定的低温。北至黄河，南及珠江，一般都生长良好。解放了的祖国，古树也换了新貌。

海滩森林

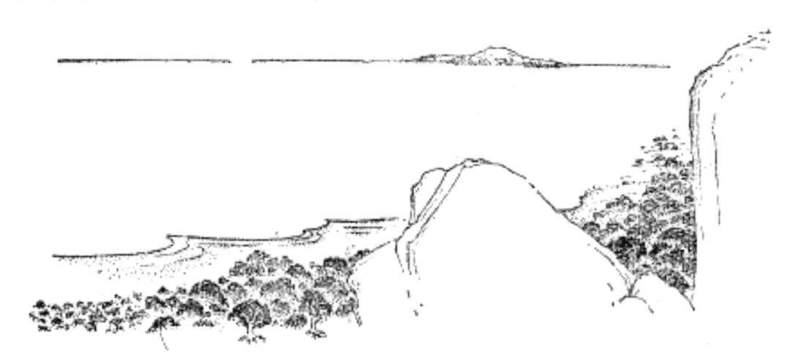

在福建、广东、台湾各省伸延的海滩上，有一种属于热带和亚热带的特殊森林，名叫红树林。在那港湾深邃的内海和江河下游出海地区，凡有潮水涨落的海滩上，都可以看到这样一个奇迹：一片片稠密的灌木林，枝

叶茂密，气根纵横交错地生长在海泥中，形成了一望无际的“海滩森林”。潮水涨时，它就淹没在水中，只剩下部分树冠露在海水面上。

为什么叫它红树呢？这是因为树皮和木材中多含鞣质，呈一种红色之故。所以红树也是重要染料，木材坚硬耐腐，是水下工程材料。不过，红树林的主要作用是能够护堤、防潮、防浪、防风。

更有意思的是，红树植物是以“胎生”繁衍后代的。它一年春秋两次开花，结果实特多。种子在母树上发芽，长成幼苗，像一根根小棒挂在树上，发育成熟后，脱离母树，自然落下，插在海泥上，渐渐长成大树，或是随潮汐漂流，遇到适当的地方，就自行扎根生长。

世界著名的五大林木

樟树、油桐、漆树、杉木和竹类(特别是毛竹)均为我国特有树种，由于它们分布地区广，用途大，经济价值高，其林木主副产品质优量多，如我国所产的樟脑、桐油、生漆、竹器以及家具等，历来在国际市场上享有盛名，因此，这些树种被誉为我国“世界著名的五大林木”。

樟 树

樟树是我国南方的珍贵用材和盛产芳香油类的树种。早在几百年前，我国劳动人民就已经利用樟树建房舍，作药用，以及用来提炼樟脑。樟木含有樟脑，制成箱柜储藏衣物不受虫蛀。我国生产的樟木箱，在国内外久负盛誉。樟木还是制造船只、各种用具、农具的上料。不过，在用樟木之前，必须让它充分干燥，否则易挠曲、开裂。另外，树叶可养樟蚕，果实可入药。

樟树的根、茎、枝、叶、果实和种子均可提取樟脑和樟油。樟脑、樟油历来是我国重要的出口物资，为近代化工、医药、香料、食品工业的重要原料，国防工业亦相当需要。樟脑可制造人造橡胶、软片、绝缘体、无烟火药、喷漆等。樟油则可作为香料和选矿用的溶剂。

油桐与桐油

油桐是我国著名的特用经济树种之一，它在我国的分布，大约可以分为两大区域：四川、湖南、湖北、贵州、浙江、云南等省主要种植3年桐；在广东、广西、福建等地多数种植千年桐。四川要算是油桐树的“大本营”，油桐产量占全国的1/3以上。3年桐是指播种后3年就开花结实；千年桐植株高大，因长寿而得名。油桐树怕冷，在北方是很少见的；油桐叶子颇大，“叶大招风”，所以它在海边也不易站住脚。它要求温暖和湿润的气候。油桐生长很快，有“桐子落地，三年还种”的说法。

从油桐种子中，榨出的油就是桐油，是我国的特产。桐油是一种工业用的易干性油，用桐油涂于木材、金属等物表面，能迅速干燥而形成薄膜，具有耐酸、抗热、防湿耐腐、不导电，并保持色泽光亮等优良特性，是植物干性油中最好的一种，在工业上的用途很大，是重要的战备资源。在医药上，可作杀虫剂、呕吐剂，能解砒毒。桐子壳可以制成桐碱。榨油后的桐渣饼是优质肥料，每百斤桐渣饼，相当于10kg硫酸铵、5kg磷矿粉，油桐木材又轻又软，可以做家具、箱板、床板，而且不易受虫蚁侵蚀。

漆树和漆

我国栽培漆树已有几千年的历史了。漆树在我国中部和南部各地分布极广，其中尤以陕西、湖北、四川、贵州最多。漆树为落叶乔木，一般树高7～10m，最高的达20m，幼树耐阴，长大时喜光，生长很快。漆树忌风，如遇烈风，树皮易裂，造成漆液减产。漆树的树干、树叶都含有漆毒。

由树干分泌出的液体，是一种上等涂料，通称为漆。漆用来涂抹工业上的海底电缆、机器、车船、门窗以及其他各种用具，可以抵抗风、雨、潮湿、高温、酸的侵蚀及氧化，从而延长使用寿命。具有民族风格的福州漆器享有很高的国际声誉，深受国内外市场的欢迎。在湖南长沙市郊马王堆出土的一座距今2100多年的西汉早期古墓中，便有漆器180多件，构思巧妙，造型奇特，至今仍光亮如新。古代已经广泛栽培漆树并制造出水平很高的漆器，充分反映了我国劳动人民的聪明才智。

杉木

杉木为我国特产的最重要用材树种之一。它树干通直，材质轻柔，耐腐防虫，广泛用于建筑、桥梁、电杆、桅杆、造船、家具等方面。

杉木生长快速，一般 15 ~20 年，有的地方甚至 7 ~8 年即可成材利用。杉木还易于繁殖，无严重病虫害，水运方便，成本低廉，可以说杉木几乎具备了用材树种的一切优点。

杉木喜四季温暖湿润、静风的环境，而土壤以疏松、肥沃、深厚的沙壤土为宜。历史上杉木栽培集中在我国南方山区，在长江中下游的广大地区都有生长。近年来，广大人民群众，通过三大革命运动的实践，在杉木的栽培扩种方面积累了十分丰富的经验。目前，安徽、湖北、广东等地的广大群众正在让杉木“下山”，向南北“乔迁”，在平原丘陵“安家落户”，甚至渡海到了海南岛的热带林区。总之，在一切可能的地方培育杉木，为社会主义建设作出新贡献。

竹子的家谱

竹子是植物的一个大家族，盛产于热带和亚热带，温带所产亦多，寒带则少见。我国是世界上著名的竹乡，计有 180 余种，可谓种类最多，经营历史最久，产量最大，产品利用最广。我国竹子主要产于长江流域和珠江流域一带，是南方地区的重要经济植物。

从生物起源进化看，竹子大致分为两大类群，一是生活于南方或低海拔的“丛生竹”，多为较原始的种类，性喜高温多湿的气候，这类竹有上百种，突出的代表，如华南地区常见的青皮竹、撑篙竹、粉单竹、慈竹、麻竹等；另一类群则多生活于偏北或较高海拔地区的“散生竹”，是较进化的种类，能耐较低温度及干燥有风的环境条件，其代表首推经济价值最大的毛竹(亦称楠竹)，其次如刚竹、淡竹、雅竹、茶秆竹等。

竹子是一年长大而可以生活多年的木本植物。有的竹高达一二十米，有的高不到 1m，有的甚至是藤状的。绝大多数竹子具有中空带节的茎，从节生枝，从枝发叶。在竹笋上长的叶，叫做竹箨，是一种变形叶。竹子地下长的茎，叫做竹鞭。散生竹依靠竹鞭进行无性繁殖；丛生竹靠竹笋或地上茎进行新竹的再生。多数竹子不常开花，有的几十年才开一次花。竹子的种实好似稻谷的颖果，俗称“竹米”，可以酿酒用。

竹子生长很快。从竹笋出土，经过一两个月就基本成竹。以毛竹而言，开始较慢，每天只长几厘米到十几厘米，后来就长得很快，最快时一天可以长一二米高。雨天出笋较多，生长也快，所谓“雨后春笋”，就是由此而来。

竹子的用途很广，我们在后面还准备作详细介绍。

“荒山绿化造林的先锋”——马尾松

在组成我国广大的绿色森林世界里，松树常常是主角，有些森林甚至单纯由一种松树所组成。然而“松树”仅仅是个统称，松树也是个大家族(科)，地球上共有 2000 多种，其中松属仅是一个分支，共计有 80 余种，我国分布有 20 多种。例如东北的红松，华北、西北的油松，西南的云南松，海南岛的海南松等。不过，在林业生产上，声誉最高的要算马尾松了。它是一个生长迅速、用途广泛、适应性强、造林容易的好树种。

和所有树木一样，每种松树都有它不同的脾气，有的喜欢生活在崇山峻岭，有的惯居在土岗丘陵；有的喜欢温暖湿润的气候，有的则能耐 -30℃严寒；还有的性格十分孤僻，世世代代独居在某一个狭小的山区……而马尾松呢？北自淮河以北，南迄雷州半岛，东起台北低山，西至汉水流域以南都有生长。它的天然分布范围如此广泛，是没有一种松树能相比的。

有趣的是，马尾松的垂直分布有着明显的规律。它垂直分布的上界，为黄山松所接替。当你登上庐山、天目山、黄山或者衡山诸峰，如果仔细观察一下，就可以看出在海拔700～800m左右的山间，有一条相当清楚的界限，往上都是黄山松的生境，以下则是马尾松的基地，彼此互不相扰。

你如果有机会到马尾松的分布范围内，不妨亲自动手做几次试验：把松林里的土壤拿一些进行测定，就会发现pH值(酸碱度)总是在4.5～6.5之间。

如果你在中性反应的土壤里栽植马尾松，马尾松就会显得黄萎衰败。至于在石灰性和盐碱性的土壤里，就几乎看不到它的踪影。这说明马尾松只有在酸性土上才会旺盛生长。从幼苗开始一旦郁闭成林，不用几年就形成碧波千顷、松涛撼耳的洋洋大观。

马尾松还有忍饥耐渴的本领。“松树旱死不下水，柳树淹死不上山”这句俗话刻画了马尾松的特性，它能在干旱贫瘠的红壤、石砾土和沙质土上，或是陡峭的岩石缝里，依借深达五六米的根系，把深层水分吸上来，在艰苦环境里，从一棵幼小植株长成高大的栋梁之材。正因为这样，林业工作者把“荒山绿化造林的先锋树种”的佳名，授给了马尾松。

“炸不烂的绿色油库”——油茶

油茶是一种常绿小乔木，高达二三米，生长较慢，寿命很长，种子榨出的油就是茶油，是很好的食用油。油茶产油量很高，如果品种好，经营得法，每亩每年可产15～25kg茶油，是我国重要的木本油料作物。我国北起江苏、南至海南岛，都有栽培，其中以湖南、江西、广西、浙江、福建等地为主要产区。

油茶的优点是不与粮、棉争地，生产年限长，产量高；又是常绿阔叶树，叶厚革质，树干光滑，能起防火作用。所以，在我国南方广阔的丘陵山区，广泛建立起油茶这个“炸不烂的绿色油库”，对落实“备战、备荒、为人民”的伟大战略方针，有着重大的意义。

“抵御沙荒的勇士”——木麻黄

木麻黄原产大洋洲及太平洋群岛，约在60多年前引种到我国，现在南方沿海地区已广泛栽培。广东省从1954年开始，在沿海沙荒上大规模营造海岸防护林，获得很大成绩。木麻黄不愧为沿海沙荒绿化的“勇士”，是这些地区防风固沙的最主要树种之一。

为什么它是沿海一带抵御沙荒的“勇士”呢？

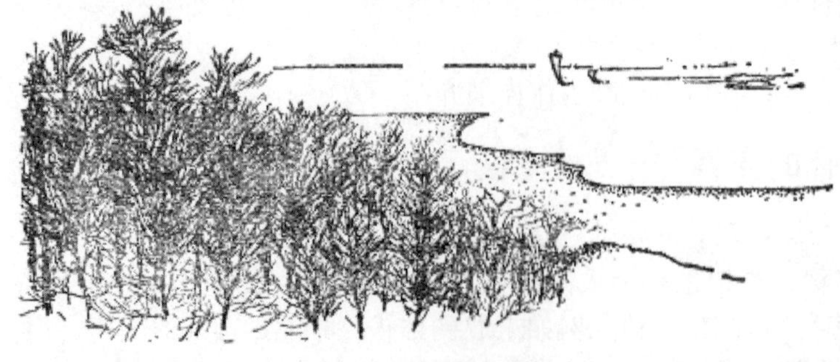

我们知道，沿海沙荒主要特点是高温、干旱和贫瘠的沙地和大风(有时是强台风的侵袭)，以及短期潮汐盐水浸渍。木麻黄这一常绿大乔木，却能够适应海边沙荒地区的严酷环境条件。它为了适应严酷的环境，在其外部形态结构上，有了明显的变异，它的真叶已完全退化，那枝条上细线状的绿色“叶子”，是它的嫩枝。这种结构有利于抗风和减少水分的蒸腾。除此，在它的根部具有菌根结构，进行合体营养，这也是战胜恶劣环境条件的一种本领。

正因为如此，木麻黄能在干旱瘠薄的沙地生长，不怕大风和盐渍，并特别喜好强光。其他树种在沙荒上扎不下根，唯独木麻黄能够栽种生根，迅速茁壮生长。

木麻黄的材质坚实、致密和硬重，有“澳洲铁木”之称，可做建筑、电杆、矿柱、枕木及桥梁用材；燃烧力强，也是优良薪炭材。

“铁杆庄稼”——栗、枣、柿和核桃

板栗、枣、柿和核桃都是我国宝贵的木本粮食油料树种。由于这些树种的培育花工少、收益大，人们又称它们为“铁杆庄稼”。

“铁杆庄稼”的果实或种仁，含有丰富的营养。比如板栗，含脂肪 4%，蛋白质 7%，淀粉 70%，兼有麦、豆的养分；枣除含有蛋白质、脂肪以外，每 100g 中还含有 3800mg 至 600mg 各种维生素和磷、铁、钙等物质；柿子含糖量为 15.13%，也是味美而富于营养的佳果；核桃仁含有 17% ~27% 的蛋白质，67% ~70% 的脂肪，以及磷、钾、钙和维生素甲、乙、丙等。每百斤带壳的核桃能出油 10 ~15kg，这种油在医疗上有很大价值。它在药理上能起养胃健肾，治脾补肝，益血壮神，强壮身体的效用。

栗、枣、柿和核桃，在我国都有二三千年以上的栽培历史了。柿在《诗经》《尔雅》中已有记载；而栗和枣，在《战国策》上写道：“枣栗之食，足食于民”。核桃原产地据说在中亚一带，汉朝张骞出使西域时，把它带回汉中的。

“铁杆庄稼”在我国分布极广，全国除少数地区以外，几乎都有它们的踪迹。它们中许多品种都很有名气，驰名中外，如河北良乡昌平栗、江苏宜兴处暑红、广东罗岗油栗、山东金丝小枣、山西相枣、陕西晋枣；华北的大磨盘柿、镜面柿，华南的大红柿；以及隔年核桃、薄壳核桃、露仁核桃等等，都是我国著名的土特产，在国内外均受欢迎。

“铁杆庄稼”的木材都很珍贵：枣材坚硬，专制名贵雕刻工艺品；柿材致密美观，可制各种乐器、供装饰的器具；核桃和栗材更是贵重用材。

“铁杆庄稼”都喜温暖，也相当耐寒，对土壤要求不严，无论山区、平原、河滩、沙荒地都能生长；繁殖方法也较简单，无论播种、嫁接、分蘖、插植都可以。它们既可作绿化风景树种，也可用作水土保持的防护林树种，所以大力提倡种植“铁杆庄稼”，具有巨大的经济意义，前途十分远大。

二、绿色世界与我们

“大自然的造雨机”

绿色世界的森林像一个巨大的造雨机，直接影响着自然界水分的循环作用。水在自然界不断进行着循环，江、河、湖、海洋和大地上的水蒸气，向天空升腾，凝成雨水，又降下。一升一降的过程中，调节得好，就是“水利”；调节得不好，就是水灾。“水利是农业的命脉”。因此，培育森林是水利建设的一个重要组成部分。

那么森林怎样调节着雨水，怎样进行着造雨机一样的工作呢？

民谚有：“森林和水是兄妹”，说明它们的关系极为密切。森林的林冠面积是巨大的，而向空中不断蒸发的水汽的数量也是巨大的。据人们计算，林木在长大发粗的过程中，形成 1kg 重的干物质，一般大约需要蒸腾三四百千克的水分。一亩* 山毛榉林，一年要蒸腾 38.3kg 水，比同等面积的土地的蒸

* 1 亩 = 1/15hm^2。

发量高出20倍。这样，林区上空的空气湿度比无林地区上空大得多。由于投射到森林上空的阳光大部为叶面所吸收，林地接受阳光少，同时树木还不断向空中蒸发水气，需要大量的热能，因此，有林地区温度一般比无林地区低。空气湿度大，温度低，水蒸气凝结成雨的机会就增多了。同时，森林上空的高层气流就容易下沉，而林区外的无林地带，由于受热增温程度不一，容易发生局部对流，这些下沉和对流，就容易促使形成云雨状况。因此，森林地区一般会云多、雾多和雨雪多。据测定，有林地区的雨量比无林地区多20%左右。人们说："森林是内陆的海洋"，这话是有根据的。

正因为上述原因，植树造林可以改善自然条件，减少干旱，调节气候，使农业得以增产。

"绿色的水库"

有人说森林就是一个"绿色的水库"。事实也是如此，森林就像一座面积巨大的天然蓄水库，它能够调节水分，蓄水保土。当雨水落到森林上面时，林冠就将雨水截留了大约15%～40%，细针叶截留少，阔叶截留多。余下的雨水，除5%～10%从林地表面蒸发以外，50%～80%都被林地上的一层厚而松的腐烂枯枝落叶的"海绵地毯"所吸收。这些水分渗入土壤中，少部分供给林木生长的需要，大部分渗透到土壤下层，变成了地下水。这种地下水经过土壤的层层过滤后，又迂回曲折地变成清水流向下游或渗出地面。

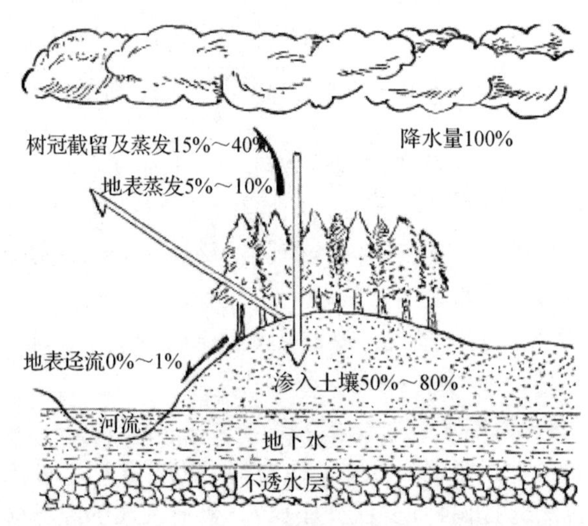

广东电白县在全县荒山坡岭绿化造林以后，平原地区地下水位都有了明显的升高，其原因也就在这里。真正从林地表面流走的雨水，大约只占总降雨量的1%。因此，在森林地区下雨不会造成水灾和产生水土冲刷和侵蚀，而是"青山常在，细水长流"，因而可以大大减轻旱涝对农业生产的威胁。

相反，如果山上或坡地没有足够的林木覆盖，情况就截然不同了。大雨一来，直接打到裸露的土地上，泥沙随水冲走，就会形成严重的水土流失。在这样的地区，大雨酿成洪灾，无雨又闹旱灾；而且大量肥沃的表土随水流走，土壤日趋瘠薄。不仅如此，大量泥沙淤积水库，垫高河床，结果造成很大危害，河流淤积，洪水泛滥。

"绿色的长城"

大风是农业生产的敌人，它攫走了农田中的肥土、水分，以及播在地里的种子。沿海一带的台风，更是逞威肆虐，所过之处，大片庄稼倒伏，谷粒飞散，甚至房舍倒塌。

虽然现代科学还不能控制这些大风，使之就范，但是人们也不是束手无策，任凭它逞凶作恶。人们在大地上修起一道道成行、成带、成网、成片，由高大乔木和茂密丛生的灌木所组成的"绿色长城"（防护林），就会在一定程度上压低大风的气焰，使庄稼的丰收得到一定程度的保障。

森林为什么可以阻挡风沙呢？根据计算，林带防风的范围，在迎风的一面，约可达到林带高度的

3～5 倍处，在背风的一面，可达林带高度的 25 倍处，在这段距离内，风速约可减低 30%～40%。沙是风带来的，风速减低了，带沙的力量就大大减弱了，这样一来，草木种子就可逐渐固定生长起来，覆盖流沙，也就不怕雨打风吹，流沙对庄稼的危害便可防止。在林带防护范围以内，田里的水分蒸发量可减少 10%～20%，相对湿度可提高 10%。这对农作物幼苗发育、开花授粉和减免风折落粒都有好处。一般有防护林的农田，要比没有防护林的多收 20% 左右。

新中国成立以来，在东北地区营造了一条最大的防护林带。它从最北端的黑龙江甘南县起，穿过被称为“八百里旱海”的吉林省白城地区，到林带最南端的辽宁省新民等县，在南北长 1600 里*，东西宽六百余里的广大平原上，按照因地制宜，因害设防的方针，已逐步营造起 400 多万亩农田防护林。这些林带保护着两千多万亩耕地和数十万亩草原。在这些地区，今天农村和农业生产面貌已经发生巨大变化。广大农民以真正做了大自然的主人而自豪。他们满心喜悦地称赞林带是“农业的卫士”，是“农田的保育员”。

漫话木材的用途

绿色森林是生产木材的源泉。我国工农业建设发展很快，到处都需要大量木材。读者们可知道，一般情况下，开采 1 万 t 煤，需要坑木 $250m^3$；修筑 1km 铁路，需要枕木 $300m^3$；架设 1km 长的电线杆，要用 20 根电杆，合木材 $4m^3$；建筑 $1000m^2$ 面积的混合结构的厂房，需要 $130m^2$ 的木材；制造一辆载重汽车，要用 $1.6m^3$ 木材。其他建筑房屋、车厢、船舶、桥梁、码头、堤坝、舰艇、纱锭、包装等等，全都需要木材。

随着我国科学技术的迅速发展，木材用途就更广了。我们能将木材变得像钢铁一样坚硬，也能把木材变得像羊毛一样柔软；可以把木材制成鲜艳的丝绸，美丽的塑料，也可以把木材制成糖、酒精和牲畜的饲料等等。一句话，我们的国家建设和每个人的衣食住行都离不开木材。

木材经过蒸煮处理以后，切成薄片，横直各叠上几层，用胶粘住，再用机器压紧，就成了胶合板。用胶合板做门窗、板壁、家具等，具有轻巧、结实、美观、耐用等特点。

现在，木材加工厂里锯下的木屑和刨花，已不再是废物了。人们将它再压制成各种各样的木纤维板，可以制造各种用具，价格低廉，美观耐用，又能隔音防潮，用途很广。

木材经过很大压力处理，可以变成一种“压缩材”。这种十分坚硬的压缩材，可以代替青铜和钢铁。用它可以制造机器上的轴承和水管。

至于在日常生活里，就随时随地都可看到用木材制成的东西了。农村用的各种农具，学文化用的铅笔，家具如椅子、桌子和睡的床都是木制的。民间向有用木材制成各种工艺美术雕刻，以及拐杖、台灯、木制漆盒等。当你点火的时候，那根火柴杆也是木材做的哩。

总之，木材的用途实在太多了，有人估计过，至今至少有 5000 种以上。

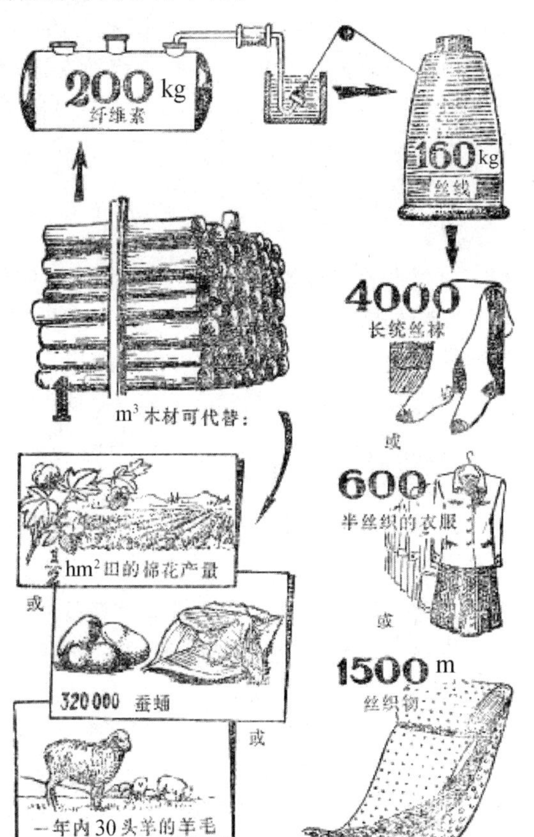

$1m^3$ 木材的变化

* 1 里 =0.5km。

竹的用途与古代造纸

竹材也是工农业生产和日用方面的一种重要材料，与木材一样，用途十分广泛，从做梁柱、棚架、竹筏、桅杆、电杆起，以至桌椅、床榻、席垫、橱柜、箩筐、筛箕、箱笼、雨伞等等。

竹子是造纸的优良材料。我国是世界上发明造纸最早的故乡，过去认为造纸是蔡伦发明的，其实远在西汉武帝（公元前 140 年）时就已经开始造纸了，比蔡伦还要早 200 余年。初时是用丝絮为原料，价值昂贵。到蔡伦时，改用嫩竹的竹穰，以及麻头、桑皮等为原料，用新法制纸成功，时称“蔡侯纸”。2000 多年来，竹子造纸不断完善精良。今天，在我国木材还缺少的情况下，发展竹林供给造纸，对满足我国日益增长的纸张需求，仍是一条十分重要的途径。

古代造纸

许多竹种还有特殊的用途：撑篙竹、硬头黄、刚竹是南方船舶撑船必需的竹竿；青皮竹、粉单竹、淡竹等是优良的篾用竹；茶秆竹是传统出口的钓鱼竿、滑雪杆；竿矮而茎小的箬竹，是制天竺筷的专用竹；辽东苦竹竿高而细，适宜做烟袋杆、笔杆；西双版纳的吊竹，几乎像藤子一样，细长而且柔软，不仅结实，又不怕海水侵蚀，是海边渔民最欢迎的一种船缆。还有节间向外突起如鳞甲的龙鳞竹，可做笔筒等工艺品。小观音竹是常用绿篱；许多细小种类还是出色的盆景……所以，竹子真是无价之宝。

绿色的“化工厂”

绿色世界不仅给我们提供大量木材，美化大自然，减轻水旱风沙灾害，保证农业丰收，同时还是化学原料的宝库。树木本身，从化学工作者的眼光来看，简直就是一座“化工厂”。它能自行生产各种各样的有机物质，如纤维素、半纤维素、鞣料、松香、松节油、橡胶等。不过，这些产品都混杂在一起，大都需要化学方法才能取得。在这里，我们给读者们介绍一些这个“化工厂”的点滴趣闻。

纤维素与半纤维素

树木是由无数个在显微镜下才能看清的细胞组成的。他的细胞壁主要是由纤维素、半纤维素和木质素交错在一起构成的。纤维素在木材中的含量高达 50%，地球上纤维素的总量以亿万吨计，每年还可由光合作用得到补充，真是资源丰富，而且源源不断。

木材经过机械或化学方法处理，可分离出纤维素。纯洁的纤维素，雪白如棉，是用途广阔的工业原料。

由糖形成的纤维素分子，又如同一个个“糖库”。人们发现，这些“糖库”，在适当温度和压力下，借硫酸、盐酸甚至微生物的酶作为催化剂，这些分子便纷纷被水分子突破断裂揭开，变成许许多多己糖（如葡萄糖）和戊糖（如木糖）分子。这种作用化学上叫做水解。

用稀酸高压法或浓酸常压法，可由木屑或废木料制的含糖的水解液。水解液不仅可制取葡萄糖，还可经过发酵加工，生产酒精。如从 1t 干燥木屑中用新法可以制得 250kg 葡萄糖，或纯度为 90% 的酒精 190kg，相当于 700kg 谷物或 160kg 马铃薯所生产的酒精。如果把占林木采伐量 30% 的废材和占木材加工用量 8% 的木屑全部利用起来，那该节约多少粮食啊！

戊糖经过处理也会变得有用。含戊糖的水解液如经过脱水处理，戊糖分子便会失去三个水分子，改变结构，成为一个油状液体，叫做糠醛。它有较活泼的化学性质，和苯酚可聚合成塑料。还可制成合成橡胶、染料以及农药等。

栲　胶

栲胶是一种植物鞣料。由于最初是从广东、福建一带栲树的树皮中取得，所以习惯上称为栲胶。栲胶在许多树木的树皮、木材、根、果实和虫瘿中，均有不同的含量。含有栲胶的植物虽多，但树皮中必须含有 7% 或木材中含有 3.5% 以上的，才能用于工业原料生产。我国的槠、栲、麻栎等和今年来大量引种到我国的黑荆树的树皮，以及寄生在盐肤木上称作五倍子的虫瘿，都是优良的栲胶植物原料。

栲胶是一种躲藏在细胞内的有机物，是请水来帮忙“采掘”的。把粉碎的树皮浸泡，使细胞内栲胶溶解，再渗透扩散出来，达到一定浓度后，蒸发浓缩而得。栲胶主要用在制革，还可用来制造墨水、染料、塑料以及石油工业上的分散剂，后者用以减低钻井中泥土的黏度。

松香和松节油

松香和松节油是诞生于松树中的“哥儿俩”。它们是由树脂道中的糖分经缺氧发酵而产生。松树内纵横生长着树脂道，用刮刀割破树脂道后，流出的透明而黏稠的分泌物，就是松脂。把它用水蒸气蒸馏，随蒸汽出的是松节油，剩下的是松香。新鲜松脂中，松节油一般含 35%，松香为 65% 左右。

松香是轻、重工业必需的原料之一。它关系到国防、机电、橡胶、化工、染料、油漆、造纸、肥皂等二十多个工业部门数百种产品的生产，而且目前尚无更优更廉价的人工合成品能代替它。每生产 100t 肥皂要用松香 10～15t。如果肥皂不含松香，就易干缩和开裂，且泡沫少，去污力差。松香还是纸张上胶的必需原料，生产 100t 书写纸要用 2t 松香，这样纸张光亮，墨迹不会渗散。松香也是制漆原料，使漆干燥快，漆膜光滑而不易脱落。

松节油的一个重要用途，是合成人造樟脑。天然樟脑取于樟树，但资源有限。很巧的是，松节油中的主要成分，叫蒎烯，在结构上，除了少了一个氧原子外，几乎跟樟脑一模一样。这样一来，我们就可以以人工地使松节油转化成人造樟脑。

橡胶与杜仲胶

天然橡胶主要是用从橡胶树的韧皮部的乳管割开后流出的乳液制成。有趣的是，还有一种叫做杜仲的落叶乔木，它的根、皮、果、叶都含一种胶质，将它的叶随手撕开，可见到一根根发亮的富有弹性的胶丝。杜仲胶呈棕黄色，带金属光泽，放在热水中变软，冷后又变硬，所以称作硬橡胶。它的电绝缘性能高，且不易受海水腐蚀，海底电缆多用它包裹。杜仲还可作药用。

“天然制氧工厂”与“过滤空气的筛子”

森林和树木不但会给工农业生产和人们的日常生活带来巨大的好处，而且还会使我们身心舒畅，身体健康。

当我们在劳动之余，在绿化很好的环境里休息时，呼吸着新鲜空气，会觉得十分舒适，这是因为空气里新鲜的氧气特别充分。树叶正是不断制造氧气的天然工厂。它借助本身的“叶绿素”和日光与水，吸收人体不需要的二氧化碳，为自己生产“粮食”的同时，还放出很多新鲜的氧气。据计算，大约 $1hm^2$ 森林一天可吸进二氧化碳 190kg。

在城市人口集中的地方，工厂多，住宅多，每天都要放出很多烟尘来。街上行人和车辆来往不停，尘土飞扬。在混浊的空气里还飞散着很多病原体。可是树木多的地方，枝叶茂密，就好像一个过滤空气的筛子一样，阻留了许多尘雾和病菌，使它们不再随意飞扬。在林区 $1m^3$ 空气中，只有细菌1%左右，而在人口稠密的城市内，同样体积的空气中却有细菌80% ~90%。很多树木还能分泌一种植物杀菌剂，它可以杀死白喉、肺结核和痢疾等病原体。

绿色森林植物还有调节气温的功能。树林昼凉夜暖，夏凉冬暖。这是因为树林的树冠像大伞一样，遮住很多阳光，因此气温比外面要低些。树木枝叶浓密，故散热慢且有挡风，所以晚上和冬天都比外面暖和。据科学研究，在阳光的照射下，建筑物大约只能吸收1/10的热量，而树木却能吸收50%。因此，在绿化地区，夏季的温度一般比建筑物地区低8~10℃。由于树木不停地向空中输送水分，因此绿化地区的空气湿度大约比邻近的建筑物地区高20%。温度低，湿度大，在林下自然就感到凉爽舒适。

树木，特别是一些观赏树种，一年四季不断地变化着色彩和姿态。如在广东，冬天有桃红般浓郁香气的羊蹄甲；春初有英雄的木棉花；春末桐花遍地；初夏有清香的白兰；盛夏时分，万绿丛中则有火红般的凤凰木花开放。所以说，搞好造林绿化工作，也是为人们劳动得更好，生活得更健康创造了重要的条件。

三、揭开绿色世界的秘密

一棵树的面积究竟有多大

读者们，你们曾想过这样的一个问题吗：一棵树的面积究竟有多大呢？而这个常常不为人们所注意的问题，正是树木既能维持自身生命而又对人类作出有益贡献的重要一环。这里所说的树的面积，是指它和外界接触的面，包括地上部分和地下部分。我们大家都有这样的常识：一个大西瓜和两个小西瓜相比，尽管两个小西瓜的重量加起来与大西瓜一样，但是两个小西瓜的瓜皮要比大西瓜的瓜皮多，也就是说两个小西瓜的面积加起来比大西瓜大。

同样的道理，树木就是用这种化整为零的办法，来扩大自己的总面积，利用与外界的接触面，最大限度地吸收维持自身生长所需要的物质。树木是怎样来扩大自己的总面积呢？树木并不是由许多球体一样的物体堆积在一起的，否则，它也不能很好地生存了。树木之所以能生存，正是通过与外界接触的最有效面积(即树的面积)来进行物质交换。

那么，树木是通过哪些途径来解决问题的呢？第一个途径，是靠改变形状，就是说，它不是把亿万个类似细胞结构一样的小房子堆成一座山，而是把它们排列成一长串或一大片，借以增大交换面积；另一个途径，是在体内形成大量管道和空隙，来扩大所谓"内面积"。弄通了这个道理，你就可以理解到一棵树的面积之大是出乎我们一般想象的。据研究，一株小小的黑麦，它的根系与土壤的接触面，达一亩多的表面积。一株中等大小的桦树，约有20万片叶子。20万片叶子的面积加起来共有多大呢？至于那些如马尾松的细细针叶，木麻黄的细长嫩枝，相思树的狭长叶子，它们一株树的叶子数量有多少？简直是难于计算出来的。

必须指出，上面谈的还只是人们肉眼可见到的面积，此外，树木还有两个肉眼看不到的内面积呢！这就是细胞外的空隙面积和细胞内部的结构面积。

我们知道，树叶担负着能量与气体交换的任务，要制造有机物，也必须有足够的叶面积。据计算，制造1g糖不仅要约16.74kJ的太阳能，还要吸进相当于2500L大气中所含的二氧化碳，这就需要叶子与日光、大气有充分接触面。但是，叶子又不能无限制地扩大自己的表面积。因为叶子不能像根那样生活在潮湿的环境里，而是处于干燥的大气中。叶表面的水分蒸发十分强烈，根系吸进来的水，有99.8%是通过叶子被蒸腾掉了，只有约0.2%是用于光合作用的。叶子还靠"内面积"即用管道、空隙来增大面积。例如，一棵梓树，其全部叶子的外表面积有390余平方米，而它的叶子内部的表面积则达5100多平方米，内面积比外面积大几十倍。在这种巨大的细胞间隙的内部表面中，既不引起水分蒸腾的增加，又便于吸收二氧化碳，供它生长发育的需要。

细胞里面的面积是指在显微镜下才看到的细微构造的表面积。在树木叶子内部的叶肉细胞中，常含有几十个到几百个叶绿体，例如一片山毛榉的叶子，所含叶绿体的总面积，要比叶面积大200多倍。一株大树所含叶绿体的总面积，约有2万多平方米，即达30余亩。只有这样广大的面积才能保证它很好地利用日光能以进行光合作用。

综上所述，通过一棵树的内外面积，我们就可以想象一片森林或一条防护林带与外界接触的面积会有多大。懂得了这个问题，就不难理解一片森林对周围几十里甚至几百里庄稼所起的有益作用，就可以理解为什么人们要把森林称作“天然的水库”和“农田的绿色卫士”了。

树木是怎样把地下水运送到空中的

一株树木，在它的生命活动过程中，水是不可缺少的。树叶一般平均含有水分70%～80%；树干为40%～55%。一棵树的需水量是非常惊人的，例如一株中等高大的桉树，在一年中要从土壤中吸水近4000kg。树木从土中吸水，经过根系运到树干枝条，再由叶子化成水汽蒸发出去，这种工作正像一部喷水机。

我们平常所见的树，不过是树的一部分而已。在地下，还有一个庞大的根系呢。主根经过好多次的分枝，越分越细，千百万条细小须根伸展到土壤深处吸水。根的吸水主要是须根上的根毛。根毛的膜很薄，能发生渗透作用把水分引进导管。这种根的薄膜组织发生的渗透压力使水分上升，称为根压。水分从根部进入后，经过树干的输水系统，直通到叶。这一整个通水的道路，是由许许多多脉络相通的极细微的导管组成。所以，从根到叶，可以说是一根长长的水柱。不过，渗透压力只能使水进入根部，决不能把水升到几米或几十米高的树顶。这种现象可以这样看待，在这根水柱中，因为水的分子与分子之间有很大的拉力，叫做内聚力，当水从叶面蒸腾时，或者可以说是一部分水分子要从叶中跑出去时，它们就拉着其他分子跟着向上跑，所以水分子不断从叶面蒸腾出去，下面的水就跟着上升。这种分子间的拉力是非常大的，据测定可以超过300大气压力，所以可使水升到很高的树顶。

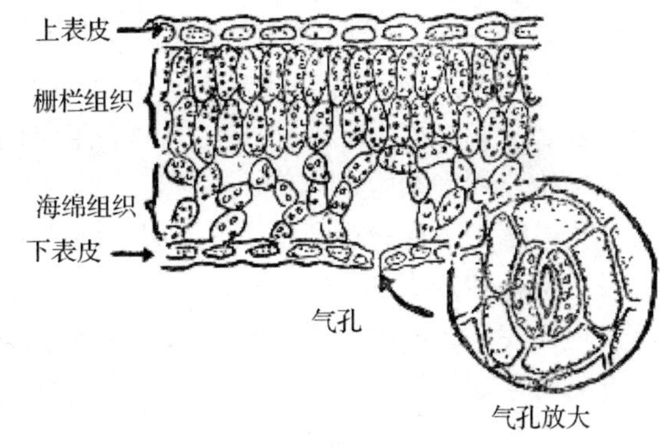

叶子的构造和气孔

树叶又是一个设计得非常巧妙的机构，除进行光合作用、呼吸作用之外，在叶部还由一种专门结构的气孔进行着蒸腾作用。当水分从树根通过树茎到了叶部后，除了极小部分消耗外，大部分都从气孔蒸腾出去，一般木本植物的气孔都在叶的背面。

气孔的功能首先是呼吸，白天光合作用消耗二氧化碳放出氧气，晚上没有太阳，光合作用停止，放出二氧化碳；除此之外，就是把身体多余的水分蒸腾出去。

气孔是狭长的裂缝，由两个半月形的保护细胞组成。当天气潮湿，根部送来的水分很多的时候，保护细胞膨大成弓状，气孔就开启，水分从气孔化成水汽蒸发出来。如果天气干燥，根部送来的水分不足时，保护细胞就自动萎缩起来，气孔关闭成一条缝。所以气孔能自动调节水的蒸发量。不过在大热天或是大风的时候，叶子被强烈日光照射，或是和干燥的风接触，气孔虽关闭，但仍要失去很多水分，所以部分枝叶常常发生枯萎和凋落现象。

为什么会落叶、落花、落果

在我国北方，每年秋末冬初，许多树木的叶子渐渐变黄，风一吹，就飘落下来。不仅是叶子，树木的其他器官，如花、果实和种子等，在一定时候也会发生脱落现象。

为什么这些器官会自然脱落呢？原来，树木多个器官脱落，常是它对不良环境条件的一种适应。

树木的落叶往往是迎接寒冬所做的准备。在南方地区，冬天不很明显，可是有些树木在干旱季节也会落叶，那是为了减少水分的蒸发，以保全生命。例如木棉、凤凰木、南洋楹、柚木等，都会落叶或半落叶。有些树木，特别是果树，在花朵和幼果过多时，常常会脱落一部分，好让余下的花果获得充分的养料，以发育成硕大的果实。有些树木在受到暂时性不良条件的影响时，也常会大量落花落果，造成严重减产。据统计，桃和苹果的结实率只有10%左右。油茶的落花落果现象也相当严重，有些地区生理落果达70% ~80%。

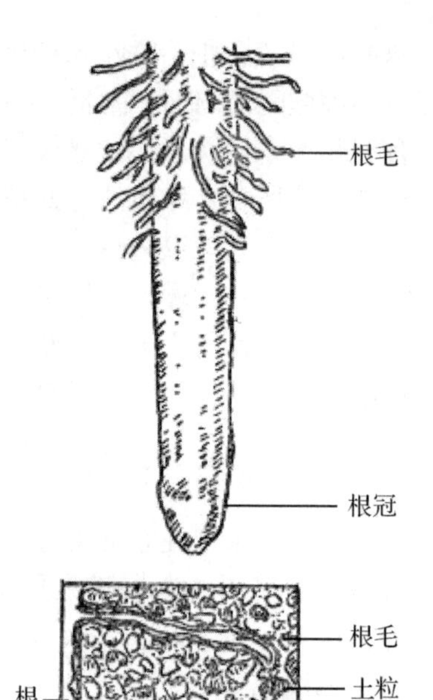

根的构造

那么，脱落的实质究竟是什么呢？这个奥秘，今天已为人们所掌握了。由于长期自然选择的结果，树木植物对不良的外界条件，如温度的过高或过低；土壤过干或过湿；阴雨天光照不足，碳水化合物积累会减少，都会引起器官的脱落。此外，缺肥或病虫害，也会促使离层形成，引起器官脱落。大自然的"匠师"给树木安排了一个巧妙的"机关"，好让它在遇到不良环境条件时，能牺牲局部，顾全大局。这个"机关"就在叶柄、果柄和花柄的基部，在植物学上叫做"离区"。

当树叶或其他器官要脱落时，离层的细胞发生一些巧妙的变化，形成一层分离层和一层保护层。分离层由两层或两层以上细胞构成。离层细胞比周围细胞小、狭长，含有浓厚原生质和淀粉以及可溶性糖。在脱落过程中，淀粉逐渐消失。分离层细胞的中胶层里不溶解的果胶酸钙转变成可溶性果胶，并进一步变成小分子的多糖醛酸。这样一来，中胶层就溶解了，于是两层细胞就逐渐分离，情况就像取走了墙里两层砖块中间的石灰沙或水泥沙，使两层砖块失去联系一样。这时，离层的组织就支持不住器官的重量，使叶或花果沿分离层断裂而下落。脱落后，保护层就暴露了出来，它的表面形成一层木栓化保护组织，使断裂处不至干燥和不受微生物的侵害。因此可以说，器官脱落就是离层形成的生理过程。

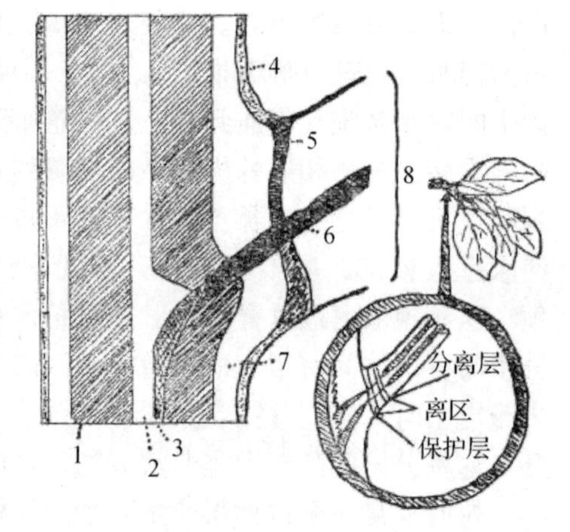

叶的离层(示离层的部位和结构)
1. 木质部 2. 髓 3. 叶迹 4. 周皮 5. 离层 6. 维管束 7. 皮层 8. 叶柄

近些年来，生产上使用生长素抑制离层的形成，如萘乙酸、"2，4，5-T"等防止苹果的采前脱落。油茶、柑橘的六月落果，用"2，4-D"或"2，4，5-T"等药剂来防止，效果很好。不过，目前人们还没有完全掌握器官脱落的奥秘，这方面的研究还正在进行，相信在不久的将来，人们必将进一步控制植物树木器官的脱落，更好地为生产服务。

树叶的绿色及其他

人们常用"绿色的海洋"来形容地球上森林植物世界的繁茂景象，这就是叶绿素的"杰作"，它是世界上最重要的色素之一。树叶的颜色是由叶绿素决定，那么叶绿素为什么是绿色的呢？这是由它的光学性质决定的。我们知道太阳光是由七种颜色光混合而成的白光，阳光通过棱镜分开来为红、橙、黄、绿、青、蓝、紫。叶绿色吸收红光和蓝紫光最多，而对绿色光不吸收，并将它反射出来。正因为这样，我们看到的树叶是绿色的。

叶绿素在叶绿体内与蛋白质结合成一定结构时，就能捕捉太阳能，利用二氧化碳和水制造出有机物质(如糖等)来，同时排出氧气。这个作用叫做光合作用。

光合作用是绿色植物的特有本领，它是在100年前才被我们发现的。大约300年前，曾有人做过这样的试验：把一株小柳树种在盛满泥土的桶里，经常浇水，5 年以后，这株柳树长大了，比原来重了 70 多千克，但桶里的泥土却只少了几两。小柳树所增加的 70 多千克物质究竟是从哪里来的呢？仅仅是由于水的关系吗？再过了 200 年，经过许多人的努力研究，才揭开了植物制造有机物质的奥秘。

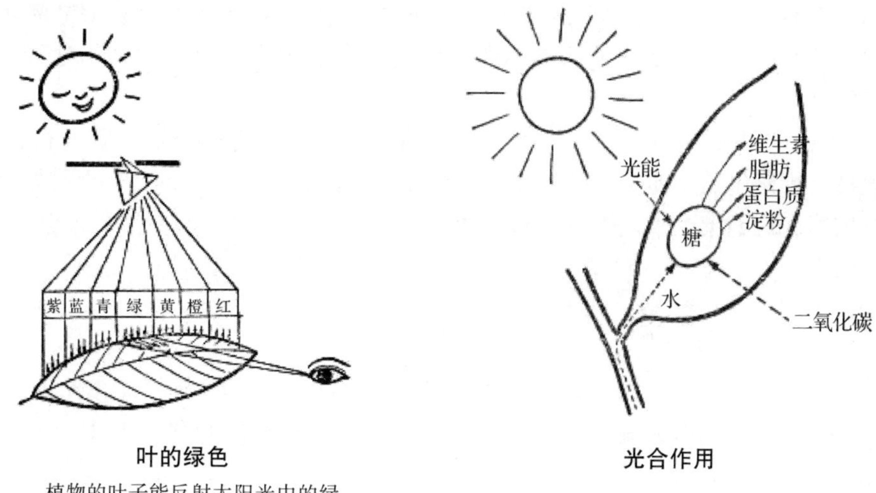

叶的绿色

植物的叶子能反射太阳光中的绿光，因此我们看到叶子是绿色的

光合作用

在显微镜下，我们可以看到在组成叶肉的细胞里，有许多绿色的“小球”，称为叶绿体。叶绿体的直径，平均只有 5μm，就是说，2000 个叶绿体连接起来才有 1cm 长。每一个叶绿体都好比一个“工厂”，里面有许多圆碟形的微小颗粒，叫做基粒，这些基粒中有次序地排列着一层层的叶绿体分子。当光线照射到这些叶绿体分子上时，他们就会利用日光的能量把水和二氧化碳制成糖。糖可以合成我们食用的淀粉以及其他有机物。光合作用的过程是一个很复杂的生命现象，直到现在为止，我们还不能做到在工厂里进行光合作用。至于太阳光能的充分利用，也还差得很远。太阳光能每年每月都大量送到地球上来，而地球上绿色植物的光合作用所利用的太阳光能，却只有达到地球表面上的能量的八千分之一。如果把地球上绿色世界的光合作用能力提高一倍，那么人类将会得到更多的木材、粮食、布匹和油料！

树为什么能在恶劣的环境里生长

人们常常问道：为什么在悬崖峭壁的石缝里，会长出苍劲古茂的大树？在贫瘠干旱的沿海沙地上，会出现那样旺盛葱绿的防护林？在通气极坏的泥炭沼泽地里，能长出大片树海……

这些乍看起来似乎难以理解的问题，已经得到科学上的解决。原来，树木的根部有一种特殊的结构，叫做菌根。树木的菌根究竟又是什么东西呢？

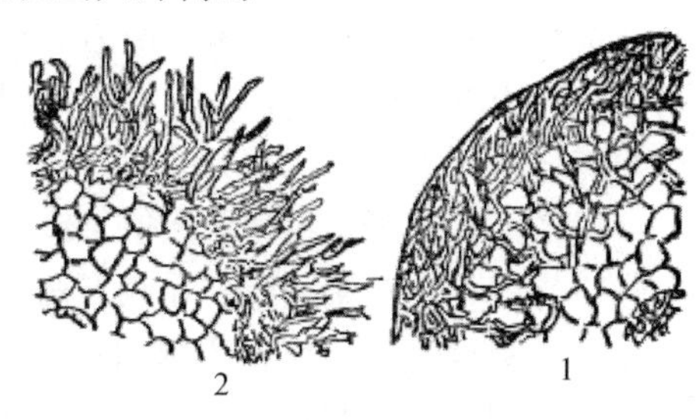

菌根

1. 内生菌根　2. 外生菌根

有一类微生物叫做真菌的，能够定居在树木的根部，和树木一起过着不平凡的共同生活。这些真菌能分泌一种刺激素，使树根组织膨大变形。这些膨大变形了的根器官，就是菌根，形成菌根的微生物就叫菌根菌，只要有担子菌纲中的伞菌类，尤以伞菌类中的牛肝菌属的几种真菌较为常见。许多树木都有菌根帮助它生长，如我们前面介绍过的木麻黄、马尾松等。

为什么菌根能帮助树木生长呢？在显微镜下可以观察到，菌根有两类：一种真菌的菌丝体进入根的初生皮层，像网一样保卫皮层的每一个细胞，这叫外生菌根，常见于松树、落叶松、铁杉、栎类等；另一类真菌菌丝体完全进入表皮和表皮以内的细胞，这叫内生菌根，常见于柏树、杨树、核桃、柑橘、榕树、相思树、油茶、咖啡、橡胶树等。可是，不管真菌的菌丝体与树木的根以哪种形式结合在一起，真菌都能用它的庞大菌丝体把大量土壤和树木联合起来。真菌的菌素体的数量是相当可观的，假如把这些菌丝体展开，可以覆盖上 $100m^2$ 的面积。真菌的菌丝还代替了根毛的作用，帮助树木吸收水分和营养。

这些真菌还有一些特殊的本领，能分泌许多酶(过氧化氢酶、纤维素酶、谷氨酸酶等)来分解不溶解状态的有机物和矿物，使它们变成能为树木吸收的物质。而树木则以硫胺和其他维生素供给真菌，促进真菌生长和发育。

正因为这样，由于有菌根的存在，树木可以从没有被风化的矿物如长石、磷灰石、石灰石中吸取养分。也能从泥炭、粗腐殖质、木素蛋白质化合物等未分解的有机物质中吸取所需要的养分。因此，菌根的这种独特作用，在生产上不仅可以节省肥料，而且可以施用价廉的微溶性的甚至不溶性的无机肥料，降低生产成本。

为什么林木可以排除噪音

当你走在绿树成荫的大路上，你会感到这里比树木稀少的街道安静得多。在你走进森林，也会发觉，这里听不见外界的噪音。有人做过这样的试验：他们分别在离水面 500m 和 1km 深处爆炸了重量 3 斤的三硝基甲苯炸药。结果发现，声音在水中一直传到远离爆炸地点 4500km 的地方；在空气中，由于声波被吸收，传了 4km 远。而在森林中进行同样的爆炸，声音只传了 400m 远。可见树木具有排除噪音的能力。

读者们一定会问：为什么声波在森林中会消失的这么快呢？科学工作者认为，这不仅是由于树木对声波具有散射作用，而且在声波通过时，枝叶摆动，使声波减弱，并迅速消失。

树木既能使空气新鲜，又能排除噪音。它对保证劳动人民能够在安静、清洁的环境里工作、学习和休息，起着十分重要的作用。同时植树造林也是用来防止“公害”的一个重要措施。因此，无论现代城市设计、工厂区或城市住宅区的设计，都要认真考虑绿化这一重要问题。

森林“夜雨”

凡是到过我国东北兴安岭林区的人，一定会看到一种奇怪的现象：在密密丛丛的森林里，夏天的林海之夜，满天星斗，格外清凉；然而有时一到后半夜，林内却下起了滴滴答答的“夜雨”。直到日出以后，“夜雨”才停止。在冬天，有时碧空无云，星光闪闪，森林里却飘起了微微的“雪花”。

这是什么原因呢？这是由于森林里气候特别湿润的缘故。我们知道，树木就像一台抽水机，从林冠蒸腾大量水分。夜间，地面由于强烈辐射而冷却，被蒸发的水汽，便不断饱和凝结成水滴，附在树木的枝叶上，随着温度的不断下降，凝结作用不断加强，水滴越来越大，越来越多，当枝叶支持不住时，水滴就从树冠上掉下来。因为森林枝叶茂盛，下降水滴密集，所以就有“夜雨”之感。当清晨日出之后，因为温度逐渐回升，凝结作用即被打破，水滴重新蒸发，“夜雨”也就终止了。这种“夜雨”现象在大雾之夜尤为明显。

在冬天，由于森林里的温度很低，夜间的气温一般都在 0℃以下，所以过饱和的水汽直接凝结为雪晶而降落，有时则凝结成霜或雾凇。

根据森林气象工作者的观测，这种“夜雨”的雨量一般可达 0.2～0.4mm，有时雨量甚至还要多。一年里约相当于华北地区年雨量的十分之一。这是十分可观的，这也是森林经常保持湿润状态和林区多雨的原因之一。

四、植树造林，绿化祖国

我们了解绿色世界——森林，揭开它的奥秘，掌握它的生长发育规律，是为了能动地利用和改造它，使它更好地服务于人民。

森林是国家和人民的宝贵财富，是我国社会主义建设的重要资源，积极发展造林植树事业和保护现有森林资源，对于促进我国工农业生产和国防建设具有重要的战略意义。此外，植树造林还能改变自然面貌，调节气候，净化空气，改善环境卫生，增强人民健康。

党中央和毛主席历来十分重视植树造林，并号召我们：一切能够植树造林的地方都要努力植树造林，逐步绿化我们的国家，美化我国人民劳动、工作、学习和生活的环境。因此，绿化造林和保护森林，是我国人民在毛泽东的革命路线指引下，进行社会主义建设，改变祖国自然面貌的一项重要措施。

我们伟大的社会主义国家幅员广阔，自然条件优越，树木种类繁多，为我们进一步开展植树造林工作，发展林业生产提供了十分有利的条件。但是我们必须看到，林业生产有它的特点，树木生长有它的规律，植树造林也有一个科学的问题。例如树种的选择，什么地方种什么树最为适宜，都是值得注意的。就拿广东省来说，大面积造林多用杉木、马尾松、桉树、木麻黄、台湾相思、青皮竹等，而湖南省除多种杉、松之外，主要还有檫树、樟树、油茶、毛竹等。就是在广东省内，因地势不同，山地一般多种松、杉，丘陵多种油茶、油桐，平原多种桉树、苦楝、竹类，沿海沙地则多种木麻黄等。在树种选定以后，从小的种子培育成大片的森林，需要一个较长的时间，要经历各种不同的阶段，各阶段又有各自的特点和规律，因此，我们要善于掌握这些特点，采取各种有效措施，认真搞好造林工作，才能达到预期的效果。

森林保护着我们[②]

一片郁郁葱葱的森林，它调节着四周的气候，保护着邻近成千上万亩的庄稼，静静地为人们做着许多有益的工作。

“山光光，年年荒，光光山，年年旱”；“高山密林云遮天，风调雨顺少灾年”。这是山区劳动人民对林业和农业的相互关系所作的深刻总结。

有森林的地方常常是云多、雾多、雨雪多。这是因为森林通过叶面吸收大量太阳热能，并向空中不断蒸发大量的水汽，一亩森林，一天就要蒸发1000～2000斤水，比同等面积土地的蒸发量高出10～20倍。同时，林区温度也比无林地要低。空气湿润，温度低，森林上空的气流就容易下沉，而林区附近的无林地方，由于受热增温程度不一，就容易发生局部对流，这些下沉和对流，促使潮湿空气的凝结而降雨。这就是为什么人们称森林是“大自然造雨机”的缘故。

同时，山区的森林又是防止水灾和土壤侵蚀与冲刷的有力武器，它能够涵养水源，保持水土。在落雨下雪时，小部分雨雪截留在枝叶上；大部分雨雪则被林地上像海绵一样松软的枯枝落叶层所吸收，渗入土壤，变成地下水，避免了无林地区那种常见的水土流失现象。而贮存在地下的水，到了干旱季节涓涓而出，这样森林就起到“天然蓄水库”的作用。

森林还可以阻挡风沙。俗话说：“寸草可以挡丈风”。不用说，由高大乔木和低矮密生的灌木组成的防护林带或林网，就更可防风固沙、保护农田了。据计算，在林带防风的范围内，风速约可减低30%～40%；同时田间水分蒸发量可减少10%～20%，相对湿度可提高10%。因此，一般有防护林的农田，要比没有防护林的多收20%左右，故林带获有“绿色卫士”的美名。

随着工业的发展，大气污染，环境保护已引起人们严重的关注，树木在这方面也起着独特的作用，它不仅美化环境，还可净化空气，消除噪音。在绿化的街道上，空气含尘量要比没有绿化的地方低50%～60%，它就像“过滤空气的筛子”一样，可以吸收、阻隔或杀灭多种有害气体、尘埃、病菌及致病原生物等，使它们不再任意飞扬或散播。

至于森林的主产品——木材的用途更是为大家所熟悉：可以制造农具、家具以及许多日用品。它既是工业建设的四大原料（钢铁、煤炭、橡胶、木材）之一，又是农需四料，即木料、燃料、饲料、肥料的重要来源。此外，林木还可提供像桐油、松香、生漆、鞣料、虫胶等重要林副产品。

总之，被人们称为“绿色的世界”的浩瀚森林，除了给人类提供丰富的物质财富外，还对人类生存环境有着重大的影响。只要我们掌握它的生长规律，了解它的内在联系，就能不断地增大它对人类的直接效益和间接效益。几千年来，我国劳动人民在培育、保护和利用森林方面都积累了丰富的经验，今后我们还要通过科学实验，不断总结经验，让森林为我国社会主义建设作出新的贡献。

---

② 原文发表于《农村科学实验》[1977(试刊)：20～21]。

混交林[③]

在森林的结构组成方面，由单一的树种形成的森林称作纯林．由两种以上的树种组成的森林称为混交林。因为混交林具有纯林所没有的许多优点，营造混交林日益受到普遍重视。

充分利用外界条件

由于树种生活习性不同，对外界条件要求各异，人们就可利用这一特点，营造各种各样的混交林，做到充分利用外界条件(空间、光照、土壤肥力等)。例如，将喜光的与耐阴的树种，速生的与慢生的树种，根深的与根浅的树种，喜氮的与喜磷的树种等，互相搭配营造混交林，就可以达到这一目的。

近些年来，在湖南、广东一些地方，常营造一种针阔叶树种相搭配的杉檫混交林，获得了较明显的效果。檫树是一种喜光的、深根的阔叶乔木，喜氮肥，它比浅根性的喜磷肥的杉木生长快些，在向阳坡地或开阔丘陵地上，对杉木的早期庇荫及合理利用土壤肥力等都有好处。又如在较瘦瘠的土壤上，营造马尾松与木荷或枫香的混交林，这在松林的防火治虫等方面起到了积极作用。在土壤条件更好一些的地方，有的在马尾松幼林长起来后，在林冠下栽植耐阴性强、经济价值较高的常绿栎栲类或樟树，形成一种稳定的复层混交林。

有效提高土壤肥力

混交林对维护地力，改良土壤，提高森林生产力的作用更为显著。森林一年间的落叶量每亩大致为 200 ~ 300kg。但是针叶树的落叶灰分缺乏，分解困难，分解后酸性又大，不利于土壤微生物活动，容易引起地力逐渐衰退，造成森林的生产力不断降低。阔叶树的落叶灰分丰富，易于分解，改良土壤性状的效果则甚明显。例如我国北方杨树与刺槐混交林的土壤含氮量，比杨树纯林高一倍以上；混交林中由于有根瘤固氮和落叶层的腐烂分解，土壤有机质增加 13%。

实践表明，在相同的土地条件下，复层混交林比纯林的总产量要增加 30% 以上。如北京湖白河林场，14 年生加杨、刺槐混交林每公顷平均蓄积量 128m^3，而加杨纯林仅为 65m^3。

增强抗灾能力

在多数情况下，混交林对灾害性气象因子(强风、大雪、冻害、日灼、火等)具有较强的抵抗力。因为对于风害和雪压，一般规律是林冠越不整齐，危害性越小。根系深的树种和根系浅的树种混交，可减少风害。常绿针叶树种和落叶阔叶树种的混交，可减少雪折和雪倒的发生。很多对霜冻和日灼敏感的树种，如果在其他树种保护下，就可受害较少。针叶树纯林，由于地表较干燥，枯枝落叶易燃性

③ 原文发表于《农村科学实验》(1978，6：23)。

很高，易受火灾之害；而营造针阔叶混交林，可减缓地表火和树冠火的蔓延速度。

混交林对虫害的抵抗力亦较强，原因很多：多数昆虫对食物是有选择性的，单食一种树，针阔混交林可防止虫害普遍发生和扩展；在针叶林中混有阔叶树，可招引益鸟，消灭害虫；混交林中寄生性昆虫的繁殖也要强些；混交林郁闭度大，昼夜温差小，不适宜病虫害发生；有的树木（如桉树，紫穗槐）还分泌一些对害虫有刺激的物质……总之，混交林生长较稳定，即使它遭受某种虫害，也不会造成全林濒临毁灭的地步。

有利造林规划安排

通过混交可以做到长短结合，以短养长，同时为多种经营创造了条件，具有较大的经济意义。在杉木林中混栽特用经济树木，如油桐、漆树等，用这种短期混交方式，培育速生高产杉木用材林，是我国南方林区的优良传统，它保证了用材林的集约经营。培育这种杉木林时造林密度较稀，在早期林地上的空地较多，而杉木在幼年期又喜阴湿的环境，如果在杉木林中混栽如油桐、漆树这类速生喜光而寿命又不太长的阔叶树种，不仅充分利用了土地，而且每年有大量落叶为林地补充肥料。混种的油桐一般3年左右开花结果，5年前后为盛果期；7～8年即开始衰退；漆树也是一种从栽植到连续收割生漆约5～6年，生长即行衰退。这些树种均可在杉木进入生长旺盛期之前全部伐去，做到“长短相结合，主次兼受益”。

混交林树种配置要合理，在确定主要树种（目的树种）后，混交树种（伴生树种）要尽可能选择那些改良土壤作用大的树种（固氮树种），如南方的木麻黄、木豆、黄檀及北方的椴树、酸刺、刺槐、紫穗槐等。由于树种配置合理，能充分利用光、热、水、肥，增加森林生产力。

虽然混交林有许多优点，但也有不足之处，它要求较高的营林技术和环境条件。树种的选择是一个非常关键的问题，必须因地制宜，否则就会造成相反的结果。在一些自然条件很差的地区，如干旱瘠瘦地、水湿地、砂地、盐碱地以及高寒地带等营造纯林就是必要的。但总的来说，混交林比纯林更能合理地利用自然条件，在可能的条件下应多营造混交林。

树木的叶面积[④]

树木是用化整为零的办法，来扩大自己与外界的接触面，最大限度地吸收自身生长所需要的物质的。树木之所以能生存，正是通过与外界接触的最有效面积(即树的面积)来进行物质交换的。这就是为什么一株生气勃勃的树，总是枝繁叶茂，而衰老病株往往是枝凋叶稀的缘故。

在树木的各种器官中，树叶担负着能量与气体交换的任务。要制造有机物，必须有足够的叶面积。据计算，制造1克糖，不仅需要约16.73kJ的太阳能，还要吸进相当于2500L大气中所含的二氧化碳，这就需要叶子与日光、大气有充分的接触面。所以，对一棵树来说，叶面积的大小，直接影响着它的生长发育。

据统计，一株中等大小的桦树，约有20万片叶子，每片叶若以6cm^{2}计算，加起来这面积就很可观了。至于那些如马尾松的细细针叶，木麻黄的细长嫩枝，台湾相思树的狭窄叶柄，它们一棵树的树叶总长度更是可观，有人曾经对一株165年生的发育良好的老松树作了一次统计，其针叶总长度将近200km。甚至是树冠相当小、针叶也不多(与其他树种比起来)的喜光的松树，10亩松林的针叶总面积，也将近有100亩；而10亩耐阴的常绿栎栲类树林的叶面积就更不用说了。

上面说的还只是人们肉眼可见的树叶的表面积。此外，树叶还有两个肉眼看不见的内面积，这就是细胞外的空隙面积和细胞内部的结构面积。

我们知道，叶子不能无限制地扩大自己的表面积。因为叶子不像树根那样生活在潮湿的环境里，而是处于比较干燥的大气中。叶表面的水分蒸发十分强烈，根系吸进来的水，有99.8%是通过叶子被蒸腾掉了，只有约0.2%是用于光合作用的。于是，叶子只好靠“内面积”，即管道、空隙来增大自己的总面积。例如，一棵梓树，其全部叶子的外部表面积有390m^2，而它的叶子内部的表面积则达5100多m^2，内面积比外面积大十几倍。在这种巨大的细胞间隙的内部表面中，既不引起水分蒸腾的增加，又便于吸收二氧化碳，供它生长发育的需要。

细胞里面的面积指在显微镜下才能看到的细微构造的表面积。在树木叶子内部的叶肉细胞中，常含有几十个到几百个叶绿体。例如一片山毛榉树的叶子，所含叶绿体的总面积，要比叶面积大200多倍。一株大树所含叶绿体的总面积，约有2万多平方米，即达30余亩。只有这样广大的面积，才能保证它很好地利用日光能以进行光合作用。

通过对树木的叶面积的上述分析，我们就可以想象，一片森林或一条防护林带与外界接触的面积会有多大；就不难理解，为什么人们把森林称作“天然的水库”、“农田的卫士”或“过滤空气的筛子”了。

---

④ 原文发表于《湖南林业科技》(1978，6：30~31)。

荒山造林的先锋树种——马尾松[⑤]

马尾松(*Pinus massoniana* Lamb)同我国松属的某些树种一样，由于森林植物学上的特殊生态表型，长期以来，成为南方荒山造林中难以代替的、有着重要经济意义的先锋树种。

一、经济意义

马尾松是我国分布最广，数量最多的针叶树种之一，它广布于我国南方十三省区。北自淮河流域和汉水流域以南、长江中下游各地，南达广东雷州半岛，东起台湾北部低山、西海岸，西至四川中部、贵州中部、云南东南部和广西的广大山区丘陵，均有分布和栽培。垂直分布在长江下游海拔700m以下，中游海拔1200m以下常见。例如在四川重庆北碚的缙云山，马尾松却分布到海拔1100m的高处。再向西随地势上升，分布相应升高，在滇东南马尾松分布则达海拔1800m。

在我国南方各地森林蓄积量中，马尾松几乎占半数左右。例如1974年统计马尾松的蓄积量，广东省占全省总蓄积量的45.1%，浙江省占52.0%，福建省更高，达59.4%。广东省截至1974年，在全省历年用材林的造林面积中，马尾松的比重达到60.7%。可见，马尾松是占首位的人工林树种。

马尾松的经济价值很高，木材淡黄褐色，质地坚韧，纹理直，含脂高，比重0.39~0.49，供建筑、枕木、矿柱等用。若经防腐处理，可以防白蚁蛀食而延长使用年限。亦常用于制板材、火柴杆、家具等。木材很耐水湿、抗腐蚀，素有"水浸千年松"之说，特别适于水底地下工程，大量用于矿柱和桩木。马尾松木材含纤维素达62.1%，脱脂后，为造纸和人造纤维工业的重要原料。如广州造纸厂每年生产新闻纸就需耗用20万~25万m^3马尾松材，占广东省木材年生产量的10%左右。

同时，马尾松还是我国采脂的主要树种之一，它采脂期长，产量高，单株立木胸径18cm以上，每年可割脂5~6kg。新鲜松脂中，松香含量约占65%，松节油为35%。松香，松节油是许多轻重工业的原料，也是一项传统的出口物资。1971年我国松香产量已达20万t，占世界第三位，出口量达12万t，占世界松香总贸易额的28%。1974年，全世界松脂年产量为100万t，其中我国为35万t，占世界第一位。松香主要用于造纸、橡胶、涂料、清漆、胶粘剂等工业，并加工成改性产品利用。松节油绝大部分用于再加工，如合成松油、加工树脂、生产杀虫剂、合成香料和调味剂。松节油已成为许多贵重萜烯香料的合成原料。

此外，马尾松针叶可提制挥发油、机器用油、纤维、单宁等化工产品。树皮含单宁2.9%，松针叶含单宁14.6%，种子含油约30%，可食用，植株各部还能入药，有祛湿通络、活血消肿、止血生肌之效，并可治夜盲等症。树干及根部可培养茯苓、蕈类，供中药及食用。

---

⑤ 原文发表于《林业发展趋势与丰产林经验》，国家林业总局森林经营局编印(1978：233~240)。

马尾松在绿化造林中的重要地位，还在于它适应性强，能耐干旱贫瘠土壤，栽培技术要求不严，种源丰富，无论直播造林，栽植造林，飞机播种造林都能获得成功。同时马尾松又是造林成本较低的一种树种，根据广东西江流域各国营林场核算，马尾松从造林、管护到采伐利用全部成本不及杉木的三分之一。

二、马尾松的林学特性

从马尾松分布的地区可以看出它是一个亚热带树种，适生的气候条件是年平均气温在13～22℃之间，年雨量800mm以上，温度过低能使针叶尖部枯萎，有时达叶长二分之一，10年生以下幼树的迎风面尤为明显。

最喜光，喜酸性土。在华南地区常与桃金娘、铁芒萁等酸性土指示植物混生，在钙质土上生长不良甚至不能生长，不耐盐碱土，忌水湿。根系强大，主根入土深达5m余，有菌根共生，使侧根在土壤表层四散分布，因此，在一些山顶、山脊干旱贫瘠的薄层土壤上，保水力差甚至斜坡流失的砾质土上，透气不良的黏重土，马尾松不仅能顺利生长，而且具有天然下种更新的能力。

在表土深厚、疏松、湿润的酸性沙壤土和黏壤土上生长迅速。一般天然马尾松林30年生树高达15～25m，胸径20cm，30～40年以后高生长渐衰，直径和材积生长加快，50年生高28m，胸径45cm，60年生高29m，胸径60cm，材积$1m^3$以上。人工营造的单纯林生长快，据广西柳州沙塘调查，23年生林分平均树高18.2m，胸径22.2cm，每亩蓄积量$54.72m^3$，单株材积最高达$0.555m^3$。

不同的立地条件马尾松的生长速度存在着显著的差异，见表1(1976年广州市郊区白云山马尾松林分生长特征调查)。

表1　马尾松不同立地条件生长特征调查　　单位：cm、m、m^3

植被类型	地位级	林龄（年）	郁闭度	林分特征				株数按生长级分布(%)				
				平均胸径	平均树高	株数	蓄积量	Ⅰ	Ⅱ	Ⅲ	Ⅳ	Ⅴ
马尾松—灌木群丛	Ⅰ	23	0.8	17.5	17.2	72	17.6	26.8	32.0	19.0	15.0	7.2
马尾松—铁芒萁群丛	Ⅱ	23	0.8	13.9	13.2	102	14.3	20.6	24.1	26.8	17.2	11.3
马尾松—岗松＋鹧鸪草群丛	Ⅲ	23	0.8	10.8	8.8	134	7.5	2.1	7.9	39.6	29.2	21.2

表2　生长量对比　　单位：m、cm

项目 产地	树龄	平均木		优势木		备注
		树高	胸径	树高	胸径	
广东高州	11	6.33	9.18	8.0	13.9	1965年栽植，立地条件相同，1975年12月下旬调查
广东信宜	11	4.70	7.86	6.5	10.8	
广西上思	11	4.70	6.86	5.9	10.7	
广东阳山	11	4.46	6.50	6.1	9.1	
湖北	11	3.39	4.08	4.4	7.0	

从表1看，1958年以后白云山的马尾松虽受到松毛虫的严重危害，但蓄积量并不很低，平均年龄为23年生，每亩平均蓄积量仍有$7.99m^3$，每亩年平均生长量为$0.34m^3$，整个松林年平均增长率为4.3%，而在立地条件较好的林分，年平均生长量达到$0.76m^3$。

三、栽培技术

（一）良种壮苗

马尾松的良种选择主要应抓住三个环节：第一，母树的选择，一般以15～30年生，树干通直，发育健壮，无病虫害的植株作母树为宜；第二，采种的季节宜在11月下旬至12月上旬，这时正是马尾松种子最适宜的形态成熟期，可以采到较多的遗传性稳定、饱满的种子；第三，种源的选择，这是一个最近几年日益受到广大林业工作者的重视的问题。湖北省林校和湖北省太子山林管局林科所通过多年观察研究，发现广东马尾松，特别是高州地理种源比当地马尾松，无论在生长速度、干型、抗性等都有明显的优越性。广东马尾松年生长期达280～300天，一年形成2～3轮侧枝，而湖北马尾松年生长期仅250天左右，一年只形成一轮侧枝。近年来，为了使马尾松良种化，在贵州、广东高州县已开始建立马尾松种子园。

马尾松的壮苗培育，除了对圃地选择和技术措施的一般要求外，从广东各地总结的经验来看，应根据本地气候，病害发生情况，适时播种是培育壮苗的关键。一般多是即采即播或尽量早播，待春暖多雨季节，苗茎呈淡红色，抗性增强，就可避开病原菌的侵染，保证苗木苗壮成长。

（二）造林

马尾松造林一般有栽植造林和直播造林两种方法，无论采用哪种方法，造林季节的选择是一个很关键的问题，必须根据当地气候特点，选择春季的阴雨天气进行为宜。造林密度因地区和经营要求不同，一般每亩300～600株，在水土冲刷严重的地方密度还可以大些。

栽植造林还要选择适龄的实生苗。过去普遍采用1年生苗造林，广东一些地方总结以往栽植造林经验，发现华南地区气温高，雨量充沛，有时阴雨连绵，故多采用百日苗或半年生苗造林，成活率较用1年生苗大大提高，并结合本地区实际情况，摸索出一套提前育苗和推迟造林的栽植技术，取得了良好效果。例如，广东东莞县根据每年5月“龙舟雨”这一特点，于头年秋末冬初育苗，于翌年5月出圃上山，造林成活率很高。又如粤西湛江地区，由于春旱和雨季开始较晚，以集约造林方式采用营养砖、营养杯式的百日苗，效果也很好。

直播造林根据以往经验发现鼠害或鸟害往往是造成直播造林失败的主要原因之一。在鸟兽害不很严重的地方直播造林多是成功的。

（三）幼林抚育

马尾松幼林一般进行除草松土抚育，防止高草植被覆盖影响成活和生长。针对造林初期生长缓慢，“三年不见林，五年不见人”这一特点，各地都是采取封山措施，才能取得成功。

造林密度大，人为地控制好郁闭度，自然整枝良好，能长成无节良材。但对稀疏的幼林应严格掌握修枝，一般在造林5年后进行，修枝不能超过树冠的三分之一。过去不少地区由于修枝过分，造成成林不成材的恶果，必须引起重视。

（四）飞机播种造林

为了迅速“绿化祖国”，消灭荒山荒地，近十多年来我国利用马尾松“飞籽成林”这一特性，大面积地开展了飞机播种造林，福建、贵州、广东等省在地广人稀、劳力不足的地区，进行飞播造林，效果较好。它具有造林速度快、成本低的优点。在正常情况下，一架“运5-型”飞机每天可播种1.5万～3.0万亩。

据广东省1975年对飞播造林普查统计，自1963年到1971年，全省共飞播造林1924.63万亩，保存面积1059万亩，保存率达55.02%。每亩平均有苗300株以上的，计有498万亩，占保存面积47%，而每亩平均有苗100～300株的有441万亩，占保存面积41%。早年飞播的幼林树高已1m以上，有些高达2～3m，使很多荒山已初步形成一些新的用材林基地。

为了保证马尾松飞播造林的效果，根据各省多年来的经验总结，应抓好以下几点技术措施：①飞播前作好播区勘查设计工作。宜选一些偏远的，交通不便的山区，面积在5万~30万亩(太大，飞播时气象难以掌握)，宜林面积要占80%以上。地势不能太复杂，地形应较完整，土壤较湿润。②宜搭配其它树种混播或带状交叉播种，避免造成大面积马尾松纯林发生火灾和虫害。③种子质量要高，每亩播种量约0.2~0.3斤。④播区选定后，要对杂草灌木丛生的林地提前炼山。⑤掌握播种季节，宜在春雨连绵来临的前夕播种，使种子迅速发芽，以免久留山上受鸟鼠之害。⑥飞播后应全面封山数年，严禁割草，放牧。

由于松毛虫的长期危害，近年来使人们对马尾松造林产生了不同的看法。首先应该看到松毛虫的确是马尾松正常生长的大敌，给马尾松的造林更新工作带来了许多困难。但是松毛虫的危害情况是应该分析的：马尾松毛虫的习性是喜强烈光照、高温、干热的气候，一般大面积多发生于平原，丘陵的开阔地带，而对海拔较高的群山，深山地区马尾松的受害则较轻微，以广东省为例，粤北连南、连县、乐昌等山区，马尾松受害就较少，而韶关、英德等丘陵地区则危害严重，同样粤西信宜、高州等山地就比廉江、遂溪、电白、吴川一带平原丘陵受害较少。由此可见，马尾松仍可成为我国南方荒山造林和森林更新的先锋树种。

对于丘陵地区松毛虫的严重危害，除了继续采用化学药剂防治和生物防治相结合的综合措施外，还可以采取改造林分、营造针阔叶混交林和异龄林的措施等造成树种多、植被丰富、林内日照较少、温度较低、湿度较高等不利于松毛虫生育的条件，从而增强了森林的抗虫性和抑制害虫大发生的能力，逐步改变目前丘陵地区松毛虫大面积危害的被动局面。

珠江三角洲的水松[⑥]

水松(*Glyptostrobus pensilis* K. Koch)为杉科水松属半落叶乔木，通常 10 ~ 20 年生树高 10m 左右。根据最近我们对广东省曲江县南华寺留存的 7 株 400 ~ 500 年生水松调查，平均树高 35.5m，胸径 96cm，其中最高的达 40.5m，胸径 110cm，可能是目前国内最高大的水松了。

一、水松的经济价值

水松是理想的防护林树种。《广东新语》古农书中称："水松性宜水，广中凡平堤曲岸皆列植，其根盘结堤基不塌。"每遇涨水，泥沙逶积抬高，多年之后，不假人力，自成生物巨堤。

更可贵者，当树木采伐利用后，留下的根桩在水中形成有力的根系屏障，防浪护堤。斗门县西安公社有一堤围，40 年前一些百年大树被砍去，留下的树头至今仍完好无损地护着大堤。1975 年第 13 号强台风中心经过珠江口，斗门县上横公社和新会县木洲公社等地许多大树被刮倒，很多石堤被风浪冲垮，但种植有水松的堤岸却安然无恙。

其次，水松的木材轻软，纹理细，耐水湿，适作建筑、桥梁、船舶、涵洞、水闸板和冷藏库等，被誉为"水乡的杉木"，根部木材更轻，比重仅 0.12，是做救生圈、瓶塞和桶帽等的软木上料，球果富含单宁，可做染料用。树形美观，亦是优良的湖滨风景园林树种。

二、水松的分布

水松是我国著名的"活化石"树种之一，它和水杉以及原产美洲的落羽杉等在中生代的上白垩纪，曾是构成当时森林的重要组成树种之一。还曾分布到北美洲、欧洲和日本，冰川期以后，仅存在于我国广东，福建一带。在广东，它主要分布在珠江三角洲地区，以新会、斗门、中山、南海、番禺、顺德、东莞、台山和广州郊区等为现在的分布中心。此外，粤东和粤西部分地区亦有零星分布。

过去广东的天然水松群落是分布很广的，多分布于低湿地和山脚洼地的沼泽土上，现在在广州市郊的石牌、长湴等地仍见到泥炭土中埋藏很多水松根，此外，在新会、高鹤、台山等地挖掘泥炭土时，亦发现很多水松根。由于人类的破坏，天然的水松群落逐渐绝灭了。目前各地散生的水松都是人工栽种的，仅分布于河涌的两岸或江河下游的泛滥泥滩地上。它的分布区已日益缩小，个体数量也不断减少。如果不加以人工保护和繁殖，是很容易绝灭的。因此，大力发展和保存该孑遗植物的基因资源是十分必要的。

---

⑥ 徐英宝，余醒，原文载于《林业科技通讯》(1981，3：15－18)。

三、水松对立地条件的适应性

(一)温度

水松的适宜生境是地处低纬，面临热带海洋，热量丰富，年平均气温在21～22℃，但它目前最北分布到长江流域以南。如在江西庐山海拔1210m，1月平均温度为0.6℃，绝对最低温度为－13.9℃，能在室外越冬，生长正常，湖北武昌华中农学院16年生水松片林，平均高7.5m，胸径19.4cm，生长尚好。这些说明水松是具有一定耐寒力的树种。

(二)雨量

分布区内雨量充沛，年降雨量超过1600mm，降雨量越丰富对水松生长越有利。它极耐水湿，在广州石牌华南农学院鱼塘水中生有数株水松，树龄25年，树高6～8m，胸径12～16cm，能正常开花结实，唯生长较慢，尖削度大。在潮湿地上的水松常形成屈膝状的呼吸根，从侧根处垂直伸出地面，最高可达72cm，基径22～57cm。

(三)光照

水松为强喜光树种，林冠下未见有天然更新的。从幼苗开始就对光敏感，始终要求充足光照。过去有人曾作发芽试验，将吸光纸遮住发芽器，并置黑暗处；另一对照置阳光下，二者除光照条件外，其余因子相同，经20日，前者发芽率为12%，后者为83%。我们的调查(表1)亦表明光照对水松生长有着强烈影响。

从表1可以看出，在同样立地上的同龄水松，由于有一地段被木麻黄(*Casuarina equisetifolia*)和青皮竹(*Bambusa textilis*)从侧方与上部遮光，另一段未被遮荫，其未遮者树高比遮者大68.3%，胸径大63.9%，蓄积量几乎大3倍。

表1　光照对水松生长的影响

样地号	调查地点	栽植地段	树龄(年)	调查株数	平均生长指标			备注
					树高(m)	胸径(cm)	蓄积量(m^3/100株)	
9a	斗门县西安公社前进大队河涌边	不遮光	5	140	6.0	6.9	1.0804	因为水松种植有连片的也有成行的，为了比较分析，林分蓄积量统一以100株计算。下同
9b	同上	遮光	5	126	4.1	4.4	0.3096	

(四)土壤

水松在最适宜的珠江下游的冲积土上要比其它喜湿树种速生，但不同的土壤条件对水松生长亦有明显的影响(见表2)。

从表2可以看出，在珠江三角洲平原上，水松适生于中性或微碱性土壤(pH 7～8)，酸性土上生长一般，如在新会县圭峰山下湖边(pH 5)，21年生水松平均树高6.7m，胸径11.1cm。

水松有相当抗盐碱能力。据我们调查，在新会县崖南公社滨海咸田上(离海700m处)，15年生水松平均树高7.5m，胸径17cm，生长发育正常。斗门县白藤湖农场苗圃，在0～5cm土层含盐量达0.28%的轻壤土上，1年生苗平均高58.1cm，地径1.1cm，幼苗显现矮壮，生长正常。

表 2　土壤状况对水松生长的影响

样地号	调查地点	容重 (g/cm^3)	总孔隙度 (%)	毛管孔隙度/非毛管孔隙度	自然含水量 (%)	土壤质地	pH值 KCl浸液	有机质 (%)	树龄 (年)	平均生长指标					备注
										树高 (m)	胸径 (cm)	蓄积量 (m^3/100株)	优势木高 (m)	优势木胸径 (cm)	
10	斗门县西安公社连江大队	1.15	57.4	1.5/1	28.0	中壤土	7	3.72	10	8.20	13.4	5.26	9.43	14.6	取土层在20～30cm之间
15	斗门县上横公社广丰围堤二牙	1.27	53.0	1.5/1	23.0	同上	7	3.60	10	6.50	12.4	4.46	7.50	14.0	
7	斗门县西安公社向明大队	1.20	56.0	1.5/1	28.0	同上	7	4.80	10	6.30	10.5	3.19	7.47	12.7	
21	斗门县西安公社农丰大队	1.30	52.0	1/1	18.1	同上	8	3.24	11	9.53	14.7	8.44	9.53	14.7	
1	斗门县西安公社十三顷	1.25	53.7	2.5/1	30.0	同上	7	2.64	11	11.73	12.2	6.64	13.00	14.7	
18	斗门县大沙农场	1.25	52.0	1.5/1	26.5	同上	8	3.24	13	8.45	14.8	8.39	8.54	15.2	
19	同上	1.16	56.0	2.5/1	29.5	同上	8	3.12	13	8.79	12.9	6.87	8.93	14.0	

四、水松的生长情况

过去水松常被认为是慢生树种，其实在适宜的立地条件下生长颇快，特别在幼年，树高每年可长1m左右，胸径1.5cm左右(见表3)。

在珠江三角洲水网地区泥滩地，11年生水松林分生物量达110.6t/hm^2，已超过杉木中心产区湖南会同同龄Ⅰ类立地条件(山谷)的林分生物产量(106.6t/hm^2)。因此，水松应享有“南方水乡速生树种”的称号。

五、水松的栽培技术

(一)采种

2~3月开花，10~11月球果成熟。通常5~6年生水松即开始结实，隔年结实1次，小年仅20%的母树结实，大年达80%以上。采种宜选择20年以上的健壮植株。霜降前后，当球果由粉绿色变为浅黄褐色、鳞片开始微裂时就要采集。采回球果暴晒3~5天即开裂。筛取种子。一般球果内有种子7~10粒，但仅球果中部2~5粒发育成熟，种子千粒重5~6g，发芽率50%~60%。

表3　水松不同年龄样地实测因子比较

样地号	调查地点	树龄(年)	调查株数	平均生长指标				备注
				树高(m)	胸径(cm)	蓄积量(m^3/100株)	优势木高(m)	
4	斗门县西安公社十三顷东河滩地	5	252	6.80	8.9	1.710	7.5	连片种植
18	斗门县大沙农场联堤	13	116	8.79	12.9	6.866	8.9	双行种植
22	新会县礼乐公社礼西东堤内牙	23	116	11.88	16.9	13.487	12.3	单行种植

(二)育苗

水松育苗一般采用“旱播水育法”。即选择排水良好的肥沃沙壤土为圃地，于“大寒”撒播。每亩用种量7.5~10kg。播后约15~20天发芽出土，这时要注意淋水，防病虫和鼠害，当幼苗高6~8cm时，就可定期追肥以促进生长，播种后120~150天，苗高20~25cm时就要分床。分床圃地宜选用水田，作平床，按20~25cm的距离移植。分床后，不可用“死水”育苗，而是白天保持水浸床面3~5cm，晚上排水。2年生苗高1.5m以上时便可出圃定植。

(三)造林

在珠江三角洲，水松造林宜在冬末春初嫩梢抽生前进行定植。成片造林采用带垦、穴垦整地。穴径50cm，深40cm，每亩200~240株，单行零散种植，株距1.5~2m，复行条状栽植，株行距1.5m×1.5m或1.5m×2m。栽植地最好选择江河两岸的泥滩地或有潮水到达、时浸时干的河涌地、围堤地等。种植时一定要向阳，栽植点位置应在潮水线之上15~30cm的地方，这样林木速生，上下匀直，尖削度小，生产力高。造林时一定选用大苗，以避免洪水淹过幼树顶部和牲畜危害。种植后2~3年内，要加强幼林保护，严防人畜破坏，千万不可折断主干顶芽。否则，会使水松变成灌木状，难以长成通直良材。

YILANZHONGSHANLU

一览众山绿

第二部分

森林培育综述

有效实施林分改造工程关键在阔叶林培育[⑦]

一、阔叶树种造林更新的战略意义

阔叶林尤其是常绿阔叶林是亚热带地区的地带性植被，它的存在对维护广东省广大地域的生态平衡、涵养水源、调节气候及提供多种林产品，满足经济建设和人民文化、物质生活需要，起着极为重要的作用。近代以来，阔叶林资源在不断减少，阔叶树种的人工培育未受重视，以致阔叶林面积在森林资源中的比重不断下降。90 世纪 90 年代末期，广东省林分面积 660 万 hm^2 的森林中，阔叶林仅占 34.8%。而在人工林中的阔叶树种比重更小，仅占 6.3%。这种树种资源结构与广东亚热带生态气候阔叶树种繁多的特点极不协调。1998 年夏季我国特大洪灾之后，国务院下令禁止砍伐天然林，过去误认为价值不高的"杂木林"将成为无价之宝。因此，必须重视阔叶树种的造林更新，使阔叶树种造林和混交造林占人工生态公益林和商品林面积的 60% 以上。

二、阔叶树种的栽培特点

阔叶树种的培育包括天然阔叶林的更新、恢复和人工阔叶林的栽培。阔叶树种的人工造林与天然更新是两种不同的培育途径，重建阔叶林的机制和培育技术有较大的差异；阔叶树与针叶树的人工造林，由于树种生物学特性和群落学特征不完全相同，因而造林技术既有相似性也有特殊性。充分认识阔叶树种的栽培特点，才能制定正确的栽培措施，并收到较好的造林效果。阔叶树与针叶树造林的异同性规律有以下两方面：

（一）相似性

不论针叶树种或阔叶树种，林木速生丰产原理是相同的．即实现阔叶树种速生丰产同样必须具备优良的遗传品质，合理的林分群体结构和良好而稳定的生态环境。这就要通过遗传控制途径，进行林木遗传改良，如选育良种、引种驯化、种源选择等，并有计划营建种子园、母树林、采穗圃，以提供壮苗。其次立地控制，阔叶树种造林同样要求一定的立地条件相适应，通过立地控制，慎重选择造林地，细致整地、施肥、灌溉、幼林抚育等。三是林分结构控制，实现阔叶树种速生丰产同样需要一个合理的林分结构，包括树种组成、林分密度、林层、年龄结构等，这就要采取造林措施（造林密度、混交造林等）和育林措施（抚育间伐、调整树种组成和林分密度），以保证林分结构始终处于合理状态。

（二）差异性

由于针、阔叶树种生物学特性差异较大，因而栽培技术也有差异，具体反映在以下 3 方面：树种

⑦ 原文载于《实施林分改造工程研讨会论文选编》，广东省林学会编印（2006，12：1～15）。

生物学特性，针叶树多为喜光树种，生长较快。阔叶树主要造林树种比较复杂，有喜光树种，也有中性或耐阴树种。特别一些耐阴性树种育苗和造林技术难度大，在林分结构设计上应充分考虑到树种这些差异。针叶树干形通直，顶端优势显著，冠幅较窄，较适合密植；阔叶树除桉、杨少数外，大多数阔叶树种树冠扩展，经营密度较难调控，如樟树、檫树、米锥等。多数阔叶树的萌芽性、抗火性和再生力较强，可进行萌芽更新，针叶林除杉木外难以萌芽更新。其次，在适生环境方面，阔叶树对水湿条件要求一般比针叶树严格，针叶树耐贫瘠与抗旱力比阔叶树强，后者应选山坡中下部、肥沃的造林地。一些耐阴性阔叶树不仅要求阴坡、半阴坡、沟谷边，甚至要求在林冠下造林。立地条件较差的荒山造林先锋树种多为针叶树。三在群落结构上有明显差异，针叶树多数可构成单优群落，经营纯林，并获较高生产力。而阔叶树除桉、相思类等外域树种外，一般在幼年就要求有显著的森林环境。从以往造林试验看，乡土阔叶树种与针叶树混交造林，比纯林生长好。营造阔叶树纯林效果不尽如人意的主要原因，仍然是由于树种生物学特性及林分结构要求不同造成的。用针叶树的造林方法去套用阔叶树经常导致失败。如樟树、檫树等宽冠幅树种，在山地营造纯林，造林密度不论大小都难以获得理想效果。但檫树与杉木星状混交，生长势则明显改观。成片的木荷人工林多数是低产林，但木荷防火林带或与杉、松带行状混交造林，则生长较好。说明阔叶树造林要求什么样的群落或林分结构，人们还没有很好掌握，这也是至今阔叶树人工造林发展缓慢，特别是一些优良乡土阔叶树种的造林难以推广的原因之一。

（三）培育阔叶林的途径

所谓“培育途径”是指营建或恢复阔叶林的方式方法。利用自然力恢复的阔叶林为天然阔叶林，而用人工造林的办法形成阔叶林为人工阔叶林。培育阔叶林有 3 种途径，即人工营造、天然更新（人工促进天然更新）和人工、天然更新结合。各种途径都有其特点、生物学基础和制约条件。选择正确的培育途径是节省投资，提高造林成效的关键。

1. 人工造林

根据造林目的，选择优良的阔叶树种，按照树种的生态学和生物学特性及林分结构的需要，确定造林方式，即营造纯林或混交林。营造混交林还需精心设计混交图式，选择适宜的混交树种，合理的混交比例和正确的混交方法以及种间关系的调控措施。也就是坚持适地适树原则，选地适树或选树适地，并制定配套的栽培措施，直至进入成熟主伐。目前我省人工阔叶林除桉、马占相思外，生长良好的成熟林面积很少，木荷和黎蒴栲人工幼龄林面积较大。

2. 人工促进天然更新

这是利用阔叶树种自身具有一定的天然下种或萌芽更新能力，依靠自然力恢复森林称为天然更新。如果林地不完全具备天然更新条件或更新效果不符合经营目的，而采取人工辅助措施，促进更新成林，称为促进天然更新。其应用条件是更新迹地的原生植被为阔叶林（次生林）、针阔混交林或杂灌林地。目前全省常绿阔叶林（次生林）仍占有林地面积的 30% 左右，现有的阔叶林多是经过前期皆伐或粗放择伐恢复起来的次生林资源，可先应用阔叶林皆伐方式天然更新，再用人工促进天然更新技术，使大面积的天然阔叶林皆伐后，迅速恢复起来。

3. 人工造林与天然更新结合

这种人工天然混合更新的方式，在南方经常见到。如天然林皆伐炼山或不炼山种植杉木、马尾松；次生林改造；“见缝插针”栽杉保阔等。由于阔叶树侵移的机遇“天然下种或萌芽再生”，消长和灭绝受到生态环境和人为经营活动的影响，因而各种类型的半天然林，其种类组成及生物多样性、群落外貌、层次、结构和生产力等均有差异。广东省最常见的是杉木、马尾松人工林中混生着数量不等、年龄不一的天然阔叶树如枫香、拟赤杨、黎蒴栲、罗浮栲等，形成各种人天混类型。这些侵入的天然阔叶树往往比人工混交造林生长更旺盛。这是由于系统自我调节促进群落的发育，遵循森林自然演替规律的结果。调查表明，不论是炼山或不炼山栽杉，都有可能形成和发育成半天然针阔混交林，林分中阔叶树种组成比例，既受树种竞争潜力的影响，又受到育林措施的干扰，如劈山清“杂”（“杂木”除掉）。

（四）人工营造阔叶林

1. 阔叶树造林林分结构的设计与培育

阔叶树林分结构是指营造阔叶树人工林时形成怎样一种林分群体，亦即林分各组成成分在时间和空间的分布格局的方式。林分结构设计内容包括树种组成，单层或复层林，同龄或异龄林，造林密度及各年龄级的经营密度，密度配置与控制技术等。阔叶树造林效果好坏与林分结构合理程度有密切的关系，特别是一些乡土阔叶树种在林分结构复杂的天然林中，生长良好，而一旦进行人工栽培，却往往生长不良，如樟树、檫树、拟赤杨、南酸枣、青冈等纯林。其原因有二方面：一方面则受树种生态学和生物学特性的影响，另一方面是受环境因子，包括林分群体内部的相互作用和制约。因此，在培育过程中，应根据定向培育的目标充分考虑应采取哪些配套技术措施，从幼林开始就形成较合理的林分结构和森林环境，保证林分的生长发育、持续速生、生长稳定、高产优质或高质量的生态效益。

（1）设计的原则。首先应遵循适地适树适类型（品种、种源），应充分了解树种特性、分布范围、垂直分布、适生环境，应选择什么样的造林地。其次应坚持生物多样性与生态稳定性原则。人工林生态稳定性取决于该系统的多样性（生态系统多样性，物种多样性和遗传基因多样性 3 个层次），很多阔叶树在天然林中生长特别好，如木荷、枫香、红锥、檫树等，而人工林则大为逊色。我国人工造林长期经验是生态系统的多样性越大，该系统就越稳定，生长也越好。因此，在阔叶树造林时应考虑树种组成，造林密度，经营密度和抚育间伐对生物多样性和生态稳定性的影响。此外，阔叶树造林还应坚持生态经济原则。生态经济原则是研究人工林生态系统和经济系统相互作用，相互制约的规律。目前的市场经济，多数阔叶树种木材价格不如针叶树，但在涵养水源、保持水土、维系生态平衡及保护地力方面，明显优于针叶树。

（2）设计的依据。阔叶树造林在具体设计林分结构时，主要依据造林目的（林种）、定向培育目标、立地条件、经营水平及造林更新方式等。阔叶树种生长差异很大，营造用材林时应根据定向培育目标（材种规格），如生长快的黎蒴栲营造短轮伐期工业原料林，一般 6～7 年即可轮伐，适宜营造单一树种纯林，初植密度可为主伐密度。营造长轮伐期的用材林，应考虑到树种配置、轮伐期、经营密度和主伐更新方式。很多阔叶树对造林地水湿条件要求较高，立地条件是造林设计最重要的根据，因此，确定树种组成、整地方式、造林密度等都必须根据造林地的立地条件。同时，阔叶树种的造林成本、风险、轮伐期和主伐更新方式都会影响到经营效果，在设计时认真考虑。

根据适地适树原则选择造林树种；根据造林地的立地条件确定定向培育目标（材种规格）；根据树种特性和立地生产力确定轮伐期长短和最终收获量。然后根据经营条件，立地条件设计树种组成（纯林或混交林），初植密度与配置，经营密度控制过程和技术（即抚育间伐的次数、时间、方法、强度等技术要素），以及应采取的配套技术措施。

2. 阔叶树种的混交造林

（1）栽培意义。栽培阔叶树特别是优良乡土阔叶树种或珍贵材树种，应特别重视研究群落的形成过程，树种组成对群落外貌、群落物种、垂直与水平结构、群落生态特性和生态稳定性诸方面的影响。由于纯林生态系统结构和功能较简单，在许多地方导致病虫害蔓延、生物多样性降低、林地地力衰退、林分不能维持持续生产力及功能降低等问题，给林业生产和生态环境建设造成了重大影响。所以无论国内还是国外越来越多的林学家提倡培育混交林，以求在可持续的意义上增强森林生态系统的稳定性并取得较好的生态、经济综合效益。

（2）混交树种选择。营造混交林首先应按经营目的和培育目标，选定目的树种，然后选择树间关系较协调的混交伴生树种。主要考虑混交树种的生长速度和竞争潜力，树种形态，如常绿与落叶、阔叶与针叶、宽冠与窄冠、深根与浅根等；生态特性，如喜光与耐阴、喜湿与耐旱、喜肥与耐瘠等；生物学特性，如速生与慢生、全年生长型与早期生长型，不同树种特性可互相搭配混交，在生态位上尽可能互补，繁殖栽种容易，萌芽力较强，便于调控。一般地说，营造用材林，阔叶树作为目的树种时，混交树种应尽可能选择针叶树，如马尾松、杉木、柳杉等为宜。在目前生产中，多以针叶树作目的树种，选择阔叶树为伴生树种，如火力楠、观光木、米老排、米锥、红锥、枫香、千年桐、黎蒴栲等营造的针阔混交林，取得较好的混交效果。但在今后的造林中，应大力探索以阔叶树为目的树种的混交模式。

(3)适宜的混交比例。混交林各树种所占的百分比称为混交比例，这是影响混交造林效果、调节种间关系的技术关键。在天然阔叶林中树种组成十分复杂，但往往建群种和优势种明显，说明种间竞争强烈，速生、适应性强、竞争潜力大的成为优势树种，特别是天然林中壳斗科树种，长居主导作用。人工营造混交林，关键是确定合理的混交比例，使种间关系尽可能保持协调、稳定。在确定混交比例时，应充分预估到种间关系时空因素的发展变化，如对樟、檫、红锥等速生宽冠较喜光树种与杉木混交，混交比例一般为1/3至1/2，即阔叶树种初植密度为600～700株/hm^2，杉木1200～1500株，培育过程中间伐杉木，保留阔叶树，至主伐时阔叶树株数450～600株/hm^2，这样既充分利用林地资源，节省造林成本，又可培育阔叶树大径材。相反，一些慢生、耐阴、珍稀、窄冠、竞争性弱的阔叶树，如楠木、红豆杉、泡花楠、拟赤杨等树种为目的树种，其混交比例应占优势地位，杉木混交比例不大于1/3。

(4)正确的混交方法。混交方法是指参加混交的各树种在造林地上的排列方式。同样一种混交比例，混交方法不同，种间关系会发生逆转。如楠木与杉木混交比例5∶5，采用株间或行间混交，楠木肯定受杉木压抑而导致混交失败。但采用带状或块状混交，则缓和了种间矛盾，混交效果明显改观。对于一些生长速度较慢的珍稀阔叶树，选择速生树种作为伴生树种时，多采用星状(插花)或行带混交。

(5)种间关系的调节与控制。营造混交林成败的关键是处理好种间关系。种间关系错综复杂，树种间相互作用和影响的表现形式也是各种各样的。最终表现出多种作用方式相互影响的综合结果，可能互利，也可能是偏利或互害。当种间关系发展不利于培育目标时，就要采取人为措施加以调控，促进有利作用的发挥。所以，混交林培育的各项技术措施都应围绕兴利避害这个中心。

混交林种间关系的调控，关键是造林前应进行周密的设计，包括树种搭配、混交比例、混交方法和造林密度。特别需要注意的是造林密度和株行距配置，如火力楠、观光木、乳源木莲与杉木混交造林，初植密度不宜过大，且株行距不能等同。一般速生的阔叶树种，其株行距应适当加大，以保证林木树冠生长有足够的营养空间。避免树冠生长过早受抑制。当混交林的种间矛盾激化时，选择适当措施(抹芽、修枝、斩梢、间伐、平茬、环剥)等措施，削弱竞争性强的混交树种的生长势。

(五)广东省发展乡土阔叶树种造林的建议

广东省过去在用材林造林更新中，偏重针叶人工林的经营，长期以来对天然阔叶林的功能和作用认识不足。在一些地方已消失其生态位而诱发一系列诸如物种流失，水源不足、病虫、火灾等自然灾害频繁的生态灾难。因而对现有天然阔叶林加强保护，并发展乡土阔叶树种人工造林和天然更新，成为21世纪森林培育的重要任务。为了推动广东省阔叶树种的造林工作，特提出以下几点建议供各地参考。

1. 强化生态意识教育，消除对阔叶树认识上的误区

长期以来人们对森林认识，仅以木材价格高低取向，忽视了天然阔叶林的生态功能和社会效益，对阔叶林在维护区域性生态平衡的重要作用模糊不清。粤北很多村镇或小流域已看不到一片天然阔叶林，代之以杉松等针叶人工林，农民深刻感受到水资源不足了，农田灌溉十分困难，这是天然阔叶林消失后水源枯竭效应。这种负面效应其后患无穷。我们要通过生态意识强化教育，使全社会认识到天然阔叶林的水源涵养和保水固土生态功能优于人工针叶林、经济林等森林类型。天然阔叶林是保护小流域生态平衡的一个最有效的因素。要使天然阔叶林的保护和阔叶树种的造林更新成为全社会的共识。

2. 对现有天然阔叶次生林应合理规划，科学经营，切实保护

广东省现有天然阔叶林除自然保护区以外，基本上属于天然次生阔叶林，相当一部分次生阔叶林由于反复伐薪采樵烧炭，已成低价值林，甚至为杂灌林地、疏林地。因此，各地应按植被类型，合理规划，按商品林和公益林分类经营原则，实施科学经营。处于高山源头、江河两岸、库区周围、山顶山脊、高山陡坡的次生阔叶林，应严加封护禁伐，促进群落的进展演替；而原来作为用材林经营的次生阔叶林，包括国有采育场、林场、乡村集体经营的阔叶林，应重新修订经营方向，重点是封、护、管、改，提高林分质量。经过上级主管部门批准的一切采伐利用，均应采取择伐更新方式，严禁皆伐。在目前人工营造阔叶树速度不快的阶段时，保护和培育好现有阔叶林也是一种利在后代的功德。

3. 有计划地营建阔叶林良种基地

很多优良乡土阔叶树种难以推广造林，其中重要原因之一是种子来源困难，如红锥、楠木、观光木、乳源木莲、乐昌含笑、荷花玉兰、金叶含笑、中华锥、米锥、格木、黄桐、阿丁枫、青皮等。因此，有计划地营建阔叶树采种母树林和种子园，为造林提供良种是一项重要的基础工作。各地种苗站应当进行规划，其办法可采取：一是利用天然次生阔叶林疏伐，修建母树林；二是营造种子园、母树林；三是利用前期营造的人工林，包括各种混交林进行强度间伐，改建成母树林；四是保护零星分布的濒危树种，如乐东拟单性木兰、深山含笑、黄樟、刨花楠、红豆杉、水松等，应组织专人调查登记造册、挂牌保护、委托专人采收种子，异地繁殖。

4. 加强无性繁育，广辟苗木供应途径

目前有相当一部分稀有、濒危树种，极难采收到种子，如何异地繁殖保存基因，成为保护生物多样性的难题。因此，应在无性繁殖方面取得突破，扦插育苗较易的树种应有计划地建立采穗圃，培育苗木。建议各级种苗站应把此项工作列入本世纪初的重要议程，落实经费和人员，或组织有关单位协作攻关。有些树种扦插育苗难以生根，可采取组培繁育和采用激素处理，促进生根，快速繁殖的新技术。

5. 调整林种结构和树种比例

根据2002年广东省森林生态状况监测报告材料，全省林分按林层结构划分，全省单层林林分面积，其比例占91.15%，而复层林林分面积仅占8.85%，表明广东省长期开展大规模森林经营以来，主要形成的也是松、杉、桉等单一树种的单层纯林。这种不合理状况急需作出调整规划，加大调整力度。阔叶树的培育周期有长有短，人工营造阔叶树往往偏重于短周期轮伐(如桉树)，而对生长缓慢的珍贵珍稀树种造林甚少，在调整造林树种比例时，既要注意长短轮伐期，速生与珍贵树种的比例，又要注意乡土树种与引种树种的合理搭配，特别注意阔叶树复层混交林的营造。

6. 加大科技投入，加强协作攻关

发展阔叶树造林一靠科技，二靠资金投入。阔叶树人工造林应首先推广优良乡土树种，特别是经过技术鉴定的珍贵速生树种。广东省已初步筛选出60多种有推广前途的阔叶树造林树种，有些已在生产中推广造林，有的因为种苗缺乏而无法推广。因此，应选出几种至十几种适生树种，进一步开展选优、种源试验、树种造林对比试验和混交造林试验等。阔叶林培育需要研究的课题很多，如选优建园，组培与无性繁育，树种结实规律与种子机理，育苗技术，容器育苗，短轮伐期阔叶林的地力衰退及土壤改良，阔叶林的生物多样性，人工阔叶林的生态稳定性及养分循环，针阔叶或多种阔叶乔木混交林的种间关系，封山育林人工促天然更新等，许多优良乡土阔叶树的研究尚处空白领域，需要各级科技管理部门的重视和资助立项。鼓励科技人员拓宽阔叶树的研究领域，加强超前性研究，为推动阔叶树的培育，改善森林资源结构，提高林分质量，发挥更大的生态、社会和经济效益作出应有的贡献。

林业建设是个宏伟、艰巨的历史任务，需要几代人坚定不移的艰辛努力。徐燕千教授在《广东森林》一书最后引用林学界先辈梁希教授的话说“我们的方针是，实事求是，不能把未来的前景当帮今天的出发点，只有在原有薄弱基础上，先把它整理和巩固起来，然后谋取发展和壮大。”“振兴林业，速决论是轻率的，必须为之做好‘新长征’的训练和准备。”

提高广东省森林质量的对策和建议⑧

摘　要　文章对广东省森林资源与森林质量做了评述，分析其存在问题，提出提高广东森林质量的对策与建议。

关键词　森林资源　森林质量　发展对策　广东省

2003年，中共中央、国务院在《关于加快林业发展的决定》中提出，要确立以生态建设为主的林业可持续发展道路，建立以森林植被为主体、林草结合的国土生态安全体系，建设山川秀美的生态文明社会，大力保护、培育和合理利用森林资源，实现林业跨跃式发展，使林业更好地为国民经济和社会发展服务。林业是一项重要的公益事业和基础产业，承担着生态建设和林产品供给的重要任务。但由于林业建设的周期长，影响建设成效的因素很多，往往要经过一段较长时间后才能对全省森林资源和森林质量状况进行评判。

本文详细分析了广东省森林资源和森林质量状况，并提出若干森林培育学的发展对策，以期为同类研究提供借鉴。

一、广东省森林资源和森林质量状况

广东省于1993年在全国率先实施森林分类经营，将全省森林区划为生态公益林和商品林，进行不同的管理和建设。近年来，广东大力加强林业建设，特别是森林生态建设，森林质量和结构有了很大提高，森林生态功能得到进一步加强。王登峰等[1]将森林生态功能的9个方面进行全省森林生态效益评估计量，采用了最常见的效果比值法对全省森林生态效益评估，其总价值为5740.217亿元。该价值比广东全省商品林木材产值高出20多倍。

(一)地类面积

广东省国土总面积17 676 930hm^2，林业用地面积10 481 436hm^2，占总面积的59.3%[1]。

林业用地中，有林地8 265 224hm^2，占78.6%；疏林地187 083hm^2，占1.8%；灌木林地801 098hm^2，占7.6%；未成林地302 211hm^2，占2.9%；苗圃地9594hm^2，占0.1%；无林地916 226hm^2，占8.7%。

有林地8 265 224hm^{2}中，林分面积6 605 463hm^2，占63.02%；经济林面积1 285 595hm^2，占12.27%；竹林面积374 166hm^2，占3.58%。

无林地916 226hm^2，宜林荒山荒地面积561 248hm^2，占61.25%；采伐迹地面积211 068hm^2，占

---

⑧　徐英宝，陈红跃，薛立，等。原文发表于《广东林业科技》[2006，22（4）：111～115]。

23.04%；火烧迹地面积 129 519hm²，占 14.13%；宜林沙荒地面积 14 391hm²，占 1.75%。

1993 年，全省区划生态公益林面积 5 550 124hm²，占林业用地的 52.95%；商品林 4 931 312hm²，占 47.05%。有林地中，生态公益林林分面积 3 986 303hm²，与 2003 年现场界定、落实补偿的省级生态公益林面积 3 449 833hm²，其差额为 761 929hm²，为划入生态林内的经济林和竹林有林地以及疏林、灌木林、未成林地以及无林地等[1]。

(二)森林覆盖率

森林覆盖率(%)=(有林地面积+国家特别规定灌木林地面积)/土地总面积×100=(8 265 224.0+801 098.3)/17 676 930×100=51.3%。因此，广东森林覆盖率为 51.3%，这是按国家林业局，2003 年 4 月的《森林资源规划设计调查主要技术规定》新计算标准得出的，与森林资源档案的森林覆盖率不一样，因为一类、二类资源调查系统不同。我们认为这个数据应被认可，因为全省无林地占林业用地的 8.76%，近 100 万 hm²，其宜林荒山、采伐迹地、火烧迹地等的面积都较大。

(三)各类林木蓄积

全省活立木总蓄积 297 033 500m³。其中：林分蓄积 283 656 300m³，占 95.50%；疏林蓄积 1 811 600m³，占 0.61%；散生木蓄积 7 982 900m³，占 2.68%；四旁树蓄积 3 582 700m³，占 1.21%。

(四)林分资源

全省林分面积 6 605 463hm²，林分蓄积 283 656 300m³。

1. 针阔叶林林分面积和蓄积

针叶林(松树林、杉木林、针叶混、针阔混)面积和蓄积分别占 59% 和 54%，两者均占一半多，而阔叶林分别占 41% 和 46%，不到一半。

2. 林分各优势种单位面积平均蓄积量

广东森林林分 平均蓄积量为 42.9m³/hm²(2.86m³/亩)，阔叶林最高，为 52.9m³/hm²(3.53m³/亩)，杉木林次之，为 50.2 m³/hm²(3.34m³/亩)，最低是松树林和桉树林，为 31.6 m³/hm²(1.9m³/亩)和 22.3 m³/hm²(1.4m³/亩)。且都低于全国平均水平 75 m³/hm²(5.2m³/亩)。

3. 林分龄组状况

林分龄组结构不合理，幼、中龄林面积较大，全省幼、中龄林面积 5 478 169hm²，蓄积 213 775 000m³，分别占全省林分总面积与总蓄积量的 82.9% 与 75.4%，近、成、过熟林面积 1 127 294hm²，蓄积 69 881 300m³，分别占全省林分总面积与蓄积的 17.1% 与 24.6%。表明广东森林真正可以采伐利用的木材很少。

(五)林分结构

1. 林分郁闭度

郁闭度指单位面积林地上林冠垂直投影面积所占比例：分疏(0.2～0.3)、中(0.4～0.7)、密(0.8～1.0)三级。广东全省林分郁闭度平均为 0.57，属中等状态。但全省郁闭度 0.4 以下的林分面积有 2 250 300hm²，占林分面积的 34.07%，全省疏林地 187 083hm²，两者共计 2 437 383hm²。因此，应加大对疏残林改造的力度。

2. 林分平均胸径

全省森林主要是小径材，胸径 10cm 以下的占 55.7%，10～15cm 的占 37.2%，即 15cm 以下的森林占 92.9%，15cm 以上的仅占 7.1%。林分平均胸径、树高生长量，生态公益林为 9.8cm 和 7.5m，商品林为 9.6cm 和 7.2m，两林种差异不大，林分可利用的大中径材甚少。

3. 林分单位面积乔木株数

全省林分单位面积乔木株数为 926 株/hm²(61 株/亩)，最高杉木 1185 株/hm²(79 株/亩)，其次阔叶林 1014 株/hm²(67 株/亩)最低是松树林 694 株/hm²(46 株/亩)。

4. 林分按林层结构划分

全省单层林林分面积达 6 020 600hm²，其比例大，达 91.15%，而复层林林分面积 584 900hm²，仅占 8.85%。表明我省长期开展大规模的森林营造工作以来，主要形成的也是大面积的松、杉、桉等单一树种的单层纯林。

(六)森林自然度

森林自然度是指森林植物群落类型与地带性顶级群落(或原生乡土阔叶树种群落)之间的距离。根据该森林群落类型位于次生演替中的阶段和群落结构特征，划分为 5 个自然度等级。Ⅰ类主要指原始林、Ⅴ类指人为干扰强度极大而持续、植被破坏殆尽的林地。广东全省森林自然度等级不理想，Ⅰ类 1.5%，Ⅱ类 6.5%，Ⅲ类 20.3%，Ⅳ类 40.8%，Ⅴ类 30.9%；全省生态公益林自然度稍好，Ⅰ类 2.1%，Ⅱ类 10.2%，Ⅲ类 26，8%，Ⅳ类 36.1%，Ⅴ类 24.8%；商品林更差，Ⅰ类 0.8%，Ⅱ类 2.4%，Ⅲ类 12.9%，Ⅳ类 46.1%，Ⅴ类 37.7%。

二、提高广东森林质量应协调发展的几个问题

(一)森林资源的数量和质量

广东的森林资源虽然在 20 世纪 80 年代以后取得了森林面积增长的巨大成就，但当前的可用资源枯竭，森林质量低，森林生产力也在低水平徘徊，林地逆转现象严重，抵消了森林资源增长的状况。在我省林业建设的相当一段时间里，重数量轻质量现象突出，森林资源的数量和质量不协调，这固然有其客观原因，如原森林覆盖率低、造林任务大，主要造林树种太局限于几个针叶树(马尾松、杉木、湿地松)等。但至今森林资源的数量和质量不协调的问题越来越严重。我省森林资源的绝对数量(面积、蓄积量)虽然不小，但森林质量差，生产力低，效益不高，与社会经济的要求相差很大，已成为突出的矛盾。要把提高森林质量和生产力水平放到今后森林资源建设的重点位置上来，这是时代的迫切需要，也是森林培育工作面对的艰巨任务，在这方面，科学技术应当起关键的作用。

(二)森林多目标经营和定向培育的关系

广东对整个林业的要求是多目标、多样化的，必须实行分类经营、定向培育的方针。森林培育要明确定向，这“向”既是单纯的“向”，如水源涵养、纸浆用材或木本油料生产等，亦是复合的“向”，如用材与水土保持结合、林果结合、风景游憩与自然保护结合等。在定向培育森林时不要忘记森林本身还具有多功能，需要适当的协调和发挥森林的最佳综合效益。森林定向培育可以充分利用知识和手段，达到尽善尽美的要求。

(三)森林的自然化培育和集约化培育

全省的生态公益林(天然林)面积和商品林(人工林)面积，各占一半左右。但是，由于种种原因，我省人工林的质量效益低，生产力水平低的情况相当普遍。全省森林林分平均蓄积量最低是松树林和桉树林，前者 31.6m^3/hm^2(1.9m^3/亩)和后者 22.3m^3/hm^2(1.4m^3/亩)。虽然也有少量优质高产的商品林，但人工林的平均生产力水平低于天然林，更低于其潜在的生产能力(现实生产力仅为潜在生产力的 1/3～1/2)，显露出我省森林培育工作的突出弱点。再加上人工林由于树种单纯、培育期短等，其生态效益一般低于同地区的中等生态公益林。这个问题已引起广泛关注。在世界一些地区，如以德国、奥地利为中心的中欧国家率先提出“近自然林业”问题得到了广泛响应。在我省，一方面需要森林培育的集约化(包括良种化、工程化、人工生境调控等)；另一方面，对森林生态效益的广泛关注要求森林培育的自然化(包括封山育林的应用、复层混交林的培育等)。如何以先进的科学技术为指导，把森林培育的集约化和自然化更好地协调起来或明确分工，为林业发展的总目标服务，这又是摆在新世纪森林培育工作面前的重大课题。

分类经营是广东林业建设的一大突破。广东的生态公益林建设近年来取得了很大的成绩。建立了 340.1 万 hm^2省级重点生态公益林，落实了补偿资金，并进行生态重点工程建设。但现阶段生态公益林底子薄，质量不高，生态公益林的各项生态指标离生态安全、生态文明的要求还有距离。我省应紧紧抓住省委省政府对生态公益林建设、生态状况改善高度重视的有利契机，稳步推进生态公益林建设。

三、关于生态公益林林分改造和封山育林建设工程

建议做好广东今后10年(2006～2015年)生态公益林林分改造和封山育林的建设工程，面积为100万 hm^2。

(一)林分改造

广东省各地都有一些生产力低、质量差与密度太小的人工林与天然次生林，由于密度小，树种组成不合理，或生长不良，长势衰退，成林无资源，也不能较高发挥生态防护作用，这些林分称为低价值林。改造方法大致有适地适树，更换树种造林，亦可适当保留原有树种，以便形成混交林，并认真整地，讲究栽植管护，而对次生林改造，应根据林分具体情况采取针对性措施。对非目的的树种占优势，又无培养前途的残次林分，一是可全面改造与块状改造，全面改造最大面积为 $5hm^2$，块状改造，每块控制在 $5hm^2$ 以下，呈品字形排列[2]；二是清理活地被物，林冠下造林，或局部造林，提高密度；三是抚育采伐，浅孔造林，或带状采伐，引种珍贵树种。

(二)封山育林

封山育林是对疏林地，并具有一定量伐根萌芽、或具有根蘖更新能力和天然下种母树的林地，实行不同形式的封禁，借助林木的天然更新能力，辅以抚育管理措施，来逐渐恢复和改造次生林的一种有效手段。该方法的显著优点是：用工省、成本低、收效快、应用面广，并且综合效益高。经过封山育林，不仅扩大了天然林面积，而且在改造残、疏低价值林分方面也起到很好作用。封山育林，既借助于自然力，又辅以人力；既使次生林由稀变密，又使次生林由纯林变混交林。理想的封育对象是：郁闭度0.2的疏林与具有天然下种更新能力的残林，具有伐根萌生或根蘖力的阔叶树疏林；具有一定数量的天然更新的幼苗幼树，可封育成林地段。

林分改造要做到有调查设计，有改造技术细则，有检验验收制度。改造效果，要有检查标准，改造效果评定在3～5年后进行。检查标准要符合下列要求：①改非目的树种为目的树种，改灌丛为乔林，改多代萌生林为实生林，改纯林为混交林。使树种既能与立地相适应，又有较高的经济、生态效益。②改疏林为密林，使林分密度适中，充分利用地力，使低产林变为高产林。③改劣质为优质，改针叶林为针阔混交林或阔叶混交林，使林分抗性强，林木生长健壮，产量较高。

四、关于商品林基地建设工程

建议广东在今后10年(2006～2015年)发展速生丰产商品林基地建设工程，面积为100万 hm^2。其中包括：黎蒴栲短轮伐期工业原料林60万 hm^2；马尾松林、脂兼用工业人工林30万 hm^2；长周期大径级珍贵用材阔叶树工业人工林10万 hm^2。

工业人工林以集约培育手段，追求速生、高产、优质(针对特用材种需求)等，而且要求相对集中成片，形成基地，以便于与需材量较大的各类加工厂相匹配，取得规模效益。为此，就要建设工业人工林基地，以满足国民经济发展的需求。下面扼要说明工业人工林的培育技术特点。

(一)基地布局和林地选择问题

黎蒴栲短轮伐期工业原料的推广造林地带，主要在广东中部偏南的广大丘陵地区，海拔约在400～500m，集中于曲江、英德、翁源、清远、佛冈、龙门、增城、高要、封开等县市开发建成大面积林业产业基地，使森林资源持续发展与利用，同时使山区生态环境得到不断改善，避免像过去马尾松、湿地松、桉类等经营那样造成低产、灾害不停、生态恶化的后果[3]。

马尾松仍是广东省重要的商品林经济树种，但它最适生、高生产力的分布区在粤北、粤西以及肇庆、新丰等海拔700～400m的低山、高丘山区，特别是在花岗岩、变质岩、砂页岩发育的深厚土壤上，

生长良好，这些地区也是工业人工林基地设置，且宜林地集中连片的地方。过去广东山区大量选用杉木作为主要造林树种以满足一般建筑用材的需求，但随着建筑材料的结构变化，杉木不适于做高档家具及装修用材，地位明显下降，这就要求在树种选择上即时减少杉木比例，而增加大径级珍贵用材硬阔叶树种的比例，以便及时作出调整[5]。

（二）造林树种选择问题

利用乡土树种和引种外来树种的关系是工业人工林培育的世界性课题。当前，培育外来树种能否长期稳定和可持续发展，正在受到质疑。有些外来树种，如桉树，可能引起林地退化的疑惑也已浮现，提倡多用乡土树种正在成为一种潮流。但这个问题还需要在科学的跟踪调查分析和适时的宏观调控中逐步解决。在2003年出版的《广东省商品林100种优良树种栽培技术》一书中，介绍外引树种30种、乡土阔叶树种70种，其中可用来培育大径级珍贵用材针阔叶树种36种，适于我省中亚热带选用的有12种，即樟树 *Cinnamomum camphora*、黄樟 *C. porrectum*、闽楠 *Phoebe bournei*、檫树 *Sassafras tsumu*、木莲 *Manglietia fordiana*、鹅掌楸 *Liriodendron chinensis*、米锥 *Castanopsis carlesii*、栲树 *Castanopsis fargesii*、阿丁枫 *Altingia chinensis*、拟赤杨 *Alniphyllum fortune*、枫香 *Liquidambar formasana*、银杏 *Ginkgo biloba* 等；适于南亚热带选用的有24种，即肯氏南洋杉 *Araucaria cunninghamii*、阔叶南洋杉 *A. bidwillii*、樟树、沉水樟 *C. micranthum*、海南木莲 *Manglietia hainanensis*、灰木莲 *M. glauca*、火力楠 *Michelia macclurei*、观光木 *Tsoongiodendron odorum*、红锥 *Castanopsis hystrix*、青钩栲 *C. kawakamii*、中华锥 *C. chinensis*、红苞木 *Rhodoleia championii*、红椿 *Toona ciliate*、铁力木 *Mesuanagassarium*、红花天料木 *Homalium hananense*、青皮 *Vatica mangachapoi*、塞楝 *Khaya senegalensis*、大叶桃花心木 *Swietenia macrophylla*、格木 *Erythrophloeum fordii*、降香黄檀 *Dalbergia odorifera*、印度紫檀 *Pterocarpas indicus*、紫荆木 *Madhuca pasquieri*、柚木 *Tectona grandis*、云南石梓 *Gmelina arborea* 等。适于南亚热带选用的有24种，而在2005年出版的《广东省城市林业优良树种及栽培技术》一书中，总共推介253个树种，其中大乔木优良树种149种。大乔木的标准是树高达20m以上，胸径50cm以上[4]。

（三）其它培育技术配套问题

在树种选择确定之前，还要有一系列定向培育的技术措施相配套，才能保证工业人工林培育目标的实现。

1. 造林密度

造林密度对林木的生长调控、成材早晚、木材产量及径级大小等都有重要作用。因此，历来是培育人工用材林的重要环节。特别造林初植密度及其后经过抚育间伐调节形成的人工林培育各阶段的密度直到最后成材利用时密度应该是一个优化密度系列。今后还要针对不同地区和不同立地等级，针对不同树种进行充分调查研究，以确定不同材种要求的科学的工业人工林造林密度。

2. 多树种搭配和混交造林

树种单一，纯林为主，本是培育工业人工林为取得批量化同材种产品的关键要求，这与农作物栽培相近似，但从生态学角度看，却是引起地力衰退、生物多样性降低、病虫害增多的主要弊病。现代育林学必须在这方面找出能兼顾经济和生态两方面的方法，这就是集约化培育目的材种时，安排好多树种搭配和混交林营造。

多树种搭配是指在广东省丘陵山地利用不同地形部位和立地条件选用松、阔、经济林果树种搭配，可以是纯林，也可以是混交林。设置一定宽度的硬阔防火林带，是一种很好的工业人工林基地建设的方案，在这方面还需进一步因地制宜地探索实践，找出各种适宜的具体发展模式。

混交林培育是在林分内用两种或两种以上树种采用适当混交比例和混交方式进行复合培育。在培育工业人工林时混交造林都有较强的目的性，或主要为了改良土壤，或主要为了使林分稳定，预防病虫害。混交树种要能为混交目的服务，最好本身也具有一定的经济价值，且其利用周期与主要树种的利用周期相匹配。另外，长周期大径级工业人工混交林内树种搭配要尽量参考天然林中已有的树种搭配组合，达到“近天然林”程序，这种模式，要经过试验研究才能推广。混交林培育只是解决工业人工林潜在问题的措施之一，混交本身不是万能，还需配合其他培育措施，如密度调控、林木施肥、生物防治病虫害、防火隔离等。

3. 其它培育技术措施

培育工业人工林，为追求速生、高产、优质的经济效益，一般都要采取集约化措施，如整地规格、苗木良种化水平及其规格、抚育管理、林木施肥、修枝等，但集约程度必须适度。这不仅受经济成本制约，而且任何措施都有一个适度，超过一定的度(如整地规格、苗木规格、施肥量等)不仅不能按等比效益，有时还可能适得其反，因而针对不同条件的组合掌握适度很重要。其次必须兼顾生态效益，工业人工林在任何时候、任何地方都要兼顾生态效益，针对过去在建设工业人工林中存在的问题，当前要限制火烧清理(炼山)的应用以利于土壤有机质的积累；在山区还要限制全垦整地的应用，尽量利用生物学途径来改良土壤，维持地力，而少采用单纯施化肥的方法，以减少林区流域的全面污染。

参考文献

[1]王登峰．广东省森林生态状况监测报告(2002年)[M]．北京：中国林业出版社，2004：46~57
[2]沈国舫．森林培育学[M]．北京：中国林业出版社，2001：321~416
[3]徐英宝，曾培贤．广东省商品林100种优良树种栽培技术[M]．广州：广东科学技术出版社，2003：1~6
[4]徐英宝，郑永光．广东省城市林业优良树种及栽培技术[M]．广州：广东科学技术出版社，2005：1~46
[5]陈存及，陈伙法．阔叶树种栽培[M]．北京：中国林业出版社，2000：1~120

关于加快广东林业重点生态工程建议浅见[⑨]

摘　要　文章概述了加快广东林业重点生态工程的意义、存在问题及其发展对策，阐述了政府宏观调控和生态经济协调发展的重要作用，提出了水源林、城市环境林和风景林建设的设想，并展望今后的发展前途，指出强化生态意识是社会经济可持续发展的客观要求。

关键词　森林环境保护工程　水源林　城市森林体系　生态意识

从20世纪90年代以来，世界林业发展面临社会、经济、生态的多方面需求，迫使人们改变林业经营思想，转移林业发展战略，确立相应的林业经营模式。例如更加重视生态、经济、社会的综合需求，强调森林多效益主导利用经营模式或多效益综合经营模式。法国、俄罗斯、澳大利亚、新西兰等国家在向分类经营模式转轨中，取得明显的成果。纵观世界，从传统林业向现代林业的转变过程中，林业发展目标不再局限于生产木材和其他林产品，而是依据客观自然经济条件和需求，考虑发挥林业经营的生态多功能效益。在这个发展背景下，大力营造和保护环境资源林，已成为林业发展的一大趋势。

一、森林环境保护工程的意义和存在问题

(一)森林环境保护工程的意义

广东林业重点生态工程，即森林环境保护工程，是生态林业体系的重要分支，是以保护、控制、稳定、改善生态环境为主要经营目的的林业基本建设项目，是利用森林生态功能发挥着巨大的防护效益这一特点而建立的。森林环境保护形成或划定的森林，可以成为生态公益林，不过更确切应称为环境资源林，如水源涵养林、防风固沙林、水土保持林、农田防护林、护岸护路林、城市环境林和风景林等。它的效益是多方面的，主要体现在生态和社会效益方面，如调节气候、涵养水源、保持水土、改善水质、防风固沙、净化空气、降低噪音、保存物种等保护和优化人类生存环境的诸多方面。它是林业经营基础产业性质的集中表现，也是林业在人类社会中处于重要地位的核心所在，更是反映现代社会文明程度的重要标志。然而，正是由于森林环境保护工程具有显著的“外部经济性”，它的生态经营者在为社会创造巨大而有益的生态社会效益后，却无法在货币市场体系中取得相应的劳动报酬，而生态效益的受惠者也无需为此付出代价，由于存在这种情况，即使是具有完全竞争的最完善市场也不能有效地保证资源以合理比例配置于森林环境保护工程建设的领域，西方经济学称这种情况为市场失灵(market failure)[1]。因此，森林环境保护工程建设有其特殊的规律性。

⑨　徐英宝，庄雪影，彭耀强，等。原文载于《广东林业科技》[2005，21(2)：46～50]。

(二) 森林环境保护工程存在的问题

当前，广东省生态公益林建设正稳步发展，初具体系，公益林是不断增长的林种。但是，目前广东省林业重点生态工程建设中也存在一些问题。

1. 环境森林建设力度不足

环境资源林的比重仍然偏低，面积不足；控制、稳定和改善生态环境能力不强，城市森林建设体系任务十分紧迫，自然保护区建设事业更待发展。

2. 环境森林建设资金投入少

广东省环境资源林建设虽有一个总的全面规划，但缺少有效的资源投入而难以具体实施落实。而且地域配置不当，中幼龄林、同龄林多，针叶林、单纯林多，而壮龄林、成熟林、阔叶林少，混交异龄林更少，环境资源林功能质量低下。

3. 现有生态林效益低

水源涵养林多是从现有林分中划出的，其中相当部分不能起到保护集水区的作用，结构欠缺，经营水平不高。江河上游的水源林多因人烟稀少、交通不便而很少经营。沿海防护林常因条件恶劣，管理不力，造林更新的保存率低，降低了应有的防风固沙作用。

4. 环境资源经营不当

重用材林，轻环境资源林，任意改变经营方向。环境资源林以生态防护效益为主，但也可以生产一些木材，正确的利用方式是：当林木超过成熟期，保护能力下降了，为了改善林分结构和增强其防护功能，可采用择伐手段使林地逐步更新，但所采伐的木材只是它的副产品。目前有的地方将环境资源林作用材林经营，对水源林进行皆伐或强度择伐，作业方式与用材林无异。

二、森林环境保护工程经营措施

(一) 水源涵养林

当前，提供稳定而优质的水资源补给，解决水资源的危机，已是全社会普遍关注的问题。据有关资料，广东水资源在省内有2020亿m^3，此外尚有东江、西江、韩江来自外省的也有2500亿m^3，就全国比较，水资源算是丰富的。但时空分配很不均匀，变化很大，许多沿海丘陵台地、雷州半岛和珠江口东西两侧都属缺水区，工农业发展都受到水资源制约。为了解决此问题，除需建造山塘水库和排灌工程外，最主要是发挥森林涵养水源的作用[2]。因此，从原有林中划出或营造保护水资源，具有重大意义。水源涵养林对天然水可起蓄水防洪、均匀供水、防止污染、保持优质水源等作用，能有效地改善水资源状况，减轻旱涝灾害，保障经济建设和人民生命财产。对于利用水资源，发展灌溉、水电、航运、旅游和淡水养殖等，都具有重要意义。水源涵养林是维护生态平衡的重要组成部分，合理营造水源林体系是不可忽视的措施。从广东的实际出发，根据不同的水系类型应采取相应的经营措施。

1. 营建防洪、补给枯水水源林

在东江、西江、韩江、鉴江和漠阳江等主要河流上游及其支流两侧各500m范围内的森林，坡度超过30°，且岩石裸露的森林，以及大中型水库周围以山脊为界(50～500m)的森林均宜划为水源涵养林，按水源涵养林的要求进行经营管理。划出水源林地段之后，按所起功能可分为2类水源林；以减缓供水为主的水源林和以补给枯水为主的水源林。

(1) 以减缓供水为主的水源林，即在一些山洪多暴发的山区或常有水灾发生的江河流域，应综合考虑直接迳流地段或暴雨集中区域等因素来划分一个集水流域的洪水危险区，主要在这个区域内保护和营造防洪水源林。这类森林应选用根系发达的树种，根系深，根幅广，根粗壮，根量大，已形成产流影响层。具体要求用深根性树种组成针阔叶混交复层异龄林，尤以壮龄林效能最高，并宜采用择伐作业，采伐强度严格控制在20%～25%，在作业过程中尽量减少破坏地表。

(2) 以补给枯水为主的水源林，对一些开发了水电、灌溉等地方，枯水量是水资源利用的主要限制因子。枯水期主要靠基层迳流所补给。在划为集水流域的水源林后，要选蓄水层厚或中等海拔(300~800m)区域，营造凋落物量大的多树种阔叶复层异龄混交水源林，并要加强保护和经营管理。

2. 加强水源林的经营管护

广东目前森林经营，用材林和水源林混淆不清，在开发河流上游的边远地区时，要注意控制采伐量，并采用适宜采伐方式和更新方式。对已划出的水源林区，应进行封山育林，当务之急是要立即停止在水源林区毁林开发、挖矿采石等，并做好营林和护林防火工作。

3. 加强水源涵养林的科学实验

按具体情况，通过试验研究合理确定水源涵养林覆盖率，建立一个地区的复合生态系统，以维护生态平衡。由于森林涵养水源功能因树种组成和林分结构不同而异，故应按不同森林类型和不同营林措施进行试验研究。水源涵养林是流域综合经营的一个重要组成部分，必须同其他资源，特别是水土资源的开发利用相协调。从长远利益出发，才能使整个流域得到最大的生态效益和经济效益。这种流域综合经营管理方式，不仅具有重要的生态意义，而且可获得较高的经济价值，已成为当前的发展趋势。

(二)城市环境和风景林

城市林业越来越被人们所重视，它是城市社会经济和科学发展的必然产物，是城市居民生活、生存的需要，把森林引入城市，让城市坐落在森林中，以协调人类与森林的关系。城市林业是森林经营基本原则在人口集中地区的应用，它超出传统的市政管理和单一树木栽培的范围；城市林业与园林不同，它把林业作为城市生态系统的一个子系统，从城市整体来考虑林业的结构和功能；城市林业不仅包括城市内部，也包括城市周围城乡结合的城郊林业，它冲破了原先城市规划中的绿地，还必须在城市周围建设以森林为主体的绿色地带。城市林业给城市社会提供潜在环境效益、社会效益和经济效益，这种效益包括它们对其环境总体的改良作用，及其旅游和提供满足一般心理需求的美学价值。如何经营城市林业是当前摆在我们面前需要认真研究的问题。

1. 城市林业的经营目标

城市林业经营不是以取得木材为主要目标，而是以寻求森林的生态、社会和公共卫生的价值为主要目标，为城市环境中受到压抑的居民提供回归大自然的场所，为城市改善生态环境提供调节能量流失均衡的途径。城市林业旨在提供优质的室外环境因素，如凉爽、新鲜、洁静、色彩、美丽，使居民的生活和工作安适愉快。城市林业同时注重森林的经济效益，如发展果树、药草、花木、茶叶等，使城市林业具有融于社会、生态、经济三大效益于一体的高效型林业。

2. 城市林业的经营方式

城市林业的经营方式，从林学角度看，可分为森林公园和天然公园；从区域角度看，有城区林业和城郊林业，森林公园就属于城郊林业经营。

城区林业是适应城区特定的自然、社区状况而经营的，由于城区可绿化面积少，一般以公园、单位和居民庭院绿化、街道绿化为主，形成点线结合，树、草、花结合，分散布局的格局，便于居民就近游憩。城区林业要统一规划，并纳入城市建设总体布局，使之与现代城市生活社会化相呼应；尽管各单位自主设计和管理，形成各有特色的花园式庭院，但要与整个城区林业规划协调，并要有政府有关法规的监督。如德国就制定和严格执行森林法、环境法、建筑法、规划法、自然保护法等相应政策。

城郊林业是为了改善城市生态和减少环境污染，在城市周围营造大面积森林或以森林为主体的绿色地带，如日本从70年代开始，在城市周围营造环保林，每500万人口的城市都有1000hm^2森林。法国计划在巴黎周围建立18个国家森林公园，使城市成为“绿岛”。莫斯科在市郊营造18万hm^2防护林，把全市团团围住，有8条林带直通市中心。

3. 森林公园

森林公园是森林旅游的主要载体。所谓森林公园，是指在具有一个或多个生态系统，通常没有或极少受到社会开发的特殊地域内的自然环境和自然资源，特别是对以森林为主体的，具有科学、教育、游憩作用和美学价值，并采取各种有效措施进行科学的保护、管理和开发的自然地区和风景区。到2010年，我国森林公园将发展到2000个，面积达1900万 hm^2，使森林公园真正成为森林资源保护和生态环境建设的重要基地。当前，不断建设不同级别规格的森林公园，不仅作为一种保护自然生态环境的新形式，而且作为一种发展森林旅游的新兴产业。尽量使城市森林公园、城郊环保资源林以及城市森林防护带等达到一定的规模，从而形成一个比较完善的城市森林环境服务系统。目前，广东省各大中城市正处于蓬勃发展和扩展的阶段，尤其要重视以森林为主体的绿化体系建设，通过营造以大乔木多树种优势的近自然功能和层次林的主体绿化是能够实现的[4]。

三、森林环境保护工程的发展对策

综上所述，广东省森林环境保护工程建设意义重大，任务艰巨，为了更好地促进其健康发展，应采取以下对策。

（一）加强政府宏观调控

充分发挥各级政府领导的作用，是广东省现阶段环境资源林建设的重要保证。任何国家的现代化过程，都离不开政府的宏观调控。而由于不同国家的社会经济发展水平的差异，政府的作用也各自不同。与西方发达国家的社会经济发展相比，广大发展中国家的社会经济发展更带有很强的人为性质。这就意味着政府必须在国家现代化过程中发挥更重要的作用，这种作用是多方面的，其中，提供具有“外部经济性”的“公共商品”是政府的重要经济作用。这些“公共商品”包括教育、消防、国防、防洪、公共卫生设施、道路、公园，也包括环境资源林（生态公益林）。它们所需投资巨大，成本高昂且无直接经济效益，任何个体或企业经营都难有真正的作为。这就需要各级领导高瞻远瞩、统筹规划，在国民收入再分配过程中正确处理各种比例关系，合理配置资源，以保护“公共商品”有适量投入[5]。

遗憾的是，新中国成立以来，林业，特别是改善生态环境的公益林建设没有被置于应有地位，在国民收入分配中得不到足量的投资保证。据中国林学会资料，1949～1987年我国共消耗森林资源近100亿 m^3，按低价估算应投入5000亿元，但同期给林业总投资只占总产值5%，1986年国家投入林业基建的资金约2.8亿元，仅占国家总投资的0.28%，而投入环境资源林（公益林）资金就更有限了，举世闻名的我国“三北”防护林建设工程，国家资助平均每公顷仅67.5元，每亩不足5元。可以说，缺乏足够的投入，是过去环境资源林建设进展缓慢的重要原因。

可喜的是，广东省政府在这个问题上较有先见，认识到“从综合效益看，林业发展关系到全省经济的协调发展，现代林业是为未来广东富裕、文明的一大标志。”因而，在国内最先提出森林分类经营，并对生态公益林作出实施逐渐增值性的生态补偿机制。

诚然，广东林业重点生态工程建设是一项复杂的系统工程，需要社会各方面的支持，广大人民群众的努力和有关专家学者的智慧。但对于我国这样一个发展中的国家，各级领导的动员组织作用（包括正确的决策、政策、法令、措施等）是至关重要的，这是我们的国情所决定的，也是林业，特别是环境资源林“公共商品”的性质决定的。

要充分发挥各级领导在环境资源林建设中的组织、配置资源作用，势必要求各级领导增强生态意识，提高生态素质，充分认识森林的多种效益，理解发达的林业与地区兴旺繁荣、社会文明的内在关系，从而真正而不是口头上把林业放在国民经济与社会发展的应有地位，并落实到实处，如：在各级财政支出中增加公益林列入各级领导的政绩责任状等；都应有利于公益林的保护与发展，从而摆正公益林与其他事业的关系。

（二）抓好环境资源林建设规划

环境资源建设规划应按生态经济协调发展的指导思想，根据各方面的条件（自然、经济、社会诸方面的综合条件），对环境资源林体系作出较全面的、长期性的安排，以求得环境资源林与其他林业有适当比例，又能和当地经济社会其他行业协调发展。

（三）强化生态意识，促进林业重点生态工程建设和发展

1. 林业是具有显著生态效益的弱质产业

林业具有工业所无、农业所少的巨大的生态环境效益，这实在是林业的一大特点和优点。林业除了生态效益显著这一大特点外，还有生产周期长、直接经济效益差、不易吸收公众投资、市场竞争力弱等特点，但长期以来人们只是把林业作为一般的产业看待，不仅没有对其加大投入，反而需要林业对当前财政做贡献，在山区林业县，这种贡献有的达到60%。同时，采取像耕种农业的方式来对林业进行集约经营，一定程度上造成生态环境的破坏，完全不适合生态林业的要求。生态林业的发展需要社会各界强化生态意识。

2. 政府要加大投入扶持力度

我国是个发展中国家，又是个少林国家，而林业在我国可持续发展中又具有基础性作用。这就需要社会对林业大力支持、多方投入，需要我国建立起适合可持续发展的新机制。而观念是行动的先导，只有全社会形成生态保护、可持续发展共识，切实把生态意识的教育提到议事日程上来，从而提高全体公民的综合素质，增强生态林的发展观念，才能促进林业可持续发展。鉴于当前严峻的资源与环境形势，我们必须严格执行“保护资源，节约和合理利用资源”、“开发利用与保护增值并重”、“谁开发谁保护，谁破坏谁恢复”、“谁利用谁补偿”的方针和政策。目前，欧美国家已开展包括森林资源在内的自然资源核算。我国也应积极研究和认真开展此项工作。对森林资源生态效益和社会效益的补偿问题，可通过以下两方面解决：一是由森林资源外部经济性的受益者进行补偿，可以考虑开征森林生态效益补偿费和社会效益补偿费以及环境破坏恢复费等；二是由代表全社会利益的政府进行补偿，在这方面，应该强调国家政策的扶持和保护，应该明确国家是森林外部经济的主要投资承担者，应该在国民经济核算体系中建立公平合理的补偿机制，从实物和货币核算两方面综合反映森林资源的实物量和价值量相统一的管理。这样，一方面进一步唤醒公众的森林生态与社会效益意识，培养生态和社会的道德观；另一方面，可为林业可持续发展提供资金，以解决制约我国林业发展资金投入严重不足的问题，这也是实现林业可持续发展的一个基本问题。

现在是一个前所未有的最佳机遇，要紧紧地抓住这个机遇。我们要一手抓水利设施、防洪工程等建设，一手抓植树造林、治理水土流失等生态环境建设。培育森林，兴修水利是治山治水的决定性因素。处理得当，是能相得益彰的。

参考文献

[1] 张建国，吴静和，等. 现代林业论[M]. 北京：北京林业出版社，1996：183～190
[2] 徐燕千. 广东森林[M]. 北京：中国林业出版社，广东科技出版社，1990：335～341
[3] 沈国舫. 森林培育学[M]. 北京：中国林业出版社，2001：1～9
[4] 徐英宝. 广东省商品林100种优良树种栽培技术[M]. 广东科技出版社，2003：1～6
[5] 温作民. 森林生态税[M]. 北京：中国林业出版社，2002：11～43

林业发展战略转移与生态林业经营模式[⑩]

一、当今林业发展面临的多方面需求

现代林业发展面临社会的、经济的、生态的多方面需求，迫使人民改变林业经营思想，转移林业发展战略，确立相应的林业经营模式。在世界经济发达国家的森林资源随着社会经济的发展而日益减少，而且减少的速度又是随着科技发展而加速，直至近60年来才得到扭转，森林资源由恢复到发展；发展中国家正处于工业化前期，正步入发达国家走过的路，森林处于消大于长的局面。世界在森林经济物质方面的供需矛盾是突出的，而资源总量是有限的，人们只有节约利用方可减轻对森林经济需求的压力。

今天，世界各国都不同程度地认识到森林在保护环境方面具有不可替代的作用，人们更加重视对森林的生态需求。由于生活方式的变化和经济的发展，人们除了从森林中得到木材外，对森林的公益需求越来越多。全世界人口在继续增加，尤其在发展中国家，人口压力和贫困是两大社会问题。人们认识到发展林业要和发展农村经济结合，满足人们对森林的社会效益的需求。

森林的经济、生态、社会需求在今天是全面增长的，但是在不同地区各有不同的侧重点，就总体而言三方需求是既矛盾又统一，其中又以森林的生态需求为基础，人们已逐渐改变过去强调经济需求带来的不良后果，更加重视生态、经济、社会的综合需求。从过去林业的发展及森林资源的变化都说明了今天的林业处于转轨期，沿用传统的经营思想、理论、政策、方法已无法使森林满足人类的现代需求，对林业经营目标和重点各有差别，但其整体思路都是导向一个经济与生态均能持续发展的林业。诸如“立地特点的林业”、“接近自然的森林”、“林业和谐论”、“多功能理论”、“林业分工论”等的提法，表明传统的以木材为中心的森林利用经营模式转向森林多效益持续利用。由此可见，生态林业将成为现代林业的基本经营模式。

我国于80年代总结前一时期“木材利用”原则的教训，提出“生态利用”原则，为使有限的森林资源能满足社会对木材等经济需求、改善生态环境的需求和旅游休闲就业等的众多需求，将森林实行分类经营，减少采伐量以保护天然林，大规模营造防护林，发展人工速生丰产林。于1991年林业部提出的产业政策是：林业是培育、保护、管理、开发和利用森林资源，充分发挥森林的经济效益、生态效益和社会效益的综合产业和公益事业部门，肩负着治理国土，维护和改善生态环境，提供林产品、农村能源和繁荣山区、农村经济的重要任务，是国民经济的基础产业之一。国家于1994年对林业部的职能定为负责林业生态环境建设事业管理及林业产业行业管理，行使林业行政执法职权。

---

⑩ 原文是为“广东面向二十一世纪生态林业研讨会”上的论文(2005，3：1~6，未正式发表)。

二、生态林业是现代林业的基本经营模式

森林是大自然中最大和最重要的生态系统，森林是地球生态系统最关键的因素，也是地球健康状况的一项重要指标。森林数量如果减少到超过一定限度，就会导致整个大自然生态系统的破坏，对整个经济造成严重后果，甚至会威胁人类的健康和生存。

(一)现代林业、生态林业、社会林业的含义

现代林业是历史发展的结果，是现代科学、经济学及社会学发展的必然结果。所谓“现代林业”是以现代科学知识为基础，由现代技术设备装备，利用现代科学方法经营，借助现代工艺生产产品的一门学科。尽管现代林业落后于先到工农业，但现在它正以全新的姿态向现代化迈进。

生态林业是现代林业的基本经营模式。生态林业是现代生态经济理论指导下，充分利用当地的自然条件和资源，在增加林产品生产的同时，为人类生存和发展创造优良环境，获得森林生态、经济和社会效益的一种经营模式。正是现代林业的这种经营模式保持了森林经济和生态功能有效、协调和持续的发展。

社会林业是现代林业的基本社会组织方式。森林为社会提供产品和服务，所以公众有义务保护森林和支持林业发展。现代林业需要利用自然和社会科学，通过社会组织，包括专业和业余的组织，协调社会生态系统中的人类、社会和环境之间的关系。人人都应关注森林和保护环境，各个国家的政府均制定一系列政策支持林业部门和给林业部门以补助。总之，社会林业是现代林业的组织保证。

(二)木材培育与生态林业

“木材培育”是国外早些时候提出的一种林业经营思想，以期解决传统林业发展模式中长期无法解决的经济效益与生态效益不可兼得的尖锐矛盾，在相应条件具备的一些国家，如新西兰、智利、南非，已经开创了以10%左右的林业用地，满足80%社会木材需求的先例，为生态林业从宏观上解决三大效益矛盾统一关系，奠定了实践基础，也给生态林业模式的实施对策以很大启迪。生态林业模式，在解决林业主要矛盾时，正是采取“局部上分而治之——地域分工、分类经营；总体上合而为——三类林分，总体协调”的对策，妥善处理生态与经济之间的矛盾。这样，通过地域空间分工，局部上三类林分经营目标三大效益的单一化和最大化，整体上就有三大效益的最高综合值。从而实现林业经营三大效益的最佳目标。应注意的是木材培育的第三类林分生产中也必须考虑生态平衡，防止土壤退化和环境污染。这与木材培育论和工业人工林的基本论点完全不同。所以，工业人工林是传统工业化在林业的滞后表现，是属于传统林业的。

可见，代表着现代林业建设发展方向的生态林业不是一种封闭式的发展模式，并不排斥现代林业建设中的各种有益经验。包括木材培育一些理论和实践经验。它正是建立在充分认识林业特性，正视我国国情，总结国内林业建设和改革的经验教训，分析国外林业发展趋势，借鉴和吸收各种现代林业建设理论基础上的、不断完善的林业发展模式，这也正是生态林业的生命力所在。

(三)因地制宜仍是林业生产建设的重要原则

这就要求发展林业生产不能随心所欲盲目进行，而要根据有关条件的适应程度有所取舍，既充分利用相宜的有利条件，又要避免不利的或限制性条件，以便收到比较好的效果。林业生产作为自然再生产过程和经济再生产过程相交错的复杂生态经济活动，受到自然规律支配，也受到社会经济规律的左右，更应该强调因地制宜。特别在现代林业建设中，林业经营在系统内外的物质与能量循环流动中，还逐渐以分支系统形式纳入区域社会和环境大系统中，与区域社会和环境系统融为一体，密不可分，现代林业无法游离于区域背景而自我发展。

从大的区域范围看，任何国家或地区的林业发展模式，都在一定程度上反映了该国或省区的国情与林情，而生态林业模式，正是从国情林情出发，博采众长的结果，也是因地制宜原则在林业发展战略设计中的具体应用。

另一方面，我国是一个幅员辽阔、区域差异性大的国家，各地区社会经济发展情况相当复杂，自然条件各有特色，林业发展水平相差悬殊，在区域社会—环境系统中地位不尽相同。因此，必须在生态林业模式的总体指导下，深入分析各区域的具体条件，探索出适宜本地区条件，既符合生态林业总体要求，又有区域可行性的发展对策。具体而言，①综合把握区域林业发展中的优劣条件，组合关系及两者之间的转化关系及趋势，使生态林业建立在现实的客观基础上。②从区域发展角度中，确立林业在区域中的适当地位、探索生态林业发展的适宜速度、规模和水平。③在区域产业结构优化的趋势中，把握“三类林业”的比例结构，并从区域总体空间结构中安排好林业生产力发展的时序、重点及空间布局。④从区域现实出发，深化改革，逐步建立起适应生态林业发展的具有区域特色的林业经济体制。

三、生态林业的分类

生态林业既然是现代林业的基本经营模式，是与现代社会经济条件相适应的具体的经营利用制度，结合广东实际情况，要从宏观调控，总体协调，求整体效益最大，又要从微观上实行地域分工，分类经营，求局部效益最佳。为此，根据广东省森林更新方式状况，遵循顺应自然的原则，要在林区恢复和保护天然次生林，形成针阔混交或阔叶混交的复层林，具有高功能的生态林，这部分森林在整个森林生态系统中占据重要地位，在面积上所占比例最大，经营目标和方式是培育大径级的优势木，采取择伐或渐伐更新；对人工林的营造要限定规模，让它分散镶嵌在天然次生林中，或让它针阔混交种植；划定防护林、自然保护区（含仅剩的原生林）等禁伐林。

这样的生态林业包含合理利用资源，保护生态环境，是在广东省实现森林生态经济持续发展的现代林业模式。生态林业建设必须以生态工程的方式来进行。

生态工程是根据生态学原则，针对当前已经发生或者未来将要产生的一系列生态环境问题所提出的对策性意见和整治、消除措施。这是我国已故著名生态学教马世骏教授率先提出的以“共生、互生、循环、再生”为核心的“生态工程学”理论。这一新理论提出后很快得到国内外的承认，并开始在国内得到发展和应用。

所谓工程是指人类设计的、具有一定结构的工艺系统。生态工程则是应用生态系统中物种共生与物质循环再生原则，结合系统中最优化方法，设计的分层多级利用物质的生产工艺系统。生态工程的目标就是在促进自然界良性循环的前提下，充分发挥物质的生产潜力，防止污染环境，达到经济效益和生态效益同步发展。它可以是纵向的层次结构，也可以发展为由几个纵向的工艺链索而成的网状工程系统。

具体可以分为：多级利用系统；资源再生系统；共生、互生、抗生系统等。目前国家已经确定了若干个县级生态工程试点，统称生态农业县。林业是其中的一个重要组成部分。森林是陆地生态系统中的核心部分，且具有稳定而抗逆性强的特点，对人类生存与发展的环境具有巨大的调节作用。

生态林业的内容比较复杂，能否将其划分为森林环境保护工程、森林生态环境服务、生态经济协调的林业生产的三个大类较为适宜（图1）。

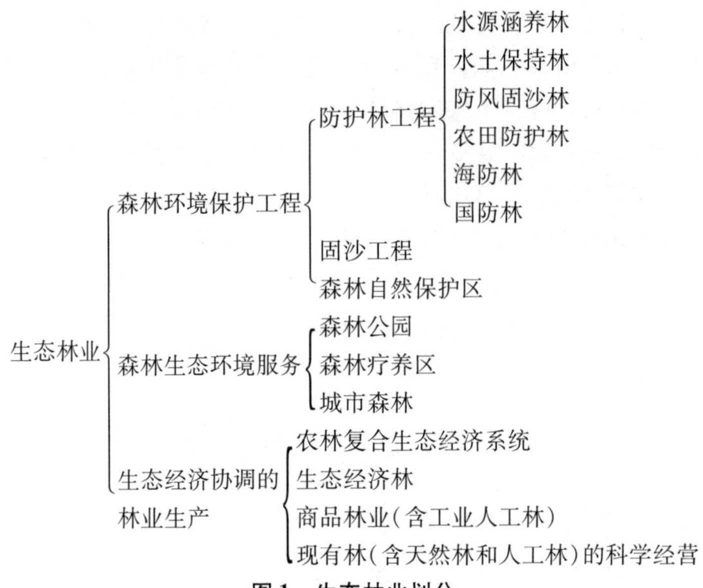

图1　生态林业划分

目前，广东省已进行"四江"流域水源涵养林改造、沿海防护林、绿色通道、红树林、农田林网等工程建设，每年投资达1亿多元。1999年省核定生态公益林340万hm^2，并给予补偿，从开始每年每公顷37.5元到2007年升为120元，补偿资金一年达4亿多元，给生态林业工程提供了有力的资金保障。广东省至2005年已划定自然保护区237个，总面积达107万hm^2，占全省国土面积的5.96%。广东省把自然保护区作为生态林业重点工程，省财政从2000年至2009年每年拨出16 100万元。可见各级政府都正在进行着这些方面一些探索性的实践，并已收到相当成效，为世人所瞩目。

同时，生态林业的防护林、自然保护区以及社会林业的森林公园、城市森林，甚至现有人工林的林分改造等，将成为今后广东省森林的主体部分，已占到广东省森林面积的60%左右。就商品林中的短轮伐期工业原料林来说，也要强调多功能、多效益，建议启用优良阔叶树种黎蒴栲、木荷、台湾桤木、西南桦、马占相思、厚荚相思、黑荆，这些树种的共性是喜光好热，早期速生，适应性强，适于短周期商品林的持续经营，发展潜力极大，很可能成为今年广东山区商品林营造的主要树种，特别是黎蒴栲短周期工业林的大面积栽培技术现已成熟，目前主要缺乏的就是资金投入。尾叶桉、巨尾桉是优良短周期经营树种，但应控制发展比例，不搞遍地开花。我认为桉树培育大径级商品材更好，搞混交维持地力，以利持续、稳定经营。

最后，经济林已不是传统落后的经营方式，生态经济林，一年栽植，多年收益，具有良好经济和生态效益，为广东省调整农村经济结构，促进农村经济发展，增加农民收入的一条重要途径，逐步成为非公有制林业的一个特点。其发展趋势是适生区域化栽培，规模化、矮化密植和集约化，种类多样化和品种优良化，观光休闲一体化等，特别强调经济林优质无公害造林，并认真抓好造林选择和无公害施肥等。

广东生态公益林的建设及十年回顾(1994~2003)[11]

一、生态公益林等级及其划定标准

根据森林保护的重要性，生态公益林划分为三个等级(表1)。对于不同等级的生态公益林，其抚育管理措施也有不同。

表1　广东省生态公益林等级及其划分标准

生态等级	一类	二类	三类
生态功能	高	中等	差
物种组成	丰富、协调	单纯、简单	单一
群落密度	大	稀疏	低
林木生长	良好	正常	不良或不适
郁闭度	>0.8	0.6~0.8	<0.6
群落类型	天然次生林、人工阔叶林、针阔混交林、多层林	人工阔叶林、针阔混交林	人工针叶纯林

一、二级严禁任何采伐和抚育，而三级只准作轻度间伐、择伐，不准主伐。生态公益林的资源规划和监测内容侧重于面积变化、生物多样性、生态环境和林内有害活动等方面。

二、广东生态公益林管理系统

生态公益林区划是按社会需要，根据森林地理位置、林分实际状况，运用制定的指标和标准而划定的。由于这些森林的所有权和经营权有不少是分离的，因此，现有公益林管理部门也是多种多样，有国有林场、自然保护区、森林公园，也有事业单位，甚至还有林业企业和个人。但总体而言，公益林的管理可分为两大类，一是国有林业事业、企业单位管辖公益林，林分管理主体维持原状，由这些单位自己管理；另一类是集体和个人拥有的公益林，林分是由县、乡林业站协助管理并指导。

2000年，广东省林业局专门成立了“广东省生态公益林管理中心”，负责全省生态公益林建设管理和效益补偿的具体工作。各市县级林业局也有相应的公益林管理机构或人员，专门负责公益林建设管

⑪　庄雪影，徐英宝，黄永芳等。原文载于香港嘉道理农场暨植物园刊物《森林脉搏》(Living　Forests)(2006，11：25~30)。

理工作。乡林业站负责组织护林员进行生态公益林日常的抚育及防火保护工作。

《广东省森林保护管理条例》第7条规定，禁止采伐生态公益林。确因国家重点建设项目、林木更新改造或卫生间伐需要采伐的，须经林业行政部门或其授权单位批准。

三、广东生态公益林的补偿

生态公益林生态功能经济补偿原则是谁享用谁补偿(包括单位和个人)，社会享用的由政府统筹补偿。《广东省森林保护管理条例》第7条规定，生态公益林划定后，其抚育、管理经费列入各级地方政府财政预算，同时实行生态公益林效益补偿制度，具体办法由省人民政府制定。《广东省生态公益林建设管理和效益补偿办法》第7条规定，禁止采伐生态公益林。政府对生态公益林经营者的经济损失给予补偿。省政府对省核定的生态公益林按37.5元/hm^2给予补偿，不足部分由市、县政府给予补偿。《广东省生态公益林建设管理和效益补偿办法实施意见》规定，省核定的生态公益林总面积，安排省级补偿费37.5元/(hm^2·年)，今后视财力状况增加安排。各市、县可根据重点和一般的生态公益林以及不同功能等级，结合市、县配套资金，制定相应的补偿标准。

广东省率先在全国建立生态公益林补偿资金制度，并逐年提高补偿标准，且加以规范使用：1999年37.5元/(hm^2·年)，2000年60元/(hm^2·年)，2003年120元/(hm^2·年)(其中90元为损失性补偿，30元为管理与管护经费)。除了省级公益林效益补偿金外，珠江三角洲部分地区配套部分市级补偿金。如江门市公益林经营单位或个人除了能获得省级补偿金外，还可获得每公顷30元的市级配套补偿金。

然而，由于目前广东省公益林效益补偿金较低，补偿标准是以面积计算，尚未与公益林生态功能等级挂钩，导致经营者对生态林的建设和保护的积极性不高。

四、广东生态公益林体系建设现状

目前，在广东生态区位比较重要或生态比较脆弱的区域初步建立了生态公益林体系。2003年，经广东省政府重新核定，广东省级生态公益林规划面积为344.98万hm^2，占全省国土面积的19.8%，占全省林业用地面积的31.7%。其中，国有权属公益林40.91万hm^2，占11.9%；集体权属公益林304.07万hm^2，占88.1%。

从公益林区域分布来看，珠三角经济区64.67万hm^2，东部沿海经济区30.15万hm^2，西部沿海经济区33.61万hm^2，北部山区及周边经济区216.55万hm^2，分别占省级生态公益林总面积的18.8%、8.7%、9.7%和62.8%。这部分森林主要分布在江河两岸、铁路、国道省道和高速公路两旁、水库周围、水源源头、边远山地、城镇周围、自然保护区、沿海和农田周围。

到2003年年底，全省林业部门主管的自然保护区由实施议案前的51个增加到186个，占全省的86.5%。其中，国家级5个，省级40个，市县级141个，总面积达到92万hm^2(1380万亩)，占全省国土面积5.12%。

与1999年相比，2003年全省生态公益林中阔叶林和混交林比例及生态等级均有了提高。据广东省林业调查规划院监测和评估，仅全省省级生态公益林每年就增加森林植物生物量431.7万t，净增率为6.4%；固碳230.3万t，释放氧气644.9万t；调节江河水库水量7.3亿m^3，使江河水流量的变动系数减少9.5%；减少林地土壤流失量51.3万吨(相当于21万m^3)。这些生态效益折算成经济效益约为每年监测评估73.3亿元。

此外，生态公益林的建设管理也为社会创造了3.2万多个就业岗位。

五、广东省林业建设的重点生态工程项目

1. “四江”流域生态公益林建设重点工程

广东省西江、北江、东江和韩江(简称“四江”)流域是省内四大水系，流域范围包括17个市84个县(市、区、局、场)，总面积1311.62万hm^2，占全省国土面积的73.6%，占林业用地面积的32.9%。其中西江、北江和东江为珠江支流，属国家珠江流域综合治理防护林体系建设的范围。“四江”流域人口、土地面积约占全省70%以上，流域生态公益林面积占全省生态公益林面积80%以上，是广东省生态公益林体系的主体，是广东省生态公益林建设重中之重。

“四江”流域生态公益林建设工程规划目标是结合流域自然特征和社会经济发展状况，采用封山育林与人工造林相结合的方式，逐步恢复流域地带性森林植被，建成流域多林种、多树种、多层次、多功能，具有完整性和多样性的森林生态系统和景观。通过“四江”流域生态公益林建设，强化流域综合治理，突出森林涵养水源、保持水土等生态防护功能，丰富和充实流域森林生态系统及景观的完整性和多样性，建立起结构稳定、功能完善、空间布局合理的林业生态体系，控制水土流失，减少自然灾害发生，为区域社会经济的可持续发展提供生态保障。

广东省“四江”流域水源涵养林建设工程于1999~2003年全面启动，全省共投入专项建设资金1.2亿元，完成林分改造3.85万hm^2。“四江”流域生态公益林建设面积280.90万hm^2，其中水源涵养林122.67万hm^2，水土保持林97.67万hm^2，其余为自然保护区、自然保护小区、森林公园内的森林和风景观赏林、科研林等。按补植改造3000元/hm^2，封育管护1500元/hm^2的建设投入标准，到2015年完成规划建设总面积，共需要60.68亿元，加上8%建设项目相关管理费用(包括生产性科研费、作业设计及验收、其它不可预计费)共65.76亿元。“十五”期间(2001~2005年)重点工程任务量为人工造林1.79万hm^2，补植套种39.51万hm^2，封山育林41.33万hm^2。本工程由省林业局负责，各有关市、县协助组织实施。

2. 沿海防护林体系建设工程

广东沿海地区是我国受台风、热带风暴侵袭较为频繁的地区之一，每年5~10月都有台风和热带风暴登陆，平均每年4~5次，给沿海地区的工农业生产和人民生命财产安全造成严重威胁。建设沿海防护林，构筑沿海稳定、高效、结构合理的生态公益林体系，对改善沿海地区抵御自然灾害的能力，维护沿海生态安全，促进社会经济发展，具有重要的意义。

该工程为国家六大林业工程之一的防护林工程，也是广东省生态环境建设中地处沿海沙岸的绿色屏障。该工程实施范围包括沿海36个县(市、区)及5个国营林场，总面积520.6万hm^2，占全省面积28.25%。建设目标为在沿海地区建立人工森林植被为主体的多林种、多树种、多功能、多效益的防护林体系。建设任务为人工造林24.26万hm^2，封山育林18.53万hm^2，以防治风蚀、水蚀为主。按补植改造3000元/hm^2，封育管护1500元/hm^2和8%建设项目相关管理费用的建设投入标准，到2015年完成规划目标共需要9.69亿元。10年来，全省沿海地区完成造林60.6万hm^2，其中人工造林48万hm^2，飞播造林1.63万hm^2，封山育林11万hm^2，营造海岸基干林带长2293.57km，已投入资金106330.1万元，其中，国家投入(国家林业局沿海防护林专项投资)3644万元，地方配套投资47 845万元，部门投资8623.4万元，投工4875.2万个。本工程由省林业局及各沿海市、县负责组织实施。

3. 沿海红树林建设工程

红树林是生长在热带亚热带海岸潮间带的常绿木本植物群落，是海湾、河口地区生态系统的重要组成部分，对维护和改善海湾河口地区生态状况，有效抵御和减轻海潮、风浪等自然灾害以及保护沿海湿地生物多样性有着极其重要的作用。广东是中国红树林资源最丰富的省份之一，有红树林湿地2.1万hm^2，主要分布于粤西，面积达1.9万hm^2，其中雷州半岛的红树林分布区被列为国家级红树林自然保护区；其次是珠江三角洲地区，有红树林湿地0.19万hm^2，其中深圳湾福田的红树林被列为国

家级红树林自然保护区；粤东地区只有零星分布，面积很少(陈桂珠等，2001)。据2001年湿地调查结果显示，全省有红树植物17科31种(其中真红树类12科23种)，种类之多仅次于海南省，其中分布面积比较大的种类有桐花树 *Aegiceras corniculatum*、秋茄 *Kandelia candel*、木榄 *Bruguiera gymnorhiza*、白骨壤 *Avicennia marina* 等。

该工程实施范围包括沿海14个市38个县(区)。建设目标是为恢复和重建红树林湿地生态系统，在全省适生区逐渐建成分布均匀、结构合理、生态功能稳定的红树林体系。广东的沿海红树林9602.4hm^2，自实施红树林湿地生态系统保护和建设工程以来，已营造红树林2000多hm^2(均属生态公益林体系)。1999年年底，广东省已累计建立湿地自然保护区27个，总面积24.5万hm^2，占广东湿地总面积的13.08%(陈桂珠等，2004)。2001~2005年建立31个湿地自然保护区，2006~2010年建立22个，总面积86.9万hm^2；到2015年，全省将新造红树林2.3万hm^2，使全省沿海红树林总面积达3.2万hm^2。在拟建的湿地自然保护区中，有红树林自然保护区7个，面积1.4万hm^2。按补植改造3000元/hm^2，封育管护1500元/hm^{2}和8%建设项目相关管理费用的建设投入标准，到2015年完成规划目标共需7362万元。本工程以省林业局及各沿海市、县负责组织实施。

4. 农田林网化建设工程

农田防护林体系是构建平原区生态安全体系的重要组成部分，是改善平原区农业生态环境，提高区域性抵御自然灾害能力，促进生态农业和生态林业发展的重要建设工程。规划全省平原区的路、沟、渠、堤及适宜造林的农田林网全部绿化，林种、树种结构和布局合理，目前在林网中栽植的树种主要是外来树种，包括池杉、落羽杉、木麻黄、相思、桉树等外来树种，但也有一些荔枝、龙眼等乡土果树种类，要求森林覆盖率达到30%以上。全省规划建设农田防护林12.7万hm^2。

实施范围包括13个市共36个县(市、区)，总面积299.1万hm^2，林业用地面积71.3万hm^2。按补植改造3000元/hm^2，封育管护1500元/ hm^{2}和8%建设项目相关管理费用的建设投入标准，到2015年完成规划目标共需要4.12亿元。本工程由省林业局及各有关市、县负责组织实施。广东省1988~2000年实施了《广东省平原绿化一期建设工程》。总投资为50 837.03万元，建设区的森林覆盖率从实施前10.5%提高到了21.9%，农田林网现有林木5937.41万株(含农林间种1597.5万株)，农田林网控制面积258 233.3 hm^2，农田林网控制率为47%(林义辉，2004)。

5. 生物防火林带建设工程

生物防火林带是防护林体系建设的一个重要组成部分，是保障造林绿化成果的重要工程措施。防火林带能充分发挥自然力的作用，促进森林生态系统的良性循环，有利于生态平衡。防火林带不仅具有阻隔地表火和树冠火的作用，也可以改善林地景观，生物防火林带还可以节省日常维护的劳力和成本。随着广东省森林面积逐渐增加，森林防火的压力和难度也随之加大，建设生物防火隔离林带，架构全省生物防火林带网络系统，对提高森林自身抵御火灾的能力具有极其重要的意义。

关于尽快营造生物防火林带工程的决议于1998年由省人大通过，计划从1999年起，用10年时间在全省营造生物防火林带83 209 km，总投资68 839万元。所需资金由省、市、县三级财政按一定比例共同筹集。其中，广东省每年投入专项资金2754万元营造生物防火林带，主要用于补助种苗费、施肥费、抚育管护费、规划设计、科研等费用，并重点扶持山区贫困县和重点林区。全省按有林地20m/hm^{2}的标准规划生物防火隔离林带，到2015年，规划建设生物防火林带15.0万hm^2，改造面积17.5万hm^2。1999~2003年，全省已投入防火林带建设资金3.46亿元，营造了防火林带4.4万km，面积5.6万hm^2。本工程以省林业局及有关市、县负责组织实施。

6. 自然保护区建设工程

生物多样性是人类生存和发展的基础，它不仅能为人类提供宝贵的生物资源，也对保护人类生存的空间起到决定性作用。自然保护区建设是保护自然生态和自然资源的根本措施，是保护生物多样性安全，为人类储备财富的重要举措。野生动植物保护及自然保护区建设已列入中国新世纪林业建设的六大工程之中。实施野生动植物保护及自然保护区建设工程，可最大限度地保护生物多样性，维护生态平衡，是新世纪社会发展的必然要求。所以保护野生动植物就是保护人类赖以生存的生态空间，就是保护人类社会健康发展的重要战略资源，也就是保护人类自己。野生动植物保护及保护区建设的目标是为全省建立一个以国家级自然保护区为核心，以省级自然保护区为网络，以市县级保护区和保护小区为生物廊道，布局合理，类型齐全的有效自然保护网络体系。

2000 年 1 月省人大通过了《关于加快自然保护区建设的决议》从 2000 年至 2009 年，全省共投入自然保护区建设资金 3.3 亿元，平均每年 3341.2 万元。省、市、县三级财政对国家级和省级保护区以及市县级保护区按不同比例共同投入。到 2009 年，广东省保护区的数目将从现在的 60 个发展到 183 个。该工程规划新建各类自然保护区 31 个，使全省自然保护区总数达到 225 个，其中国家级自然保护区达到 20 个，省级自然保护区达到 53 个，市县级自然保护区达到 152 个，总面积达到 107.9 万 hm^2，占全省国土总面积 6.0%。按自然保护区专项规划的投资概算，共需资金 11.3 亿元。本工程以省林业局为主，省海洋与渔业局、国土厅、环境保护局等部门及有关市、县协助实施。

7. 森林公园建设工程

森林公园面积占区域面积的比例是衡量一个地区生态质量和生态文明程度的指标之一。将森林风景资源丰富，景点相对集中，具备开发建设条件的地方，建设成为森林公园，完善森林旅游设施，开展森林生态旅游，促进森林公园建设的健康持续发展。

广东省森林公园的建设思路是以国家级森林公园为重点，以省级森林公园为骨架，市县级森林公园全面发展。结合全省森林资源特点及分布状况，将广东省划分为 5 个森林旅游区：

(1)粤东南潮汕文化、滨海风光森林旅游区；

(2)粤西滨海风光、果园休闲森林旅游区；

(3)粤中森林休闲保健、综合旅游观光区；

(4)粤北森林度假休闲、自然风光森林旅游区；

(5)粤东北森林山水、客家风情旅游区。

目前，广东省已建成的森林公园 224 处，面积达 52.3 万 hm^2，其中国家级 14 处，省级 24 处，市县级 178 处。其中，粤北 52 个，粤东北 42 个，粤东南 6 个，粤西 36 个，粤中 88 个。已规划再建 302 个森林公园，建设面积为 43.5 万 hm^2，其中国家级 23 处，省级 122 处，市县级 157 处。到规划期末，共建成森林公园 526 处，其中国家级森林公园 37 处，省级森林公园 154 处，市县级森林公园 335 处，总面积达 95.8 万 hm^2，占全省林业用地 8.9%，占全省国土面积 5.3%。按《广东省森林公园建设与发展规划》的投资概算，共需资金 26.3 亿元。

8. 绿色通道建设工程

绿色通道建设是建设秀美山川的重大举措，是实现以重点林业生态工程为骨架，以城镇、村庄绿化为依托，以公路、铁路、河渠、堤坝等沿线绿化为网络的国土绿化工程的重要组成部分。该项目对塑造广东绿色生态形象，改善沿线城乡人居环境具有积极的意义。

绿色通道建设范围包括广东省境内的铁路、公路(高速公路、国道、省道、县乡公路)、河渠、堤防沿线等可绿化区域。平原区主要包括线路绿化和林带建设，山区丘陵区主要包括线路绿化和可视范围内第一面山坡的绿化。

工程实施范围包括全省 21 个地级市范围内的公路、铁路和主要江河两侧。建设目标为通过植树种草，把适宜绿化的公路、铁路、江河三类“通道”两侧全面绿化，保护路基和堤面，绿化全省境内公路、铁路、江河三类“通道”5.5 万 km，实现绿化率 100%。建设任务为三类“通道”尚需绿化里程(含今后几年内改扩建及新增路段需补植更新绿化的里程)2.4 万 km，尚需绿化面积(包括“通道”两侧林地、城镇村庄、站台等)为 50.85 万 hm^2。建设重点是：①“深汕”高速公路沿线 5 市 10 县(区)全线 2002 年全面完成造林、更新、补植 0.44 万 hm^2，幼林抚育 0.29 万 hm^2。②“京九”铁路沿线完成造林、补植 1.53 万 hm^2(其中造林 0.53 万 hm^2，补植 1 万 hm^2)。③各市主要公路、铁路、江河、城镇进出口地段，包括“三茂”、“广梅汕”、“梅坎”铁路和“京珠”高速公路广东段等。规划到 2010 年，全省规划通道线路绿化总长度为4.8万km，建设面积达2.4万hm^2，通道两侧山地绿化改造面积30.1万hm^2。按绿色通道专项规划的投资概算，到2010年完成通道沿线绿化和两侧山地绿化建设，共需资金18.02亿元。本工程以省林业局为主，省交通厅、水利厅、铁路部门及市、县协助组织实施。全省境内现有各类通道总里程112 717.2km中，可绿化里程近10万km，已绿化达标的线路占可绿化里程51.7%，已绿化未达标路段占22%，未绿化路段占26.3%；通道两侧已绿化达标的面积占应绿化面积85.2%，已绿化未达标面积占10%，未绿化面积占4.8%。深汕高速公路沿线第一重山的造林任务已基本完成，京九铁路、京珠高速公路等绿色通道造林工作正在进行。

广东省林种树种结构调整的分区及树种推介[12]

一、林种树种结构调整的必要性

1985年，广东省委、省人民政府作出“五年消灭荒山，十年绿化广东”的决定以来，广东林业取得了巨大成就。从1985年至2001年，广东有林地面积由463.8万hm^2提高到928.8万hm^2。森林覆盖率由26.7%提高到57.1%。森林蓄积量由1.70亿m^3提高到3.28亿m^3，森林年生长量由1064万m^3提高到1745万m^3。森林消耗量由1477万m^3降低到690万m^3。目前全省林业生态环境大大改善，为经济可持续发展发挥着重要作用。但是，目前广东省林业发展仍存在一些问题。其中一个比较突出的问题是林种树种结构不合理，生态公益林功能等级、森林质量、林分单位面积蓄积量还不够高。因此，必须对林种树种结构进行科学、合理的调整，以尽快提高林分质量和林业的综合效益。

广东省现有林业用地1082.5万hm^2，其中生态公益林357.3万hm^2，占林业用地的33%；商品用材林644.7万hm^2，占林业用地的60%；经济林用地80.4万hm^2，占林业用地7%。今后，为确保广东省生态环境建设需要，要逐步增大生态公益林所占的比重，并提高其生态功能等级。同时，又要不断满足社会对林产品的需求，科学经营商品林、经济林，提高单位面积产量和质量。

另外，从广东目前已划出的生态公益林还存在突出的树种结构和功能问题。如生态公益林中阔叶林少，生态效益较好的阔叶混交异龄林，只有53万hm^2，占林分的23%；生态功能等级低的三类林有104.375万hm^2，占林分的46.45%；在广东省生态公益林中，疏林、灌木林、未成林地、无林地等还有87万hm^2，说明目前广东需要改造的低等级生态公益林共有191.38hm^2，占全部生态公益林面积的54%。

据1997年广东省林分优势树种统计，全省针叶树面积为363万hm^2，占全省林分面积的53.5%，阔叶树种面积316万hm^2，占全省林分面积的46.5%。为提高全省森林生态环境质量，到20世纪中期左右，全省针叶林树种与阔叶树种面积比由目前的5.3∶4.7调整到3∶7，其中生态公益林的阔叶树种应占生态公益林面积的70%以上。

现根据植被的地带性分布，将广东省分为中亚热带典型常绿阔叶林区和南亚热带季风常绿阔叶林区两个大地带区域，再细分为以下的5个分区及其树种选择。

（一）粤北的中亚热带典型常绿阔叶林区

位于广东省北部，属我国中亚热带常绿阔叶林的一部分，为北江上、中、下游山地丘陵平原的水源林、水土保持林、特用经济林分区，它的南界为北纬24°，即怀集、清远、佛冈、龙川、兴宁、梅

[12] 原文载于《广东省100种优良阔叶树种栽培技术》，广东省林业局、广东省林学会编印(2002，4：1~9)。

县、大埔一线上，包括韶关市、清远市全部，河源市、梅州市大部，肇庆市及广州市的北部。境内以山地、丘陵为主，间有大小不等的盆谷地，大体北高南低。北有连山县的大雾山，乳源的天井山、五指山，乐昌的大瑶山，仁化的万时山，连平及和平的九连山，平远的项山甑，梅县的阴那山等，构成了全省最高的山地，海拔多在1000m以上，最高石坑崆(1902m)，而南部河谷海拔只有10m左右。

本区位于本省北部山区，它是本省南部地区的天然屏障，又是各江河的源头，生态环境状况的好坏对全省影响很大，因此必须进行合理开发与整治。首先要保护好原有的阔叶林，作为水源林和自然保护区，其次对丘陵盆谷地的水土流失加强治理。本分区是广东杉、松、毛竹用材林基地，但因长期经营不合理，林种单一，残次林、小老头林不少，应搞好生态公益林、用材林、经济林的发展安排。

树种选择：生态林侧重抓好米锥(*Castsnopsis carlesii*)、甜槠(*C. eyrei*)、红锥(*C. hystrix*)、栲树(红椽 *C. fargesii*)、罗浮栲(*C. fabri*)、鹿角栲(*C. Lamontii*)、黎蒴栲(*C. Fissa*)、黄樟(*Cinnamomum porrectum*)、阴香、红楠(*Machilus thunbergii*)、木荷(*Schima superba*)、枫香(*Liquidambar formosana*)、阿丁枫(*Altingia chinensis*)、木莲(*Manglietia fordiana*)、南酸枣(*Choerospondias axillaris*)、檫树(*Sassafras tsumu*)、山乌桕(*Sapium discolor*)、光皮桦(*Betula luminifera*)、黄杞(*Engelhardtia roxburghiana*)、化香树(*Platycarya strobilacea*)、朴树、任豆、莱豆树、粗糠柴、假苹婆、仪花、拟赤杨等。用材林树种有马尾松、火炬松、杉木、柳杉、毛竹等。经济林树种有油茶、油桐、板栗、银杏、蜜柑、山核桃、厚朴、黄柏(*Phellodendron chinense*)等。

(二)粤东北的中亚热带常绿阔叶林区

本区位于广东东北部，属南岭山地的东段，以低山为主，山岭连绵，海拔多在500~1000m，在东江和韩江上游及梅江间夹有广大的丘陵及宽阔的盆地谷地。本区为广东林业重要基地，为水源林、水保林、特经林分区。区内包括九连山南部的新丰、连平、和平全部及河源龙川的北部；以及蕉岭、平远、大埔、兴宁北部和梅县大部分。本区的代表性植被是典型常绿阔叶林，生态林组成树种以栲树、罗浮栲、米锥、黎蒴栲、鹿角栲、木荷、黄樟、华润楠(*Machilus chinensis*)、杜英(*Elaeocarpus decipiens*)、阿丁枫(*Altingia chinensis*)、南酸枣、拟赤杨(*Alniphyllum fortunei*)等。人工林主要有马尾松、杉木、毛竹、油茶、油桐、沙田柚、茶等。

(三)粤东的南亚热带季风常绿阔叶林区

本区位于广东省的东部，包括惠东、紫金、五华、揭西、丰顺、饶平等全部，以及河源、龙川、兴宁、梅县、大埔的南部地区，为东江、韩江上、中、下游的山地、丘陵、台地、平原的水源林、水保林、沿海防护林、经济林分区。境内有罗浮山、莲花山和凤凰山从东北至西南横亘，海拔一般500~1000m，山脉之间沿河有几个较大盆谷地。本区森林破坏较严重，水土流失也较严重，是重点治理水土流失地区，如东江沿岸丘陵山地小区、韩江上游丘陵小区、凤凰山北坡丘陵山地小区、莲花山丘陵山地小区等，宜大力营造水土保持林。对现有的次生阔叶林要进行保护和改造，大力推广本地区优良乡土阔叶树种红锥造林，以改变马尾松疏林，改善当地生态环境。在水湿条件较好的坡下部可开垦果园、茶园、南岭黄檀林等，而在果林下可间种南药植物。

生态林树种可选用红锥、锥栗(*Castanopsis chinensis*)、罗浮栲、华润楠、黎蒴栲、黄樟、红楠、厚壳桂(*Cryptocarya chinensis*)、木荷、椆木、朴树、阿丁枫、岭南山竹子、猴耳环(*Pithecellobium clypearia*)、黄桐(*Endospermum chinense*)、假苹婆(*Sterculia lanceolata*)、降真香(*Acrohychia pedunculata*)、鸭脚木(*Scheffera octophylla*)、大头茶(*Gordonia axilleris*)等。

人工林树种有马尾松、湿地松、杉木、油茶、沙田柚、茶、乌榄、橄榄、柿、南岭黄檀、细枝荔枝、龙眼、青梅、砂仁等。

(四)粤西的南亚热带季风常绿阔叶林区

本区位于广东省的西部，西江横贯全区是广东省西江上、中、下游水源林、水保林、经济林的重要分区。地理范围包括封开、德庆、郁南、罗定、云浮、新兴、阳春、信宜的全部，以及高州、怀集、广宁、高要、四会等部分地区。全区以山地丘陵为主，海拔500~1000m，最高为信宜大田顶

(1703m)，地势西北高东南低。由西江、北江、绥江、贺江、鉴江、漠阳江等河流形成许多盆谷、平原。这是广东的一片古陆地，地史古老，植物区系具明显的热带、亚热带过渡性质。这里森林演替易于向针叶—阔叶混交林—阔叶林方向演替，向生态优化过度。本区马尾松林分分布较广，是广东主要松脂生产基地；人工杉木林主要分布在怀集、阳春、信宜等地，生长较粤北差；粤西雷州半岛是广东的桉树林生产基地；广宁为重要竹乡，有用材竹及笋竹；经济林有肉桂林、八角林、绒楠林、油茶林、油桐林以及南药植物(砂仁、巴戟、田七、何首乌)；果树有荔枝、龙眼、杧果、柑、橙。

生态林树种有红锥、锥栗、黎蒴栲、椆木、厚壳桂、罗浮栲、木荷、火力楠(*Michelia macourei*)、灰木莲(*Manglietia glauca*)、华润楠、黄桐、红荷木(*Schima wallichiii*)、米老排(*Mytilaria laosensis*)、红苞木(*Rhodoleia parvipetala*)、麻楝(*Chukrasia tabularis*)、复羽叶栾树(*Koelreuteria bipinnata*)、人面子(*Dracontomelon duperreanum*)、朴树、桂木(*Artocarpus nitidus*)、高山榕(*Ficus altissima*)等。

(五)粤中的南亚热带季风常绿阔叶林区

本区位于广东省南部，整个珠江三角洲地区，包括广州、深圳、珠海、佛山、江门、惠州、东莞、中山等8市38县(区)，北背丘陵山地，含清远郊区、佛冈、从化、龙门部分地区，南向珠江三角洲平原。本区多平原、台地、丘陵、岛屿众多，是广东商品经济发达地区。

由于常受台风暴雨和其它自然灾害的危害，江河水质污染及大气污染问题较突出。生态环境的主攻方向是以城郊生态公益林，含水源林、水土保持林、沿海防风林、农田防护林、生态风景林和工业区的防污林为主，重点抓好沿海、江河防护林和城郊周围造林绿化，减少污染，逐步调整，改造以松、桉为主的疏林为针阔混交林或常绿阔叶混交林，改善生态环境，促进旅游产业的发展，保证蔬、果、禽畜、粮，建立蔬果生产基地，如荔枝、龙眼、柑、橙、梅、李。

本区重点选择的生态景观树种有：樟树、阴香、观光木、木莲、灰木莲、火力楠、深山含笑、鹅掌楸、白兰、黄兰、红花天料木、青皮、土沉香、木荷、红荷木、枫香、朴树、尖叶杜英、秋枫、红苞木、米老排、红锥、格木、柚木、喜树、黎蒴栲、海南红豆、海南蒲萄、假苹婆、南洋楹、石梓、阿丁枫、马蹄荷、黄桐、山乌桕、塞楝、桃花心木、紫檀、降香黄檀、麻楝、菜豆树、幌伞枫、复羽叶栾树、高山榕、小叶榕、木棉、红花羊蹄甲、蒲桃、蝴蝶果、人面子、凤凰木、腊肠树、台湾相思、红花油茶、大头茶、鸭脚木、石斑木、扁桃、香椿、仪花、火焰花、大叶紫薇、潺槁树、铁冬青等。

二、阔叶树种用途分类

(一)水源涵养林、水土保持林树种(60种)

红锥(刺栲)、米锥(小红栲、细枝栲)、栲树(红栲、红橡)、黎蒴栲、青钩栲(吊皮锥)、罗浮栲、南岭栲、甜槠、石栎、鹿角栲、锥栗、樟树、檫树、黄樟、楠木(闽楠)、阴香、火力楠、灰木莲、木莲、观光木、深山含笑、乐昌含笑、木荷、枫香、红荷木、格木、台湾相思、米老排、红苞木、阿丁枫、海南蒲桃、土沉香、山乌桕、楝叶吴茱萸、秋枫、西桦、香椿、喜树、南酸枣、石梓、朴树、黄桐、拟赤杨、假苹婆、泡桐、菜豆树、半枫荷、翻白叶树、鸭脚木、马蹄荷、杨梅、山杜英、尖叶杜英、猴欢喜、铁冬青、马占相思、大叶相思、花香、任豆、铁榄。

(二)珍贵用材林树种(31种)

樟树、檫树、楠木(闽楠)、火力楠、木莲、观光木、鹅掌楸、红锥、椆木、米锥、栲树、格木、铁力木、柚木、青皮、红椿、石梓、锥栗、米老排、红苞木、西桦、枫香、红花天料木、山荔枝、非洲桃花心木、大叶桃花心木、紫檀、降香黄檀、阿丁枫、泡桐、南酸枣。

(三)园林风景绿化树种(69种)

苏铁、台湾苏铁、竹柏、南洋杉、水松、池杉、落羽杉、荷花玉兰、白兰、黄兰、鹅掌楸、观光木、木莲、土沉香、红花油茶、垂榕、铁力木、榄仁树、盆架子、仪花、火焰花、大花五桠果、鸡蛋果、紫薇、大花紫薇、大头茶、木荷、红千层、海南蒲桃、蒲桃、木棉、石栗、秋枫、蝴蝶果、紫叶李、石斑木、红花羊蹄甲、凤凰木、海南红豆、尖叶杜英、红苞木、腊肠树、大叶紫薇、高山榕、榕树、菩提树、山乌桕、铁冬青、九里香、四季米仔兰、麻楝、复羽叶栾树、人面子、杧果、扁桃、喜树、幌伞枫、鸭脚木、夹竹桃、一品红、桂花、黄槐、半枫荷、降香黄檀、翻白叶树、佛肚竹、大王椰子、假槟榔、鱼尾葵、短穗鱼尾葵、蒲葵。

(四)防火林带树种(16 种)

木荷、红荷木、杨梅、油茶、网脉山龙眼、牛耳枫、米老排、海南蒲桃、山杜英、台湾相思、大果马蹄荷、黎蒴栲、石栎、山乌桕、土密树、香叶树。

(五)工矿区抗污染树种(17 种)

抗二氧化硫树种：喜树、复羽叶栾树、榆树、朴树、枫香、构树、青冈、木麻黄；抗氯气树种：构树、夹竹桃、天竺桂、榆树、樟树、女贞、珊瑚树、泡桐、楝树、朴树、紫薇、木麻黄；抗氟化氢树种：构树、朴树、香椿、泡桐、女贞、楝树、樟树、夹竹桃、青冈、木麻黄。

(六)招鸟、诱鸟树种(14 种)

朴树、秋枫、杨梅、鸭脚木、罗浮柿、构树、榕树、潺槁树、算盘子、盐肤木、乌材柿、粗糠柴、小叶黄杨、荚蒾。

(七)招蝶树种(8 种)

降真香、铁刀木、黄槐、柑橘、夹竹桃、白兰、阴香、大青。

(八)经济林果树种(24 种)

油茶、千年桐、红花油茶、板栗、柿、橄榄、乌榄、山苍子、余甘子、南酸枣、绒楠、沙田柚、三华李、青梅、荔枝、龙眼、柑、橙、杨梅、枇杷、山楂、茶秆竹、麻竹(笋用竹)、毛竹(笋材竹)。

(九)药用植物树种(15 种)

厚朴、肉桂、杜仲、银杏、互叶白千层、土沉香、檀香、辛夷、八角、苦丁茶、马钱、大风子、橘红、半枫荷、黄柏。

(十)工业用材林树种(14 种)

杉木、马尾松、火炬松、湿地松、加勒比松、尾叶桉、巨桉、尾巨桉、大叶相思、马占相思、纹荚相思、厚荚相思、毛竹、青皮竹。

关于加快发展优良乡土阔叶树种造林的意见和建议[13]

广东省的阔叶林尤其是常绿阔叶林是亚热带和热带地域性的主要植被类型，它的存在对维护广东省广大地域的生态平衡、涵养水源、调节气候及提供多种林产品，起着极为重要的作用。近代以来，阔叶林资源在不断减少，阔叶林的人工培育不受重视，以致阔叶林面积在森林资源中的比重不断下降。90 年代末期，我国南方 10 省区森林面积 3474 万 hm^2，其中阔叶林仅占 33.6%，而在人工林中的阔叶林树种比重更小，仅占 12.4%。导致上述现象的主要原因：一是对阔叶林树种的生物学、生态学特性研究甚少，造林营林技术非常薄弱，种苗十分缺乏；二是部分阔叶树尤其是珍贵阔叶树种的早期生长较慢，干材形成较晚，有的枝丫多，出材率低，经济收益慢；三是有关部门领导不够重视，认识不足，提倡不力，政策上有偏差，投资少。群众中也有轻阔重针思想，甚至把阔叶林当做价值不高的杂木林、薪柴林。

随着经济建设的发展和人民生活水平的提高，对于用材质量和品种的要求也不断提高，传统的商品材种不能满足要求，而原来的许多珍贵和特殊用途的树种资源越来越少，有的濒于绝迹。一些抗腐、耐磨、耐压的军工、纺织、造船及工艺特殊用材树种愈来愈稀少。再加上新兴的造纸、纤维和人造板等加工业也向阔叶树种资源提出新的需求，就必须努力培育和发展阔叶林。从生态角度上看，阔叶林比针叶林具有较多的优点，如凋落量较大，凋落物所含的营养元素较高，分解速度和腐殖化进程较快，肥土能力强且能加快生态系统的生物循环。因而加强对现有天然阔叶林的保护，以及发展阔叶树种人工造林更新，将成为 21 世纪森林培育的重要任务。所以，我们应该重视阔叶林树种的造林，使阔叶树种造林和混交造林能占到人工林面积的 60% ~70% 以上。为了推动全省阔叶树种的造林工作，提出如下几点建议供参考。

一、开展传媒宣传，消除对阔叶林认识上的误区

长期以来人们对森林的认识局限于伐木取材，以木材价格高低取向，而忽视了阔叶林的生态功能和社会效益，对阔叶林在维护区域性生态平衡的重要作用模糊不清。而这种负面效应将随着天然林不断消失和人工针叶林不断扩大而增强，后患无穷。所以，我们要大力加强媒体展示，使全社会认识到阔叶林的水源涵养和保水固土等生态功能优越于人工针叶林、经济林等森林植被类型，阔叶林特别是天然阔叶林是保护小流域生态平衡的一个最有效的因素。1998 年夏秋特大洪灾之后反思，随着国家对天然林严格控制采伐，天然阔叶林的保护和阔叶树种的造林更新一定会成为全社会的共识。

---

⑬ 该文是应广东省林业局和广东省林学会编印《广东省 100 种优良阔叶树种栽培技术》一书写的意见和建议，（2002，6：1 ~7，未正式发表）。

二、天然阔叶林应合理规划经营保护

广东省现有天然阔叶林除自然保护区外，基本上为天然次生阔叶林，是天然林粗放择伐或皆伐后封山天然更新形成的，其中少数进展演替，由低级到高级群落变化，而相当部分次生阔叶林反复采樵化，成为低值次生林，甚或为杂灌林、疏林地。因此，各地应根据阔叶林现状，合理规划，按照商品林和生态公益林的分类经营原则，实施科学经营。处于高山源头、江河两岸、库区周围、山顶山脊、高山陡坡的次生阔叶林，应严加封护禁伐，促进群落进展演替；而原来作为用材林经营的次生阔叶林，应重点封、护、管、改，提高林分质量。若采伐利用，一定要经上级主管部门批准，并均采取择伐更新方式，严禁皆伐。在目前人工营造阔叶树造林启动阶段，保护和培育好现有阔叶林也是一种造福后代的幸事。

三、发掘优良阔叶树种造林

广东本土植物应有778属，占全国木本植物1050属的71%。乔木树种超过1000种，不少是珍贵和稀有树种。广东发展阔叶树造林，首先应立足开发优良乡土阔叶树种，特别是天然阔叶林中的主要建群种。因为这些建群种，在长期千万年的自然演替和自然选择过程中，不断繁衍下来，具有最强的竞争优势和潜力，因而也是当代阔叶树造林的主要对象。最近，我受广东省林业局和广东省林学会委托编写了《广东省100种优良阔叶树种栽培技术》一书，书中介绍了主要建群树种约30~40种，混交伴生树种也有30~40种，现列出广东省优良乡土阔叶树种118种：木莲、海南木莲、乳源木莲、南方木莲、红花木莲、火力楠、深山含笑、石碌含笑、金叶含笑、苦梓含笑、白花含笑、阔瓣含笑、乐昌含笑、亮叶含笑、观光木、鹅掌楸、乐东拟单性木兰、白兰、黄兰、樟树、黄樟、沉水樟、阴香、华润楠、广东钓樟、厚壳桂、天竺桂、楠木、刨花楠、油丹、钝叶樟、琼楠、毛丹、潺槁树、檫木、香叶树、红润楠、广东琼楠、锥栗、米锥、甜槠、罗浮栲、南岭栲、栲树、红锥、黎蒴栲、青钩栲、鹿角栲、稠木、台湾栲、盘壳青冈、长果青冈、麻栎、木荷、大头茶、红花油茶、海南杨桐、阿丁枫、大果马蹄荷、米老排、红苞木、枫香、台湾相思、任豆、格木、降香黄檀、海南红豆、秋枫、黄桐、山乌桕、尖叶杜英、山杜英、猴欢喜、麻楝、红椿、香椿、粗枝米仔兰、沙椤、岭南山竹子、多花山竹子、海南蒲桃、韩式蒲桃、李万蒲桃、红花天料木、青皮、坡垒、乌榄、橄榄、翻白叶树、假苹婆、海南苹婆、小叶达里木、黄杞、青钱柳、鸭脚木、幌伞枫、喜树、拟赤杨、南酸枣、泡桐、铁冬青、土沉香、山枇杷、紫荆木、朴树、白颜树、构树、大叶胭脂、小叶胭脂、杨梅、降真香、鱼木、海南菜豆树、伯乐树、五列木。随着人们对森林与环境的关系以及阔叶树种的作用和地位的认识不断深入，阔叶树造林和阔叶林经营正在逐步受到重视。这里要指出，过去阔叶树营造多偏重于短轮伐期，如桉类树种，对生长较慢的珍贵、珍稀树种不够重视。在调整造林树种比例时，既要注意长短轮伐期，速生与珍贵树种的比例也要注意乡土树种与引种树种的合理搭配。既立足本地乡土树种，同时积极推广已引种成功的外来阔叶树种。各地应进一步筛选出几种至十几种适生树种，开展选优、种源试验、多树种对比试验和混交造林试验等。

四、有计划地营建阔叶树良种基地

很多优良乡土阔叶树种难以推广造林，其中重要原因之一是种子来源困难，如观光木、鹅掌楸、米锥、红锥、青构栲、格木、华润楠、椆木、乐东拟单性木兰、石碌含笑等，许多珍贵、濒危树种，混生于天然阔叶林中，采收不到种子。因此，有计划地营建阔叶树采种母树林和种子园，为造林提供良种是一项重要的基础工作。办法可采取：一是利用天然次生阔叶林疏伐，改建母树林，如东源县的几个镇有着米锥占优势的天然次生阔叶林，可通过疏伐改建成母树林。二是营造种子园、母树林。如陆丰县很早就营造红锥母树林，现已采收种子。三是利用前期营造的人工林改建成母树林。如高要林场红旗工区的红苞木人工林，早已成林，可经过强度疏伐改为母树林。近年龙洞林场也将红锥人工林改建成母树林，长势旺盛。四是保护零星分布的濒危树种。很多珍稀阔叶树种没有成片的天然林或人工林，仅有零星分布，如乐昌含笑、石碌含笑、黄樟、华润楠、刨花楠等，应挂牌保护，委托专人采收种子。

五、在无性繁殖方面取得突破

目前有相当一部分珍稀濒危树种采种困难，如何异地繁殖保存基因，成为保护生物多样性的难题。因此，应在无性繁殖上取得突破，易于扦插育苗的树种应有计划地建立采穗圃，培育苗木。有些树种扦插育苗难以生根，可采取组培繁育和激素处理，以促进生根快速繁殖。建议各地把此项工作列于世纪之初的重要议程，落实经费和人员，或组织有关单位协作攻关。

六、加强阔叶树种造林的应用研究和技术培训

阔叶树种造林远比针叶树复杂，过去很多地方搬用杉松造林技术来营造阔叶树的纯林，特别是珍稀阔叶树种，如樟、檫、观光木、母生、青皮、坡垒等，往往成效甚微或失败告终。阔叶树种由于生态学和生物学特性差异很大，其速生性与丰产性能不同，不能使用一成不变的栽培模式。许多乡土阔叶树种的关键造林技术仍属空白，需要组织力量进行研究。应重视应用基础研究，特别是要弄清楚造林树种的生态学和生物学特性，生态学特性是指该树种对外界环境的要求和适应，如耐阴性、抗寒性、耐旱性、抗风性、耐瘠性等；生物学特性是指树种在形态和生长发育上所表现出来的特点和需要的综合。如形态特征、寿命长短、物候期、冠态干形、生长快慢、开花结实、繁殖方式等特点。多数乡土阔叶树种原生于物种十分丰富的天然阔叶林中，长期适应于多树种之间的竞争，各有其特定的生态位，但当把这些树种单独迁移出来营造纯林，由于失去种间竞争力而生长势衰退或干形不良。因此，鉴于阔叶树造林的复杂性，各地应有计划地请有关专家开办讲座，培训或现场参观考察。生产工人也需要进行技术培训，以解决树种识别、造林抚育管护的要求。

七、重视丘陵地区马尾松人工混交林的造林研究

马尾松作为广东省乡土树种，土生土长，是典型的全树综合利用(材、脂兼用)树种，是其他树种难以替代的。马尾松在今后森林资源结构中，仍会占有较大比重。但马尾松在广大丘陵地区作为纯林经营的确问题很大，主要是林分组成单纯，层次结构简单，生态质量差，生态系统脆弱，对环境因素反馈功能低，如针叶含灰分元素少，有机物分解缓慢，土壤微生物区系单纯，形成强酸性的腐殖质，肥力低，同时易发生森林火灾，特别是有严重的病虫害频繁。因此，大力加强研究马尾松人工混交林，通过模拟本地区天然阔叶林组成结构，掌握演替更新规律来调控马尾松纯林的水平及垂直结构，使其逐渐变为复层针阔叶混交林，并提倡营造马尾松阔叶树混交林，这是当前国际上某些林学家强调人工林要天然化的问题。尤其对于分布广阔的、人为活动频繁、病虫害常灾的丘陵地区，更有着现实意义。

八、加大科技投入，加强协作攻关

发展阔叶树造林一靠科技，二靠资金投入。阔叶树培育需要研究的课题很多，如选优建园，组培与无性繁殖，树种结实规律与种子机理，育苗技术，容器育苗，长短轮伐期阔叶林造林经营技术及地

方培肥改良，阔叶林的生物多样性，人工阔叶林的生态稳定性及养分循环，针阔叶混交林的种间关系，封山育林人工促进天然更新等，许多优良乡土阔叶树的研究尚处空白领域，需要各级业务科技管理部门的重视和资助立项。鼓励科技人员拓宽阔叶树的研究领域，加强超前性研究，为推动阔叶树的培育，改善森林资源结构，提高林分质量，发挥更大的生态、社会和经济效益作出应有的贡献。

广东商品林概述[14]

一、商品林的含义

商品林是指以生产木(竹)材和提供其它林特产品，获得最大经济产出等满足人类社会的经济需求为主体功能的森林、林地、林木，主要是提供能进入市场流通的经济产品。比照《中华人民共和国森林法》规定的林种，不仅包括用材林、经济林、薪炭林，而且还包括特种用途林中可以采取市场经济模式的部分森林和林地。

商品林和其它商品一样，既有使用价值又有交换价值。前者构成社会财富的内容，后者是交换价值的基础，而交换价值是价值的表现形式。

二、广东省商品林的资源概况

据1999年统计，广东省商品林面积为736.5万hm^2，占广东省林业用地面积68%。商品林面积中，用材林占87%，经济林占11%，薪炭林占2%。

商品林中用材林、薪炭林总蓄积为2.126亿m^3。其优势树种和优势树种组有马尾松、湿地松、杉木、桉树、黎蒴栲、相思类、南洋楹、木麻黄、阔叶树、针阔混交林和针叶混交林等。松类树种在商品林中面积最大、蓄积最多，其次是阔叶树，三是杉木。

经济林中，包括鲜果、干果在内的，果树林面积占经济林面积60.35%；食用油料面积占12.73%；工业原料面积占6.26%；饮料林面积占4.39%；其它经济林面积占16.27%。

广东省植物种类达7055种，物种丰富，可用于商品的乔、灌、草甚众，由于过去技术政策失误，技术基础研究薄弱，使得商品林长期集中在几个树种上，随着今后树种资源的开发，商品林的资源潜力将会得到充分发挥。

三、广东省商品林优势与发展前景

广东省商品林产值占全省林业产值的75%，其中包括茶桑果、花卉在内的非木质产值占商品林产值73%，木材产值占27%。但在省直属林场系统中，木材产值仍占系统产值94.3%，而非木质产品产

[14] 原文载于徐英宝、曾培贤主编的《广东省商品林100种优良树种栽培技术》(广州：广东科学技术出版社，2003：1~6)。

值仅占5.7%。随着全国林业战略与布局的调整，未来国家对广东省木材的要求将与日俱增，积极发展用材林已成为广东省商品林建设的重点内容。从用材林的下游产业——林产品加工业来看，其产品产量在全国占有相当优势，如木片、人造板、纤维板、中密度纤维板以及刨花板都为全国第一，其它林产品如松香产量位居全国第二，胶合板产量居全国第五。值得注意的是，这些产量位居前列的加工林产品，其行业生产能力远未达到饱和地步，例如松香的富余生产力还有65.5%，胶合板为57.7%，刨花板和纤维板为14%～15%。所以出现这种情况，主要就是原料供应不足。

从世界范围来看，浆粕材、建筑用材和装饰家具用材是始终稳定上升的材种，从国内情况看，随着经济发展，用材林需求也是沿着这样的轨迹发展。为此，广东省商品用材林的发展，特别是集约经营的速生丰产林工程建设启动比全国早了近20年，除了政府投资造林外，全省54万个体投资者争山种树，到2002年广东已发展速生丰产林123.6万hm^2，到2005年全省将建成速生丰产林233万hm^2，其中包括珍贵树种用材林6.7万hm^2，到2015年将建成相对稳定的速生丰产林基地300万hm^2，每年可生长林分蓄积量3500万m^3，出材2338万m^3，可使广东木材供需基本趋于平衡。

为了实现上述发展目标，广东速生丰产林工程在全国率先引入“非公有制造林”的全新概念，近年制定了一系列鼓励和优惠政策。国家为鼓励速生丰产林发展，已将速生丰产林建设纳入政策性贷款范畴，对国家开发银行、农业银行的速生丰产林贷款都给予一定比例和时限的贴息优惠。

据1997年的数据，广东商品林及其加工产品，其出口创汇为8.5亿美元。如果加上虫胶、树胶、树脂、坚果、调味香料、药材等等，那么出口价值将会更大。随着经济全球化发展，商品林在竞争中求生存，一方面要提高质量、降低成本，另一方面在力求速生丰产同时，开发新树种、新产品，以你无我有、你有我优、你贵我廉抢占世界市场份额，这个任务也历史地提高到商品林经营的日程上。

商品林改革开放20年以来，已经逐渐成为广东农民家庭经营纯收入的重要部分。商品林收入占农民家庭经营收入从1980年的27%增加到1998年的45%～52%。由此可见，商品林是建设广东省林业产业的物质基础，是创汇的重要来源，是繁荣山区、致富农村的重要方面。根据国家对新时期林业工作的基本思路和具体布局，广东省今后在森林分类经营区划基础上，既要建设和保护好生态公益林，又要为商品林的建设创建宽松的条件，大力发展商品林，努力满足国家建设和人民生活需求。

四、广东省商品林分区及树种推介

关于中国热带的划分问题，自20世纪50年代以来就有深入的研究和讨论，并大致有个说法，如吴中伦教授曾指出，南北回归线之间的地域即为热带地区，国际上讲的热带陆地面积和热带森林面积，一般都指这一范围。但由于受地形、地貌、寒潮等因素的影响，热带北界不可能像回归线那样一刀切，如广东的中东部由于受寒潮影响而北部线在南移。总的来说，广东热带北界大致以北纬23.4°上下摆动。由此，广东省商品林可划分为两大区：

（一）广东省商品林亚热带引种栽培区

该区域市县范围包括韶关市的曲江、乐昌、始兴、仁化、南雄、连南、连州、连山、阳山、英德、佛冈、翁源、新丰；梅州市的梅县、平远、蕉岭、大埔、丰顺、五华、兴宁；河源市的东源、龙川、紫金、和平、连平；清远市的清新；肇庆市的云浮、云安、罗定、德庆、郁南、封开、广宁、怀集等5个市的40个单位。

推介树种：马尾松、火炬松、杉木、柳杉、巨桉、巨尾桉、赤桉、黑木相思、银荆、木荷、樟树、檫树、楠木、木莲、鹅掌楸、米锥、黎蒴栲、枫香、阿丁枫、南酸枣、泡桐、西南桦、任豆、油茶、板栗、三年桐、黑荆、南岭黄檀、乌桕、柚子、枣、枇杷、厚朴、杜仲、银杏、喜树、山苍子、黄柏、枳椇子、苏木、丁香、毛竹、茶秆竹、麻竹等44种。

（二）广东省商品林热带引种栽培区

该区地域范围包括16个市的65个单位，即潮州市的湘桥、潮安、饶平；汕头市的潮阳、澄海、南澳；揭阳市的榕城、普宁、揭东、揭西、惠来；汕尾市的城区、陆丰、陆河、海丰；惠州市的惠城、大亚湾、惠阳、惠东、博罗、龙门；深圳市的宝安、龙岗、盐田；东莞市；中山市；珠海市的香洲、斗门；广州市的白云、番禺、花都、从化、增城；佛山市的顺德、南海、高明、三水；肇庆市的鼎湖、高要、四会；江门市的蓬江、江海、台山、新会、开平、鹤山、恩平；阳江市的江城、海陵、阳春、阳西、阳东；茂名市的茂南、水东、信宜、高州、化州、电白；湛江市的东海、披头、麻章、廉江、吴川、雷州、遂溪、徐闻、海康等。

推介树种：马尾松、湿地松、加勒比松、尾叶桉、柠檬桉、细叶桉、马占相思、厚荚相思、纹荚相思、直干型大叶相思、南洋楹、新银合欢、台湾桤木、红荷木、木麻黄、灰木莲、海南木莲、金叶含笑、火力楠、观光木、乐东拟单性木兰、红锥、中华锥(锥栗)、青钩栲、栲树、柚木、云南石梓、铁力木、红花天料木、青皮、坡垒、格木、印度黄檀、红椿、紫荆木、红苞木、米老排、枫香、赛楝、大叶桃花心木、桃花心木、紫檀、樟树、千年桐、柿、肉桂、荔枝、龙眼、青榄、乌榄、木菠萝、余甘子、檀香、萝芙木、槟榔、化州橘红、佛手、白木香、诃子、八角、澳洲坚果、油橄榄、椰子、橡胶、互叶白千层、蒲葵、儿茶、降真香、粉单竹、早竹、青皮竹、勃氏甜龙竹等72种。

五、广东省商品林优良树种用途分类

1. 短轮伐期工业用材树种

马尾松、湿地松、火炬松、加勒比松、湿加松(杂种)、尾叶桉、尾巨桉、邓恩桉、细叶桉、马占相思、直干型大叶相思、纹荚相思、卷荚相思、南洋楹、黎蒴栲、台湾桤木、木麻黄等17种。

2. 中轮伐期用材树种

马尾松、火炬松、加勒比松、湿加松(杂种)、杉木、柳杉、尾叶桉、尾巨桉、邓恩桉、巨桉、细叶桉、柠檬桉、赤桉、窿缘桉、刚果12号桉、卷荚相思、马占相思、直干型大叶相思、厚荚相思、黑木相思、南洋楹、罗浮栲、木荷、红荷木、拟赤杨、石栎、山杜英、米老排、南酸枣、喜树等30种。

3. 长轮伐期珍贵用材树种

肯氏南洋杉、阔叶南洋杉、樟树、黄樟、檫树、楠木、木莲、灰木莲、海南木莲、火力楠、香梓楠、金叶含笑、乐昌含笑、观光木、乐东拟单性木兰、鹅掌楸、红锥、米锥、青钩栲、栲树、中华锥(锥栗)、柚木、云南石梓、铁力木、格木、印度紫檀、紫檀、紫荆木、红花天料木、青皮、红椿、红苞木、枫香、阿丁枫、细柄阿丁枫、塞楝、大叶桃花心木、西南桦等38种。

4. 竹类植物树种

毛竹、青皮竹、茶秆竹、粉单竹、撑蒿竹、早竹、撑麻竹、(杂种)、麻竹、勃氏甜龙竹等9种。

5. 油料、干果树种

油茶、油桐、油橄榄、椰子、乌桕、板栗、柿、枣、青榄、乌榄、澳大利亚坚果、荔枝、龙眼、余甘子等14种。

6. 特用经济树种

马尾松、橡胶、黑荆、互叶白千层、山苍子、南岭黄檀、桑树、蒲葵等8种。

7. 药用植物树种

肉桂、厚朴、杜仲、八角、银杏、盐肤木、黄柏、白木香、降真香、檀香、佛手、诃子、萝芙木、化州橘红、枳壳、枳椇子、苏木、丁香、儿茶、槟榔等20种。

城市林业树种培育综述[15]

一、城市林业树种的适应性

由于阔叶树种类繁多，形态、特性和用途各异，造林或造园工作者，必须科学地认识各树种形态和特性，根据栽培目的，正确选择树种并采取相应有效的栽培措施：如根据冠幅宽窄、喜光程度，制定合理的栽植密度；根据树种的耐阴程度、分枝习性和根系类型等，制定有效的混交类型等。为此，必须对阔叶树种按其形态特征和生态要求进行比较归类。

(一)按落叶性质

常绿树种与落叶树种，前者是热带和亚热带植被群落的主要组成树种，常年保留树叶，到了换叶季节，一般是新叶生长后，老叶逐渐脱落；后者主要分布温带和北亚热带的植被群落中，落叶树种成分有所增加。落叶树种一般每年冬季落叶 1 次，凋落物数量较多，林地透光量增加，地面温度明显升高，有利于凋落物分解和土壤微生物活动，因此采用落叶树与常绿树(含针叶树)混交常能取得较好效果。

常见落叶树：如银杏、鹅掌楸、香椿、喜树、木棉、枫香、檫树、朴树、台湾桤木、拟赤杨、降香黄檀、榔榆、梧桐、无患子、泡桐、千年桐、构树、重阳木、山乌桕、铁刀木、楹树、紫檀、麻楝、复羽叶栾树、台湾栾树、山桐子、团花、石梓、柚木等。

常见常绿树：如观光木、灰木莲、木莲、火力楠、樟树、黄樟、阴香、红锥、罗浮栲、栲树、楠木、木荷、红荷木、格木、红苞木、米老排、尖叶杜英、山杜英、马占相思、台湾相思、大头茶、塞楝、南洋楹、青皮、红花天料木、杨梅、白花油茶、龙眼、荔枝、肉桂等。

(二)按树冠形态

窄冠形树种：如南洋杉、池杉、水杉、水松、荷花玉兰、石碌含笑、乳源含笑、火力楠、四川含笑、楠木、尖叶杜英、小叶杜英、华南天料木、木麻黄、尾叶桉、假槟榔、鱼尾葵、大王椰子等。

中冠形树种：如观光木、深山含笑、厚朴、肉桂、香椿、喜树、米锥、八宝树、团花、白千层、柠檬桉、马占相思、台湾相思等。

宽冠形树种：如银杏、鹅掌楸、樟树、塞楝、南洋楹、朴树、降香黄檀、格木、铁刀木、蒲桃、假苹婆、榕树、高山榕、大叶榕、复羽叶栾树、柚木、凤凰木、木棉、千年桐、泡桐、红椿、八角枫、无患子、南岭黄檀、梧桐、龙眼、中华锥、檫树、榔榆、紫檀、杧果、人面子、扁桃、蝴蝶果、橄榄、楹树、荔枝、岭南酸枣等。

---

[15] 原文载于徐英宝、郑永光主编的《广东省城市林业优良树种及栽培技术》(广州：广东科技出版社，2005：33～46)。

（三）按根系状况

不同树种根系结构不同，有的主根明显，分布较深，有的侧根发达，舒展扩散，有的则密集狭窄。它们的分布范围、深度、密度、根量大小均不相同，此外它们的可塑性、穿透力和再生力也有所差别，这些都是在选择树种和制定栽培措施时应加以考虑的。

深根性树种：如荷花玉兰、樟树、楠木、红锥、枫香、格木、栲树、青皮、梧桐、塞楝、大叶桃花心木、柚木、朴树、台湾相思、红花天料木、白千层、柠檬桉、木麻黄、尖叶杜英、降香黄檀、紫檀、坡垒、油茶、鸭脚木、海红豆、南洋楹等。

浅根性树种：如侧柏、观光木、乳源木莲、深山含笑、火力楠、海南木莲、木荷、马占相思、泡桐、喜树、拟赤杨、西南桦、台湾桤木、枫杨、凤凰木、岭南黄檀、三年桐、垂柳等。

（四）按喜光程度

树种的耐阴性对混交林的树种搭配具有重要意义。一般根据树种的耐阴程度分为 3 类：喜光树种、耐阴树种和中性树种。喜光树种光补偿点和光饱和点均较高，耐阴树种一般偏低。喜光树种的光补偿点大约在 200mcd 左右，耐阴树种在 100mcd 以下，因此喜光树种和耐阴树种的混交可以更充分利用光能。

喜光树种：如银杏、苏铁、南洋杉、罗汉松、水松、铁力木、青皮、塞楝、降香黄檀、紫檀、铁刀木、格木、柚木、南洋楹、尾叶桉、柠檬按、海南蒲桃、假苹婆、蓝花楹、糖胶树、喜树、红花羊蹄甲、木棉、美丽异木棉、杧果、扁桃、人面子、蝴蝶果、木菠萝、凤凰木、枫香、朴树、团花、八宝树、红千层、尖叶杜英、苹婆、蒲桃、梧桐、大头茶、高山榕、菩提树、榕树、桃、黄槿、长柄银叶树、红枫等。

中性树种：偏喜光，如鹅掌楸、荷花玉兰、白兰、火力楠、樟树、阴香、黎蒴栲、木荷、银桦、楹树、红花天料木、鱼木、紫薇、油茶、榄仁树、海南红豆、大花五桠果、杨梅、重阳木、毛竹等；偏耐阴，如福建柏、观光木、夜香木兰、海南木莲、含笑、石碌含笑、红锥、米锥、红苞木、海红豆、橄榄、橡胶榕、大叶榕、海南菜豆树、金花茶、山茶花、茶梅、土沉香、水石榕、木槿、拟赤杨、木芙蓉、铁冬青、幌伞枫、朱砂根、米仔兰等。

耐阴树种：如竹柏、长叶竹柏、坡垒、阿丁枫、甜槠、杜英、山蒟、爬墙虎、九里香、龟背竹、瑞香、棕竹等。

（五）对土壤肥力要求

树木一般都是在较肥沃的土壤条件下生长良好，还有些树种对土壤条件要求严格，对土壤肥力反应敏感，只在较肥沃的土壤上才能生长良好，如鹅掌楸、荷花玉兰、樟树、柚木、海红豆、荔枝等；另一些树种较耐贫瘠，适应范围较广，如侧柏、台湾相思、朴树、山指甲等。

喜肥树种：如竹柏、南洋杉、银杏、鹅掌楸、荷花玉兰、观光木、乐东拟单性木兰、乐昌含笑、亮叶含笑、白花含笑、樟树、楠木、檫树、红锥、红苞木、凤凰木、中国无忧花、格木、杧果、荔枝、木菠萝、喜树、龙眼、人面子、团花、八宝树、尾叶桉、塞楝、大叶桃花心木、香椿、红椿、柚木、扁桃、含笑等。

中等喜肥树种：如苏铁、大叶竹柏、异叶南洋杉、水松、水杉、火力楠、白兰、黄兰、阔瓣含笑、深山含笑、中华锥、栲树、枫香、海红豆、海南红豆、海南蒲桃、金花茶、山茶花、茶梅、大头茶、白花油茶、木荷、木棉、南洋楹、红花天料木、秋枫、重阳木、铁刀木、铁力木、台湾桤木、梧桐、千年桐、石梓、鱼木、尖叶杜英、蓝花楹、桃、石栗、白千层、红千层、朱槿、橄榄、杨桃、无患子、岭南酸枣、垂柳、柠檬桉、水石榕、假苹婆、榕树、假槟榔、鱼尾葵、大王椰子、蒲葵等。

耐贫瘠树种：如松类、侧柏、圆柏、金叶含笑、石碌含笑、二乔木兰、山玉兰、玉兰、青皮、降香黄檀、大叶紫薇、台湾相思、厚荚相思、红荷木、赤桉、大叶榕、红花羊蹄甲、朴树、人心果、潺槁木、华南忍冬、铁冬青、高山榕、橡胶榕、石斑木、黄槿、苹婆、山指甲、夹竹桃等。

(六)对水湿条件的要求

耐水湿与喜湿树种：如水松、水杉、落羽杉、池杉、荷花玉兰、垂柳、鱼木、榄仁树、垂叶榕、榕树、水石榕、木槿、茶梅、黄花夹竹桃、白千层、枫杨、柿树、台湾桤木、拟赤杨、香椿等。

喜湿润树种：如竹柏、南洋杉、异叶南洋杉、鹅掌楸、观光木、木莲、海南木莲、白兰、黄兰、香港木兰、火力楠、乐昌含笑、阔瓣含笑、白花含笑、亮叶含笑、石碌含笑、含笑、樟树、楠木、黄樟、广东钓樟、阴香、红锥、栲树、米锥、罗浮栲、中华锥、尖叶杜英、麻楝、红椿、格木、柚木、凤凰木、红苞木、喜树、南洋楹、团花、八宝树、千年桐、木棉、梧桐、秋枫、重阳木、枫香、木荷、海南蒲桃、大头茶、白花油茶、山茶花、金花茶、木菠萝、杧果、美丽异木棉、假苹婆、红花天料木、中国无忧花、海南红豆、大叶榕、菩提树、腊肠树、猫尾木、杨桃、朱槿、九里香、紫叶李、鸡蛋果、铁刀木、蓝花楹、桃、红桑、石栗、铁冬青、柠檬按、尾叶桉、无患子、山乌桕、岭南酸枣等。

耐干旱树种：如侧柏、圆柏、银杏、山玉兰、玉兰、二乔木兰、金叶含笑、苦梓含笑、鱼木(也耐水湿)、青皮、复羽叶栾树、降香黄檀、台湾相思、大叶紫薇、紫檀、黄槐决明、刺桐、象耳豆、八角枫、赤桉、紫薇等。

二、城市林业树种的苗木繁殖

树木苗木繁殖一般分为2大类：苗木的有性繁殖和苗木的无性繁殖。

(一)苗木的有性繁殖

植物通过雄花、雌花、子房等繁殖器官，经过传粉、授精、结实、传播种子等过程，从而产生新一代的繁殖方式，称为有性繁殖，也称为播种繁殖或种子繁殖。

1. 种子采集

采种母树的选择。采种前，应了解和掌握母树的分布、数量、树龄以及生长和结实情况，选择优良母株，采集优良种子。应尽量就地采种，就地育苗，如需由外地引进树种，应尽量从其自然条件与本地相似的地方引进。采集各种树木的种子，应选中年(壮年)的树为母株，它的种子质量较好，产量也较高。

采种期。不同树种的采种时期不一样，可根据其果实成熟的特征来判断。

采种方法。不同树木的果实，其类型不同，如针叶树的球果、阔叶树的蓇葖果、蒴果、荚果和浆果等，采种方法也不相同，通常用手摘或用竹竿或高枝剪等。

2. 种子调制

不同树种采取不同脱粒方法，经精选，得到较纯净的种子。仍需晾晒，使其干燥，以便贮藏。晾晒要适度，使种子内维持其生命活动的含水量保持在最低限量，这就是种子的标准含水量。大多数树种种子的标准含水量和它们在气干状态时的含水量大致相同，如松类标准含水量为8%～10%、侧柏为6%～11%、板栗为30%、栲类为35%等。

3. 种子贮藏

干藏法，适用于多数树种，将精选的干燥种子装入袋或容器，置低温(5～10℃)干燥的种子库或电冰箱内；湿藏法，适于含水量较高或休眠期长需要催芽的种子，一般是将种子与相当于种子体积1～3倍的湿沙拌均匀，称为混沙藏，如将种子和沙分层堆积，就叫湿沙层积法。

4. 播种育苗

苗圃地选择。苗圃地一般宜选择交通、排灌条件较方便，土壤较肥沃、疏松、湿润，排水良好的轻壤或沙壤土。喜光性树种，如松、桉、相思类等，可选择全日照地育苗，但许多乡土阔叶树幼年较耐阴，应尽可能选择日照时间较短的地段。整地作床要细致，并结合进行土壤消毒处理，一般在作床前用2%～3%硫酸亚铁溶液，按用量4.5kg/m^2洒在播种地上，用塑料布覆盖7天打开，也可用苏化911或敌克松进行土壤消毒。南方地区春夏多雨，为方便排水，多采用筑高床，床面高出步道15～

20cm，床面宽度1m左右。

播前种子消毒。有些树种种子富含淀粉，易受病虫害，如壳斗科种子，采种后应立即用福尔马林溶液(浓度0.15%)浸种30min，取出后密封2h，然后将种子薄摊阴干后混沙贮藏。一般使用的药剂有敌克松、福尔马林、硫酸铜(0.3%~1%溶液)、高锰酸钾(浓度0.5%)，也可用温水浸种消毒。

播种量。播种量确定应根据种子质量指标，如净度、千粒重、发芽率、单位面积计划产苗量等因素计算。

播种方法。有撒播、条播和点播。撒播是在苗床上均匀播种的方法，一般适用于小粒种子，如桉类、八宝树、团花等；条、点播一般多适用于中大粒种子，便于中耕除草、追肥管理。播后须立即覆土，覆土厚度对种子发芽和幼苗出土关系密切，一般覆土厚度为种子直径的2~3倍为宜。如细小粒种子，覆土厚度以不见种子为宜；中粒种子，如樟、火力楠等覆土厚度为1.5~2cm；大粒种子如栲类、油茶等覆土厚度为3~5cm。

播种季节。适宜的播季关系到苗木的生长发育和抗逆能力。在南方大多数阔叶树种宜在早春播种，即2~3月。有些树种常在初冬种子成熟后随采随播，实际上是春播的提前，如壳斗科种子可采用冬播，但易受鼠害，所以要慎重。

幼苗期管理。幼苗萌芽出土，分批揭草，并做好遮阴、灌溉、移植、除草松土等措施。遮阴对中性或耐阴树种尤为重要，应及时搭荫棚，形式有斜顶式、平顶式、半圆式等。荫棚高度40~50cm，透光度30%~50%。

5. 容器育苗

容器育苗是播种育苗又一方式，它是利用各种能装营养土的容器作工具进行育苗，如营养袋、营养杯等。主要优点是不占用良田，育苗时间较短，3~4个月即可出圃，且带土全苗上山，缓苗时间短，造林成活率高，当年生长量大。容器育苗在广东发展很快，推广规模很大，已成为造林的常规措施，对于提高造林质量，促进林木生长收到极其显著的效果。

目前使用的营养袋是塑料薄膜制成的，直径8~10cm，高12~15cm，底部打孔，以利排水。此外还有塑料制作的硬壳营养杯，圆锥形，可反复使用。

营养土配制。目前有以下几种配制方法：黄心土与火烧土各半，加入2%~3%经粉碎的过磷酸钙；黄心土60%、火烧土10%，河沙30%；黄心土55%、火烧土42%、磷肥3%；黄心土55%、火烧土30%，腐熟有机肥12%、过磷酸钙3%；黄心土30%、火烧土30%、腐殖质土20%、园根土10%、细河沙7%混合，再加入过磷酸钙3%；塘泥60%、草木灰泥37%、磷肥3%混合等。把营养土装入容器按实，装至距容器口2cm，按设计好的苗地，将容器排列整齐。一般光在沙床或苗床上播种，待种子发芽出土，到幼苗出现初生叶、苗高4~5cm时移植到容器袋，这种芽苗移栽不仅使幼苗均匀整齐，而且节省种子。移植要细心，加强管理。在广东有些树种可在秋末冬初育苗，翌年3~4月出圃定植；也可在春季育苗，要到5~6月阴雨天气出圃栽植。容器苗的培育尽量在造林地附近，避免远距离运输。苗木出圃时，不要松动袋中的营养土，搬运前要先浇透水。增强袋中土壤凝聚力，途中防止容器破裂或损伤苗木。

(二)苗木的无性繁殖

利用树木的枝、茎、叶、根等营养器官的再生能力，使之形成新的个体繁殖方式，即无性繁殖。无性繁殖包括扦插、嫁接、压条和分株等方法，分述如下：

1. 扦插

树木扦插繁殖，有枝插和根插2种。枝插又分为硬枝插和软枝插：插条一般采自母体植株，也可利用苗木出圃时遗留在土中的树根。

硬枝扦插。又称休眠期扦插，即在树木落叶后至发芽前(秋末冬初)在优良母株上选择1~2年生枝作为插条，采条后立即按要求断条和埋藏。插条粗度以1.5~2.5cm为好，应选取枝条全长的2/3或1/2的下段为插条，插条上的腋芽都应保留，断条时，上剪口应距第1个芽尖0.3~0.5cm。上剪口要平滑，下剪口则应成斜面(即马蹄形)，长度为15～20cm。断条按粗细分级打捆，每捆20～30根，然后分别贮藏。贮藏选择干燥向阳地方，挖深30～50cm的土坑，用疏松土或湿沙土埋藏。至3月上中旬，当插条下切口已愈合尚未发幼根幼芽时取出扦插。苗圃地要求排水良好，土质疏松，熟土层深厚，肥沃湿润，切忌积水，否则生根不良。深耕30cm以上，施足基肥。扦插株行距20cm × 30cm或30cm × 40cm，一般直插，也有斜插，上端芽向南，有利生长，便于管理。扦插后，待抽出叶芽约10天副芽萌发时，才是新根已经生出，真正成活。还要做好抗旱、排涝、松土除草、追肥、修枝等管护工作。

扦插大苗培育法。有些树种，如榕树多用此法，即在4～5月或雨季选径粗5～10cm、生长健壮的粗长枝条，修剪去枝叶，截成长1.5～2.5m作插穗，插于湿润肥沃苗地或直接播于河旁隙地，插穗上端用稻草和黄泥土封住伤口，再用塑料布包扎。扦插苗入土30～70cm，将土压实，使土壤与插穗密实接触，不让插穗摇晃，以利生根。一般上端包塑料布，下端压实，可在2～3个月后生根，2～4个月长叶，3年左右可出圃定植。

软枝扦插。即在苗木生长期内，利用当年生半木质化的枝条进行扦插。新生枝条达到半木质化时，其活性和生根能力最强，扦插成活率最高，这个时期在广东一般为6月上旬至8月上旬。插条宜选生长健壮充实的半木质化枝条，不要太细或太粗而节间长的徒长枝。采条以早晨为好，最好随采随插，要用湿布裹住，不要堆压和日晒，存放过久，则成活率低。扦插前，将枝条剪成长10～15cm的段，每插条上留3～5片叶，上剪口要平，下剪口成平滑的斜面(马蹄形)。一般扦插株行距5cm×(5～10)cm，应将插条的1/3～1/2插入土中，扦插以斜插(45°)为好，插条入土部的叶片应去掉，地上部分应有2～3片叶或3～5片叶。扦插后要随即向叶面喷水，并盖上薄膜(方法同播种床)。夏季温度高，蒸发量大，因此扦插初期每日喷水2～3次或3～4次，每次水量要小，空气湿度保持在95%以上，插条生根后，床内空气湿度可降至80%～90%。插床上应搭荫棚，当插条生根长出新叶后，可逐渐撤除荫棚。

根插法。主要用于枝插繁殖不易生根，但在根上能形成不定芽的树种，如樟树、香椿、泡桐、漆树等。选择生长健壮的优良母树，于春季在树干基部1m以外挖开表土，切取粗0.5～1.5cm的侧根，剪成长10cm的根段，作为插条。为保证母树生长，切根量不宜过多，切根宜在阴天，不宜雨天，随切随插，也可先催芽再扦插。催芽可在室内直立埋在湿润的火烧土或草木灰内，上盖土灰10cm。也可在室外选择背风向阳、排水良好的沙壤土，挖沟深20cm，宽20～25cm，将捆扎好的根段排入沟内进行催芽，当大部分根段发芽后，即可排入圃地，按一般苗木进行管理。适于或难于扦插的树种，例举如下：

成活较易者，如罗汉松、柳杉、银杏、垂柳、榕树、黄槿、满天星、月季、瑞香、珊瑚树、栀子花、凌霄、木芙蓉等；成活较难者，如圆柏、龙柏、侧柏、玉兰、松类、槠栲类、梧桐、泡桐、厚朴、板栗、桂花、紫薇、山茶、桃等。

2. 嫁接

嫁接也称接木，就是把计划繁殖树种的枝或芽嫁接在另一株树体上，使两植株合为一体的繁殖方法。供嫁接用的枝或芽称为"接穗"，承受接穗的植株称为"砧木"。以枝条作为接穗的，称为枝接法，以芽作接穗的，称为芽接法。

砧木选择，其基本条件是与接穗有较强的亲和力，对不良气候与土壤适应性强。一般应选幼龄的、根系发达、干茎光滑直立、有利于嫁接操作的1～2年实生苗作砧木。如为增强嫁接苗木的抗性，则选年龄较大的砧木。

接穗采集，要选树形丰满、观赏价值高、生长健壮的优良植株作为采接穗的母株。要从母株树冠外围选发育充实、芽饱满、无病虫害而又粗细均匀的1年生发育枝作接穗。采集常绿针叶树的接穗，带1段2年生的发育枝嫁接成活率高，生长也较快。应该随采接穗随嫁接。如春季嫁接量较大，可在头年秋末冬初将接穗采回，打好捆扎，标明树种然后置于假植沟中，分层假植贮藏。在春季气温回升时，要经常检查，如温度升高，应将枝条迁至阴凉处。也可以采用"蜡封法"贮藏，其方法是：秋季母株落叶后，将接穗采回，放入60～80℃的溶解石蜡液中快速蘸蜡，用蜡将接穗全部封住，然后放入

0～5℃的低温冰箱中贮藏，翌年春夏取出嫁接。

芽接用的接穗，更应该随嫁接随采穗，如不具备这种条件，则应将采回的接穗立即剪去嫩梢，摘去叶片(仅留叶柄，长1cm左右)，然后用湿麻布袋包裹住，放在阴凉处或浸在水桶内，能将接穗保存4天左右。

枝接法。枝接一般在春季，伤口愈合快，成活率高。春季枝接最适宜于3月中旬至4月上旬，此期树液开始流动、细胞分裂活跃，但柿树、龙眼、橄榄等枝接时间稍晚，以4月至5月中旬为宜。常绿针叶树枝接以夏季较适宜，如龙柏、洒金柏等。枝接的具体方法，分为腹接、切接、劈接等3种方法。

腹接：选与砧木粗细相近的枝条作接穗，将其下端两侧各削成缓斜的平面，接穗削面的长度为1.5～2cm，在削面上部留2～3个芽即可将接穗剪断。将接穗削好后，即可将砧木在距地面5cm处剪断，然后在砧木皮层平滑的一侧，用刀从剪口下1cm处在30°斜角往下切至砧木直径的1/3或1/4处，使切口长度与接穗削面长短一致，然后将接穗顺砧木切口插入，使两者形成层对齐，不用捆绑，用细湿土将接口和整个接穗埋严即可。

切接：将接穗下端一侧削成2～2.5cm长的平面，再将其相对一侧的下端削成长约0.3cm的短削面，在削面上部留出2～3个芽，将接穗剪断，然后将砧木距地面3～5cm处剪去枝干；选砧木平滑的一面，用切接刀在其顶部距木质部外缘0.2cm处向下直切，使切口的长度、宽度与接穗削面的长度和宽度相等，即把接穗插入砧木的切口内，将两者形成层对齐，最后用塑料带将接口捆紧，用湿细土将接口和接穗埋严即可。

劈接：一般多用于砧木较粗的嫁接，接穗也应尽量选用较粗的枝条。嫁接时，先将接穗下端削成2～2.5cm长规则的长楔形削面，或削成与砧木形成层相接的一侧稍厚、嵌入砧木木质部的一侧稍薄的不规则长楔形削面；然后用特制劈接刀将砧木从中间向下垂直劈出一个与接穗削面长短相等或稍比接穗削面长0.2cm的切口，将削好的接穗迅速插入切口，把两者形成层对齐密切接好，将接口捆紧，并用蜡或黄泥等黏合物将接口封严，用细湿土将嫁接口和接穗条整个埋严。

芽接法。芽接可在春季4月下旬至5月上旬，但较多树种在夏季6～7月间。芽接有丁字形芽接、管状芽接和镶芽接等方法。

园林上适于嫁接的树种有：罗汉松、银杏、荷花玉兰、白兰、黄兰、含笑、山茶花、桂花、紫薇、柿树、桃、柚、柑橘、枇杷、板栗、栀子、杜鹃花、夹竹桃等。

3. 压条

压条，是将母株上的一部分或全部1年生或2年生枝条压入土内使之生根，断离母株后自成一独立新植株的繁殖方法。由于压条的枝条不与母株分离，它能借助母株供给的水分和养分生根发芽，因此，凡是扦插不易生根或生根时间长的树种，都可采用压条方法繁殖。

直立压条法。该法需有计划地培养母株，使母株基部多萌发枝条并成丛生状，以便1次就能繁殖较多的苗木。其具体操作是，在早春树木发芽前，将母株平茬截干。截干高度，乔木可于树干基部留3～5个芽处剪断；灌木可自地际处剪断。待截干的母株新生枝长至20～30cm时，在基部开始培土，并随新枝增长分次覆土2～3次，使各新条基部有8～10cm厚的土层。雨季前，每月浇水2～3次，使土堆保湿。至7～8月能生出新根，秋季可将压条带新根剪断，与母株分离，移入假植沟埋土逾冬，翌春即可栽植养成大苗。紫玉兰等多用此法。

弯曲压条法。此法适用于灌木或匍匐性树种。用1年生枝条于春季压条，用当年生(半木质化)枝条可在6～7月压条。木质化条应选从母株根部发出较大枝条，把它弯倒在地面，在它接地面处开深6cm，宽10cm浅沟，将枝条大部分顺沟放置，使枝梢部露出地面，然后将沟底处枝条用刀刻一痕，以促伤口处愈全组织易生根，并随即埋土踏实。经雨季生根，秋季从母株上剪断分开，移入假植沟中，翌春移植养成大苗。紫玉兰、夹竹桃等花木用此法。

高压法。此法又称空中压条法。可用于基部不易发生萌蘖，或枝条太高不易弯曲的花木，又多用于珍贵种类。春季，在枝条被压部用刀刻伤，然后用塑料薄膜固定于较粗的枝条上，中填以苔藓、腐殖土等，以后常浇水，秋季分离移栽于露地。荷花玉兰、桂花、大叶橡胶榕等多用此法。

4. 分株

分株，也叫分根，是将母株根部周围萌发出的根蘖分割下来栽培成新植株的一种繁殖方法。这种根蘖幼苗从母株上分割下来就是独立植株，易成活，并长成健壮苗，如香椿、玫瑰等。分株季节以秋季落叶后至春季萌发前，将母株地面周围萌发的根蘖苗带根挖出，然后修剪、分级，按高矮、粗细分成2、3级。对一般根蘖苗可在基部留3~5个芽，即留干长5~7cm处剪断；如遇有2根相连苗，要从中间剪断，使每株都有部分根系。然后埋藏于沟中假植，翌春即可栽植。

三、城市林业树种的大苗定植技术

树苗在苗圃培育到一定规格时，就应出圃定植。这里介绍适用于树苗干径在10cm以下的落叶乔木、高度在3.5m以下的常绿树和高度在2.5m以下的灌木的苗木定植技术。

(一)植树的适期

春季是植树造林的主要季节，所有树种都适宜在这个季节栽植。一般带土球的常绿树，可延续到4月栽完。雨期的5月中旬至6月下旬阴天或降雨前也能移植带土球的常绿树，做到随掘苗随运苗随栽苗，尽量缩短定植时间。

(二)定植技术要点

1. 定点放线

它是植树施工中的重要环节之一，也是保证施工符合设计要求的主要措施。行道树定点，一般以行道边线或道路中心线为定点放线基础，根据设计施工图的比例，将图中的位置、距离，用皮尺、钢卷尺、测绳量出，标明现场中每株树木的位置，用镐刨出小坑(深2~3cm，直径3~5cm)，向坑内放入小撮白灰，并踏实。此刨坑即是栽行道树的位置。定点如遇有电杆、管道、涵洞、变压器等，应错开1~2株。定点后应由施工员验收。

新开公园、绿地的植树定点，可用测量仪器或皮尺定点。定点前，先清除障碍，再将公园和绿地边界、道路、花坛、建筑物等的位置标明，然后根据标明的位置就近确定树木位置。

对庭园树、装饰性树群的定点，要有测量仪器或皮尺定点，用木桩标出每株树的位置，木桩上标明应栽植的树种名、规格大小和坑的规格。

2. 掘苗

为保证树木成活，提高栽植效果，应选生长健壮、无病虫害、树形端正、根系发达、符合设计要求的树苗。

掘苗，首先要保证苗木根系不受损伤。掘带土球苗，应保证土球完好、平整，土球应形似苹果，土球底不应超过土球直径的1/3，要用蒲包等包装物将土球包严，并用草绳捆缚紧，不可使其底部漏出土来。

3. 刨定植穴

挖穴位置要准确，要严格按定点放线的标记进行。穴壁要直上直下成柱形，不得上大下小或上小下大，否则会造成窝根或填土不实，影响栽植成活率。穴径可较规定的土球直径大20~30cm。确定穴径时，一般多依据苗木的干径或苗木高度，可参照表1。

表1　树木高度与穴径规格表

乔木干径(cm)	—	—	3~5	5~7	7~10	—
灌木高度(m)	—	1.2~1.5	1.5~1.8	1.8~2	1.2~1.5	—
常绿树高度(m)	1~1.2	1.2~1.5	1.5~2.0	2.0~2.5	2.5~3.0	3.0~3.5
穴径(宽×深，cm)	50×30	60×40	70×50	80×60	100×70	120×80

4. 苗木运输

运苗时，应按所需树种、规格、数量认真核对，无误后再装车。装运带土球苗，如苗高2m以下，可直立放入车厢；2m以上的则应斜放，土坨向前，树干朝后。装运带土球苗，要把土球放稳、垫牢、挤严，码放层次不可过多，土球直径40cm以下的最多不超过3层，40cm以上的最多码2层。装运苗木，切不可擦伤树枝和将土球踩坏、弄散。

卸车。将苗运到施工地后，应在指定位置卸苗。卸土球直径40cm以下苗木，可直接搬下，但要抱住土球，不可只提树干，以免土球松动。卸土球直径50cm以上苗木，可打开车厢板，放上跳板，车上用人拉住树干，车下让人顶住土球。使苗木从跳板上缓缓滑下。卸土球直径超过80cm的苗木，应先在土球下面兜上绳子，将绳子的一头拴在车的槽帮上，另一头由2~3人在车上拉住，车下再由几人用手抵住土球，随着车上的人缓缓地放松绳子，车下的人在保护苗木不倒歪的情况下，使土球缓缓顺着跳板下移，即可将土球卸下车。

对于不能及时定植的带土球苗，应尽量将它们集中，把土坨垫稳，使苗木直立；假植时间较长时，则应少量多次向土球和枝叶上喷水。

5. 栽植

树木的栽植位置要符合设计要求。栽植后，树木的高矮，干径的大小，都应合理搭配。栽植树木本身，要保持上下垂直，不得倾斜。栽植行列树、行道树，必须横平竖直，树干在一条线上相差不得超过半个树干，相邻树木的高矮不得超过50cm。栽植绿篱，株行距要均匀，丰满的一面要向外，树冠的高矮和冠丛大小，要搭配均匀合理。栽植深浅要合适，一般树木应与原土痕印相平，垂柳、枫杨可较原土印深栽3~5cm。栽植带土球的苗木，应将包装物尽量取出。

修剪。栽植高大乔木的露根苗，应在栽植前进行修剪。栽植高在3m以下无明显主干的乔、灌木，应在栽后修整齐。栽前将过长的根剪去，将带土球苗和灌木苗围绕树冠的草绳剪断，以便选择树形好的一面朝着主要方向。树苗侧枝如过多或重叠时，则应从基部剪去多余枝条(即疏剪)。对于只剪部分(1/2~2/3)枝条(即短剪)，必须选好剩下枝条最上部第1个芽的方向，以便将来它萌发形成丰满的树冠。修剪的剪口，一般应离芽1cm左右，剪口应稍斜成马耳形。

散苗。就是将每株苗木摆放到要栽的位置上。散露根苗，应随挖、随运、随剪、随栽植，散苗要轻拿轻放。散行道树苗要顺着道路方向放苗，不得横放影响交通。散带土球苗，要保护土球完整，尽量少滚动、少拖土球，要轻抬轻放。散土球在50cm以上的苗时，应尽量一次放入穴内，并要深浅合适。

栽植带土球苗时，要提包土球的草绳，将苗放入穴内，要放稳固定，深浅合适后，剪断绳和蒲包，将包装物取出，将挖穴取出的表土心土分层回填踏实。对栽好的较大常绿树和高大乔木，应在树干周围埋3条支柱，以防倒伏。将支柱基部深埋30cm以上，主枝应在下风口，支持要牢固，支柱与树干相接处应垫上蒲包片，以免磨伤树皮。

苗木定植后，应在其周围用土围1个高15~20cm的圆环形土埂，并在定植后48h以内浇第1次水，隔2~3天再浇第2次水，过5~10天浇第3次水。再过2~3天，应及时中耕，将土块打碎，用细湿土稍平土埂即可。

四、城市林业树种的配植技术

(一)树木的配植类型

以乔木和灌木为主，配植成具有各种功能的树木群体或森林植物群落，它的配植形式可分整形式(或称规整式)与自然式(或叫不规整式)2种。

1. 整形式

选枝叶茂密、树形美观、规格一致的树种，配植成整齐对称的几何图形的叫整形式。它又可分为下列几种：

对植。一般在房屋和建筑物前，在公园、广场的入口处，常采用这种对植形式。常用树种，乔木有罗汉松、龙柏、银杏、橡胶榕、二乔木兰、玉兰、紫玉兰等，灌木有木槿、朱槿、九里香等。

行植。在建筑物前，在规整式道路、广场上或围墙边沿，呈单行或多行，株行距相等的种植方法。株距与行距的大小，应视树的种类和所需遮阴郁闭程度而定。一般大乔木株行距为5~8m，中小乔木为3~5m，大灌木为2~3m，小灌木为1~2m。完全种植乔木，或将乔木与灌木交替种植皆可。

实行行植较常用树种，乔木有竹柏、长叶竹柏、池杉、水杉、荷花玉兰、银杏、尖叶杜英、小叶杜英、七叶树、瓜栗等；灌木有含香、紫薇、朱槿、狗牙花、玫瑰、海桐、野牡丹等。

行植成绿篱的，可单行也可双行种植，株行距一般(30~50)cm×(30~50)cm。一般多选用常绿的山指甲、九里香、变叶木、珊瑚树、火棘、朱缨花、红花檵木、黄杨、茉莉等。

带状种植。在需要隔离或防护的地区，用多行树木种植成带状，构成林带。为使防护效果良好，一般多用大乔木与中小乔木和灌木作带状配植，如高速路两边隔音林带等。

2. 自然式

自然式的树木配植方法，多选树形或树体的其他部分美观或奇特的品种，或有生产、经济价值或有其他一定功能的树种，以不规则的株行距配植成以下各种形式：

孤植。即单株树孤立种植。常用于大片草坪上、庭园一角或与山石相互成景之处。孤植必须选择具有特点的树种，如常绿端直的松类、雪松、龙柏、南洋杉；落叶乔木如水松、水杉、银杏、枫香、梧桐、无患子、垂柳；观花果的二乔木兰、金叶含笑、大叶紫薇、木棉、凤凰木、蓝花楹等。

丛植。即3~5株树木不等距离的种植一起成一整体。这种树丛多布置在庭园绿地的路边、草坪上，或建筑物前庭某个中心。有的纯用乔木，或用乔木与灌木混合组成多种多样的树丛或用规格大小有差异的树木组成树丛。由于树丛的群体较小，可从每个角度看到，因此，要选择树形美观、种间生长和体型相互协调的树种。

群植。即以1~2种乔木为主体，与数种乔木和灌木搭配，组成面积较大的树木群体。树群常用作树丛的衬景，或在草坪和整个绿地的边缘种植。树种的选择和株行距可不拘格局，但立面的色调、层次要求丰富多彩，树冠线要求清晰而富于变化。

片植。即单一树种或两个以上树种大量成片种植，前者为纯林，后者为混交林。多用于自然风景区或大中型森林公园和绿地中。树种选择和种植密度，要根据当地条件和种间生态关系决定。以观赏为目的纯林或混交林，多选用常绿的马尾松、湿地松、杉木、柳杉、樟、槠栲类、竹类或秋色观叶的枫香、银杏、山乌桕，或观花的千年桐、白兰、红苞木、木棉、红花油茶、台湾栾树、台湾相思，或既观花又观果的猫尾木、复羽叶栾树、喜树、九里香等；如结合生产，可选用荔枝、龙眼、板栗、柿、杨梅等片植，并与青皮、塞楝、降香黄檀、紫檀、樟树、红锥等珍贵用材树种错开片植，待将来长成之后采收果实或生产高级用材。实行片植，树木的株行距一般为2~5m。

(二)树木配置的实用要点

树木的配植，应根据城市林业不同用地的功能和规划布局，采用不同的配植形式。同一绿地中，往往是多种配植形式综合地运用。一般在自然式林用绿地中，应以自然的配植形式为主；在整形式园林绿地中，应结合建筑、广场、园路用整形式的树木配植；在林分中、绿地上或林地边缘，可运用自然式的树丛、树群、片林等形式。

整形式配置，它要求对同一局部地段、同一功能的树木，其株行距大小、树形都要统一，排列要有顺序；自然式配植，它要求树木间距离可不尽相等，要疏密有致，同一树丛或树群中的同一树种，规格大小可参差不齐，位置也不宜在同一直线上。林层应丰富深远，树冠色调应浓淡清晰，树冠线（即树冠的轮廓）曲折变化有韵律，并要注意比例适度。无论树种配植采用何种形式，如树丛、树群或片植等，其设计数量、尺度要与园林绿地总体规划和局部范围的比例相适应，例如在小范围的绿地中，就不宜设计大型树群片林。在每一树丛、树群中，所选用树种的种类和数量要比例适当，应彼此间协调、美观为标准。

要用对比和过渡的手法增强景观效果，这是树木配植中常采用的手法。

对比，在树种配植时运用范围较广。如在同一绿地的局部中，孤植与树丛对比，在树丛中圆柱形树冠与球形树冠混植，能形成强烈的树形对照；又如常绿树与落叶树，叶色深的与叶色浅的树交相种植，能增强色调的对比。

过渡，在树木配植中也常被运用，如在同一视线范围内，使树木由大乔木过渡到中乔木，再到小乔木，而后到灌木或花丛，再到草坪相连，这种连续过渡手法，能增加绿化的层次，使景观有深度；再如采用大乔木与灌木相连，然后使中小乔木再与中小灌木相连，采用这种跳跃式的过渡手法，会使绿化层次更多变化。

（三）垂直绿化

为了加强绿化的立体效果，结合山石、墙壁、土坡栽植攀缘的木本植物，叫做垂直绿化。垂直绿化的好处是：占地少，能够充分利用空间；能通过美化光秃的石山、墙面、土坡等，提高绿化水平；由于蔓性攀缘植物能随附着物体体型的变化而变化，会创造出多种生动的形象和美观的环境；垂直绿化所用植物，多有经济效益。

常用于垂直绿化的植物有木本的禾雀花、首冠藤、连理藤、华南忍冬、炮仗花、山蒟、爬墙虎、紫藤、凌霄、金银花、猕猴桃等。

（四）地被植物的配置

一个名副其实的完整的林园绿地，除建筑、道路、山石、树木以外，地表上还需要覆盖低矮的木本（如满天星）和多年生草本的地被植物，形成紧贴地面生长的植物地被层。地面配植有地被植物的好处很多，它不仅使表土免于暴露而减少水土流失和尘土飞扬，削弱杂草滋生的竞争能力，使林木植物生长良好，而且能与灌木、乔木层紧密衔接，组成多层垂直混交的植物群落，达到良好的绿化和美化效果。

地被植物有木本的与草本的，目前大量培植使用的是观叶草本植物，如野牛草、小羊胡子草、结缕草等。也可以用耐阴的半枝莲、垂盆草等与草坪结合配植，组成绿色覆盖层。

五、城市林业树木的养护管理

（一）树木的养护质量要求

城市公园、庭院、绿地定植的树木，需要加强养护管理，才能保证树木成活和健康地生长发育。首先，树上无病虫害，叶、枝、主干无病虫害，树木生长期不黄叶、焦叶；其次，根部要养护好，水肥要适当，适时灌水、中耕、除草；还应及时修剪整形，保持树型整齐美观。行道路树，大乔木要不与架空电线发生干扰；分枝点要高，不挂车辆、不碰行人头；认真采取保护性措施，如立支柱、保护栅或栏杆等，防止人、畜、机械、车辆损坏树木。

（二）养护管理的一般技术要点

1. 浇水

对新栽植的树木必须及时灌水，才能使树木成活及正常生长发育。一般乔灌木，最少要连续灌水3~5年，全年灌水次数不少于6次，一般开春后1次，夏季干旱1~2次，秋冬季3~4次。

2. 中耕除草

小型公园、绿地中的树木和行道树，应在夏季杂草生长季节，多次中耕和除掉杂草。对于适合使用化学除草剂的地段，可用除草剂除杂草。如用25%的除草醚，3.75~11.25kg/hm^2，对地面均匀喷洒，可杀灭杂草，但注意勿将药液喷到树木枝叶上。

3. 施肥

对于土壤质地较差，而树木生长较弱的，每株胸径8~10cm以上的大树，在秋冬季节施腐熟的堆肥25~50kg，而在其生长季节向叶面喷施0.2%~0.3%的尿素，同时结合喷施除虫药液。

4. 修剪

修剪是城市林业树木抚育管理中的重要措施之一。通过修剪，能调节和均衡树势，而使树木生长健壮、树形整齐、树态美观、着花繁密。修剪还能提高新移植树木的成活率。树形剪定，主要在定植后5~6年间，以后就不需大量修剪。

整形修剪原则，必须适应树木的自然习性，保持其主轴的优势，符合自然规律，才能利多弊少。其次，整形修剪应适应栽培环境需要，如栽植行道树，遇上方有架空线路时，则不应栽植中央领导枝强的树种，而应选择中央领导枝不强或不明显的树种，并在定植时剪除中央领导枝（即抹头），使其向侧方生长的主枝粗壮。定植行道树初期，应将树木修剪成圆头形或扁圆形树冠，以后也能形成周边生长的大树冠。如行道树上方无架空线路，还是以栽植中央领导枝较强的树为好，如尾叶桉。

行道树的修剪方法，可分为有主轴树木的修剪、无主轴树木的修剪、常绿乔木的修剪、灌木的修剪和绿篱的修剪等5类。

有主轴树木的修剪。应促进中央枝生长，使树木高大，树干通直，其修剪首先定分枝点，第1次在定植后剪，在离地2m处有较好分枝，修剪不超过2.5m，以后随着树木增高、增粗，分枝点可提高到4~6m，可多出优质材。其次，注意保持中央枝的顶尖枝，在主尖上选留1个壮芽，不要出现2~3个主尖。有的树，在主轴上每年形成一轮枝条，每轮有几个枝条不等。一般每轮可留枝3个，全树共留9个作为主枝，这9个主枝应尽量错开，并从下而上依次将这些主枝分别在30~35cm、20~25cm、10~15cm处短截。经过这样修剪，全株就可形成圆锥形树冠，所留的主枝与中央领导枝成40°~60°。

无主轴树木的修剪。首先定干，即定分枝点高度。在架空线路下作行道树，其分枝点一般为2~2.5m，最高不超过3m。其次选主枝，一般在苗圃出苗时，已初步定干，并留下几个主枝。一般分枝点在2.5m以下，可不用再改。但需另外选3~5个健壮、分布均匀和斜向生长的枝条（侧枝）作主枝，将其余全部剪去。所留的主枝，最后还要短截（留10~20cm）。行道树的主枝上端，距地面3m处短截。这样修剪，虽然每株树分枝点高度不十分一致，但树木总的高度还是基本一致的，仍可显得整齐美观。其次剥芽，在短截后的每个主枝上，翌年应根据主枝的长短与苗的大小，第1次留5~8个芽，第2次留3~5个芽，最后还要疏枝与短截。第2年每株选留向四外斜生的侧枝6~10个，并按一定长度短截，使它发枝整齐，形成丰满的树形。

常绿乔木的修剪。主要是培养主尖、整形和提高分枝点。对于多主尖的树种，应选留理想的主尖，对其余的竞争枝进行2~3次回缩，就能形成1个主尖。整形，对于偏冠的或树形不齐的，也可用上述方法修剪；对一侧生长太强的主枝或侧枝，可去大留小，或者截强的领导枝，以向外的侧枝代替；作为行道树的松类，常在生长过程中逐步向上提高分枝点。

灌木的修剪。对于栽植多年的灌木修剪方法，不外疏枝与短截2种，总的要求是多疏少截，通过养护，保持外形整齐美观，枝膛内通风透光，以利生长。疏枝，对无主干灌木，应注意更新修剪，一般可用自地表处生出的强壮枝代替部分衰老的主枝，即齐根剪去，逐年换用部分自地表生出的强壮徒长枝。短截，即一般轻短剪，只剪去突出树冠外的顶尖，对在当年生枝条上开花的灌木如紫薇、木槿等，应在冬季重剪，即剪去枝条的1/2～2/3，以促生新枝。

绿篱的修剪。绿篱的形状，有圆顶形、矩形、梯形等。定植后应及时剪去部分枝叶，有利于成活和篱垣的形成。为促基部枝叶生长，最好将树苗主尖截去1/3以上。对于主干，要在规定高度以下5～10cm处用修枝剪短截，以使粗大的剪口不致暴露在绿篱表面。主干短截后，再用太平剪（水平横剪绿篱的专用剪）按规定形状修剪。修剪时间，最好1年2次，分别在4月和9月。用玫瑰栽植的绿篱，应在开花后修剪，并疏去老枝，以壮枝代替。

5. 伐树

对更新换植树种，对衰老朽木，经有关部门批准始可伐除。伐除时，锯茬应尽量降低，以与地表平齐为好，并要特别注意安全，有专人保护现场，不要伤及行人、车辆。

广东省经济林概述[16]

一、经济林和经济林栽培的含义

经济林(economic forest)可以说是以生产除木材以外的其他林产品为主要目的的林木。广东省自然条件优越，有100多个树种和多种经营方式，其产品包括干鲜果及其制品、饮料、森林蔬菜、食用油料、调味料、香料、树脂、橡胶、竹笋、药材等数百种，涉及工、农、医等行业。在国外，把经济林称作"非木材产品"(non－timber productive forest)，与木材并列。经济林是我国五大林种之一，是目前生态、经济和社会3种效益结合较好的林种。经济林产品也是重要的外贸出口创汇产品。经济林以其周期短、效益高、适宜农户经营的优势，在丘陵山区农村产业结构调整中，作为开展多种经营骨干项目，有力地推动了农村商品生产发展。经济林产品包括果实、种子、花、叶、皮、根、树脂、树液、虫胶等等。经济林栽培学主要研究经济林木的栽培管理技术，是经济林生产的主要理论基础。

二、广东省发展经济林的意义

广东省经济林产品种类繁多，它是林业生产的重要内容之一，也是广东省森林资源的重要组成部分。经济林属多功能性林木，在具有生态、社会功能的同时，还为国家提供大量的相关工业原料，为人民生活提供多种营养丰富的食品。随着我国改革开放的深入，经济林产品已逐步成为广东省发展农村经济和扩大对外出口的大宗产品之一。经济林生产是广东省当前林业经济增长和林业产业结构调整的一个亮点和热点。据有关研究，合理的人类膳食结构是：年人均蔬菜120～180kg，果品75～80kg，粮食60kg，肉类45～60kg。随着人民生活改善，果品在食物中构成比重越来越大，在维持现代人健康中发挥重要作用。干鲜果品是人们食物组成部分，不仅其色泽美观，营养丰富，风味适口，还有不少具有很好的医疗保健功效。据分析，枣含葡萄糖和果糖的量为70%以上，100g枣含维生素C 380～800mg；许多干果丰富含蛋白质和脂肪，其营养价值几乎与肉类相当；果品中含有的果酸、单宁和芳香物质，能刺激胃腺分泌，增进食欲，帮助消化；龙眼、荔枝、核桃仁等为良好的补品；板栗、柿饼等可以代粮，是群众喜好的辅助食品。

经济林产品还为人类的生活提供食用油料、淀粉、调料、香料和纤维。我国南方以油茶为主的木本食用油料，已占植物油总量的12%；锥栲类果实(如锥栗、米锥、栲树、红锥等)的淀粉，除可以食用、工业用和作饲料用外，还可以制成淀粉或糖。南方有些地区经营经济林有悠久的历史和丰富的经

[16] 徐英宝，郑永光。原文载于《广东省经济林主要树种栽培技术》(广州：广东科技出版社，2005：1～23)。

验，如广东的肉桂作为食用香料和药材以及广西的八角和云南的核桃等，都是中外驰名的经济林产品。许多经济林树种还具有医疗保健功能，如柿树叶、银杏叶、枣叶、杜仲叶等经加工制成茶叶，供直接泡饮，深受消费者的欢迎。

经济林产品及其加工制品，不仅可以食用，而且其果皮、种子、果核、残渣下脚料均可通过综合利用，提取制成各种产品，如香精、芳香油、葡萄糖、果酸、酒精、单宁等，这些产品是化学工业、医药工业、食品工业、纺织工业等多种产业的重要原料。

经济林产品除满足人们生活需要外，还可以增加农民收入，改善人民生活，并能换取外汇，支援国家建设；经济林木材坚韧，纹理致密美观，可作乐器、家具、农具、军工、建筑用材。

经济林栽培技术性强，是劳动密集型产业，发展经济林生产，可以容纳农村部分剩余劳动力，繁荣城乡市场，促进农村经济的全面发展。同时，经济林也发挥着保护生态安全的作用，可以绿化、美化城市和农村，绿化荒山，涵养水源，有利于生态平衡。因此，经济林在人们日常生活和国民经济中占有很重要的地位，也是林业产业结构调整和农民增收的热点领域。

20 世纪 80 年代初以来，随着农村经济体制的改革，种植业经历了一系列的调整和变革。先是粮食生产的突破，解决了温饱问题。继而，畜牧业、蔬菜业竞相发展。到目前，以经济林为主体的林果业已成为农村经济的一大支柱产业，经济林已成为种植业最活跃的经济增长点之一。到 2002 年底，全省经济林果园面积达 144.7 万 hm^2，已投产(挂果)面积 90 余万 hm^2，总产量 430 万 t，总产值 130 亿元。广东省经济林总面积除上述经济林果 42.4 万 hm^2，三者总经济林面积为 245.4 万 hm^2，占全省有林地面积的 26.3%。

三、广东省经济林基地建设现状

广东省经济林是以市场为导向，按照市场经济的要求和林业经济发展的客观规律，实行定向培育，集约化经营，企业化管理，以达到最优化经济效益为主要目的。广东省经济林体系包括经济林果、工业原料林和竹林。其发展如下：

(一)经济林果基地

在肇庆、高要、云浮及茂名等市发展有肉桂药材基地 13.3 万 hm^2；在韶关、清远、河源、茂名等市发展有黄柏、杜仲、银杏、厚朴等木本药材基地 5.3 万 hm^2；在韶关、清远、河源、梅州等市发展板栗、柿树基地 1.3 万 hm^2；在潮州、揭阳、梅州、清远、韶关等市新发展优质茶叶基地 1 万 hm^2；在揭阳、河源、茂名、清远等市发展青榄、余甘子、梅、李等杂果基地 3.3hm^2；在全省适宜地区在改造和发展荔枝、龙眼、杧果、沙田柚等优质果树基地 3.3 万 hm^2。目前已有经济林挂果面积 97.4 万 hm^2。其中，在南雄有银杏 133.33hm^2、阳山板栗 66.67hm^2、高要互叶白千层 500hm^2 等为省级经济林示范基地。

(二)工业原料林基地

目前，全国已建成以马尾松为主的松脂工业原料林 58.3 万 hm^2。在省级示范基地点——信宜高脂马尾松林 333.3hm^2的示范带动下，已建成高产松脂基地 3 个，面积为 1353.33hm^2。

(三)竹林基地

在梅州、清远、韶关、河源、肇庆等市建立竹林基地 42.4 万 hm^2，其中包括新建成九连山毛竹、连平毛竹、蕉岭毛竹、揭东笋竹和揭阳笋竹等省级示范基地，面积达 220hm^2。

四、广东省发展经济林存在的主要问题

(一)经济林树种、品种结构不合理

据统计，广东省低产、低效经济林面积、大宗水果种植面积占总面积的 50% 以上，而名特优新品

种、错季型品种面积不到总面积的30%。在人工栽培的经济林中，造林以后放任不管，呈半野生状态的林木占主要成分，园艺化栽培的丰产园林极少，例如枣树、板栗、柿树、油茶等。

（二）生产管理粗放，科技含量不高，单位面积产量低

主要表现在广种薄收，技术落后，经济林优良品新品种选育进程缓慢，科技推广力度不够，单产低而不稳，如全省板栗平均产量为375kg/hm²，仅为美国、伊朗的1/8。

（三）人工栽培和野生资源不足

某些经济林产品在市场上供不应求，因而掠夺性采集较严重，野生资源几乎已被消耗殆尽，高档品种少，一般化品种或劣质品种较多。

（四）经济林产业化程度低，第二、三产业滞后，综合效益较低

主要表现在一家一户分散经营，产业化程度低，贮藏保鲜和加工龙头企业发展滞后，产品流通和社会化服务体系不完善。目前，产品贮藏保鲜量不到总产量的15%，加工量不到10%，而美国等发达国家经济林果品的加工量已达到50%左右。

五、广东省经济林栽培的发展趋势

在新世纪，经济林生产会在现有的基础上得到更大、更快的发展，以木本油料、芳香油料、木本药材等为主的经济林产量、品质会有较大的提高。这是未来社会快速发展和人们对经济林产品求增长所决定的。未来经济林栽培主要有以下的趋势：

（一）适生区域性栽培

适生区域性发展是生产高质量的经济林产品和降低生产成本的重要手段。经济林木优良品种的优良性状得以表现出来，是靠适宜的生态环境实现的，而生态环境是有地域差异的，因而良种不是放之四海而皆准的。物种、品种栽培区域性是自然规律，这就是科学。当然，引种是可以的，但必须按引种程序进行，决非一朝一夕之功。

（二）规模化、矮化密植和集约化

经济林规模化、矮化密植和集约化栽培，是高效益生产最根本的保证。经济林生产将从过去的个体小面积经营、野生半野生资源开发利用经营逐步转向国际市场，利用各地优良品种、特定生态条件，生产优质名牌经济林产品，并使生产与经营基地化、规模化。基地化、规模化经营，有利于充分发挥各地的优良品种优势、经营优势、产品深加工优势和市场优势，创立适应国际化大市场的名牌产品和拳头产品，获得良好的经济和生态效益。集约化栽培主要表现在：第一，经济林实行矮化密植栽培，可以实现早期丰产、优质，并能加快品种的更新。第二，经济林生产的机械化程度高，可以减少对劳动力的需求。第三，经济林灌溉与施肥标准化与自动化，即用科学的方法指导灌溉与施肥，满足经济林生长发育过程中水肥的合理需求。第四，越来越重视科技的推广应用。人们越来越重视应用植物生长调节剂控制经济林的生长发育；越来越重视经济林病虫害的预测预报及病虫害的综合防治，重视生物防治技术的应用。

（三）种类多样化和品种优良化

经济林种类的多样化，主要体现在两个方面：一是注重稀有水果、特色水果的发展；二是注重同一种类内部类型的多样化和品种多样化。经济林产品丰富，果品、饮料、油料、调料、药材等各类产品应有尽有。将来除继续发展木本粮油产品外，还将大力发展其他各类产品，以满足经济建设和人们日常生活的需要。良种在经济林生产中占极重要的地位。预计21世纪栽培的经济林，将会全部或大部分是经人工选择或其他育种方法培育出来的优良品种。这些优良品种不仅具有良好的丰产性能，还具有优良品质特征和抗逆性能，能满足人们对各种经济林产品的要求，能满足各产区不同气候、土壤条件的栽培需要。

(四)无公害化

随着人们生活水平的提高，健康问题越来越成为人们关注的焦点。在经济林食品方面，人们越来越期望生产无污染、更安全的优质经济林产品。加之，加入WTO后，中国经济林产品在价格和成本方面占有优势，有着很大的国际市场竞争潜力，但是能否占据这些市场，最关键的问题之一就是要严格控制经济林产品的污染，稳定地生产无公害的绿色经济林产品或有机经济林产品。目前，全国各地都在大力发展无公害生产，建立和健全经济林产品无公害生产和质量控制体系。经济林无公害栽培技术，重点要掌握无公害造林地的选择、造林、林地土肥水管理及树体保护等关键性环节。

(五)产品贮运加工设备和手段现代化

贮运加工设备和手段现代化，是经济林产品实现其商品价值的最终保障，目的是在现代化的贮藏条件(如通气冷藏)下，实现产品的周年供应，有利于克服生产的季节性和消费需求经常性的矛盾。

目前的经济林产品，多为直接产品或初加工产品，其价值还没有得到充分利用，这是受到目前经济技术水平的限制所致。在21世纪，经济林产品加工将成为经济林产业的重要组成部分，而且其产值占经济林产业的比重会越来越大，也是经济林学科发展的重要方向。经济林产品加工研究开发的范围也会越来越广、越来越深，加工的产品将包括食品、油料、香料、药品、化工产品等。这种深度加工，包括利用经济树种的各种组织、器官、直接产品和初加工的剩余物。

(六)观光休闲一体化

经济林除了生产品外，还可以发挥观光休闲功能。在大城市附近，建立以供城镇人口利用节假日和休息日休闲消遣、观光旅游为主，兼顾高档产品生产的旅游观光经济林，也是现代化经济的一个分支，在广东，随着经济社会的发展，城镇化的趋势越来越明显，城镇人口的比例越来越大。在紧张繁忙的都市生活中，更多的城市居民希望利用节假日外出休闲游憩。旅游观光经济林，不仅可以为旅游者提供一个清新舒适的大自然环境，而且可以为游客提供亲自收获、品尝果品的机会，在游玩中认识经济林树木，熟悉经济林产品的生产加工过程，获得经济林知识，玩得更有收获，也玩得更开心。

六、广东省经济林分类和栽培区划

(一)广东省经济林资源特点

广东省地理区域，从南至北具有热带、南亚热带和中亚热带3个气候带，经济林资源以南部亚热带为特征，种类繁多，资源丰富，同时开发利用发展迅速，潜力巨大。广东省具有以经济开发价值的经济林乔灌木树种达669种，其中各种干鲜果品树种100余种，木本油料、工业原料、药用和香料树种200余种。广东省经营栽培历史较久的经济林树种有：柑橘、荔枝、龙眼、沙田柚、香蕉、沙梨、三华李、青榄、板栗、柿树、枣、茶树、桑树、油茶、千年桐、乌桕、马尾松、化州橘红、肉桂、厚朴、八角、银杏、佛手、杜仲、乌榄、南岭黄檀、椰子、橡胶树、柠檬桉、毛竹、麻竹、茶秆竹、吊丝单竹等。近10余年来，对南肉桂(清化桂)、黑荆、刺梨、澳洲坚果、大果甜杨桃、互叶白千层、丁香、胡椒、勃氏甜龙竹、早竹、余甘子、金樱子、酸枣、猕猴桃等特种经济林树种进行了开发和利用研究，并逐步深入，有的已形成一定的产业规模，产品销售于国内外市场。

(二)经济林分类

随着科学技术的发展和人类对植物开发利用的深入，经济林树种的数量将不断增加。如此多种多样的经济林树种，给人类提供了丰富的经济林产品。为了栽培和利用上的方便，有必要对经济林树木进行较系统又恰当的分类。考虑到经济林分类研究工作的发展，现将常见经济林树木分成以下10类：

1. 果品类

此类经济林树种的果实可直接食用或经加工后食用。包括3个亚类：

水果亚类：柑橘、荔枝、龙眼、香蕉等；

干果亚类：板栗、柿、枣、锥栗等；

杂果亚类：猕猴桃、余甘子、刺梨、金樱子、酸枣、杨梅等。

2. 木本油料类

此类经济林树种的果实或种子中，含有丰富的油脂，经机械压榨或化学榨取，即可获得木本植物油，供食用或作工业原料。包括2个亚类：

食用木本油料亚类：油茶、乌榄、油棕、油橄榄、核桃等；

工业木本油料亚类：千年桐、乌桕等。

3. 木本药材类

此类经济林树木的花、果实、种子、树叶、树皮、树根、心材等部位含有各种有效药用成分，经采集和加工炮制，可以入药治疗多种疾病，或生产保健品以增进人类健康。此类树种如肉桂、厚朴、丁香、降真香、银杏、槟榔等。

4. 饮料蔬菜类

此类经济林树种的叶片、种子或果实、汁液等，经采集加工，可制成各种营养价值高和保健价值极高的天然绿色饮料或蔬菜。如芽叶中就含丰富的蛋白质、氨基酸、生物碱、维生素和矿质元素，经炒制可加工成多种茶叶；另外此类树的果料汁液丰富，味道甘美，经榨汁或加工可制成果汁产品。包括4个亚类：

芽叶饮料亚类：茶树、银杏、杜仲、柿等；

芽叶蔬菜亚类：香椿、楤木等；

果汁果露亚类：椰子、杧果、杨梅、刺梨、山楂等；

咖啡、可可亚类。

5. 淀粉类

此类经济林树种的果实、种子中含有丰富的淀粉，经采集加工，可制成淀粉或糖，用作食品或工业原料。包括2个亚类：

食用淀粉亚类：板栗、锥栗、柿、枣、银杏、栲树、青钩栲、米锥、红锥等；

工业用淀粉亚类：石栎、罗浮栲、黎蒴栲等。

6. 纤维类

此类经济林树种木质部或韧皮部中含有丰富的优质纤维，依加工和用途不同，可分为4个亚类：

编织亚类：构树、榔榆、朴树、青果榕、毛竹、青皮竹、粉单竹等；

造纸亚类：马尾松、湿地松、火炬松、加勒比松、尾叶桉、巨尾桉、构树、毛竹、青皮竹等；

纺织亚类：桑树、山麻黄、构树等；

绳索亚类：蒲葵、棕榈等。

7. 香料、调料类

此类经济林树种的花、果实、种子、树叶、汁液、树皮、木质部等，均含有丰富的挥发性芳香油，经采集加工，可用作调料或制成各种香型的芳香油。包括2个亚类：

香料亚类：柠檬桉、樟树、山苍子、八角、丁香、枳壳、降真香、檀香、白木香等；

调料亚类：肉桂、八角、胡椒等。

8. 放养类

主要指蜜源树种、放养蚕茧树种和放养虫瘿、虫蜡树种。前者花期长，花量大，花盘泌蜜旺盛，蜜质好，放蜂生产蜂蜜和蜂王浆；中者可放养桑蚕或柞蚕；后者适宜放养经济昆虫，产生的分泌物，用作化工原料，如紫胶虫、五倍子等。包括3个亚类：

蜜源亚类：荔枝、枣树、椴树等；

蚕茧亚类：桑树、栓皮栎、麻栎等；

虫瘿、虫蜡亚类：南岭黄檀、盐肤木等。

9. 单宁类

此类树种的叶片、果实、树皮中，含有丰富的单宁或色素，经采集和加工提炼，可制成栲胶或色素。包括 2 个亚类：

单宁亚类：黑荆、银荆、柿(幼果)、壳斗科栲属树种(果壳)等；

染料亚类：乌桕、苏木、黄柏等。

10. 树脂、树胶、树漆类

这类经济林树种的组织或器官中含有贮存腔道，内贮有橡胶、树脂、树漆等。经采割或提炼后可制成具有广泛用途的工业原料。包括 3 个亚类：

树胶亚类：橡胶树、杜仲等；

树脂亚类：马尾松、湿地松、火炬松、加勒比松等；

树漆亚类：漆树、柿树等。

(三)经济林栽培区划

经济林的栽培区划，就是要在研究经济林树木分布规律基础上，对经济林的地理分布进行分区，为开展经济林树木的引种驯化、制定经济林的发展规划和基地建设，提供科学的理论依据。前些年，各地经济林热，不分地域，不顾市场盲目发展，已有教训。究其原因，是不遵循全国统一的经济林树种、品种的栽培区划因而无法进行宏观调控和科学布局。

在省内，经济林在什么地方应发展什么种类、品种，后续工作如何组织，形成多大经营规模，应根据栽培分区和国外市场需求，进行严格宏观调控。在经济林生产中，产品要以优良的质量，适宜的数量，适应国内市场需求，参与国际竞争。“入世”后，品质是占领市场的生命线。因此，经济林栽培分区，是从经济林栽培要求出发，确保真正做到因地制宜，适地适树，科学经营，达到优质、高产的目的。

根据何方等人(2000 年)的研究，我国经济林栽培区划采用 4 级，即气候带、干湿区、亚区和小区。按全国经济林栽培区划的结果，广东主要包括 3 个气候带，即中亚热带粤北山地丘陵木本油料、药材、果、茶亚区，南亚热带粤中丘陵台地果、茶、桑、竹亚区和北热带雷州低丘陵台地果、胶、香料亚区。

广东的地里和气候带的划分，较为统一认同的是：中亚热带和南亚热带分界线从广东中部西段的怀集起，经广宁、清远、从化、龙门、河源、龙川至东部的兴宁、梅州、大埔南部为界；南亚热带和热带北缘的分界线则西起化州中北部，经高州，东至阳江南部，因台山南部如上、下川岛上有典型的热带植物猪笼草的分布，故上、下川岛也划入到热带范围。处于中亚热带的城市包括韶关市的全部，以及清远市大部分、河源和梅州两市北部的一半，惠州市的龙门，肇庆市的广宁、怀集，广州的从化北部等市县；南亚热带包括云浮、佛山、广州、江门、东莞、中山、珠海、深圳、惠州、汕尾、揭阳、潮州和汕头的全部或绝大部分区域，以及肇庆、河源和梅州的南部、茂名和阳江的北部等县市；北热带则包括湛江的全部和茂名与阳江的南部等县市，以及东沙群岛。

以下各气候带推荐的经济林树种以乡土植物为主，同时也考虑已经过栽培驯化、表现优良且极具经济价值的外来树种。

中亚热带：柑橘、沙田柚、柿、沙梨、杨梅、黄皮、枇杷、板栗、锥栗、刺梨、南酸枣、茶、苦丁茶、油茶、千年桐、乌桕、桑树、山苍子、银荆、黑荆、栲树、米锥、香椿、苦楝、枫杨、马尾松、火炬松、红豆杉、厚朴、杜仲、银杏、黄柏、盐肤木、木莲、桂南木莲、喜树、辛夷、枳壳、枳椇子、半枫荷、毛竹、茶秆竹、麻竹、早竹、棕榈等 46 种。

南亚热带：甜橙、荔枝、龙眼、杧果、香蕉、大果甜杨桃、三华李、青梅、杨梅、黄皮、板栗、橄榄、乌榄、余甘子、番石榴、番荔枝、人心果、莲雾、蒲桃、人面子、扁桃、无花果、树菠萝、蝴蝶果、油梨、澳洲坚果、薄壳山核桃、南岭黄檀、翻白叶树、新银合欢、茶树、红花油茶、千年桐、桑树、绒楠、互叶白千层、马尾松、湿地松、加勒比松、柠檬桉、窿缘桉、雷林 1 号桉、海南粗榧、粗榧、肉桂、八角、白木香、降真香、儿茶、喜树、佛手、化州橘红、洋金凤、降香黄檀、金樱子、青皮竹、粉单竹、撑篙竹、麻竹、勃氏甜龙竹、吊丝单竹、蒲葵、澳洲蒲葵、海枣等65种。

北热带：椰子、杧果、可可、咖啡、锡兰肉桂、胡椒、肉豆蔻、橡胶树、腰果、檀香、丁香、树菠萝、降香黄檀、柠檬桉、直杆蓝桉等15种。

七、经济林苗木繁育新技术的应用

(一)全光照自动间歇喷雾育苗技术

在陆地喷雾条件下进行嫩枝扦插，是当前发展最为迅速的先进育苗技术。全光照自动间歇喷雾，可以为带叶嫩枝扦插提供最适宜的生根条件。间歇喷雾可使插穗表面保持一层水膜，使插穗在生根前不至于失水而枯死，而且插穗表面水分的蒸腾，还可以降低插穗的温度，即使夏季烈日下，插穗也不会灼伤。相反，会使插穗进行充分的光合作用，促使插穗迅速生根成活。

全光照自动间歇喷雾扦插育苗技术，与传统陆地育苗的主要区别是，需建造全光照自动间歇喷雾扦插床，安装间歇喷雾设备，使其按需要自动喷雾，以降低空气温度，保持叶面湿度，有利于生根。

全光照喷雾苗床的工作原理：扦插床能够自动喷雾，关键在于电子叶输送信号。电子叶上有两个电极，当电子叶上的水分挥发时，电子叶的两极短路，使湿度自控仪的电源接通，电磁阀打开，接通电源，喷头喷雾；当插穗叶面上喷满水分时，电子叶上也形成了水膜，电子叶也就中断输送信号，电源截断，停止喷雾。这样反复自动循环，使叶面上的湿度处于饱和状态，降低温度，减少蒸腾，有利生根。

全光喷雾苗床使用的基质必须是疏松通气、排水良好，但又要保持插床湿润。通常用的扦插基质材料有较粗的河沙、珍珠岩、蛭石、锯末等。在选择扦插基质时应因地制宜，通常几种基质混合使用比单独使用效果好。如国外多用泥炭土∶珍珠岩∶沙为1∶1∶1基质配方，扦插多种树种都获得较为理想的效果。该育苗技术主要用于生长季的嫩枝扦插，其他育苗技术参考扦插育苗部分内容。

(二)ABT生根粉在经济林育苗中的应用

ABT生根粉是一种新型、无毒、高效、广谱型植物生根促进剂，具体作用是补充植物生根所需外源生长素与促进内源生长素合成的双重功能，能使不定根原基分生组织细胞分化，呈簇状爆发性生根。在苗木移栽过程中，促进受伤根系的恢复，是提高干旱地区育苗移栽成效的首选植物生长调节剂，ABT生根粉原有1，2，3，4，5等5个型号，近年又推出6，7，8，10等4个型号。新型号可直接溶于水，不需酒精或助浸剂溶解，能在常温下保存，更具广谱性。

(三)塑料大棚育苗

塑料大棚(large plastic houses)又称塑料温室(plastic shed)。以塑料薄膜为覆盖材料，具有结构简单、耐用、性能良好、建造容易、拆卸方便等优点。棚内每年从9月至翌年4月都可保持温度在15~25℃，相对湿度为95%~100%。大棚育苗可以延长苗木生长期，减少风、霜、干旱和杂草的危害。苗木生长量大而整齐，发育健壮，缩短了育苗年限。

大棚的建造：选择靠近城镇、交通方便、位置适中、地势平坦、背风向阳、有灌溉条件的地方建造大棚。大棚规格：一般长30~80m，宽10~16m。可采用拱圆形，用竹、木或轻型角钢(或铝合金管)做构架。上面覆盖耐老化的农用聚氯乙烯薄膜。

大棚管理：通风管理是大棚育苗成败的关键。棚内温度随外界气温升降而变化，因而大棚通风也必须随外界气温的不断变化和苗木生长发育的需要及时调节。光照管理：大棚内的光照来源，主要利用太阳辐射。塑料薄膜光线透过率可达日辐射量的75%~80%，但使用一段时间后会逐渐降低到50%左右，特别是冬季，更感光不足，则需要采用辅助照明，如钠光灯或白色日光灯等。苗木管理：大棚育苗可采用容器播种，也可用低床播种。播种后经常保持湿润。幼苗出齐后，因棚内温度高，蒸腾量大，幼苗生长迅速，需水量多，必须适时灌溉。在苗木速生期一般每天应灌溉3~4次。施肥和灌溉应配合进行，肥水比例大致为1∶200。密闭的大棚内，随着苗木光合作用的加强，二氧化碳量逐渐减少，可在棚内燃烧丙烷气以增加二氧化碳，加强苗木的同化作用。此外，由于大棚内的温度高、湿度大、病菌繁殖快，应及时进行病害防治。

（四）无土栽培

无土栽培（soil free 或 soiless culture）用的基质比土壤疏松，通气和排水性能较好，并且有一定的保水保肥能力，还可以根据植物种类和生长发育阶段及时供给适宜的营养元素，满足植物生长的需要。同时又可自动供液，便于工业化生产，减轻劳动强度。

1. 无土栽培的基质

水和固体均作基质。水培时，自来水、河水、井水均可使用，但必须了解水质和有关元素含量。如使用的水中含有多量钙、镁离子时，配制营养液时其含量应相应减少。含盐过高的水不能使用。固体基质，凡无毒、疏松、透气、排水良好又具一定保水、保肥的固体材料均可作为无土栽培的基质。如蛭石、珍珠岩、沙、玻璃纤维等。目前生产上使用较多的是蛭石、珍珠岩和玻璃纤维（日本）。

2. 无土栽培的容器

水培容器的大小，以生产规模及要求而定，任何大小的花盆、水桶、木箱等都可进行水培。大规模生产用水培槽，园艺场的水培槽可大可小，如挪威、丹麦等国家的水培槽长10m、宽3m，可放12cm口径花盆500个以上。种植用水培槽宽最好≤1.5m，以便于操作，长度不限。

3. 无土栽培的营养液

营养液是无土栽培时供给植物生长所需要的营养元素，它是由无机的化学药品配制而成，溶液的总浓度$<0.4\%$，与有机肥料相比，无味、无臭、肥效高、不需腐熟，使用方便。营养液中必须含有植物生长所需要的大量元素和微量元素，按营养液对植物生长的作用和效果，可分为广谱型和专用型2种。营养液的pH值关系到各种化学药品或肥料的溶解度和植物细胞原生质膜对矿物盐类的渗透性，及植物生长对酸碱度的要求。在使用过程中，应定期检查和调整。营养液的配方很多，可根据植物或发育阶段的不同进行选择。常用的标准营养液配方如表1。

表1　标准营养液　　单位：g/kg

大量元素		大量元素	
硝酸钾（KNO_3）	0.20	硫酸锰（$MnSO_4 \cdot 4H_2O$）	0.002
硝酸钙［$Ca(NO_3)_2$］	0.65	硫酸铜（$CuSO_4 \cdot 5H_2O$）	0.002
磷酸二氢钠（NaH_2PO_4）	0.20	硫酸锌（$ZnSO_4 \cdot 7H_2O$）	0.002
硫酸镁（$MgSO_4 \cdot 7H_2O$）	0.36	硼酸（H_3BO_3）	0.001
柠檬酸铁	0.02		

注：本表引自《经济林栽培学》（2004）。

4. 无土栽培方法

（1）播种或扦插。小粒种子播种前，用净水1∶1稀释过的营养液处理苗床，使苗木吸足营养液，保证种子发芽后立即能吸收到营养。种子直接播在苗床基质上，深达2cm，太深易腐烂。

（2）施肥（灌营养液）。苗高<1.2cm时不必施肥。天气干旱7～12d施1次，雨季5～7d施1次，大雨天每周2次。幼苗根未进入营养液时，施肥时将营养液洒在苗木上。当根系伸入营养液时，肥料应撒在营养液中。根系未深入至营养液底部时，根已吸收到沉淀在底部的铁盐元素，不必再向苗床上施铁盐。施肥时，可取定量肥料以液体形式或施入营养液中，并立即加水至需要量。施肥量以混合盐35g/m^2为宜。

（3）浇水。浇水量依气候而定，水平式水培槽，液面波动不宜太大，一般2cm左右。流动式水培槽，夏天每日浇2次，中午不宜浇水，冬季每周浇1~2次。

(4)注意事项。要经常观察和调整元素变化，因为一种元素过多或不足，都会造成病态；栽培基质与金属网不可浸入营养液中；播种苗、扦插苗上方不可盖玻璃；水培时，营养液必须保持在黑暗环境中，否则营养液中滋生各种藻类，一则夺取植物的养分与空气，另则会产生对植物有害的物质，影响植株生长。因此，在水培时，最好用黑布、黑纸遮光。

八、经济林优质无公害造林与矮化密植栽培技术简介

(一)经济林造林地选择

要生产优质无公害(high quality and free pollutant)经济林产品，林地环境质量和林地立地条件是重要的决定因素。产地应选择空气清新、水质纯净、土壤未受污染、具有良好农业生态环境的地区。在选择经济林造林地时，要注意以下几个方面：

1. 生态环境条件

优质无公害经济林产品产地在生态环境条件选择上，首先要求30km范围内不得有大量排放F、S等有害气体的大型化工厂，不得有大型水泥厂、石灰厂、火力发电厂等大量排放粉尘的工厂，森林覆盖率高，远离重要交通干道，附近没有铜矿、硫铁矿等矿产资源。

2. 大气环境条件

大气环境条件主要考虑总悬浮颗粒物(TSR)、二氧化硫(SO_2)、氮氧化物(NOx)、氟化物(F)、铅(Pb)等5个条件。大气环境状况要经过连续3年抽样观察测定，测定结果要符合国家规定标准(表2)。

表2　无公害经济林产品产地大气质量标准

项　目	日平均	每小时平均
总悬浮物颗粒[TSR，标准状态(mg/m^3)]	0.3	—
二氧化硫[SO_2，标准状态(mg/m^3)]	0.15	0.50
氮氧化物[NO_x，标准状态(mg/m^3)]	0.12	0.24
氟化物[F，标准状态(mg/m^3)]	月平均10	—
铅[Pb，标准状态(mg/m^3)]	季平均1.5	—

3. 土壤环境条件

无公害经济林产品产地土壤环境条件要求除土壤肥沃、有机质含量高、土壤质地良好外，经济林根系主要分布的土壤重金属元素和农药残留量要符合表3所列标准。

表3　无公害经济林产品产地土壤环境质量标准

项　目	pH<6.5	6.5<pH<7.5	pH>7.5
总汞(mg/kg)≤	0.3	0.5	1.0
总镉(mg/kg)≤	0.3	0.3	0.6
总铅(mg/kg)≤	250	300	350
总砷(mg/kg)≤	40	30	25
铬(六加)(mg/kg)≤	150	200	250
六六六(mg/kg)≤	0.5	0.5	0.5
DDT(mg/kg)≤	0.5	0.5	0.5

4. 灌溉水条件

无公害经济林产品产地的灌溉水，要符合国家2级以上标准，具体指标如表4。

表4　无公害经济林产品产地灌溉水质量标准

项　目	国　标	项　目	国　标
氯化物(mg/L)≤	250	总铅(mg/L)≤	0.1
氰化物(mg/L)≤	0.5	总镉(mg/L)≤	0.005
氟化物(mg/L)≤	3.0	铬(六加)(mg/L)≤	0.1
总汞(mg/L)≤	0.001	石油类(mg/L)≤	10
总砷(mg/L)≤	0.1	pH值(mg/L)≤	5.5～8.5

(二)经济林的无公害施肥

在经济林造林后，土壤缺乏有机质和各种养分含量降低，在土壤结构、质地及酸碱度等均不理想的情况下，一味追求增加化肥施用量，尤其偏施氮肥，虽然能达到提高产量的目的，但同时会造成土壤板结和污染、肥料利用率(fertilizer utilization percent)降低，以及单位数量化肥增产幅度逐年下降等。硝态氮肥超标时，不能生产无公害经济林产品。一般生产无公害经济林产品，有机肥用量应占施肥总量的70%以上。所以，经济林无公害施肥的第一原则，就是应以有机肥为主，无机肥为辅，有机无机相结合；其次，无机肥料以多元复合肥或专用肥为主，如果常年单施氮肥，忽视磷、钾肥及其他微肥，就会造成土壤中各种元素亏盈不均，比例失调，导致经济林发生某种或几种缺素症，进而造成减产，甚至引起树体衰弱和死亡；三是要科学经济有效施肥，即以产定量，通过树体和土壤分析诊断，预计产量、土壤天然供肥量(natural supply)以及肥料当年利用率等，算出各种营养元素的合理使用数量。

各种经济林施肥主要通过基肥、土壤追肥和根外追肥3种形式，各于不同时期进行。

1. 基肥

经济林年周期中所施用基础肥料。施用基肥，应以各种腐熟、半腐熟的有机肥为主，适当配以少量无机肥。施用基肥的最佳时期，是采后的秋末冬初。基肥的施用量，应占全年总施用量(按有效养分计算)的1/2～2/3。

2. 土壤追肥

经济林春萌到收获前，根据树体生长、结实及不同生育期需肥特点而补充肥料。一般讲，追肥分为花前、花后、果膨大期、花芽分化前和采后肥。总施肥量等于全年施肥量减去基肥用量；每次追肥用量，视全年追肥次数而定。如全年追肥5次，则每次约占总追肥量的1/5。追肥多用无机肥，也可用充分腐熟的有机肥。

3. 根外追肥

指在经济林生育期，根据需要将各种速效肥料的水溶液，喷洒在树体叶片、枝条及果实上的追肥方法，属于一种临时性的辅助追肥措施。主要适用于用量小或易被固定的无机肥料。它具有被喷施的肥液能直接吸收和利用、吸收快、节约肥料等优点，但毕竟不能完全代替土壤施肥，尤其对需求量大的大量元素。根外追肥施用时要掌握好喷施浓度，一般大量元素肥料的施用浓度为0.1%～3%，微量元素肥料浓度为0.02%～0.5%。喷施时间以当日9:00以前，16:00以后进行为宜。阴云天可全天喷。若喷后1d内遇雨，应补喷。同时，喷施前，要使用肥料需充分溶解。

(三)经济林矮化密植栽培

1. 矮化密植栽培的优点

矮化密植(dwarfing and high density)，通常是指利用生物学、栽培学等手段，使树体矮小、树冠紧凑、便于密植的一种栽培方法。矮化密植是当前经济林集约化栽培的重要标志之一，是世界经济林生产发展的必然趋势，是实现经济林早产、高产、优质、高效、低耗的重要手段。

目前在经济林栽培上，推广矮化密植。矮化具有结果早、树体矮小、管理方便等优点，能密植，可以提高单位面积产量。矮化是指将树木培养成只有正常树高的1/3～1/2，通常高度为1.8～2.4m，如核桃原来每667m^2栽10株，矮化密植后，提高至40株；有的甚至达到50～80株。香椿露地矮化密植栽培后，在定植后第2年即可开始采收。同时，品种更新换代容易，恢复产量较快。虽然矮化密植是经济林栽培发展的总趋势，但也有一些问题，如矮密园的建园投资较高，与乔化稀植园相比，所需苗量多，采用矮化砧要设支柱，排灌设施要求高；矮化密植树对土壤和气候条件要求较高。因此，必须因地制宜，合理采用。

2. 矮化密植栽培途径

主要有三方面途径，即利用矮化砧木、嫁接矮化品种及矮化栽培技术等。

（1）采用矮化砧木或中间砧。可使嫁接其上的栽培品种树冠矮小紧凑。矮化砧木不仅能限制枝条的营养生长，控制树体大小，并能促进早结实、早丰产。利用矮化砧木进行矮密栽培，在果树上应用较多，如桃、梨、李、苹果等。

（2）嫁接矮化品种。即选择紧凑短枝型品种，也是实现矮化密植栽培的有效途径。矮化品种大都从芽变品种、自然实生苗、电离辐射和杂交育种中所获得。嫁接在根系强大、抗逆性强的实生砧上，表现为树体矮化或半矮化，树冠紧凑，适于密植。近年来，在红富士、澳洲青苹果等著名品种中，也发现了优良短枝品系。经济林木也发现或育成矮化品种，如华南农业大学用阳山油栗，经辐射诱变，育成早熟、矮化、丰产稳产品种'农大1号'，8年生树平均树高、冠幅分别为原品种的45.1%和44.8%。其他矮化板栗品种还有'莱州短枝'、'广西'油栗等，这些品种亦适合矮化密植。

（3）矮化栽培技术。利用栽培技术致矮，主要有3个方面：一是创造一定的环境条件，以控制树体营养生长，使其矮化；二是采用矮化技术措施，如拉枝、环剥、扭梢、矮枝型修剪等；三是使用植物生长调节剂等，进行化学控制，控制树体营养生长，矮化树冠。这些方法，在乔砧密植中应用较多，在矮枝型品种或矮化砧木栽培中，也可酌情使用。

3. 矮化密植栽培技术

矮化密植经济林木由于受矮化砧木或其他矮化技术，以及栽植密度、整形方式等影响，其生长、结实、养分代谢等方面，都不同于乔化稀植树，因此，其栽培技术措施也有别于乔化稀植树。

（1）育苗特点。不同的致矮方式，有不同的育苗特点。段枝型品种和乔砧密植方式，与一般的嫁接育苗方式相同。如果用矮化砧或矮化中间砧方式育苗，则与常规的育苗方式略有差异。

梨、桃、李及苹果等矮化砧品种，通过种子繁殖会产生变异，必须用无性繁殖。通常使用埋土压条法繁殖砧木苗，然后再嫁接优良品种。中间砧繁殖方式，可以分为分次嫁接、分段芽接、双重枝接、枝芽接等方法。分次嫁接是先在普通砧木上嫁接矮化砧的芽，待这个芽萌发生长到一定长度，再嫁接栽培品种，一般矮化中间砧段的长度保持在25～30cm；分段芽接是先在乔砧上嫁接矮砧，待矮砧生长到秋季，按中间砧长度的要求，在矮砧上分段芽接栽培品种，待第2年春季剪截时，每个茎段顶端带有一个栽培品种的芽，再将其枝接到普通砧木上；双重枝接是指将矮砧接穗按中间砧的长度分段剪裁，先在矮砧上嫁接栽培品种，再将这个茎段嫁接到普通砧木上；枝芽接是指先在普通砧木上枝接矮砧，秋季再在一定高度上芽接栽培品种。

（2）栽植方式与密植。①一次性定植（permanent planting）。指从建园开始，到最后砍伐的整个生产过程中，经济林木的密度始终不变。采用这种栽植方式，既要考虑前期利益，即早生产、早丰产，又要考虑到长远利益，即进入盛产期后，树冠不郁闭，延长枝不交叉，保持高产、稳产和较长的经济寿命。一次性定植的密度，取决于砧木种类、接穗品种、土壤类型、光能利用、气候条件、管理水平、经济效益等。一般原则是，在树体大小上，允许株间枝条交接；在光能利用上，行间应长期留有1.5m左右的空间，作为作业道，以相邻两行的树冠投影不致产生严重遮阴为宜，以免影响叶片光能截获和果实着色；在经济利益上，要从节约成本来确定栽植密度。土壤较薄，肥力较低，或低温、干旱，对树体生长有抑制作用，限制树冠扩展，密度宜大；而在土层较厚，肥力较高，或气候温和、雨量充足、条件较好地区，树体生长旺盛，密度宜小。在省内，一般半矮化砧、中间砧或矮化品种，可采取大致相同的密度，生产中以 825~1650 株/hm^2为中等密度；矮化砧可密一些，为 1650~2250 株/hm^2；而乔砧密植方式，则要根据不同的情况来确定不同的密度，如管理水平高则可密一些，反之应稀一些，通常为 405~660 株/hm^2。

②计划密植(designed crowded planting)。指在建园时增加栽植株数，已获得较高的早期产量，随后树冠扩大，逐步移栽或间伐，以维持适宜密度和较高产量的栽培方式。计划密植应区分永久性植株和临时株 2 类树，在管理上要保证永久性植株的生长发育。整形修剪时，对临时植株采取限制措施，以及可让其尽早生产，又不妨碍永久植株的整形为原则。当永久株的生长整形有碍时，应回缩加以控制，尽量不要一起间伐，以维持产量的稳定。临时株的数量，一般为永久性植株的 1~3 倍。临时株的间伐以 6~10 年为宜。

永久株的密度，应根据当地的立地条件、栽培水平、砧木种类、树种品种、机械化程度及经济条件而定。板栗永久株的密度可为 600~1250 株/hm^2；密植银杏园初值密度可为 1245~1665 株/hm^2，10~12 年后，保留株数 315~420 株/hm^2。

③整形修剪。主要有树形态和修剪问题：A. 树形。适宜矮化密植树形主要有：改良纺锤形、自由纺锤形、细长纺锤形、圆柱形、小冠疏层形、树篱形、开心形、扇形等，宜根据建园地具体情况，采用适宜树形。矮化密植时，一般根系较浅，尤其是矮化砧苗，根系固地性差，通常需设立支架并进行绑缚，可增强固地性，提高树体抗风性，并承担部分负载。B. 修剪。矮化密植树骨干枝级次少，结果枝组多直接着生在主枝上，甚至在主干和中心干上。因此，要及早控制先端和直立枝，以免影响主干、中心干和主枝生长。果品类经济林木矮化密植栽培，结果早，树体容易衰弱，应及时进行枝组的更新复壮。因此，枝组内要合理分工，留足预备枝，并控制花量，及时疏去衰老枝和过密枝，以保持结果枝组健壮、稳定。矮化树在幼树期，要促进树体生长，以尽快占领可利用空间，使其早成花、早结果，结果后再控制过旺的营养生长，逐步理顺生长和结果的关系。对内膛的结果枝适当重剪，以促发和培养离骨干枝较近的紧凑枝组。

矮化密植树，应重视夏季修剪，特别是利用乔砧采取矮化技术，使树体矮化的经济林园，更利用修剪控制树势，培养枝组。通常用调节骨干枝角度来控制树势；用环剥、环割、倒贴皮、刻伤等方法，促进花芽形成；用拿枝、弯枝、扭梢等方法改变枝梢的生长方向，缓和枝梢的生长势；用疏枝方法，改善树冠光照，有利于花芽形成，提高坐果率和改善果实品质；用短剪、摘心等方法，控制旺枝、促进分枝，加速枝组培养。目前，刻、拉、剥技术已广泛用于促进果类经济林木早成花、早结果。

④土壤水肥管理。主要包括土壤、施肥和水分三方面的管理，分述如下：土壤管理。矮化密植园由于栽植密度大，产量高，所以对土壤管理水平的要求较高。与普通园相比，矮密园土壤根系生长的良好土壤条件。栽前高标准整地，保证有 1~1.2m 的活土层，以使土壤疏松，保水保肥强，利于根系生长。因矮化密植树群体根系的密度大，树冠矮，栽后进行深翻改土，施大量有机肥。矮密栽培树根系常集中在土壤表层，故在生长季应避免中耕除草过度，园地覆盖有利于保持土壤水分，减少水土流失、防止土壤温度的急剧变化。用有机物覆盖，如稻草、玉米秸、杂草等，随着覆盖材料的分解，还可增加土壤有机质含量，提高土壤肥力，改进土壤通透性。秸秆覆盖厚度为 15~20cm，覆盖物腐烂后翻于地下，翌年重新覆盖。旱地园也可采用薄膜覆盖法。B. 施肥管理。矮化密植园根系密度大，单位面积内枝叶量大，产量高，所以需肥量较大，但应遵循少量多次的原则，以免引起土壤溶液浓度过高而烧根。基肥以有机肥为主，秋施为宜，必须年年施入，可采用环状沟施、放射状沟施、条沟施肥、全园撒施等方法。秋施基肥后，要充分灌溉。追肥可在开花前后、春梢停止生长，果实膨大、秋梢停止生长时进行，要求氮、磷、钾搭配合理，并注意补充微肥。追肥主要采用土施，要求与根外追肥相结合。根外追肥前期，以氮为主，中期磷钾结合，后期氮、钾结合。施肥量要根据土壤及叶分析结果来决定。C. 水分管理。矮化密植园蒸腾耗水量随栽植密度的增加而增加，需水量较大，因此，应及时进行灌溉。矮化密植园的灌溉，应以根系主要分布层内的土壤水分状况为标准，灌水量也应以水分渗入根系主要分布层内为原则，必须灌透。灌水时期视土壤缺水情况而进行，可采用沟灌、喷灌、滴灌、

小管出流等方法进行。此外，雨季应及时进行排水，防止积涝成灾。

⑤生长调节剂的应用。矮化密植栽培时，尤其是乔砧密植树，常需应用生长调节剂来抑制树体生长，如多效唑、烯效唑、乙烯利、矮壮素等。另外，用果类矮化密植经济林木，为提高早期产量，常需用生长调节剂来促进花芽形成，如多效唑、乙烯利、BA、PBO 等。生长调节剂的使用浓度、剂量、时期、方法，简介如下：A. 浓度、剂量。生长调节剂即使是同一物质，浓度不同，作用就不同。如低浓度的 GA_3(50mg/L)可促进果实生长及花芽分化、提高坐果率；而高浓度(200mg/L)却抑制花芽分化，影响果实生长。B. 施用时期。取决于药剂种类、药效延续时间、预期达到的效果，以及经济林生长发育的阶段等因素。如有 PP_{333} 抑制新梢生长，以早期有相当数量的幼叶时施用好，因幼叶比老叶易于吸收。但过早，幼叶量少，吸收面积小，效果并不好。只有在最适宜时期内使用，才能达到预期的效果。C. 使用方法。植物生长调节剂使用方法，有叶面喷施、土施、浸蘸、茎干注射、涂抹、茎干包扎等。如发枝素为膏剂，只能用于涂抹，并且只有当其与芽体接触后，才具有促进芽萌发的作用。PP_{333} 可采用叶面喷施、土施和茎干注射。另外，大多数植物生长调节剂不溶于水，只溶于酒精等有机溶剂，故需先配成母液后，再进行稀释使用。

广东省农村发展薪炭林的战略意义[⑰]

能源是当今世界的重要问题之一。要发展广东的经济，能源问题是关键所在，是属于全局性的战略问题。现在农村能源问题更为严重，不仅直接影响农业生产和农民生活，也关系到整个自然生态平衡。广东应大力发展再生能源，尤其要注意发展森林能源。薪柴在目前和今后相当长的一段时期内都是农村主要的生活用能，特别是在广东优越的水热气候条件下广泛开展营造薪炭林，是尽快解决广东省农村能源的重要途径。它既能迅速生产，不断更新，短期见效，又可保住现有森林资源和维护生态环境，有利于农业生产和社会安定。

一、问题的提出与对策

早些时候世界各国曾把薪炭林比例下降，用材林比例增加作为衡量一个国家林业发展的指标之一。但自70年代石油危机以来，森林作为繁衍生息的绿色能源重新被人们认识，提出了“能源林”的新概念，它是在“薪炭林”（或燃料林）概念的基础上发展形成的。从国外对这个概念的实际使用来看，是指以生产能源为主要目的而营造的森林。能源的形式，可能是传统的薪炭材、木片等固体燃料，也可能是液态燃料，甚至也可以直接在林场设厂转换成电能或木煤气向外输送。因此过去所说的薪炭林（即以生产燃料为目的而营造的乔木或灌木林）的概念已不能适应新的情况。

全世界森林能源目前消耗量大约为15亿～16亿 m^3 或10万亿～12万亿 kW·h。加上其它生物质燃料，如果用石油来代替，每天需2000万桶，相当于6亿美元。据联合国统计，1980年全世界有8.33亿农村居民和1.66亿城市居民缺乏燃料，到2000年，森林能源消耗量将大幅度上升。现在，发展中国家基本上还得依靠森林能源，非洲国家全部能源的60%来自薪柴。薪柴是发展中国家85%以上的家庭煮食和取暖的主要能源（联合国环境规划署，1980）。自70年代以来，许多国家都在积极发展森林能源，对能源林的科学研究风行于各工业发达国家。如法国1980年开始执行系统的能源开发计划，要求到2000年绿色能源使用量达到相当于1000万t汽油的能量（目前为350万t）。瑞典计划到2000年营造25万 hm^2 能源林，年产1000万 m^3 本质燃料，到2015年把森林能源利用量由目前占全国总能耗的8%提高到50%。瑞典政府1978～1981年为试验用桦、柳、桤木营造速生能源林提供了5000万克朗（合人民币1300万元），能源林的成本每公顷3000～5000克朗（合人民币780～1300元），一般年生长量每公顷达6.2m^3。印度计划每年营造50万 hm^2 能源林。南朝鲜计划年造5万 hm^2 能源林，1970～1976年间投入薪炭林费用2000万美元。世界银行制定了增加薪材产量的能源计划，近5年内将向50个国家发放有关贷款10亿美元，特别重视发展桉类、银合欢等速生树种，预期产量可为传统树种的20

⑰ 徐英宝，谭绍满发。原文载于《广东林业科技》（1986，1：1～4）。

倍，每公顷年产量可满足15~20人全年的烧柴量。目前各工业发达国家几乎无一不在研究能源林的造林、树种选择、培育等问题。菲律宾的“木电发展计划”规定1981~1987年建立217个木电厂，解决农村电耗的51%，用木材作燃料不污染环境，废料容易处理，因此各种用木材燃料的节能工业和民用锅炉设备很受欢迎。欧洲经济共同体国家制纸工业的木质能源消耗量，目前已达到能源总消耗量的50%，国外在取暖方面也有恢复使用木质燃料的趋势。

国外在发展森林能源时是开源与节流并重的，节流方法是：①开发利用采伐加工剩余物。这种剩余物的数量是惊人的，例如法国在采伐加工中，从原木到成品剩余物占78%，还不算枝丫和梢头等；又如苏联每年仅树皮一项，便可折合1360万t标准燃料。②改造和发展利用技术，提高热效率。利用森林能源的方法一直保持着千百年前的原始形态，各国的热效率一般只有5%~10%，如果能提高到20%~30%，就等于增加了一个现有资源量。③将森林能源转化成适合现代社会条件的利用形态，如成型、液态和气体燃料等。

目前国外为了加强对能源林及森林能源发展事业的管理工作已采取了如下的措施：①建立了职能管理机构。这些机构分3类，一类是能源部门主管，一类是农林部门主管，一类是特设专门机构主管(如芬兰、加拿大等)。这些机构负责制定、协调能源方案，管理研究、发展，训练、推广、信贷等业务，多数统筹兼管开源和节流两方面的工作。②制定了发展规划或计划。如印度计划到2000年发展3200万hm^2能源林。③政府提供投资或经济扶持，争取国际信贷援助。④建立健全了科研队伍。如法国在全国组织了35个研究小组，统一规划研究方向和课题，使经费得到有计划的使用。在能源林营造技术上，也有一些不同的类型和特点。从林权角度看，政府或公司营造的，一般规模较大，技术较高，多用于发电或气化。农村集体或个人营造的，规模都较小，地块散碎，技术水平低，树种复杂多用作烧柴。从用途上看，有纯粹的薪炭林，也有多用途结合的能源林。政府或公司营造的一般目的单纯。农村自营的绝大多数都兼备多种功能，因此所谓农村薪炭林，往往也就是农村的建材、杆材、筐条等的生产林，也可能同时用于放牧、固坡等，起到水土保持、防风固沙的作用。这是广大发展中国家以及一些发达国家的乡村薪炭林的最显著特点，在制定规划时特别要引起注意。因为，尽管发展这种薪炭林的薪材产量会受到限制，但它符合发展中国家农村的技术水平、传统习惯和实际需要。联合国新能源会议及世界银行等相当重视农村多用途薪炭林，并认为这是农村薪炭林事业成败的关键。从作业方式上看，有短轮伐期矮林。速生树种能源林、柴油林、传统薪炭林等。短轮伐矮林一般只有国家或专业公司经营；柴油林尚在研究中，只有少量商业化经营；速生能源林是70年代以来各国普遍重视的，国家、集体、个人都有经营；传统薪炭林多为暖温带发展中国家的农村采用。

二、发展广东农村薪炭林的迫切性

(一)广东省薪炭材消耗情况

1985年春，省林业厅对全省的农村生活、生产薪材消耗情况进行了调查统计。生活用薪材消耗量调查是以县为单位，选择4~5口人的家庭为标准户，统计10个以上的农户年均生活薪材消耗量。根据标准户的平均生活薪材消耗量推算出全县薪材消耗量。全省共调查953户，总计4477人，然后以县为单位分别平原区、半山区、山区进行统计。生产用薪材消耗量调查也是以县为单位，分为制糖、酿酒、煮盐、烧砖瓦、陶瓷、食品、饮食业以及其它等部门进行统计年均生产用薪材消耗量。最后统计全省的薪材消耗量。全省山区(43个县)、半山区(21个县)和平原区(35个县)农业人口为4500余万，农户数928万，农村年平均生活、生产用薪材消耗量达6464万t(不含广州市各县)，其中生活用薪材消耗量为4100万t(占78.05%)，生产用薪材消耗量为1155万t(占21.95%)。全省农业人口每年每人平均消耗生活燃料量为911kg。在农村生活用薪材总消耗量中，山区耗量占44.23%，半山区占26.78%，平原地区占28.99%。从广东农村生活燃料种类看，山区薪柴占44.23%，山草占51.45gb，作物秸秆只占少量；半山区薪柴只占19.69%，山草占69.72%，作物秸秆占10.59%；平原区薪柴占

40.02%，山草占41%，作物秸秆占18.97%，是烧柴最短缺的地区。就全省农村生活燃料组成比例看，薪柴占36.44%，山草占53.31%，作物秸秆占10.25%。另外，从广东省农村生产用薪材总耗量中，烧砖瓦消耗燃料最多(占73.23%)，其次为饮食和食品业(约占20%)

（二）广东林业的现况与问题

新中国成立以来，广东省林业生产建设取得很大成绩，但是，据有关部门统计，目前全省还有6千多万亩宜林荒山和大量的四旁地没有绿化，有2千多万亩疏残林急待改造。当前突出的问题是，有限的森林资源继续遭到严重破坏，木材供需矛盾尖锐，自然生态环境在进一步恶化。在营林生产上，造林树种不多，针叶树纯林多，阔叶树少；用材林比重大，水源林、水土保持林，薪炭林等比重过小。目前全省薪炭林仅216万亩，只占森林面积的2.5%，而全省年烧柴消耗约700万 m^3，占森林资源总消耗量的35%以上。在全省900多万农户中，缺燃料农户占七成左右，其中缺燃料3个月以上的超过500万户，供需矛盾异常突出。长期以来，由于薪炭林没有得到应有的发展，致使森林资源不断被破坏，可见，目前广东省由于煤、石油等矿物能源缺乏，水电资源又未得到很好开发，沼气所占比重极微，而薪炭林生产又长期没有得到发展，所以能源问题，尤其是农村能源是当前最为严重的问题之一。因此，今后在缺柴地区要把发展薪炭林作为战略重点来抓，要花大力逐步解决农村燃料问题。

（三）营造薪炭林的战略意义

大力发展薪炭林，特别是速生薪炭林，在今后一个相当长的时期，是解决广东省农村能源的一个重要途径。广东省地处热带、亚热带，雨量充沛，光热条件优越，林木生长快，薪材生物产量高，并已有一批像窿缘桉、木麻黄、台湾相思、黎蒴、木荷、大叶相思、簕仔树、南方松类等优良的速生薪炭林树种，只要集约经营，造林后，一般六七年，快则三四年即可采樵利用，每年每亩可产薪柴750~1500kg。这些树种还具有多种生态效益，是其他能源所不能比拟和代替的。营造薪炭林投资少，方法简单易行。英德、阳江、封开、潮阳等县的农民群众历来有经营薪炭林的习惯和经验。潮阳县按人口平均每人仅0.46亩山地，；是全国人口最密集的县份之一，过去农村烧柴奇缺，新中国成立后一直坚持发展以台湾相思为主的薪柴林，1980年全县薪炭林面积已达20.6万亩，占全县有林地面积的28.5%，年生产薪材5.15亿kg，基本上解决了烧柴问题。

三、营造薪炭林的经济效益

发展薪炭林由于具备下列特点：①由生物质转换成热能，可再生循环，取之不尽。②生物本身带来的废弃物是极好的能源。③能分散而因地制宜生产各种形式的能源(如沼气、发电)。④自然物质的利用，技术简单，成本低，危险性小。因此，世界各国都把发展生物能源作为解决能源危机的重要途径。目前已开拓的加工利用领域有：①直接燃烧，通过炉灶改革，热效能提高10%~20%，我国热效能只有5%~10%。②热解，生产木炭与木焦油。③液化，木材液化生成黏油，产油量可达40~50%，用树皮、稻草转换成燃料油，出油率40%。④水解，木材75%的成分都可通过水解变成单糖碳水化合物，然后转变为乙醇。⑤生产成型燃料，利用各种剩余物如树皮、树枝、树根加工制成燃料棒、颗粒燃料，可大大地提高热值，方便运输和使用。⑥生物化学能转换，甲烷发酵生产沼气，戊醇发酵生产酒精。

广东省现有宜林荒山6240万亩，占林业用地总面积34%，如以30%发展薪炭林，即为1872万亩，据测定7年生大叶相思薪炭林每公顷1620株计算，折合生物量为53.9t/hm^2(广东林业科技情报，1983，3)，则造林7年后可生产出6726.7万t木材，以每吨煤、石油、木材热值之比为1∶1.4∶0.5计算，可折标准煤3363万t，石油2402万t，按中央林业部统计我国农村人口年均用量为675kg计算，可满足9964.48万人一年的烧柴量。

我国南方薪炭林树种非常丰富，大多数均接近标准煤热值的50%，如马尾松为19.64kJ/g(单位下同)，木麻黄18.41，枫杨19.10，茅栗19.42，锥栗19.81，山苍子20.02，木荷19.85，桉树19.70，油茶 19.76，大叶相思 20.28，酸枣 19.67，乌桕 19.33，野鸦椿 19.40，盐肤木 19.96。因此我省在近期内开发生物能源，大力营造薪炭林是大有可为的。

四、发展薪炭林的几点建议

（一）以流域为单位结合水土保持，综合治理营造薪炭林

广东省由于过量滥伐森林，水土流失日益严重，给人民生活带来严重的影响，水土流失区用材、烧柴俱缺，因此要结合流域的综合治理，多林种树种营造用材林、防护林、水土保持林、薪炭林。生物措施与工程措施并举，才能短期内收到理想的效果。

（二）对能源紧缺的重点地区，要作出全面规划和营造示范性的薪炭林

薪炭林作为一个林种来营造，还缺乏完整的经营管理技术经验，从投资到产生经济效益，必须进行科学管理，才能收到预期的效果，起到示范推广的作用。因此对能源紧缺的重点地区，要作出全面规划，提出设计方案，制定造林技术措施。

（三）把营造薪炭林纳入山区开发建设的主要项目

在一般情况下，山区农村的经济比较落后，生产门路少，人民收入水平低，口粮、燃料困难，毁林开荒比较普遍，要在农、林、牧、副多种经营综合开发的前提下，把薪炭林营造作为山区建设的主要内容，在发展用材林、经济林的同时，营造一定规模的薪炭林。只有解决人民生活必需的燃料困难，才有可能把各业搞上去，发展用材林、经济林才有保证，这个关系必须正确处理，从政策上和经济上予以确定。

薪炭林概论[18]

一、问题的提出与对策

早些时候，世界各国曾把薪炭林比例下降、用材林比例增加作为衡量一个国家林业发展的指标之一。但自70年代石油危机以来，森林作为繁衍生息的绿色能源重新被人们认识，提出了"能源林"的新概念，它是在"薪炭林"(或燃料林)概念的基础上发展形成的。从国外对这个概念的实际使用来看，是指以生产能源为主要目的而营造的森林。能源的形式，可能是传统的薪炭材、木片等固体燃料，也可能是液态燃料，甚至也可以直接在林场设厂转换成电能或木煤气向外输送。因此过去所说的薪炭林概念已不能适应新的情况，狭义上的薪炭林已成为其中的一个方面。

森林作为可更新的能源，在社会和经济发展中的作用日益增加。能源是人类赖以生存和发展的必要条件。根据有关资料记载，世界石油天然气等化石燃料资源，被确认的地下埋藏量，可供人类使用100年，加上尚未查明的潜在能源约可保证使用200年，且无法再生，而森林作为地球上少有的再生能源，在矿产能源日近枯竭的年代，其在社会、经济发展中的作用越来越引起人们的重视。全世界森林能源的目前消耗量约为15亿~16亿 m^3 或10万亿~12万 kW·h。如果包括其他生物质燃料在内，用石油来代替每天就要提供2000万桶，相当于6亿美元，全年要支出2200亿美元。据联合国粮农组织估计，目前世界面临着薪材严重短缺，全世界约20亿人口依赖烧柴，其中有一半人口连做饭所需要的薪材也满足不了。专家估计，全世界使用的烧柴占世界能源总消耗量的6%。在中美洲薪材占能源消耗量的31%；在非洲，其全部能源的60%采自薪材，而在印度农村为93%。薪材是发展中国家85%以上的家庭煮食和取暖的主要能源(联合国环境规划署，1980)。薪材短缺，在一些场合下又称之为"第二次能源危机"。如果矿产能源的实际价格再次大幅度上涨，社会对木材能源的需要量将进一步增加。如果生物技术的进展使木纤维材料转换为液态燃料的成本关能够突破，木材能源变成林业的一种重要产品的可能性就会大大增加。

为了对付木材能源地位日益加强的新趋势，世界各国对木材能源的生产、利用和研究广为重视。如1980年法国开始执行系统的能源林开发计划，到2000年绿色能源使用量达到1000万t油当量(目前为350万t)。瑞典计划到2000年营造25万 hm^2 能源林，年产 $1000m^3$ 木质燃料，到2015年把森林能源利用量由目前占全国总能耗的8%提高到50%。印度计划到2000年发展薪炭林3200万 hm^2，南朝鲜1959~1977年有计划的营造了薪炭林64万 hm^2，目前薪材的一半是从营造的片林中获得解决的。菲律宾1979年确定一项发展薪材发电以代替石油进口的计划，将办63个薪炭林场，营造7万 hm^2 薪炭林，

---

⑱ 原文载于徐英宝、罗成就编著的《薪炭林营造技术》(广州：广东科技出版社，1987：1~41)。

到2000年为每年发电200万MW提供足够的燃料。到1984年已营造3万hm^2短轮伐期的速生能源林。巴西60年代以来，营造三大面积薪炭林，木炭已成为巴西钢铁工业的主要燃料。美国惠好公司年产纸浆420多万t，全公司消耗能源的55%是用自产的木片、锯屑、树皮和采伐剩余物生产出来的。惠好公司今后扩大木材能源的目标是进一步利用采伐后的树根，力争1990年利用生物能源达到90%。总之，能源林的科学研究风行于各工业发达国家，美国的一些林业科研机构，已将木材能源的研究列为战略性的重大课题。世界银行制定了增加薪材产量的能源计划，近5年内向50个国家发放10亿美元的有关贷款，特别重视发展桉类、银合欢等速生树种，预期产量为传统树种的20倍，每公顷产量将满足15~20人全年的烧柴量。用木材作燃料不污染环境，废料容易处理，因此各种用木材燃料的节能工业和民用锅炉风行一时，同时国外在取暖方面也有恢复使用木质燃料的趋势。

这里还应指出，国外发展森林能源是开源与节流并重的，首先着眼于节流。节流有3个含义，即①开发利用加工伐区剩余物，把那些不能用作原料或在经济上不合算的剩余物进行收集加工，用做能源。这种剩余物的数量是惊人的，例如从原木到成品，剩余物占78%（法国），还不算枝丫和梢头等；又如苏联每年仅树皮一项合1360万t标准燃料。②改造和发展利用技术，提高热效率，森林能源一直保持着千百年前的原始状态，热效率一般只有5%~10%，如果提高到20%~30%，等于增加了一个现有资源量。③将森林能源加工转化成适合现代社会条件的利用形态，如成型燃料、液态燃料、气体燃料等。

不过，世界上没有哪一个国家认为要通过木材能源完全解决能源问题，而是认为解决百分之几、十几、几十是可能的。同时还认为开发森林能源具有其他能源事业所不可能具备的附加好处。发达国家森林能源是以小规模分散方式对大规模集中方式能源的一种补充和辅助，而在发展中国家特别是广大农村则是一种基本能源，不可能由煤、石油、原子能等替代。森林能再生，永续经营，有利于保证农牧业生产和整个社会安定。

二、薪炭林的地位和作用

薪炭林（fuelwood plantation）是生产烧柴或作为木炭原料的林种，或专门为供应能源而培植和经营的森林，即能源林（wood as an energy resource）。

薪炭林是我国农村传统能源，它的经营有着悠久历史。上古时代森林分布广泛，人口稀少。烧柴来源丰富，取之不尽，没有经营薪炭林的必要。随着人口的增长，耕地的扩大，森林面积不断减少。在人口稠密的农业区，烧柴供应不足或要到远地采樵，不能就近源源供应。因此，出现专门生产烧柴的植树形式。《陶朱公术》载："种柳千树则足柴。十年以后，髡（意即砍伐）一树得一载，岁髡二百树，五年一周。"

我国农村能源问题比较突出。在全国8亿人口（约1.7亿多户）农民中，约有1亿多户、5亿多人口每年有3~5个月缺柴烧。近年来，由于推行农村生产经济责任制，情况虽然有所缓和，但农村能源的根本问题并没有得到解决。各地农村对各种生物有机能源罗掘一空的情况随处可见。随着农村人口的增加，其严重性有增无已。全国农区每年约烧掉4亿t秸秆，林区烧掉约0.9亿m^3木材。以每户每天至少需柴8kg计，每年就需生物有机燃料5亿t以上，不足之数只能依赖于对其他生物质的挖掘了。煤炭和煤油在大部分地区属珍贵而难得，故生物质能要占农村生活用能的90%。生活用能占农村能源消费量的80%，而农村消耗能源大约占全国总耗能量的38%。

农村能源一方面极度匮乏，一方面却得不到有效的利用，其热转换效率只有10%~15%。如按目前试行有效的省柴炉灶的热转换效率20%~30%计，则显然有一半的生物燃料是虚耗浪费掉的。这项虚耗以全国1.7亿户计，达2.5亿t之巨！这个估计还是偏低的，实际上不止此数。因此全国每年生物质能源在热量的虚耗上约相当于7000万t的标准煤。

另外一笔损失账是在生物有机燃料中所含的有机氮随着燃烧而散失掉，其数量也同样惊人。氮的氧化物是气体，逸入大气而无法还田。这项因烧柴而散逸的氮相当于500万t硫铵或600万t碳铵。这600万t碳铵如通过目前国内耗煤较多、效率较低的小化肥厂予以生产的话，则需消耗相当于500万t标准煤的煤炭。以上两项损失加起来估计全国每年在农村虚耗的生物质热能和氮肥资源相当于7500万t标准煤之巨！

上述因农村能源匮乏而使地面生物燃料紧缺的状况，导致破坏生态平衡的严重后果。农民施加大量的化肥以补偿土壤中的氮，却无法补偿有机质的损耗。长期依靠化肥也只能使土壤的物理结构和化学成分进一步恶化。土壤的瘠化既降低作物产量，同时也降低了供烧饭用的秸秆产量，从而使燃料供求矛盾更加突出。如此恶性循环，问题十分严重。如何采取有效的方针和措施，使这种恶性循环化为良性循环，实为当务之急。过去，各地虽然年年植树造林，但因农民缺柴烧，所以只见植树不见成林。据统计，新中国成立后至1976年年底共造林9024万hm^2，但保存面积只有2820万hm^2，保存率仅31.2%。因而各地的荒山秃岭普遍存在。近几年来，国家制定的各项农业经济责任制的方针政策实施后已大见成效，长期稳定下去，肯定大有利于良性生态循环的恢复和发展。

农村因缺柴而引起的自然生态恶性循环的情况，如图1所示。图中示出了三个大的恶性循环(即平原土壤变瘠、山区水土流失、草原沙化所致)和一些小的恶性循环。其中许多都是有关国民经济建设的大问题，也是涉及8亿多农民切身利益的大问题。农村能源问题是个农业现代化的关键问题，于斯可见。

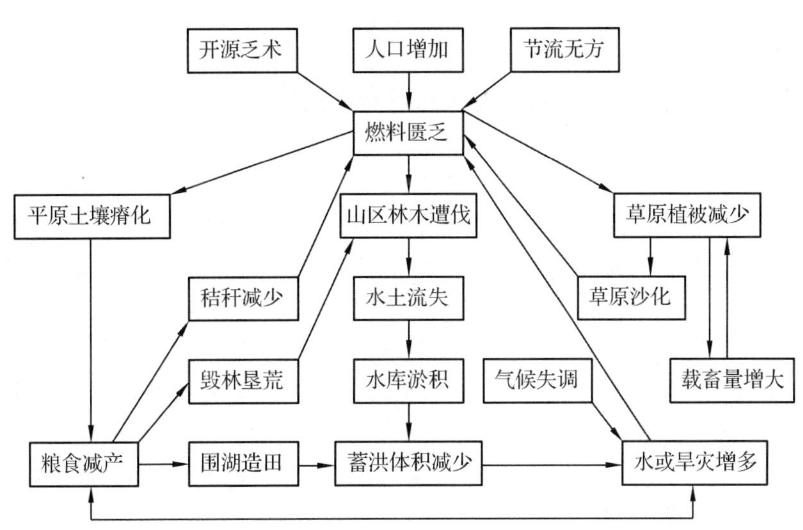

图1　因农村缺乏能源而导致的生态恶性循环(引自杨纪柯)

解决农村燃料、肥料和饲料的供应问题，可以促进农林牧各业的发展。凡是解决了“三料”问题的地方，无不变落后为先进，化贫穷为富足。在“三料”之中，尤以解决燃料即生活用能为先着。燃料的解决，使肥料和饲料的问题也迎刃而解。

从生态平衡的角度衡量，氮平衡的解决方案主要在于燃料的解决，如通过营造薪炭林的开源办法以及通过省柴灶、太阳灶和沼气池等节流办法来解决燃料问题，以秸秆堆肥还田或饲养家畜，以畜粪还田，以增禽畜，以增粮棉，形成生态学和经济学上的联合良性循环，就可以把上述的恶性循环从根本上予以转化，如图2所示。实践已经证实，图2所示的良性循环符合我国国情，技术上可行，经济上见效，正在加速发展之中。可见，解决农村能源问题必须多途径，但目前更紧迫、也更切实可行的是营造大面积的薪炭林。

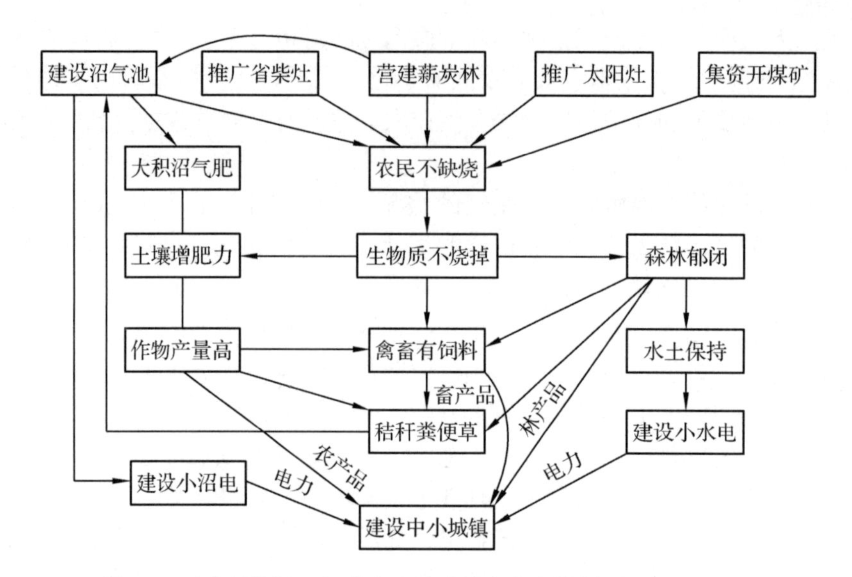

图2　对农村能源开源节流而导致的生态良性循环(引自杨纪柯)

三、广东省农村能源状况

(一)一个典型材料——阳江县薪炭林现状和薪炭材消耗量的调查

1. 薪炭林现状

阳江县地处粤中的西南部，依山傍海，陆地总面积568万亩，其中林业用地322万亩，除国营农林场102万亩外，属县辖区(镇)的林业用地为220万亩，其有林面积113.6万亩(含天然林4.2万亩，人工林29.4万亩，飞播林80万亩)；疏林地20万亩；未成林幼龄林36.4万亩；宜林荒山、沙荒50万亩。森林覆盖率20%。全县总人口118万，其中城镇人口达20万。但从全县林分状况看，由于幼龄林和飞播林多，蓄积生长量低，能计算蓄积量的林分仅50余万亩，总蓄积量为103万m^3，年均总生长量6.5万m^3，按全县人口折算薪材人均仅82.5kg(蓄积0.055m^3)。过去由于对发展薪炭林的重要性和必要性认识不足，在林业生产中只是片面发展用材林，薪炭材供需矛盾日益尖锐，据阳江县林业规划报告材料(1980年)，每年用作薪材的用材林资源消耗0.94亿kg。近2年市场的柴价(干柴)已上升到每担5～7元，最高时达10元。

2. 薪炭材消耗量

(1)全县有江城(县级)和东平、闸坡、沙扒3个渔港镇(区级)，加上23个区公所的乡级墟镇，城镇人口达20万，其中江城镇有10万余人，按每月人均烧柴量25kg计，每年烧柴量是：300kg×20万=0.6亿kg。

(2)江城镇各机关单位薪炭材消耗量每年为4478万kg。

(3)农户生活和农村工副业柴草消耗量估算，从全县26个区镇(不含县城镇)的354个乡中抽样调查8个区10个乡的10个标准农户年消耗柴草量和10乡的工副业年消耗柴草量，其结果见表1和表2。根据全县总农户18.8万户，则总柴草耗量为：2655kg×18.8万=49 914万kg，即49 914万t。

表 1　阳江县农户生活薪柴年消耗量调查表

区乡名	标准户		年耗柴草量(kg)				
	户主名	人口	薪柴	山草	作物秸秆	其他	合计
合山，那梢	中元希	5	375	1750	175		2550
三山，连北	冯正修	5	750	3500		500	4750
田畔，两安	钟文利	5	600	2850	250	50	3750
儒洞，大村	陈友珍	4	375	750		375	1500
大八，良爱	黄元方	5	500	2500		65	3065
大八，雷岗	梁宗雄	4	250	1500	100	400	2250
织篢，东村	陈滔	5	250	750	400	150	1550
蒲牌，上朗	洪德	5	25	1360	1500		2885
新洲，下六	梁汝宽	4	500	1000	250	250	2000
新洲，石岗	黄五	5	900	1100	250		2250
合 计	10 户	47	4525	17 060	3175	1790	26 550

表 2　阳江县农村工副业年消耗柴薪调查表

单位：t

区乡名	砖瓦窑燃料	煮 盐	饮 食	其 他	合 计	备 注
合山，那梢	300	—	—	—	300	
合山，东刘	100	—	—	—	100	
田畔，那新	150	—	—	—	150	
儒洞，石榴	—	2. 5	—	2. 5	5	
白沙，大村	200	—	—	—	200	
平冈，良朝	180	—	—	—	180	按 10 乡年平均消耗量为：1390t ÷ 10 = 139t
儒洞，新桥	—	—	10	—	10	
新洲，那六	300	—	—	—	300	
白沙，福岗	50	—	—	—	50	
蒲牌，长岗	50	—	45	—	95	
合 计	1330	2. 5	55	2. 5	1390	

全县农村工副业总消耗量按 354 个乡计算为：139t × 354 = 49 206t。总括上面(1)、(2)、(3)各项，全县城镇居民、区乡农户、工副业年消耗柴草总量为：

60000t + 44780t + 499140t + 49206t = 653126t

其中属薪材消耗量为：

60000t + 44780t + 85070t + 49206t = 239056t

从以上统计材料可见，农村生活年消耗柴草量最大，占全县薪材总耗量的 76. 4%，在农村生活燃料中又以山草比重最大，占农村生活燃料总量 64. 2%，薪柴只占 17. 04%。在农村生产燃料消耗中，烧砖瓦用量最大，占总耗量的 95. 7%。

（二）广东省薪炭材消耗量状况

广东省森林能源的紧缺情况同全国一样，1985 年 2 月广东省林业厅营林处对全省的农村生活、生产薪炭材消耗量情况进行了统计调查。农村生活薪炭材消耗量调查方法以县为单位，选择 4 ~ 5 口人的家庭为标准户，统计 10 个以上的农户年均生活薪柴消耗量。根据标准户的平均生活薪材消耗量推算出全县薪炭材消耗量。全省共调查 953 户，总人口 4477 人，然后以县为单位分别平原区、半山区、山区进行统计（见表 3），而农村生产性薪炭材消耗量调查以县为单位，并分为制糖、酿酒、煮盐、烧砖瓦、陶瓷、食品、饮食业以及其它等部门进行统汁农村年均生产薪炭材消耗量（见表 4）。最后根据农村生活、生产薪炭材消耗量，分别按平原区、半山区、山区统计全省的薪炭材消耗量。

全省 99 个县（不含广州市各县），农业人口为 4500 余万，农户数 928 万，农村年平均生活、生产薪炭材消耗量达 5464 万 t，其中生活薪炭材消耗量占 78.05%（4100 万 t），农村年生产薪炭材消耗量占 21.95%（1155 万余 t）。全省农业人口每人年平均消耗生活燃料量为 911kg。在农村生活薪炭材总消耗量中，山区耗量最大，占 44.23%，平原区次之，占 28.99%，半山区占 26.78%。从广东农村生活燃料种类看，山区薪柴占 44.23%，山草占 51.45%，作物秸秆只占少量（4% 左右）；半山区薪柴不多（占 19.69%），主要是山草，占 69.72%，作物秸秆占 10.59%；平原区薪柴占 40.02%，山草占 41%，作物秸秆占 18.97%，是薪柴最短缺的地区。就全省农村生活燃料组成比例看，薪柴 36.44%，山草占 53.31%，作物秸秆占 10.25%。另外，从广东农村生产性薪炭材总耗量中，烧砖瓦消耗燃料最多，占 73.23%，其次是饮食和食品加工业，约占 20%。就地区而言，平原区农村生产燃料消耗量最大，占生产性燃料总耗量的 80.08%。

海南岛是广东省能源严重短缺的地区之一，基本无煤无油，农村能源短缺尤为突出。全岛总人口 580 万（截至 1984 年），其中 86.5% 的城乡人口的生活能源要依赖薪炭材，根据比较合乎实际的估测，消耗燃料总量达 344.8 万 t，再加农村烧砖瓦、石灰、加工松香、烤橡胶等生产燃料消耗达 44.1 万 t，两者总共达 388.9 万 t。这就是说，海南每年薪柴消耗超过 200 万 m^3，占全岛森林资源每年总消耗量的 49.5%。据海南林业局统计，到 1984 年底止，全区历年木材生产为 400.38 万 m^3，其中上调中央单位为 43.17 万 m^3，拨给省属单位 116.22 万 m^3，锯材 16.22 万 m^3。1956 年全岛森林总蓄积量达 1 亿 m^3，到 1984 年现存蓄积量 4733.23 万 m^3，即 28 年间（1956 ~ 1984 年）减少森林资源 5667 万 m^3，若加上 28 年的森林年生长量，每年 200 万 m^3 计，则总共减少森林资源 1 亿多 m^3。在这减少的数字中，有据可查的不过 400 万 m^3，只占减少总量的 1/25，就是说去向不明、过量砍伐和浪费森林资源以及乱砍滥伐的不下 1 亿 m^3。平均每年滥伐资源 357 万 m^3，该数字看来颇为惊人，但按全岛农村和城镇人民生活和生产建设的真实需要，也是比较客观现实的。

（三）广东省林业的现况与问题

新中国成立以来，全省林业生产建设有很大成绩，据 1979 年森林资源清查统计，全省有林面积从新中国成立初期的 5500 万亩发展到 8818 万亩，森林覆盖率从 17.6% 提高到 29.4%，立木蓄积量从 1.52 亿 m^3 增加到 2.31 亿 m^3。但是．由于人口急剧增长，林业生产长期又处于缓慢发展状态，至今全省还有 6240 万亩宜林荒山荒地和大量的四旁地没有绿化，有 2080 万亩疏残林急待更新、改造。当前突出的问题是有限的森林资源继续遭到严重破坏，可采伐资源濒于枯竭，木材供需矛盾尖锐，自然生态环境进一步恶化，林业生产存在着严重的落后状况。

全省各个树种不分龄级综合每亩平均年生长量仅为 0.23m^3，年生长率为 8.1%，年总生长量为 1647 万 m^3。据 1980 年的不完全统计，全省森林资源年消耗量为 1980 万 m^3，其个计划内消耗 546 万 m^3，占总消耗量的 27.6%，而计划外消耗达 1329 万 m^3，占 67.1%；灾害及其它消耗 104 万 m^3，占 5.3%。所以年消耗量超过年生长量 333 万 m^3。

在营林生产上，造林树种单一，特别是针叶树单纯林比例过大，阔叶树比例过小，导致地力减退，病虫害严重。其次，林种比例失调，用材林比重大，而水源林、防护林、水土保持林、薪炭林等比重过小。1979 年全省用材林面积占 75%，经济林占 12.8%，而薪炭林仅占 2.5%（216 万亩）。实际上，

1980 年全省森林资源消耗量 1980 万 m^3 中，烧柴消耗近 700 万 m^3，占总耗量的 35% 以上。在全省 900 多万农户中，缺燃料农户占 70% 左右，其中缺燃料 3 个月以上的超过 500 万户，供需矛盾异常突出。

广东省原湛江地区年耗薪材 140 万 t 以上。1956 年湛江地区森林资源蓄积量为 1855 万 m^3，人均木材 3.4m^3，至 1980 年蓄积量已减到 672 万 m^3，人均仅 0.7m^3。华南农业大学林学系曾对原惠阳地区烧柴状况调查，该地区有 528 万人口，农村人口占 92%，农村生活能源主要靠薪柴，1952～1979 年森林蓄积量消耗中，商品用材不过占 24%，而燃料却占 53%。梅县地区现有森林 945 万亩(其中疏残林 354 万亩)，其中成熟林只有 23 万亩，占 2.1%，中幼林占 97.9%。近几年森林年消耗量为 80 万 m^3，而年生长量只有 50 万 m^3，已经到了无林可砍的地步，造成用材、燃料俱缺的严重局面。

在农村生物能消费中，木质燃料不仅取自薪炭林，更多的是取自用材林、防护林、经济林、竹林、疏林、四旁树木和散生木。薪炭林过樵，导致自身资源破坏；在其它林种超过负荷樵采，同样造成各林种资源破坏。

实际上，广东 928 万农户中，缺燃料的占 70% 左右。其中缺燃料 3 个月以上的超过 500 万户，供需矛盾异常突出。这种状况若长此下去，势将导致一场农业—生态危机。这场起源于薪柴不足的生态危机的连锁反应，据一些专家论断，将比 70 年代的石油能源危机更难对付，影响更为深远。

广东煤炭资源贫乏，煤蕴藏量约 9 亿 t，近年来年产量约为 1000 万 t，若按全省 6000 万人口计算，每年需煤量 2400 万 t，北煤南运，也仅能满足城市和工业耗能。

广东山地占 70%，水能资源丰富，有利于发展小水电站。目前小水电发电量为 101 万 W，主要供农业生产及照明，难以解决农村生活能源。在沼气方面，全省 1982 年仅有沼气池 5 万个，按全省 928 万农户计，沼气提供的农村能源不到 0.25%，比重很小，但大力发展沼气和小水电是今后积极解决农村能源，特别是农村生产性能源的重点。

总之，广东人多地少，煤、石油资源不足，小水电资源还未很好开发利用，薪炭林长期没有得到发展。所以广东的农村能源是当前最为紧迫的问题之一，而解决的途径应因地制宜，合理规划，实行多能互补，走能源多样化的道路。但当前切实可行易见成效的是大规模营造速生薪炭林，以便保护、恢复和发展现有森林资源，并使大量作物秸秆还田，增进地力，建立新的自然生态平衡。

(四)发展薪炭林的社会效益

大力发展薪炭林，特别是速生薪炭林，在今后一个较长时期，是解决广东农村能源的一个重要途径。50 年代至 60 年代中期，广东省有些地方重视营造薪柴林，积累了这方面的成功经验。例如，地处潮汕平原的潮阳县，历史上是一个严重的少林缺柴地区，全县人口 174 万(1984 年年底统计)，人均山地仅 0.46 亩，是全国人口最密集的县之一。但潮阳县的林业从营造台湾相思起家，长时期一直坚持发展以台湾相思为主的薪炭林，到 1980 年薪炭林面积已达 20.6 万亩，占全县有林地面积的 28.5%。在 353 个有林生产大队中，燃料有余的占 49.4%，可自给的占 35.5%，基本自给的占 15.1%。全县薪柴年产量 5.15 亿 kg，人均 319.5kg，基本上解决了农村烧柴问题，迄今尚能维持一个高密度人口地区的森林与人类之间的动态平衡，这无疑是营造台湾相思薪炭林成功的范例。

另外，分布在西江、北江、韩江流域的封开、英德、大埔等县农村经营木荷、黎蒴等薪炭林已有长久的生产历史，曾以柴炭远销广州、汕头、香港、澳门等地。英德县连江口、黎溪、大洞、沙坝、西牛、九龙等区，是著名薪柴之乡，有黎蒴林达 60 万亩，为广东薪炭材生产商品基地。据统计，广州市每年从英德调进薪炭材占总销售量的三分之一。仅连江口区于 1966～1978 年，每年平均向国家提供薪炭材 23833m^3。其中民用烧柴 33.7 万担，小径材原木条 4583 条，木炭 14 166 担*，这三项占该区全部木产品销售量的 70%，1980 年全区人均分配 142 元，其中薪柴收入占 47 元。封开县有薪炭林 27.9 万亩，其中 10 个产区 1982 年人均收入 330 元，高于全县平均水平。显然，发展薪炭林，为山区农村

---

* 1 担 = 50kg。

表 3　广东省农村生活薪炭材消耗量统计表

地类	农户		农业人口		每个标准户年消耗量(kg)					各区年生活薪炭材消耗量(万 t/%)				
	标准户	合计(万人)	标准户人口	合计(万人)	柴	草	蔗叶	其他	合计	柴	草	蔗叶	其它	合计
平原区	94	325.0	471	1624.9	1466.9	1503.1	226.7	469.0	3665.7	476.74/40.02	488.51/41.00	73.68/6.18	152.43/12.79	1191.36/100.00
半山区	40	279.5	198	1383.7	774.8	2744.3	177.8	239.0	3935.9	216.56/19.69	767.03/69.72	49.70/4.52	66.80/6.07	1100.09/100.00
山区	819	323.5	3808	1501.2	2484.3	2889.5	156.6	86.2	5616.5	803.67/44.23	934.75/51.45	50.63/2.79	27.89/1.53	1816.94/100.00
合计	953	928.0	4477	4509.8	1575.3(平均值)	2379.0(平均)	187.0(平均)	264.7(平均)	4406.0 平均值)	1496.97/36.44	2190.29/53.31	17.41/4.24	247.12/6.01	4108.39/100.00

表 4　广东省农村生产性薪炭材消耗量统计表

单位：万 t/年

地类	县数	制造	酿酒	煮盐	烧砖瓦	陶瓷	食品	饮食	其它	合计
平原区	35	26.21	0.79	1.93	700.31	8.00	28.73	153.06	6.40	925.43/80.08%
半山区	21	2.64	1.43	0.99	96.83	4.99	1.71	4.73	4.78	117.20/10.14%
山区	43	0.92	3.56	0.31	49.24	5.41	4.64	36.42	12.51	113.01/9.78%
合计	99	29.77/2.58%	6.78/0.50%	2.33/0.20%	846.38/73.23%	18.40/1.59%	35.08/3.04%	194.21/16.80%	23.69/2.05%	1155.64/100%

注：表 3、表 4 的数据均不含广州市属各县。

开辟了一条生产致富的道路，群众称之为“剥皮黄金”。

近年来，阳江县在建立大面积速生薪炭林方面取得了显著的效果。1983～1985年仅3年时间全县已营造高标准、高质量的桉树薪炭林8.6万亩，计划1986～1987年再造林4万亩，使全县薪炭林面积达到13万亩。预计从1990年起，每年轮伐2万亩，柴炭产量可达10万t，再加上用材林、飞播林等间伐出的薪材，则全县薪炭材需要量就可获得基本解决。该县上洋区福湖乡的专业户联合体采取机耕全垦，每穴施肥，容器壮苗，高度密植(480株/亩)等丰产技术措施，于1984年5月营造1500亩窿缘桉速生薪炭林，到1985年8月2月测定，林龄1年3个月，平均树高5m，最高达8m，平均地径6.2cm，茎干粗壮，造林保存率达97%，定植时每穴2～3株，1985年10月下旬进行定株砍伐，每穴留1栋，每亩产薪柴300kg，每千克0.032元，每亩可收入9.6元，全林分总共收入1.4万元，成为该县桉树薪炭林的示范点。又如该县双捷区岗表乡金鸡林场于1985年2月按高标准营造2000亩按树薪炭林，生长期5个月，平均树高2.5m，平均地径2.4cm，最高株3.9m，地径4.1cm，按此生长量，6年生完全可以达到主伐利用标准(亩产薪材8t)。

四、薪炭林的规划工作

发展人工薪炭林，首先要做好规划工作，以便因地制宜进行分类指导和具体营造实施。薪炭林的生产规划主要以薪材供需关系、生产现状和生产潜力等作依据，结合考虑其它农业区划及林种发展要求，具体应掌握人口密度、森林资源状况及可提供的薪炭材数量、宜林地面积、交通运输和一系列自然与社会经济情况等。

从广东省农村实际情况看，平原和丘陵是新炭材最缺乏地区，这些地方人口稠密、工农业生产发达，能源消耗量大，而森林覆盖率低，荒山荒地多，群众烧柴最困难，应是发展薪炭林的重点地区。先以近山、近滩和四旁植树为主发展薪炭林，建立解决群众烧柴自给性薪炭林基地，同时，还应在城镇附近建立商品柴炭基地。水土流失严重的丘陵山区、沿海低丘台地等地区，也是农村生活燃料紧缺之处，亦属发展薪炭林的重点地区。这些地区发展薪炭林应同水土保持林、沿海防护林、平原农田林网和“四旁”绿化结合起来，在解决农村烧柴的同时，充分发挥森林抗御不良自然环境的生态功能。

广东省的一些丘陵山区，由于过量砍伐森林，水土流失日益严重。以梅县地区为例，1965年流失面积为1386km^2，1982年为2556km^2，1958～1976年，平均年淤高河床3cm，至1982年底，全区淤塞河沟105条，淤塞山塘2876个，良田变沙滩6073亩，给当地人民生话带来严重困难，水土流失区用材、烧柴俱缺。因此，以小流域为单位，结合水土保持综合治理，营造多林种多树种的水保林、田材林和薪炭林，使生物措施与工程措施紧密结合，才能在短期内取得较好的生态与社会经济效果。

山区农村一般为经济落后地区，生产门路少，生产项目单一，人民收入水平低，毁林开荒较普遍，口粮、燃料困难。山区建设要在多种经营，综合开发的前提下，把薪炭林的营造作为一项重要内容。在发展用材林、经济林的同时，只有营造一定规模的薪炭林，解决群众生活必需的燃料需要，才有可能把农、林、牧、副各业搞上去，才能保证用材林、经济林得到发展。

广东省究竟要发展多少人工薪炭林才适合呢？先举一例说明。至1984年年底统计，全省现有宜林荒山6240万亩(占林业用地总面积34%)，假若以30%发展薪炭林，即1872万亩，并选择大叶相思这个优良速生的薪炭林树种，5～10年为一个轮伐期。据测定7年生大叶相思薪炭林每亩108株计，其生物产量每亩为3.6t。这样，7年后30%的宜林地上，可生产出木质燃料6726.7万t。如以每吨煤、石油、木材热值之比为1∶1.4∶0.5计算，即可折算成标准煤3363万t，石油2402万t。若按林业部统计我国农村人口年均用柴量675kg计，就可满足9965.48万人一年的烧柴量，其所产生的直接经济效益是相当可观的。

广东省林业厅于1984年提出的《广东林业发展战略的初步设想》一文中拟定的计划是：到本世纪末把薪炭林从现在的216万亩发展到1016万亩，其比重从现在占有林地的2.5%提高到7%，这就要求每年营造速生薪炭林 50 万亩。这样，到 20 世纪末，全省农村专用薪炭林的合理提供量将有较大幅度的增加，但农村能源的形势仍十分严峻。

在国外，营造薪炭林之前也重视制定规划工作，其做法是先计算人均所需的薪炭林面积，包括一个地区或一个国家所需的薪炭林总面积。可用公式：

$$A = \frac{(N \times P)}{F}$$

其中 A 为人均所需面积(hm^2)，N 为人均最低耗柴量(重量)，P 为薪炭林生产周期(年)，F 为单位面积产柴量(重量)。例如，南朝鲜为此拟定的发展计划是农村平均每户营造 0.5hm^2 薪炭林，共需营造薪炭林 120 万 hm^2。印度按每年每千人需薪材 240m^3 计，合 40hm^2 面积，计划到 2000 年时人口达到 8 亿，共需薪炭林面积 3200 万 hm^2。

五、薪炭林树种的选择原则

在做好规划的基础上，因地制宜地选择合适的树种，是发展薪炭林的技术关键。树种的合理选择和搭配，即使采取较为粗放的经营管理，也能获得较高的生物量，反之，则事倍功半。

营造薪炭林树种选择的原则应以适地适树为基础，同时尚能粗生、速生、产量较高、热值较大、燃烧性能较好以及兼具多种产品和效用，这是衡量一个优良薪炭林树种的基本要求。

(一)速生高产

这涉及单位时间和单位面积的生物产量多少。一般用材林主要集中在主干材积的生产，而薪炭林的树冠、主干、枝条和树根等均可利用，因此，其造林树种的选择既要生长迅速，轮伐期短，又要生物产量高。目前，广东省营造的主要薪炭林树种，如黎蒴、台湾相思、窿缘桉等，一般 6 ~ 8 年为一个轮伐期，比用材林缩短 1/2 或 2/3，每亩年平均生物量为 750 ~ 1000kg，高者可达 1500 ~ 2000kg，已接近或超过世界同类地区的产量水平。

(二)适应性强

指某一树种对外界不利环境因子的抗性和耐性，包括土壤酸碱程度、贫瘠、干旱以及病虫害、牲畜啃食、人为损坏、火灾、风害、粗放的经营管理或缺乏必要的栽培技术等。一句话，要适应性很强。

(三)萌芽力强

如果一个树种具备旺盛的萌芽力就更重要，这可保证薪炭林在一般经营条件下经多代樵采而不衰，并形成矮林作业。这样不仅减少第二代以后的更新造林和抚育，而且便于作业和降低造林、抚育成本。但也要注意萌芽林产量不可显著低于实生林的产量。

(四)繁殖容易

营造薪炭林的树种必须种源丰富，种价低廉，同时，育苗和造林技术简单，易于推广。

(五)多种效用

除作薪柴外，还能成为下列各项物质的来源：食用植物油、核果及浆果；可食用树叶及茎以供制酱油、咖喱、饮料、蜂蜜；牲畜及丝蚕饲料；土壤绿肥；制革用单宁；医药原料；抽取物如树脂、树胶及染料；小径材、轻板料、纸浆等；给作物荫蔽和保持水土、防风、固沙等。最好选择一些能固氮的豆科或非豆科的根瘤树种，以保持和提高土壤肥力。柴油能源林要选择能直接产生液体燃料的树种。

(六)薪柴的热值评价

薪炭林经营的目的是生产热能，故薪炭林树种最突出的特点是要求热值高，尤其是要单位体积木材的热容量较高，因为这显著影响到燃料利用的成本和运输、贮存、处理等费用。所以，薪炭林的热值和产量是树种选择的主要标准，也是薪炭林研究的重点课题。下面以一个印度使用的评定薪炭林树种指标为例：

细叶桉(*Eucalyptus tereticornis*)的木材比重 0.700，热值 20.07kJ/g，采伐龄 6 年，胸径 7cm，评定

指标为3920；柚木(*Tectona grandis*)分别为0.644、23.15kJ/g、15年和9.4cm，评定指标2303，故细叶桉作为薪炭林树种优于柚木。

不同树种木材本身的理化性质还影响到热值大小和其他利用特性。木材密度(或比重)常用来作为热值的指标。高密度木材虽有其优越性，但密度和生长速率通常是矛盾的，因为速生树种往往不能获得单位面积上最大的热值。当生产木炭时，热值有时与木素或碳水化合物成分以及抽提物的含量密切相关。燃烧速率亦很重要，放热慢对饮食和取暖更好。同时，所选择树种还要易于加工处理，一般无刺，主茎上细小分枝不宜太多，枝条尺寸便于人工运输，且易锯易劈。有些树种薪柴能快速自然干燥或经过湿雨季，耐腐，能久贮。另外，燃烧时不爆火星、烟少，不把不良气味传入食品，也不引起过敏反应。

根据上述对薪炭林树种的选择要求，适宜在我国热带和亚热带地区发展的树种资源是异常丰富的，仅豆科能源树种就约有220种、槠栲类约150种、桉类70种左右。目前各地种植较普遍的优良薪炭林树种主要有：台湾相思、大叶相思、新银合欢、簕仔树、任豆、黑荆树、铁刀木、黎蒴、石栎、青冈栎、麻栎、水柳椆、牛皮锥、窿缘桉、柠檬桉、赤桉、柳桉、曼腾桉、马尾松、木麻黄、木荷、石梓、旱冬瓜等。

六、薪炭林的经营类型和作业方式

当前广东农村薪炭林的经营方式应实行"两条腿走路"的方针，除区、乡集体营造，统一规划、管理、分配外，还应划出一部分荒山、荒地、荒滩，让个体户或联营户营造薪炭林，自造、自管、自用，有余则供应市场。

薪炭林经营方式，有专用薪炭林、材薪兼用林及中林作业法等。

(一)专用薪炭林

1. 短轮伐期的矮林作业

通常选用萌芽力强的阔叶树种进行萌芽更新，轮伐期多为3～5年，也有1～2年或6～8年，主要树种为栎类、桉类、相思类、木荷类等。多为纯林，较少混交。直播或植树造林。造林后6～8年开始采伐，采伐于秋末至春初进行，伐桩高以不超过10cm为宜(少数树种除外)。

在我国南方，栎类薪炭林8～10年第1次采伐每公顷约可得薪柴40t，每公顷年产4～5t，萌生林密度逐渐变大，以后每隔6年左右皆伐1次，每次可得60t，每年约10t。这种连续合理的长期经营，可以永续作业。

但台湾相思薪炭林按经营目的要求常可分为：①"平茬"作业法(轮伐期1～2年)，专供砖瓦窑燃料，每公顷年平均产干柴3.75t，隔年平茬1次，约经12代左右才需重新造林更新；②民用薪柴作业法(轮伐期3～4年)，用于群众烧柴，每公顷年平均产干柴7.5t，约经营7～8代，就需重新造林；③薪炭作业法(轮伐期8年左右)，中林择伐作业，专用于烧炭，每公顷年平均产干柴量达13.5t。经营5～6代后，挖树头重新萌芽更新。

在国外，这种短轮伐期阔叶树种矮林作业，多采用高度密植，如瑞典用杨柳人工矮林每公顷有3～4万株，鲜柴每公顷年产量达44t(干重18t)；印度用木田菁(*Sesbania grandiflora*)矮林株行距为30cm，每公顷年产量达75t(干重)。

2. 集约薪炭林

这种薪炭林是目前国外发展最广的一种能源林，主要靠速生树种的生产潜力和提高集约经营的程度，达到速生高产的目的。通过集约经营(主要采取良种壮苗、灌溉、施肥、精细管理等)提高成活率，促进生长，提早生产薪材和发挥防护效益。国外报道，集约经营的薪炭林，比一般林分年生物量可增加5～14倍。当前所选择的树种广泛，主要速生，但也常无萌芽力，不能萌芽更新，必须采用密植措施和短伐期的经营方式，例如印度4年生木麻黄速生薪炭林每公顷为1万株，每公顷产量200～

250t(干重)；马来西亚石梓速生薪炭林，株行距2m×2m，轮伐期5～8年，每公顷年产量达20～$35m^3$。这样，在一些能源较紧张，急需解决燃料的地区，能尽快地、更多地提高获取薪材量。

3. 头木作业薪炭林

在我国长江流域地区常用柳树插干造林，选长2.5～3.0m，直径8～10cm的桩，于初春直接插植，地上露出约2m。插干萌发新条第1年全部保留，第2年疏条，均匀保留4～5条。截取枝条即作烧柴。以后每隔4～5年再行采伐。每次采条时通常保留萌条基段约10～20cm，每根萌条所发新条留2～3条，形成多干树冠。称作"百爪柳"。这种头木更新柳树，树冠整齐，枝叶密生，10年生树每次可砍枝干30～50条，约100kg。粗的还可作用材。老树更新时，主干是优良的木材。

云南省西双版纳傣族群众，采用铁刀木头木更新生产薪柴已有悠久历史。在造林后3～5年生修枝定干，选留一株直干，长4～5m，将树高1/3～1/6以下侧枝修去，并把顶梢打掉。打顶后，下部养干，上长萌条作薪柴用。一般10年生以上树木，每株留萌条10～20条，3年砍伐1次，每株可得薪柴0.1～$0.3m^3$，甚至更多。

广西石山地区壮族群众采用任豆(土名"砍头树")头木更新生产薪炭材也很普遍。当种植5～6年生、树高6～7m时，即行砍头去顶，一般2～3年后萌枝达30余条，每2年砍枝1次，单株可获薪柴125～150kg。

4. 鹿角桩作业薪炭林

这种作业法在我国江苏、浙江、安徽一带盛行，已有数百年生产历史。松枝柴是烧窑的上等燃料，一般造林后第6年截去松树主梢，以后每隔1～2年再截取侧枝的枝梢。这样不断地截梢，树冠由多次分枝形成，其状如老鹿头角，故称"鹿角桩"。这种作业在轮伐期内，平均每公顷每年可得干柴约2t，而且树冠广展，光合作用面积大，所以产量高，同时树干矮化，采伐方便。这种作业法宜在华南地区推广种植经营。

(二)材薪兼用林

在华南，许多用材树种，同时也是优良的薪炭林树种，如马尾松、麻栎、窿缘桉等。通过对用材林的间伐和整枝可以获取烧柴。华南各地，马尾松造林，特别是飞播造林，造林密度较大，每公顷达1.0万～1.5万株，甚至更多。造林4～5年后，幼林郁闭并出现分化，应开始间伐，伐出幼树作烧柴，经过第2次间伐，每公顷保留株数减至1500～2500株，以后每隔2～3年从保留木适当整枝还可取得一定量的烧柴。仅打枝切勿过度，否则会严重影响立木生长，成林不成材，而且造成生态环境恶化，促使松毛虫猖獗成灾。

在国外，也多采用材薪结合的薪炭林，如南朝鲜用北美油松(*Pinus rigida*)营造的薪炭林，轮伐期25～30年，通过疏伐、修枝生产薪材，每公顷年产量为3t；又如日本用桤木造林，20年主伐，每公顷薪材年产量5.5t。

(三)中林作业法

薪炭林经营一般多采用纯林，实行矮林作业，但采取高矮结合的、材薪兼顾的、复层混交林结构的中林作业也是可取的。上层木进行乔林作业，生产用材或发挥防护效益，下层木采取矮林作业，生产薪材或兼备经营原料、肥料、饲料、油料等。例如，华南各地营造的马尾松+木荷、马尾松+黎蒴、窿缘+桉大叶相思、薄皮大叶桉+任豆等都是高矮结合的中林作业方式。它有利于形成垂直树冠，提高光能利用率，增加林分生物产量和薪炭林的稳定性，同时亦更好地发挥薪炭林的多种效益。

七、薪炭林营造技术的几个问题

发展薪炭林，除应做好生产规划和造林具体设计以及树种选择等项工作外，还要注意以下营造技术问题。

(一)林地选择

一般来说，薪炭林对立地条件(如气温、雨量、土壤等)要求较低。短轮伐期人工矮林多营造在热带和亚热带低海拔地区。集约薪炭林适应范围更广，但也不宜在干旱或半干旱高海拔地区营造。

虽然薪炭林对立地条件的要求，相对来说要低一点，宜林的面积多一些，但薪炭林经营上的一个重要问题是它可燃量的巨大体积，这意味着薪炭材的收集和运输成本较高，使造林地的选择受到限制，因此，薪炭林的建立必须靠近消费点和销售点。印度的调查表明，村镇离薪炭林10km范围以内，能满足燃料供应的70%；10km以外，则逐渐减少，到15km就没有了。所以，传统的农村薪炭林一般宜选在近村的荒山荒地、河滩和"四旁"等。南朝鲜于1976～1977年间分别在11 000个村庄营建起村有的薪炭林，范围不超过村庄2km。

(二)外引速生树种

我国薪炭林除了发展传统的乡土树种以外，还应重视引进一些外来速生树种。现在世界上许多国家十分注意引种外来速生树种作为薪炭林树种。引进的树种要求生长快，产量高，能适应贫瘠的立地条件，而且最好能萌芽更新。常见的有各种杨树、松树、桉树(特别是细叶桉、赤桉、蓝桉、柳桉、剥桉、巨桉)等；豆科树种有大叶相思、朱缨花、木田菁、铁刀木、银合欢、刺槐、紫穗槐、阿拉伯胶树等；还有木麻黄、桤木等。从近年来国内外种植的新银合欢品种看，生长表现突出的有K－8、K－28、K－67、菲－30、菲－65、菲－62等。所以，在树种确定后，还应注意最适宜的种源、品种、家系或无性系，以便不断提高其产量。

(三)发挥多种效益

薪炭林要一树多用，一林多用，发挥多种效益。要选用多用途树种，能提供薪柴、木材、饲料、肥料，如大叶相思、新银合欢等。薪炭林的营造与防护林带、水源林、水土保持林、用材林、四旁树、果树等相结合，它是整个生态系统中的一个重要环节。在薪炭林内还可栽植灌木、草本饲料。可以采用中林作业法，即矮林和乔林结合，把有萌芽力的肥料、饲料树种多行栽植成带状矮林，既可生产薪柴、肥料、饲料，又可覆盖地面；而乔林则在矮林带间单行或双行栽植，采用宽行窄株配置方式来经营，这就把薪炭林、饲料林、肥料林和用材林结合起来，体现农林牧的多种效益。

人类的需求是多样化的，既要吃饭也要烧柴，农业生产也要多目标。如果全国营造5亿亩薪炭林，以每年每亩产干柴500kg计，就是2.5亿t，至少可以代替出2.5亿t秸秆，用于发展草食动物。按草肉转换系数(K)0.1计，即列产肉0.25亿t(按料肉比4∶1计，相当于1亿t饲料粮)，为现在全国产肉量的2倍多。草粪转换系数以0.8计，可产畜粪2亿t；每10kg有机肥可增产1kg粮食，把这些粪便投入农业生产系统，系统的输出功能就能有所提高，每年至少增产0.2亿t粮食。

所以，营造薪炭林要充分发挥它的多种效益，首先就要选用多用途的树种(燃料、饲料、肥料、木料等)，其次注意将乔、灌、草配合种植，搞混交林，起到以林促牧，以牧支农，逐步形成农林牧三位一体的综合发展体系，这对富裕农村经济、改善农村人民生活都有重大意义。

(四)保持和提高地力

由于薪炭林的经营采取短轮伐期的矮林作业，因此，一个重要问题是如何护养林地，保持肥力，防止林分生长衰退。目前林业生产上施肥量比重还小，保肥途径主要有二：①保持营养物质正常循环，在森林矿质营养中，树叶含70%以上，且在每年的矿质营养吸收量中，有三分之二以上作为落叶枯枝归还林地，故落叶和采伐时嫩枝叶应尽可能留在林地，或用作饲料后把畜粪归回林地，以保持正常营养循环；②种植豆科或其它具根瘤、叶瘤树种，充分利用生物固氮，就可不花或少花人力和肥力达到施肥的效果，从而不断提高土壤肥力。

(五)良种壮苗

发展薪炭林应坚持就地采种、育苗和造林的方针，首先要提供足够数量的合格种苗。种子采收有强烈的季节性，要做到及时。采收过早，种了不饱满，发芽率很低；采收过迟，种子往往会自然脱落，被风吹散或遭受鸟、兽、虫等危害。如果种源不足，应从邻近地区调拨种子。采种要选择速生、健壮和无病虫害的壮龄母树。采收的种实要加以处理，把种子以外的一切夹杂物和发育不好、受到虫蛀和病害的种子，全部清除于净，才能用来播种或贮藏。球果类树种，如松树类等，采种后采用晾晒方法，常翻动球果，促使果鳞开裂，及时收集并扬净种子；荚果类树种采后晒干，从果荚筛选获纯净种子；坚果类大粒种子，如黎蒴、麻栎等，可用水选办法，淘汰空粒和受病虫害上浮的种子，选出种子摊晾阴干后，再混沙贮藏。松类、台湾相思等大多数树种的种子适于干藏，可将种子适当晒干，用袋或桶装好，置通风、干燥地方贮藏一段时间后播种。黎蒴等大粒种子，含水量高、适于湿藏，采集后应及时混沙层积埋藏，严格控制水分，贮藏时间不超过2个月，在播种前半个月才淋水催芽。如果不是这样处理，种子的生活力就容易丧失。

育苗方式有容器育苗和大田育苗。华南地区多数树种适于容器育苗，它是采用就地取材的多种容器形式，如营养砖、泥草杯、塑料袋、竹笠等培育带土苗。其好处是不受造林季节限制，不剪根叶，造林成活率高，利于幼林生长，提早郁闭，同时，能降低育苗成本。桉类等容器苗40~60天即可上山造林，营养砖每亩可产苗8万~10万株，每万株苗用工20个，成本约60元，而培育分床裸根大苗，一般要10~12个月，每亩才产苗1.5万株，每万株苗用工要65个，成本约155元。广东省电白县的窿缘桉采用分床营养砖、营养杯竹篮苗，较分床大苗每万株节省用工2/3，节约成本40元，造林后一年生树比裸根苗生长快2~3倍。

容器育苗在技术上主要注意以下几点：①由于育苗期短．所以育苗季节要与造林季节紧密配合，可以在头年秋播，于翌年春雨期造林；亦可以春播，于夏初雨季造林。②营养砖育苗的圃地最好选择腐殖质含量高、质地细碎的沙壤土，并靠近水源和造林地；整地要精细，三犁三耙或四犁四耙，并施足基肥，一般每亩施上杂肥(主要是火烧草皮泥)5000~10 000kg，猪粪1000~2000kg，过磷酸钙150~250kg，三者混合堆沤1个月左右使用。③容器规格一般是8cm×8cm×15cm或直径8cm、高15cm。④营养土配制方法，多用50%黄泥土、49%火烧草皮泥等土杂肥、1%猪屎干和过磷酸钙混合堆沤而成。⑤桉、松、相思类等种子播前要进行处理，待种子露白发芽后，才移入容器内，并注意苗期细致管理，特别是淋水、追肥、间苗和补苗以及防治病虫害等。

大田育苗又分移植育苗和条播不移植育苗。移植育苗的圃地应选择在靠近造林地、近水源、平坦、土质好的地段；育苗季节可冬播或春播；苗圃地经过两犁两耙后作床，床宽1m、床高10cm左右并施基肥，每亩磷肥10kg左右，猪粪100kg，草皮泥1500kg；一般苗高10~15cm时分床，按株行距(20~25)×6cm计算，每亩约1.5万株，培育1年生苗；移植后要注意灌溉、排水、除草、松土等。条播不移植育苗主要是培育半年生苗造林，一般在2~3月和7~8月播种，于2月或8月上山造林。条播苗床播种沟长1m，沟宽2~3cm，深4~5cm，沟距16~20cm，播种后注意间苗，每播种沟最后留苗15~20株左右。播种4~6个月即可出圃上山造林。

(六)集约造林

为了达到薪炭林的速生丰产，造林前细致整地是必不可少的。首先，要根据不同立地状况采用不同的整地方式，凡坡度在5°以下的平地、台地，宜采用机耕全垦，然后再挖大穴定植；坡度5°~15°的缓坡山地，宜带垦或撩壕整地；坡度在15°以上的宜人工穴垦，穴较大，规格60cm×60cm×50cm。为了提高整地质量，整地应于造林前一年的秋冬季进行，最迟也应在造林前3个月进行，并在造林前一个月填回土和下基肥。

薪炭林的造林密度通常比用材林大。一般速生树种密度小些，耐阴树种密度大些；土壤湿润、肥沃的密度小些，土壤贫瘠的密度大些。例如，营造桉类纯林，用材林结合薪炭林的每亩为300株左右，防护林、经济林结合薪炭林的每亩为500~600株；营造马尾松林，一般的造林密度为每亩600株左右，而丛状作业法的造林密度为每亩750~1000株；营造栎类亦是每亩600株，甚至更多。相思树类在中等立地上，造林密度随经营目的而异，以生产带枝叶的砖瓦窑燃料为目的的每亩为300株，以生产烧柴的每亩为250株，以生产烧炭的则每亩200株。薪炭林一般还要投入较大量的肥料、农药和其他物质及能量，以便在较短时期内收获较多的生物产量。

薪炭林营造之后，关键是抚育管护，特别要严格封山育林。造林后 1 ~ 2 年宜中耕除草 1 ~ 2 次，有条件的地方可施追肥或压青。一些针阔叶树种在造林 3 ~ 5 年后，开始修枝取薪，阔叶树保留树冠高度应不小于全树高度的 1/2，针叶树应不小于树高的 2/3，一定要防止过度修枝。由于薪炭林造林密度较大，必须适时疏伐或采伐更新。薪炭林幼林最易遭受牲畜、人为损害，必须加强对林木的管护。针叶林还要特别注意防火和防治病虫害。

(七)合理樵采

如何合理的砍伐利用薪炭林，也是一个重要问题。要根据树种生物学特性和当地经营薪柴种类等，确定薪柴规格和第 1 次始伐龄、轮伐期、砍伐季节以及伐桩高度等。例如，台湾相思薪炭林的轮伐期，生产窑料的 2 年，而生产烧柴的 4 年，生产木炭的 8 年左右。一般在冬末春初树木停止生长后、还未抽生新梢前进行砍伐，有利于萌芽更新。伐桩高度一般都不超过 10 ~ 15cm 为宜。

八、薪炭林的科学研究工作

(一)森林能源科学研究的重要性

森林能源的科学研究工作刚刚开始受到人们的重视。森林能源是一个新的重大课题，直接关系到林农牧各业的发展和自然生态的平衡，关系到改善人民生存条件和保障工农业生产，关系到我国 8 亿农民的燃料供应，所以，至关重要。

大家知道，太阳能是世界上最大的取之不尽用之不竭的能量来源。但是，根据现在人类达到的科学技术水平，比较可靠行之有效，又能立即采用推广的，就是薪炭林(更确切地说是能源林)。绿色植物进行光合作用，把太阳能转变为贮存在植物体内的化学能。据估计，地球上植物光合作用合成的有机物数量十分惊人，固定的总碳量每年达到 1390 多亿 t，其中森林占一半左右，达到 620 多亿 t。这个数字远远超过全世界一年消耗的石油和煤的总和。于是密植、速生、光合作用能力强的薪炭林便成为能源科学中最惹人注意的研究对象之一。

(二)薪炭林概念

目前国内外对开发森林能源的认识已进入一个新时期。将来森林经营的方式，要把能源问题纳入其多种用途管理中，把传统的林产品同环境、社会方面的价值结合起来。森林能源的开发和防护林、水源林、水土保持林、用材林、四旁植树、果树等相结合，它是整个生态系统中的一个重要环节。

所以，应该指出，薪炭林在应用上不是生物特性的简单概念，而是能量利用特性的综合概念。目前森林资源统计以树干的材积为基础，而实际上作为薪柴是多方面的，这样做不符合实际，妨碍薪炭林的发展。

薪炭林的概念应该是单位面积上能够最大限度地积聚太阳能的森林植物综合体，或者说单位面积上能够最大限度地提供直接能量和间接效益的森林植物综合体。由于薪炭林主要机能是人们赖以生存而获取热能的能源，因此它必须具备采集、运输、贮存、利用的可能性。

根据这样的概念出发，首先要对薪炭林树种、单位面积积聚能量的效率进行研究测定，应该按单位重量发热量选择薪炭林的树种和按单位面积热能产量来判定营林措施的优劣，这就要求我们对各种适宜营造薪炭林的树种和营林措施进行热值比较。其次是采取什么方法能把聚积的能量最大限度地收集回来，在最经济和可行的运输半径内供给用户，贮存一定时期能量损失最小，利用方式是最高的热能利用率。

在各地做能源规划或进行能源平衡时，必须统一应用一种薪炭林的概念。这就要求统一的能量换算方法，制定统一的换算单位。

(三)能量生产中能量投入产出的合理性研究

经营薪炭林的根本原则是以尽可能少的能源资本，生产出尽可能多的有效能量。据美国试验，10 年一次轮伐期的、集约经营的杨树能源林，有效能量应是每公顷每年 430 桶石油。杨树的能量产出与投入比率为157:1。芬兰研究表明，薪炭林的能量投入占总产出的3.8%～4.8%。其结论认为，经营薪炭林的有效能量系数要比农业高得多。为了提高有效能量，必须做到：①正确选择节能树种；②合理设计节能作业方式；③尽量缩短运输距离。

(四)建立柴油林场

在国外，这是一种设想中的人工能源林，以直接生产液体燃料为目的，选择的树种是一些可将二氧化碳全部转换成不含氧的碳氢化合物植物。就目前所知，这种"柴油树"主要有大戟科的大戟属(*Euphorbia*)树种，如续随子(*Euphorbia lathyrus*)、树脂大戟(*E. resinifera*)、绿玉树(*E. tirucalli*)、三角大戟(*E. trigona*)、埃塞俄比亚大戟(*E. abyssinica*)、毛里塔尼亚大戟(*E. mauritania*)、番樱桃大戟(*E. myrsinites*)以及霍霍巴、汉咖树等，这些树种极度耐干旱，适于沙生，多在沙漠地区发展。目前还处于研究试验阶段，有少量的商业化生产。大戟属树种达2000种，每种都可生产较轻的碳氢化合物胶乳，其分子量为2万左右，而不像橡胶树，分子量为200万，除去水分后剩余物是一种油状物，而不是固态弹性物。据测定，续随子可产干重8%～12%的原油，即每英亩*每年可产油10～20桶。我国海南岛生长的豆科树种油楠(*Sindora glabra*)亦是珍贵燃油树种。可以预期，气态、液态木质燃料利用将会逐渐扩大。

(五)薪炭林资源的研究

在我国，薪炭林的乔、灌木树种以及草本能源资源异常丰富，何种为佳，必须因地制宜合理选择。本书虽然概略地提出华南各地较适于不同地形地貌发展的木本能源树种数十种，但这仅涉及有代表性的科属。据统计，广东省被子植物总数达6008种，其中仅壳斗科146种，栲属(*Casranopsis*)、石栎属(*Lithocarpus*)、青冈属(*Cyclobalanopsis*)尤为普遍。木荷(*Schima superba*)是构成广东山地森林的建群种。广东的红树林植物也有56种，是全国最丰富的分布区。据不完全统计，广东热带、亚热带灌木植物有546种，其中大量分布的有岗松(*Baeckea frutescens*)、桃金娘(*Rhodomyrtus tomentosa*)、野牡丹(*Melastoma candidum*)、檵木(*Loropetalum chinense*)、乌饭树(*Vaccinium bracteatum*)、火柴树(*Viburnum fordiae*)、黄牛木(*Cratoxylon ligustrinum*)、各种冬青属(*Ilex*)、密花树属(*Rapanea*)、石斑木属(*Photinia*)等，不过，在华南地区灌木人工薪炭林的营造技术尚未开展，有待加强这方面的开发利用。

此外，对草本能源也应予以重视。广东的草本植物不下1000种，蕨类中的芒萁(*Dicranopteris dichotoma*)就是中亚热带中南部至南亚热带植被中最广泛的类型，极为粗生，生物量大，是农村樵采的重要山草之一。现在的问题是，应对其中适合于各地自然条件的许多光合能力强、合成生物质碳氢化合物效率高的草本植物进行鉴定，筛选出来，予以试种推广。事实上，在国外，如美国的经验值得借鉴。美国能源署和农业部进行科学合作。通过聘请专家对6500多种草本植物进行鉴定，发现蒲公英、鸭草、苦苦草、乳汁草、野棉花草等30多种野草中含有大量的碳氢化合物。它们的繁殖力强，生长周期短，对环境气候的适应性强。专家们认为这些草本植物都是极有希望的生物质能源。希望我国的植物学家、生理生化学家和遗传育种学家为解决农村能源这个国民经济至关重要的问题进行协作攻关，估计会出现比美国更好的成果。

上述利用乔木、灌木、草本植物的薪柴能源都是由太阳能通过光合作用转变为蕴藏在碳氢化合物的生物质中的能源。目前各种植物的光合作用效率一般都较低，只有1%～2%，在理论上可达5%～8%，所以，森林植物利用太阳能的转换能力还有很大潜力。对此除进行普查、鉴定和筛选外，还可以通过遗传诱变和筛选，以及经济杂交等育种方法，培育它们中高光效、低呼吸的新能源品种。

(六)合理利用森林能源的产品

合理利用薪柴产品和森林采伐加工剩余物是开辟森林能源的另一个重要方面。这就要研究解决收集、加工、运输、贮存、燃烧方式和能量转化技术。在当前首先要研究直接燃烧技术，主要是研究改

---

* 一英亩=0.41hm^2。

革省柴炉灶，以提高热效率，从而节约薪材，这是利用森林能源中的一个战略措施。其次，要研究木材的气化、热解、液化、水解等热化学转化和生物化学转化技术，以获得木煤气、木炭、乙醇、甲醇和合成汽油等产品，将森林及其采伐加工剩余物转换为其他形式的能量，这是开辟新能源的重要途径之一，是我国森林能源研究与开发利用不可忽视的重要方面。

（七）近期内薪炭林的研究任务

综上所述，薪炭林科学研究的近期课题主要有：开展薪炭林资源的调查与规划；薪炭林短轮伐营造方式、合理利用与更新技术的研究以及试点示范林建设；选择引进国外高产薪柴树种，开展试种研究；薪炭林生态系统的多种功能与效益的研究；开展提高薪柴木质燃料转化技术的研究，开展液体、固体和成型燃料商品能源加工工艺的研究等。

谈谈工业专用用材林和人工混交林的发展问题[⑲]

一、工业专用用材林

（一）工业专用用材林的概念

近20年来，世界上正发展一种“工业专用用材林”(industrialized specialized timber stand)的概念。那么，什么是工业专用用材林？它同一般的用材林有什么区别呢？

首先，工业专用用材林区别于一般人工林的标准：①它的目标是满足原料或材料需要；②它生产的是树种一致、质量一致的规格木材；③它以较低的成本和较短的周期，大批量生产木材；④它是集约经营的。

有人认为，工业专用用材林的发展是世界人工林建设现代化的标志。它反映了林业生产观念上的一次深刻变革，一项从森林经营到木材培育的变革，在某些情况下，是从采掘式经济到农业式经济的变革。这种变革的宗旨是，以最短的周期和最少的代价，满足工业及商业需求。

大家知道，对利用木材生产纸浆的工业来讲，原料的质量，供应节奏及供货成本，较之加工技术本身，同样很重要。一般热带雨林，树种繁多，材质混杂，采伐成本高，同时，采伐受各种气候条件限制，企业要有很大贮存力，进料要在投机市场上碰运气。所以，工业家逐渐认识，当一种真正的林木培育与企业经营相结合时，工业上对原料的批量、质量要求和规律性供应，就可以得到满足，这样，便形成了“工业专用用材林”的概念。

到1980年，世界速生丰产林面积约690万 hm^2，主要分布在亚热带和热带地区，据Clement和Lanly(1982)意见，在这些丰产林中，只有280万 hm^2 符合这种工业专用用材林的定义。

可以这样说，现在，热带国家的所有大型制浆造纸计划，都伴随有营造工业专用用材林的计划。它们或在建厂前即已造林，或者先利用天然用材林木材，然后逐渐用工业专用材林取代。巴西、刚果、马来西亚等国家都是这样搞的。

⑲ 原文载于《广东省市县领导林业知识培训班专题讲座》(华南农业大学林学院编印，1990：80～90)。

表 1　一些国家短周期造林情况

国名	造林树种	造林方式及生长量	备注
日本	杨树、桦树、桉树、银合欢、刺槐	隔年或 4 年收获，每公顷栽植 6 万株，当年产量 6.5t/hm^2、第 2 年 15～20t/hm^2	生物量利用于造纸、木材加工、饲料、能源等
巴西	桉树	伐期 7～10 年，收获后萌芽更新，年均生长量 20～25m^3/hm^2	生产乙醇原料
加拿大	白杨	短轮伐期：伐期 10 年，株行距 3m×3m，预计胸径 20cm，树高 18cm，年均生长量 20～30m^3/hm^2 超短轮伐期：伐期 1～3 年，株行距 0.3m×0.9m，干物质年均生长量为 15t/hm^2 中短轮伐期：伐期 5～6 年与固氮植物混植，收货后萌芽更新	用于造纸工业，也适用于能源
爱尔兰	赤杨、栗、垂柳、桉树等	预计年均生长量 12t/hm^2 开展栽植密度、育种方式和伐期的研究	作发电泥炭的代用品
新西兰	垂柳、白杨、辐射松	柳树无性系株行距 3m×3m～1.2m×1.2m，伐期 1～2 年，年平均生长量 8.9～30.8t/hm^2	用于能源
菲律宾	新银合欢	密植(0.3～3m)，伐期 4～6 年，干物质年均生长量 20～25t/hm^2，收获后萌芽更新	用于小规模火力发电
瑞典	垂柳	株行距 0.75m×1.25m，伐期 2～3 年，干物质年均生长量 20t/hm^2。开展丢荒地及泥炭地利用，灌溉、施肥及机械采运的研究	到 2015 年国土面积 6%～7% 造能源林
芬兰	垂柳、白杨、白桦、赤杨	伐期 10～20 年，预计收获 90～270t/hm^2，收获后萌芽更新。开展育种、造林特性及抚育方法的研究	计划到 1990 年将国内能源自给率从 28% 提高到 40%
美国	白杨无性系	伐期 4 年，密植，集约栽培，施肥、灌溉、耕种；干物质年均生长量 20t/hm^2	计划到 2000 年能源的供给率从 2% 提高到 6%

（引自江波，1990）

（二）国外工业专用用材林的发展动态

短周期工业用材林是随着木材加工工业的发展而崛起的一种速生丰产林。目前，许多国家对短周期工业用材林的造林方式及其生物量的利用进行着广泛而深入的研究（见表 1）。短周期工业用材林经营对木材短缺的国家的作用尤为重大，除了能在短周期内生产纸浆材、减少木材进口外，还具有保护环境的生态意义。国外林学家（佐佐木惠彦，1985）甚至提出：未来高科技时代的林业应重点发展短周期密植林的营造和利用。

国外一般把轮伐期 1～5 年者称为超短轮伐期，轮伐期为 5～15 年称为中短轮伐期，15～30 年者称为短轮伐期。适于此类经营的树种主要有杨树、柳树、桉树、银合欢等，年平均产量因各国条件及经营措施不同而异。如新西兰轮伐期为 10 年的桉树，每公顷绝干生物量却达 30t。联邦德国轮伐期为 2 年的杨树，每公顷绝干生物量却达 23t。木材主要用于刨花板、纤维板和纸浆工业。

日本以“王子造纸林木育种研究所”为中心，根据超短轮伐期林的实验结果，每公顷栽种杨树 6 万株，栽植当年地上部分的生长量为 6.5t/hm^2，其中树干 4t，叶量 2.5t，材积约 12m^3，第 2 年达到年生长量 15t/hm^2，是过去粗放生产的 3.5 倍。印度对银合欢（*Lcucaena leucocephala*）进行灌溉条件下密植造林，每 4 年轮伐一次，第一次采伐时收入为 6250 卢比/(hm^2·a)，第二次高达 14000 卢比/(hm^2·a)，投资低而收益高的特点十分明显。

（三）国外工业专用用材林的发展特点

当前，国外工业用材林发展的基本趋势是布局基地化、林工一体化、培育定向化、效益综合化和市场国际化。

1. 工业用材林建设布局沿着基地化方向发展

工业用材林的规模日益扩大，在一些工业用材林发达的国家已建成了木材供应基地、工业原料基地、保护大面积天然林的基地和林产品出口创汇基地。

澳大利亚有 87 万 hm^2 工业专用林，1985 年生产木材 676 万 m^3，占当年原木总产量的 40%。随着全国营造 140 万 hm^2 工业专用林的长期目标实现，预计到 2000 年，工业用材林将提供木材 1295 万 m^3，2020 年将增加到 1630 万 m^3，占全国木材产量的 62.8%，成为木材供应的基地。

西班牙工业专用用材林的发展，以建设 100 万 hm^2 专用林为主体的工业原料供应基地保证了造纸工业的长足发展。西班牙全国纸和纸板产量 1960 年为 34 万 t，，1985 年猛增到 291 万 t。以木材为原料的纸浆产量 1960 年为 13 万 t，1985 年为 140 万 t，26 年增长了 10 倍。

新西兰全国森林面积为 720 万 hm^2，其中工业专用林面积占森林总面积的 18.9%。每年平均采伐木材为 925 万 m^3（1980～1984），占同期全国木材平均年产量的 94.19%。与此同时，620 万 hm^2 天然林每公顷平均年采伐量只有 0.9m^3。在新西兰，由于工业用材料的发展，已形成工业用材林提供木材，天然林保护环境的林业分工战略格局。

在西班牙，随着工业专用林的发展，林产品的出口量直线上升。木材出口量由 1960 年的 3.4 万 m^3 增加到 1984 年的 224 万 m^3。24 年增加了 93 倍。新西兰出口收入的三分之一来自工业用材林。巴西自从大规模营造工业用材林以来，纸浆产量由 1966 年的 45 万 t 猛增到 1984 年的 340 万 t。纸和纸浆出口达到了 167 万 t，林产品出口创汇额达 11.33 亿美元。

工业专用林材基地的布局还向着临近林产品销区发展。当前基地的布局趋势是，向着近中心经济区、近工业基地近海港基地发展。意大利的工业、贸易和木材消费集中在以米兰市中心的波河平原。而大面积天然林则分布在北部的阿尔卑斯山脉和南部的亚平宁半岛。从 30 年代起就着手沿米兰—都灵工业区一线的波河平原建立工业用材林基地，现已形成大面积杨树工业专用林基地。西班牙自 40 年代以来建立的总面积达 100 万 hm^2 的三个重点工业用材林基地，分别位于东北、西北和西南部的进出口海港地区。巴西阿拉克鲁斯公司的人工林基地距离纸浆出口港只有 1.5km，从而为林产品出口创立了有利条件。

2. 林工结合，相互发展

林工一体化是世界工业专用用材林建设的方向。在意大利波河平原，从 30 年代开始营造杨树专用林，至今总面积已达 15 万 hm^2。目前以米兰为中心，以杨树为原料的锯材厂、胶合板厂、纸浆厂相继建成。80 年代初，意大利胶合板生产原料的 80%，木浆原料的 70% 是由杨树专业林提供的。意大利人工林和林产品工业一体化的管理模式是，由国家纸浆造纸总公司统一管理工业专用林的科学研究、工业林基地建设和纸浆造纸工业的建设和发展。巴西是世界上以发展纸浆造纸工业为目的而建设工业专用林基地的典型国家。巴西为了占领国际纸浆市场，60 年代营造工业专用林 346 万 hm^2，全国纸浆产量从 1966 年的 45 万 t 发展到 1976 年的 130 万 t。80 年代的头 4 年营造工业专用材林 172 万 hm^2，1987 年纸浆产量猛增到 389 万 t。

国外工业专用用材林基地的林工结合管理方式，大体上有 3 种类型。第一种类型，由林产工业工厂同工业用材林所有者签订长期的木材供销合同，以合同形式保证林业同工业在经济上的依存关系。第二种类型，林产品工厂自己营造和经营一定面积的工业用材林基地，作为工业原料的主要来源，另一部分的原料来源通过同其它人工林经营单位签订长期供应合同而获得，形成直营基地同合同林基地相结合的原料供应体系。第三种类型，林工一体，统一经营。如巴西阿拉克鲁斯林业纸浆造纸联合公司有一个年产 46 万 t 纸浆厂，为此，自己营造了一个面积为 9 万 hm^2 的桉树工业用材林基地，成为原料供应的唯一源泉。

3. 定向培育，集约经营

这是工业专用用材林基地成功的战略途径。根据巴西阿拉克鲁斯公司的经验，它主要抓住选用桉树适宜种源、优良品系和运用生物技术开展无性繁殖、扦插育苗两个重要环节。70 年代，巴西从国外引进了 200 多个桉树品系与种源，进行了广泛的试验研究。80 年代，有进一步确定搞生物气候区的最佳目的树种，各研究机构又进行 23 个桉树品系试验，最后选出最佳造林树种。再从最佳造林树种中筛选出 150 株优树为采穗母树，通过伐根萌发幼枝进行扦插育苗。该公司自从开展无性育苗后，不但显著提高遗传增益，而且缩短了林木生长周期，简化了育苗工艺，实现了育苗工厂化。巴西纸浆工业用材林的定向培育，主要改善 5 个技术经济指标为目的：提高每公顷林地年林木生产量；提高每 m^3 木材的容量；提高木材的得浆率；降低树皮率；降低每吨纸浆的木材消耗量。该公司桉树定向培育的技术开发目标是；$1m^3$的木材容量指标为 500 ~ 600kg，木材干重的得浆率为 50% 以上，树皮率低于 10%，$1hm^2$ 工业专用用材林产木浆 18t。该公司还采取一系列集约经营措施，如小班及林道设计、细致整地及合理施肥、确定适宜造林密度、及时补植 ，定时抚育及加强病虫害防治等。

4. 经济效益兼顾生态效益、社会效益

这是工业专用用材林基地建设的战略目的。工业用材林具有很高的经济效益，这是不言而喻的。如何兼顾生态效益和社会效益，巴西在这方面做了有益探索。首先尽量把造林地附近的自然林保存下来并沿河流湖泊保留以乡土树种为主的天然林，形成保护区带；其次，强调枯枝落叶全部返还林地和病虫害的生物防治。

工业专用用材林亦是社会生产的组成部分，为了尽可能扩大社会效益，巴西重视通过工业用材林建设为社会提供就业机会。目前每公顷造林面积可安置一个劳动力就业，同时每 2 年造林就业机会可提供一个工业劳动力的就业机会。

5. 工业专用材林面向国际市场

由于工业用材林的兴起，21 世纪将成为世界林产品出口资源的一个极重要支柱。智利的辐射松工业用材林每年可向国际市场提供 1000 万 ~2000 万 m^3木材的出口资源。新西兰于 2010 年辐射松原木产量将达到 2400 万 m^3，而国内消费量将稳定在 800 万 m^3左右，其余 1600 万 m^3将用于出口。2020 年，新西兰辐射松工业用材林将产原木 3300 万 m^3，届时，将成为国际原木贸易的一个重要支柱。

(四)广东工业专用用材林的发展问题

我国是世界上人工林面积最大的国家，继续大力营造工业专用林，有计划地建设人工速生丰产用材林基地，是我国林业建设的长期战略任务。在我国当前速生丰产用材林基地建设中，桉树、杨树和国外松(湿地松、火炬松、加勒比松等)既是世界性也是我国引种造林、速生丰产的主要树种。

我国桉树引种正好一个世纪，引种 300 多种，现有栽培 200 多种，主要引种栽培地区是广东、广西、四川、云南、福建等省区 。至 1989 年，种植面积约 60 万 hm^2，华南地区热量丰富，雨量充沛，适宜需热量较高的桉树生长，是我国发展桉树速生丰产林、营造纸浆材和木片材的主要地区。广东省初步规划“八五”期间，用 5 年时间建设 200 万亩(13.4 万 hm^2)桉树速生丰产林基地，用于木片出口和制浆造纸需要。澳大利亚林学专家哈丁(Harding K. J.)，他是广西东门中澳桉树合作项目的顾问，认为：“华南经营定向桉树资源，生产纸浆和纸 ，供应国内需要，而在较长时期内，纸是中国国内优先考虑的产品，并使纸浆有机会出口。”

1990 年 3 月，广东赴广西东门桉树考察一行，给人以深刻启迪之处是：经过育种改良的桉树品系或种源所营造的桉树速生丰产林，采用无性繁殖的雷林 1 号桉、尾叶桉、尾巨桉等，林分速生高产，林向整齐，分化率低，而未经改良的品系或种源，仅采用选优后的实生苗造林，则林分生长较差，林相不齐，分化明显。所以，这一成果表明，它为今后桉树定向培育，集约经营，树立了样板，有了明确方向，但还要下工夫，从我国实际情况出发，借鉴国外发展工业专用用材林的有益经验，搞好工业用材林基地的建设，为深化林业改革，走向商品林业发展的新台阶。

二、人工混交林

(一)营造人工混交林的意义。

我国人工造林历史悠久，大约在公元前几世纪就有人工用材林、特种经济林和果木林的经营。但林业发展，一般是先从天然林的利用和破坏开始，进而加以保护、限制，然后逐渐进入人工林的经营和保护。由于我国疆域辽阔，地区之间政治、经济和文化发展的不平衡性，森林的经营利用、破坏情况也不相同，发达的地区，由于建设和生活的需要，开始感到木材和林产品的不足，于是开始了人工造林。早期的人工林，多从营造单纯林开始，这可能是因为经营技术比较简单，培育措施容易，木材产品规格较为一致的缘故。

随着人类生产规模的扩大，木材产品市场的出现以及造林、育种技术的提高，人们认识到针叶树作为用材林有着较多的优点，如树形整齐，冠幅较小，干形通直圆满，木材产量较高等，于是一些材质优良的树种如松类、柏类、杉木、柳杉、云杉及落叶松等大量营造并世代相传。其中我国南方山区的杉木林是比较典型的例子。

由于杉木在经营上的许多优点，如材性好、用途广、速生高产、繁殖容易、木材易加工、运输方便等，深为群众喜爱，南方山区栽培极为普遍。但也由于它本身固有的缺点，如自肥能力较差，加上栽培技术上的局限(如炼山、全垦等)，同一地点连续多代栽杉后，引起了生产力的下降。据福建建瓯调查研究：在杉木采伐迹地上再造杉木，产量逐代递减，二代杉木林产量要比上代降低40%以上。如建瓯县溪东伐木厂一块常绿阔叶林迹地，第一代杉木林于1957年采伐，每亩出材量13.5m^3，第二代继续栽杉，至1977年(与第一代采伐林分年龄相同)时采伐，每亩出材量仅7.3m^3，比上代降低46%。

过去由于造林规模不大，且多小片经营，群众在天然阔叶林区采取轮作撂荒，通过植被演替自然恢复地力的方法，这样对于宏观的生态影响并不显著。

50年代以后由于开始了大面积、集中连片栽杉，再加上原有森林(天然的和人工的)的过量采伐和破坏，以致森林植被覆盖率下降，使山区生态环境恶化，加剧了林地的土壤流失和地力普遍下降，造成历史上的杉木中心产区(生态适宜区)逐渐缩小并向深山远山退缩，这种严重情况目前还在继续。

德国营造针叶树纯林的失败是世界造林史上的教训。从地理上看，德国属于海洋性温带阔叶林过渡地带，其气候、土壤条件均有利于各种林木生长，形成了橡树、山毛榉、松树、云杉和冷杉等树种构成的稳定高产的混交林。随着生产的发展，过分地把林地转变成农地，并从14世纪开始就营造针叶林。18世纪资本主义发展，由于工业的需要，更加大量砍伐天然阔叶林和针阔混交林，并营造大面积的针叶树(云杉、松树)纯林。经过长期观察证明，这些针叶纯林不能维持地力。林下形成粗死地被物，酸性强，土壤结构遭到破坏，灰化作用强烈，地力衰退，林木生长下降，病虫害、森林火灾及风害严重，在近200～300年期间，云杉纯林第一代每公顷蓄积量达700～800m^3，第二代降到400～500m^3，第三代降到300m^3。卡门兹林管区的沙地松林150年前原为Ⅱ地位级，由于连续两代营造纯林，现已下降到Ⅳ、Ⅴ地位级。这些大面积营造针叶纯林的不良后果值得引以为鉴。

以上国内外造林历史的经验教训，给人们一个启示：即提倡营造混交林是人工林发展的必然趋势。

另外，我们基于下面一些事实也说明提倡混交林的必要性。

(1) 广东当前现实情况。森林资源少，分布不均，森林覆盖率低，单位面积产量低，年生产量低。据1983年统计，广东水土流失面积达1.1万km^2，占全省总面积的5.1%，分布在78个市县，造成掩埋农田9.2万多hm^2，淤积河道802条、山塘水库851个，通航里程每年减少616km。水、旱、涝灾害频繁，整个生态环境的恶化情况仍未好转。

(2) 现有人工林的情况。针叶林多、阔叶林少；纯林多、混交林少。据林业部资源司1981年统计资料，全国人工林面积2781万hm^2(4.2亿亩)，其中针叶林占72.9%，阔叶林仅占27.1%。1949年后营造的人工用材林已成林面积1273.3万hm^{2}中，单纯林占91.0%，混交林仅占9%。这些情况无疑会引起病、虫、火灾等危害的加重及防护效益的降低。据南方各地森林病虫害普查结果，现有林中病虫危害面积达31.5%。马尾松毛虫是广东松林的主要害虫，一般年份发生面积达20万~33万hm^2，约占广东松林总面积的10%。1978年马尾松毛虫危害面积达51.3万hm^2，是历史上最为严重的一年。1982年5月，广东珠海市邻近澳门的马尾松林，首次发现松突圆蚧危害，大面积松林枯死。至1988年，已扩散到21个县(市)，受灾面积达43.3万hm^2，其中8万hm^2连片枯死，目前仍在扩展和蔓延，对马尾松林造成严重威胁。广东从1960~1974年森林火灾共发生6320次，年均面积达19.3万hm^2。但广东森林病虫害严重，比山火危害更烈害。据今年7月举行的全省森林病虫防治工作会议上指出，1989年全省森林遭受病虫害危害的面积达93.3万hm^2，占全省森林面积的12.5%，是全省近10年累积森林火灾面积的2.6倍。

(3) 近3年来，世界人工造林一个重要趋势是在非生产地恢复森林，包括广大无林地、沙漠、沼泽地以及矿山等人为造成的荒废地上造林，使之恢复自然景观，作为旅游地，也正在进行。

(4) 以防治环境污染及发挥森林公益作用为目的的环境林、都市风景林、厂区绿化等的造林规模越来越大。

上述种种情况说明人工造林趋势是向着多效益、多目标，经济、生态、社会效益兼顾的发展方向。而提倡营造混交林，既符合热带、亚热带地区以阔叶林为主的自然规律，也适应林业建设的要求。

(二)混交林的特点和作用

(1) 充分利用地力，提高单位面积产量。不同树种所组成的混交林，由于林冠合理的分层和树种根系特性的差异，可以有效利用光能和土壤各层的养分与水分，因此，能够提高林分的生物产量。据南方14省区报道，在45个混交组合的混交林中，以松树为主的11种，以杉木为主的9种，以阔叶树为主的25种，其木材产量均比纯林高出20%以上，多的可达1~2倍，如广西马尾松和红锥混交林，28年生时每亩蓄积量：混交林、松纯林分别为26.15m^3和15.54m^3，混交林比纯林增加68.2%。隆缘桉与红木荷混交林的生长量，分别比这两树种的纯林增加77.6%和96.5%。

(2) 混交林能更好地维护地力和提高地力。某些针叶树连续多代连作，可造成林地土壤物理性质恶化，地力衰退，使产量降低，但通过树种混交可维持地力、培肥地力并给主要树种提供营养。一般多利用豆科固氮树种或某些落叶量大、分解迅速的阔叶树种进行混交。这样不但可以改良土壤结构、调节水分、空气状况、提高肥力，而且可以直接固氮，使土壤变得肥沃。利用这些混交的肥料树种，使林地始终保持较高的生产力，实现生物自我营养的重要途径，在当前一时还做不到大面积普遍施肥的条件下，这是一项事半功倍的技术措施。

(3) 混交林对外界不良环境具有较强的抗性。由不同树种组成的混交林生态系统比纯林复杂，食物链长，营养结构复杂，有利于鸟兽栖息和寄生菌繁殖，是众多的生物种类相互制约，任何种类病虫危害都难于大量发生。安徽省林业科学研究所等1979年5~7月在东至县马尾松纯林和松栎混交林中研究松毛虫消长情况，结果表明，三代松毛虫卵被赤眼蜂、平腹小蜂和黑蜂寄生，寄生率混交林为纯林的1.7~2.7倍，松毛虫的虫口下降率(6月初至7月底)混交林为纯林的2倍多。混交林松毛虫幼虫迅速下降的原因除卵期寄生率高外，食虫鸟类多也是重要原因。据调查，该混交林中的鸟类有30余种，其中捕食松毛虫的鸟就有26种，而马尾松纯林中只有6种鸟，并且数量也少得多。除此，混交林由于林冠层次多或冠形叶形不同、相互交错，地下深浅根系互相搭配且根系一般较纯林发达，因此，抗风雪、抗冷能力也较纯林强。在高温干旱季节，针阔混交林内由于湿度较大各种可燃物不易着火，并有阔叶树阻隔，可防止林冠火和地表火蔓延和发展，能大大减轻火灾的危险程度和发生率。

(4) 混交林有涵养水源、保持水土的作用。混交林有较好的理水功能和防蚀作用，其原因是：林冠结构较复杂、层次多，因此，在同样的降雨强度和年龄情况下混交林拦截雨量大于纯林。其次，混交林的枯枝落叶量多，林地地表有较厚的凋落物和腐殖质层，如华南农业大学调查16年生松林枯枝落叶量为4.5t/hm^2，而松荷混交林达11.5t/hm^2，因此，它可吸收和阻截更大量的雨水。同时，混交林内土壤质地疏松，结构良好，故吸持水能力强，透水性大。

（5）混交林有利于环境保护。不同树种抗逆能力和耐污染的生态幅度不同，营造混交林可以通过选择不同的用途和不同抗性的树种搭配，达到防护和经济效益并重的目的。苏联研究工业废气对乌克兰喀尔巴阡山丘陵地带人工林的影响时发现，混交林比纯林抗性强。成熟的栎类与云杉混交林对钾碱厂排放的钾盐、镁粉末、氯化氢和有机脂肪酸抗性大，而栎类和桤木混交的幼龄林及椴树和栎类混交林成熟林对活性炭厂的烟灰和一氧化碳，有更强的抗性。在城市绿化中，从减少噪声和防治大气污染的效果看，也以混交林为好；从风景观赏效果看，也以多树种混交搭配较为理想。不同地点、位置、建筑类型，不同季节的景观都有不同的要求，因而需要选择不同的颜色（叶、花、果）不同形态的树种，进行组合搭配，才能表现出美学的观赏效益和实用价值。

（6）混交林可以提高和扩大造林成效。近年来我国营造混交林实践证明，把种间关系比较融洽的树种加以搭配，或把某些树种引进到生长不良的林分中去是保证人工林顺利成林、成材和低价值林分的一种有效手段。经过长期经营探索，我国南方各省区选出了一批经营容易、效益高的阔叶树种，如刺栲、黎蒴栲、甜槠栲，石栎、椆木、麻栎、火力楠、木荷、台湾相思、大叶相思、格木、檫树、樟树等作为混交林树种，在杉木、马尾松的从北至南的分布区内，营造了一定生产规模，并显示出良好生态效益与经济效益的人工混交林，因此，进一步研究亚热带常绿阔叶林生态系统的树种组合，生态环境的分化，林分组成及它们对生态环境的要求，从自然混交林中寻求适宜的混交组合与混交方式，是今后改变针叶纯林生境恶化及生态系统脆弱，提高地力与林分生产力的一种值得推广的方式。

（7）混交林的经济效益问题。一片合理、成功的混交林，视林种不同或增加产量或提高防护效益以及有效抵御各种灾害能力，其经济效益一般都比纯林高。如广东省五华林场23年生的马尾松木荷混交林，每亩出材量5.66m^3，木材收入548.9元，扣除育林成本后纯收入442.18元；马尾松纯林每亩出材量2.6m^3，木材收入215.63元，扣除育林成本后纯收入165.09元，相比之下，混交林每亩纯收入比纯林多277.09元。

一些用材树种和经济树种、薪材树种结合的混交林，如杉木与油桐、柠檬桉与台湾相思、乌桕与茶叶以及林药林草等混交套种，不仅经济上效益高，而且又能以短养长，提早收益，对发展经济有深远意义。在一般的概念中，混交林由于造林、抚育、采伐的技术比较复杂、施工较难，因此生产成本比纯林高。但从国内外情况看，并非都是如此。例如，据广西七坡林场调查，营造1亩杉木林需10.6个工，包括苗木费的造林成本为26.84元，而营造杉木、马尾松混交林只需6.7个工，包括苗木费的造林成本为16.72元，比前者少10.12元，幼林抚育1亩杉木林每次需要6个工，混交林只要4个工。混交林郁闭早，抚育2～4次即可成林，而杉木纯林至少要比混交林多抚育1～2次，这样混交林每亩抚育费可比纯林减少15元以上。造林和抚育两项生产成本合计混交林可比纯林少25元。另外，混交林的病虫害防治费用一般较低，据调查，混交林要比纯林减少50%左右。如山东省牛山林场，当混交林占有林地面积的80%以后，防治费用每亩降到0.1元以下，仅及过去纯林为主时的20%。

（8）混交林的局限性。从以上所述可见，混交林有许多特点和优越性。但任何事物都有它的缺点和局限性，必须具体分析，对混交林的评价和具体运用也必须实事求是，因地制宜。

混交林的局限性，最根本的一条是在营造培育过程中技术较复杂，要求树种选配适当，结构合理，抚育及时，及时调节种间种内关系。由于当前对混交林中各树种在各种立地条件下种间关系的复杂性及林分形成发展过程还缺乏全面深入了解，理论研究和实践经验都较缺乏，从而给营造混交林带来一定的困难。这就要求我们不断在实践中积累经验，总结提高。

混交林是由2个以上树种组成，因此主要目的树种往往单位面积株数较少，其经济出材量会有所降低。

混交林和纯林的优缺点，总是相对而言的，要根据具体条件，如造林目的、立地条件、经营条件及树种特性等进行综合评估灵活掌握。一般防风林、水源涵养林为了发挥更大的防护效益，并要求林分长期处于郁闭状态，宜多造混交林。

经济林要求开阔的空间，形成发达的树冠，一般多营造纯林。一些树种干形通直，树冠狭小，自然整枝良好，生长稳定，甚至在疏生情况下，仍能保持这些特点，此类树种可营造纯林，或营造块状混交林。一些干形不直，分枝多，冠幅扩展，自然整枝不良，宜营造混交林，利用伴生树种加以调节。

(三)混交理论和营造技术的进展与发展问题

1. 混交理论研究的进展

混交林是由多种树种组成的。由于各树种的生物学特性差异，并长期生活一起，不可避免相互影响，相互作用。因此，研究树种种间关系的表现形式、作用方式，以及养分循环规律，对揭示混交林的本质具有重要意义，是营造和培育人工混交林的基础。有关树种混交的系统理论目前尚处于发展阶段，有待进一步大力开拓。尽管如此，近些年来，混交理论的研究正逐步深化。

(1)混交林生物量和营养元素循环的研究。通过对不同林分调查，测定现存生物量和年生长量，以及枯落物积蓄量和年凋落量，进行氮素和灰分元素分析，计算枯落物层和生物量的元素积累量，年凋落物中氮素和灰分元素的年归还量，生长量中氮素和灰分元素的年存留量，最后对混交林的生产能力和树种混交的合理性做出评价。国内在这方面已开展许多试验研究，为混交林的营造提供了充分的科学依据。

(2)种间关系表现形式分析。生长在一起的2个以上树种相互产生的促进或抑制作用，呈单方的利害和双方的利害关系。这些复杂的种间关系表现形式，可提供营造混交林选择树种的参考。研究目的是搞清各树种混交时利害关系的表现形式。

(3)树种间生化作用方式探讨。它是一树种地上部分和根系在生命过程中不断向周围空间分泌或挥发某种(某些)化学物质，并进而对相邻的其他树种产生影响的一种作用方式。它是树种种间作用方式中的一种，目前国内对它的了解还很少，但研究工作正在深入。

(4)应用^{32}P探索树种种间关系。一般认为，树种对^{32}P的吸收强度是其吸收养分、水分能力的反映。竞争力强的树种在与其他树种混交时，其对^{32}P的吸收比纯林更多，而竞争力弱的树种，则比纯林更少。通过上述研究，已揭示了一些人工混交林树种种间关系，为确定混交方法和混交比例时提供了重要参考依据。

2. 混交林营造技术的进展与发展

目前在探索混交林的营造技术方面，各地都取得了一些新进展。首先选择混交林树种的依据更为充分，南方14省(区)混交林科研协作组从1978年成立以来，营造了以杉木、马尾松、桉树为主要造林树种的混交试验林和中试林面积达8000亩，筛选出效果较好的混交组合45个，取得了宝贵的第一手材料，对生产有着重要的现实意义。其次，总结出了一些实用性强的混交方法和混交比例，如星状混交和行带状混交等。

总之，由于人工混交林营造涉及的问题很多，这里不可能一一详述。但有关干旱地区混交林的营造、混交林的经营和主伐利用，以及混交林营造的经济效益和成本核算等还都是薄弱方面，今后应加强研究，是十分必要的。

人工林营造技术研究与进展[20]

本文以近10年来国内外林业研究的信息材料为基础，结合部分我们自己开展的最新研究成果，仅就国内外近年来的造林发展趋势提出一些看法，供大家研究参考。分4节论述：①人工林发展的新趋势；②短轮伐期工业用材林的发展；③人工混交林的发展；④几项造林技术与造林技术的配套。

一、人工用材林发展新趋势

(一)造林的规模

全世界人工造林面积不断扩大，人工更新在整个森林更新中的比重不断提高，这是第二次世界大战结束以来直到现在一直在延续着的一种趋势。据英国著名的造林专家J. Evans在1987年第9届世界林业大会上估计，当前热带地区每年营造人工林约100万~120万 hm^2(不包括中国)，这个造林规模相当于70年代的2倍。但热带地区每年森林消失面积约1100万 hm^2，造林面积仅为其1/10，根本不能满足需要。

温带地区(包括寒带)的造林规模是大大超过热带地区的造林面积，例如，仅以几个主要国家的近年造林面积就可说明，中国每年约200万 hm^2，前苏联约120万 hm^2，美国约80万 hm^2，加拿大约30万 hm^2，日本约20万 hm^2等等。从人工林保存面积也可说明这点，世界热带地区(包括中国南部)人工林总面积2500万 hm^2，仅占世界人工林总面积1.2亿~1.4亿 hm^2的一小部分。这种状况的原因是由于大多数发达国家都处在温带地区，这些国家营林历史长，资金足，技术先进，一般都能保证采伐面积的及时更新。不少温带国家，由于大力造林，森林覆盖率有了明显提高，如英国、法国、匈牙利、波兰等。从以上情况可见，虽然造林规模近年来还在不断扩大，但森林资源减缩的危险依然存在，主要问题出现在热带地区，主要障碍是社会经济技术落后，资金缺乏等。

在上述背景形势下，广东造林绿化近年来取得了很大成绩，成为全国第一个基本消灭荒山的省份。

广东地处热带、亚热带，山地多、雨水足、气候好，自然条件优越，具有发展林业极大优势。过去，由于种种原因，这些优势一直没有得到发挥利用，也始终未能摆脱森林贫乏和生态环境日益恶化的困境。为了适应改革开放和振兴广东经济的需要，从根本上改变广东山穷水恶的面貌，并确保现代农业和国民经济的稳定发展，1985年以来广东省委、省人民政府作出了"五年种上树，十年绿化广东"的决定，从而在南粤大地上展开了一场以消灭宜林荒山为主体的绿化革命，使广东省林业形势发展到一个新的阶段。

据统计，到1990年底，全省有林地面积与1985年相比，从463.7万 hm^2(6956万亩)增至824.4

[20] 原文载于《林业综述》，为广东省林业厅行政机关工作人员岗位培训专业课教材(广东省林业厅编印，1993，4：88~106)。

万 hm^2（12 366 万亩），净增 360 万 hm^2（5410 万亩），年均造林 72 万 hm^2（1082 万亩）；森林覆盖率从 26.7%增至 48.9%，提高了 22.2%。

（二）造林的发展方向

总的来看，国外造林正从单纯搞用材林向多林种综合经营的方向发展，但在这方面发达国家和发展中国家有一定的差别。

地处温带的多数发达国家近年来纷纷提出森林的多目的经营；以美国的趋势最为明显。美国把相当大面积的森林划为水源林、国家森林公园及游憩林，像开发较早的美国东北部林区已不再是主要木材生产基地。当地造林实际上是以发挥防护和游憩作用为主要目的，只是部分兼顾生产用材。而另一方面，美国一些大林业公司（如惠好公司）则把营造用材林的投资主要用于最易速生丰产的地方——东南各州及西北部太平洋沿岸地区。新西兰也是如此，集中力量搞速生丰产林（约占森林总面积的 14%）以解决用材问题，其余大面积森林的经营则以发挥防护游憩作用为主。这种集中力量在最有利的地区营造速生丰产林与其它地区的一般造林相结合的格局，对我国和广东省均有重要的借鉴意义。

地处热带的许多发展中国家的人工造林重点也正在发生变化。从二次大战结束到 70 年代，一些国家是以营造用材林为主的，也取得了一定成绩。近年来，一些国家（如巴西）发展用材林的势头正在下降，主要是受政治环境、交通及市场状况等因素限制。取代用材林的是发展与当地人民群众利益更为密切的能源林、防护林及混农林业（agroforestry），有时用社会林业（socialforestry）这个概念表达。

能源林（energy tree crops）是 70 年代以来专门兴起的造林发展方向，巴西营造能源林取得了很大成绩，以栽培桉树为主，主要目的是为炼钢提供木炭。菲律宾也有一个较大的发展能源林计划，以栽培新银合欢为主，主要是用木材能源发电以节省原油消费。美国、加拿大、瑞典等国家都在搞能源林试验，其中美国的短轮伐期集约造林计划已持续了 10 年，以栽培杨树、枫香及刺槐为主，取得了大量成果。研究目的是把木材转化为液态或气态燃料，以弥补矿质燃料的不足，估计在下世纪初可进入实用阶段。营造能源林技术的总的研究及发展水平，无论在遗传育种上，还是在栽培管理方面，都是最先进的。它的发展在技术上会对整个造林工程起带头作用。

（三）集约造林

当今林业研究的主题，发展人工用材林，特别是热带、亚热带地区的速生用材林，仍是世界林业研究的重要课题。近年来，在国外林业文献中常常出现“plantation forestry”这个词，可以译作人工林业或栽培林业。它是与以粗放经营天然林为特征的传统林业相区别林业的一个分支，是以人工定向培育、集约经营、追求速生高产目标为其自身特征的。

这方面大面积成功的实例之一，有法国加斯科尼地区，在沿海贫瘠沙地上通过集约栽培措施，培育海岸松（*Pinus pinaster* Ait）人工用材林 116 万 hm^2，林分生产力在 25 年间提高了一倍，即从 1962 年的 4.7m^3/(hm^2 · a)。到 1987 年的 9m^3/(hm^2 · a)。进一步的集约栽培，包括选用优良遗传型，可使林分平均生长量提高到 14m^3/(hm^2 · a)，采伐年龄则从 65 年降至 40 年。

人工用材林的培育技术主要在 3 个方面取得了进展。首先是在已有良种选育成果的基础上，应用生物技术使良种在大面积造林中得到实际应用。这方面的关键是使具有各种优良遗传性状的良种单株能迅速大量无性繁殖，然后用无性系造林。例如，近年来菲律宾的专家在加勒比松和南亚松（*Pinus latteri*）的微型繁殖（主要用胚胎组培）方面取得成功，为这两个重要的热带速生针叶树种的良种繁育和工业用材林的营造开拓了前景。第二方面的进展主要在育苗造林全盘机械化，即从工厂化培育容器苗开始，包括它的贮藏、运输及出栽，直到根据不同需要进行的林地清理及整地工作全盘机械化。第三方面的进展主要在化学除草方面。杂草和幼树的竞争始终是影响造林成效的一大问题。美国培育南方松人工林中多年使用除草剂的做法得到肯定，他们强调合理使用除草剂并不造成对工人健康的损害，也可以不超出环境污染的可接受标准，更不会影响土壤肥力，因而可以得到更广泛的应用。

二、短轮伐期工业用材林的发展

(一)工业专用用材林的概念

近20年来，世界上正发展一种“工业专用用材林”(industrialized specialized timber stand)的概念。那么，什么是工业专用用材林，它同一般人工林有什么区别呢?

首先，工业专用用材林区别于一般人工林的标准是：①它的目标是满足原料或材料需要；②它生产的是树种一致，质量一致的规格木材；③它以较低的成本和较短的周期，大批量生产木材；④它是集约经营的。

有人认为，工业用材林的发展是世界人工林建设现代化的标志。它反映了林业生产上的一次深刻变革，一项从森林经营到木材培育的变革，在某些情况下，是从采掘式经济到农业式经济的变革。这种变革的宗旨是，以最短的周期和最少的代价，满足工业及商业需求。

大家知道，对利用木材生产纸浆的工业来讲，原料的质量，供应节奏及供货成本，较之加工技术本身，同样很重要。一般热带密林，树种繁多，材质混杂，采伐成本高，同时，采伐受各种气候条件限制，企业要有很大贮存力，进料要在投放市场上碰运气。所以，工业家逐渐认为，当一种真正的林木培育与企业经营相结合时，工业上对原料的批量、质量要求和规律性供应，就可得到满足，这样，就提出了“林工联合体”的概念。即在建厂同时或建厂之前，就在工厂附近或交通方便地区，投资营造原料林。由于造林投资合理，工业家能通过营林像办厂一样获得最大利润。这样，便形成了“工业专用用材林”的概念。

到1980年，世界速生丰产林面积约690万hm^2，主要分布在亚热带和热带地区，据Clement和Laniy(1982)意见，在这些丰产林中，只有280万hm^2符合这种工业用材林的定义。

可以这样说，现在，热带国家的所有大型制浆造纸计划，都伴随有营造工业用材林的计划，它们或在建厂前即已造林，或者先利用天然林木材，然后逐渐用工业用材林取代。巴西、刚果、马来西亚等国家都是这样搞的。

(二)国外工业用材林的发展动态

短周期工业用材林是随着木材加工工业的发展而崛起的一种速生丰产林。目前，许多国家对短周期工业用材林的造林方式及其生物量的利用进行着广泛而深入的研究。短周期工业用材林经营对木材短缺国家的作用尤为重要，除了能在短期内生产纸浆材、减少木材进口外，还具有保护环境的生态意义。国外林学家(佐佐木惠彦，1985)甚至提出：未来高科技时代的林业应重点发展短周期密植林的营造和利用。

国外一般把轮伐期1~5年者称为超短轮伐期，轮伐期5~15年者称为中短轮伐期，15~30年者称为短轮伐期。适于此类经营的树种主要有杨树、柳树、桉树、银合欢等，年平均产量因各国条件及经营措施不同而异。如新西兰轮伐期为10年的桉树，每公顷绝干生物量为30t。联邦德国轮伐期为2年的杨树，每公顷绝干生物量却达23t。木材主要用于刨花板、纤维板和纸浆工业。

日本以“王子造纸林木育种研究所”为中心，根据超短轮伐期林的试验结果，每公顷栽植杨树6万株，栽植当年地上部分的生长量为6.5t/hm^2。其中树干4t，叶量2.5t，材积约12m^3，第2年达到年生长量15t/hm^2，是过去粗放生产的3.5倍。印度对银合欢(*Leucaena leucocephala*)进行灌溉条件密植造林，每4年轮伐一次，第一次采伐时收入为6250卢比/(hm^2·a)，第二次高达14 000卢比/(hm^2·a)，投资低而收益高的特点十分明显。

(三)国外工业用材林的发展特点

当前，国外工业用材林发展的基本趋势是布局基地化、林工一体化、培育定向化、效益综合化和市场国际化。

1. 工业用材林的建设布局沿着基地化方向发展

工业用材林的规模日益扩大，在一些工业用材林发达的国家已建成了木材供应基地、工业原料基地、保护大面积天然林的基地和林产品出口创汇基地、工业原料基地、保护大面积天然林的基地和林产品出口创汇基地。

澳大利亚有 87 万 hm^2 工业专用林，1985 年生产木材 676 万 m^3，占当年原木总产量的 40%。随着全国营造 140 万 hm^2 工业专用林的长期目标实现，预计到 2000 年，工业用材林将提供木材 1295 万 m^3，2020 年将增加到 1630 万 m^3，占全国材产量的 62.8%，成为木材供应的基础 。

西班牙工业用材林的发展，以建设 100 万 hm^2 专用林为主体的工业原料供应基地，保证了造纸工业的长足发展。西班牙全国纸和纸板产量 1960 年为 34 万 t，1985 年猛增到 291 万 t。以木材为原料的纸浆产量 1960 年为 13 万 t，1985 年为 140 万 t，26 年增长了 10 倍。

新西兰全国森林面积为 720 万 hm^2，其中工业专用林面积占森林总面积的 18.9%。每年平均采伐木材为 925 万 m^3(1980 ~1984 年)，占同期全国木材平均年产量的 94.19%。与此同时，620 万 hm^2 天然林每公顷平均年采伐量只有 0.9m^3。在新西兰，由于工业用材林的发展，已经形成工业用材林提供木材，天然林保护环境的林分分工战略格局。

在新西兰，随着工业用材林的发展，林产品出口量直线上线。木材出口量有 1960 年的 3.4 万 m^3 增加到 1984 年的 224 万 m^3，24 年增加到 93 倍。新西兰出口收入的三分之一来自工业用材林。巴西自从大规模营造工业用材林以来，纸浆产量由 1966 年的 45 万 t 猛增到 1984 年的 340 万 t，纸和纸浆出口量达到了 167 万 t，林产品出口创汇额达 11.33 亿美元。

工业用材林基地的布局还向着临近林产品销区发展。当前基地布局的趋势是，向着近中心经济区、近工业基地、近海港地区发展。意大利的工业、贸易和木材消费集中在以米兰市为中心的波海平原。而大面积天然林则分布在北部的阿尔卑斯山脉和南部的亚平宁半岛。从 30 年代起就着手在沿米兰—都灵工业区一线的波海平原建立工业用材林基地，现已形成大面积杨树工业专用林基地。西班牙自 40 年代以来建设的总面积达 100 万 hm^2 的三个重点工业用材林基地，分别位于东北、西北和西南部的进出口海港地区，这样为林产品出口创造了有利条件。

2. 林工结合，相互发展

林工一体化是世界工业用材林建设方向。在意大利波河平原，从 30 年代开始营造杨树专用林，至今总面积已达 15 万 hm^2。目前以米兰为中心，以杨树为原料的锯材厂、胶合板厂、纸浆厂相继建成。80 年代初，意大利胶合板生产的原料的 80%，木浆原料的 70% 是由杨树专用林提供的。意大利人工林和林产品工业一体化的管理模式是，由国家纸浆总公司统一管理工业专用林的科学研究、工业林基地建设和纸浆造纸工业建设和发展。巴西是世界上以发展纸浆造纸工业为目的而建设工业专用林基地的典型国家。巴西为了占领国际纸浆市场，60 年代营造工业专用林 346 万 hm^2，全国纸浆产量从 1966 年的 45 万 t 发展到 1976 年的 130 万 t。80 年代的头 4 年营造工业专用用材林 172 万 hm^2，1987 年纸浆产量猛增到 389 万 t。

国外工业用材林基地的林工结合管理模式，大体上有 3 种类型。第一种类型，由林产工业工厂同工业用材林所有者或经营单位签订长期的木材购销合同，以合同形式保证林业同工业在经济上的依存关系。第二种类型，林产品工厂自己营造和经营一定面积的工业用材林基地，做为工业原料的主要来源，另一部分的原料来源通过同其他人工林经营单位签订长期供应合同而获得，形成自营基地同合同林基地相结合的原料供应体系。第三种类型，林工一体，统一经营，如巴西阿拉克鲁斯林业纸浆造纸联合公司有一个年产 46 万 t 纸浆厂，为此，自己营造了一个面积为 9 万 hm^2 的桉树工业用材林基地，成为原料供应的唯一源泉。

3. 定向培育，集约经营

这是工业用材林基地建设成功的战略途径。根据巴西阿拉克鲁斯公司的经验，它主要抓住选用桉树适宜树源、优良品系和运用生物技术开展无性繁殖、扦插育苗两个重要环节。70 年代，巴西从国外引进了200多个桉树品系与种源，进行了广泛的试验研究。80年代，又进一步确定搞生物气候区的最佳目的树种，各研究机构又进行23个桉树品系试验，最后选出最佳造林树种。再从最佳造林树种中筛选出150株优树为采穗母树，通过伐根萌发幼枝进行扦插育苗。该公司自开展无性系育苗后，不但显著提高遗传增益，而且缩短了林木改良周期，简化了育苗工艺，实现了育苗工厂化。巴西纸浆工业用材林的定向培育，主要改善5个技术经济指标为目的：提高每公顷林地年林木生产量；提高每立方米木材的容量；提高木材的得浆率；降低树皮率；降低每吨纸浆的木材消耗量。该公司桉树定向培育的技术开发目标是：$1m^3$容量指标为500～600kg，木材干重的得浆率为50%以上，树皮率低于10%，$1hm^2$工业专用用材林产木浆18t。该公司还采取一系列集约经营措施，如小班及林道设计、细致整地和合理施肥、确定适宜造林密度、及时补植、定时抚育及加强病虫害防治等。

4. 经济效益兼顾生态效益、社会效益

这是工业用材林基地建设的战略目的。工业用材林具有很高的经济效益，这是不言而喻的。首先尽量把造林地附近的天然林保留下来并沿河流、湖泊保留以乡土树种为主的天然林，形成保护区带；其次，强调枯枝落叶全部返还林地和病虫害的生物防治。

工业用材林是社会生产的组成部分，为了尽可能扩大社会效益，巴西重视通过工业用材林建设为社会提供就业机会。目前每公顷造林面积可安置一个劳动力就业，同时每两个造林就业机会可提供一个工业劳动力的就业机会。

5. 工业用材林面向国际市场

由于工业用材林兴起，21世纪将成为世界林产品出口资源的一个极其重要支柱。智利的辐射松工业用材林每年可向国际市场提供1000～$2000m^3$木材的出口资源。新西兰于2010年辐射松原木产量达到2400万m^3，而国内消费量将稳定在800万m^3左右，其余1600万m^3将用于出口。2020年，新西兰辐射松工业用材林将产原木3300万m^3，届时，将成为国际贸易的一个支柱。

(四)广东专业用材林的发展问题

我国是世界上人工林面积最大的国家，继续大力营造工业专用林，有计划地建设人工速生丰产用材林基地，是我国林业建设的长期战略任务。在我国当前速生丰产用材林基地建设中，桉树、杨树和国外松(湿地松、火炬松、加勒比松等)既是世界性也是我国引种造林、速生丰产的主要树种。

我国桉树引进今年刚好一个世纪，引种300多种，现有栽培200多种，主要引种栽培地区是广东、广西、四川、云南、福建等省(区)，到1989年，种植面积约60万hm^2。华南地区热量丰富，雨量充沛，适合于热量较高的桉树生长，是我国发展桉树速生丰产林，营造纸浆和木片材的主要地区。广东省初步规划“八五”(1990～1995)期间，用5年时间建设200万亩(13.4万hm^2)桉树速生丰产林基地，用于木片出口和制浆造纸需要。澳大利亚林学专家哈丁(Harding K. J.)，他是广西东门林场中澳桉树合作项目的顾问，认为：“华南经营定向桉树资源，生产纸浆和纸，供应国内需要而在较长时期内优先考虑的产品，并使纸浆有出口的机会”。

1990年3月广东赴广西东门考察一行，给人以深刻启迪之点是：经过育种改良的桉树品系或种源所营造的桉树速生丰产林，采用无性繁殖的尾叶桉、尾巨桉等，林分速生高产，林相齐整，分化率低，而用未经改良的品系或种源，仅采用选优后的实生苗造林，则林分生长较差，林相不齐，分化明显。所以，这一成果表明，它为今后桉树定向培育，集约经营，树立了样板，有了明确方向，但还要下工夫，从我国实际情况出发，借鉴国外发展工业专用用材林的有益经验，搞好工业用材林基地的建设，为深化林业改革，走向商品林业发展的新台阶。

三、人工混交林的发展

(一)营造人工混交林的发展

我国人工造林历史悠久，大约在公元前几世纪就有人工用材林、特种经济林和果木林的经营。但林业发展，一般是先从天然林的利用和破坏开始，进而加以保护、限制，然后逐渐进入人工林的经营和保护。由于我国疆域辽阔，地区之间政治、经济和文化发展的不平衡性，森林的经营利用、破坏情况也不相同，发达的地区，由于建设和生活的需要，开始感到木材和林产品不足，于是开始了人工造林。早期的人工造林，多从营造单纯林开始，这可能是因为单纯林的经营技术比较简单、培育措施容易，木材产品规格较为一致的缘故。

随着人类生产规模的扩大，木材产品市场的出现以及造林、育林技术的提高，人们认识到针叶树种作为用材林有着较多的优点，如树形整齐、冠幅较小、干形通直圆满木材产量较高等；于是一些材质优良的树种如松类、柏类、杉木、云杉、柳杉及落叶松等大量营造并世代相传。其中我国南方山区的杉木林是比较典型的例子。

由于杉木在经营上的许多优点，如材性好、用途广、速生高产、繁殖容易、木材易加工运输方便等，深为群众喜爱，南方山区栽培十分普遍。但也由于它本身固有的缺陷，如自肥能力较差，加上栽培技术上的局限(如炼山、全垦等)，同一地点连续栽杉后，引起了生产力的下降。据福建瓯调查研究：在杉木采伐迹地上再造杉木，产量逐渐递减，二代杉木林产量要比上代降低40%以上。如建瓯县溪东伐木场一块常绿阔叶林迹地，第一代伐木林于1957年采伐，每亩出材量13.5m^3。第二代继续栽杉，至1977年(与第一代采伐时林分年龄相同)时主伐，每亩出材量仅7.3m^3，比上代降低46%。

在我国南方，杉木连栽导致地力下降很早就为林农所认识。近年来，方奇、陈楚宝研究了杉木林连栽的地力下降问题，方奇指出，如杉木第一代林优势木平均高为100%，则第二、三代分别为93%和77%。陈楚宝指出，第一代杉木林的N、P、K含量如为100%，则第二代林分别为95%、84%和72%，第三代林分别为77%、85%和68%。这就分别从生产力和营养含量上证明了林农的朴素认识。

过去由于造林规模不大，且多小片经营，群众在天然阔叶林区采取轮作撂荒、通过植被演替自然恢复地力的办法，这样对于宏观的生态影响并不显著。

50年代以后由于开始了大面积、集中连片栽杉，再加上原有森林(天然的和人工的)过量采伐和破坏，以致森林植被覆盖率下降，使山区生态环境恶化、加剧了林地的土壤流失和地力普遍下降。使历史上的杉木中心区(生态适宜区)逐渐缩小并向深山远山退缩，这种严重情况目前还在继续。

德国营造针叶树纯林的失败是世界造林史上的教训。从地理上看，德国属于海洋性温带阔叶林向大陆性温带阔叶林过渡地带，其气候、土壤条件均有利于各种林木生产，形成了橡树、山毛榉、松树、云杉和冷杉等树种构成的稳定高产的混交林。随着生产的发展，过分地把林地转变成农地，并从14世纪开始就营造针叶林。18世纪资本主义发展，由于工业的需求，更加大量地砍伐天然阔叶林、针叶混交林，并营造了大面积的针叶树(云杉、松树)纯林。经过长期观察证明，这些针叶纯林不能维持地力，林下形成粗死地被物，酸性强，土壤结构遭到破坏，灰化作用强烈，地力衰退，林木生长下降，病虫害、森林火灾及风害严重。在近200~300年期间，云杉纯林第一代每公顷蓄积量达700~800m^3；第二代下降到400~500m^3；第三代降到300m^3。卡门兹林管区的沙地松林150年前原为Ⅱ地位级，由于连续两代营造纯林，现已下降到Ⅳ、Ⅴ地位级。这些大面积营造针叶纯林的不良后果值得引以为鉴。

Keevs(1966)、Bednall(1968)和Boardman(1979)先后报道了辐射松在澳大利亚南部和新西兰等地生产力严重下降的情况。Keevs指出，尽管辐射松在澳大利亚南部第一代生长非常好，但第二代则在85%的土地上生产力平均下降25%。最近，Evans对全世界各地人工林的生产力下降问题进行了广泛的考察，他认为，世界各地所报道的第二代人工林生产力降低的实例，多半是由于气候变动、营养元素缺乏、杂草竞争、采伐中立地干扰过重、树种与立地不相适应所致。他还指出，轮伐期小于10年的人工林(尤其是萌芽林)更易导致地力下降的后果。

根据以上所述，我们可以认为，栽培人工林，特别是栽培生长迅速，对肥力要求高的树种，有导致地力下降的趋势。因而，人工林的长期地力维持问题，成为当前国际和国内林业界普遍关注的热点之一。

另外，我们基于下面一些事实也说明提倡混交林的必要性。

(1)广东当前现实情况，森林资源少，分布不均，森林覆盖率较低，单位面积产量低，年生长量低。据1983年统计，广东水土流失面积达1.1万km^2，占全省总面积的5.1%，分布在78个市县，造成掩埋农田9.2万多hm^2，淤积河道802条、山塘水库851个，通航里程每年减少616km。水、旱、洪、涝灾害频繁，整个生态环境的恶化情况仍未好转。

(2)现有人工林的情况。针叶林多、阔叶林少；纯林多、混交林少。据林业部资源司1981年统计资料，全国人工林面积2781万hm^2(4.2亿亩)，其中针叶林占72.9%，阔叶林仅占27.1%。1949年后营造的人工用材林已成林面积1273.3万hm^2中，单纯林占91.0%，混交林仅占9%。这些情况无疑会引起病、虫、火灾等危害的加重及防护效益的降低。据南方各省(区)森林病虫害普查结果，现有林中病虫危害面积达31.5%。马尾松毛虫是广东松林的主要害虫，一般年份发生面积达20万～33万hm^2，约占广东松林总面积的10%。1978年马尾松毛虫危害面积达51.3万hm^2，是历史上最严重的一年。1982年5月，广东珠海市邻近澳门的马尾松林，首次发现松突圆蚧危害，大面积松林枯死。至1988年，已扩散到21个县(市)，受灾面积达43.3万hm^2，其中8万hm^2连片枯死，目前仍在扩展和蔓延，对马尾松林造成严重威胁。广东从1960～1974年森林火灾共发生6320次，年均面积达19.3万hm^2。但广东森林病虫害严重，比山火危害更烈害。据1990年7月举行的全省森林病虫防治工作会议上指出，1989年全省森林遭受病虫害危害的面积达93.3万hm^2，占全省森林面积的12.5%，是全省近10年累计森林火灾面积的2.6倍。

(3)近年来，世界人工造林一个重要的趋势是在非生产地恢复森林，包括广大无林地、沙漠、沼泽地以及矿山等人为造成的荒废地上造林，使之恢复自然景观，作为旅游地，也正在进行。

(4)以防止环境污染及发挥森林公益作用为目的的环境林、都市风景林、厂区绿化等的造林规模越来越大。

上述种种情况说明人工造林趋势是向着多效益、多目标，经济、生态、社会效益兼顾的方向发展，而提倡营造混交林，既符合热带、亚热带地区以阔叶林为主的自然规律，也适应林业建设的要求。

(二)混交理论和营造技术的进展与发展问题

1. 混交理论研究进展

混交林是由多种树种组成的，由于各树种的生物学特性差异，并长期生活在一起，不可避免相互影响，相互作用。研究树种种间关系的表现形式、作用方式，以及养分循环规律，对揭示混交林的本质具有重要意义，是营造和培育人工混交林的基础。有关树种混交的系统理论目前尚处于发展阶段，有待进一步大力开拓。尽管如此，近些年来，混交理论和研究逐步深化。

(1)混交林生物量和营养元素循环的研究。通过对不同林分调查，测定现存生物量和年生长量，以及枯落物积蓄量和年凋落量，进行氮素和灰分元素分析，计算枯落物层和生物量的元素积累量，年凋落物中氮素和灰分元素的年归还量，生长量中氮素和灰分元素的年存留量，最后对混交林的生产能力和树种混交的合理性做出评价。国内在这方面已开展许多试验研究，为混交林的营造提供了充分的科学依据。

(2)种间关系表现形式分析。生长在一起的两个以上树种相互产生的促进或抑制作用，呈单方的利害和双方的利害关系。这些复杂的种间关系表现形式，可供营造混交林选择树种的参考。研究目的是搞清各树种混交时利害关系的表现形式。

(3)树种间生化作用方式探讨。它是一树种地上部分和根系在生命过程中不断向周围空间分泌或挥发某种(某些)化学物质，并进而对相邻的其他树种产生影响的一种作用方式。它是树种种间作用方式中的一种，目前国内对它的了解还很少，但研究工作正在深入。

(4)应用^{32}P探索树种种间关系。一般认为，树种对^{32}P的吸收强度是其吸收养分、水分能力的反映，竞争力强的树种在与其他树种混交时，其对^{32}P的吸收比纯林更多，而竞争力弱的树种，则比纯林更少。通过上述研究，已揭示了一些人工混交林树种种间关系，为确定混交方法和混交比例时提供了重要参考依据。

2. 混交林营造技术的进展与发展

目前在探索混交林的营造技术方面，各地都取得了一些新进展。首先选择树种的依据更为充分，南方14省(区)混交林科研协作组从1978年成立以来，营造了以杉木、马尾松、桉树为主要造林树种的混交试验林和中试林面积达533 hm^2(8000亩)，筛选出效果较好的混交组合45个，取得了宝贵的第一手资料，对生产有着重要的现实意义。其次，总结出了一些实用性强的混交方法和混交比例，如星状混交和行带状混交等。

总之，由于人工混交林涉及问题很多，这里不可能一一详述。但有关干旱地区混交林的营造、混交林的经营和主伐利用以及混交林营造的经济效益和成本核算等还都是薄弱方面，今后应加强研究，是十分必要的。

四、几项造林技术与造林技术的配套

近年来，各项造林技术都在原有基础上有了新的发展，这个问题值得逐项加以探讨。本文限于篇幅只能就几项造林及其配套问题作一概述。

(一)造林树种选择

正确的树种选择必须以正确的立地评价和分类为基础。目前，还不存在一个世界通用的立地评价方法和分类体系，各地区都在研究适合于本地区的做法。已有成果的覆盖面还不够广，其中大多数都是以立地指数指示立地的生产潜力，并使之与各立地因子建立数量化关系作为基本方法的。越来越深入的立地研究为更精确的适地适树提供了良好德尔基础。

在选择造林树种时，欧美国家强调要依据树种在一定立地条件下表现的3性：即高产性(Productivity)可靠性(reliability)、和可行性(feasibility)。这种提法给我们以某种启示，即在对用材树种提出速生丰产要求的同时，必须强调可靠性(对灾害因子的抗性及复原能力)和可行性(营造技术可行及经济效益有利)，这是从造林历史经验中总结出来的要求。没有后两个性，树种的速生丰产潜力也发挥不出来，我国在这方面也有过不少教训。

在选用造林树种时，乡土树种和外引树种并重。在乡土树种中筛选出新的有用树种，这项工作在热带地区有较快的发展。把经过长期试验选出来的外引树种作为特定地区的主要造林树种，在世界各国有相当的普遍性，如新西兰的辐射松、巴西的桉树、英国的西脱卡云杉、匈牙利的刺槐、民主德国的花旗松等。无论对乡土树种还是外引树种，都越来越讲究种源的选择及进一步利用良种繁育的成果。栽培与育种密切配合，这是必然的发展趋势。

(二)种苗质量问题

种苗是造林的物质基础，重视种苗质量是世界各国的共同认识。一项大的造林工程必须要有相应的育种计划相配合，应用育种成果必须区域化。良种基地既要保证林木种子有优良的遗传品质，又要有优良的播种品质，因此，种子的生产技术和管理也是重要的。瑞典的Hilleshog公司承担了全国大部分林木种子的生产任务，保证了种子的高质量，其生产工艺和成套设备值得借鉴。

提高苗木质量也是各国研究的重点，为此还开了专门的国际会议(新西兰，1979)。评价苗木质量已开始从形态指标深入到生理指标，只能用优质苗木造林历来是强调的重点。近年来，容器苗在全部苗木中的比重有很大增长，特别是在北方寒冷地区(北欧、加拿大)及热带地区，如加拿大魁北克省计划把容器苗比重到1988年提高到73%，大棚育苗和自控温室育苗并重。瑞典有向高度自动化的工厂化育苗发展的趋势。

阔叶树种的无性繁殖技术近年来有很大发展，巴西的桉树无性繁殖，由于解决了幼化问题及生根技术，有了新的突破，大大促进了人工造林的良种化，也大大提高了单位面积林分生产量。

新技术在培育良种壮苗方面的应用有很广阔的前景，如用深度冷冻技术保存种质资源(种子或分生组织)、组培技术、人工种子、用含有除草剂及肥料的高分子化合物包裹种子的技术，用含有稀土元素的塑料薄膜盖温室(能吸收紫外线并使之转化红色光谱)等。

（三）造林施工技术

整地、栽培、抚育是造林的主要施工工序。合理的整地能显著提高造林成活率及促进幼林生长。近年来，可以看到进一步提高整地集约度的趋势。前苏联专家提出，在清除伐根后进行宽带整地比原来用的窄带整地可使林木生长量提高1.5倍。集约整地很费工，因此世界各国都在努力提高整地作业机械化程度，设计了许多适合于当地条件的整地机械，如适合于美国东北部沿海平原的高垄整地机械，适合于苏格兰山地的带状加穴整地机械等。在整地前的林地清理中应用火或除草剂的技术也在不断提高。林地排水后造林在芬兰、前苏联及美国东北部都有相当的规模。

在造林工作中植苗造林的比重增大的趋势仍在发展，只有少数地方（如芬兰）在提高了种子保护技术的基础上又提出了发展播种造林可能性问题。虽然世界各国都在不断改进植树机的设计，而且出现了高度自动化的种植容器苗的样机，但到目前为止栽植工序还是靠手工操作，发展了一系列手工植苗的辅助工具，如专用的盛苗袋（外为白色里为黑色的防高温塑料袋），为防裸根苗窝根的小工具，容器苗植苗枪等等。

以控制竞争为主要内容的幼林抚育工作是重要的造林工序。除传统的机械中耕抚育外，高选择性除草剂的应用越来越广。最近，美国伊利诺伊州大学又推出了光敏性的除草剂，效率高、无残毒，很有前途。应用各种覆盖物，包括应用暗色塑料地膜，既能增温保水，又能抑制杂草的生长，越来越受到重视，但要克服价格昂贵的障碍。

（四）造林技术的配套问题

把各项适合于一定立地条件的造林技术措施配套应用是近来一大进步，只有配套的技术才能取得生态经济的最大效益。在经营用材林时，美国的火炬松造林和花旗松造林可以作为这方面的典型例子。美国华盛顿州的双港地区，Ⅱ类立地的花旗松，轮伐期45年，未集约经营的年平均生长量为9.7m^3/hm^2，经用壮苗人工栽植、合理疏伐，可提高林分生产率43%，再经过施尿素（每公顷220kg）又可提高25%，综合效果年平均生长量可达到164m^3/hm^2。到1992年，可供应第一代改良种子，生产力还可进一步提高。美国北卡州火炬松林地，立地指数70（英尺），轮伐期30年，未集约经营的林分年均生长量为2.8m^3/hm^2，经人工壮苗栽植及合理疏伐可提高林分生产率112%，经排水、高垄整地结合施磷肥又可提高263%，再经使用第一代改良种子及施用尿素又可提高88%，总计配套措施效果可使年平均生长量增至15.9m^3/hm^2。1983年已开始提供第2代改良种子，林分生产率还可再提高12%。

造林技术的另一种配套可在混农林业的发展中得到体现。这种把林木栽培与农作物（包括粮食作物、蔬菜、油料、牧草、药用植物等）栽培结合起来，形成复合农林生态系统的做法，可以应用多样的配套技术，使之既能提供多种产品，又能发挥良好的生态效益。这是国际上近年来进行重点研究的一个方向。为此还在内罗毕成立了专门的国际混农林业研究委员会（ICRAF）。我国在这方面也积累了一定的经验，如桐农间作、综合防护林体系等，有相当大的国际影响。

阔叶树种栽培技术概述[21]

第一节　阔叶树造林基础理论

一、阔叶树种的形态和生长发育

阔叶树种属于种子植物中的被子植物，构造上有完善的机构和输导组织的明显分工，通过根、茎、叶等器官占领空间，把太阳能转化为化学能，把无机物合成有机物，供人类利用。并通过所形成的森林群体，起着改变环境、调节气候和净化大气的作用。

由于阔叶树种类很多，形态、特性和用途各异，造林工作者必须科学地认识各树种的生物学和生理生态学特性，并根据造林目的，正确地选择树种和采取相应的有效的营林措施，以实现栽培树种的速生、丰产、高效和优质。

(一)阔叶树种形态特征和树种分类

树木形态特征主要指其根、茎、叶及花果的形态。研究树木形态特征的目的在于识别和分类，为人类的利用和选择提供依据。从栽培角度出发，在于根据不同形态特点，正确选择树种并采取相应营林措施：如根据冠幅的宽窄、喜光程度，制定合理的造林密度；根据树种的耐阴程度、分枝习性和根系类型等，制定有效的混交类型等。为此，必须对阔叶树种按其形态特征和生态要求进行比较归类。

1. 按落叶性质分类

常绿阔叶树种是亚热带植被群落的主要组成树种，常年叶宿存，到换叶季节，一般是新叶生长后，老叶逐渐脱落。落叶树种主要分布在温带，但在北亚热带植物群落中，落叶树种成分有所增加，如桦木、桤木、拟赤杨、泡桐等。落叶树种一般每年冬季落叶一次，凋落物数量较多，落叶季节林地的透光量增加，地面温度明显，有利于凋落物分解和土壤微生物活动，因此采用落叶与常绿树种混交能取得较好效果。常见落叶树种有泡桐、麻栎、檫树、南酸枣、鹅掌楸、香椿、降香黄檀、枫香、喜树、桤木、凤凰木、木棉、山乌桕、构树、银杏等；常见常绿树种有红锥、栲树、青钩栲、米锥、甜槠、黎蒴栲、樟树、楠木、海南木莲、观光木、灰木莲、木荷、刨花楠、火力楠、格木、锥栗、母生、青皮、杨梅、油茶、大头茶等。

2. 按树冠形态分类

不同树种的分枝习性不同，其树冠形态有宽窄、疏密、长短之分，其占有空间面积幅度、透光性能也不同，从而影响林分结构、造林密度和种内、种间的竞争程度。从树冠外表看常有塔形(楠木)、

---

[21] 原文载于“广东省阔叶树育苗技术培训班教材”(广东省林业种苗与基地管理总站编印，2002，9：1～17)。

球形(樟、栲树)、卵形(木莲)及伞形(幌伞枫);冠形常随年龄阶段及所处林分环境不同而变化。一般以幼、壮年时期为准。窄冠形树种有楠木、火力楠、木荷、尖叶杜英、栲树、乳源木莲;中冠形树种如青钩栲、喜树、香椿、观光木、深山含笑、米锥、马占相思等;宽冠形树种如银杏、泡桐、锥栗、樟树、檫树、南酸枣、格木、降香黄檀、枫香、南洋楹、桤木、坡垒、柚木、母生、凤凰木、红椿、非洲桃花心木、麻栎、甜槠、山乌桕、木棉等。

3. 按根系分类

不同树种根系结构不同,有的主根明显,分布较深,有的侧根发达,疏展扩散,有的则密集狭窄。如深根性树种有栲树、青钩栲、红锥、石栎、米锥、甜槠、樟、檫、楠木、南酸枣、桃花心木、格木、台湾相思、枫香、青皮、坡垒、母生、柚木、木麻黄等;浅根性树种如泡桐、海南木莲、火力楠、木荷、拟赤杨、香椿、山乌桕、观光木、乳源木莲、喜树、深山含笑、福建含笑、台湾桤木、凤凰木等。

4. 按生态条件要求分类

一般根据树种的耐阴程度分为3类:喜光树种、耐阴树种和中性树种。树种的耐阴性对混交林的树种搭配具有重要意义。喜光树种如银杏、泡桐、相思类、桉类、麻栎、檫树、南酸枣、幌伞枫、香椿红椿、格木、黄桐、桃花心木、岭南山竹子、降香黄檀、铁刀木、枫香、南洋楹、青皮、团花、鸡尖、石梓、复羽叶栾树、翻白叶树、柚木、凤凰木、仪花、木棉、乌榄、山乌桕、千年桐、喜树、构树、木麻黄等。中性偏喜光树种如樟树、火力楠、黄杞、黎蒴栲、罗浮栲、青钩栲、海南红豆、米老排、刨花楠、木荷、海南蒲桃、苦槠、重阳木、红苞木、杨梅、红花天料木、多花山竹子、枧木、毛竹等;中性偏阴树种如红锥、米锥、海南木莲、楠木、紫荆木、观光木、鹅掌楸、拟赤杨、桤木、榕树、朴树、尖叶杜英、鸭脚木、铁冬青、深山含笑、土沉香、阴香、潺槁树、广宁红花油茶等。耐阴树种如竹柏、坡垒、甜槠、阿丁枫、大果马蹄荷、杜英、栲树、楠木、小木莲等。

对土壤肥力的要求:喜肥树种如樟树、楠木、泡桐、檫树、青钩栲、观光木、鹅掌楸、海南木莲、刨花楠、香椿、格木、非洲桃花心木、柚木、团花、喜树、拟赤杨、肉桂、厚朴;中等喜肥树种如巨尾桉、尾叶桉、锥栗、栲树、桤木、红花天料木、木棉、油茶、南洋楹、火力楠、深山含笑、南酸枣、枫香、木荷、重阳木、凤凰木等。耐瘠树种:相思类、红荷木、降香黄檀、青皮、赤桉、木麻黄等。

5. 按树种功能分类

(1)肥土树种,指能够改良土壤和提高土壤肥力的树种。如豆科和非豆科固氮树种(相思类的马占相思、厚荚相思、纹荚相思、直干型大叶相思等以及新银合欢、台湾桤木、江南桤木、四川桤木)。

(2)抗大气污染树种,如抗二氧化硫树种:喜树、栾树、枫香、构树、青冈、木麻黄等;抗氯气树种:构树、夹竹桃、樟树、朴树、泡桐等。抗氟气树种:构树、朴树、香椿、木麻黄等。

(二)阔叶树种生长发育特点

表1　广东一些阔叶树种的物候期　　单位:月

树种	萌芽	抽梢	生长盛期	休眠期	开花期	果熟期
黎蒴栲	2	4	7~9	12~1	4~5	11~12
栲树	2~3	4	7~9	12~1	5	11~12
甜槠	2~3	4	7~9	12~1	4~5	10~11
樟树	2~3	3~4	6~9	12~1	4~5	11
楠木	2~3	3~4	8~10	12~1	4	11~12
深山含笑	3	4	8~10	12~1	3	10
观光木	3	4	7~9	12~1	3~4	10
木荷	3	4	7~9	12~1	4~5	9~10
枫香	3	4	7~10	12~1	3~4	10~11
阿丁枫	3	4	8~10	12~1	4	103
油茶	3	4	5~8	12~1	11~12	10~11

阔叶树种的一般生长过程：研究林木生长规律，目的是根据生育特点而采取不同营林措施。阔叶树种类繁多，特性各异，其生长规律差别很大，如广东的栲树、木荷来看，生长速度中等，寿命较长，能生长成高大乔木。从天然林树干解析来看，一般60年生，树高可达25～30m，胸径25～40cm，单株材积可达0.5～0.8m^3。高生长早期较慢，5年后加快，速生期可持续到40年左右，年均生长量50cm以上。胸径生长10年以后加快，速生期可持续70年以后，年均生长0.4～0.6cm。材积生长25年后加快，速生期可持续到70～80年以后，50年时单株材积可达0.5m^3，75年达1.0m^3。人工栽培的阔叶树种生长速度较天然林快。如福建三明莘口教学林场6种阔叶树人工林生长情况，13年生的人工林和天然林相比，其胸径、树高和材积的平均生长量分别比天然林快2、3和7.1倍。

二、阔叶树的栽培特点

阔叶树和针叶树的人工造林，由于树种生物学特性和群落学特征不完全相同，因而造林技术措施既有相似性也有特殊性。充分认识阔叶树的栽培特点，才能制定正确的栽培措施，并收到较好的造林效果。

过去，针叶树种之所以能够形成相当规模的人工造林，主要原因是由于针叶树一般高大、通直、圆满，具有良好的速生和丰产性能，冠形多为塔形，冠幅较小，适宜密植，因而单位面积蓄积量和出材量均较高，是商品材的主要来源，建筑、造纸、用材和采脂，都离不开针叶树。

阔叶林是以阔叶树种为主要成分构成的森林群落。广东省阔叶林自然植被的主要类型有中亚热带典型常绿阔叶林和南亚热带季风常绿阔叶林2种地带性森林植被类型。广东省现有天然阔叶林除自然保护区外，基本上为天然次生阔叶林，是天然林粗放择伐或皆伐后封山天然更新形成的，往往缺乏优良阔叶树种建群的上层乔木，其中少数为进展演替，而相当部分次生阔叶林反复采樵化，已成为低值次生疏阔林或灌丛林。但现保存较好的各地带性常绿阔叶林区系组成均十分丰富，经长期演变形成多树种、多层次、多类型的阔叶林。虽然各种天然阔叶林类型的树种组成、层次结构和生态环境较为复杂，但都具有自动调节、自行施肥、自行更新的功能，生长繁衍不息，成为相对稳定的森林植物群落。所以，阔叶树的培育包括天然阔叶林的更新、恢复和人工阔叶林的栽培。阔叶林的人工造林和天然更新是2种不同的培育途径，重建阔叶林的机制和培育技术有很大差异。这里侧重谈谈阔叶树的栽培原理。

阔叶树人工造林，像针叶树一样，林木速生丰产的原理是相同的，即实现阔叶树速生丰产同样必须具备优良的遗传品质，合理的林分群体结构和良好而稳定的生长环境3个条件。为了满足这3个基本条件，首先必须通过遗传控制途径，采取林木遗传改良，如选育良种、引种驯化、种源选择等措施，有计划地营建种子园、母树林、采穗园，提供品质优良的繁殖材料培育壮苗，这是实现阔叶树种速生高产的先决条件。其次，立地控制。阔叶树造林同样要求与一定的立地条件相适应，这就要慎选造林地，并采取细致整地，科学施肥、灌溉、幼林抚育等，以保证林木生长有一个良好的生态环境。三是林分结构控制。合理的林分控制，包括树种组成、混交方式、林分密度、林层、年龄结构，以及营林措施，如抚育间伐、调整树种组成和林分密度，以保证林分结构始终处于最合理状态。除此，阔叶树种在树种生物学和生态学特性以及群落结构上较针叶树种差异大，因而栽培技术措施也不一样。

阔叶树主要造林树种比较复杂，既有喜光树种，也有中性或耐阴树种。特别是一些耐阴树种的育苗和造林技术难度大，在林分结构设计上应充分考虑到树种的耐阴性和生长速度的差异。阔叶树种实既有蒴果、荚果、翅果、坚果等，也有肉质果、核果、浆果等。因此，种实处理方法显然不同，贮藏、催芽方法各异。大多数阔叶树的树冠扩展，成年树种需营养空间大，经营密度较难调控，如樟树、檫树、泡桐。多数阔叶树的萌芽力、抗火性和再生能力较强，可实施萌芽更新。阔叶树对水湿条件的要求一般较针叶树严格，如樟、楠、檫、观光木，甚至木荷，应选山坡中下部、较肥沃的造林地；一些耐阴性阔叶树种（坡垒）不仅要求阴坡、半阴坡、沟谷边，甚至要求在林冠下造林。

在群落结构方面，针叶树多数可成单优群落并经营纯林，而阔叶树除桉、杨、相思类及少数乡土树种外，一般在幼年就要求有显著的森林环境。乡土阔叶树种与针叶树混交造林，比纯林生长好。营造阔叶树纯林效果不尽人意的主要原因，仍然是由于树种生物学特性及林分结构要求不同造成的。用针叶树的造林方法套用阔叶树经常导致失败。如樟树、檫树等宽冠幅树种，在山地营造纯林，造林密度不论大小都难以获得成效。南方各省(区)檫树人工纯林几乎都失败，原因是檫树易得心腐病早衰。但檫树与杉木、建柏混交，混交比例檫仅占1/4～1/8，混交方法是星状散生，使檫树早期速生，冠幅扩展，迅速占据上层营养空间，这就避开了檫树早衰心腐现象，整个混交林分生势良好。成片的木荷人工纯林多数是低产林，但木荷防火林带或与杉木、马尾松带状混交造林的，则生长较好。说明阔叶树造林一定要搞混交林，过去很多地方搬用杉松造林技术来营造阔叶树的纯林，特别是珍稀优良阔叶树种，如观光木、母生、青皮、坡垒等，往往成效甚微或失败告终。要知道多数乡土阔叶树种原生于物种十分丰富的天然阔叶林中，长期适应于多树种之间的竞争，各有其特定的生态位，但当把这些树种单独迁移出来营造纯林时，由于失去种间竞争而生长势衰退或干形不良。所以，至今一些优良乡土阔叶树种人工造林发展缓慢，并难以推广的原因之一就是如何营造混交林，如何在培育过程中掌握林分组成结构的机制与技术调控措施。

第二节　阔叶树人工造林技术

一、阔叶树造林林分结构的设计与培育

阔叶树林分结构是指营造阔叶树人工林时形成怎样一种林分群体，亦即林分群体各树种组成成分在时间和空间的分布格局或相互制约、相互作用的方式。林分结构设计内容包括树种组成，单层或复层林，同龄林或异龄林，造林密度及各龄级的经营密度，密度配置与控制技术等。阔叶树造林效果好坏与林分结构合理程度有密切的关系，特别是一些乡土优良建群阔叶树种在林分结构复杂的天然林中，生长良好，而一旦进行人工驯化栽培，却往往生长不良，其原因一方面受树种遗传性的影响，另一方面受环境因子，包括林分群体内部的相互作用和制约。因此，在培育过程中，应根据培育目标充分考虑应采取哪些配套技术措施，从幼林开始就形成合理的林分结构和森林环境，保证林分阶段生长发育、持续稳定生长、优质高产或高质量的生态效益。

(一)设计原则和依据

首先，应遵循适地适树原则，所选树种应充分了解生态学和生物学特性，分布范围、垂直分布与适生环境，应选什么样的造林地；其次，应坚持生物多样性与生态稳定性原则。人工林生态稳定性取决于该系统的多样性(生态系统多样性，物种多样性和遗传基因多样性3个层次)，很多阔叶树在天然林中生长特别好，而人工林则大为逊色，其原因是天然林生态系统的物种多样性丰富，而人工林往往是结构简单的单优群落。因此，在阔叶树造林时应考虑树种组成、造林密度、经营密度和抚育间伐对生物多样化 生态稳定性的影响。此外，阔叶树造林还应坚持生态经济原则。生态经济原则是研究人工林生态系统和经济效益相互作用与制约的规律。我们的目标，首先看重阔叶林在涵养水源、保持水土、维系生态平衡及保护地力方面的生态功能效益，但也追求培育乡土优良阔叶树种大径级珍贵材的高经济效益，并运用森林更新的择伐方式，保持森林持续稳定的经营。这就是阔叶树造林在具体设计林分结构时还要提出设计的依据，即解决造林目的、培育目标、立地条件、经营水平及造林更新方式等。同时，阔叶树种的造林成本、风险、轮伐期和主伐更新方式都会影响经营效果，应根据以往造林经验和技术水平的实际情况，在设计时认真考虑。最后，根据经营条件、立地条件设计树种组成(纯林或混交林)、初植密度与配置，经营密度控制过程和技术(即抚育间伐的次数、时间、方法、强度等技术要素)，以及采取的配套技术措施。

(二)阔叶树人工林的树种组成

栽培阔叶树特别是优良乡土或珍稀阔叶树，应特别重视研究群落的形成过程，树种组成对群落外

貌、群落物种、垂直与水平结构、群落生态特征和生态稳定性诸方面的影响。种群和树种组成是森林群落结构的重要特性。阔叶树人工林的种群多样性取决于造林更新方式、经营方式和地带性气候条件。有关阔叶树混交造林详见后述。

(三)造林密度与配置

造林密度或初植密度是阔叶树各生长发育时期林分密度或经营密度的数量基础，是决定林分结构的重要因子，必须十分重视。很多乡土阔叶树造林时间短，经验不足，有关林分密度效应的研究贫乏。因此，不少单位在造林时参考杉木、马尾松的造林密度，难免带有盲目性。应根据不同树种的生物学特性，设计合理的全林分初植密度，以保证各阔叶树造林后能够适时郁闭，并保证树冠得以正常生长发育，而不致于过早抵制树冠生长，这样才能增强林分的生长稳定性和抗逆性，从而在林分生长发育过程中按预定目标通过人工干预，调控林分密度，使经营密度合理，既能保证林分个体和群体有充分生长发育的条件，又能最大限度地利用营养空间，获得最大经济生态效益，这是阔叶树人工林经营效果好坏的重要环节。

适宜的造林密度并不是一个常数，而是一个随培育目标、林分年龄、立地条件及经营水平等因素变动而变化的数量范围。为了阔叶树造林后能够生长稳定、优质、高产，必须调查研究不同阔叶树的冠幅大小、生长速率以及在不同立地条件下和年龄阶段适宜的密度范围，并预测到林分郁闭后人为调节控制密度的。培育大径材为主，应根据树冠大小，保证林木个体有充裕的营养空间，一般在造林后4～6年郁闭为宜，初植密度不宜过大；反之，以培育中、小规格材为目的，初植密度可适当大一些。树种生长速率、冠幅大小、喜光性等往往是确定造林密度的重要依据。生长较慢的耐阴性阔叶树，如楠木、坡垒等，即使培育大径材，初植密度也不宜太小。立地条件好，集约程度较高，初植密度可小些，反之，则适当增大造林密度。

栽植点配置：造林密度确定后，还要考虑栽植点的合理配置，以便更充分地利用光能和地力，保证树冠生长发育所需的空间，调节植株之间的互相关系。栽植点配置方式主要有正方形、长方形和三角形3种。正方形株行距相等，长方形行距大于株距，对宽冠阔叶树起边缘效应。在坡度较大的山地宜用三角形配置，上下行栽植点的位置互相错开，有利保水固土，拦截地表迳流，增加造林密度15%，但施工较麻烦。阔叶树常与针叶树种混交，其株行距和配置应有所不同。一般阔叶树冠幅较大，与针叶树的行距(或株距)应适当加大，以免阔叶树生长过早受到抑制。

二、阔叶树种的混交造林

广东省长期的造林实践证明，很多优良乡土阔叶树种营造单纯林，不仅多分叉、干材形质差而且往往生长不稳定，效果很差而影响群众造林积极性。如檫树人工纯林一般在10年后，生长严重衰退甚或发生心腐病而逐步枯死，但与杉木星状散生混交林后，则在几十年培育过程中，生长变稳定，常居于混交林的主林层。这是由檫树生物学特性和在天然林中的生态位所决定的。混交林由于发挥一系列种间关系，树种间的相互作用才使生态系统趋于动态平衡，并通过人为调控，使种间关系趋向于互利为主。因此，对混交林中种间关系的研究就成为培育阔叶树的一个重要研究课题。

(一)混交林培育模式

1. 长期混交模式

以阔叶树为目的的树种与伴生树种混交，共存共荣直至主伐。如马尾松与红锥、木荷，杉木与檫树、火力楠，樟树与福建柏等混交林均属于长期混交模式。这种混交常用于一般阔叶树的培育，多形成单层或复层混交林。

2. 短期混交模式

这种模式以阔叶树为目的树种，选择适宜的伴生树种与其短期混交。如楠木、红锥、米锥与杉木混交。阔叶树宜培育大径材，实行长轮伐期，而杉木到10年以后，逐步间伐杉木留下阔叶树直至主伐。这种模式能起到主伴树种辅助、改土和促进生长作用以及改善干材形质增加短期收益，特别对培育侧枝粗壮发达的阔叶树(樟树、南酸枣等)的优质干材具有现实意义。但木兰科的一些树种，如观光木、火力楠、木莲、石碌含笑、鹅掌楸以及母生、青皮、坡垒、木荷、拟赤杨、阿丁枫等树种，可选择一些喜光、速生、萌芽力强的阔叶树(直干形大叶相思、马占相思、厚荚相思、银荆等)实行多树种的短期混交，会收到良好混交效果。

3. 立体混交模式

人工模拟天然生态群落结构，采取多树种、多层次混交，形成多树种的立体配置，把光、热、水、气等环境资源由平面利用转为空间立体利用，增加阔叶树人工林生态系统的多样性和稳定性，同时使生态系统的资源得到多层次多途径的利用和转化，提高生态系统的物质循环和能量转化机制。

一个人工林分群落的营造关键是要有科学依据的、有培育技术条件的选定林分主要目的树种，即主林冠层的优势建群种，数量1~3个和次林冠层伴生混交树种，数量3~5个，以及下木层树种，数量1~2个。经营是多目标的，对生态公益林而言，生态防护功能(涵养水源和保持水土)是主要的，但林分群落的主体仍进行正常的经营活动，当优势建群种树龄成熟后(40~50年或更大)，可进行一定限额的主伐更新，其采伐方式只能选择择伐或渐伐，经营目标是培育大径级珍贵材，以达显著的生态经济效益。这样人工培育起来的近天然林的森林群落，还可划出部分自然保护区或森林公园作为休憩林的社会功能。这种混交方式多形成复层林结构。

4. 景观混交模式

应用景观生态学原理优化林区树种景观结构。即根据造林地地形、土壤条件的宜林程度，选择适宜的树种种植小面积阔叶树纯林，形成不同坡位、隔沟隔坡不规则的块状混交，使林区形成不同树种、不同年龄的森林群落，能使空间上互相镶嵌的生态系统发挥出分室效应。如山坡中下部选择对水肥要求较严格的阔叶树，山坡中上部种植适应性强的针阔叶树种，如松类、相思类。不同树种的块状纯林组合起来，可充分利用纯林交界处的边际效应，改善林区生态质量。这种模式既保证了宏观上形成混交格局，增加物种多样性和林分稳定性，又可在微观上减少树种规则配置和栽培管理上的复杂性，缓和了树种间的矛盾。

(二)混交树种选择与结构模式的选定

1. 混交林营造技术

营造混交林首先应按经营目的和培育目标的要求，遵循适地适树原则，选定目的树种，然后根据可供选择的混交树种的生态学和生物学特性，选定种间关系较协调的混交造林树种。主要考虑混交树种的生长速度，竞争潜力的差异，树种的形态学特性，如常绿与落叶、阔叶与针叶、宽冠幅与窄冠幅、深根性与浅根性等；生态学特性，如喜光与耐阴、喜湿与耐旱、喜肥与耐瘠薄等；生物学特性，如速生与慢生，长年生长型与早期生长型，不同的生态学特性可互相搭配混交。混交树种选择的原则不仅要符合经营目的和适地适树，而且种间生态要求基本协调，在生态位上尽可能互补，育苗和造林技术容易掌握，繁殖容易，萌芽力较强，便于调控。但在目前林业生产上，多以针叶树作为目的树种，因干形通直，顶端优势明显，冠幅较窄，对阔叶树生长的促进作用大，故常选阔叶树为混交树种，如杉木作为目的树种的针阔混交林有檫树、火力楠、观光木、鹅掌楸、米老排、红苞木、木莲、乐昌含笑、深山含笑、拟赤杨、米锥、枫香等，常取得较好的混交效果。今后造林中，应大力探索以阔叶树为目的树种的混交模式。

2. 适宜的混交比例

混交林各树种所占的百分比称为混交比例，简称“混交比”。混交比是影响混交造林效果、调节种间关系的技术关键。广东省天然阔叶树林中树种组成十分复杂，但往往建群种和优势种明显，说明树种间的竞争强烈，生长快、适应性强、竞争潜力大的成为优势树种，特别是天然林中的壳斗科树种，常居主导作用。人工营造混交林，关键是确定合理的混交比例，使种间关系尽可能保持协调、稳定。在确定混交比例时，应充分预估到种间关系时空因素的发展变化，分析生长速度和冠幅大小，竞争力的差异。红锥与杉木混交，红锥为宽冠幅树种，速生喜光，初植密度宜600~750株/hm^2，杉木1200

~1500 株/hm^2，培育过程中间伐杉木，保留阔叶树，实施一伐阔叶树、二伐杉木的经营方式。阔叶树主伐株树 450~600 株/hm^2，既充分利用林地资源，节省造林成本，且可培育阔叶树大径材。反之，一些慢生、耐阴、珍稀、窄冠幅、竞争力较弱的阔叶树，如楠木、刨花楠、海南红豆、坡垒、拟赤杨等用为目的树种，其混交比例应占优势地位，其他针阔叶伴生树比例不宜大于 1/3。

3. 正确的混交方法

混交方法是指参加混交的各种树种在造林地上的排列方式。同样一种混交比例，混交方法不同，种间关系会发生逆转。如楠木与杉木混交比例 5∶5，采用株间或行间混交，楠木肯定受杉木压抑而导致混交失败。但采用带状或块状混交，则缓和了种间矛盾，混交效果明显改观。营造阔叶树混交林，可选以下几种方法：

(1)星状混交，也叫插花混交。一个树种以单株形式隔一定距离混交于另一树种之中。或每隔几行混交一行，在混交行中再每隔 3~5 株混交 1 株，形成规则的插花混交。如对于一些生长速度较慢的珍稀阔叶树，选择速生树种作为伴生树种时，多采用星状(插花)或行带混交，伴生树种占 1/4~1/8，可获得较好的混交效果。

(2)株间混交，又称行内隔株混交。在同一种植行隔株种植不同树种。此法适用于种间关系容易调节的乔大乔小木混交或乔灌混交。

(3)行间混交，亦称隔行混交。种间关系有利或有害作用多在幼林抚育后才表现出来。较适用于种间关系较协调，生长速度差异不大的树种搭配，如火力楠、观光木与杉木混交；木荷、红锥、米锥与马尾松混交。

(4)带状混交。一个树种连续种植 3 行以上成“带”，与另一个树种构成的“带”依次种植的混交方法。也可将生长速度快的树种改种单行，形成行带状混交。其优点是保证主要树种占优势地位，削弱伴生树种(或主要树种)过强的竞争优势。如 1 行檫或樟与 3~4 行杉木或其他阔叶树混交。

(5)块状混交。有规则和不规则 2 种方法。在平原或地势平坦的山坡地采用小块状(30~100m^2)种植不同树种。在南方山区地形变化复杂，一般难以采用规则的块状混交，多依地形、土壤变化情况，形成不同树种配置的小块状纯林，从宏观上构成不规则的块状混交结构。造林施工较方便，但难以充分体现混交林的优越性，适用于种间矛盾尖锐的树种。

4. 种间关系的调节与控制

营造混交林成败的关键在于处理好种间关系。种间关系错综复杂，相互作用和影响的表现形式也是各式各样的。最终表现出多种作用方式相互影响的综合效果。这种“结果”也可能是互利，或偏利，或互害。混交林种间关系的调控，关键是造林前应进行周密的设计，包括树种搭配、混交比例、混交方法和造林密度。特别需要注意的是造林密度和株行距配置，如火力楠、观光木、乳源木莲与杉木混交造林，初植密度不宜过大，且株行距不能等同。一般速生的阔叶树种，其株行距应适当加大，以保证树冠生长有足够的营养空间，避免冠生长过早受抑制。在林木生长过程中，人为调控技术主要有抹芽、修枝、斩梢、间伐、平茬、环剥等。当混交林的种间矛盾激化时，选择适当措施，削弱竞争性强的混交树种的生长势。

三、造林施工技术

(一)选择适宜的造林地

坚持适地适树，选择适宜的造林树种，是阔叶树造林能否成林、成材的关键。各种阔叶树对立地要求差异较大，但多数树种对土壤水湿条件要求较高，如樟、檫、楠、拟赤杨、鹅掌楸、南酸枣、泡桐等；但木兰科树种(火力楠、观光木、灰木莲、乳源木莲、石碌含笑等)、壳斗科树种(红锥、米锥、栲树、黎蒴栲等)以及木荷、枫香、阿丁枫等，要求中等肥力以上立地条件。只有台湾相思、任豆、大头茶、铁冬青等阔叶树较耐瘠薄。有些耐阴阔叶树(如黎蒴栲幼苗栽植)甚至要求在林冠下造林，可选择合适的疏林地。一般杉木生长良好的采伐迹地，其二代或三代更新都适宜种植阔叶树。还应指出，阔叶树与马尾松、杉木混交造林，由于混交林具有护土、改土、肥培土壤的作用，因此，对造林地要求可适当放宽。

（二）林地清理

林地清理是整地前采伐剩余物或杂草、灌木等进行清理的一道工序，为开展整地、造林创造方便条件。林地清理分带状清理、全面清理和块状清理。林地清理方式、方法，应考虑到生物效应和生态效应两方面，即通过林地清理有利于消灭杂草、病虫害，改善林地卫生，促进幼林生长，同时有利于保水固土，减轻地表径流，防止水土流失，有利于地力保持和林地持续利用。

林地清理关键问题是炼山的具体应用。林地清理应注意环境保护，维护地力，提高森林资源利用率，因此，尽量避免采用炼山，而采用局部（带状或块状）砍杂清理。坡度30°以下，杂草灌木高密，不炼山难进场整地，可实行局部控制炼山，面积一般不超过$2km^2$。

（三）造林地整地

阔叶树造林多采用山坡穴状整地，穴的规格视造林树种及立地条件而定。一般穴面30～50cm见方，深度25～40cm。要求挖明穴，回表土，心土与表土分开，捡净树蔸、石块，经过一段时间熟化再回填表土更好。整地季节适当提前，以利土壤熟化，提高造林质量。

（四）栽植造林

广东阔叶树造林主要采用实生容器苗、扦插苗或组培容器苗。容器苗对于种子稀少、裸根栽植难成活树种，特别是一些珍稀濒危树种具有重要意义。容器苗播种量少，节约种子，育苗时间短，3～4月即可出圃，且带土带肥全苗上山，缓苗时间短而直接扎根生长，造林成活率高，当年生长量大。在广东容器育苗发展最快，推广规模最大，已成为提高造林质量、促进林分速生高产的造林常规措施。目前普遍使用营养袋是黑色塑料薄膜制成的，直径8～10cm，高12～15cm，底部周边打若干个孔，以利排水。营养土配制是容器育苗的关键之一，目前阔叶树容器苗普遍采用的营养土配制方法是用黄泥心土30%，火烧土30%，肥沃的有机质土（森林表土即腐殖质土或圃地表土）20%，菌根土10%，细河沙10%混合，再加入过磷酸钙2%～3%，pH值为5.7～6.5。育苗期可在秋冬，翌年3～4月出圃造林；若春季育苗要到夏初5～6月造林。栽植时，把容器薄膜拆除，根土不松开，用双手小心压紧土壤，切忌乱踩，以利根系伸展，扎根土壤中。不论选择什么季节造林，都应在下透雨后连绵阴雨天气进行，若雨后晴天造林，对苗木要采取适当保护措施，如淋水。

（五）幼林抚育管理

阔叶树新造幼林，最重要管理措施是除草松土、施肥、翻土垦复以及抹芽、除萌、修枝、摘藤蔓、平茬等。在造林头3年每年都要进行1～2次的锄草松土，挖除茅草根。第一次抚育在5～6月，第二次在8～9月。除草时结合松土培土或扩穴通带。连续除草2～3年后，根据幼林郁闭跟杂草情况，每年再进行1次劈草抚育，劈除萌生条。一些生长较慢的珍贵树种，幼林抚育要坚持4～6年，直至幼林郁闭为止。施肥也是珍贵阔叶树培育的重要措施之一。广东土壤普遍缺磷，施肥应以磷肥为主的复合肥。施肥方法多种多样，一般可以整地造林时施基肥（复合肥100～150g/穴），幼林抚育追肥（复合肥50～100g/株），采用穴施、开沟施等。在较差的造林地营造珍贵阔叶树种，为改善土壤结构，促进林木生长，应在幼林郁闭前进行小块翻土复垦。对于侧枝粗壮发达的阔叶树种，应在侧枝尚未形成枝条之前及时把芽抹去，以培育通直干材。叉干性强的树种（如青冈）可及时修枝，改善干材形质。新造泡桐，幼林生长不良时，可平茬更新。如造林密度过大，应在幼林郁闭后及时间伐，保证林分有正常的冠幅生长。对于自然整枝强烈的树种（如檫树），修枝容易使林木发病，不可盲目修枝。珍贵阔叶树种培育周期一般要30～40年，甚至更长时间。在培育过程中，必须做好病虫害防治、鸟兽鼠害以及人畜破坏等森林保护措施。

几个优良阔叶树种综述[22]

一、樟树

别名：香樟、芳樟、樟木、小叶樟

学名：*Cinnamomum camphora*（L.）Presl

科名：樟科 Lauracaceae

樟树常绿大乔木，高可达50m，胸径5m；是我国著名的珍贵乡土用材树种，在我国已有2000多年的栽培历史。樟树材质致密、坚硬、光滑美观，有特殊香气，耐湿，抗腐防虫，干燥后不翘不裂。是造船、家具、美术工艺品的上等用材，其全身都可以提取樟脑和芳香油，经济利用价值很高，广泛应用于化工、医药、国防工业部门，四季常绿，是我国重要出口物资。我国台湾省所产樟脑数量多、质量居世界首位。樟树树冠浓密，树形美观，耐烟尘，是用材林、特用经济林（油料林）、四旁和园林绿化的优良树种。

分布在北纬10°~30°，东经88°~122°之间，主要产地在长江以南的台湾、福建、江西、广东、广西、湖南、湖北、云南、浙江等省区，尤以台湾为多。越南、朝鲜、日本亦有分布，福建省除少数岛屿以外，各县均有分布，多生于海拔500~600m以下的低山、丘陵平原。越往南，其垂直分布越高。混生在常绿阔叶天然林中，常见于河滩地，台湾海拔1800m山地上有天然林，中北部海拔1000m以下多为人工林。适生于土层深厚、温润肥沃、pH值酸性至中性的黄壤、黄红壤和红壤，人工造林以四分空地或山坡中下部平缓地或溪谷肥沃林地为宜，忌石灰岩、盐碱土和干燥贫瘠的林地。

广东各地均有樟树分布，常见于河涌溪渠两旁泥滩地，房前屋后，村庄附近以及路边等地，在水肥条件较好的山洼、山麓、山下部与其他阔叶树种组成混交林。曲江县马坝及南华寺，有树高达30m，胸径159~200cm的大樟树。

1956年，中山大学调查雷州半岛植被，海康、徐闻县有以天然樟树为主的热带季雨林1330hm^2，由于人为破坏，至1980年仅剩下小面积的樟树次生林；海康县龙门区足荣乡仍存一片樟树林，最大连片面积达79hm^2。

过去，樟树处于野生状态，很少造林，资源日益减少，50年代以来，广东各地开始重视营造樟树林，种植面积有较大发展，据不完全统计，全省樟树人工林保存约有600hm^2。

天然生的樟树，形态常有变异，依叶形大小与香气不同，可分为香樟与臭樟两个品种，香樟叶较薄，具清香气味，含樟脑量最多，含樟油量少；臭樟叶厚大，微具臭味，含樟油量多，含樟脑量少。

---

[22] 原文载于“广东省优良阔叶树种培训班教材”（2003，8：1~14）。

在广东南部如海康县东山墟四旁种植的樟树生长良好，18 年生树高达 10.6m，胸径 42cm；广州员村樟树行道树 12 年生树高 7m，胸径 21cm，单株材积 0.027m^3。

华南农业大学林学院在乐昌林场枫树下调查表明，樟树生长速度与立地因子密切相关，山坡下部以蕨类、芒草占优势的轻壤质厚层红壤上 11 年生樟树林，平均树高 6.6m，年生长量 0.6m，平均胸径 7.1cm，年生长 0.64cm，而山坡上部以芒萁、檵木占优势的多石质薄层山地红壤，11 年生平均树高 2.9m，年生长 0.26m，胸径 3.7cm，年生长仅 0.33cm。

喜光树种，性喜温暖湿润，各生长发育阶段对光照要求不同。幼林稍耐阴，随年龄增长，对阳光需求增加，到壮年后需强光。适生于年平均气温 16℃以上，极端低温 -7℃以上及年平均降水量 1000mm 以上的地区，降水量少于 600mm 或多于 2600mm，生长不良。1～2 年生幼树对低温、霜害敏感，易受冻害，以后抗寒性逐渐增强；喜酸性或中性砂壤土，不耐干旱瘠薄，能耐短期水淹，对水肥要求高，虽在一般山地丘陵上均可生长，但只有在水肥条件好的林地上才生长良好。

樟树树冠发达，覆盖面积很大，分枝低，孤立木主干低矮，在森林环境中，侧枝少，主干通直。根系很强大，主根尤为发达，故抗风能力强。幼苗期侧须根较少，造林后能形成强大的水平和垂直根系，特别是水平根系更为发达，水平根幅是冠幅的 5 倍。24 年生樟树根系生物量 35.17t/hm^2，占乔木层的 26.06%，仅次于树干。21 年生樟树细根、粗根和根桩占根系生物量的比例分别为 7.56%、57.64% 和 34.80%。由于樟树根再生能力强，常见与邻株根系连生，樟树林可用萌芽更新。由于有庞大的树冠和根系，樟树寿命长，零星栽植数百年及千年古樟并不鲜见。但在自然状态下，很少有樟树纯林存在，常见与槠栲、楠木等树种组成栲楠为主的常绿阔叶林中。

樟树生长快，寿命长。23 年生樟树人工林平均树高 14.3m，平均胸径 27.3cm。最大胸径、树高及单株材积分别为 42.5cm、17m 和 1.046m^3，高生长旺盛期在 3～11 年，平均生长量 1.17m，胸径生长旺盛在 4～11 年，年平均生长 1.76cm，材积生长前期较慢，旺盛期在 11～20 年，其胸径、树高及材积生长旺盛期远比天然林来得早。101 年生樟树树干解析表明：樟树高生长以 10～30 年生时较快，胸径生长以 10～40 年生时较快，材积生长以 50～60 年时最大，说明其材积生长旺盛期较长。5 年生樟树即可开花结实，但结实少且品质差，15～50 年为结果盛期，其树高生长一年中有两个高峰期，分别在每年 5 月和 9 月。

二、木　荷

别名：荷树、荷木（福建、浙江、江西、广东）

学名：*Schima superba* Gardn. et Champ.

科名：山茶科 Theaceae

木荷为常绿大乔木，树干端直，高达 30 余米，胸径 1m 以上，是我国南方最主要的防火树种，阔叶树优质用材和混交造林树种。树干高大通直，木材坚硬韧强，为纺织工业的特种用材。树冠浓密，叶片较厚，革质，抗火性，萌芽性强，是南方生物防火林带的当家树种。木荷是马尾松、杉木、国外松较理想的混交林树种。营造木荷混交林，能起到防火、防松毛虫作用，生态、经济效益显著。从 20 世纪 50 年代开始人工造林，由于对木荷栽培生物学特性了解不够，误把木荷当成造林先锋树种，选地不当，相当一部分人工林生长不良，各地都有一定的经验教训，必须认真地总结，不断提高木荷的造林效果。

木荷是一种泛热带，广域性的树种，木荷属约有 30 种，分布于亚洲热带和亚热带地区。我国有 19 种，其中木荷分布最为广泛。我国的自然分布范围，大致在北纬 32°以南，东经 96°以东，北线以安徽大别山 - 湖北神农架 - 四川大巴山为界，西至四川二郎山 - 云南的玉龙山，而广西、广东、海南、台湾也有分布。垂直分布一般在海拔 1500m 以下，西南诸省（区）山体高大，分布上限上升，最高海拔可达 2000m（四川、广西），江苏的苏州和安徽南部在海拔 400m 以下，台湾在海拔 1500m 左右。

1. 对光照的要求

喜光树种，幼年较耐庇荫而喜上方光照，大树喜光，属林冠下更新树种。在天然林中多与马尾松或壳斗科的槠、楠等常绿树种混生，能形成小面积以木荷为优势的群落。马尾松混生时，森林群落的演替是马尾松的优势将被木荷所取代，这种群落属于恢复或进展演替的类型，与常绿耐阴性树种混生时，则木荷位于上层林冠。

2. 对气候条件的要求

木荷适应性强，分布广泛，对气候条件总的要求是：春夏多雨，冬季温和无严寒。年降水量1200～2000mm，分配比较均匀。年平均气温16～22℃，但多分布在18℃以上的地区，1月份平均气温4℃以上，能忍耐一定的低温，在江南红壤丘陵地上，可忍受－11℃的极端最低气温。在广西西部雨量较少(1200mm)。而且冬春干燥，只分布有红木荷(*Schima wallichii*)，而不见木荷。广东年平均气温17～21℃，降水量1400～2200mm，为木荷生态适宜区，天然林中木荷生长高大通直、长居于主林层。

3. 对土壤的要求

深根性，对土壤的适应性较强，在分布区内各种酸性红壤、黄壤、黄棕壤均有木荷生长，pH值4.5～6.0，以5.5左右最适宜。在土层深厚疏松、腐殖质含量丰富的沟谷坡山麓地带生长最好。在人为破坏最严重的次生林，水土流失较严重，土壤瘠薄且夹杂石块的林地，木荷虽根系强大，扎根深，能抗一定的干旱瘠薄，但生长速度远不如肥沃湿润的山地。华南沿海主要为砖红壤性土壤，土壤分解彻底，盐基淋溶彻底，肥力差、质地黏重，地带性原生植被早被破坏，演变成灌丛草坡，红、黄壤土层一般较深厚，养分生物循环旺盛，土壤腐殖质层明显，木荷生长快，长势好。

4. 天然林生长过程

天然林中木荷生长速度中等，寿命较长，胸径40～45cm的大树，树龄100年以上。树干解析表明，在水肥条件较好的山地，55年生的树高27m，最高30m以上，胸径23cm，大的可超过25cm。高生长旺盛期在5年以后，一直延续到45年，年均高生长50cm以上，15年以后胸径生长加速，年生长量从0.2cm增至0.4cm，25年后急剧上升，连年生长量65年为最高，50年生单株材积0.5m^3，75年生达1.0m^3。

5. 人工林生长过程

不同立地条件的木荷人工林生长差异很大，防火林带与相同立地的木荷片林，其生长发育过程也有显著的差异。一般为林带的木荷生长快，成片的木荷林分生长较慢。

造林后第3年胸径生长加快，4～12年为胸径速生期，第五、六年连年生长量最大值达1.5cm以上。木荷造林后第2年树高生长加快，树高速生期3～11年，连年生长量0.7～1.8m，6年连年生长量最大值可达1.8m。14年以后明显下降，连年生长量一般只有0.3～0.4m。造林后的前8年材积生长缓慢，8年后材积生长加快，在保证植株有充足营养空间条件下，30年生尚未达到数量成熟。

三、火力楠

别名：醉香含笑

学名：*Michelia macclurei* Dandy

科名：木兰科 Magnoliaceae

火力楠为常绿乔木，高达35m，胸径1m以上，具有生长快、适应性强等特点，为优良的用材树种、防火树种和四旁绿化树种、原产于我国南亚热带的两广地区，广东省已有多年的栽培历史，目前已在全省各地推广造林，取得了良好的绿化社会和生态效益。

火力楠原产于南亚热带季风常绿阔叶林区。多分布在北纬23°～28°，以残留的野生状态分布在我国广西、广东、海南3省(自治区)，广东主要分布于北纬20°30′～24°40′，以信宜、高州、茂名、电白、阳春、阳江、封开、怀集、从化等县市丘陵低山较多，多散生于海拔600m以下的山坳谷地，间或有小片纯林。开封县七星区尚有数株60～70年生大树，平均树高16m，最高18m，胸径67cm，最粗82cm，生势仍很旺盛。在云开大山火力楠多分布与海拔200m以下低丘台地，海拔800～900cm山地，虽偶然可以看见，但长势差，干弯曲，分枝低，尖削度大。

火力楠多为天然下种或萌芽更新林，很少人工栽植，60年代，造林发展较快。1981年，高州已营造860多hm^2，是广东造林最多的一个县市。造林较多的还有信宜、郁南、德庆、云浮、高要、新会等县市。1982～1985年，全省营造了火力楠速生丰产林630多hm^2。

垂直分布一般在海拔500～600m以下的山谷，成小片纯林或散生，极少分布在800～900m的高山，罕见于1000m以上。据调查，在一般的立地条件下，7年生平均树高5m左右，最大可达7m，年均生长量近1m；平均胸径达5.5cm，最大可达9.7cm。在一般立地条件下均能生长良好。从不同树龄火力楠纯林生长情况看，6年生的可达6.2$m^3/(hm^2 \cdot a)$，14年生的可达13.8$m^3/(hm^2 \cdot a)$。可见其生长较快。目前，很受群众欢迎，取得较好的造林成效。

火力楠为南亚热带树种，喜温暖湿润气候，最适宜的气候条件为：年平均气温20℃以上，年降水量1500～1800mm，年蒸发量1000～1200mm，年积温6000℃左右，相对湿度80%以上。耐寒性较强，能忍受－7℃的低温，能忍耐一定的干旱，有较强的抗风能力。

喜肥沃疏松土壤，在自然分布区内大部分是花岗岩、砂岩发育的土壤。常与马尾松、红锥、橄榄、油茶、格木混生或组成小片纯林。林下植物以铁芒萁、桃金娘、铁线蕨、野牡丹、乌毛蕨最为常见。海拔500m以下的丘陵地带，不论在山脚、山腰或山顶均能正常，而以山腰、山脚的沟谷最好。据调查，生长在土层深厚肥沃湿润的微酸性（pH6.0）的沙壤土，树高年生长量可达1m以上，胸径可达1.5cm。各地引种实践表明，火力楠适应性强，不苛求立地条件，较耐干旱评级。

主根不明显，侧根发达，为浅根性树种。根系多分布在0～30cm土层中，密集的吸收根群常呈网状分布于表土层，一部分根系甚至"浮"在地表凋落物之下。与马尾松的混交造林吸收根呈分层分布，能够充分利用不同层次的土壤养分，使混交林稳定协调地生长。

幼年期较耐遮阴，成林后喜光，属中性偏喜光树种，抗风、长寿。适宜在杉木、马尾松林冠下更新造林，是改造杉木、马尾松低产林的良好树种。树形美观，花芳香，亦是园林绿化优良树种。

火力楠枝叶茂密，是优良的防火树种。据测定，在相同的热力条件下，鲜叶的着火温度可达436℃，比易燃的杉木和马尾松分别高41℃和58℃；其鲜叶的水分含量比杉木和马尾松分别高2.83%和3.48%；活化能分别比杉木和马尾松高9.93kJ/mol和16.689kJ/mol，而发热量则分别比杉木和马尾松低1286kJ/kg和2135.6kJ/kg。火力楠的这种燃烧特性，表明其具有优良的防火性能。

火力楠落叶量较大，且灰分含量高，营养较为丰富，凋落物较易分解，具有良好的培肥土壤的功能。6年生杉木火力楠混交林凋落物的数量是杉木纯林的11.9倍，其营养元素除了磷的含量与杉木纯林接近，交换性钙较杉木低外，其余各元素均比杉木纯林高。混交林的C/N为42.02，是杉木纯林的1.65倍，分解速率比杉木纯林高1.31倍。营造杉木火力楠混交林是改良地力、提高林分生态效益的有效生物措施之一。

实生幼林在5年生以前生长较慢，直径生长从10～15年开始加快，20～30年生长最快，年平均生长量约为1～1.5cm；树高生长量在50～80cm。5～8年生时，树高生长较快，为1～1.3m，20～25年以后，则明显下降；材积年生长量在15～30年生时增长较快，成熟期30～40年。具有较强的萌芽能力，可萌芽更新。萌芽林生长速度不亚于实生林。据报道，伐后3年的萌芽林，平均树高4.9m，平均胸径3.9cm。萌芽林在10～12年生的生长要比实生林快3～5倍。

17年生树干解析，前6年胸径生长较快，连年生长量1.1～1.8cm，7～8年生长下降，连年生长为0.5cm，9～7年生长回升，连年生长稳定在0.6～0.9cm。树高生长，前3年较快，连年生长可达1m，4～7年生长稳定，连年生长0.4～0.6m，8年出现高峰期，连年生长增长到2.0m，9～11年连年生长0.6～0.8m，12～17年生长下降，连年生长0.3～0.4m，材积生长，前4年生长较慢，5～10年生长加快，11～17年进入速生期。

火力楠不仅生长快，且寿命长，100 年生的长势仍很旺盛。树干通直，尖削度小，15 ~ 20m 高的形数都在 0.5 以上，可以培育成高干良材。

四、红　锥

别名：刺栲、滇南栲、红栲（福建）、红木黎（广西）、红橡栲（广东）、红锥实（云南）

学名：*Castanopsis hystrix* A. DC.

科名：壳斗科 Fagaceae

红锥为常绿大乔木，树干通直，高达 39m，胸径 1.7m。是南亚热带优良速生树种，具有速生早成材、适应性强、材质优、价值高等一系列优良特性，种质资源极有开发价值。

红锥材质优良，木材坚硬耐腐，心材红褐色，边材淡红色，色泽和纹理美观，干燥后开裂小。可与世界珍贵用材柚木媲美。材质在栲树属树种中首屈一指，是高级家具、造船、工艺雕刻、建筑装修等优质用材。

红锥适应性强，具有良好的速生性与丰产性，在适应的气候范围，对立地要求不严，中等立地条件，树高年生长可达 1m 以上，胸径 1cm。广西从 1958 年发掘人工造林，目前成为主要造林树种，材积年生长可达 $15m^3/hm^2$。红锥萌芽力极强，具有根出条无性繁殖的特性，一代造林，可永续经营利用。同时，可采取多种造林方式，即可营造纯林，也可与杉、松等混交造林，提高人工针叶林的抗灾能力，减轻针叶林的火险性。红锥凋落物量多，改良土壤和涵养水源的作用大。木材是优质硬材，枝桠柴是培养食用菌的优质原料，树皮和壳斗可作栲胶原料，果实含淀粉，可食用和加工。

红锥是广东南亚热带优良乡土树种，木材供应不应求，但过去从未进行过规模造林，随着天然林的无节制滥伐，红锥林资源以濒于枯竭。因此，发掘红锥种质资源，推广人工造林，具有重要的现实意义。

红锥主要分布在我国南部的广东、广西、云南、台湾以及贵州、湖南、江西、福建等地的南部，相当于北纬 18°30′ ~ 25°，东经 95°20′ ~ 118℃。红锥是南亚热带植物区系成分，季风常绿阔叶林（亦称亚热带雨林）中的优势树种，因而红锥林是季风常绿阔叶林的主要植被类型之一。

红锥属热带性树种，喜温暖湿润的气候，较耐阴，不耐干旱。多生于年降水量 1100 ~ 2200mm 的地区，而以 1300mm 以上的地区较为适宜。适生于年平均气温 18 ~ 24℃，而以 20 ~ 22℃ 的地区最常见；最冷月平均气温 7 ~ 18℃，可忍耐的极端最低气温 0 ~ 5℃；最热月平均气温 20 ~ 28℃，极端最高气温可达 40℃；要求≥10℃的年活动积温在 5000 ~ 8000℃以上，最适为 7500℃左右；当年平均气温小于 18℃，≥10℃的年活动积温小于 6000℃时，红锥生长量小，表现为主干不明显，侧枝增多增粗。红锥不耐低温，当极端最低温度低于 -5℃时，会严重影响生长甚至冻死。在水平分布上，随着纬度的增加，热量减少，红锥表现为适生，较适生到不适生，至北纬 25℃以北，少见分布；垂直分布；海拔 1000m 以上、气温低、积温小，红锥很少有分布或生长不良。因此，热量是影响红锥分布和生长的限制因子。红锥适生于由花岗岩、砂页岩、变质岩等母岩发育而成的酸性红壤、黄壤或砖红壤性红壤，而不适生于石灰岩地区。在土层深厚、疏松、肥沃、湿润、排水良好的立地条件，生长良好；在土层浅薄、贫瘠的石砾土或山脊，生长不良，表现为树形矮小；在低洼积水地则不能生长。

根据标准地调查，红锥天然林中主要乔木树种有：红锥、栲林、米锥、拉氏栲、狗骨柴、橄榄、黄檀、朴树、黎蒴栲、木荷、杜英、丝栗栲、冬青等。土壤中有机质含量：1.643% ~3.739%（土层厚度 0 ~ 20cm），0.858% ~1.930%（土层厚 20 ~ 40cm），全 N：0.116% ~0.219%（土层厚 0 ~ 20cm），0.068% ~0.138%（土层厚 20 ~ 40cm）；速效 P：3.69% ~7.528mg/kg（土层厚 0 ~ 20cm），1.48 ~ 7.48mg/kg（土层厚 20 ~ 40cm）；速效 K：42.879 ~ 71.926mg/kg（土层厚 0 ~ 20cm），25.003 ~ 48.482mg/kg（土层厚 20 ~ 40cm）；pH：4.00 ~ 4.1（土层厚 0 ~ 20cm），4.15 ~ 4.32（土层厚 20 ~ 40cm）。

红锥是速生树种，天然林5年前生长较慢，5年后树高，直径生长明显加快。据天然林树干解析材料，树高速生约在4~18年，30年生高达21m，树高平均生长量0.7m以上，胸径速生期约在6~20年，平均生长量0.6~0.8cm。

红锥10年生左右开花结果，20年进入盛果期。4~5月开花，11月中旬成熟，11月底至12月初大熟，可采种。果实成熟后期，总苞由青色转深褐色，总苞尽开，露出坚果，2~3天坚果自然脱落。

红锥较耐阴，幼年耐阴性强。树干高大通直，形质优良顶端优势明显。分枝较细，互生斜出，干基多生长奇形怪状板状根。深根性，侧根发达。萌芽力极强，每个伐根长出1~8株苗条。具“根出条”特性，并长成独立根系的个体。在天然林中，既可实生繁殖，也可以无性繁殖更新。

红锥萌芽再生能力极强，不仅能从伐根萌生成林，即使没有采伐，也可发现由树干基部的“根出条”长成的大、中径级林木，还可以发现由板状根长出的红锥幼树，长大后形成独立的根系而脱离母株，完全不同于从伐桩上长出的萌芽林。这种“根出条”独特的繁衍演替方式，使红锥始终维持着多维空间的生态位。红锥在主林层占据优势地位，但又保护着植物多样性，形成稳定的顶级群落。红锥“根出条”繁殖方式使红锥的更新可以不经过幼苗这一脆弱阶段长大成树。红锥种子繁殖和无性繁殖的双重更新方式决定了红锥群落的“顶级群落”地位，因而具有很高的生产力。了解红锥的生物学特性和群落学特征，对于红锥人工栽培具有重要的实践意义。

五、黎蒴栲

别名：大叶锥栗、闽粤栲、黎蒴

学名：*Castanoosis fissa*(Champ) Rehd. et Wils

科名：壳斗科 Fagaceae

黎蒴栲为常绿乔木，树高达25m，胸径60cm以上。是一种分布广、种源丰富的优良乡土树种，也是广东次生常绿阔叶林主要组成树种之一。适应性强，繁殖容易，萌芽力强。其木材纹理直，材质稍轻软(气干容重0.467g/cm3)，色白，心材不明显，易加工，干性直，出材率高，是经营小杆材、板料等通直材树种。《广东造纸》(1988年第2期)刊有华南理工大学制浆造纸国家重点实验室詹怀宇教授的《黎蒴栲纤维形成及制浆漂白性能的研究》论文指出，黎蒴栲是一种良好的造纸原料资料。这为黎蒴栲今后开发利用指明了一条重要出路。同时，黎蒴栲枝叶茂盛，落叶易腐，根系发达，能减少径流，改良土壤，也是水源涵养林和水土保持优良树种。

木材灰黄色，心边材明显，结构稍粗，纹理通直，材性中等，不甚耐腐，稍有翘裂。适作门窗、桁条、家具农具和培养香覃等。木材易干燥，燃烧时火旺烟少，是良好的薪炭材。果实含淀粉40% 100kg可酿50°白酒40kg，含杂质较多，不宜饮用，可作工业酒精。壳斗含单宁5%~8%，可提制栲胶。

黎蒴栲在广东从南到北均有分布。海南岛昌江、东方、乐东、琼中、屯昌、保亭、崖县、陵水、万宁、琼东等县和广东大陆南雄、乐昌、连山、连南、乳源、翁源、广宁、怀集、封开、德庆、云浮、郁南、高要、五华、兴宁、梅县、蕉岭、平远、电白、信宜、化州、高明、鹤山等县均有分布。海南岛垂直分布可达海拔800m，广东大陆多分布于海拔300~500m。

广东封开、英德、佛冈、增城等县市经营薪炭林历史悠久。如英德连江口区为商品薪炭材产地，据统计，广州市每年调进的黎蒴栲柴炭连江口去占1/3，1980年调查，全区黎蒴栲柴炭林有10 000多 hm^2。广东有黎蒴栲薪炭林10多万 hm^2。

黎蒴栲为中性偏耐阴树种。幼龄耐庇荫，长大则渐喜光。适生于年平均气温18~24℃，而以20~22℃的地区较为适宜；最冷月平均气温9~17℃，最热月平均气温22~28℃，绝对最高温39℃，绝对最低温0~-5℃，≥10℃活动积温5800~8000℃。年降水量1300~2600mm。土壤以花岗岩、砂岩、页岩和变质岩发育而成的山地红土壤、赤红壤、pH值4.5~5.0的土壤为宜。由于立地条件不同，生长有显著差别。

尽管林分起源、林龄、密度等相同，但由于山坡部位不同，导致下坡土壤自然含水量和有机质含量等水肥因子比上坡分别大 27.8% 和 22.7%，而林分生长蓄积量大 19.8%，生长差异明显。

土层厚度不同，对黎蒴栲根系生长有很大影响。6 年生的黎蒴栲林，在土层厚度 50cm，主根深 72cm，分布在 10cm 的表土层，根幅平均 1.8cm。在土层厚度 100cm，主根深 115cm，侧根 18 条，分布在 25cm 的表土层，根幅平均 1.9m，因此，黎蒴栲适生于山坡中、下坡或沟谷两旁的深厚土壤。

表 1　不同立地条件对黎蒴栲生长的影响

地点	山坡部位	土壤					林龄（年）	郁闭度	林分密度（株/hm²）	平均树高（m）	平均胸径（cm）	蓄积量（m³/cm²）
		厚度（cm）	pH	容重（g/cm³）	自然含水量（%）	有机质含量（%）						
英德县连江口区初溪乡	上	0~7	4.6	1.22	22	2.23	6	0.85	29100	6.85	3.38	100.93
		8~50	4.8	1.35	14	1.52						
	中	0~20	4.5	1.08	24	2.82	6	0.90	27420	7.20	3.65	102.88
		21~50	4.4	1.12	23	1.77						
	下	0~20	4.2	1.21	22	2.58	6	0.95	27120	7.30	3.80	120.48
		21~50	4.6	1.25	20	1.56						

在海南岛尚有黎蒴栲天然林，多分布在海拔 800m 以下的山坡上，常与梭罗（*Reevesia thysoidea*）、吊磷苦梓（*Michelia mediocris*）、黄丹木羌子（*Liseaelongata*）、海南覃树（*Altingia obovata*）、大花五椏果、盘克青冈（*Cyclobalanopsis patelliformis*）、五列木（*Pentaphylax euryoides*）等混生。林下植物有鸡屎树、钩枝藤（*Aneistroclatus teetorius*）、高良羌（*Alpinia officinarum*）、针葵（*Phoenix hanceana*）等。黎蒴栲人工林，群落结构和类型简单，林内植物常以鹧鸪草、岗松、芒萁、淡竹叶、乌毛蕨等占优势。

黎蒴栲与马尾松混交，可改善生态环境和提高林分生长量。广东增城林场有混交林 400hm²，马尾松 28 年生，平均树高 18.5m，胸径 11.0 cm，蓄积量 178.85 m3/hm²，黎蒴栲 15 年生，树高 13.2m，胸径 11.0cm，蓄积量 78.28 m³/hm²，林分总蓄积量为 257.08m³/hm²。相同立地的马尾松纯林，28 年生，平均树高 15.5m，胸径 19.0cm，蓄积量 163.52m³/hm²，混交林总蓄积量比纯林高 57.22%。可见，在抚育间伐的马尾松幼林或疏林混植黎蒴栲，形成复层混交林是切实可行的，然而只有在土层深厚、湿润的中、下坡才能获得效果。

黎蒴栲实生林初期生长较慢，4~6 年生开始加快，12~16 年生达高峰，此后生长趋于缓慢，此后生长趋于缓慢，20~22 年达到数量成熟。萌芽林生长过程不同于实生林，具有早期速生和林分密度大的特点。如英德县连江口出溪乡的薪炭林，3 年生 53 850 株/hm²，平均树高 2.08cm；6 年生 27 400 株/hm²，平均树高 6.9m，胸径 3.65cm；9 年生 11 700 株/hm²，平均树高 8.5m，胸径 5.60cm。萌芽林一般 3 年生已郁闭，进入群体生长阶段，林木与环境之间的矛盾转化为植株之间的矛盾，4 年生林分化剧烈，自然稀疏显著，被压木逐渐枯死，株数减少，6~7 年生长势稳定，以后分化又趋剧烈，生长减慢。实践证明，5~6 年生萌芽林产量较高，在此时期定为轮伐期是适宜的。

六、枫　香

别名：枫树、三角枫

学名：*liquidbambar formosana* Hance

科名：金缕梅科 Hamaxnlidaceae

枫香为落叶乔木，树高达40m，胸径1.5m，树干通直，树皮灰色老时暗褐而粗糙。树液树脂有香味。是广东省阔叶林中的优良先锋树种，树形高大，生长迅速，主根深扎，根系发达，能耐干旱、瘠薄，其适应性和生命力与马尾松相似。木材为散孔材，纹理斜，结构细致均匀，材质中等，容重0.6589g/cm^3，易加工，旋刨性能良好，有芳香气味，干燥后抗压耐腐。木材采伐后经迅速浸水处理，在干燥条件下使用，可延长年限，作建筑材，有“梁阁千年枫”之称。板材是茶叶装箱的理想材料，也是食用菌的优良树种。枫香生长快，落叶量大，是肥培林地的理想混交树种。树姿美雅，叶色有明显季相变化，初冬叶色变黄，至次年春季落叶前变红，为良好的庭院风景树、绿荫树和防风树(缺萼枫香 *L. acalycina* Chang 与枫香区别在于：头状果序径2.5cm，疏松易碎，有果15～26个，宿存花柱粗而短，不具导齿。产长江流域以南各省区；生于海拔600m以上的山地)。

枫香分布于热带、亚热带地区，长江、淮河流域以南广大地区和台湾，越南北部，老挝及朝鲜南部也有分布。多生于海拔100～1000m的山地林、疏林、林缘、沟边、路旁，喜温暖至冷凉气候，抗风抗大气污染，喜光，常见林相整齐的小片纯林。或同其他针阔叶树种混生，构成上层林冠的优势树种之一。对土壤要求不严，喜酸性、土层深厚、疏松的红壤和赤红壤，较耐干旱瘠薄，但以山谷和山麓缓坡上生长最旺盛。枫香人工林早期生长快，造林后3～4年即进入速生阶段。40年后生长速度下降。广东茂名人工混交林生长迅速，20年平均树高达17m，胸径23cm。在适宜的立地条件下2年左右即可成材。枫香萌芽力强，采伐迹地或火烧迹地均能天然更新恢复成林，3～4年即可郁闭成林。

枫香造林选择海拔500m以上的低山区，可营造小片纯林，穴状整地、穴规格50cm×50cm×40cm，株行距2m×2m，造林密度2500株/hm^2；而海拔500m以下丘陵地区营造用材林基地，可与杉木或马尾松或木荷(或红木荷)实行混交。初植密度1650×1800株/hm^{2}为宜，混交比例枫1∶2针、荷，混交方法相互均匀间开，株行距2m×3m或2m×4m。营造混交林有利于枫香生长，特别是和杉木混交，每年以大量落叶覆盖林地，改良土壤，促进杉木生长，也可适当抑制枫香的侧枝生长，互惠互利，但造林密度不宜过大。

幼林栽植后头3年，生长较慢，应及时每年幼抚育2次，即4～5月和9～10月，上半年幼抚除松土除草外，还要施复合肥150g/穴(指枫香而言)作追肥，下半年除草松土外还要除去基部萌蘖，使主干通直生长。4～5年后生长加速。郁闭后，需及时间伐。

关于混交林的理论与实践问题[23]

我们讲混交林，主要指的是人工林的组成问题，即指构成林分的树种成分及其所占的比例大小。人工林的组成不同，形成的林分结构也不同，如多树种混交可在地面上形成分层现象，常构成复层林，而同龄的纯林多为单层林。由于人工林结构特点不同，就直接影响到林分的生产力、防护效能和稳定性。

一、混交林的特点是什么

混交林与纯林相比较，而且实践愈亦证明，它具有以下的明显特点：

（一）营养空间的充分利用

把不同生物学特性的树种适当混交，就能较充分利用空间，如把耐阴性（喜光与耐阴）、根型（深根与浅根，吸收根密集型与吸收根分散型）、生长特点（速生与慢生、初期速生与全期速生）以及嗜肥性等不同的树种搭配一起，就可能有较大的地上、地下空间，有利于各树种分别在不同时期和不同层次范围利用光照、水分和各种营养物质。纯林与混交林相比虽然利用外界空间稍差，但并不意味纯林就不能很好利用外界条件，因为林分结构本身只是关系到森林生产力的因素之一。

（二）显著改善立地条件

一般讲，混交林的冠层较厚，叶面积大，结构复杂，可形成有别于相同条件下纯林的气候。混交林内光照强度减弱，散射光比例增加，分布比较合理，温度变幅较小，湿度大而且稳定，空气中二氧化碳浓度增高。据汕头地区林业科学研究所在普宁县东岗寮等地调查（1980 年），以马尾松、杉木、窿缘桉、台湾相思形成的复层混交林与马尾松纯林相比较：总叶面积大 72.7%，光照强度低 34.5%，林内下部温度降低 2.3～3.5℃，相对湿度提高 5.0%～7.1%，蒸腾强度低 57.2%，光合作用强度则大 27.5%。这里应指出，纯林也有改善林内小气候的作用，与混交林相比，只是程度上有差别。混交林常比针叶纯林积累较多的枯落物，它们分解后有改良土壤结构和理化性状、调节水分、提高土壤肥力等作用。某些固氮能力强的树种，还可直接给土壤补充营养物质。又据四川省林业科学研究所调查（1978 年），桤木（*Alnus cremastogyne*）叶片的含氮量达 2.7%，具根瘤，用它与杉、柏混交，能使柏、杉生长量比纯林增加 30%。湛江地区林业科学研究所（1982 年）测大叶相思叶含氮量为 2.58%，亦相当高，是提高土壤肥力的优良树种之一。纯林能不能改善立地呢？这要看树种，针叶树类纯林看来问题大，阔叶树类的豆科树种就好些。因为在同一地块上长期生长同一树种，养分消耗过于专一，使土

[23] 本文为作者在 1983 年 10 月 10 日广东省混交林第二次科研协作会议上讲稿，1984 年选登于《广东省混交林资料专辑》（第一集）。

壤缺乏某些营养元素，有的还使土壤理化性质恶化。德国长期搞云杉纯林，土壤灰化加重，肥力递减，蓄积量逐代下降，第一代人工林每亩蓄积量为46～53m^3，第二代为26～33m^3，第三代小于20m^3。广东省滨海地带的木麻黄纯林到了第三代3年生胸径年生长量仅增长几毫米。目前湛江地区第二、三代的30余万亩木麻黄林，相当部分是低矮弯曲不成材的残次林。杉木亦是如此。据许光辉研究(1978年)，杉木连栽三代后土壤中的毒性物质有所积累，这主要是指香草醛类物质，它的积累不仅对微生物活动不利，而且对林木生长有害。同时，三耕土对葡萄糖和丙酮酸的氧化能力比头耕土弱得多，特别是丙酮酸的氧化是连接碳氮代谢的纽带。因此，它的减弱说明三耕土中在氮的转化方面减弱更为明显，根据佐恩材料(1955年)，在针叶林内每克死地被物含微生物130万个，阔叶树林或针阔叶混交林则含3500万个，所以针叶林的死地被物分解缓慢，阔叶林分解迅速；前者常形成粗腐殖质，而且针叶树树叶灰分含量最低，阔叶树小叶类较高，比针叶多0.5～1.0倍，阔叶树大叶类最高，比针叶多1.5～2.0倍。研究不同树种叶子灰分含量，对造林树种混交和提高土壤肥力均具有实践意义。

(三) 林产品的数量、质量特点

由于混交林内树种搭配合理，外界条件利用充分和树种间关系相互促进则它的总蓄积量都比较高，而纯林一般只是主要树种的蓄积量较大。如福建省三明林场12年生的杉檫混交林，每亩总蓄积量为10.8m^3，其中杉木6.4m^3，檫木4.4m^3，而杉纯林的蓄积量为9.3m^3。不过，在搭配合理的混交林中，主要树种有伴生树种的辅佐，则主干较通直，圆满，自然整枝迅速，干材质量较好。

(四) 抗御灾害能力增强

一般说，营造混交林是抗御火灾、病虫害及不良气象因子危害的一项有效措施。这里对混交林预防病虫害作用，评价要恰如其分，不宜过分夸大，因为在某些灾害减少的同时，又可能产生新的灾害。混交林对不良气候因素抗性较强，如深根性的松或桉与浅根性的火力楠或大叶相思混交，可减轻风害；常绿针叶与落叶阔叶(杉木与檫木)混交可减少雪折、雪倒等。

(五) 造林成功的可能性增大

混交是充分利用种间的有利关系，保证某树种顺利成林的一种手段。实践证明，某些在一定条件下营造纯林常常失败的树种，若与一些适宜树种混交，则往往可以成功，如在南方低丘陵山地较干热的造林地上，采用松或杉或丛生竹与台湾相思混交，常收效良好，有时把马尾松引入杉木纯林也是改造杉木“小老头树”的有效措施之一。

(六) 造林、营林较困难

纯林从造林、营林到主伐利用的整个过程，技术较简单。营造混交林技术较复杂，要求解决三大难题：树种选择搭配适当，混交方法和比例要合理，幼成林抚育管理要及时。由于对混交林各树种在各种立地条件下种间关系的变化及林分形成的全过程缺乏深刻了解，理论与实践之间又有一定距离，所以，营造混交林往往比纯林困难得多。

这里要指出，任何混交林都不可能具备上述全部优点，而营造混交林的任务就在于尽可能充分发挥混交效果，这就需要研究和掌握混交林的理论与实践。

二、树种混交的基本理论

(一) 种间关系的实质

混交林中不同树种之间的相互关系说到底是一种生态关系(树种彼此间和树种与外界环境条件间)。对种间关系的性质，应一分为二地理解，任何两个以上树种接触时，都有有利(互助)和有害(竞争)的关系。一般讲，两个树种的生态要求差别大(如喜肥和耐贫瘠、喜光和耐阴)或要求都不高(如都耐贫瘠，都耐阴)，种间关系常表现以互助为主；相反，当两个树种的生态要求都高(如均喜光、喜肥)，种间关系常以竞争为主。有利和有害是随时间和条件的变化，矛盾双方各向相反方向转化，有利为主变化有害为主，或相反亦然。两个树种有利或有害是相对的，不是绝对的，据国外研究，加杨与刺槐混交，既对加杨生长有利，也对刺槐生长有利；加杨与榆树混交，既对加杨生长有害，也对榆树生长有害：而黄栌与加杨混交，却只对加杨有利，对黄栌有害。

(二) 树种种间相互作用的表现形式

种间关系是非常错综复杂的，树种之间相互作用的表现形式也是多种多样的。从造林实践的角度看，主要有：①机械关系，即树种间的相互机械作用，在特定条件下才发生明显作用，如风或雪引起树冠、树干的撞击，摩擦引起的机械伤害等。②生物关系，包括树种间的杂交授粉，种间的根系连生，共生及寄生现象等。如树种混交对某些树种菌根的形成和发育可能有一定影响，这些问题尚在研究之中。③生物物理关系，即通过环境因子变化的间接作用，如一个树种对光照、土壤水分、矿物质养分的攫取，减少了这个生活因子对其它树种的供应数量，这是一方面。另一方面一个树种通过凋落物归还林地的养分被另一个树种所利用，即这个树种为另一树种起了改良土壤的作用。④生物化学关系，指植物在生命过程中，不时通过地上部分枝叶和根系向周围空间分泌碳水化合物、乙醛、乙醇、有机酸以及酶、维生素等生理化学物质，改变周围环境的化学成分，对其它树种的生长发育产生抑制或促进作用。这方面的研究形成了一个新兴的课题，称作 Allelopathy，即专指植物彼此间由代谢作用产物引起的生长影响。不过目前的试验都是在实验室进行的，分泌物像生长素一样，不同浓度有促进或抑制两种作用。再加上分泌物可通过微生物区系的传递发生作用，问题就更复杂了，有待于深入研究。

(三) 混交林中的树种分类

混交林中的树种，依其所处的地位和所起的作用不同，可分为主要树种、混交树种和灌木树种 3 类。主要树种是主要培育对象，依林种不同，或侧重于收获木材、林产品，或侧重于发挥防护效能。它是林分的主要组成部分，是所谓优势树种，同一林分内，它的数目有时是一个，有时是两三个。混交树种亦称伴生树种，是在一定时期与主要树种伴生，促进主要树种生长的一类乔木树种。它不是培育的目的树种，是次要树种，它们在林内数量上一般不占优势。混交树种的作用是辅佐，护土和改良土壤，为主要树种的生长创造有利条件。辅佐是围绕在主要树种周围，造成侧方庇荫，促其树干通直和自然整枝良好。护土作用是利用浓密林冠、发达根系以减少水分蒸发、防止杂草生长等。改土作用是利用枯落物或固氮能力，提高土壤肥力。伴生树种最好稍耐阴，生长较慢，能在主要树种林冠下生长，如台湾相思或大叶相思就是这种较理想的混交树种。灌木树种是在一定时期与主要树种生长一起，并发挥有利特性的灌木，它的作用主要是护土和改良土壤，这方面在南方用得不多，北方习见，如多用紫穗槐作混交林的下木。

总之，混交林中种间关系是随时间、地点和外界立地条件不同而发展变化的。混交林内树种种间关系在一个世代里的变化，可以作为营造和培育混交林的依据。种间关系随立地不同而不同是显而易见的，每个树种都有它的适生和非适生条件。在适生情况下，该树种竞争力强。因此两树种混交林在不同立地条件下，种间关系常表现出不同的发展方向：例如在南方丘陵山地，杉木与相思类混交，立地好的地方，杉木生长正常。相思可在第二林层，而在立地差的地方，更耐干旱的相思往往压杉木，杉木有可能从林内淘汰掉。种间关系随立地而变化的规律，可作为搭配混交树种制定混交方法的考虑依据。当然种间关系也随混交树种搭配、混交方法等不同而不同。如在南亚热带地区，湿地松与大叶相思混交时，用带状或块状混交方法，两者多能顺利生长起来，而用株间、行间混交，矛盾就尖锐，松树容易受压，甚至枯死。所以，我们应当在发展的动态中了解树种种间关系的变化，并根据这种变化指导人工混交林的实践。

三、混交林的营造技术

(一) 混交林与纯林的应用条件

我们谈混交林具有许多优越性，在生产上应提倡营造混交林，但绝不是由此得出结论，在任何情况和任何地方都要营造混交林。这里有一个应用条件问题。在决定营造混交林还是纯林时，要考虑一些具体条件：

1. 根据不同造林目的

经济林一般要求经营管理方便，有较开阔的空间，树冠能充分扩展，结实面积大，故多营造纯林。但一些地方实践表明，经济林也可搞混交，并能获得很好的效果，问题是如何搞法。例如，据浙江省常山油茶研究所的研究材料，油茶与紫穗槐混交，则混交林油茶的光合作用强度为对照的139.2%，叶绿素浓度为210%，新梢的总糖含量为115%，花蕾数和茶果数为对照的512%和317%。用材林、防护林为了产生更大的经济和防护效益，常要求林分处于密生状态，所以只要条件允许尽量营造混交林。

2. 根据经营条件

对人工林实行集约经营的地方，可以多造些纯林，因为经营强度大，像施肥、灌溉、抚育管理以及病虫害防治等措施均可被广泛采用，不一定通过树种混交来达到目的。经营条件好的地方，当然也可以营造混交林。

3. 根据立地条件

某些具有极端倾向（干旱、瘦瘠、盐碱、水湿等）的造林地，只能营造纯林。因为在这些恶劣条件下，仅有少数树种可以正常生长，大多数树种则不能适应或生存。

4. 根据树种特性

某些树种直干性强，生长稳定，甚至在稀疏状态下自然整枝良好，因此宜营造纯林。不具备上述特性的树种，以营造混交林为宜。

5. 要考虑轮伐期

同是用材林，因轮伐期长短不一，也影响到应该造混交林还是纯林。以培育小径级材种，生产纤维为目的和培育速生树种时，轮伐期短，混交效果不显著，宜造纯林，而不必营造混交林。

（二）混交树种的选择

在营造混交林时，要为已确定的主要树种选择混交树种。选择适宜的混交树种是调节种间关系的重要手段，也是保证林分顺利成林，增强林分稳定，实现速生高产的重要措施。混交树种选择不当，有时会被主要树种从林分中排挤掉，更多的可能是其压制或替代主要树种，造林目的落空。选择混交树种，原则上是要尽量使其与主要树种的生长特性和生态要求等方面协调一致，以避害就利，合理混交。同时混交树本身应适地适树，要求混交树种也能够适应造林地的立地条件，保证混交造林的预期目的变为现实。选择混交树种一般应根据如下具体条件。

（1）混交树种应具有良好的伴生、护土、改土作用或其它效能，给主要树种创造以某种有利作用为主的生长环境，提高林分的稳定性。

（2）混交树种最好与主要树种之间的矛盾不太大。较理想的混交树种应生长较缓慢、较耐阴，根型以及对水分、养分的要求与主要树种有一定差别。如果主要树种较耐阴，也可以选择喜光的树种与其混交。

（3）混交树种不应与主要树种有共同的病虫害。

（4）混交树种应有较高的经济价值，在有较多树种可供选择时，应取经济价值较高的树种。

（5）混交树种最好有萌芽力强、繁殖容易等特点，便于育苗造林，以及在经过必要的调节种间关系的措施后能迅速更新。需要指出，任何一个树种是否适于做混交树种都是相对的，因此选定一个生物学特性和经济价值与主要树种完全适应的树种不是一件易事，这就给混交林的营造带来一定的困难。但是，绝不应由于缺乏完美的混交树种而不搞混交林。因为选择混交树种虽是营造混交林的重要一环，而又不是唯一的一环。

近年来在广东、广西、福建等省（区）营造混交林的实践中，在树种搭配方面初显成效，如主要用材树种松、杉、桉、木麻黄等与大叶相思、台湾相思、木荷、檫树、樟树、火力楠、红荷木、红锥混交都有成功的例子。但总的来看，由于这一工作的复杂性，今后还有大量工作要做。因此，在目前选择混交树种的具体做法上，可在主要树种确定后，根据混交的目的和要求，参照现有树种混交经验和树种的生物学特性。提出当地可能与之混交的树种，分析它们与主要树种之间可能发生的关系，最后加以确定。在缺乏经验的地方，可从附近地区的天然次生林和由早期飞播或人工形成的不规则混交林的组成与生长状况中取得借鉴。

(三)混交比例问题

混交林中各树种所占的比例叫混交比例，一般用百分比表示。它在数量上的变化与各树种种间关系的发展方向和混交效果密切相关，故它最终会影响整个林分的产量和质量。通过调节混交比例，一方面可防止竞争力强的树种过分排挤别的树种。另一方面又可使竞争力弱的树种保持一定数量，从而有利于形成稳定的混交林。这里有3点值得注意：

(1)一定要保证主要树种在林分内始终占优势。一般而言，主要树种的混交比例应大些，但对某些速生、喜光的乔木树种竞争力强，在不降低产量的情况下，可适当减缩混交比例。

(2)混交树种所占比例，应以有利于主要树种生长为原则。竞争力强的混交树种，混交比例宜小。反之，可适当增加其比例。

(3)在立地条件好的地方，混交树种所占比例不应太大；立地条件差的地方。可适当增加灌木树种的比重。一般地说，在造林初期混交树种的混交比例应在25%～50%之间，在特殊的立地条件下，混交树种的比例还可适当增加。

(四)混交方法问题

这是指参加混交的各树种的栽植位置在林地上配置或排列的形式。混交方法不同，种间关系会因之发生变化，因此混交方法同样有深刻的生物学意义和经济意义。混交方法主要可分为4种：

(1)株间混交：又称行内混交、隔株混交，是在向一种植行内隔株种植2个以上的树种。这种混交方法因各树种的种植点相距较近，种间相互影响作用早，若树种搭配适当，种间关系以有利为主；若搭配不当，种间矛盾尖锐。这种混交方法造林施工较麻烦，一般多用于乔灌木混交。

(2)行间混交：又称隔行混交，是一行某树种与另一行其它树种依次配置的混交方法。种间关系的有利或有害作用来得较晚，一般多在林分郁闭后才明显，适用于喜光与耐阴树种混交或乔灌木混交。造林施工较方便，种间矛盾比上述方法易于调节，是一种较常用的混交方法。

(3)带状混交：这是一个树种连续种植3行以上形成一条带与另一树种构成的带依次配置的混交方法，分为环山水平带状混交和垂直带状混交。这种混交方法，种间矛盾最先出现在相邻两带的边行，带内与带内的各行则出现较迟。就是说相邻边行具有与行间混交相类似的性质，带内各行可避免一个树种被另一树种压抑，故在后期可产生良好的混交效果。带状混交的种间关系易于调节，栽植、管理也方便。适用于矛盾较大和初期生长速度差别很大的大乔木之间混交。乔木、亚乔木与生长慢的耐阴树种混交时可用这种方法，但可将伴生树种改栽单行。这就介于带状和行间混交之间的过渡类型，可称为行带混交。行带混交的优点是保证主要树种优势，削弱伴生树种(或主要树种)过强的竞争能力。例如杉木与檫树，松树与相思类、红荷木等混交就可采用这种环山水平排列的行带混交方法。

(4)块状混交：这是把某树种栽种成规则或不规则的块状，与另一树种的块状依次配置的一种混交方法。规则的块状混交是在坡面整齐(平坦)的造林地上，划分为正方形或长方形的块状，然后在每块地上按一定的株行距栽植同一树种，相邻的块栽另一树种。块的面积原则上不小于成熟林中每株林木占有的平均营养面积，一般可为25～50m^2。块状地面积过大，就成了片状林，混交的意义就不大了。不规则的块状混交主要用于小地形变化明显的地方。块状混交比带状混交更能有效地利用种内和种间的有利关系。如一些针叶树种幼龄期喜丛生，随着林木逐渐长大，块状地上的各树种恰在生长中后期发生良好的种间关系，这样就较纯林优越得多。同时，块状混交造林施工较方便，适用于矛盾大的主要树种与主要树种混交。幼龄纯林改造成混交林，或低价值林分改造也可应用这种混交方法。

混交林的调查研究方法[24]

我国研究混交林的历史很短，大多数研究还只是混交林生长现象的调查总结，缺对混交林形成发展过程中的内在规律，特别是种间关系的进一步探讨，对诸如树种的林学特性、树种间的相互作用、树种与立地的关系、森林生态系统中的水分、养分循环等都缺乏系统资料的积累，因此，今后可以从林分生长、小气候、根系、土壤、枯落物、生物量等方面进行研究，若实验设备手段允许，也可进行养分循环及不同树种养分吸收速度等的研究，以弄清楚混交林的产量特征、结构特点、小气候变化、营养条件及改土性能等。

混交林的调查研究项目有：①生长调查；②小气候观测；③根系形态、分布及根量调查；④土壤剖面调查与分析；⑤枯落物量调查；⑥生物量调查。

一、生长调查

生长调查是通过测树学指标的分析，以讨论林分的生长效果。林分的生长调查采用标准地法，标准地根据调查研究目的，在全面踏查的基础上，运用已有资料经分析后选定的。所选标准地的造林历史是清楚的，包括造林密度、混交方法、整地的方式方法、造林的时间、方法与苗龄以及抚育管理措施等，调查中详细记载标准地所处位置的海拔高度、坡向、坡位、坡度以及小地形、林分组成与下木、草本地被物的种类及盖度，并按照土壤调查的要求挖掘剖分，描述剖面形态，采集土壤及岩石样品进行室内分析。

标准地分为固定标准地和临时标准地 2 种。

固定标准地设置就可在样地内进行定期复查，能够确切地掌握林分生长量和生长率的变化以及树种组成发生的变化。一般是每隔 3 或 5 年重复一次。

首先选择林木分布均匀的林分，用罗盘仪确定边线方位，用皮尺测量距离、标准地大小，一般至少包括主要树种 100 株以上，面积 $20\times20m^2$，$25\times25m^2$，$25\times30m^2$，$30\times30m^2$，$30\times40m^2$ 等。标准地边线离林缘在 10m 以上，四角设永久性标志，标准地内林木用油漆每木编号并标出胸高位置。

固定标准地要进行每木调查，用围尺测胸径，用竹秆挑皮尺实测树高和枝下高，用皮尺测冠幅，记载生长发育等级，进行各主要树种的树干解析。最后进行结果计算，材积是用调查材料建立胸径与树高的回归方程，求出各径级的平均高，再查二元材积表得到。树种组成可按蓄积量(或断面积)，也可按株数计算，例如混交林 7 松 3 荷 + 相思，纯林 10 松，前者即松、荷各约占 70% 和 30%，而当总蓄积量不足 5%，又大于 2% 时，树种组成后用“ + ”表示，不足 2% 时，用“ - ”表示。

㉔ 本文为徐英宝 1983 年 10 月 10 日在广东混交林第二次科研协作会上的讲稿，1984 选登于《广东省混交林资料专辑》(第一集)。

在固定标准地附近选择一块与它造林前立地条件(海拔、坡向、坡度、土壤、植被等)，完全相同的荒山进行调查，描述环境条件，进行土壤剖面调查，分析其土壤主要理化性质，作为固定标准地的对照。

临时标准地的林分选择，边线与面积大小的确定方法均与固定标准地相同。不设立永久性边线标志，用粉笔每木编号。调查内容仅包括生长调查及土壤剖面调查，且树高仅抽测20% ~40%植株，测高样本用机械抽样方法确定。调查结果应汇集成如下基本表格材料，以松荷混交林为例，如表1至表3。

二、小气候观测

在海拔高度相同的条件下，选择有代表性的标准地(混交林和纯林)进行小气候观测，并至少有一次重复，观测内容一般有空气温度，最高、最低温度，空气相对湿度，光照强度，光合强度等。光合强度是指在一定温度情况下，单位叶重(鲜叶)每小时吸收CO_2的毫克数。

为此，在选定的标准地林分内，先搭观测架，并分别不同高度如地表层(0.2m)，下木冠高层(1.5m)，伴生树种林冠层，主要树种林冠层，若再仔细观测，还可分树冠层的上、中、下部等。在白昼的召时，14时，20时，连续观测3~5次，注意天气状况，最好都是晴天(或少云)，用通风干湿表或干湿球温度计测气温、相对湿度，用照度计测光照强度，用最高最低温度计测日最高、最低温度，用pH值光合速测器(即pH比色法)或红外线气体分析仪测定光合强度和呼吸强度。

三、根系形态、分布及根量的调查

根系状况是植物生长发育状况的最主要指标之一，根系研究有时比地上研究更为重要。

(1)根量调查多采用苏联卡辛斯基、波瑞夫拉克根量研究法，样方的设置是采取机械布点，使其在行间行内均匀分布。样方的数量为：纯林6块，混交林12块。土柱规格是长宽各50cm，深100cm。土柱分层掘出土壤，其层次可划分7级如下：0~10cm，10~20cm，20~30cm，30~45cm，45~60cm，60~80cm，80~100cm。将各层所有的根全部捡干净，按样方号分别装袋带回室内，在孔径为0.1mm的筛中仔细地把根上所附着的泥土冲洗净。然后放在阴凉通风处晾至风干，再按树种(包括杂草与灌木)进行分类，每个树种的根系又按直径分为4级：<2mm，2~5mm，5~10mm，>10mm，在气干状态下称重。小于2cm者称为细根。2~10mm为粗根，二者之和则为全根；取各径级根在105℃烘至恒重，求出各径级的吸湿水量。

(2)林木根系形态和分布状况调查，是按平均标准木进行，标准木是在标准地每木调查结果的基础上，按照平均胸径和平均树高两个指标选择的。标准木的上述指标与林分平均值的离差不超过5%。标准木选择在固定标准地附近5m以内，而且两树种(对混交林而言)的平均标准木必须相邻，以保证标准木既能处在和固定标准地完全相同的立地条件下，又不会在伐倒标准木，并挖掘根系时破坏固定标准地的稳定性。

根系调查的平均标准木是可以结合树干解析和生物量调查进行。即伐倒标准木进行树干解析，并分别称取叶、枝、干的重量，然后从伐桩由内向外，小心地逐层挖出土壤，使整个根系暴露出来，再用方格纸按树根的长度，粗度和延伸方向绘制纵横断面图并拍摄照片。形态描绘后全部掘出根系称重，并取样品进行室内分析。

以根量调查和平均标准木调查所得根系组成混合样品，以分析主要营养元素和灰分含量。

在标准地附近选择与标准地造林前立地条件(海拔、坡向、坡度、土壤等)与地类完全相同的地方作为对照，同样进行环境描述、土壤剖面的观测和土壤主要理化性质的分析。

四、土壤剖面调查与主要理化性质分析

土壤剖面调查是标准地调查的主要内容之一，以便了解立地与林分生长的关系。

(1)剖面选设：剖面应选在标准地内有代表性的地方，距树干 1～2m 以外，不可靠路旁或植被遭到破坏的地方。剖面规格一般长 60cm，宽 60cm，深视土壤发育状况，一般 80～100cm。

(2)剖面层次划分：A 层(枯枝落叶层)，A 层(腐殖质层)，B 层(淀积层，主要为铁钴化合物，常是棕色)，C 层(母质层)，D 层(基岩层)以及 AB、BC 层(过渡层)等。

(3)主要母岩区别：花岗岩，为一种深成岩浆岩，块状构造，中粗粒状，酸性岩，含石英与 SiO_2 65%～75%；玄武岩为一种喷出岩浆岩，流纹状或块状构造，结构是隐晶质，斑状，基性岩，含 SiO_2 40%～52%，多橄榄石和角闪石，含量在 45%～60%；砾岩为一种机械沉积，呈砾石状，冲积而成；砂岩为一种砂质沉积岩，主要是中砂，页岩为一种泥质沉积岩，为黏土沉积物形成；石灰岩为一种 $CaCO_3$沉积物为主的化学钙质沉积岩；以及其他变质岩(如页岩发展的千纹岩，板岩、云母片岩等)。

(4)石砾含量划分：在南方地区石砾量占 10%～30% 为少，31%～50% 为中，51%～70% 为多，石块为主时称石质土，石粒为主时称粗骨土。

(5)土层厚度区分：在南方地区，薄土层土壤指 A＋B＋(BC)＜40cm；中土层为 A＋B＋(BC)40～80cm，中厚土层：A＋B＋(BC)80～100cm，厚土层为 A＋B＋(BC)＞100cm。

(6)野外土壤质地确定方法。黏土：湿时可搓成粗约 3mm 的细条，并可弯成环。壤土：湿时能搓成 3mm 的细条，不能弯成环，它还可分重壤、轻壤、中壤。砂壤土：湿时不能搓成条，只能搓成团，含较多砂粒，砂土，不能搓成团，干时分散成单粒。

(7)主要土壤理化性质分析：土壤物理性质指标主要有容重、孔隙度、结构、含水量、pH 值等，化学性质指标主要有有机质量，全量的与有效的养分测定。土壤容重用体积为 100cm 的容重圈(高 5cm)打入土内，取出土壤后，用小刀修去两头和周围多余的土。1/10 的台称上称量后，作吸湿水量测定，并计算孔隙度、容量。另外，取土 20g 于铝盒内，在酒精下烧干，然后测量水分。机械组成用比重计法测定。pH 值用 25 型酸度计测定，土壤有机质用丘林法测定。土壤全氮量用硫酸—重铬酸钾快速消煮法测定。有效钾用四苯硼酸钠比浊法测定；有效磷用比色法测定。它们都是用 72 型光电分光光度计，波长 620μm，比色杯量度是 1cm。根据标准采列液浓度及光密度，运用数理统计原理，用电子计算器求出回归方程，并画出曲线，然后从各土壤液的光密度查出相应的有效钾、磷浓度，再算出有效钾、磷含量。硝态氮用硝酸试粉比色法测定，而铵态氮用纳氏试剂比色法测定，土壤腐殖质速测可采用重铬酸钾氧化法。最后，将调查分析材料整理成表格。

五、枯落物层蓄积量、年凋落物量调查

枯落物是通过设置在固定标准地上的收集器进行收集的。收集器各设置 24 个，其中马尾松纯林 8 个，马尾松、木荷混交林 16 个。收集器可用木箱盒，规格长宽各 50cm，高 15cm，箱底条状或网格状，不可积水，收集器采用机械布点，均匀设置，行内行间各占一半。考虑混交林中树种占东西行状配置的，为抵销行向影响造成生长差异所致枯落物量的变化，故木荷行在南、马尾松行在北的行间和木荷行在北、马尾松行在南的行间收集器，数量相等，各为 4 个。马尾松行内和荷木行内各 4 个，纯林行内，行间各 4 个，收集器依次编号，做好标志，每月收集一次凋落物(见图 1)。

枯落物层蓄积量调查。在选定设置枯落物收集器的位置和范围设置小样方(50cm×50cm)，全部收集枯落物并按样方编号装袋，带回室内。

将枯落物铺开晾干，除去夹杂和附着的泥土，然后按树种、器官、分解程度分类。一般可分 6 类；松叶、松枝、阔叶树叶、阔叶树枝、其它(灌木、杂草)、半分解物。

表 1　固定标准地每木调查表

树种	树号	1982 年						1983 年						1984 年						1985 年					
		树高（m）	枝下高（m）	地径或胸径（cm）	冠幅（m）			树高（m）	枝下高（m）	地径或胸径（cm）	冠幅（m）			树高（m）	枝下高（m）	地径或胸径（cm）	冠幅（m）			树高（m）	枝下高（m）	地径或胸径（cm）	冠幅（m）		
					东西	南北	平均				东西	南北	平均				东西	南北	平均				东西	南北	平均
松树																									
某阔叶树																									

标准地地点：　　　　标准地编号：　　　　标准地面积（m）

林分组成：

植被状况：　　　　海拔高度：　　坡向：　　坡位：　　坡度：

表 2　标准地基本情况表

调查地点	林分组成	混交方式及株行距（m）	树种	林龄（年）	每公顷株数	郁闭度	海拔高（m）	坡向坡度	平均生长指标			蓄积量（m³/hm²）	备注
									树高（m）	胸径（cm）	冠幅（m）		
	7松3荷+相	行间混交2×2	马尾松、木荷、相思树										调查时间
	10松	纯林2×2	马尾松										"

表 3　不同立地条件下混交林与纯林的生长情况

标准地号	地点	立地条件海拔坡向（坡位、坡度）、母岩、土层等	林分组成及株行距（m）	树高（m）	树龄（a）	平均生长指标					每公顷蓄积量（m^3/hm^2）	备注
						H（m）	D1.3（cm）	冠幅（m）	近5年高生长（m）	材积（m^2）		
固1												调查时间：
固2												
1												
2												
3												

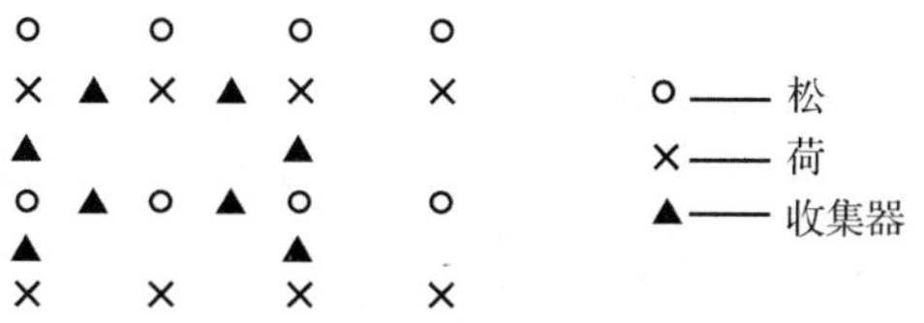

○—— 松
×—— 荷
▲—— 收集器

图 1　枯落物层蓄积量调查设计方案

由于树皮、花和果实所占比例很小，所以均合并入该树种的树枝项中。然后，在 105℃ 温度下烘至恒重，分别称取各类样品的重量，并按样方面积推算林地各类组分的重量及枯落物层蓄积量。测定各组分的主要营养元素及灰分含量。以 $H_2SO_4 \sim H_2O_2$ 消化法消化得系统待测液。用凯氏定氮法测氮，用分光光度法测磷，火焰光度法测钾，马福炉 550℃ 处理测灰分。

凋落物要连续一年逐月收集(例如从 1983 年 6 月 15 日至 1984 年 6 月 15 日)，并按上述方法进行分类、烘干、称重和化学分析，以此推算凋落期的凋落量以及主要营养元素和灰分的含量。

六、生物量调查

生物量和营养元素循环情况是评价林分生产能力的一个重要方面。因为各种森林植物的正常生存与发展，必须依靠营养元素的不断循环来实现。但是，这些问题的研究却是一件相当繁重而艰难的事情：尽管如此，林木林分地上部分和土壤之间的主要营养元素循环仍是整个元素循环的一个重要方面，把它运用到混交林研究上，可从中得到试验地条件下松荷混交林的生产能力和主要营养元素循环的概念。

生物量调查采用标准地法、标准木法、土柱法等方法。关于标准木的选择与调查，中选标准木的生长情况如前面“根系调查”所述。

(1)树干生物量和生长量的测定：树干生物量和生长量的测定采用标准地和解析木相结合的方法。即标准地每木调查树高和胸径，查材积表求得各径级的蓄积量和全材蓄积量，2 年的蓄积量之差即为材积生长量。用二米区分段法求出树干的材积，取样烘干得树干的绝对干重，从而得到树干的容重。以体积为单位的蓄积量和材积生长量，都可以通过容重改算为以重量为单位的干材生物量及其生长量。

(2)树枝生物量与生长量的测定：树枝的生物量是用标准木法推算的，因为标准木的枝量与胸高断面积，是与林分的枝重与胸高断面积成下列关系式的，即：

$$W = \frac{G \cdot w}{g}$$

式中：W——为林分枝重；

G——为林分胸高断面积；

w——为标准木枝重；

g——为标准木胸高断面积。

枝的重量生长量测定是比较困难的。枝的重量生长量不仅包括一年生枝还要包括 2 年生以上枝的当年粗生长部分，前者是容易测得的，而后者的测定远比树干生长量的测定困难得多。虽然树枝的生长量有多种测定方法，但以标准木法较好，它是按照不同林分不同树种选择优势木、平均木、、被压木的标准木各 1 株，取层枝并按年龄和粗度分级(3 年生以下按年龄分，4 年生和 4 年生以上按粗度分)，分别称重。求出各个年龄级和粗度级试料枝基部的断面积生长率，分别乘以各级的全部干重，即得该级的干重增长量。各级的干重增长量之和与树枝总干重之比即为树枝的生长率。林分树枝的重量生长量即可通过树枝的生物量和生长率求得，应指出，这种方法以及其它各种复杂方法，虽然都不得不花费大量劳动，但精度还是不高的。

(3)叶的生物量和生长量的测定，松叶的生物量测定与枝相同，即以标准木叶的全量与胸高断面的关系来推算全株，松叶的生长量也是不容易精确测得的，可以把标准树全树的一年生叶全部摘下称重，作为它的生长量。再通过胸高断面积换算为全体的生长量。事实上，有一部分当年生叶在调查前已经凋落，而会把凋落的叶全部当做 2 年生以上的。这是因为凋落的叶很难辨别其叶龄，当年生叶和老叶是在春、初夏有所差异，但随着生育期加长这种差异就无法觉察。但在正常年份当年生叶凋落量很小，所以可略而不计，只有在病虫害大发生时应另行调查。

对于某阔叶树来讲，全年落叶量即为当年的生物量和生长量。

(4)根的生物量，用根系调查时的材料，小于 10mm 的细根生物量，用土柱法求得，大于 50mm 的粗根生物量，用标准根量通过胸高断面积换算求得。

树干、树枝、树叶和大根、小根的生物量和生长量分别累加，即得全林分的生物量和生长量(根未计算生长量)。

(5)计算不同树种的叶面积并求出不同林分的叶面积指数(系数)。叶面积指数是单位面积上的叶面积。

方法一：林分中阔叶树的叶面积是采用样品的实测叶量和叶面积的关系，再按照叶的生物量推算的：松树的叶面积计算比较复杂，可以把针叶看成一个圆柱体，确定出叶重与叶面积的关系式：

$$L_A = (\frac{\pi}{2} + 1) d \cdot e$$

式中：L_A——针叶面积(mm^2)；

d——中央直径(mm)；

e——针叶长(mm)。

具体做法：先把林分部分解析木(标准木)的树冠分成 8 个方位，在树冠上中下部，随机取部分针叶，均匀混合，用十字区分法抽取 10 克样品，重复 2～3 次，依次测每针叶直径、长度，再按上式求叶面积，并进行可靠性检验。例如，建立马尾松针叶重量与叶面积的关系式为：$y_1 = 5.19299 + 68.07857x$，$r = 0.9930$；某阔叶树(如木荷)是 $y_2 = 29.5420 + 52.4709x$，$r = 0.9928$。式中：y_1或 y_2为叶面积(cm^2)，x 为叶重量(g)。

方法二：北京林学院对油松的叶面积计算是建立以下叶重与叶面积的关系式：

$$L_A = 12.63398 Wb^{0.94027}$$

式中：Wb——为叶重量；

L——为叶面积。

方法三：油茶类的树冠体积及叶面积系数测定方法：

① 树冠体积测定。

$$半圆形：V = \frac{\pi D^2}{8} L$$

$$扁圆形：V = \frac{4}{3} a^2 b \pi$$

$$圆锥形：V = \frac{\pi D^2}{12} L$$

式中：D——冠径；

L——冠高；

A——$\frac{D}{2}$；

B——$\frac{L}{2}$。

② 叶面积系数测定：在树冠内叶片疏密度具有代表性的部位，用 $1/8m^3$ 铁丝方框(用 8 号铅丝作长，宽高各边皆为 1/2m 长，各边相互拣钩，可折叠式方框)量取一方框内的叶片，将框内叶片全部摘

下，立即称鲜重。再从其中随机取出 20g 叶片，用方格叶面积测量板(用透明塑料板或玻璃板上画 $1cm^2$ 方格制定，大小约 $30 \times 20cm^2$ 测出叶面积，以此 20g 叶的面积与分框内所有叶片标重量对比，求出全树叶面积。

全树叶面积与该树行距×株距的土地面积对比，即为叶面积系数。

$$叶面积系数 = \frac{单株叶面积(cm^2)}{株距(cm) \times 行距(cm)} \quad 或 \quad \frac{单位叶面积(cm^2)}{树冠投影面积(cm^2)}$$

混交林的营造技术及研究综述[㉕]

从世界造林的历史和现状看，人工营造混交林已经成为当代营林发展的趋势。

国外对混交林的营造及研究历史较长，早在18世纪上半期，俄国林学家M. B. 罗蒙诺夫就发现林分内混交阔叶树种有许多良好作用。至19世纪80年代，M. K. 图尔斯基，F. Φ. 莫洛佐夫和.Л. N. 雅什诺夫开始对混交林经营作出评价。进入20世纪研究进一步发展。40年代，印度林学家将混交方法分为永久混交与临时混交两类来指导造林[59]；50年代，联合国粮农组织对十多个国家和地区的混交林造林工作做了总结[42]。国外学者对混交林的种间关系、混交效益等先后作出评价[27,67]。在此期间，各国对混交林的营造日益重视，如从三四十年代开始，芬兰、爱尔兰等已对混交林造林开展了试验并着手营造工作[37,65,68]，德国也从营造纯林失败的经验教训中逐步重视混交林的经营，近年来朝鲜已把发展针阔混交林作为一项国策。各国在混交林营造及研究上发表了大量文献，其中大部分都是非英文文献，多属苏联、欧洲等温带寒带地区混交林的研究。

我国混交林营造，历史久远，早在南北朝时期已懂得用混交方法来培育构树："……秋冬留麻勿割，为楮作暖……"(《齐民要术》)[2]。但真正人工混交林营造及开展专门研究，则是近二三十年的事。50年代以来，浙江、福建和广东各省开始营造杉檫、松杉和松荷混交林，60年代混交林营造进一步发展。近年来，营造工作越来越受到重视，造林面积不断增加，特别是长江中下游地区及北方某些林业生产发展较快的地区更为迅速，以杉木、马尾松为主要树种的混交林营造更多。同时，各高等林业院校和科研单位也广泛地进行了有关混交林调查研究和营造实验，取得了不少成果。如南方混交林科研协作组，从1987年成立以来进行了有效的工作，1986年杉松、杉檫混交林科研成果通过了国家级鉴定，这对进一步大面积推广人工混交林生产具有重要的意义。

一、混交效益及其应用

混交效益的研究目前正深入到以下四个方面：生长效益，生境效益，抗性效益和经济效益。

生长效益特别是增产效益研究很多，而且大多数研究特别是国内研究都持肯定看法。研究结果几乎一致认为：混交林木材材积、生长量、光能利用率、收获量均高于纯林[15,66,69,78]；木材性质也优于纯林[66,72,84]。但国外也有人认为混交林生长与纯林并无多大差别[93]或差于纯林[30]；林内树种死亡率大[74]；叶面积指数低于纯林[40]；木材因多秆、多枝丫造成材性较差[81]；在差的立地条件下，混交林生长优于纯林，好的立地条件下则相反[52]。国内一些研究还表明，总蓄积高于纯林的混交林，其主要树种蓄积不一定也高于相应的纯林；混交林经济材产量也比较低，可见，混交林的生长效益随树种、

㉕ 徐英宝，陈红跃。原文载于《广东省混交林资料专辑》(第二集)(广东省混交林科研协作组编印，1988，2：1~11)。

立地条件等因素不同而异，或好或差。但是，树种合理组合、成功搭配的混交林总是可以体现其较高生长效益的。

生境效益的研究即对混交林生境特点的研究。目前研究都一致肯定混交林生境优于纯林。主要体现在气候和土壤两个方面。混交林小气候具有林内气温和土温低、湿度大、光强小、蒸发少等特点，对主要树种生长有利[4,22,51]。混交林土壤枯落物丰富，C/N 比低，N、P 含量高于纯林[7,57,90]；有的林分土壤固氮菌、纤维分解菌、过氧化氢酶等均高于纯林[12,19]；有的则蚯蚓数量多于纯林[16]；此外，其土壤还有减少地表径流、冲刷之效益(高达 30% 和 33%)[24]。这些生境特点十分有利于主要目的树种的生长。

抗性效益分为对不良生物因子的抗性和大气不良因子的抗性。前者即为低病虫害的抗性，研究甚多，且已成定论，本文无需赘述。后者是指其抗雪、风和大气污染等能力。苏联对乌克兰喀尔巴阡山人工混交林废气污染能力的研究表明：成熟的栎类与云杉混交林对钾盐镁粉末、氯化氢、和有机脂肪酸抗性大；幼龄期的栎类和桤木混交林、成熟的椴树与杨树混交林对烟灰和一氧化碳的抗性更强[92]。这方面研究很少，尚待加强。

经济效益的研究，国内外都做过探讨。总的看法是混交林的生产成本有可能低于纯林，而纯收入有可能高于纯林。根据国内外研究的结果，我们认为混交林经济效益较高的原因大致是：①能缩短培育年限，故费用降低；②郁闭早，抚育次数减少；③抗性强，森林保护费用少；④若采用经济树种混交，产出更为可观；即使有时造林成本高，但增产效益大，产品收入不仅可以抵回成本，而且有结余。

混交林的应用是多方面的。根据国内外报道，主要包括：对老林分的改造[83]、热带林团状补植、林缘防护林[8,49]、林木保育更新[83]、保育防火[32]、农田防护林及病虫害防治的林业措施等。

二、种间关系的研究

种间关系是混交林营造技术及理论研究的核心。它尽管是复杂多样的，但其表现形式只有 2 种：互利与互害。互利与互害具体可分为单方厉害和双方厉害[23]。

Kolesnicenko M. V. 曾对种间关系做详细的研究并提出 5 种作用方式：①生理作用(如根连生)；②生物物理作用(改变光、温等条件)；③机械作用；④遗传生态作用(如异花授粉)；⑤营养作用(营养元素的消耗和归还)[62,63]。目前，对于种间关系作用方式一般分为机械关系、生物关系、生物物理关系和生物化学关系。后 2 种方式研究较多。

生物物理关系除最常见、研究最多的荫蔽作用、深浅根协调。枯落物营养作用外目前还有肥料树和生物场的研究。肥料树主要是指固氮树，其固氮作用对主要树种的营养作用已得到广泛承认。但国外一些研究指出：固氮树种受压时，其固氮能力下降[53]；非固氮树树种生长过快时，即使有固氮树种的存在，土壤仍然缺氮[88]；与纯林相比，有的固氮树种并不能促进主要树种的生长[71]。这说明固氮作用是受某些条件限制的。营林生产上应注意避免这些条件的发生。生物场林木辐射场、电磁场和热场研究较少，但值得重视。苏联莫尔钦柯的研究指出，桦树放射的紫外线对松树、云杉枝条、树干木材生长都有很大影响，这一现象可用于解释整枝、稀疏，确定混交比例[17]。在生物物理关系上还存在一种资源分享的时间差现象。即光合途径不同的植物，对空间资源(CO_2等)利用时间不同，故能互相补充，避免竞争[18]。这一原理对混交树种选择有借鉴之处。近年来，根据福建林业科学研究所研究也说明，杉木、马尾松混交林具有互补 CO_2的机制，有利于群体的光合积累，因而能提高林分产量。

生物化学关系最值得关注的是生化相克(Allelopathy)，即植物彼此间由其代谢作用的产物而引起的作用。国外这方面研究较多，国内始于 80 年代初期[23]。综观有关文献[33,36,39,43~47,50,54,56,79,89,91]，可得出生化相克的某些特点：①生化相克不仅发生于树木与树木之间，而且发生于树木与灌木、草本、苔藓类之间；②生化相克不止是明显的抑制和消灭作用，而且还有不易观察到的生长减弱现象；③生化相克物质大多为酚类和萜烯类，存在于整株植物中，叶、果实浓度最高；④生化相克物可在植物中分隔地、潜在地存在，特定时间(如残体分解时)才释放；⑤生化相克随土壤湿度、林木密度、林分发育阶段的不同而变化。

三、造林技术与经营措施

近10年来，国内外在混交林营造技术方面积累经验越来越多，并取得了新进展。具体表现为：混交树种选择的依据更为充分；混交方法更为实用；混交比例的作用更受重视；混交时间控制更为合理。

对混交树种的选择，一般认为应该考虑3条原则：一是树种生物学特性的协调，二是立地条件的适应，三是经营目的。但就目前情况看，一方面是选择混交树种是很难同时满足上述3项要求，另一方面则是对于树种林学特性认识较肤浅，难以对林木生长做准确的预测。因此目前无论是国外还是国内都较侧重于通过大量营造混交试验林，以取得各种成功的混交组合。多年来，国内南方混交林各协作研究单位通过大量混交试验，总结出一些有效的混交组合。如与杉木混交效果较好的树种有：马尾松、柳杉、火力楠、檫木、木荷、香樟、毛竹等[11,23]；与马尾松混交的有杉木、麻栎、黎蒴栲、刺栲、木荷、台湾相思等；与桉树混交的有大叶相思、木麻黄等[23]。当然，有了较成功的混交组合之后，在生产实践中还应注意立地条件方面的需求。据福建经验，杉木在立地条件较好的，可选楠、檫、樟混交；中等偏差的，可选松类、建柏；较差的，则可采用台湾相思等固氮力较强的树种[25]。

关于混交方法，各国都不一致，如联邦德国、瑞士多采用团状，日本多采用带、行、团状等。我国除常用的株间、行间、带状、块状[14]外，还有上述类型发展而成的行带式、格网式、不规则式和星状混交等类型。目前尤为值得一提的是星状混交，它是某一树种以少量的植株呈点状散生于他树种植株间的一种方法。此法既能满足一些喜光、树冠开阔树种的要求，又可为其他树种创造良好的生长条件，中间矛盾始终不很尖锐。如浙江奉化安岩村29年生杉檫星状混交林，檫树平均比杉木高2.8m，使杉木处于檫木林冠下、冠隙中。这种方式，檫树生长时间长，29年生尚未数量成熟，也没早衰现象[5,26]。实验证明这是一种新的、更实用的混交方法。目前，对于混交方法的采用，仍然应从大量试验和生产经验中总结，对于同立地条件，不同树种应该采用不同的混交方法。

混交比例被认为是决定混交成败的重要因素。从美国、英国、苏联、芬兰等国家的试验研究看，混交比例主要是影响主要树种的材积生长量，即影响蓄积量。目前混交比例一般应根据各树种在混交林中的地位、竞争能力以及造林地立地条件的优劣来确定。国外也有采用线性规划、生长模型和材积表等多种定量方法来决定混交比例[35,94]。

混交时间的控制，即分期造林问题是调节种间关系的一种措施。近年来，国内的一些研究证明，有些树种，应分期造林，否则或者效果很差，或者混交难以成功。如杉木、木荷和马尾松不宜同时混交[20]；松杉混交，以先种松后种杉效果最好[3]。

混交林之诱导及更新，国外常采用林下播种、林下种植的方法[29,77,82]。国内对针阔混交林的诱导及更新采用的方法大致有：①栽针保阔；②栽针补阔；③栽针伐阔(见缝插针、随后揭盖)；④针阔同造；⑤扶幼留阔(幼林抚育中保留有前途的阔叶幼苗)；⑥改造留树(低等林分保留胸径10cm以下阔叶树、再栽针叶树)等。

混交林的抚育间伐是调节种间关系的重要手段。应注意两个关键：①抚育间伐宜及时。如松杉混交林，10~12年生种间竞争最剧烈，在此之前及时进行间伐，才能保证林分持续生长[21]。②不同生长时期抚育间伐方法应不同。如对于樟树人工混交林，幼林期(4~6年)应以打枝为主，调节光照，成林初期(7~9年)间伐打枝相结合，后期(>10年)则以间伐为主，并逐步淘汰辅助树种[9]。对于抚育间伐，一般采用人工或机械方法。国外有些则采用化学抚育法[73]。

混交林的主伐和更新方法灵活多样，可以同时伐去全部树种，进行更新，以培育大径材。如松竹混交林采伐时可逐渐伐去松树，成为块状竹林，对于其中低产的竹林，采用诱导及更新的办法在培育成松竹混交林，以后再重复上述方法[6]。这样能以短养大，收获甚大。

四、研究方法

传统的研究方法是对混交林分的生长表型和各有关指标进行测定，近年来，由于电子计算机、生理生化及核技术的应用，使混交林的研究从外部表型进入到内在规律的探讨。

放射性同位素^{32}P示踪技术的应用起于50年代的苏联。ДД拉夫林科等早在1954年已开始对白蜡、栎树、椴树进行^{32}P示踪技术研究，取得了满意结果[1]。随后，通过对^{32}P的吸收、运输和排放测定确定了树种之间在水分、养分吸收上的抑制或促进作用[64,65,80]。国内这方面研究开始于80年代，如北京林业大学对油松、元宝枫混交林和油松、栓皮栎混交林各树种的相互关系研究，揭示了种间关系，为确定混交方法和比例提供了依据[10]。^{32}P示踪技术今后仍然是种间关系研究的重要手段。

应用电子计算机来研究混交林，开始于70年代，但报道还不多。国外主要是通过建立计算模型，预测混交林种间的数量关系及生长过程，由此决定抚育间伐最佳年龄、轮伐期等经营措施[28,35,41]。国内这方面的研究尚待开展。

对于混交林生长规律的定量研究，离不开数理统计学的应用。这方面，国外做了一些应用研究，其内容主要包括混交林调查的抽样方法、混交林立木度计算、林分生产力估测、混交林材积表的编制，以及收获模型的建立等[31,34,38,70]。这些应用研究，对于混交林经营具有实际意义。

生理生化技术在混交林研究中也得到越来越多的应用。国外生理生化技术主要是用于测定生化相克物质的结构、性质和生化相克作用的机理（详见本文第二部分），用于测定林木枝条、树叶中和土壤中各元素、氨基酸和酶的含量[60,61,80,87]。由于林木枝叶营养物质（如氨基酸、糖类）的种类及含量与害虫损害有关，因此目前一些研究正从探讨混交林树木枝叶各类营养物质种类与含量入手来研究混交林对害虫的抗性，但目前仅处于探索阶段，许多研究尚未定论。在混交林研究中还包括植物生理方面，如光合作用、呼吸作用（CO_2含量）、蒸腾作用（叶潜水、气孔抗性）和叶绿素含量的测定。国外这方面的研究大都属于基础理论的探讨，可为混交树种的选择提供理论依据。对于混交林木生理，国内依然缺乏深入研究，有待开展。

五、探讨与建议

由于种间关系是混交林的核心问题，研究树种种间关系的表现形式，作用方式，以及养分循环规律，对揭示混交林的本质具有重要意义。因此今后仍应加强这方面的研究。当前应从生长现象的调查阶段逐步进入到对种间关系及林分生长内在规律的研究[13]。由此，必须尽快采取各种新技术，如同位素示踪（^{32}P）、电子计算机、生理生化技术等。

当然，混交林营造及其研究涉及的问题很多，有些实验研究正在进行，应以研究种间关系为手段，探索造林成功的内在原因，阐明哪种立地条件下采用哪种相适应的造林技术措施。因此，目前各地必须营造各种类型的混交试验林，并持之以恒，定位观测，认真总结生产实践中的成功经验及失败教训。

在研究混交林营造技术的同时还应开展经营方法的研究。在这方面，国外已采用电子计算机技术及数理统计法预测林分生长过程、采取相应经营措施，可予借鉴。

混交林营造的经济效益和成本核算问题研究甚少，也是目前混交林生产推广困难的原因之一。混交林从营造、经营和主伐利用的各个环节经济效益如何，应开展这方面的研究。关于混交林木材性质及纤维利用问题的研究，几乎未见报道，也应予重视。

国内对混交林营造成功的报道较多，而对失败经营则少总结。实际上，混交效果不良或失败，生产中不乏其例。国外对于混交失败都做过专门报道[48,58,75,76]。今后应加强研究，阐明失败的机理，以减少造林的盲目性。

可供混交选择的树种，目前华南地区灌木种类较少，尤其是耐阴性较强、生长较慢的乔灌木树种更少，这是当前混交林营造的困难之一。今后应开展试验，尽快筛选出一批这方面的混交树种，特别是热带、亚热带植物种类繁多，是有很大潜力的。

参考文献

[1]拉夫守科．孙欧，等译．1985．乔木树种的磷素营养，同位素辐射在植物生理学、农业化学及土壤雪中的作用[M]．北京：科学出版社

[2]干铎．1964．中国林业技术史料初步研究[M]．北京：农业出版社，168

[3]汕头地区林科所，海丰县西坑林场．1978．松杉混交效果好[J]．林业科技通讯，(3)：15

[4]徐化成．1978．华北山地侧柏混交林林学特性的研究[J]．中国林业科学，14(3)：25～27

[5]尹瑞生，沈思厚．1980．对我县杉檫混交林的调查与探讨[J]．林业科学通讯，(10)：15

[6]易培同，余卫平．1982．马尾松、竹类混交林的初步分析[J]．(12)：19～22

[7]储健中，杨遒庄．1982．贫瘠丘陵地带柠檬桉与马尾松混交造林的研究[J]．林业科技通讯，(1)：14～15

[8]朱耀荣，等．1983．桉树混交防护林[J]．热带作物的研究，(1)：51～54

[9]凌昌发．1983．樟树人工混交林混交试验总结[J]．热带林业科技，(4)：14

[10]翟明普．1983．应用^{32}P研究混交林中油松和元宝枫的相互关系[J]．北京林学院学报，(2)：68～72

[11]吴中伦，等．1984．杉木[M]．北京：中国林业出版社，374

[12]张鼎华，等．1984．杉木马尾松混交林和杉木纯林土壤酶的初步研究[J]．福建林学院学报，(2)：17～20

[13]徐英宝．1984．混交林的调查研究方法[J]//广东省混交林科研协作组编．广东省混交林资料专辑(第一集)．7

[14]徐英宝．1984．关于混交林的理论与实践问题[J]//广东省混交林科研协作组编．广东省混交林资料专辑(第一集)．6

[15]邓瑞文，陈天杏，冯泳梅．1985．热带人工林的光能利用与生产量的研究[J]．生态学报，5(3)：231

[16]池桂庆，等．1985．人工红松林土壤中蚯蚓的数量[J]．生态学杂志，(1)：51、64

[17]周长瑞．1985．国内外混交林研究概况(下)[J]．山东林业科技，(4)：19

[18]罗耀华．1985．C3、C4和CAM途径的生态学意义[J]．生态学报，5(1)：15～27

[19]黄耀坚，等．1985．杉木、么事混交林土壤微生物生理类型的初步分析[J]．林业科技通讯，(3)：12～13

[20]曾天勋，古炎坤．1985．西江林场杉木、马尾松、荷木混交林分调查研究//热带亚热带森林生态系统研究(第三集)[M]．海口：海南人民出版社，1136

[21]福建省混交林调查组．1985．闽南丘陵地区松杉混交林的调查研究[J]．林业科学，15(2)：82～96

[22]谭绍满，黄金龙．1985．托里桉混交林小气候特点初报[J]．生态学报，5(3)：241

[23]王九龄．1986．我国混交造林的研究现状[J]．林业科技通讯，(11)：1～5

[24]吴诗能．1986．松锥混交造林试验[J]．林业科技通讯，(3)：15

[25]陈存及．1986．杉木混交造林的树种选择[J]．中国林业，(11)：41

[26]南方混交林科研协作组．1987．杉檫混交林种间关系和混交方式研究[J]．林业科技通讯，(4)：4～8

[27] Auclair D. 1978, The silviculture of mixed forests. A review of the literature. Document, Centre de Recherches d ′ orleane. No. 78/30, 51pp

[28] Baumgarter D. M. 1984, AGENT: an interactive computer, network. Journal of Forsets, 82(1): 53 – 54

[29] Bellon S. 1955, Undersowing as one of the methsds of Oak regeneration. Las polski, Worszawa 29(1): 12 – 3

[30] Berben, J. C. 1987, Spacing and grow of corsicam pine and Jaoanese larch, Bull etin dela Socite Royale Forestiere de Belgigue, 85(2): 61 – 70

[31] Bickerstaff, A. 1961, The combined stocking of multiple species combinations. For. Chron. 37(1): 35 – 8

[32] Braun – Blanquet J. 1955, Mountain forests of THE Mediterrancan: the P. nigra. var. cebennensis forest of Suint – Guilhem – le – Désert. Collectanea. Botanica, Bardelona 4930: 435 – 88

[33] Brooks M. G. 1951, Effects of Black walnut trees and theiv products on other vegetation, West Va ., Agr. exp – sta. Bull. 347, 31

[34] Brown H. G. 1978, Predicting site productivity of mixed conifer stands in northern Idaho from soil and topographic variables. Soil science Society of American Journal, 42(6): 967 - 971

[35] Bullard S. H. 1985, Estinmating optimal thinning and rotation for mixed species timber stands using a random search algorithm, Forest Science, 31920: 303 - 315

[36] Chou C. H. 1972, Auelopathic mechanisms of Arcto staphylos glandulosa var. zacaensis. Am. Midl. Natur. 88: 324 - 347]

[37] Clear t. 1944, The role of mixed woods in Irish silvicuture, Irish For. (1): 41 - 6

[38] Conn G. 1971, Constructionn of a mean stem volume tariff for natural mixed hardwood stands , Inaugural Dissertation der Forstwisseuschaftlichen Fakultat der Alber -

Indwiglluiversltat zu Freiburg, I, br. 136pp.

[39] Bel Moral R. 1980, The allelopathic effects of dominant vegetation of western of western wastington. Ecology 53: 1030 - 1037

[40] Dickamann d. i. 1958, Leaf area and biomass in mixed and pure plantations of sycomre and black Cocust in the Georgia Diedment. Forest Science: 31(2): 509 - 517

[41] Ek A. R. 1974, Forest: a computer model for simulating the growth and reproduction of mixed specees forest , stands. Reseaaaaarch Report. University of Wiscorsin. No. R2635 fi + 16 + 72pp

[42] FAO. 1958, Silviculture of purv and mixed forests. FAO study tour , Czechoslovakia 24 July to 18 August, 1956, final report.

[43] Fisher R. F. 1978, Juglone inhibits pine nnder certain moisture regimes . Soil Sci. Soc. Amer. J. 42: 801 - 803

[44] Fisher R. F. 1978, Allelopathic effects of goldenrod and aster on young sugar maple. Can. j. For. Res. 8: 1 - 9

[45] Fisher R. F. 1979, Allelopathy. in plant Disease: An Advanced Treatise . Vol. IV. p. 313 - 330

[46] Fisher B. F. 1979, Possible allelopathic effects of reindeer moss (cladonia) on jack pine and white spruce. For. Sci. 25: 256 - 260

[47] Fisher R. F. 1980, Allelopathy: a potential cause of regeneration failure . J. of For. 6: 346 - 348

[48] Fraser J. W. 1952, Seed - spotting of conifers under amixed hardwood stand , Silv. Leafl, FFor . Br . Can . No . 67, pp3

[49] Fromsejer WK. 1960, Edge plauting of Oak. Hedeselsk Tidsskr . 81(13): 294 - 301

[50] Gant, R. E. 1975, The allelopathic influences of Sassafras albidum in old - field succession in Tennessee. Ecology9560: 604 - 615

[51] Gohre, K. 1954 , Microclimate inrestigation in a Scots pine planting nnder a natual nurse crop of Birch , Arch . Forstw. 3 (5/6): 441 - 74

[52] Hasenmaier, E. 1964, silviculture evaluation of site surveys in virngrund (N. Wiirtlemberg) , and synopsis of ste science in Baden - Wiitenberg and summary of paper . Standortskunde Forsrpflziicht No. 13: 3 - 90

[53] Heilman, P. 1983, phytomass production in young mixed plantations o Alnus rubra. And cotton wood in west Washington. Canadian Journal of Microbiology, 29(8): 1007 - 1013

[54] Horsley, S. B. 1977, Allelopathic inhfbition of black cherry. Ⅱ . Inhibition by woodland grass, fern and clubmoss. Can. j. For. Res. 7: 515 - 519

[55] Ilvessalo, Y. 1951, Occurrence of difference kinds of forest stand in Finland, Commun . Inst. Fenn. 39(2): pp. 27

[56] Jameson, D. A. 1970, Degradation and accumulation of in hibitory substances from Juniperus erma(torr.) Little . Plant and soil 33: 213 - 224

[57] Jarv, Z. 1959, Forest litter, Erdo 8(8): 302 - 307

[58] Kakli, M. S. 1959. Some biological aspects of pure and mixed coniferous plantation in lower Michigan. Abstr. of Thesis. in Dissert Abstr. 20(5): 1513. O. R. S

[59] Kermode, C. N. D. 1941, Mixtures in plantattons . paper(Ⅱ). Proc. 5th. silvic. Conf. Dehra Dum, Item. No. 14: 328 - 7 367 - 72 , 372 - 4

[60] Kernik, L. K. 1985, Soiland stand characteristics and elemental connentration of tall shrub twigs . Soil Science Society of American Journal , 49(4) : 1023 - 1027

[61] Kolesnicenko, M. V. 1962, Biochemical interaction interactions of Pine and Birch , Lesn. Hoz. 15(2): 10 - 12

[62] Kolesnicenko, M. V. 1963, The forms of interaction between woody pants , Lesn. Z, Arhangel' sk6(2): 52 –54
[63] Kolesnicenko , M. V. 1964, The need to consider biochemical influence of trees, Lesn. Hoz. 17(9n: 15 –19
[64] Kolesnichenko, M. V. 1978, Biochemical effect of some wood plants on the Norway Spruce , Journal of Ecology 9(4)325 – 28
[65] Kolesnichenko, M. V. 1982, Choice of associate species for mixed plantations of Quercus borealialis(Q. rubra.) , Zesnoe khozyaistvv, No. 6, 636 –37
[66] Kosaev, N. G. 1983, Yield and wood qulity of oak in plantations and natural stands in the central forest – steppe , lesnoe khozyaistov, No. 6, 66 –68
[68] Lappi – Seppala, M. 1938, The raising of mixed stand . Silva. Fenn. 46(I32 –44and 24I)
[69] Lyapova, I. 1980, Growth of Pinus nigra pure and mixed with Tilia tomentosa in young plantations . Gorskoostopanska Nauka 17(4): 23 –29
[70] Lynch, T. B. 1984, Diameter distribution growth and yield models for mixed speciese forest stands . Thesis summary. FA. / 45(7): 389 –390
[71] Malcom, D. C. 1984, ronkia symbiosis as a source of nitrogen in forestry: a case study of symbiotic nitrogen – fixation in a mixed Alnus – Picea plantation in Scotland. In Symbiosis and plant nutritition. Proceding of the Royal Society of Edinburgh, B,263 –282
[72] Milojkovic, D. 1958, Stucture and volume in cremement investigations in even – aged Vak/Hornbean stands in the Gornji. Srem forests. Tak. Beograncl No. 15 : pp220
[73] Martynov , N. N. 1982, Chemical tending of Spruce in area subject to frest damage, Lesnoe khozyaistvo, No. 4: 50 –51
[74] Masinskij, A. L. 1964, The role of rvvt systems in the formation of stands Lesn. hoz. 17(10): 20 –21
[75] Mosin, V. 1960, Caragana arborescens – a bad associate for Pinus sylvestis. Iesn. Hoz. 12(8): 35
[76] Norback, G. 1948, Mixed stands of Oak and Norway Spruce. Sreaska Kogsv foren. Tidskr. 46(1): 19 –24
[77] Parant , e. 1953, The conifer as an aid in the conversion of broadleaved coppice. Rev. for, france. 5 (3): 341 –6
[78] Pejovic, D. 1963, research on the diameter increment of Beech, Norway Spruce, and silver Fir in pure and minxed stands in the Goliza region , Sunarstvo. 16(6/9): 229 –40
[79] Donder, F. JR. 1985. Juglone concentration in soil beneth black walnut interplanted with nitrogen fixing species. Jour nal of chemical Ecology, 11(7): 937 –942
[80] Rahteenko, I. N. 1958, The seasional cycle of uptake and excretion of mineral nutrients by the roots of three speciese , Fiziol Rast. 5(5): 447 –50
[81] Rudolph, V. J. 1964, Analysis of growth and stem quanlity in mixed hardwood plantings . Quart. Bull. Mich Agric . Exp. Sta, 47(1): 94 –112
[82] Sapanowv, M. K. 1983, E ffect of tendings on the growth o Guercus robur in platations in the northern Caspianvegion . Lesovedenic , no. 6: 35 –41
[83] Savin, e. n 1958, An experiment in the rehabilitation of Ash stands in the plantations in the droughty steppe , Soobse , Inst. Les, No. 10: 25 –36
[84] Seholz , HF. 1981, Diameter – growth studies of Northern Red Oak and their possible silvicultual . Iowa St. Coll. F. Sci. 22 (4): 421 –429
[85] SINGH, S. B. 1981, Linear programming for determining quantitative composition of speeies in a mixed plantation, Indian Forester , 107(11): 682 –692
[86] SOloduhin, E. D. 1959, THE \ \ he coppice regeneration of some woody speciese of the (Soviet) For East. Bot, Z, 44 (9): 1314 –24
[87] Spakhov, Yu. M. 1974, Features of gowth and content of three a mino acides in wood plants in mixed plangtations , Genet, Selektsiyai introduk tisya les . porod . N. 1: 121 –127
[88] Steinbeeck , WK. 1984, Growing short rotation forests in the southeastern U. S. A. In Bioenergy 84, Pro – Volume Ⅱ , 63 –69

[89] Stewart , R. E. 1957, Aiielopathic potential of western braken. Jchem. Ecol. 1: 161 - 169
[90] Tarront , R. E. 1963, Accumulation of organic matter and soil nitrogen beneath aplantation of Red Alder and Douglas. Fir. Proc. Soil Sci. Soc. American. 27(2): 231 - 4
[91] Tubbs, C. H. 1973, Allelopathic relationship between yellow birch and sugar maple seedlings. For. Sci. 19: 139 - 145
[92] Voron, V. P. 1979, The effect of indusrial air pollution on the health of forest plantaions in the Carpathian footthrills, Lesovodstvo i Agrolesomelioratsiya, No. 53: 53 - 57
[93] Zabala, N. Q. 1975, Interaction of Anthocephalns chinensis (Lamk.) Rich, ex. Walp and Albizia falcataria (L.) Fosb. Pteroearpus , 1: 1 - 5
[94] Zsehvpke, W. 1978, Model calculations on yield and business ecowomics of temporary ad mixtures of spruce to beech stands, allgemeine Forsizeitung. No. 42: 1246 - 1247

深圳市生态风景林建设工程有关问题的思考[26]

深圳市绿化委员会根据深圳市的林业现状与发展趋势，于1997年9月对全市林业用地提出建设生态风景林的基本构想，推出生态风景林建设工程规划大纲。这是一项宏伟的跨世纪绿色工程。在香港回归之后，港、深、穗连成大经济带的新形势下，在面临世纪之交和深圳特区二次创业的关键时刻，推出生态风景林建设工程无疑具有深远的历史意义和紧迫的现实意义，是一项深得人心、大智大德的重大举措。

深圳市生态风景林建设这一跨世纪绿色工程在优化、美化深圳生态环境、投资环境、改善和提高人民的物质文化生活水平，保证社会、经济、环境协调可持续发展，加快向现代化国际性城市迈进等方面都将发挥重大作用。

深圳市生态风景林建设这一跨世纪绿色工程的出台，人们为什么这样看重，在更深层的意义上又该如何理解和认识，我想借这个机会谈几个问题：森林的作用与地位；城市森林的兴起与发展趋势；深圳市生态风景林的建设和经营管理。

一、森林在环境和发展中的作用与地位

近年来，环境与发展已成为国际社会最为关心和迫切需要解决的问题，在检讨以往和重新确立人类和地球的新关系中，森林成为一个核心问题得到新的认识和新的重视。这种新认识，主要表现在三个方面，即：森林是全球生态环境问题的核心；森林是环境与经济协调可持续发展的关键；森林是人类赖以生存和创造文明的基础。

(一)森林是全球生态环境问题的核心

传统的观点把森林问题与一些生态环境问题如温室效应、生物多样性保护、水土流失、沙漠扩大、土壤退化、水资源危机、大气污染、臭氧层破坏、噪声污染等放在同等重要的位置上。现代科学尤其是生态学的发展，拓展和提高森林的地位，认为森林是全球生态问题的核心。因为森林破坏与上述生态环境问题直接或间接相关，即导致或加剧了上述生态环境问题。全球生态环境问题的变化与森林的多少有很大的相关性。目前，国际社会已充分认识到森林在全球生态环境中的重要性，要拯救地球上的森林，认识到森林对地球的健康和平衡的至关重要性，唯有森林之永存才能保持地球之平衡。应该确认这样一个事实，即国际社会应该认识和重视森林在世界范围的环境保护方面占有独一无二的地位。

日本是个多山的国家，自然灾害频繁。因此日本人确信“不会治山的人也不会治国”、“治水必先治山”。并在实践中大力发展多种防护性质的“保安林”，以发挥森林的防灾保安作用。从1954～1983

---

[26] 原文载于《“世纪之约”深圳市生态风景林建设文集》(北京：中国林业出版社，1999：32～46)。

年持续执行了三期“保安林建设计划”，共营造保安林 823.1 万 hm^2，占日本国土总面积的 20% 以上。其中水土保持林 172.7 万 hm^2，水源涵养林 570.7 万 hm^2，保健保安林 49.2 万 hm^2。目前，日本政府又大力投资保安林建设，采用优良树种(如水杉)营造复层结构异龄混交林，实行集约经营，以提高保安林的林分质量，更好地改善生态环境。

(二)森林是环境与经济协调持续发展的关键

早在 20 年代，许多国家和国际组织就开始寻求一种经济发展与资源环境相互协调的发展模式，并认为森林是环境与经济协调发展的关键。陆地三大生态系统——农田、森林和草原是人类社会经济持续发展的物质基础。它们为工业提供了除矿物质材料外的几乎所有原材料，为人类提供了除海产以外的几乎所有食物。森林是陆地生态系统的主体，因而森林在三大生物系统中处于主导地位，并对农田和草原系统有着深刻的影响。因此，世界范围内的环境与发展之间的矛盾，在一定意义上说也就是森林保护和开发之间的矛盾。这已经成为国际政治和国际关系的“热点”。目前，国际社会已充分认识到森林对全球环境和经济领域一体化的作用，如何持续发展现在还没有可取的模式。但世界各国都在探索发现森林是持续发展的基础。因为森林不仅是一种清洁能源(中性能源，可固化也可气化)，不增加大气中 CO_2，进行光合作用以合成人类必需的食物和木材，而且也是维持自然界大气生态平衡的关键。目前世界各国对持续发展的探索主要集中于三个领域：①制定以保护气候为目标的能源政策，推广生物能源；②拯救、保护和发展全球热带雨林的活动进入新的阶段；③防治土地退化，增加粮食生产。

(三)森林是人类赖以生存和创造文明的基础

森林即人类之前途，地球之平衡。虽然人类早已摆脱了采摘和狩猎的生活方式，对森林的直接依赖有所降低，但对森林的整体依赖性并没减少，因为人类社会的发展与以森林为主体的生态环境息息相关。近代工业文明的发展同样证明了森林及其相关的生态环境是人类存在和发展的基础。世界上一些昔日富裕的地区变成了荒漠或贫困，重要原因之一就是滥伐森林。昔日被称为“人间天堂”的海地，现代生态学的预言“先死树，后死人”变为现实。

二、城市森林的兴起及其发展趋势

(一)城市森林兴起的背景

60 年代以来，许多科学家根据世界上一些发达国家，经济富足、生活宽裕、城市环境恶化等特点，提出在市区内和郊区发展城市森林(urban forest)。1968 年以来，美国有 33 所大学的林学系、自然资源学院和农学院等开设了城市森林课；1978 年以来，美国接连召开了三次全国城市森林会议，研究城市森林的发展；1978 年美国 W. Grey 著《城市森林》；1984 年台湾高清著《都市森林学》；1986 年新加坡大学出版《城市和森林》等。这些专著从理论和实践方面，论述城市森林的概念、构成、树种选择、规划设计、营造、养护管理和效益等，肯定了城市森林是森林的一个新领域，前景无量。

(二)城市森林的概念

何谓城市森林，各国林学家提法不一，尚未形成统一公认的定义。美国林业工作者协会下的定义较全面，也较切合实际。其内容是：“城市森林是森林的一个专门分支，是一门研究潜在的生理、社会和经济福利学的城市科学。目标是城市森林的栽培和管理，任务是综合设计城市林木和有关植物以及培训市民。在广义上，城市森林包括城市水域、野生动物栖息地、户外娱乐场所、园林设计、城市污水再循环、树木管理和木质纤维素的生产。”

应该说，城市森林或城市林业还只是年青的羽毛初丰的学科，近 10 年来发展较快。城市森林不能只被看做是森林(或林业)的一个分支，实际上它是在许多学科(城市规划、风景园林、园艺、生态学等)的基础上建立的。它把土地利用的探讨放在很重要的位置上，在投资上与其他城市项目有竞争。

(三)城市“人口爆炸”

1950 年全世界城市人口共 7 亿，到 1985 年已增加到 19.8 亿。城市人口占全世界总人口的比率是：

1900 年为 13.6%，1960 年为 34.2%，1980 年为 39.6%，1990 年为 42.6%（21.7 亿）。预测到 2000 年，城市人口将达 32 亿，占世界总人口 63 亿的 51%。北美洲将有 80% ~90% 的居民生活在大城市或临近大城市中心。另据联合国估计，到 2025 年，随着城市化的发展，城市人口将占 60%。

（四）城市环境污染、资源短缺、能源危机加剧

城市环境污染主要指大气、噪音、悬浮尘粒和水体等。大气污染主要是石化燃料燃烧排放到大气中的 CO_2、甲烷和 N_2O 等 40 多种有害物质，其中 CO_2 的排放量最多。由于 CO_2 的增加，气候明显变暖，出现"温室效应"。城市水污染，指工业废水、化学农药和各种污水污染城市地下水、水井和河水等饮用水资源。资源短缺主要包括土地资源、部分地区的粮食、草地、野生动物、淡水等。据报道，世界上每年有 200 万 hm^2 土地失去生产能力，1700 万 hm^2 森林被砍伐，60% 的干旱地区的草地受沙漠化威胁，每天有近百个物种绝灭，许多城市闹水荒、能源危机。据报道，到 2000 年，全世界严重缺烧柴者达 30 亿人，其中城市为 6 亿人，占 20%。在发展中国家的城市及其周围，往往破坏森林，使城市生态环境进一步恶化。所以，有计划地发展城市森林，加强管护，合理采伐，为市民提供部分薪材，已成为科学家们研究、发展和利用城市森林的热门课题。

由于上述问题的存在和发展，国内外科学家把注意力放在占世界人口 43%、技术力量雄厚、经济力量强大的城市，利用森林固有的特点和功能，营造城市森林，以解决部分或大部分城市急需解决的问题。

（五）城市森林的范围

目前，许多科学家，从游览时间上给城市森林划定了范围，认为城市森林的范围是：由市区出发，当日可返回的旅游胜地均在其列。美国科学家认为，城市森林包括乘小汽车从市内出发，当天到达并能返回范围内的游览地都属城市森林范围。瑞典规定从市中心外延 30km 以内的森林都是城市森林。但是，随着城市人口的急剧增加，城市建筑越来越密集和拥挤，城市居民对于回归较舒适的自然环境的要求越来越迫切。因此，原来城市规划中用得很多的"绿地"（green area）概念，现在看来有些过时了。除了城市内部各种类型的绿地外，还必须在城市周围（城乡结合部）建设以森林为主体的绿色地带（green belt zone），这些已纳入城市森林范围。绿带既可改善城市生态环境，为市区居民提供野外游憩场所外，又可作为城乡结合部的界定位置，控制城市的自发发展。这样做不仅大大扩展了森林面积，满足了城市居民的需求，而且还创造了很好的经济效益。

这方面，我想多用点笔墨谈谈法国首都的城市森林，特别是巴黎大区绿带规划的情况。法国首都周围分布有 4 大片城市森林，即诺曼底地区橡林、枫丹白露森林、法里叶森林、巴黎市鲍罗尼森林。

1. 诺曼底地区的橡林

面积 4000hm^2，离巴黎市区 100 多 km。这里生长着欧洲典型的橡林（Quercus Petrea），树最高达 40m，胸径达 120cm，并与其它阔叶树混生。橡林主要采用渐伐方式经营，伐期龄为 180 ~220 年，依靠天然下种更新，通过多次除伐和疏伐（平均 8 年 1 次）进行培育。整个森林经营建立在永续利用的原则基础之上。诺曼底橡林虽然是以生长大径级珍贵用材为主要目标，但同时具有重要的防护功能和提供狩猎及游憩场所的社会功能。因此，法国林学家是按照多目标营林的原则对其实行经营的。在这片森林内到处都有提供游憩活动的设施，如方便的道路网、停车场及挡车横杠、明显的路标及导游指示牌等。

2. 枫丹白露森林

面积 1.7 万 hm^2，离巴黎市中心 60km。这里主要有橡树（44%）、欧洲赤松（41%）和山毛榉（10%），还有云杉、花旗松、海岸松、落叶松、巨杉、北美红橡等乡土及引进树种。这片闻名世界的森林有很长的经营历史，历来是法国王室的狩猎场地，著名的枫丹白露王宫及其宫廷花园就在这片森林的中心地区。现在，枫丹白露林已成为巴黎市民最喜爱的郊游场所，每年进入森林游憩的人数达 1000 万人次，其中有 70% 是在周末及节假日来游玩的。这片森林由法国国家森林局经营管理。虽然经营目标主要是为游憩服务，森林中还区划出了 415hm^2 的自然保护区，但森林的主体部分（15 434hm^2）

仍进行着正常的营林活动。由于大部分树龄较大，所以要进行相当规模的采伐更新。近年来每年生产木材约 7 万 m^3，销售木材所得占林区开支的 45%。

3. 法里叶林

面积 2872hm^2，在巴黎市区以东 25km，目前归首都大区绿地管理局经营管理。法国首都大区面积 1.2 万 km^2，人口 1000 万。首都大区的面积只占法国总面积的 1/50，而这里却集中了全国人口的 1/5，可谓人口高度密集区。近几十年，首都大区内的市区不断扩大，新城镇不断形成，市镇面积发展很快，由 1935 年的 5.6 万 hm^2 发展到 1985 年的 12.75 万 hm^2。大量人口居住在建筑密集的市镇内，必然对郊区绿化建设提出迫切的要求。首都绿地管理局就是在这种形势下于 1976 年成立的。这个局的主要任务是对首都大区的绿地规划、游憩林的设置进行研究，提出建议并采取行动。绿管局成立后参考英国绿带建设经验，对巴黎郊区在离市中心 10～30km 的环带内进行绿带规划及建设。其目标是在这个环带内建成一条以森林为主体，由农田、牧场相连结的绿带(green belt)。为了建成这个能向公众开放的绿带，绿管局不惜以重金从私人手中购置林地加以改造，或购置农田牧场重新造林绿化。这里原先营造了大面积的杨树人工用材林，现逐步改造，以适应游憩的需要。主要经营树种为橡树，与椴树、白蜡、槭树、板栗、野樱桃等树种混生。林中有良好的道路网，供游人步行、骑车或骑马用；有与干线公路相连的众多停车场，以使吸引远来游客；有许多导游路线指示图和科普知识宣传栏供游人使用；还有排水设施以改良土壤。特别是一处风景优美的池塘，周围有小桥、树丛及钓鱼台相配，给人以美的享受。这片森林一年到头都有游客，特别是春季溪谷边百合花盛开及秋季板栗成熟的时候游客更多。

4. 巴黎市鲍罗尼林

巴黎市区内由市政府园林管理处管理全市的公园、花园及 3 片森林。其中鲍罗尼森林及维塞尼斯森林，面积较大，一东一西，被称为巴黎的两片肺叶。特别是鲍罗尼林，面积 846hm^2，直插市中心，离凯旋门很近。这样的森林布局在全世界大都会中实属罕见。这里是以橡树为主要树种的森林，但景观则呈现一片林水相间、花草芳菲、活动内容丰富、游人安闲的祥和景象。这里是森林、湖泊、公园、小花园及各种服务设施交叉分布的大游憩中心，是巴黎市民常去的地方，也是外地游客必到之处。

综上所述，说明在一个工业发达的社会，城镇居民对游憩的需求已形成一股巨大的压力。营建生态风景林、游憩林不是可办可不办的事，而是非办不可的事。同时也表明发达国家有足够的财力来办这件事。一个资本主义国家尚能做到这一点，那么像我们这样以为人民服务为宗旨的社会主义社会，该如何认真对待这件事就不言而喻了。由于经济不够发达，现在我国城市居民首先关心的可能还是住房、交通等问题，但下一步就该轮到游憩需求了，对此应该有足够的预见性。

(六)城市森林的效益

由于城市人口急增，要求城市森林应具有很高的质量，为城市起到“解毒”作用。城市森林的效益是多方面的，也是十分明显不可替代的。据报道，1hm^2 阔叶林 1 天可消纳 1000kg 的 CO_2，林冠下的温度比无遮阴地低 14℃，有效地抑制了“温室效应”的发展。城市森林还可增加城市空气湿度，一个结构、树种配置合理的城市森林，空气相对湿度可增加 54%。城市森林可以提供清凉饮用水。如美国东部的一些城市，由于城市森林的作用，出现了清凉饮用水源头。巴西圣保罗市周围营造 5000hm^2 的水土保持林，10 年后，将解决该市饮用水的 40%。

据测算，一座具有城市森林特色的城市，可以为城市居民提供 50% 的薪材、80% 的干鲜果品。目前，许多国家的城市已改变直接烧薪材的习俗，而将枝叶送进工厂气化，送气给居民使用。一个完好的城市防护林体系，可以使粮食和蔬菜增产 10%～15%，可以降低能源消耗 11%～50%，降低取暖费 10%～20%。一所坐落在城市森林中的住宅，估价比一般住宅高 2 倍，有树木的房屋价值增加 5%～15%，在公园或公共绿地附近的住宅价值高 15%～20%。

美国林业协会曾经尝试这样评估城市森林的作用，仅就树木通过遮阴覆盖、吸水蒸腾及调节空气降低空调能耗一项，每年就为美国节约 20 亿美元。此外，还有 20 亿美元的潜力可以开发。还有实验证明，绿色树木的存在可使病人在手术后恢复更快，住院期平均可缩短 8%，从而每年能节约 12 亿美元。美国于1988年提出了一个“地球解放”(Global Relief)计划，要求把城市的树木覆盖率从30%提高到60%，需要在全球增植6亿~10亿株树，以进一步减少城市的雨水排泄量，从而降低排水能耗或降低排水设施的标准。此计划已得到若干国家的响应。

当然，城市森林还有范围非常广泛、内容十分丰富的社会效益。归纳起来，主要有：

(1)城市森林是一座知识宝库，包括天地生、数理化、文学艺术等，应有尽有，取之不尽，用之不竭。如在文学艺术方面，城市森林除了为文学家、艺术家提供安静、优美、舒适的创作环境外，还为他们产生“灵感”创造了条件。

(2)城市森林为人类提供了社交场所和机会。一处成功的城市森林环境，为国内外宾客提供了游览、社交的机会，借以相互了解文化素养、风俗习惯、衣着打扮，从而开阔眼界，增进友谊。

(3)疏导交通，美化市容。在美化市容方面，城市森林起着举足轻重的作用。一是以树木的绿色为基调的五颜六色，春花，夏绿，秋色果，冬枝干，无不展示其丽姿，为城市增添自然美；二是森林和树木有丰富的线条，艺术讲究曲线美，城市森林是曲线美的典型，丰富的林际线，多变的冠外形，形成各异的片林轮廓，都是由曲线构成的，也都是构成城市美的主要内容；三是树木打破了建筑物僵硬的棱角，烘托建筑物的美，从而展示城市的美。

(七)城市森林的发展趋势

森林引入城市，城市坐落在森林中，恢复人类与森林的本来面貌，是城市森林总的发展趋势。今后城市森林的发展概言之有以下5个方面：

(1)人类对城市森林的继续理解和认识。人类对城市森林的理解和认识差距很大。以国家而言，工业发达、人民生活富裕的国家，对城市森林的认识较早，也较深。而发展中国家较晚，甚至尚无认识。如美国科学家近期提出，要研究当代人的活动规律，让全体民众都理解实现城市森林是社会发展的必然规律，不仅要从重要性上深入理解，而且要从技术、实际知识予以掌握，成为既是城市森林的受益者，又是城市森林的设计者、树木花卉种植者和养护管理者，以进一步提高城市森林管理者利用植物材料改善城市环境的能力，起到示范作用。

(2)城市森林的范围继续扩大。城市森林的范围，随着城市的扩大、城市人口的增加、城市居民生活水平的提高、交通工具的先进程度、旅游事业的兴盛而不断扩大。以我国而言，1978~1990年间，城市从193个增加到416个，增加238个；城市人口从1.72亿增加到3.3亿，年均增加0.13亿，占全国人口的29.4%。城市人口的增加，意味着人民的富裕，国家的富强。城市化是现代化的重要过程和标志，城市森林是城市现代化的标志。

(3)人们更加注重自然美。城市森林学是由园林学、景观学和树艺学发展而来，本身就是艺术，是自然美的再现。今天，人们更加注重城市美学。例如，美国把美学作为城市森林管理的首要目标，着重从树种、树木形态和色彩、树木配置等多方面综合考虑，达到虽由人作、宛若天开的艺术效果。

(4)“森林文化”的出现和发展。当代各种文化学说比比皆是。其中，与城市森林有关的有“草坪文化”、“生态文化”和“森林文化”。日本于80年代设想创立“国际森林文化大学”，设立树木文化、林业、木工、森林生态、植物学、自然保护和地球绿化等专业，培养解决环境污染、宣传普及“森林文化”知识和保护自然环境的人才，以确保人类生活、生存环境免于破坏。

(5)新技术的应用。新技术在城市森林方面的应用，一是计算机技术，二是生物工程技术。新技术在城市森林管理上的应用有广阔前途，是今后加强城市森林管理的重要方面，各国城市森林工作者都给予了极大的重视。

三、深圳市生态风景林的建设和经营管理

深圳市绿化委员会提出的规划大纲是一份高质量、高要求、内容十分丰富的城市林业建设方案，在国内当前城市森林建设和发展上率先走了一步。大纲对规划背景、森林现状、规划布局、树种安排、

营造方式、投资效益等方面进行了深刻、独到的阐述，有创新的胆识和真抓实干的作风。然而，城市森林的开发建设毕竟是一件新事情，千里之行始于足下，任重道远。以下谈几点意见，仅供参考：

(一)城市林业和城市森林都是近10多年才发展起来的领域

城市林业对中国来说是一个较新的概念。在我国大中城市，市区绿化一般由园林部门负责，属城建系统，而郊区绿化则归林业部门负责，两个部门各司其职。但在专业上缺乏交流渗透。因此，在一些城市林业问题上，如统一布局、合理规划、城乡交接处的经营特点、郊区林业如何为市民服务等，尚需林业和园林两方面的专业人员协作努力作深入的探索。在这些方面，国外(如北美和欧洲)有关城市林业的理论和实际经验可供参考。

(二)森林景观规划设计

目前，国外越来越多采取了多目标营林的政策，要求在木材生长和环境功能方面保持平衡，首先要进行景观规划，以便使土地利用的经济、生态、社会三大效益达到最佳状态，在规划的基础上再进行景观设计。森林景观设计的主要原则是：新造人工林的形象要接近天然林，并与周围景观相协调，要保持水面、沟谷、峭壁等自然景观，要用不同树种育成异龄混交林，林缘要避免用不自然的直线及正规几何图形布局，要有一定的道路及步行道设施，还要有能看到著名地物地标的空间等等。在这方面还要加强研究，对林业技术人员要进行广泛的培训，使多目标营林得以实现。最近的研究分析表明，有可能把景观建设与育林结合起来，而又不损害林地生产力的发挥及森林的防护功能，也不会使育林措施大变样。

(三)林业发展与自然保护要相结合不要相对立

生态风景林、自然保护区、森林公园等建成以后，要不要进行合理的经营管理？对森林不加经营地单纯保护是不可取的。森林自然保护区以生态保育、自然教育为主要功能，也同样需要提高生产力。生生死死是大自然的基本法则，林木也不例外。处于生长时期，林木吸收CO_2，净化空气，但处于衰落、死亡时期则相反。因此抚育森林，用健壮生长的林木取代死亡中的林木，保护森林处于良好状态，这才对环境最有利。把一切都冻结起来，或保留其原样，任其衰落、腐朽、死亡，显然是不对的。

(四)生态风景林要高质高效益

由于我国人口众多，是一个发展中的大国，经济增长很快，森林资源开发利用形势总是很严峻的，不同于欧美发达国家那样，城市森林的经营目标不是生产木材，而仅仅是发挥其生态、社会和公共卫生功能。由此，我们感到深圳市生态风景林在树种选择上还缺少一批明确的主要经营树种，特别是具有高质、高经济效益的珍贵材树种，如龙脑香科的青皮，天料木科的母生，马鞭草科的柚木、石梓，楝科的非洲桃花心木、大叶桃花心木、桃花心木，壳斗科的红锥，蝶形花科的降香黄檀，樟科的阴香等11个树种(注：有几个大纲中已提到)。这批树种共同特点是珍贵用材，需求量大，价格看高，前景总是走俏。同时，栽培引种技术较熟悉，有的成果很突出，如柚木。这些树种对立地都有一定要求，在土层深厚、疏松、排水良好的山腰以下、山谷、平缓坡地生长良好。所以，在目前深圳丘陵山地立地条件没有改善的情况下，谈这些树种造林是困难的。但从深圳市光明农场引种马占相思，短短几年改变景观情况看，这就是途径。我的想法是，在对现有低产、低效松桉纯林改造过程中，先引入热带速生豆科树种，如大叶相思、马占相思、厚荚相思等，能迅速改善、提高和维持林地肥力以及微气候空间良性效益，3~5年后通过疏伐，引入上述珍贵材树种，平均每公顷525株左右，并伴以其它阔叶树种。以后，再通过2~3次相思类的疏伐，最终每公顷仅保留20%相思树，与珍贵材树种组成异龄复层混交林。

大纲对经济效益进行了评估，50年后仅木材产值达23.5亿元，这样一个量化值是按每立方米木材500元算的，是低价、低效的。

若我们假定深圳仅拿出$666hm^2$(1万亩)林地营造以柚木为主要经营树种的生态风景林，40年生525株/hm^2，公顷蓄积量$240m^3$，每公顷年均生长量为$6m^3$(此数据根据台湾高雄南部地区$5000hm^2$40年生柚木林的年生长量材料)。成材后，每公顷出材$150m^3$，依木材容重0.65t计，公顷产干重木材

97.5t，666hm^2 生产 6.5 万 t，按国际市场多年来每吨柚木价 2000 美元计，总产值 1.3 亿美元，折换人民币 10.4 亿元/666hm^2。这样就可看出，仅柚木 1 个树种(666hm^2)40 年后经济效益就达 10.4 亿元。当然，柚木是世界上最著名的珍贵材，用途广泛，由于天然资源少，价格昂贵，目前仅用作高级建材、高级家具等装饰贴面用材。其他珍贵树种当然比柚木价低些，但有了资源，中国这个大市场和国际市场的需要仍会长远看好的。

总之，在当今世界面临资源环境和生存发展之间的矛盾日益尖锐的时候，抓住机遇，发展城市林业，抓好生态风景林建设工程，大力推进这项多目标、高效益的新兴事业，以造福人类，造福子孙后代。

我国相思树种的引种与开发利用[27]

摘要 本文总结了我国相思类引种历史和研究进展概况，介绍了相思类树种的中文命名问题，将世界泛生的该属树种归纳为金合欢、棘皮金合欢和异叶金合欢三个亚属。提出了我国南方最有潜力、速生的相思类树种，它们生态适应特性以及开发利用前景。

关键词 相思类 引种 中文命名 开发利用

一、引种概况

相思类(*Acacia* Milld)亦称金合欢属，属于豆科(Leguminosae)含羞草亚科，是该科中最大的属，一般认为全世界有700~900种，但也有人认为有1000~1200种。各大洲均有分布，但以大洋洲及非洲最多，在澳大利亚约有680种被正式命名，还有150余种有待确认。它是一个泛热带性的种属，大多数分布于干旱或半干旱地区，也有小部分生长在热带高地和热带湿润地区。

我国相思类约有10种，主要产于西南及东部地区，即台湾相思(*A. confusa*)、滇荆(*A. yunnanensis*)、无刺儿茶金合欢(*A. catechu* var. *wallchiana*)、阔叶金合欢(*A. delavayi*)、印度金合欢(*A. intsin*)、羽叶金合欢(*A. pennata*)、藤金合欢(*A. sinuata*)等。

我国至1986年总共引入该属树种34种，它们是金合欢(*A. farnesiana*)、儿茶金合欢(*A. catechu*)、阿拉伯金合欢(*A. arabica*)、黑荆、塞内加尔金合欢(*A. senegal*)、灰叶荆(*A. glauca*)、银荆、枣荆、大叶相思、马占相思(*A. mangium*)、黑木相思、厚荚相思(*A. crassicadrpa*)、纹荚相思(*A. aulacocarpa*)、薄荚相思(*A. leptocarpa*)、卷毛相思(*A. cincinnata*)、海岸相思(*A. oraria*)、多穗相思(*A. polystachya*)、希姆氏相思(*A. simisii*)、绢毛相思(*A. holosericea*)、西伯金合欢(*A. zieberiana*)、尖叶金合欢(*A. caesis*)、链叶金合欢(*A. megaladena*)、粉被金合欢(*A. pruinescens*)、红木相思(*A. acuminata*)、多花相思(*A. florbunda*)、羽脉相思(*A. penninercis*)、金雨相思(*A. prominens*)、肯氏相思(*A. cunninghamii*)、缺脉相思(*A. aneura*)、毛荆(*A. teniana*)、贝氏荆(*A. baileyana*)、异色荆(*A. discoler*)、常荆(*A. normolis*)、繁花荆(*A. polybotrya*)，主要引种我国北热带和南亚热带地区，目前还在进行较广泛的引种试验，预计今后将会有更大的发展。

二、树种命名问题

近10年来，国际上对相思类树种的花粉、幼苗发育、种子、树胶和木材的化学成分等都进行了较

[27] 原文载于《中国林学会造林分会第三届学术讨论会造林论文集》(北京：中国林业出版社：1994，45~49)。

深入的研究，并把该属分为3个亚属。

（1）金合欢亚属（Subgen. *Acacia*，Vassal），无托叶刺，无皮刺；荚果开裂以至不裂；子叶有柄；最早出现的初生叶为一回或二回羽状复叶。世界泛生，主要在非洲，而亚洲、南美洲也有分布。

（2）棘皮金合欢亚属（Subgen. *Aculeiferum*，Vassal），无托叶刺，多数具皮刺，荚果不裂，子叶具柄和无柄，最早出现的初生叶为一回或二回羽状复叶。世界泛生，主要在中东和非洲。

（3）异叶金合欢亚属（Subgen. *Heterophyllum*，Vassal），无皮刺，最早出现的初生叶为一回羽状复叶，少数一开始就为叶状柄。按叶形，这个亚属的树种又可分为两个类型：羽叶型（为二回羽状复叶）和叶状柄型（叶退化为各种形态的叶状复叶）。后者大多数（超过700种）原产于澳大利亚。我国目前主要引种这个亚属的树种。

基于上述，由于该属树种很多，而目前可用中文名又非常混乱，有叫“金合欢”，有叫“相思”，有叫“荆”，往往带有随意性，既不与属内的分类系统联系，又不与形态特征和生态习性相关，很不便于使用。因此，霍应强（1985）提出在分类系统基础上，结合形态特征和生态习性，把我国现有引种树种进行整理或重新拟定中文名[1]。

第一类是具皮刺的树种（托叶刺或皮刺），都命名为“金合欢”。这类树种比较适于干旱的气候，有些甚至在很恶劣的立地上生长，但我国现有的种类较少，如阿拉伯金合欢、儿茶金合欢、塞内加尔金合欢等。

第二类是叶状柄型树种，都命名为“相思”。这类树种形态上从羽状复叶退化为叶状柄，是一种生态适应和系统进化，比较适应生长季节干热和湿热交替的丘陵立地，如台湾相思、大叶相思等。

第三类是异叶金合欢亚属羽叶型树种，都命名为“荆”。这类树种较喜温暖高爽的气候，在我国以云贵高原温度较低的地方生长较好，在华南则要选择海拔较高（>300m）的山坡、山谷地栽种生长较好。生长在纬度较两广以北的福建、江西等地，要比广东丘陵平原地区表现为佳，如黑荆、银荆、绿荆等。

三、相思类的引种表现及其利用

由于该类树种多数分布于干旱或半干旱地区，常生长发育成为低弱树形的树种。所以它们多数的木材利用价值较低，作为商品材在市场上销路不大。但有些相思类属于湿热带的速生树种，如纹荚相思、卷毛相思、马占相思、多荚相思等，是热带雨林中发现的几种相思类树种。另外对局部地区来说，相思类树木有多种用途，常是干旱地区居民重要的木质燃料之一。

有的相思树，如黑木相思适宜于较高纬度和较高海拔地区发展利用。它原分布于澳大利亚的塔斯马尼亚州和新南威尔士州，维多利亚州的沿海地区，从低海拔到海拔1000m左右的山地，年平均温度10～15℃，年降水量900～1800m。是适于温凉气候的树种。高大乔木树高可达35m，胸径80～120cm，木材的心材呈黄褐色，暗黄褐色，纹理具金色光泽。木材易加工，可作为上等家具、建筑内壁、细木工和工艺雕刻等原材料。所以黑木相思适宜在我国中亚热带地区，如粤北、桂北、闽北等地较高海拔（500～800m）的低山丘陵引种试验。

黑荆也是这样一个树种，对气温很敏感，在平均气温10℃以上开始生长，在平均15～20℃时最适宜，能耐短暂－6℃低温。所以，黑荆在我国两广一带，由于夏季炎热高温，易引起树皮日灼，雨季高温，易引起流胶、煤病等，故它应在我国的南亚热带偏北和中亚热带地区，包括浙江、江西南部、福建南部、广东中北部、广西中部等地区开发利用。

大叶相思、马占相思、厚荚相思、纹荚相思等树种属于热带和亚热带湿润半湿润、温暖到炎热气候的树种。在原产地，年降水量1300～1800mm，属于夏雨型，干旱季节长达6个月，尽管大叶相思能耐干旱，但高温多雨地区生长最快。大叶相思最显著的优点是对土壤的适应性强，能在多种类型的土壤上生长，包括有玄武岩、云母片岩、石灰岩、花岗岩等发育而成的砖红壤和赤红壤酸性土、钙质土、盐碱土、石砾土和滨海沙土，以及采矿弃泥和矿渣等特殊土壤土上，大叶相思均能生长。到 1986 年，广东、海南两省造林面积已达 45 000hm^2，目前已成为华南多用途的主要造林树种之一。

1987 年我们在广东 15 个县市对大叶相思立地类型进行了研究，进一步摸清了该树种对立地条件的适应性[3]。研究结果表明，广东大叶相思可划分为 3 个立地类型组（滨海沙土立地类型组、热带低丘台地砖红壤立地类型组和南亚热带丘陵赤红壤立地类型组）和 12 个立地类型，以及低水位富钾疏松型的滨海沙土、河流冲积土、热带低丘台地玄武岩成土的砖红壤、浅海沉积砖红壤以及南亚热带低丘砂页岩赤红壤疏松型等最适宜于大叶相思生长，5 年生平均有势木树高均超过 9m 以上，但在中、高水位贫钾的海滨沙土和由石英岩发育的赤红壤紧实型土壤上，生长不良或最差，由于成土地下水位高，严重缺钾或由石英砂成土，紧实、黏重，大叶相思的 5 年生平均优势木高仅 2. 5m，这些立地类型是最不适宜种植该树种的。

国外报道亦说明，在土层深厚肥沃的立地条件下则生长更加迅速。在印度尼西亚的爪哇营造人工林，10 ~12 年轮伐期，每年每公顷平均生长量 17 ~20m^3，而在一般的立地条件下，每年每公顷平均生长量约 10m^3。但在西孟加拉国的半干旱地区造林，15 年生，每年每公顷平均生长量只有 5m^3。它属于干旱地区树种耐旱性强，但在强度干旱的气候环境则无法适应。

相思类树种很多，作为速生树种与大叶相思一起被发现的还有马占相思、纹荚相思、厚荚相思等。在良好的立地条件下 9 年生马占相思人工林，树高 23m，胸径 28cm，材积 415m^3/hm^2，年平均生长量 46m^3/ hm^2。

这些树种木材可作建筑、家具、装饰和造纸用材，也是优良薪炭材。具有多年生的“含羞草科型”根瘤，并且较易自然感染的接种，可用于固氮和改良土壤。大叶相思鲜叶含氮 1. 32%、磷 0. 14%、钾 0. 43%，黑荆分别为 0. 79%、0. 14%、0. 54%，是良好的绿肥。大叶相思树皮光滑，树液营养丰富，可用作紫胶寄主树；树条或木段，可培养木耳和食用菌；花期一般长达 2 ~3 个月，是优良蜜源，适宜于发展养蜂业。

在华南许多地区桉树林下，经常混生大叶相思、绢毛相思等多种乔、灌木，对保持和提高林地土壤肥力有很大作用。在松属和木麻黄林分中，混生大叶相思等，可明显提高林分的稳定性和生产力。

四、华南主要相思类树种概述

（一）纹荚相思（*Acacia aulacocarpa*）

分布：天然分布于澳大利亚新南威尔士到巴布亚新几内亚的南部，即南纬 6° ~31°，分布范围相当广。我国于 70 年代后期开始引入，首先在广西进行种源试验。实验表明，纹荚相思在华南贫瘠的平原台地丘陵种植是很有发展潜力的优良速生、多用途树种。

树种特性：早期速生，耐贫瘠立地，能适应各种土壤类型，能耐轻霜。从华南沿海的平原台地（海拔 50m 以上）和丘陵地区（海拔 200 ~300m）均可引种栽培，生长较好。据在海南岛观测，树高平均生长量 1. 5 ~2. 5m，胸径 1 ~2. 7m。造林要根据当地情况选择适宜的种源。

产量：据在海南岛实验表明，纹荚相思生物产量较高，4 年生林分，地上部分生物量达 104. 2t/hm^2，产量相当高。

利用：木材宜作建筑、地板家具和工具材，也可作造船、细木工及装饰用材。国外已研究用其木材制浆造纸及纤维原料。庭院绿化。

（二）厚荚相思（*Acacia crassicarpa*）

分布：天然分布与澳大利亚昆士兰东北部，巴布亚新几内亚北方省和印度尼西亚等地区，在南纬 8° ~20°，海拔 0 ~200m，少数可达 700m。我国于 80 年代开始引种该树，生长良好，很有发展潜力。

树种特性：速生，适应性强，耐火烧及带碱味海风和贫瘠土壤。小至中等乔木，在适生条件下其高度有时可达 30m；胸径很少超过 50cm。

产量：厚荚相思的生长特别是早期生长迅速，在适宜条件下，年平均生长量，树高 2 ~ 4m，胸径 2.5 ~ 4cm。我国海南省琼海县种植的厚荚相思，1 年生树高 4.5m，胸径 3cm；2 年生树高 7.5m，胸径 8cm；3 年生高 10m，胸径 11m。同一地点，5 个种源的厚荚相思试验林，3 年生时不同种源的径。高生长分别达 7.9 ~ 11.5cm（平均为 2.6 ~ 3.8cm）和 8.5 ~ 10.7m（平均 2.8 ~ 3.6m），5 个种源生长均相当快，但巴布亚新几内亚的种源优于昆士兰种源。不同树种生长比较结果是（同一立地）：厚荚相思生长不及马占相思，但优于大叶相思和卷毛相思。3 年生厚荚相思（密度 1800 株/ hm^2）平均生物产量是：树干 59.8t/ hm^2（绝对重），枝 8.7t/ hm^2，它的产量是较高的。若集约经营（提高造林措施，适当增加密度）则产量会更高。

利用：木材可用作建筑材料、家具材、造船材、硬质纤维板、单板、农用建筑材等。在原产沿海地区常用于固沙改土或作为沿海防护林和遮阴树种。叶含氮量较高，既可以改土又可以作农用有机绿肥。局限性是不耐霜冻，只宜种植于旱季较短、年降水量超过 1000mm 的地区。

（三）绢毛相思（*Acacia holosericea*）

分布：原产于澳大利亚，分布于南回归线以北地区，通常生长在季节性干旱的河流两岸。绢毛相思 1979 年由泰国引进我国，如今广东、海南、广西的许多地方已广泛栽培，尤其珠江沿岸作为护堤林广泛种植。

树种特性：灌木或小乔木，具根瘤，能固氮，适生于半干旱和半湿润热带地区的多种立地，年均降水量多在 300 ~ 1100mm，最干旱地区仅 125mm，但某些湿润地区可超过 1500mm。海拔多在 150 ~ 450m。对于土壤要求不严，从酸性土至微碱性土，以及冲刷严重的土壤均可生长。

产量：绢毛相思较速生，在我国引种区年平均生长量：胸径 0.8 ~ 1.8cm，树高 1.0 ~ 1.5m，2 ~ 3 年生时与大叶相思生长量相近，4 年生后生长量迅速下降，年平均高在 1.0m 以下，直径生长在 1.0cm 以下。因此，它早期速生，产量较高。在海南琼海县，4 年生绢毛相思薪炭林（株行距 1.5m × 1.5m）生物量（地上部分干重）达 39.7t/ hm^2。

利用：木材硬重、耐腐，宜于做顶柱或薪炭材。也是良好饲料树种。在我国热带和南亚热带干旱或半干旱地区是优良的速生造林树种，适应性强，主要用于水土保持、固沙、改土。树体低矮，有一定耐阴性，是混交林的良好伴生树种，可与桉树等营造混交林，形成林分明显的复层林冠混交林。

（四）马占相思（*Acacia mangium*）

分布：原产于澳大利亚、印度尼西亚及巴布亚新几内亚。主要分布于南纬 8° ~ 18°。我国于 1979 年引种栽培，据不完全统计，仅广东、海南栽培面积已达 2000 hm^2。

树种特性：速生，适应性强，能耐酸性贫瘠立地，与杂草竞争力强。喜强光，属造林先锋树种。高大乔木，树高可达 25 ~ 30m，胸径达 60cm 以上。喜热带湿润气候，其原产地年平均降水量 1500 ~ 3000mm，夏雨型，冬春干旱，在年降水量 1500 ~ 2000mm 的地方生长良好。以 300m 以下分布最多。分布区土壤多为酸性砖红壤，在含磷量很低的土壤上亦可以生长。

产量：速生树种，在广州 5 年生马占相思单株材积（去皮）为 0.05387m^3。在海南文昌县 4 年生马占相思薪炭林材积生长达 200.5m^3/ hm^2，生物量（绝干重）达 95.2t/ hm^2。

利用：木材用途广泛，据测定，木材比重、弹性模量、硬度与北美最好家具材黑核桃相思，适宜做高级人造板。

（五）大叶相思（*Acacia auriculiformis*）

分布：原产于澳大利亚昆士兰的约克角半岛和北澳区以及巴布亚新几内亚的东部和南部地区，分布于南纬 7° ~ 20°之间，海拔 0 ~ 500m，属于热带低地树种。我国于 60 年代初引进，到 60 年代中期广东开始造林试验，生长表现良好，随后广西、云南、福建及海南等省（自治区）相继引种。70 年代广东全省各地（包括海南）先后引种。至 80 年代，广东、海南大面积造林，闽南有少量发展。目前已成为广东、广西、海南主要造林树种之一。据不完全统计，仅广东造林面积达 50 000 hm^2，其中以湛江地区造林面积最大。

树种特性：大叶相思为热带稀树草原树种，能耐高温干旱气候。属喜光树种，在全光照下生长最好。适应性强，速生，许多立地条件下能很快生长成林。浅根性树种，侧根发达，尤其土壤黏重时，主根不明显，故抗风力不强，易风折风倒。具根瘤，能固氮，且枯枝落叶多，是改土的优良树种。

产量：早期速生，在广东南部一些有机质和含氮量较丰富的砖红壤地区，5 年生树高年均生长超过 2m，10 年内胸径年均生长超过 2cm。在广州 13 年生林分，单株材积 0. 081 3m^3。在海南省琼海县平原台地区，年均生物量达 50. 79t/hm^2，而半干旱丘陵区（三亚市羊栏）和贫瘠丘陵台地区（琼海县阳光），年平均生物量仅 21. 1 ~ 22. 2t/hm^2。

利用：大叶相思是很有发展潜力的优良速生树种，生长快，产量高，用途广，生态经济效益高。木材可制家具、农具，原木可用作围篱桩柱，建筑材料。作为造纸原料很有发展前途。

参考文献

[1]霍应强. 1985. 金合欢属树种中命名商榷[J]. 热带林业科技，(1)：32 ~ 35
[2]黄永芳，等. 1990. 大叶相思立地类型研究[J]. 华南农业大学学报，11(1)：94 ~ 99
[3]徐英宝，等. 1987. 薪炭林营造技术[M]. 广州；广东科技出版社，60 ~ 101
[4]Huang Sufeng et al. 1991. Studies on systems of nodule bacteria and tree legumes[J]. Nitrogen Fixing Tree Res Reports，9：35 – 37
[5]Jayasanker. S. et al. 1992. Early growth and nodulation in five Acacia Species[J]. Nitrogen Fixing Tree Res Reports，10：102 – 105

马尾松混交林的多种效益及其经营模式综述[28]

摘 要 本文综合评述了改造马尾松纯林的迫切性；提出天然马尾松混交林可作为营造人工混交林的模式；介绍了现有马尾松混交林的效益和与之混交的4个阔叶树种的经营模式。

关键词 马尾松 混交林 效益 管理 模式

马尾松(*Pinus massoniana*)纯林生态环境恶化，病虫害严重，已引起广泛的注意。营造马尾松人工混交林是一项重要营林技术措施。马尾松混交林的研究虽有不少报道[1~8]，但多偏重于混交效果。本文综合评述了马尾松人工混交林的效益和能与之混交的4个阔叶树种的经营模式，供发展马尾松人工混交林参考。

一、营造马尾松人工混交林的迫切性

马尾松是我国亚热带东南部湿润地区分布最广、资源最多的针叶树种。据“五五”清查：总面积达1424.4万hm^2，占全国用材林面积的17.6%；林分蓄积为48556.39万m^3，占全国用材林蓄积的7.1%。马尾松虽具有多种经济价值，但在分布区内，除低山丘陵外，大面积丘陵岗地的林分，由于人为干扰活动大，林分生态系统中的生物类群组成单一，食物链短，营养级金字塔组成不完整，生态小环境的空间分化简单，生态平衡处于相对较低水平，致使产区许多地方的马尾松纯林病虫害严重，林火频繁，林分生产力低。据广东统计：1960~1974年平均每年林火受灾面积达19.3万hm^2；50年代平均虫害面积5.7万hm^2，60年代增至15.4万hm^2，70年代近20.0万hm^2。近年在广东珠海市马尾松林内发现松突圆蚧(*Hemiberlssia pitysophlila*)危害，至1988年，已扩散到21个县(市)，达43.3万hm^2，其中8.3万hm^2连片枯死，目前危害面积仍在扩展。据1990年底统计，由于造林树种单一，林分结构不合理，广东纯松林面积266.6万hm^2(含国外松)，而全国松突圆蚧、松毛虫、松材线虫病等发生面积达96.6万hm^2，占广东全省松林面积的36.2%。我国自50年代开始对马尾松毛虫进行防治研究，至今逾40年。实践表明：综合防治，改变纯林现状，大力营造混交林，增加马尾松林生态系统中生物类群的多样性、多层性，就能从根本上改善林分的生态环境，提高马尾松林分的生产力。

二、稳定的马尾松天然混交林类型为人工混交林造林提供了树种选择

广东的马尾松天然混交林，一种是在地带性植被破坏不久，立地条件较好，阔叶树种尚未成林时，

---

[28] 徐英宝，谭绍满，蔡文轩，等。原文载于《中国南方混交林研究》(北京：中国林业出版社，1993，12：208~214)。

近邻马尾松母树种子飞入林内稀疏、裸露的地上，发芽扎根，长成幼树后高出灌木层，与常绿阔叶树种形成复层异龄混交林；另一种是在土壤条件较好的马尾松疏林地上，原有阔叶树种萌生所形成的。混交的常绿阔叶树种，其科属主要是壳斗科的栲属(*Castanopsis*)，青冈属(*Cyclobalanopsis*)，山茶科的木荷属(*Schima*)，木兰科的木莲属(*Manglietia*)、含笑属(*Michelia*)等。组成林分的建群种有：樟树(*Cinnamomun camphora*)、木荷(*Schima superba*)、黎蒴栲(*Castanopsis fissa*)、刺栲(*Castanopsis eyrei*)、石栎(*Lithocarpus glaber*)、青冈(*Cyclobalanopsis glauca*)、甜槠(*Castanopsis eyrei*)等，其中以与栲、槠、木荷为主的混交类型较为稳定。经过长期的生产实践，南方各省(区)在借鉴马尾松天然混交林模式的基础上，选出了一些经营容易、效益较高、能与马尾松混交的阔叶树种，如火力楠(*Michelia macclurei*)、刺栲、黎蒴栲、甜槠、石栎、青冈、麻栎(*Quercus acutissma*)、格木(*Erythrophloeum fordii*)、红木荷(*Schima wallichii*)、台湾相思(*Acacia confusa*)等。从马尾松分布区北带至南带，营造了一定生产规模并显示出良好生态效益与经济效益的马尾松人工混交林。然而，马尾松混交林中树种之间相互关系的机制、组合类型、立地变化等方面的问题尚待深入进行研究。因此，从天然混交林中寻求合适的混交组合与混交方式仍是今后改变马尾松纯林生态环境恶化及生态系统脆弱，提高地力与林分生产力的有价值的一种途径。

三、马尾松人工混交林的多种效益

广东、广西从50年代起营造(含飞播造林)以马尾松为目的树种，以刺栲、黎蒴栲、火力楠、木荷等为伴生树种的混交林，已形成一定规模。如广东信宜县从1981年起营造马尾松与刺栲的混交林达6000.0hm^2；广东饶平县韩江林场营造马尾松、杉木和木荷混交林1600.0hm^2；广东增城林场有马尾松与黎蒴栲混交林400.0hm^{2}多。这些马尾松混交林已显示出多种效益，主要有以下几个方面。

(一)提高林分生产力

广西南宁市七坡林场同龄8年生的马尾松纯林与马尾松刺栲混交林，当混交比例为4∶1时，混交林的马尾松树高、胸径及单株材积分别提高19.3%、26.3%和10.3%[6]。我们在广东增城林场对31年生的马尾松、11年生的黎蒴栲(比例1∶2)研究表明：其现存总生物量、净生产量和热能比纯林分别提高47.8%、113.0%和46.8%[11]。广东开平县东山林场16年生马尾松纯林(1245株/hm^2)与马尾松(16年生，450株/hm^2)木荷(14年生，1455株/hm^2)混交林蓄积比较，分别为72.41m^3/hm^2、131.57株/hm^2，后者比前者大82.7%，林分生物量大31.1%[3]。广西六万林场35年生的马尾松纯林与马尾松火力楠混交林(比例为6∶4)，蓄积分别为153.45与303.53m^3/hm^2，其差值近1.0倍[4]。

(二)提高地力和改善土壤养分循环

南方各省区近10年来开始营造马尾松与多种阔叶树种的混交林，已显示出良好效应。不过，对混交林的评价与研究，除从生长、经济、抗性等方面外，从生态系统的角度进行评价是十分重要的，因为混交林的种间关系，归根到底是一种生态关系。我们在广东开平县东山林场对松(16年生)、木荷(14年生)混交的1号标准地和松纯林6号标准地养分状况分析表明，前者枯枝落叶量为11 565kg/hm^2，有机质含量4.791 0%，全氮量0.109 3%，有效磷0.229mg/kg，有效钾1.350mg/kg，而后者相应分别为4305kg/hm^2，1.930 0%，0.078 0%，磷和钾痕迹；物理性质方面，前者总孔隙度为47.59%，非毛管孔隙度为17.17%，而后者分别为41.85%和12.41%，说明混交林比纯林的土壤理化性状有所改善。我们对广东增城林场马尾松黎蒴栲混交林研究更进一步表明，混交林乔木层的养分总贮量比纯林高，氮、磷、钾、钙、镁和灰分分别比纯林大185.55%、68.03%、80.14%、21.17%、27.75%和85.52%；混交林的年吸收量、存留量、归还量均大于纯林[11]；松栲混交林0~20cm土层的土壤，除氨化细菌量、嫌气性固氮菌数量比纯林低外，土壤的微生物生理群数量、生化强度(氢化、硝化、固氮、纤维分解作用)、酶活性(蛋白酶、转化酶、接触酶、脲酶)以及土壤养分(全氮、水解氮、铵态氮、硝态氮、有效磷、速效钾等)均比纯林高。这一切充分说明，这样的松栲混交林具有良好的养分转化和生物循环机制，能够改善局部环境条件，对马尾松的速生丰产有利。从对该混交林的研究及已有的经营措施出发，我们认为可以采用这样的一种模式来经营，即马尾松纯林 10 年生左右间伐后，于其林下引入栲，用株间不规则混交，亦可带行混交(3 ~4 行松、1 行栲)。前者松主伐后，将形成某种栲(黎蒴栲)纯林；后者可更新延续第 2 代松栲混交林。这种模式对于华南广大丘陵地区的马尾松林具有改善地力和提高林分生产力的作用[5,11]。

(三) 林分种间关系较为协调

混交林中的树种选择，必须考虑树种间的生物学特性与种间互利与矛盾的关系。我们对松栲种间关系研究表明，利用^{32}P测定松栲混交林与松纯林，其吸收养分能力从大到小依次为：混交林的栲、混交林的松、纯林的松，说明混交林松的吸收能力相对提高了，松栲根系之间的种间关系是协调的。种间克生作用的试验表明，栲的叶、枝、根、枯落物及其联合样品所浸提的 16 种试验液，其中栲的根、叶 + 枝、枝 + 枯落物、叶 + 根 + 枯落物、枝 + 根 + 枯落物、叶 + 枝 + 根 + 枯落物的 7 种浸提液对松吸收^{32}P的能力有促进作用；松则以枝、根等 5 种浸提液对栲有促进作用。地上部分相互作用使松与栲的吸收能力比对照组分别提高了 41. 13% 和 55. 76%[5,11]。

广西林业科学研究所调查马尾松与刺栲混交林的根量比纯松、纯刺栲林分别大 91. 48% 和 444. 25%，混交林中松小于 0. 5cm 及 0. 5 ~1. 0cm 的吸收根系干重分别比纯林大 1. 0 倍与 2. 3 倍。在混交林内吸收根系的 94. 57% 集中于表土层，而纯松林只有 56. 67%，刺栲集中表土层的根量占总量的 89. 94%，而松根只占 30. 30%。这样，两树种混交后，根系互相穿插，分层交错分布，协调利用土壤水分和养分，从而提高林地生产力。广东开平县东山林场对马尾松木荷混交林根系研究发现，木荷主根深度为 140cm，马尾松却深达 250cm；木荷细根密集垂直幅度为 50cm，马尾松为 150cm。由此可见，松根深广，木荷根浅窄，地下种间关系较协调。

(四) 抗逆性增强

由多树种组成的混交林生态系统比纯林稳定，原因是生物种群丰富，食物链长，营养结构复杂，有利于鸟类栖息和寄生性昆虫和菌类繁殖，使生物间出现相生相克的作用。安徽省林业科学研究所 1979 年 5 ~7 月在东至县对松栎混交林与松纯林内松毛虫生长状况调查表明，3 代松毛虫卵赤眼蜂(*Trichogramma dendrolimi*)、平腹小蜂(*Anastatus gastropachae*)、黑卵蜂(*Telenomus dendrolimusi*)寄生，混交林内的寄生率为纯林的 1. 7 ~2. 7 倍，虫口下降率前者为后者的 2. 0 倍多。混交林内有鸟类 30 余种，其中捕食松毛虫的有 20 余种，而纯林中只有 6 种，这是使松毛虫迅速减少的原因之一。

广东信宜县金峒区过去是松毛虫常灾区。1973 和 1978 年曾发生严重虫害，重灾面积约 2000. 0hm^2，占松林面积的 50. 0%，其中针叶被吃光的约 1300. 0hm^2。1980 年以来，由于营造的马尾松刺栲混交林逐渐郁闭成林，改变了原有生态环境，以后再未发生过重大虫灾，近 6 年松林有虫株率在 5. 0% 以下，平均每株虫口密度少于 3 条[8]。

四、马尾松与刺栲等 4 个树种混交的经营模式

(一) 刺栲

常绿乔木，干通直，树高达 25. 0 ~30. 0m，胸径 1. 0cm。在广东、广西、云南、福建、贵州、湖南、江西等省(区)均有分布，垂直分布多在海拔 500m 以下低山丘陵。适生于年均气温 18. 0 ~24. 0℃，极端低温 0 ~ -5. 0℃，年雨量 1000 ~2000mm 的环境条件。在土层深厚的酸性红壤、赤红壤生长良好。较耐阴，萌芽力强，速生，年均高生长量 0. 65 ~0. 72m，径生长 0. 9 ~1. 2cm。萌生林年高生长量 1. 50m 左右。木材气干容重 0. 771g/cm^3，心材大，红褐色，刨削光滑，极耐腐，抗虫蛀，胶粘与油漆

性能好，是商品材中一良材，是家具、造船、车辆、建筑、农具、工具等优质材。树皮和壳汁含鞣质约12.0%，为栲胶原料。

（1）采种。11～12月果熟，种子采后润沙分层贮藏，千粒重650～830g，发芽率约70.0%。

（2）育苗。种子湿藏催芽后，待发胚根断去根尖0.5～1.0cm，直播于苗床或容器内，1年生苗高达40.0cm以上。播种时如用刺栲母树下的表土盖种，能接种菌根，可促进幼苗生长，播种600～750kg/hm^{2}可产合格苗30.0万～37.5万株。

（3）造林。宜冬末春初，叶芽未放前栽植，株行距1.3m×1.7m，4500株/hm^2。以马尾松为目的树种，松、刺栲比例为4:1或7:3，视立地与经营目的而定。由于刺栲寿命长达50～100年，根据营林目的，有如下经营方式：

（1）培育中、小径材：混交25年左右，两个树种同时主伐，整地时保留刺栲伐桩，萌芽更新，挖去松树伐桩再栽松，形成松刺第2代林，此法可节省一半的更新投资。

（2）培育中径材：混交30年后，将松1次伐除，适当间伐刺栲，保留600株/hm^2。整地清除松桩，种上杉木，20年形成杉刺异龄混交林（杉木密度2500～3600株/hm^2），两个树种同时主伐，清理林地，保留伐根，形成第3代同龄次生混交林。

（3）培育大径材：在加强经营管理基础上，经过数次间伐（3～4次），1hm^{2}保留松刺750株，或松450株、刺栲900株。50年后同时主伐，可获得更大径级的良材，下一代亦可采用上述方法，交替更新。

（二）黎蒴栲

常绿乔木，为华南地区速生的材薪兼用树种，亦是水土保持、改良地力的优良树种。广东、广西、福建、湖南、江西、云南东南部均有分布。木材可供建筑、家具、制炭、木片制浆等用。果实含淀粉40.0%，每100kg果实可酿出50°白酒40kg或制工业酒精；壳汁含单宁10.0%～30.0%，树皮5.0%～8.0%，果实13.6%，均可提制栲胶。速生，干通直，中等喜光，萌芽力强。在广东分布区内年均气温19.4～24.0℃，绝端最低气温-6.2℃，年降水量1300～2000mm，为适生的气候条件。在花岗岩、砂岩、页岩发育的红壤、赤红壤、黄壤土均能生长，以土层深厚、肥沃、湿润地方生长最佳。

（1）采种。在广东黎蒴栲于4～5月开花，11月底至12月果熟，种子脱落期约1个月，千粒重1000～1500g，发芽率85.0%。种实地上收集后，室内稍阴干，在无鼠害地方即可播种，也可用润沙层积催芽，留待翌年早春播种。

（2）育苗。宜采用条点播种，株行距10cm×23cm，播种量375～450kg/hm^2，产合格苗（苗高40.0cm以上）15万～18万株/hm^2，亦可直播于容器内，苗高40～45cm，可上山造林。

（3）造林。黎蒴栲幼龄期需要适度庇荫，不耐夏秋干旱酷热，宜先种松，在松林郁闭度达0.5～0.6时，用黎蒴栲于松林下直播或植苗造林，株间混交或带行混交，比例3行松1行黎蒴栲或2行松1行黎，目的是对松辅佐与促生，培育黎的中小径材或薪炭材。黎的林冠层高度始终要控制在松林平均高的2/3以下，形成复层异龄混交林。根据我们调查，黎蒴栲10年生以后树干下部常生瘤，导致心腐，随径级增大，心腐率愈高，9年生栲胸径大于7.0cm的发病率达90.9%；4.0～7.0cm为42.8%；小于4.0cm的发病率为零，所以，首伐期宜于8～10年，以后每隔5～6年轮伐1次，可用萌芽与天然下种更新相结合方式达到维持马尾松林分地力和永续利用的目的。

（三）木荷

常绿乔木，树干通直，高达30.0m，胸径1.0m。在南方广泛分布，是亚热带、热带低山丘陵营造针阔叶混交林的重要造林树种。木材易加工，耐磨损，旋切性好，是建筑、桥梁、车辆、造船、家具、细木工、胶合板、纸浆原料等用材，亦是优良薪炭林。木荷冠浓密，叶厚革质，燃点377.8℃，含水量51.47%，为理想防火树种。在年均气温16.0～22.0℃，1月均温4.0℃以上，年降水量1100～

1800mm 的地区，均适宜生长。在中、低山和高、低丘陵地区的酸性赤红壤、红壤、黄壤，土层深厚、疏松的沙壤土上生长最好。能耐干旱贫瘠，幼林稍耐阴，成林喜光。所以，它在天然林中常与马尾松、樟科或壳斗科树种混交。

(1)采种。花期 4～5 月，蒴果 10～11 月成熟，种子千粒重 4～6g，发芽率 30.0%～40.0%。种子收后不宜久藏，以免丧失发芽力。

(2)育苗。种子宜于 2 月上旬播种，最迟不超过 3 月份。圃地以排水良好、土层深厚疏松的酸性沙质壤土为好，多用条播，播种沟宽 10.0～15.0cm，沟深 1.5～3.0cm，条距 25.0～30.0cm，播种量 75.0～90.0kg/hm^2，播后用过火灰土盖种，不见种子为度，并盖薄草淋水保湿，15～20d 后发芽出土，加强水肥管理。1 年生苗高 40.0～50.0cm，可产合格苗 30 万～45 万株/hm^2。

(3)造林。木荷除栽植造林、萌芽更新外，还可飞籽成林，种子飞散距离可达 50～100m，成林后更新能力比马尾松强。因此，以马尾松为目的的树种经营方式，应在松造林后 3～5 年，林分郁闭度达 0.5～0.6 时，用带行混交，以 3(松)∶1(木荷)或 4∶1 的比例定植木荷。前 3 年生长较慢，其后渐快。广东五华林场 1959 年营造的 1∶1 松荷混交林，由于木荷比例太大，松受压，应控制木荷生长，使它始终处于林层下。以经营小径材为目的，栽后 10 年采伐木荷，萌芽更新，并调整马尾松成林比例，疏伐后保留郁闭度 0.5～0.6，使木荷萌芽形成第 2 代松荷混交林。

(四)火力楠

常绿乔木，干直，速生，萌芽力强，浅根性，适生性广。木材洁白，纹理通直，材质致密，具香气，易加工，干燥后少裂反翘，耐腐性强，是名贵家具、建筑用材。在两广南部发展很快，广西玉林，广东湛江、茂名等市为主产区。近年湖南、闽东南引种。能耐低温霜冻，年均气温 18.0～22.0℃，年降水量 1200～1800mm，极端低温 -1.0℃，是适生的气候条件。在南亚热带次生性阔叶林中常与马尾松、刺栲、木荷混生，在海拔 500m 以下低山丘陵区，阴坡、半阴坡、山腹以下的地段，土层厚度大于 50cm，表土层有机质含量 1.5%～2.0%，土壤容重 1.2～1.4g/cm^3的地方适宜于种植。

(1)采种。两广南部每年 1～2 月开花，10 月下旬至 11 月成熟。选择 25～50 年生健壮、通直、无病虫害的母树采种。果壳由浅绿变紫红时，用采种刀将果枝钩下，收果摊开阴干 3～5d，脱壳出种，渗入河沙搓去红色假种皮，清水洗净，稍凉干，即可播种或用湿润细沙层积贮藏。种子千粒重 116～144g，每千克有 5600～8200 粒，发芽率 80.0%～90.0%。

(2)育苗。经层积催芽的种子，于早春 2～3 月条播，沟宽 5.0～8.0cm，沟距 15.0～2 0.0cm，播种量 90.0～112.5kg/hm^2，播后 15～20d 发芽出土。苗期稍耐阴，宜半透光荫棚，注意水肥管理。1 年生苗高可达 70.0～80.0cm，产合格苗 27 万～30 万株/hm^2。亦可容器育苗，先圃地作床播种，当幼苗有 1～3 片真叶时，移苗上袋。容器介质用火烧土、黄泥心土各半加 5.0%～10.0%磷肥混合堆沤 7～10d。移苗后注意追肥，以人粪尿为主，薄施多次，并用清水洗苗，以防伤害。6 月中旬苗高 15.0～20.0cm 时可上山造林。

(3)造林。火力楠对立地要求虽较杉木低，但仍选土层较深厚，pH5～6，表土层有机质含量 2.0% 以上的山谷、山坡中下部为造林地。株行距 2.0m×2.0m。由于火力楠主根不明显，侧根发达，造林宜先带垦后开穴，50.0cm×50.0cm×40.0cm。在马尾松造林后 3～4 年，用带行混交引进火力楠，混交比例 4(松)∶1(火)或 5∶1，或星状混交，栽植火力楠 375～525 株/hm^2，形成异龄混交林。火力楠中、幼林萌生力强，成林砍伐后，萌芽更新，第 2 年待伐桩上萌芽 1.0m 以上时，即选条定株，每伐桩留 1～2 株近地面的健壮条。利用这一特性，可多代经营松楠混交林。

参考文献

[1]周政贤．马尾松Ⅱ．贵州农学院丛刊，1989，(11～12)：145～169

[2]羊城晚报. 广东森林病害虫比山火危害更烈. 1990-08-13, 第1版
[3]秦兆顺等. 林业科技通讯, 1982, (9): 9~12
[4]广西玉林地区林科所. 林业科技通讯, 1975, (6): 17~18
[5]林民治. 林业科技通讯, 1987, (1): 26~29
[6]吴诗能. 林业科技通讯, 1986, (4): 14~15
[7]陈府生. 林业科技通讯, 1985, (6): 23~25
[8]信宜县林业局. 广东林业科技, 1986, (3): 16~17
[9]谭绍满等. 中南林学院学报, 1982, 2(2): 182~190
[10]徐英宝, 等. 薪炭林营造技术[M]. 广州: 广东科技技术出版社, 1987: 68~148
[11]徐英宝, 等. 中国科学院鼎湖山森林生态系统定位研究站编. 热带亚热带森林生态系统研究(第7集). 北京: 科技出版社, 1990: 148~157

第三部分
人工林试验和调查研究

黎蒴薪炭林的生长及其经营调查研究[29]

黎蒴(*Castanopsis fissa* Rehd. et Wils)亦称黎蒴栲、大叶锥、大叶栎等，是华南地区优良的薪炭林树种之一，但长期以来，人工造林成效不高，发展缓慢。对于黎蒴薪炭林的生长特点及经营方式，迄今为止，研究报道甚少。为此，我们于1981年9～10月在黎蒴薪炭林的主要产区之一——广东省英德县连江口公社和广东省英德林场进行了专题调查，现将结果整理如下，以期对黎蒴薪炭林的发展起到一定的促进作用。

一、调查地区概况

(一)自然条件

英德县地处中亚热带与南亚热带的交接地带，东经113°25′，北纬24°11′，气候温暖，雨量充沛，年平均温度20.8℃，绝对最高温度38.9℃，绝对最低温度－3℃，年平均降水量1，800mm，冬季有小雪微霜，台风影响较少。海拔不高，以低山丘陵为主，土壤主要发育于花岗岩的山地红壤和赤红壤。县内有北江流过，并有连江，翁江归流于此，水运交通方便，为薪炭林的发展提供了优越的自然地理条件。

(二)薪炭林资源

连江口公社是广东省主要商品薪炭林基地之一，历来就有经营薪炭林的习惯，据广东省土产部门统计，广州市每年从连江口调进的黎蒴商品柴炭约占广州柴炭总销售量的1/3。据1980年调查，全公社有以黎蒴为主的薪炭林15.2万亩，1966～1978年，每年平均向国家提供薪炭材23 833m^3，其中民用烧柴33.7万担，小径材原木条4583条，木炭14166担，这三者占该公社全部木产品销售量的70%，1980年全社人均分配142元，其中薪炭收入占47元，显然，黎蒴薪炭林的发展，为山区农民开辟了一条经济致富的道路。

二、黎蒴薪炭林对立地条件的要求

黎蒴为壳斗科常绿栲属乔木，天然分布于广东、广西、福建、云南东南部、湖南南部、江西南部。在广东分布很广，海南岛的昌江、东方、乐东、琼中、屯昌、保亭、崖县、陵水、万宁、琼东等县以及广东大陆的南雄、乐昌、连山、连南、翁源、乳源、五华、饶平、封开、广宁、怀集、高要、云浮、电白、信宜、化州等地均有分布，其中尤以英德、清远、佛冈、新会、番禺、龙门、增城等为中心产

㉙ 徐英宝，徐建毅，黄建旗。原文载于《热带林业科技》[1982，(2)：35－44]。

区。越南亦有分布。在海南岛天然分布常见于海拔800m以下的热带山地常绿林及热带季雨林，而在广东大陆多分布于海拔较低的亚热带常绿季雨林，常与木荷(*Schima superba*)、锥栗(*Castanopsis chinensis*)、厚壳桂(*Cryptocarya chinensis*)、黄杞(*Engelhardtia chrysolepis*)等组成优势群落。适生于气候温暖.湿润多雨，较低海拔的低山丘陵地区；对土壤要求不严，多见于花岗岩、砂岩、页岩发育的山地红壤，在赤红壤上也有分布，要求酸性土，但由于立地条件的差异，黎蒴的生长仍有明显之别。

表1 不同坡位对黎蒴薪炭林生长的影响

调查地点	山坡部位	土层(cm)	pH值	容重(g/cm^3)	土壤水分		孔隙度			
					自然含水量(%)	毛管持水量(%)	总孔隙度(%)	毛管孔隙度(%)	非毛管孔隙度(%)	毛管孔隙度/非毛管孔隙度
连江口，初溪，古屋队前山	上坡	0~7	4.6	1.22	22	25.70	53.9	31.35	22.60	1.5/1
		8~50	4.8	1.35	14	19.96	50.0	26.95	23.05	1.0/1
连江口，初溪，古屋队前山	下坡	0~20	4.2	1.21	22	28.57	53.3	33.57	19.77	1.5/1
		21~50	4.6	1.25	20	25.59	53.7	31.99	21.70	1.5/1

土壤养分				林龄(年)	郁闭度	每亩株数	平均树高(m)	平均胸径(cm)	材积(m^3/亩)	生物量(kg/亩)
有机质(%)	N(%)	P(mg/L)	K(mg/L)							
2.23	0.105	0.139	11.33	6	0.85	1，940	6.85	3.38	6.7286	4826.25
1.52	0.070	0	0							
2.58	1.130	0.501	12.79	6	0.95	1，808	7.30	3.80	8.0320	6487.93
1.56	0.100	1.889	4.44							

(一)山坡部位

在低山丘陵地区，从山顶到山脚，坡位降低，日照率相应减少，土层加厚，土壤水分、养分含量增加，空气湿度增大，因此，黎蒴林分的生长也有着显著变化(见表1)。

从表1可见，尽管调查点的林分起源、林龄，每亩株数以及经营措施均相同，但由于部位的不同，主要是上坡土壤容重较大，毛管持水量较小，土壤养分含量较低，致使上坡土壤保水性能、肥力和疏松程度都不如下坡，故生长和产量亦比下坡差，坡位的高度相差越大，生长的差异就越明显。

(二)植被类型

一般来说，在黎蒴的天然次生林内，林分层次多，混生的乔灌木及草本层种类均复杂，而在人工起源的黎蒴林分，植物群落类型较简单。常见的有：以鹧鸪草(*Eriachne pallescenx*)、岗松(*Baeckea frutescens*)为主的黎蒴林；以芒萁(*Dicranopteris linearis*)、小芒(*Miscanthus sinensis*)为主的黎蒴林；以淡竹叶(*Lophatherum gracile*)、野牡丹(*Melastoma candidum*)、半边旗(*Pteris semipinnata*)、三叉苦(*Evodia lepta*)、罗伞树(*Ardisia quinquegona*)、铁线蕨(*Adiantum capillus-veneris*)、乌毛蕨(*Blechnum orientale*)为主的黎蒴林，不同植被类型对黎蒴生长的影响可见表2。

表2　不同植被类型对黎蒴生长的影响

调查地点	植被类型	林龄（年）	郁闭度	地级位	土壤状况					
					pH值	容重（g/cm）	有机质（%）	N（%）	P（mg/L）	K（mg/L）
古屋，前山	黎蒴－芒萁＋小芒群丛	3	0.90	Ⅱ	4.5	1.08	2.85	0.113	0.144	12.41
古屋，中心经	黎蒴－灌木群丛	3	0.95	Ⅰ	4.3	0.97	3.65	0.125	0.744	15.83

林分特征				
每亩株数	平均树高（m）	平均胸径（cm）	材积（m^3/亩）	生物量（kg/亩）
3590	5.05	2.08	3.9038	2786.5
1221	8.10	4.50	8.3596	6298.6

表2表明，中心径的黎蒴林下，灌木生长旺盛，具有一定高度，为黎蒴幼树提供一个早期适度荫蔽的外界环境，林分郁闭后，黎蒴本身枯枝落叶和大量草、灌木死亡，又为幼林速生提供丰富营养成分。与此相反，前山的黎蒴林下以芒萁为主，生长较稀疏矮小，对黎蒴幼苗生长的庇荫作用较差，同时芒萁枯死后回土的有效养分少，因此，不同植被类型对黎蒴的生长影响是有明显差异的。

（三）土壤厚度

黎蒴在幼苗期主根细长，侧根极少，属明显的直根型。1～2年后，主根生长变慢，侧根发达，主、侧根大小相似。但在不同土层厚度的土壤上，根系生长差异很大（见表3）。在浅土层或底土含石砾量多的林分中，主根一般长40～50cm，侧根粗1～2cm，根系密集于10～20cm的表土层内，水平根幅大于垂直根幅；在厚土层立地上，主根深100cm左右，侧根与地面成45°向下伸长。根系的平均生物量约占单株总量的12.1%。

综上所述，黎蒴的造林地宜选在山坡的中、下部或沟谷两旁的土层深厚、湿润肥沃、排水良好的酸性红壤或赤红壤，而土层浅薄、植被稀少、过分干旱贫瘠或石砾含量过多的立地不宜用作造林地。

三、生长规律

（一）林龄与生长

黎蒴薪炭林，特别是萌芽更新的单纯林，具有单位面积密度大、早期生长快的特点，完全不同于实生起源的黎蒴用材林次生林以及疏林等，但不同年龄的薪炭林，其生长速度又有差异（表4）。

从表4可见，林分高生长的年平均值，以3年生最大，随后，总的趋势是迅速减慢，6年生后下降尤为明显。直径与材积的生长规律与高生长一致，6年生后明显下降。黎蒴萌芽林，早期速生，林分密度大，又由于皆伐，林相整齐，3年生林分已郁闭成林，林木与杂草，灌木的矛盾转化为树木个体之间的矛盾；到4年生时，林分开始强烈分化和自然稀疏，被压木逐渐枯死，立木数大量减少，生物量相应降低：5～6年生的林分，各项生长指标又重新上升，林分趋于稳定；6年生以后立木之间个体矛盾又急剧增加，自然稀疏又较突出，林分生长变慢。因此，为了获得最高产量和一定规格的薪炭林及部分用材，又便于作业，黎蒴薪炭林的轮伐期以5～6年一次是合理的。

（二）林龄与材质

黎蒴薪炭林随着林龄变化，其材质亦发生明显变化（见表5）。

表 3　不同土壤厚度对黎蒴(6 年生)根系生长的影响

调查地点	土层厚度(cm)	根幅				主要根系条数	比率(%)	垂直根深度(cm)	比率(%)	根系密度厚度(cm)	比率(%)	根系绝对干重(g)	比率(%)	平均标准木的生物量(g)	比率(%)
		上下(m)	左右(m)	平均(m)	比率(%)										
古屋，前山	30	1.5	2.1	1.8	94.74	15	83.33	72	62.22	10	40	378.81	71.5	3100.23	69.35
古屋，中心径	> 100	1.6	2.2	1.9	100	18	100	115	100	25	100	529.81	100	4470.25	100

表 4　不同年龄的黎蒴薪炭林生长状况

调查地点	林龄(a)	每亩株数	平均树高(m)	树高年生长量(m)	平均胸径(cm)	胸径年生长量(cm)	材积(m^3/亩)	材积年生长量(m^3/亩)	总生物量(kg/亩)	年平均生物量(kg/亩)
初溪，古屋，前山	3	3590	4.8	1.60	2.08	0.69	3.9147	1.3049	2790.54	930.2
同上	4	2217	5.0	1.25	2.60	0.65	3.8163	0.9541	2238.79	559.7
同上	5	1900	6.8	1.36	3.35	0.67	6.3638	1.2728	4205.47	841.1
同上	6	1828	6.9	1.15	3.65	0.61	7.1415	1.1903	5267.53	877.9
初溪，中心营，八扶岭	9	785	8.5	0.94	5.60	0.63	8.6346	0.9594	—	—

一般来说，2～4 年生时，黎蒴的树皮呈浅红色，木质部白色，木材比重小，含水量高，材质轻，易浮水，砍后劈开 7 天左右达到气干，即可水运，而 5～10 年生时，树皮成为灰黑色，木质部由白变为棕黄色，比重增大，含水量减少，伐后锯短劈开要 12～14 天才能水运。

黎蒴薪炭林，一般从 7～8 年生开始，由于林分过密，湿度大，容易发生真菌，细菌病害。据我们观察，前者导致树干中、下部的心腐，甚至空心，逐渐向上发展，从心材到边材，最后全树空心，严重影响林分生长、更新以及薪材的产量和质量；后者侵染而产生一种肿瘤，这是一种增生型的细菌病害，在主干和枝条受害部位形成扁圆形木栓化的肿瘤，一般直径 1～6cm，长大后为深褐色，最后瘤中央开裂如杯口状，表面粗糙开裂。肿瘤内部为浅褐色，质地坚硬。严重时，长满树干和枝条，影响立木生长。因为有瘤，使木材不易锯劈，节多，难以加工，同时比重大，较难浮水，不便水运。

表 5　黎蒴木材比重、含水率比较

林龄(年)	3	4	5	6
比重	0.384 2	0.341 5	0.446 1	0.409 8
含水率(%)	58.53	56.18	55.22	50.74

黎蒴薪炭林肿瘤病的发生，不仅与林型、立地、年龄有关，而且也与径阶大小相关，一般 7～8 年生开始，径阶大的容易患肿瘤病(见表 6、表 7)。

表 6　黎蒴肿瘤病与林龄的关系

调查地点	树龄(年)	调查株数	肿瘤株数	占百分比	发病程度					
					严重		较轻		没有	
					株数	占总株数(%)	株数	占总株数(%)	株数	比值(%)
中心营，八扶岭	9	109	47	40.4	15	13.5	32	26.9	72	59.6
古屋，前山	6	277	0	～	0	～	0	～	277	100
古屋，前山	5	275	0	～	0	～	0	～	275	100

* 发病程度“严重”是指植株树干和枝条都有肿瘤出现；“较轻”是指树干没有肿瘤，部分枝条有肿瘤；“没有”是指植株未见肿瘤。下表同。

表 7　9 年生黎蒴薪炭林的直径与肿瘤病的关系

径级	直径范围(厘米)	总株数	发病株数	发病率(%)	发病程度					
					严重		较轻		没有	
					株数	比值(%)	株数	比值(%)	株数	比值(%)
大	>7	22	20	90.91	9	40.91	11	50.00	2	9.09
中	4～7	63	27	42.82	6	9.52	21	33.30	36	57.18
小	<4	34	0	～	0	～	0	～	34	100

从表 6、表 7 可见，5、6 年生的林分还没有发病，9 年生时，发病率已达 40.4%，而且径阶愈大，发病率愈高。对这种病害的病理原因及其防治，有待今后进一步的研究。总之，连江口的黎蒴薪炭林的轮伐更新龄期一般在 5～6 年间，这是有根据的，这时薪材年生物量高，材质优良，而且加工、集材、运输等都较方便。

四、林分更新特点

(一)林龄对更新的影响

萌生的黎蒴薪炭林一般3年生就开始结实，5～6年生时已大量结实，壳斗成熟后。自行开裂，脱落林下，很易发芽，所以黎蒴的天然更新能力很强，但对于不同年龄的林分，天然下种更新的效果是不一样的(见表8、表9)。

从表8、表9中可以看到，林龄在3年生以前时，林内以萌生植株为主，4年生以后，则基本以实生植株为主，且数量很多，不过，由于上层林冠郁闭，林下幼树生长很差，平均高度不及40cm，但林窗下幼树生长良好，平均高度都在1m以上。

表8　不同林龄对天然下种更新的影响

调查地点	林龄(年)	调查样方(个)	有幼树样方(个)	幼树数(株)	频度	每亩幼树数(株)	更新评定
前山中坡	3	14	0	0	0	0	没有
前山中坡	4	14	12	37	85.71	1762	良好
前山中坡	5	14	14	200	100	9524	良好
前山上坡	6	14	14	390	100	18 572	良好
前山中坡	6	14	14	339	100	16 144	良好
前山下坡	6	14	14	365	100	17 382	良好
中心径	3	14	3	6	21.43	286	不良
八扶岭	9	14	14	96	100	4576	良好

表9　各林分实生株与萌生株调查*

调查地点	林龄(年)	总株	萌生株	占总株的百分比(%)	实生株	占总株的百分比(%)
古屋，前山	3	564	360	63.82	204	36.18
古屋，前山	4	336	264	78.57	72	21.43
古屋，前山	5	288	182	63.19	106	36.81
前山上坡	6	294	206	70.07	88	29.93
前山中坡	6	277	141	50.92	136	49.08
前山下坡	6	274	195	71.17	79	28.83
中心径	3	185	163	88.12	22	11.88

*标准地面积：$10\times10m^2$。

正是由于林内实生株受到过分郁闭而生长不起来，故林分内的立木主要是萌生条。当薪炭林皆伐后，伐根部位得到充分光照和水分，同时大量枝叶覆盖地面，减少土壤水分蒸发，避免伐桩干燥，因此，萌芽条生长迅速，形成林分的主要组成部分。另外，也应看到，薪炭林由于长期轮伐，林分中部分植株失去萌芽力，陆续死亡。通常5～6年生的林分结实丰富，种子品质亦高，天然下种更新的可靠性大，它使林内单位面积株数获得补充，不需重新造林。若以6年为一个轮伐期，在萌芽力开始减弱的第三、四代，当果熟后进行皆伐，这样就可保证天然下种更新良好，做到一次造林，永续利用。

(二)采伐季节对更新的影响

黎蒴萌芽力极强，萌芽条发生于当年伐桩的伐口周围，一般3~10条，多的达20余条，初期速生，干直，枝丫少，易锯劈。不过，萌芽更新的效果很大程度决定于采伐方式和砍伐季节(见表10)。

表10　不同采伐时期对黎蒴萌芽更新的效果试验*

砍伐日期	调查株数	萌生株	萌生率(%)	萌生总条数	萌生株平均高(cm)	比值(%)
1980.9.20	15	11	73.3	31	112.0	72.25
10.20	8	6	75.0	16	146.2	94.32
11.20	15	15	100	38	140.8	90.84
12.20	14	14	100	48	149.6	96.50
1981.1.20	11	11	100	41	155.0	100
2.20	9	9	100	47	150.0	96.80
3.20	4	4	100	20	127.5	82.20
4.20	18	18	100	96	127.7	82.40.
5.20	7	7	100	29	73.7	47.05
6.20	6	6	100	44	41.7	26.88
7.20	10	7	70.0	53	15.0	9.68
8.20	11	10	90.9	42	9.9	6.35

*该试验是由国营广东省英德林场在万江桥分场老巫山进行的，立地条件基本相同，砍伐技术一致，每块试验面积为0.2亩，试验结果由该场技术员和我们调查组共同测定。

由表10可见，对于萌芽更新，薪炭林砍伐季节最好是在11月至翌年2月，而10月和3~4月次之，5~9月最差，这是因为冬春砍伐后，早春树液开始流动萌生条生长齐整粗壮，接着转入多雨季节。萌条迅速生长，待入夏高温时节，萌条已有一定高度，抗性增强。因此，适时采伐是保证萌芽率和加速幼林生长的重要措施。

不同采伐方式对萌芽更新效果不一。皆伐的林分，萌条粗壮快长，树干通直，大小均匀，林相整齐，生物量高，有利于采伐、加工、集材，运输；而择伐方式的萌芽更新林分，由于萌条年龄不同，林相不齐，萌条生势弱，同时择伐易使被伐木周围小树受伤，最终影响保留萌条数量，薪材产量低。从连江口情况看，一些地方因择伐，加上缺乏管理，不少林分成了残疏林，生势极差。

五、营造技术及其效果分析

(一)采种

在韶关地区的英德、清远、佛冈等地，黎蒴4月开花，12月中旬种子成熟，种实脱落期约1个月。采种时，可在树下拾取种子，以圆形粒大，充实饱满、鲜黄褐色为佳，而长形，窄如榄状，颜色不鲜的较差。种子不宜曝晒、堆沤，应即采即播，或湿沙贮藏。沙藏法即在室内一层沙(厚约8cm)，一层种子(厚约4cm)，交错堆放，高度可达1m。贮藏期间不宜淋水，这样可使种子保存2个月左右。实践证明，这种方法效果良好，但采种应及时，否则种子在地上时间过长，受鼠虫危害，霉坏变质。

(二)造林

造林方法有栽植造林和直播造林。栽植造林多用1年生天然下种苗，亦可用营养袋苗，在早春1~

2月育苗，4月便可造林。直播造林在采种后进行，最迟不超过1月份，造林前不用炼山和带垦，而是选择有松树或黎蒴的疏林地开小穴，穴的规格为18cm×18cm×11cm，每亩500穴左右，松土后填回表土，每穴放2～3粒种子，覆细土，厚约2cm，2～3年后砍去松树及其它杂树，成为黎蒴单纯林，或者在砍去松树的同时把黎蒴小苗在近地面处伐去，让其萌芽成为纯林，成活率均在90%以上，这种造林方法在连江口一带获得良好效果，原因是黎蒴幼苗期有林荫蔽，有利于幼苗生长；2～3年后砍伐去松树，这时黎蒴已扎根土壤，获得适宜的光照，就能速生快长。相反，在连江口附近的英德林场，于1979年春节后采用炼山全面整地造林和不炼山带垦造林。前者全垦后再挖小穴，松土深22cm，每穴放种子3粒，株行距1m×1m，造林600亩；后者带垦，带宽50cm，带距60cm，带上翻土13cm，然后与全垦一样，挖小穴点播，造林300亩，当年4月检查，发芽率都较高，前者为85%，后者82%；同年8月复查，两者成活率仅有40%。另外，连江口的红溪，白沙大队同样炼山后造林1000多亩，芽率发几乎达100%，而夏季后幼苗成活率仅35%。综上所述，采用炼山、全垦或带垦造林或在植被过稀的荒山造林都难成功，究其原因，主要是黎蒴不同于一般树种，幼龄期需要适度庇荫，不耐夏秋干旱酷热。因此，不宜采用通常的造林方法来营造黎蒴薪炭林。

由于黎蒴开始结实早而丰产，传播力亦强，故当地常不用全面造林，而是在山坡上部或山顶，环山水平局部直播造林，任其生长，不砍伐，使种实逐渐向山坡中、下部传播，当整个坡面长满黎蒴时，再全部砍去林龄不一的林木，以重新萌芽形成林相齐一的同龄林。

(三)抚育

从发芽出土直至幼林郁闭，中间都不用进行松土除草措施，但必须做好封山，以免牛、羊啃食树叶或人为破坏。

(四)采运

采伐宜用小面积皆伐，伐口接近地面，一般不挖树头。要因地制宜确定轮伐期为5～6年；立地较差。交通不便时，轮伐期可为8～10年；同一坡面，下坡的轮伐期可以是5～6年，而上坡的为8～10年。皆伐后，随即打枝、锯材、劈柴、归堆晒干等，截断的枝、叶、树根均留在林地。作为原条用材规格是长4m，尾径5cm以上；作为烧柴规格是长60cm，5～6kg捆扎成一把，堆放12～14天后，即可水运。

六、结论与建议

(1)华南各地广大农村和城镇严重缺乏薪炭材，极大影响群众生活和农业生产以及现有森林资源的保存与利用。黎蒴在南方分布很广，萌芽力强，适应性强，粗生快长，生物量高，轮伐期短，采运方便，烧时烟少，火力旺，是一个优良的薪炭林树种，所以在我国中亚热带南部、南亚热带以及热带海拔较低的低山丘陵地区，应大力试验并推广造林。

(2)黎蒴对土壤要求不严，能耐一定程度的干旱瘠薄，在肥力较低的酸性土上也能生长良好，但以土层深厚、疏松、湿润、肥沃的土壤为理想生境，故造林宜选山麓、山坡中、下部以及沟谷两旁等地。

(3)黎蒴薪炭林栽培技术的特点是不宜炼山，不宜全垦或带垦，但需开小穴松土，可以在松树林、其他阔叶林下直接造林，2～3年后，伐去其它林木，或直接点播于具有一定植被盖度的荒山地或采伐迹地，以经营矮林作业的薪炭林纯林。造林宜密植，一般每亩有375～660个种植点，造林后封山，不抚育，以使林分稳定生长。

(4)黎蒴除作薪炭材外，可作建筑、板材、室内一般性用材以及檀、椽、门、窗、家具等，因此，可以把培育薪炭材和用材林结合起来。同时，种子淀粉含量丰富，可提制淀粉或酿酒及饲料之用；壳斗含单宁10%～30%，可提制栲胶。黎蒴树冠浓密，枝叶繁茂，也是水土保持的良好树种。

参考文献

[1]广东省林业科学研究所. 1964. 海南主要经济树木[M]. 北京：农业出版社.
[2]华南主要经济树木编写组. 1976. 华南主要经济树木[M]. 北京：农业出版社.
[3]华南农学院林学系造林学教研组. 1981. 造林学(下册)(油印本).
[4]吴中伦. 1981. 发展薪炭林是解决农村能源的重要途径[M]. 山西林业，(2).
[5] J. Burley. 1980. 薪炭林的树种选择[J]. 国外林业译丛，(2).

台湾相思薪炭林的经营及其产量调查研究[30]

台湾相思(*Acacia confusa* Merr.)是华南地区习见的防护林、用材林树种之一，具有多方面经济效用，但作为薪炭林树种，长期以来对它的经营方式及其产量很少研究。为此，我们在台湾相思薪炭林的主要产区之一——广东省潮阳县的城郊、金浦、成田、海门等地进行了专门调查，现将结果整理如下，以期为薪炭林发展起到一定的促进作用。

一、调查地区概况

(一)自然条件

调查地位于粤东的南部滨海低丘陵地区，东经116°15′~116°45′，北纬23°03′~23°33′。属南亚热带泛热带气候区，年均温为21.6℃，年降雨量1690mm，多台风，雨量分布不均。土壤多为花岗岩发育成的砖红壤性红壤，呈酸性；沿海低丘岩石裸露或风化为粗砂石砾，土层浅薄，干旱贫瘠。

(二)薪炭林资源

潮阳县历史上是一个严重的少林缺材地区，全县161.2万人，人均山地仅0.46亩，是全国人口最密集的县之一。新中国成立以来，该县一直发展以台湾相思为主的薪炭林，到1980年薪炭林面积已达20.6万亩，占全县有林地面积的28.5%。现在，该县已基本上解决了农村烧柴问题。同时，台湾相思的嫩枝叶柄亦是优良的有机肥料，1963年以来，每年割取大量相思叶，全县压青的农田面积占全部水稻田面积的25%左右，促进了粮食作物的稳产高产。

二、立地对林分生长的影响

(一)气候

台湾相思原分布于我国台湾省，适生于夏雨型，干湿季节明显的热带、亚热带气候，性畏寒，在北纬25°~26°以南生长较为正常。垂直分布，在海南岛热带地区可达海拔800m，一般多见于海拔200~300m以下低丘台地。在适生气候区内，由于热湿因子的差异，其生长仍有不同(表1)。

从表1可见，生长在金浦公社三堡林场的台湾相思薪炭林大大优于海门公社东门林场的薪炭林。除了土壤状况的差异外，后者位于三面环海地区，常风大，蒸发量大，林木偏冠多，树皮厚而粗糙，叶色灰绿，生势差：而前者离海岸22km，受常风影响小，湿度较大，光照强，林木无偏冠，皮薄枝软，叶苍绿，生势强，故生物量明显增大。

---

[30] 徐英宝，林圣德，陈�秋。原文载于《热带林业科技》(1983，1：24~31)。

表1　气候因子＊对台湾相思生长的影响

调查地点	坡向	光照强度(Lx)	风速(m/s)	空气相对湿度(%)	地表温度(℃)	林龄(年)	每亩株数	标准株平均生长指标			生物量(地上部干重，kg)	
								树高(年)	地径(cm)	萌芽条数量	单株	每亩重量
潮阳县海门公社东门林场	东坡	76，500	2.3	71	30.2	3	196	1.95	2.5	6.5	3.6162	705.6
潮阳县金浦公社三堡林场	西南坡	83，600	1.2	83	32.4	3	147	3.20	3.5	5.1	11.7105	1721.4

＊各项指标于上午11时晴天，离林缘3m处测定。

(二)土壤

台湾相思对土壤要求不严，能耐干旱瘠薄，在土壤冲刷严重的酸性粗骨质土、沙质土和黏质土上均能生长，但以土层深厚、湿润的立地上的生物量高，反之则产量明显下降(表2、表3)。

表2　立地对台湾相思生物量的影响

调查地点	立地状况	土层厚度(cm)	腐殖质层厚度(cm)	自然含水量(%)	最大持水量(%)	林龄(年)	每亩株数	生物量(地上部分干重，kg)	
								平均单株	每亩重量
潮阳县白竹林场横龙山	好	>100	5.0	14.6	28.2	3	173	11.7	2024.1
潮阳县三堡林场牙江头	中	45	3.5	8.0	24.1	3	184	6.9	1269.6
潮阳县东门林场龟坪	差	25	0	7.5	21.0	3	112	2.6	285.2＊

＊林分生势很差，干形弯曲，树皮粗糙。

用表3中的相思薪炭林年生物量，作为依变量Y，各土壤因子作为自变量X，按高斯消元法原理，在电子计算机(TRS—80Model I微型)上进行程序运算，其结果建立了一条适合于表3的通用多元回归方程：

$$Y = -149607X_0 + 230.301X_1 + 47562.6X_2 + 15777.2X_3 - 34978.1X_4 - 27.3366X_5 + 585.57X_6 + 1219.68X_7 + 2466.44X_8$$

表3　台湾相思薪炭林年生物量(地上部分)与土壤因子的关系

调查地点		年生物量(干重，kg/亩)	土层厚度(cm)	容重(g/cm^3)	pH	含氮量(%)	含钾量(mg/L)	含磷量(mg/L)	有机质含量(%)	可溶性盐含量(%)
三堡林场	鱿鱼	763.790	>100	1.34	4.2	0.084	19.57	0	1.020	0.136
	瓜仔	460.461	80	1.42	4.1	0.108	9.23	0.160	1.886	0.272
	牙江头	296.899	45	1.46	4.4	0.055	14.40	0.217	1.272	0.191
白林竹场	红面石	240.611	40	1.50	4.5	0.062	28.27	0	0.990	0.109
	横龙山	492.376	>100	1.33	4.2	0.100	41.83	0	1.316	0.436
	宫后山	569.535	75	1.39	4.3	0.054	20.67	0.053	1.143	0.109
简朴林场	猫股山	577.174	>100	1.32	4.3	0.102	71.73	0	1.556	0.299
	虎沟尾	554.482	40	1.53	4.4	0.062	19.03	0	0.760	0.436
东门林场	龟坪	285.182	25	1.36	5.0	0.030	25.53	0.097	0.871	0.245

式中：Y——台湾相思薪炭林的年生物量；

X_0——常数1；X_1——土层厚度；X_2——土壤容重；

X_3——pH值；X_4——土壤氮含量；X_5——土壤钾含量；

X_6——土壤磷含量；X_7——土壤有机质含量；X_8——土壤全盐含量。

上述关系式是根据27个土壤剖面的8个土壤因子共同对相思树生长量作用的结果，根据该方程式，在营造台湾相思薪炭林时，只要造林地的气候条件与该调查地的情况基本相似，就可按照造林地的有关土壤指标，能够对今后相思薪炭林的生物产量给予粗略的预估。

三、作业法

按经营目的，台湾相思薪炭林的作业法可分为薪柴作业、薪炭作业和综合作业。

薪柴作业系一种短轮伐期的矮林皆伐作业，仅采用砍干更新，根据利用对象不同，又分为“平茬”作业（轮伐期1～2年）和民用薪柴作业（轮伐期3～4年），前者用于砖瓦窑燃料，后者用于群众烧柴。

薪炭作业系一种较长轮伐期（8～10年）的中林择伐作业法，采用挖头更新，树头和树干用于烧炭，枝桠用于烧柴，也有少量树干作用材。

综合作业法即在同一林分内兼有薪柴和薪炭的作业方式。

（一）“平茬”作业法的产量

该法俗称“割韭菜”作业法。适宜于经营烧砖瓦窑的燃料，枝条规格一般长2m，粗2cm，不需锯短劈细，易燃起窑，火猛。该作业法更新后的各代产量不一，第一代一般种后5～6年开始砍伐，以后隔年“平茬”一次，第2～5代产量渐增，第6～8代产量趋于稳定，第9代以后下降，12代左右需要重新造林。由表4可见，尽管调查点的单位面积株数偏低，然而每亩干柴平均产量仍达460.5kg。

表4　台湾相思薪炭林“平茬”作业法的生物产量

调查地点	林龄（年）	萌芽代数	每亩株数	标准株平均生长指标			生物量（地上部，干重）	
				树高（m）	地径（cm）	萌芽条数	单株（kg/株）	总计（kg/亩）
金浦公社三堡林场瓜仔	2	3	107	1.8	1.9	17.3	4.3033	460.5

（二）民用薪柴作业法的产量

该法技术要求基本与“平茬”法相同，仅砍伐间隔期为每3～4年一次，其产量从第2～4代开始渐增，每代约增产10%，5代以后产量下降。这次调查的两个标准地材料见表5。表5不仅反映出薪柴作业法的一般产量，而且也表明不同立地生物量的差异性。

表5　台湾相思民用薪柴作业法的产量

调查地点	立地状况	林龄（年）	萌芽代数	每亩株数	标准平均生长指标			生物量（地上部分，干重）	
					树高（m）	地径（cm）	萌芽条数	单株（kg/株）	总计（kg/亩）
金浦公社三堡林场鱿鱼	好	4	3	153	4.5	4.4	6.5	19.968	3055.4
金浦公社三堡林场红面石	差	4	3	156	3.5	3.6	4.5	6.169	962.5
平均					4.0	4.0	5.5	13.069	2008.8

（三）薪炭作业法的产量

在成田公社简朴林场调查表明，立地条件较好的（山下坡、谷地）人工实生林，按薪炭材规格要求，10 年左右胸径可达 10 ~ 12cm，而第二代萌生林达到上述规格仅需 6 ~ 8 年，但是两代的烧炭率有所不同，前者达 25%，后者为 23%，较细的植株，出炭率更低，仅 20%，表 6 是在同一地点不同代数的薪炭作业生物产量。从表 6 可以看出，台湾相思薪炭作业法 8 年生的第二代产量是第一代的 166.8%，6 年生的则为 168.4%，经营年限对产量差异不大。

表 6　台湾相思薪碳作业的生物量

林龄(年)	代数	每亩株数	平均标准株生长量(干重，kg)						每亩生物量(干重，kg)					
			干	枝	叶	树头	根	合计	干	枝	叶	树头	根	总计
6	1	108	15.50	7.79	3.54	3.65	2.87	33.35	1674.0	841.9	382.3	394.2	309.9	3602.3
	2	102	26.73	6.93	6.32	5.22	5.02	50.22	2725.9	706.8	644.2	531.9	665.1	5273.9
8	1	104	39.56	21.08	6.01	4.91	6.97	78.53	4114.2	2129.3	624.5	510.1	724.4	8165.5
	2	98	50.53	35.52	12.32	9.39	16.95	124.71	5001.9	3480.5	1157.4	920.2	1661.6	12221.6

(四)不同年龄生物量的增长率

表 7 数字是在成田、简朴测定的第一代不同年龄平均标准株的生物量，虽然各实测株所处的立地条件不尽相同，然而均比较接近，都属较好的生境。表 7 表明，台湾相思幼龄期生物量的增长速度较缓，4 年以后逐渐加快，8 ~ 10 年生增长率达到高峰，以后逐渐下降。

表 7　台湾相思生物量(包括地上、地下部分)的增长率

	树龄(年)	4	6	8	10	12	14
生物量	鲜重(kg)	39.25	64.00	147.25	174.61	—	175.50
	干重(kg)	20.09	33.17	78.51	94.81	—	112.52
	总含水率(%)	48.81	48.18	46.68	45.70	—	35.89
	平均生长量(kg)	5.03	5.53	9.82	9.48	—	8.04
	增长率(%)	100	110.05	195.40	188.77	—	160.02

(五)不同作业法生物量的分配及其含水率

不同的作业法所获的薪炭材，其各部分的分配和含水率也各有异，表 8 是 3 种不同作业法的生物量分配比例及其含水率状况。随着年龄的增大，生物量逐渐增加，干、枝比重也逐渐提高，而叶的比例变化甚小。随着林木老化，无论干、枝、叶，其含水率都会逐渐下降。

四、造林更新技术

(一)造林

潮阳县大面积营造相思薪炭林的技术措施主要是：整地需挖大穴，规格为 60cm × 60cm ×(35 ~ 45)cm；苗木用 2 ~ 3 年生切干苗种植；造林季节在 5 月中旬至 6 月上旬的多雨期；雨前开穴，雨后定植，覆土需踏实，以防根系透风干枯；造林后必须封山育林，连续 3 年，不放牲畜，不割山草。

造林密度由于立地状况、薪炭材规格、轮伐期和采伐方式的不同而有所差异，但在相同的立地和作业法时，造林密度不同，单位面积产量和经济效益也不一样(见表 9)。

表 9 表明，宫后山的造林密度较横龙山每亩多 90 株，尽管前者单株产量比后者低 4.1kg，但每亩干柴量却多 521kg，纯收入高 26.06 元。为了以较经济的手段获得最大的经济效益，并考虑到当地过去密度偏低，我们提出以下造林密度，供生产实践参考(见表 10)。

表 8　台湾相思薪炭林不同作业法的生物量分配及其含水量

作业法		每亩生物量(干重,kg)						含水率(%)				
		叶	枝	干	树头	根	合 计	叶	枝	干	树头	根
“平茬”作业法(轮伐期2年)		120. 831/26. 24	339. 631/73. 76	—	—	—	460. 461/100	73. 94	55. 71	—	—	—
民用薪材作业法(轮伐期2年)		292. 687/9. 67	315. 168/10. 42	1400. 953/46. 31	613. 126/20. 27	403. 427/13. 33	3025. 56/100	72. 01	53. 14	47. 17	55. 07	58. 97
薪炭作业法	第一代 10年	911. 822/9. 25	2172. 478/22. 03	4896. 561/49. 66	819. 278/8. 31	1060. 102/10. 75	9860. 240/100	53. 14	48. 02	41. 46	47. 83	50. 14
	第二代 8年	1157. 360/9. 47	3480. 470/28. 48	5001. 940/40. 93	920. 220/7. 53	1661. 590/13. 69	12221. 580/100	72. 01	49. 31	42. 41	48. 91	52. 38

表 10　台湾相思薪炭林的造林密度表　（单位：株/亩）

作业法	立地状况		
	好	中	差
“平茬”	250	300	350
民用薪柴	200	250	300
薪炭	150	200	250

（二）更新

台湾相思薪炭林的更新方式分为种子更新（包括人工造林更新和天然下种更新）和萌芽更新（包括砍干更新和挖头更新）。在同一立地条件下，不同更新方式的林分，树高差异不明显，而径向生长和生物量则截然不同，萌芽更新 6 和 8 年生的标准株，其生物量较实生木分别大 65.5% 和 40.4%，8 年生的萌株亦比 10 年生的实生株大 17.5%（见表 11）。

萌芽更新是一种有效的更新方式，但进行更新作业时必须掌握：①砍干更新时，砍根高度不宜超过 3～6cm，砍口需平滑略倾斜，忌用锯，可砍去地面上全部植株或保留生长健壮的小萌生条 1～3 株；②挖头更新时，掘出树头后，4cm 以下的侧根仍留穴内，土坑不用覆满土，任其根裸露地面，以利根部隐芽萌生；③当树皮粗糙，颜色由灰变褐，萌芽力减弱时，不宜继续砍干更新，宜采用挖头更新，以提高萌蘖力。

五、讨　论

评价一种优良的薪炭林树种，首先要求它能够提供大量薪材，同时必须具有多种效益，而台湾相思则具备了这方面的一切优点。

（一）粗生

台湾相思适应性广，能够粗放经营，是荒山、荒地造林的先锋树种，特别适宜在我国热带和南亚热带的广大低丘陵、平原地区营造薪炭林。它具有强大的萌生力，能长期萌芽更新，营林成本很低，可根据各种需求确定经营目的和作业方式。只要经营得法，一次造林成功，便可永续利用。潮阳县的林业就是从台湾相思起家的，迄今尚能维持住一个高密度人口地区的森林与人类之间的动态平衡，这无疑是正确选择台湾相思营造薪炭林成功的范例。

（二）速生高产

前述表 8 材料可以说明，在一般立地条件下，台湾相思 2 年生的矮林，每年每亩可产干柴 461kg，4 年生矮林，每年每亩可产 756kg，8～10 年生矮林，每年每亩可产 986～1528kg。这些产量指标与目前国内外热带和亚热带地区一些主要薪炭林树种的产量接近或超过，例如，在广东斗门县白藤湖垦区的最好立地条件下（滨海泥滩地），新银合欢（*Leucaena leucocephala*）1 年生每亩产量可达 1425kg[4]，而在菲律宾 5 年生的新银合欢矮林，每亩年产量是 1080kg；石梓（*Gmelina arborea*）7 年生的矮林，每亩年产量为 960kg；桉树（8 年生矮林）为 700kg[5]。台湾相思原产我国台湾省，菲律宾亦有分布，现普遍引种于华南和华东的南部地区。与它同属的还有一种大叶相思（*Acacia auriculi* formis），原产澳大利亚北部热带滨海地区，更耐高温、干旱、瘠薄，更速生，广东从 60 年代开始引种，近年来在广东南部平原、台地、丘陵地区作为一种新的薪炭林树种，已被大面积推广种植。联合国粮农组织（1997）提出世界非工业用途的薪炭林树种 35 种[5]、[6]，其中，相思树属（*Acacia* sp.）的就有 9 种，它们是无脉相思（*A. aneura*）、金环相思（*A. saligna*）、柳相思（*A. salicina*）、蓝荆树（*A. albida*）、阿拉伯胶树（*A. Senegal*）、舌叶相思（*A. ligulata*）、阿联相思（*A. nilotica*）、巴尔干相思（*A. peuce*）和旋扭相思（*A. tortilis*）。这些树种除提供材料外，有些还可作饲料，或改良土壤，或作农田防护林带等，可见发展相思树这一

表 9　不同造林密度的经济效果比较

调查地点	立地状况	作业法	造林密度（株/亩）	轮伐期（年）	平均标准株产量(kg)		经济效益 *		
					鲜重	干柴	干柴（kg/亩）	产值（元/亩）	纯收入（元/亩）
潮阳县白竹林场宫后山	好	民用 烧柴	263	3	16.3	11.4	2992	299.16	149.58
潮阳县白竹林场横龙山	好	民用 烧柴	173	3	20.4	14.3	2471	247.04	123.52

* 每 100kg 干柴按当地销售价 10.00 元，扣除砍工、运费外，每公担纯收入 5.00 元计。

表 11　台湾相思不同更新方式与林木生长关系

调查地点	更新方式	立地状况	林龄（年）	树高（m）	地径（cm）	胸径（cm）	平均标准木的生物产量（鲜重，kg）				
							干	枝	叶	根	共计
成田公社 简朴林场猫股山	种子更新	好	6	7.2	13.0	9.2	26.5	13.5	11.5	12.6	64.1
成田公社 简朴林场电站后	萌芽更新	好	6	7.5	15.0	11.0	46.0	12.0	20.5	22.4	100.9
成田公社 简朴林场猫股山	种子更新	好	8	7.9	16.5	9.7	73.5	36.5	34.4	26.0	170.4
成田公社 简朴林场电房侧	萌芽更新	好	8	7.4	20.0	14.7	87.5	61.5	40.0	50.5	239.5
成田公社 简朴林场猫股山	种子更新	好	10	6.8	20.5	15.2	75.5	41.5	47.6	40.0	204.6

类薪炭林树种，其潜在生产能力与经济效益是异常巨大的。

（三）多种用途

台湾相思燃烧力强，耐烧，少烟，无刺，易劈，运输方便；木材坚韧，具光泽和弹性，气干容重每立方厘米为0.860g[2]，是造船、桨橹、车轴、农具等良材。根系发达，具根瘤，能固氮，是改良土壤和水土保持的优良树种，还适于营造防风林、防火林、公路林等，也是“四旁”绿化、绿篱和茶园的庇荫树种[1]，故应重视这一能源林树种的利用。

参考文献

[1] 中国树木志编委会. 1979. 中国主要树种造林技术·台湾相思(上册)[M]. 北京：农业出版社.
[2] 广西林业局. 1980. 阔叶树种造林技术·台湾相思[M]. 南宁：广西人民出版社.
[3] 杨跃先. 1981. 发展薪炭林，增加农村能源[J]. 中国林业，(3).
[4] 徐燕千. 1981. 优良的多用途能源树种——新银合欢[J]. 森林能源学术讨论会论文选集，92 ~ 101.
[5] Jeffery Burley. 1980, Selection of species for fuelwood plantations[J]. The Commonw. Forestry Rev.. 59(2), 180.
[6] Arnold, J. E. M. 1978. Fuelwood and charcoal in developing contries[J]. Unasylva, 29(118).
[7] Brown, C. L. 1976. Forests as energy sources in the year 2000[J]. Jour For. 74(1)

簕仔树薪炭林调查研究初报[31]

摘要 簕仔树(光荚含羞草)为豆科落叶或半落叶小乔木，原产巴西，引入我国广东省已有40多年历史，是一个优良的薪炭林树种，亦是护土、改土、饲料、蜜源、绿篱树种。本文对该树种的生态特性、生长发育、生物产量、经营方式以及栽培技术等进行较全面、深入的描述，在广东省热带和南亚热带适生地区开发利用这一外引树种资源，可带来多方面的经济效益。

簕仔树(*Mimosa sepiaria* Benth)原产热带拉丁美洲，本世纪40年代由美国旧金山华侨引入我国广东省香山县(现中山市)，是近年来引起注意的一个新的薪炭林树种。薪柴易燃，烟少火旺；幼龄树虽茎枝具刺，但粗生，速生，生物量高，结实丰富，萌生力强，天然下种和萌芽更新均可，能够粗放经营，已成为中山市郊区农民群众最喜爱的燃料树种，自发的栽植扩种，被赞誉为“柴王”。不过，目前对簕仔树的生长特点、生物产量、经营方式以及栽培技术等还未有报道，为此，我们于1984年3月5日至4月8日前往该树种的集中产地——中山市南部的几个区进行了专门调查，现将结果整理如下。

一、调查研究方法

外业调查共设置标准地22个，平均标准木15株，土壤剖面16个，土样16份，木材样本12株。标准地按不同地点、地形部位、林龄、起源等分别设置，面积以株数控制。在标准地内进行每木调查(地径和树高)。平均地径通过断面积求算，平均树高采用算术平均高。每类型标准地设三次重复，按平均高、径的±5%选伐2株标准木，分别进行干、枝、叶、根称重，并推算出单位面积的生物产量。

土壤调查是在同类型的标准地内外，具有代表性的地段进行，深度80～100cm，记录各发生层次土壤的颜色、质地、结构，用土壤紧实度计测定各层松紧度，并测定土壤的pH值，容重和毛管持水量，取样500g作土壤理化分析。

树体各部分含水量的测定：分别取干、枝、叶、根各100g左右，在现场测定湿重，再带回实验室置105℃烘箱内烘干至恒重，然后计算绝对含水率和相对含水率。薪材热值测定是取簕仔树、任豆(*Zenia insignis*)、台湾相思、窿缘桉等4种树的同龄木材样品各5g，刨成刨花状，烘干，并用HYR－25恒温式氧弹热量计测定。

种子品质检验包括测定种子千粒重、纯度、优良度和种子生活力。发芽试验：先用55℃温水浸种12小时，然后置床，在室温下观察记载。

---

[31] 徐英宝，王业华，黄逾天。原载于《热带林业科技》(1986，3：9～17)。

二、调查地区概况

调查地区位于珠江三角洲南部滨海的低丘台地，地理位置为东经113°9′～113°35′，北纬22°11′～12°46′，属南亚热带季风气候区，年均温为21.3℃，年降雨量1731.3mm，多台风，雨量分布不均。土壤多为花岗岩发育成的赤红壤，酸性，土层不厚，少量为砂页岩发育成的中土层赤红壤和滨海沙地等。

中山市是广东省人口密集、人多山少、严重缺柴的地区之一。市郊南部一些区的农村群众为了薪柴的需要，长期以来有自发式种植簕仔树的习惯，在自留山的山麓、山脚、岗地以及"四旁"等地随处种植. 中山市现有簕仔树薪炭林约5000亩，但分散，一般几亩，甚至几分地一块。林相参差不齐，疏密不一，林木由多种起源混合形成，同时，林缘较粗大，立木易受风害。经营上也不够合理，采伐方式有皆伐和择伐，轮伐期一般2～4年。

三、地理分布及引种

簕仔树原产于南美洲的巴西，美国佛罗里达州南部有人工栽培。40年代初引进，最先在中山县三乡区南发乡南坑村作为绿篱种植，以后才在该县逐渐繁衍开来。目前主要分布于广东南部滨海低丘平原，以中山市为集中产地，主要在该市的南朗、张家边、三乡、环城、板芙、新湾、坦州等区和五桂山一带，水乡沙田也有零散分布。多植于海拔100m以下的低丘山脚、山谷、平地、水边等地，山丘上部少见。近年来，海南岛的通什、文昌，雷州半岛的徐闻、吴川、电白、廉江等以及阳江、化州、茂名、信宜、新会、广州、佛山、汕头、惠阳、梅县等地都有引种，生长良好。

四、生物学特性

(一)形态特征(见图1)

簕仔树为豆科含羞草属的落叶或半落叶小乔木，幼树呈灌木状，枝桠较多且长，树干弯曲，后渐通直。树高可达12m，直径16～20cm，最大达30cm。幼树皮光滑，以后粗糙，纵裂，皮厚0.5～0.8cm，二回羽状复叶，长20～30cm，有羽片4～8对，偶数，每一羽片上有小叶10～25对。小叶长约1cm，宽0.2～0.5cm，基部偏斜。叶柄有小沟槽，带刺。羽叶被触动后，能缓慢合拢，但灵敏性远不及含羞草(*Mimosa pudica*)，小枝长而斜展，枝茎具刺。刺直，呈锐三角形，长达0.6cm，不规则着生，3年生以上的树干或枝条刺渐脱落。总状花序，长20～30cm，有球花40～100枚，最多达200枚，球花白色，直径为1cm，花两性。每球花具小花20朵以上，小花萼片四枚，雄蕊8枚，长0.5～0.7cm，荚果长4～6cm，宽0.7cm，每荚有种子5～9粒，荚果不开裂，但子室易断裂，这是含羞草属树种的典型特征之一，种子小而壳硬。

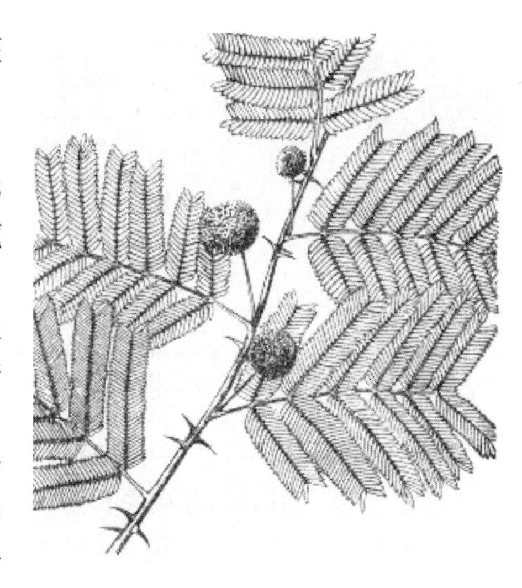

图1　簕仔树形态特征

目前，簕仔树的幼树有两个类型：一种刺小，主干较直，侧枝细小，树皮黄绿色；另一种刺大，侧树多，主干不明显，丛生状，树皮暗绿色，这是遗传变异或属生态型，有待今后探讨。

(二)生态特性

1. 气候

簕仔树适生于全光照和暖湿的热带、南亚热带气候，干湿季较明显，年均温 21.8～24.5℃，最热月均温 28.4℃，最冷月均温 13.0～17.7℃，极端最低温度为 -1.3℃，日均≥10℃积温为 7515.5～8759.0℃，年降雨量 1554～2164mm，但分配不均，4～9 月均为雨期，占年雨量的 83%。3 月下旬以后气温回升，春雨开始，这对簕仔树天然下种更新，萌芽更新和萌发新叶都十分有利，随后林木旺盛生长，但在冬季低温、迎风、干旱的地方，树叶几乎全部脱落，而向阳、避风、湿润的地方，林木落叶较少。

2. 土壤

簕仔树适生于花岗岩、沙页岩、滨海沉积物等发育成的土壤，在壤土上生长良好，在沙土与黏土上生长较差，对养分要求不严，能耐干旱瘠薄，耐冲刷，但以水分充足、土壤湿润疏松的“四旁”地、河边地、低丘地生长良好，而在高丘干旱坡地上生长较差(见表 1)，为了检验土壤理化性状对林分生物量的影响，选取 8 个 3 年生的实生林标准地进行相关分析，其结果列于表 2。

表 1　不同立地条件对簕仔树(3 年生、实生起源)生物产量影响(地上干枝部分)

立地类型	土壤理化性状							
	有机质(%)	全　氮(%)	速效磷(mg/L)	速效钾(mg/L)	毛管持水量(%)	总孔隙度(%)	容　重(g/cm^3)	pH 值
低丘地	1.732	0.0892	0.01	27.20	12.3	48.1	1.40	8.33
水边地	0.819	0.1165	1.14	25.87	15.3	45.6	1.47	6.79
沙　地	0.957	0.0152	1.03	20.95	14.0	46.2	1.40	6.18
岗地顶部	1.526	0.0938	痕迹	10.62	18.5	48.9	1.38	5.41
岗地山脚	1.439	0.0955	痕迹	6.21	22.0	51.5	1.31	6.29

立地类型	平均树高(m)	平均地径(cm)	林分密度(株/亩)	生物量(kg/亩)	年平均生物量(k^2/亩)
低丘地	4.70	5.24	499	4525.9	1521.3
水边地	4.00	5.93	440	4752.0	1584.O
沙　地	3.68	4.35	9lO	4089。0	1363.O
岗地顶部	4.10	4.79	930	4208.3	1402.8
岗地山脚	4.95	8.31	448	5174.4	1724.5

* 生物量计算仅包括地上干、枝部分，即薪材鲜重产量。调查地：广东省中山市南朗和张家边区。

从表 2 可见，簕仔树的生物产量与土壤 pH 值有显著正相关，这是因为该树具有大量固氮根瘤茵，立木生长好坏与其固氮量关系密切，而土壤中根瘤菌的数量又与 pH 值有关。根瘤菌适生于中性土壤，当 pH 值 6.5～7.5 时，它能正常生长繁衍；如果酸性太强，常抑制其生长和固氮酶的活性，从而降低固氮作用。此外，pH 值还影响有机物中氨的矿化，当 pH 值为 6.5 时，磷在土壤中的溶解度最大，但 pH 值越小，含钾量越多。

簕仔树根系发达，落叶量丰富，能起到很好的改土保土作用(见表 3)。由于我们调查的林分多数是 3 年生的实生林，土壤养分含量林内、外差别不大，但从三乡区南坑村 40 多年生的十余代萌芽林的土壤分析材料看，有机质含量林内明显大于林外。从表 3 还可以看出，林内土壤酸度普遍比林外减弱，这是因为该树能防止表土冲刷，减轻淋溶作用，防止土壤酸化。而且林内土壤中较丰富的有机质含量对土壤酸度起到缓冲作用，缓冲性能与有机质含量成正相关。林内总孔隙度、毛管持水量也普遍比林外大，而容重、松紧度比林外小，这就提高了土壤保水保肥和通气透水性能。

综上所述，簕仔树对土壤酸碱性反应敏感，要求微酸性或中性、湿润疏松的土壤。它耐瘠薄，对氮、磷、钾要求不高，具有改良土壤作用。作为薪炭林长期经营，不会引起地力衰退。

表 2　簕仔树生物量与土壤理化性状的相关分析表

土壤理化性质(Xi)	3 年生(实生林分)每亩生物量(去叶，鲜重)(kg)	
	相关系数 r	回　归　方　程
毛管持水量 X_1	0.115	$Y_1 = 4481.6 + 14.33X_1$
容重 X_2	-0.021	$Y_2 = 4954.8 - 165.3X_2$
pH 值 X_3	0.811**	$Y_3 = 1\ 81.4 + 7\ 32.3X_3$
有机质 X_4	-0.422	$Y_4 = 5496.3 - 559.1X_4$
全氮 X_5	0.410	$Y_5 = 2987.5 + 7586.2X_5$
速效磷 X_6	0.387	$Y_6 = 4623.1 + + 354.9X_6$
有效钾 X_7	0.119	$Y_7 = 4622.8 + 5.87X_7$
总孔隙度 X_8	0.025	$Y_8 = 4463.8 + 5.78X_8$
毛管孔隙度	0.133	$Y_9 = 4502.2 + 229.3X_9$
非毛管孔隙度 X_9		
松紧度 X_{10}	-0.530	$Y_{10} = 5079.4 - 47.0X_{10}$

注：当自由度 $n-2=8-2=6$ 时，相关系数(r)的临界值 $r_{0.1}=0.622$，$r_{0.05}=0.707$，$r_{0.01}=0.834$

五、林分生长与生物产量

(一)年生长进程

在中山市南部各区，簕仔树每年 12 月至翌年 2 月，叶大部分脱落，2~3 月份萌生新芽、嫩叶，3 月底叶基本出齐，进入旺盛生长季节，6 月下旬始花，7~8 月份盛花期，荚果于 9~10 月份陆续成熟，11 月初大量成熟散落，落地种子到翌年春雨期发芽生长，4~5 月份即可挖取种植。

(二)个体生长发育

表 3　簕仔树林分内外土壤理化性状比较表

调查地点	pH 值		有机质(%)		容　重(g/cm)		毛管持水量(%)		总孔隙度(%)		松紧度(kg/cm²)	
	林内	林外	林内	林外	林内	林外	林内	林外	林内	林外	林内	林外
张家边，下陂低丘山脚	6.29	5.48	1.4389	1.4023	1.31	1.58	22.0	16.5	51.5	41.5	10.9	12.21
长家边，下陂低丘山顶	5.41	5.70	1.5266	1.4278	1.38	1.68	18.5	15.0	48.9	37.8	14.56	15.64
南朗水边地	6.79	6.61	0.8197	1.4458	1.47	1.48	15.3	14.7	45.6	45.2		
南朗低丘地	6.33	5.79	1.7324	1.761 2	1.40	1.47	12.3	16.5	48.1	45.6		
三乡，南坑低丘地	5.71	5.42	3.3021	2.8557	1.15	1.35	20.0	19.5	56.6	49.1		

簕仔树为小乔木，冠形不整齐，分枝多，干弯曲，经砍伐后，萌生条多变通直。速生，一般种植后2年开花结实，3~4年后结实量大增。3年生即进入速生期。在适宜生境上，3年生平均地径达6cm，平均树高5m左右，即达薪炭材利用规格要求，见表4。

表4 不同年龄簕仔树薪炭林的林分生长和生物产量(实生起源)*

调查地点	林龄(年)	林分密度(株/亩)	平均树高(m)	平均地径(cm)	根幅(m)	根深(cm)	平均标准木生物量(鲜重，kg)					生物量(kg/亩)	净生产量(kg/a亩)
							干	枝	叶	根	合计		
中山市张家边区	1	1238	2.91	2.65	0.89	27.5	1.00	0.60	0.13	0.29	2.07	1980.8	1980.8
下陂乡	2	804	3.73	4.23	1.00	40.0	2.85	1.43	0.80	0.60	5.68	3441.1	1720.6
岗地山脚	3	448	4.95	6.31	3.60	55.0	8.45	3.10	1.65	2.48	15.68	5174.4	1724.5

*生物量计算仅包括地上干、枝部分，即薪材鲜重产量。

在同一岗地下部，3年生单株生物产量迅速增长，几乎为2年生的3倍；地下部分根幅增长1倍多，而根量增加4倍多，与地上生长相适应。3年生的实生林，由于立地的差异，地上干、枝生物量年平均每亩最高1724.5kg(岗地山脚)，最低1363.0kg(沙地)随着年龄增大，枝干比变小(1年生平均值为63:100，3年生为37:100)，薪材利用率、木材容重、热值均增大，而含水率减小。

(三)根系生长

簕仔树是浅根性树种，根系发达，根幅达5m以上，根幅大于冠幅(见表5)，侧根常露出地面，一般多分布于35cm以内的土壤表层。主根短小，长度1m左右，故常受风害。

簕仔树具有根瘤，易于自然感染，结瘤早。根据对30株野生苗(高5~10cm)观察，平均每株有2.5个根瘤，单株最多结瘤13个，多结合成球团状。

表5 簕仔树3年生实生株的根系生长状况

调查地点	冠幅(m)	树高(In)	根幅(m)	根深(cm)	冠幅/根幅
南朗区低丘地	2.61	4.85	3.26	35.0	0.80
南朗区水边地	1.95	3.85	3.28	30.0	0.59
张家边，下陂岗地下部	2.75	5.06	3.60	52.5	0.96
张家边，下陂岗地上部	1.64	4.02	2.40	37.5	0.66
平均值	2.24	4.45	3.16	38.75	0.75

六、薪炭林营造技术措施

(一)采种

10月下旬，荚果由青转褐色时，大量成熟，挂树上不易脱落。采后晒干，用手搓揉，荚果节间断裂，除杂质，置干燥处贮藏，发芽力保存期一年左右。表6是种子品质检验的结果。种子粒小，每千克约11万粒。

表6　簕仔树种子品质检验指标*

发芽率（%）	发芽势（%）	生活力（%）	纯度（%）	优良度（%）	绝对含水量（%）	相对含水量（%）	千粒重（g）
56.0	53.3	57.0	68.8	69.1	29.92	23.03	9.0

1983年底采种，1984年4月看、检验。

（二）育苗

圃地宜选择排水良好的沙壤土，播前用50～60℃温水浸种24小时，条播或撒播，每亩播种量（带果壳）10～15kg，播种期一般在3～4月。用火烧土覆盖，不见种子为宜，盖草，淋水保湿。3个月生，苗高25cm左右，即可出圃定植。每亩出苗量为20万～50万株。该树天然下种力强，亦可挖野生苗种植。

（三）造林

在中山市一带，造林季节不受限制，但以5～6月份，雨天前开穴，雨后定植，效果较好。整地开小穴，规格30cm×30cm×30cm。造林密度，若轮伐期为3年，立地条件又较好时，株行距可用1m×1m，每亩种植667株；立地条件较差时，宜密植，株行距用1m×0.3m，每亩900～1000株．造林成活率一般达95%左右。造林后当年进行1～2次松土除草，第一次在7～8月，第二次在10～11月，以促根系生长和提高根瘤菌的固氮能力。

（四）作业法

簕仔树薪炭林主要采用萌芽更新矮林作业，轮伐期2～3年。表7是两块萌芽林标准地的生物量。

表7　簕仔树萌芽更新薪炭林的生物产量　　调查时间：1984年3月

林龄（年）	萌芽代数	每亩株数	每株平均萌芽条数	萌芽条平均地径（cm）	平均标准木生物量（地上，鲜重，kg）				每亩生物产量（去叶，鲜重，kg）
					树干	树枝	树叶	合计	
3	3	200	7	2.99	9.25	5.70	—	14.95	2990.0
3	3	326	6	3.15	5.90	4.55	2.30	12.75	3406.7

萌芽林生长一般整齐粗壮，生物量也比实生林大，但表7表明，萌芽林的生物量较前述同龄实生林小，其原因是立地条件差，立木稀疏，生长不良所致。采伐方式因密度不同，且枝茎具刺，对密度大的林分宜采用皆伐，砍伐季节于11月至翌年2月，伐时用利刀，忌用锯，伐根高度应保留10～15cm；对密度较小的林分可进行择伐，砍大留小，以促进保留木的继续生长。

簕仔树天然下种更新良好，种子成熟落地后，遇湿润土壤即可发芽。由于该树幼苗具有一定耐阴能力，在透光度较大的林地，每平方米平均有幼苗65株，这对萌芽更新单位面积密度是一个很好的补充。

七、结论与建议

（1）簕仔树是一个优良的薪炭林树种，速生，生物量高，按目前产地粗放经营，每亩年产薪柴15 751kg，接近或大于台湾相思、黎蒴、任豆等主要薪炭林树种的产量。粗生，耐旱、瘠，冲刷，能固氮，少耗地肥。据观测，3年生萌芽林每年每亩凋落物达660kg，能明显改土，保土。簕仔树是强喜光树种，萌芽力极强。在中山市三乡区南境村山坡地上，有一片44年生的萌芽林，面积约5亩，已砍伐十余代，至今保持旺盛生势，现每亩保留470丛株，每亩年产薪柴约1500kg。按当地每担干柴市价

4元计，每亩经济收益达120元，甚为可观。

(2)簕仔树燃烧热值高，木材砍后晾干3~5天，就可烧用，且纹理直，易劈；树干、树枝、树根和树叶含水率分别为40.8%、46.1%、49.5%和68.4%。气干容重每立方厘米为0.70~0.80g。表8为几个主要薪炭林树种同时测定的热值。簕仔树比台湾相思、任豆热值高，比窿缘桉稍低。

表8　几个主要薪炭林树种燃烧热值比较

树种	簕仔树	任　豆	台湾相思	窿缘桉
燃烧值(cal*/g)	4310	420	4057	4426

1cal=4.182J。

(3)簕仔树也是良好的绿篱树种，枝叶茂密，带刺，种后1~2年即可见效，近年来各地苗圃、果园、公园等作围篱广为栽培。花幽香，为良好蜜源植物；嫩叶稍有甜味，牲畜喜食。

此外，簕仔树材质致密、坚韧，边材淡黄色，心材深褐色，小径材可制作一般农具、家具等。总之，在目前农村生活能源匮乏的情况下，在广东省热带、南亚热带适生地区开发利用这一树种资源，将有一定的经济意义。为此，建议有关部门建立簕仔树薪炭林合理集约经营的商品性生产示范推广点，以进一步扩大种植。但是，对该树3年生以后个体生长发育情况，最适宜的轮伐期以及萌芽代数与产量等问题，应进一步深入研究。

参考文献

[1] 肖嘉.1981. 速生绿化树种——簕仔树[J]. 广东林业科技通讯，1
[2] 徐燕千等.1982，大叶相思栽培及其利用研究[J]. 热带林业科技，(1)：21-30.
[3] 中山县农业区划委员会. 1982. 中山县农业自然资源和综合区划报告
[4] 徐英宝，等.1982. 黎蒴薪炭林的生长及其经营调查研究[J]. 热带林业科技，(2)：35-44.
[5] 徐英宝，等.1983. 台湾相思薪炭林的经营及其产量调查研究[J]. 热带林业科技，(1)：24-31.

广东怀集茶秆竹生物学特性的初步研究[32]

一、概　述

广东省怀集县的茶秆竹是我国特产的珍贵竹种之一，竹秆通直，节平，壁厚，光滑，坚韧，材质优良，可制各种竹器家具、雕刻装饰、钓鱼竿、滑雪杖、旗竿、篱笆等。在竹类中竹材纤维含量最高，占53.2%，适于造纸和制人造丝浆。竹秆用细沙除垢后，称"沙白竹"，呈象牙色，具光泽，不易虫蛀，不易干裂，经久耐用，在国际市场上很受欢迎。我国出口茶秆竹已有百余年历史，远销欧美和东南亚30多个国家。

对于茶秆竹的研究，在20世纪40年代后期，美国植物学家McClure曾到绥江流域考察，对茶秆竹作了命名。新中国成立后，耿以礼(1956)、何天相(1959)、李正理(1962)、李新时(1963)、朱惠方(1964)等曾分别对它的分类、纤维、竹材结构和化学性质等作过研究。70年代初，南京林产工业学院竹类研究室对茶秆竹进行过引种试验。但长期以来，茶秆竹扩大栽培的发展速度较慢，人工造林的成效较低，对它的生物学、生态学研究报道甚少。为此，我们于1964～1965年和1981～1982年先后在茶秆竹的主要产地——广东省怀集县进行了专门观察，初步摸清了茶秆竹的种类、形态特征、适生条件等，对茶秆竹的生长发育过程进行了较详细的观察，特别是各种立地条件对竹鞭、竹笋、幼竹以及成竹生长的影响作了调查分析，这为扩大引种栽培和合理经营提供科学依据有一定的生产实践意义。

二、种类分布和形态显微结构

(一)种类分布

目前我国茶秆竹属植物计有6种，即茶秆竹[*Pseudosa saamabilis*（McClure）Keng f.]，分布于广东、广西、湖南；托竹[*P. Cantori*（Munro）Keng f.]，分布于广东、香港；矢竹[*P. Japonica*（Siebold & Zuccarini）Makino]，原产日本，我国引种栽培；毛花茶秆竹[*P. Pubiflora*（Keng）Keng f.]，分布于广东；广竹(*P. longiligula* Wen)，分布于广西；面杆竹(*P. orthotropa* Chen et Wen)，分布于福建、浙江。

茶秆竹主要产于广东、广西和湖南三省(区)相邻的丘陵河谷地带，集中分布于广东的绥江流域，包括怀集 、广宁、连县、封开等地。截至1981年，怀集县有茶秆竹林面积1.34万hm^2(见表1)，其中县东南的中心产区占绝大部分(92.3%)，而多年来新引种区的造林面积并不大，仅占4.2%。垂直

㉜ 徐英宝，许本立。原文载于《竹子研究汇刊》[1984，3(2)：48～61]。

分布多在海拔600m以下，但在县北面的石羊顶垂直分布达到海拔800m。

表1　怀集县的茶秆竹分布状况

产区和地名	中心区					边缘区		新引种区				
	坳仔	大坑山	永固	闸岗	幸福	洽水	中洲	附城	甘酒	凤岗	诗洞	连麦
面积(hm²)	5005.4	3645.7	2051.5	1569.1	1372.5	333.3	11.9	396.8	206.0	71.1	14.7	0.2

通过调查和初步鉴定，怀集县的茶秆竹有3个变种，即正种茶秆竹(var. *amabilis*)、铁厘茶秆竹(var. *ferrea* Hsu et Xu)和白水茶秆竹(var. *peshuiensis* Hsu et Xu)，它们之间的识别要点及分布状况见表2。

表2　怀集县的各种茶秆竹形态特征及分布状况

项　目	正种茶秆竹	铁厘茶秆竹	白水茶秆竹
竹　秆	秆高达13m，胸径8cm，壁厚1.0cm，秆梢直立，节间长35~45cm	秆高7m以下，胸径4cm，壁厚0.8cm，秆梢略下垂，节间长30cm，秆环稍隆起成环状	秆高8m左右，胸径6cm，壁厚0.6cm，秆梢下垂明显，节间长35cm，一般具秆环，但径粗在2.8cm以上的公父竹，却无秆环
竹　箨	箨叶长度等于箨鞘的1/2	箨叶长度等于箨鞘的1/3	在秆第六、七节位上的箨叶长度与箨鞘长度相等
竹　叶	4~8片，着生枝端，一般多是8片，长17~32cm宽1.2~3.5cm	3~6片，着生枝端，一般多6片，长30cm，宽3cm	3~8片，着生枝端，一般多3~4片，长15~31cm，宽2.2~3.2cm
分　枝	高度中等，在秆的7~11节位，枝秆夹角10~15°，分枝长35cm	高度较低，在秆的6~7节位，枝秆夹角15~30°，分枝长40cm	高度较低，多在秆的第7节位，枝秆兜角>40°，分枝长50cm
竹　笋	灰黑色	褐色	青绿色
竹　材	竹材厚，坚韧不易断	特别坚韧，屈曲成圆环状亦不断裂	竹材较薄，弯曲易断，且断口较平
分布及面　积	主要在坳仔、幸福、大坑山、闸岗、永固等社场，约21万亩	主要分布在坳仔公社璃玻大队石角冲，40余亩	主要分布在洽水公社自水大队，约5000亩

(二)竹材显微结构

在显微镜下，茶秆竹竹材中段的横切面主要由表皮细胞、维管束、基本组织等构成。维管束之间由薄壁细胞相隔，维管束内两个导管分子几乎位于中央的两侧，并与原生木质部及韧皮部排列成四菱形。基本组织由薄壁细胞形成，分布在维管束之间和靠近髓部。

茶秆竹薄壁细胞间隙致密，形状近似稳固的六边形，胞壁较厚，铁厘茶秆竹的薄壁细胞形状与前者相似，但胞壁较薄，白水茶秆竹薄壁细胞排列松散，胞间隙较大，形状近似圆形或椭圆形。

根据测定，茶秆竹的维管束密度最小(320个/cm²)，铁厘茶秆竹居中(349个/cm²)，白水茶秆竹最大(369个/cm²)。同时，同一竹种的维管束密度随秆高增高而增大，如正种茶秆竹基部为260个/cm²，中部326个/cm²，梢部406个/cm²。

维管束的纤维细胞构成维管束纤维帽，内缘维管束的内、外纤维帽相差不大，而靠近外缘纤维帽的外方明显小于内方(表3)。从表3可知，不同种的茶秆竹维管束大小，导管分子直径以及内、外纤维帽之比等都有一定的差异，这些内部结构变化正反映出各变种的材质差别。

三、适生条件

(一)气候

调查地区位于北纬23°35′~24°25′，东经111°25′~112°30′，气候属中亚热带到南亚热带过渡类型，年平均温度20.8℃，年雨量1753.8mm。表4是怀集县茶秆竹的几个主要产区的气候情况。由表4可见，茶秆竹分布区的气候特点是高温多湿，旱雨季明显，霜期短，光照足，绝对最高温度38.7℃，绝对最低温度-1.9℃，局部偶有冰冻。但茶秆竹对气候适应性较强，目前引种到浙江杭州、江苏南京、宜兴、句容，在-7℃低温下安全越冬，引种至山西夏县，在-13℃低温下仍能成活。

表3　各种茶秆竹(中段横切面)的竹材显微结构比较　　单位：μm

竹　种	表皮细胞		维管束		外缘维管束 外纤维帽/内纤维帽	导管分子直径	纤维细胞		薄壁细胞	
	长	宽	长	宽			直径	壁厚	直径	壁厚
正种茶秆竹	21.2	14.1	816	540	0.30：1	128.0	15.0	10.7	56.4	6.3
铁厘茶秆竹	21.0	14.0	544	382	0.25：1	101.0	16.5	13.0	68.0	4.9
白水茶秆竹	21.0	14.5	610	425	0.40：1	88.1	11.0	6.8	52.9	4.9

测定方法是用材料长2~3cm，宽1.5cm，在加有98%甘油和95%酒精的沸水中浸12小时以上，然后用切片机，结合徒手切片，并用番红染色，制成永久片，在显微镜下，用测微尺计量。

(二)土壤

从怀集县茶秆竹林分的土壤剖面特点(表5)和土壤特征(表6)可知，茶秆竹最适生的土壤条件是：土层深厚，含有较多的有机质和矿质营养，碳、氮比较窄，有良好的机械组成和物理性状(如孔隙性、透气性、持水力、吸收能力等)的沙质壤土，呈酸性反应，pH值为4.5~6.5。过于干燥的山顶、山脊和石灰质土以及低洼积水地带都没有茶秆竹的生长。

表4　怀集县茶秆竹几个主要分布点的气候资料

点位置	年平均温度(℃)	日平均≥10℃积温(℃)	最热月温度(℃)	最冷月温度(℃)	年有霜日数(天)	年总雨量(mm)	4~9月雨量(mm)	年降雨日数(天)	年蒸发量(mm)	年日照时数(h)
坳仔(县东南)	20.5	6951.0	28.1	11.1	11.1	1780.4	1375.3	172.2	1393.0	1843.8
诗洞(县南)	20.4	6776.0	28.0	10.3	11.6	1540.4	1199.6	165.1 176.5	1586.0	1670.0
洽水(县东北)	19.8	6397.0	27.7	10.3	15.2	2245.3	1364.2		1397.0	1579.2

四、生长发育过程

(一)竹鞭和竹根生长

茶秆竹地下茎为复轴混生型，既有横走竹鞭上的芽，生长成新竹或新鞭，又有秆基上的芽，发育成新竹或新鞭。地下茎生长有大小年之分，大年发笋，小年长鞭(俗称"行龙")。有些文献称，竹鞭生长是夏季开始，这不够全面，根据我们定位观测(表7)表明，事实上，鞭梢断头附近的芽于1月上旬萌发新鞭，经过90~110天，首先完成新鞭的径向生长，这期间，鞭梢长度生长几乎停滞或伸长极少，夏季以后，才又行鞭，8~9月生长速度最快，入冬后逐渐缓慢，直至萎缩断脱。竹鞭具有强大的横向生长优势，横走竹鞭量多质好，而入山出山的竹鞭量少质差。1~3年生竹鞭生活力最强，4年生以上基本失去萌发能力。

表 5　茶秆竹林分的土壤剖面特点

母　岩	土壤名称	土　壤　剖　面 情 况
页　岩	赤红壤	残落层(A0)较厚，2~4cm；腐殖质层(A1)2cm，分解良好，表土层(A2)厚达42cm；淋溶层(B)12一18cm。土层厚度100cm以上，石砾含量少
花岗岩	赤红壤	残落层(A0)1~2cm；腐殖质层(A1)0.5~1.0cm，分解尚好，表土层(A2)30cm；淋溶层(B)14~16cm。土层厚度80~100cm，石砾含量较少
砂　岩	赤红壤	残落层(A 0)0~4cm，腐殖质层(A1)1.0cm，分解好；表土层(A2)28~30cm；淋溶层(B)15~17cm。土层厚度70~80cm，石砾含量较多

表 6　集县茶秆竹林分的土壤特征

调查地点	母　岩	容重 (g/cm^3)	结构性(%)		孔隙性(%)		土壤质地
			3~1mm	<1mm	总　孔	毛管孔	
坳仔，璃玻	页岩	1.07	37.96	49.0	60.9	31.9	中壤土－重壤土
	砂岩	1.17	29.70	36.7	58.0	33.0	同　　上
诗洞，实源	花岗岩	0.97	44.90	53.0	63.0	32.8	重壤土
幸福，眉田	页　岩	0.90	57.10	39.0	67.0	32.7	中壤土
洽水，白水	花岗岩	1.04	51.10	34.7	60.1	34.0	轻壤土－中壤土

≥3mm 石砾占土体(%)	毛管持水量(%)	有机质(%)	全氮量(%)	C/N	pH		速效养分(mg/L)	
					H_2O	KCl	P	K
15.9	29.9	2.26	0.188	6.2	4.6	3.5	2.88	87.8
33.7	29.7	2.23	0.146	8.4	4.6	3.5	3.47	30.1
2.1	33.8	3.57	0.164	12.1	4.5	3.4	3.92	16.8
3.9	35.9	2.78	0.196	7.6	4.6	3.4	2.71	37.2
14.9	33.0	2.74	0.175	8.6	4.5	3.4	4.15	99.7

表 7　茶秆竹竹鞭径向生长观测

观察竹株号	1	2	3	4	5
竹鞭径向生长始止期	1月5日－4月25日	1月15日－4月15日	1月5日－3月15日	1月5日－4月25日	1月5日－4月5日
天数（天）	110	90	70	110	90
竹鞭直径生长量(cm)	1.1	0.6	0.4	0.5	1.4
竹鞭长度生长量(cm)	21.6	2.3	1.6	2.9	15.0

观测时间：1965年1~6月。

在不同的立地和经营条件下，竹鞭生长状况是不一样的(见表8)。竹鞭分布深度不因土层深度增加而加深，一般分布不深，多在20cm左右的表土层，在土壤深厚 、疏松、肥沃的山谷、山下坡，鞭根入土较浅，且鞭茎大，鞭节长，起伏变化小；在土层较薄的山上部或山脊，分布较深，且鞭茎小，鞭节短，起伏变化大。

表8　立地条件对茶秆竹竹鞭生长的影响

标准地号	坡向	坡位	坡度	土壤深度(cm)	pH值	土壤养分(mg/L)			竹鞭状况				经营程度
						N	P	K	最长(m)	平均直径(cm)	节间长(cm)	入土深度(cm)	
15	西南	山顶	39°	51	5.0	5.5	0.30	70.0	2.85	0.75	2.77	0～65	合理采伐
16	西南	山腰	31°	60	5.0	6.0	0.25	47.5	3.60	0.84	3.40	10～78	合理采伐
17	西坡	山脚	35°	70	5.0	5.0	0.40	65.0	5.21	0.85	4.50	10～54	合理采伐
29	东南	山脚	29°	120	5.0	4.5	0.30	35.0	15.14	1.50	5.00	10～60	施肥

茶秆竹根系有2种类型：一是从竹秆基部根眼上长出的轮生成层根系，一般有7～11轮，仅2～3节不生根，但有笋芽或鞭芽。每轮生根30～40条，长达60cm，分布深度3～15cm，根上没有次生根，待竹笋—幼竹高生长结束后才出次生根(须根)；二是从鞭茎上生长的放射状根系，根长达40cm，分布深度5～25cm，生长中、后期才出现次生根。

(二)竹笋及幼竹生长

1. 竹笋的形成和出土

在怀集地区茶秆竹鞭上的笋芽，从发育分化到逐渐膨大出土，一般从12月下旬至4月上旬为止，历时90～110天。出笋期在3月下旬至4月中旬，持续20～25天。同一地方，林缘要比林分内出笋早7～10天。

2. 竹笋—幼竹的生长

通过1965年3～6月对茶秆竹林缘和林内30株竹笋出土后的逐日定位生长观测材料(表9和表10)能够看出以下2点：①竹笋出土后，在高生长的前期，幼竹地径仍有增粗现象。在林缘，幼竹从出土到增粗停止，历时15～27天，一般20天左右，这期间地径生长量平均增加1cm，最少0.3cm，最多1.7cm；在林分内，地径生长终止期比林缘短，仅需10天左右。在林内地径增粗亦不多，平均0.45cm，最少0.1cm，最多0.8cm。②在林缘，竹笋出土至幼竹高生长结束，需要28～47天，多数在40天以上，而在林分内完成高生长期需要35天左右，比林缘缩短约5天。

表9　茶秆竹竹笋—幼竹的生长(林缘)

观测竹株号	竹笋			新竹			总生长量(cm)	共计天数(天)
	出土期(月.日)	高度(cm)	地径(cm)	生长终止期(月.日)	高度(cm)	地径(cm)		
1	3.21	8.2	0.5	5.4	155.8		147.6	45
	3.21			4.16		1.4	0.9	27
4	3.22	4.6		4.26	223.7		219.1	36
	2.22		0.4	4.6		1.3	0.9	16
6	3.23	1.8		5.3	225.5		223.7	42
	3.23		0.2	4.12		1.4	1.2	21

（续）

观测竹株号	竹笋			新竹			总生长量	共计天数
	出土期（月．日）	高 度（cm）	地 径（cm）	生长终止期（月．日）	高 度（cm）	地 径（cm）	总生长量 总生长量（cm）	共计天数（天）
8	3. 24	6. 5		4. 20	67. 0		60. 5	28
	3. 24		0. 4	4. 12		0. 8	0. 4	20
11	3. 28	4. 5		4. 29	104. 7		100. 2	33
	3. 28		0. 2	4. 13		0. 8	0. 6	17
12	3. 28	4. 3		5. 13	253. 3		249. 0	47
	3. 28		0. 3	4. 22		1. 7	1. 4	26
16	3. 30	3. 3		5. 13			233. 9	45
	3. 30		0. 3	4. 16	237. 2	1. 3	1. 0	18
18	3. 31	3. 6		5. 11	150. 0		146. 4	42
	3. 31		0. 3	4. 14		1. 1	0. 8	15
19	4. 1	4. 9		5. 12	320. 8		319. 9	42
	4. 1		0. 6	4. 23		2. 3	1. 7	23
20	4. 1	6. 4		5. 16	336. 3		329. 9	46
	4. 1		0. 6	4. 24		1. 8	1. 2	24

表 10　茶秆竹竹笋—幼竹的生长(林分内)

观测竹株号	竹笋			新竹			总生长量（cm）	共计天数（天）
	出土期（月．日）	高 度（cm）	地径（cm）	生长终止期（月．日）	高 度（cm）	地 径（cm）		
1	4. 16	12. 0		5. 25	337. 0		325. 0	40
	4. 16		1. 2	5. 2		1. 9	0. 7	17
2	4. 16	10. 1		5. 11	105. 5		95. 4	26
	4. 16		0. 7	4. 17		0. 8	0. 1	2
3	4. 16	5. 6		5. 22	203. 5		197. 9	37
	4. 16		0. 5	4. 25		1. 2	0. 7	10

（续）

观测竹株号	竹笋 出土期（月．日）	竹笋 高度（cm）	竹笋 地径（cm）	新竹 生长终止期（月．日）	新竹 高度（cm）	新竹 地径（cm）	总生长量（cm）	共计天数（天）
5	4. 16	13. 5	1. 1	5. 20	220. 5	1. 4	207. 0	35
	4. 16			4. 25			0. 3	10
6	4. 17	3. 8	0. 6	5. 27	166. 1	1. 0	162. 3	40
	4. 17			4. 25			0. 4	9
7	4. 17	31. 3	1. 6	5. 20	368. 8	1. 8	337. 5	33
	4. 17			5. 4			0. 2	18
10	4. 17	12. 3	1. 1	5. 25	337. 3	1. 9	325. 0	39
	4. 17			5. 2			0. 8	16

竹笋出土后，自基部节间开始，由下而上，按慢—快—慢的生长规律，逐节延伸，推移前进。根据生长速度差异，幼竹高生长阶段可分为初期、上升期、盛期、末期四个时期(图2)。

初　期：生长缓慢，每日生长量1～4cm，约12～15天；

上升期：生长加快，5～20cm，约5～7天；

盛　期：生长达高峰，11～50cm，约10～12天；

末　期：生长减慢，10～20cm以下，10天左右，笋箨大部或全部脱落，新枝开始生长。

幼竹放叶期在出笋后40～50天，而父竹换新叶是隔年一次，在清明出笋期前后，公竹一般不出新叶，枝上老叶全部枯死脱落约需7～8年时间。

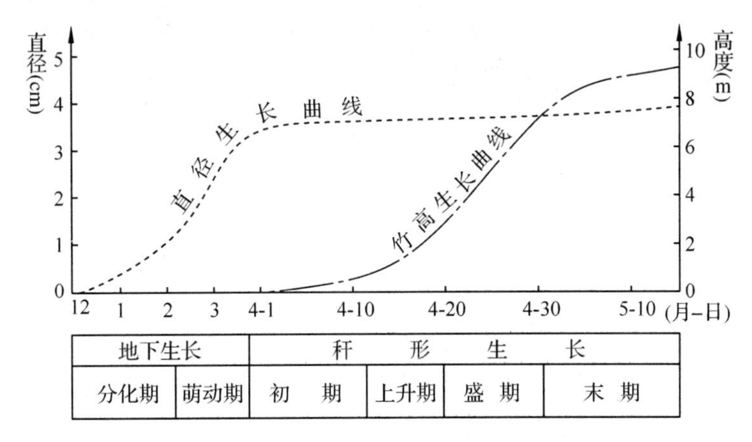

图1　茶秆竹竹笋生长规律示意图

3. 竹笋和幼竹生长的气侯条件

1965年1～6月在怀集坳仔茶秆竹林观测的气象资料(表11)表明，适宜竹笋地下生长的气温和土壤温度为16～18℃，4月份气温、土温都达到20℃以上，并雨量丰沛，最适于出笋和幼竹初期生长，5月份气温和土温达到25℃左右，雨量亦多，幼竹生长达到高峰；随后温度进一步增大，茶秆竹进入枝叶分生和成竹的干材生长了。

表 11　茶秆竹竹笋和幼竹生长的气侯条件

月　份		1	2	3	4	5	6
气温(℃)(高 1.5m 处)		13.5	16.8	18.8	22.2	26.2	27.5
地温(℃)(0cm 处)		17.9	20.8	21.3	23.4	27.0	28.7
土温(℃)	深 5cm 处	16.2	18.7	18.9	21.7	25.9	27.4
	深 10cm 处	16.8	18.2	18.4	20.8	25.1	26.3
	深 15cm 处	16.4	17.9	18.0	21.1	24.7	25.5
降雨量(mm)		33.8	77.7	142.7	599.7	410.0	220.8

4. 母竹林分对竹笋和幼竹生长的影响

单位面积上的母竹林分状况对出笋和幼竹生长都有密切关系(表 12)。从表 12 可见，母竹林分密度越大，则出笋量越少；同时，母竹生长好，生命力强，贮藏养分多，则竹笋质量亦好。

(三)成竹生长

幼竹秆形生长结束后，其高度、粗度和体积不再有什么变化，而转入材质生长阶段。1 ~2 年生的成竹为幼龄竹，亦称子竹，秆呈青绿色，并被蜡质褐色条纹；3 ~4 年生竹为壮龄竹，亦称父竹；大于 5 年生竹为老龄竹，秆呈灰黄色，密被蜡质花纹，其枝开叉下垂。

随着竹株年龄增大，林分地下，地上相连一体，竹株间对营养空间竞争，致使竹林分化明显，因而在中等立地上的、正常经营的竹林株数符合正态分布节律(图 2)。一般中径竹(2 ~5cm)占大多数(75% ~90%)，而小径竹(<1.9cm)占 6% ~15%，大径竹(>5cm)占 4% ~8%。

表 12　茶秆竹母竹林对出笋和幼竹生长的影响

标准地号	调查地点	母竹林			幼竹生长和出笋状况					每株母竹出笋数
		密度(株/亩)	平均高(m)	平均直径(cm)	平均高(m)	平均直径(cm)	好笋数(株/亩)	退笋数(株/亩)	合计	
18	坳仔，璃玻	1886	9.2	3.7	5.5	5.6	33.3	2	33.5	0.02
17	同　上	1062	10.5	4.0	5.5	5.3	257.7	—	257.7	0.24
30	同　上	789	9.6	3.7	7.9	3.6	354.0	2.9	356.9	0.45

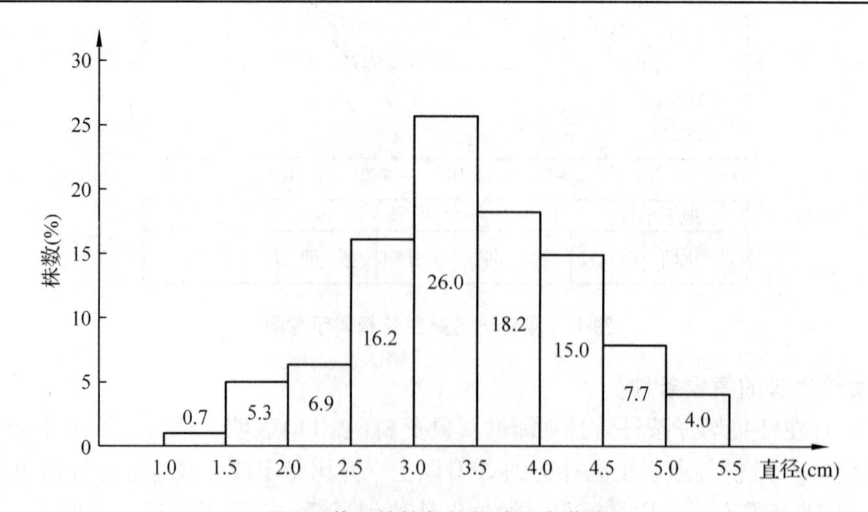

图 2　茶秆竹株数按径阶分布节律

在合理经营情况下，不同的立地条件对茶秆竹林分的密度、高粗生长以及同一径阶的竹高生长均有一定的影响(表13)。从表13可见，竹林部位不同，则同一径阶的竹高生长亦不同；同时，经营措施(如施肥)能提高各径阶的竹高。

五、小结与讨论

(1)怀集县的茶秆竹资源丰富，材质优良，经济价值很高。根据外部形态和显微结构上的差异，该县的茶秆竹初步确定为3个变种：正种茶秆竹、铁厘茶秆竹和白水茶秆竹，以正种茶秆竹分布面积最大。

(2)在怀集坳仔地区，茶秆竹直径生长需要100~120天，竹高生长35~45天；高生长阶段按生长速度分为初期(12~15天)、上升期(5~7天)、盛期(9~12天)、末期(9~11天)，4年以上进入材质稳定期。

(3)茶秆竹适生的立地条件是高温多湿、旱雨期分明、无霜期长、光照充足的亚热带气候以及发育于页岩、砂岩、花岗岩的深厚、疏松 、湿润、有机质和矿质丰富、酸性的赤红壤。但茶秆竹适应性较强，在远离自然分布区的江、浙一带，也有引种成功的事例。

(4)茶秆竹是我国传统外贸产品，在国际市场上供不应求，国内市场尚未开辟，"迄今尚找不到什么东西能够取代茶秆竹"，因此，今后应大力开展茶秆竹的选育种工作，深入研究它的生物学、生态学特性，积极扩大栽培和引种，是一件十分必要的和有意义的事情。

表13　立地条件对茶秆竹成竹生长的影响

标准地号	坡向	坡位	坡度	经营程度	林分密度(株/亩)	平均高度(m)	平均直径(cm)	各径阶平均高度(m)							
								1.0	1.5	2.0	2.5	3.0	3.5	4.0	4.5
15	西南	山顶	39°	合理采伐	1908	6.1	2.1	3.3	4.6	5.9	7.0	7.8	8.5	—	—
16	西南	山腰	31°	合理采伐	1582	8.2	3.1	—	—	6.1	7.1	8.0	8.9	9.7	10.3
17	西坡	山脚	35°	合理采伐	1062	10.5	4.0	—	—	6.1	7.2	8.4	9.5	10.5	11.4
27	东北	山脚	39°	未施肥	1038	5.2	1.9	2.8	4.3	5.5	6.2	6.7	—	—	—
29	东南	山脚	29°	施　肥	633	7.5	3.1	—	4.6	5.7	6.5	7.4	8.2	—	—

参考文献

[1] 耿以礼等. 中国主要植物图说(禾本科)[M]. 北京：科学出版社，1956
[2] 何天相等. 青篱竹三年生纤维长度变化[J]. 林业科学，1959，(2)
[3] 李正理等. 国产竹材比较解剖观察续报[J]. 植物学报，1962，(1)
[4] 李新时. 浙江、广东产8种竹材的化学成分. 中国林业科学院木材工业研究所，森工，1963，63(4)
[5] 朱惠方等. 国产33种竹材制浆应用上纤维形态结构研究[J]. 林业科学，1964，(4)
[6] 南京林产工业学院竹类研究室. 竹林培育[M]. 北京：农业出版社，1974
[7] 中国树木志编委会. 中国主要树种造林技术(下册)[M]. 北京：农业出版社，1978
[8] 熊文愈. 竹类研究的回顾与展望——中国林业科技三十年. 中国林科院科技情报研究所，1980
[9]耿伯介. 世界竹亚科各属的考订(一)[J]. 竹子研究汇刊，1982，(1)
[10]陈守良，等. 华东茶秆竹属新植物[J]. 竹子研究汇刊，1982，(1)
[11]怀集县农气区划组. 广东怀集县农业气候资源区划（油印本），1981

南洋楹用材林速生丰产试验[33]

摘　要　1983年开始，在西江丘陵山坡地设3个点进行了南洋楹用材林速生丰产为期5年试验，结果表明：①南洋楹的造林成活率高，生长迅速，2.5年生林分已郁闭成林，是一个速生用材林树种；②该树种对立地条件要求较严，造林时宜选择土层深厚、湿润、肥沃、静风的环境条件；③不同的造林措施，其胸径、材积、生物量都有一定差异，为此，提高造林技术措施是木材增产的重要途径。

广东省国营西江林业局以经营杉木、马尾松用材林为主，第一代杉木林多数已经采伐，第二代生长已经赶不上第一代,，其主要原因是地力减退。而且，该地区处于杉木分布区的南缘，产量较低，如低丘地貌的悦城林场17年生杉木林分出材量仅为25.5m^3/hm^2(1.7m^3/亩)；针叶纯林易受病虫危害和容易发生火灾。为了提高土壤肥力，改善生态环境，提高林分产量，华南农业大学林学院与西江林业局协作，于1983年在局属下的悦城林场、高要林场和西江林业局林科所(简称 局林科所，下同)进行了为期5年的豆科树种速生丰产林栽培试验。南洋楹(*Albizzia falcata*)为试验树种之一。

试验林于1983年5月栽植，1984年3~4月，1985年12月及1987年10月，进行了3次详细的全面观测，现将阶段性试验结果总结如下。

一、试验地区概况

西江林业局林科所、悦城林场和高要林场位于肇庆市附近的西江沿岸，北纬22°45′~22°58′，东经111° 30′~111°45′，年平均气温22.7℃，最低月均温12.9℃，最高月均温29.1℃，极端最高气温38.7℃，极端最低气温-1℃，年平均降水量1650mm，年平均相对湿度85%，全日照时数达2000h，光照充足，地貌系高丘和低丘地，土壤为页岩、砂岩或花岗岩发育成的酸性赤红壤，肥力中等。

该地区人口稠密，社会经济发达，生活水平较高，交通条件较好，尤其是水路运输方便，发展速生的用材林、纸浆林和薪炭林具有广阔前景。

二、试验林设计

试验地段采用对比排列设计，分别用2种密度和2种施肥方法组合，3次重复。共12个小区(见图1)，小区面积10m×33m，每小区之间设隔离行，宽2m，每重复由4小区组成，共0.13hm^2，试验面积(包括隔离行)约0.5hm^2。

---

[33] 徐英宝、黄永芳发表于《广东林业科技》(1989，4：1~8)．

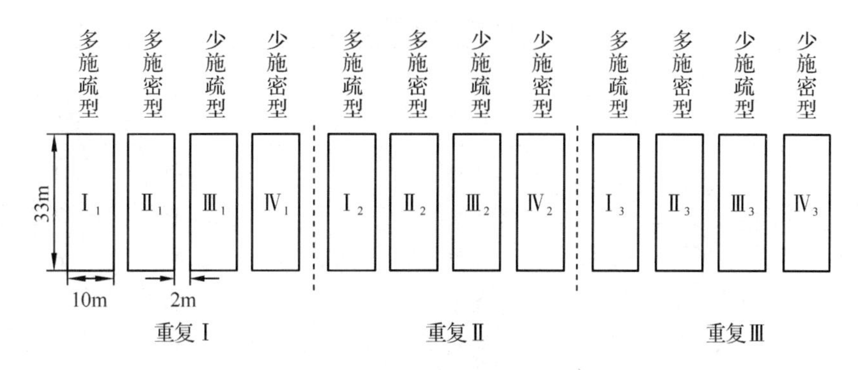

图1　试验设计图

栽植密度：疏型为2m×3m(1665株/hm^2)，密型2m×2m(2500株/hm^2)。

施肥方法：多施是每穴施火烧土25kg，磷肥0.1kg，花生麸0.1kg，少施则每穴施肥量减半。

整地：带垦后定点开穴，规格为60cm×60cm×40cm。

种苗：种子来源于华南植物研究所，用80℃热水浸种，于1983年3月播种育苗，为营养袋小苗，苗高20~25cm，1983年5月造林。

三、试验方法

对试验林做了3次详测，分别是10个月生、2.5年生和4.4年生的林分。

(一)生长调查

每一试验小区选取4~7行21株以上，做每木检尺，离开边行边株，实测树高、胸径(地径)、冠幅、保存率。

(二)生物量测定

每一造林类型在所测得的平均高和平均胸径(地径)的5%范围内选取平均标准木1株，伐倒挖根并观察根瘤，绘制根系分布图。分别干、枝、叶、根称重，并取样测定干重。

(三)土壤分析

在试验地内，按同一等高线挖3个土壤剖面，分0~30cm，30~60cm两层取土，混合分析。土壤分析包括：自然含水量、容重、孔隙度、酸碱度、有机质、全氮、速效磷、有效钾。

四、结果与分析

(一)林分生长状况

通过3次的观测，总的来看，南洋楹生长是迅速的，2.5年生已经郁闭成林。

1. 树高生长

3次测定的南洋楹树高生长见表1。从表1看出，南洋楹早期速生，10个月生总平均树高已达2.19m，第1年树高最低生长量达1.8m，全年平均达2.63m，最高3.18m(悦城多施疏型)。2.5年生总平均树高为5.08m，年平均生长量2.03m，最高2.82m(高要多施疏型)。4.4年生总平均树高为6.16m，年平均生长量1.40m. 最高2.04m(高要多施疏型)。

对不同试点、不同措施作树高方差分析，如表2所示。

表 1　南洋楹的树高生长(m)

地点	造林类型	10 个月		2.5 年		4.4 年	
		总生长量	年平均	总生长量	年平均	总生长量	年平均
悦城林场	多施疏型	2.65	3.18	5.70	2.28	6.52	1.48
	多施密型	2.64	3.17	5.93	2.37	7.27	1.65
	少施疏型	2.54	3.05	5.20	2.08	6.01	1.37
	少施密型	2.64	3.17	5.40	2.06	6.89	1.57
	平均值	2.62	3.14	5.56	2.22	6.67	1.52
局林科所	多施疏型	1.72	2.06	3.20	1.28	3.53	0.80
	多施密型	1.50	1.80	3.20	1.28	3.84	0.87
	少施疏型	1.52	1.82	3.50	1.40	3.60	0.82
	少施密型	1.70	2.04	3.00	1.20	3.16	0.72
	平均值	1.61	1.93	3.23	1.29	3.53	0.80
高要林场	多施疏型	2.36	2.83	7.04	2.82	8.98	2.04
	多施密型	2.41	2.89	6.60	2.64	8.65	1.97
	少施疏型	2.31	2.77	6.42	2.57	8.03	1.83
	少施密型	2.31	2.77	5.83	2.33	7.45	1.69
	平均值	2.34	2.81	6.47	2.59	8.28	1.88
总平均值		2.19	2.63	5.08	2.03	6.16	1.40

树高方差分析表明，3 个时期南洋楹的树高生长，造林措施之间没有显著差异，而不同地区则有极显著差异，3 个地点以高要林场生长最好，其次为悦城林场，最差为局林科所。3 个地点的立地条件有所不同，而土壤状况为产生差异的主要因素。从表 3 的土壤分析可知，有机质、全氮含量为高要、悦城较高，速效磷含量 3 个点相近，悦城林场的钾含量较高。高要、悦城土层深厚，毛管持水量较高，土壤物理性状良好，

同时，林地位于南坡，避风，光照充分，都有利于南洋楹的生长；局林科所土壤较干旱、贫瘠、紧实，毛管持水量较低，林木能利用的水分不高，对南洋楹这样的喜湿性树种生长是不利的。同时，在南洋楹林地位于北坡，冬季风较大，对树木生长有一定影响。

表 2　南洋楹树高方差分析表

年龄	变异来源	自由度	离差平方和	均方	均方比	F_{α}
10 个月	地点	2	21 929.17	10 645.9	248.53**	$F_{0.01}=10.19$
	措施	3	250	83.33	1.50	$F_{0.05}=4.76$
	误差	6	315.5	52.58		
2.5 年	地点	2	22.3	11.15	92.9**	$F_{0.01}=10.19$
	措施	3	0.46	0.15	1.25	$F_{0.05}=4.76$
	误差	6	0.47	0.12		
4.4 年	地点	2	46.601	23.301	65.09**	$F_{0.01}=10.19$
	措施	3	1.202	0.401	1.12	$F_{0.05}=4.76$
	误差	6	2.147	0.358		

2. 胸径生长

南洋楹胸径生长的观测结果如表4。

表3　各试点土壤分析结果

试验地点	pH值		有机质	全氮	速效磷	有效钾	毛管持水量	总孔隙度	毛管孔隙度
	(H_2O)	(KCl)	(%)	(%)	(mg/L)	(mg/L)	(%)	(%)	(%)
悦城林场	5.33	3.60	2.49	0.123	1.67	36.03	25.7	52.8	32.1
局林科所	5.57	3.79	1.59	0.083	2.21	3.13	24.0	56.3	28.8
高要林场	5.56	3.63	2.64	0.134	1.24	0.36	26.7	54.9	32.6

从表4可看出，高要林场的生长最好，悦城林场次之，局林科所最差。4.4年生林分，胸径总生长量最高达10.38cm(高要多施疏型)，年平均生长2.36cm；最低4.4cm，年平均生长1.00cm(局林科所少施密型)。

对不同试点，不同造林措施的胸径生长量作双因素方差分析，结果如表5。

胸径方差分析表明，在4.4年生内，无论哪一次测定，各试点的胸径生长均有极显著差异，而不同造林措施之间，只在2.5年生时，表现出显著差异。多施肥疏型的平均胸径最大，少施肥密型较差，其余2种措施胸径生长较接近。虽然该树种冠幅较大，但较为稀疏，可以相互交错，因而对胸径生长没有显著差异。由此可见，南洋楹要求充分光照、高温、多湿、静风的环境条件，对土壤要求较严格，土壤要疏松、湿润、排水良好、肥力中等以上，才有利于该树种生长。

表4　南洋楹的胸径生长

地点	造类型林	10个月		2.5年		4.4年	
		总生长量	年平均	总生长量	年平均	总生长量	年平均
悦城林场	多施疏型	2.1	2.40	7.25	2.90	8.41	1.91
	多施密型	2.2	2.64	7.06	2.82	8.75	1.99
	少施疏型	2.0	2.40	6.25	2.50	7.14	1.62
	少疏密型	2.1	2.40	6.23	2.49	7.97	1.81
	平均值	2.1	2.40	6.67	2.67	8.07	1.83
局林科所	多施疏型	1.1	1.32	4.60	1.84	5.19	1.18
	多施密型	0.7	0.84	4.40	1.76	5.15	1.17
	少施疏型	0.8	0.96	4.50	1.80	5.00	1.14
	少疏密型	1.1	1.32	3.90	1.56	4.40	1.00
	平均值	0.9	1.08	4.40	1.76	4.94	1.12
高要林场	多施疏型	2.1	2.40	8.47	3.39	10.38	2.36
	多施密型	2.1	2.40	7.25	2.90	9.31	2.12
	少施疏型	1.8	2.16	7.33	2.93	9.08	2.06
	少疏密型	1.9	2.28	6.66	2.66	8.06	1.83
	平均值	2.0	2.40	7.43	2.97	9.21	2.09
总平均值		1.7	2.04	6.17	2.47	7.40	1.68

表5　南洋楹胸径方差分析

年龄	变异来源	自由度	离差平方和	均方	均方比	F_α
10个月	地点	2	3.34	1.67	83.5＊＊	$F_{0.01}=10.19$
	措施	3	0.09	0.03	1.5	$F_{0.05}=4.76$
	误差	6	0.12	0.02		
2.5年	地点	2	20.58	10.29	79.15＊＊	$F_{0.01}=10.19$
	措施	3	2.18	0.73	5.6	$F_{0.05}=4.76$
	误差	6	0.78	0.13		
4.4年	地点	2	39.16	19.58	65.27＊＊	$F_{0.01}=10.19$
	措施	3	2.76	0.92	3.05	$F_{0.05}=4.76$
	误差	6	1.81	0.30		

3. 材积生长

从表6可以看出，南洋楹在2.5年生时，总平均单株材积已达0.010 82m^3，蓄积量达20.86m^3/hm^2，4.4年生总平均单株材积达到0.030 35m^3，保存率只有50.1%，蓄积量仍有31.81m^3/hm^2，悦城林场稍差，平均单株材积0.020 00m^3，蓄积量为37.58m^3/hm^2。局林科所受气候、土壤等条件限制，生长较差，平均单株材积0.005 04m^3，蓄积量为9.43m^3/hm^2。总的来看，密型蓄积量比疏型大，营造该树种速生丰产林可以适当密植，3~4年后出现分化时可适量间伐。

表6　南洋楹的材积生长

地点	造林类型	2.5年生			4.4年生		
		单株材积(m^3)	保存株数(株/hm^2)	蓄积量(m^3/hm^2)	单株材积(m^3)	保存株数(株/hm^2)	蓄积量(m^3/hm^2)
悦城林场	多施疏型	0.014 40	1568	22.58	0.021 14	1540	32.56
	多施密型	0.013 98	2237	31.27	0.024 69	2154	53.18
	少施疏型	0.009 74	1637	15.94	0.014 42	1542	22.24
	少施密型	0.010 24	2355	24.12	0.019 73	2280	44.99
	平均	0.012 09	1949	23.56	0.020 00	1879	37.58
局林科所	多施疏型	0.004 12	1482	6.11	0.005 52	1449	8.00
	多施密型	0.003 77	2280	8.60	0.005 70	2230	12.71
	少施疏型	0.004 13	1553	6.41	0.005 18	1520	7.87
	少施密型	0.002 86	2337	6.68	0.003 74	2287	8.55
	平均	0.003 71	1913	7.10	0.005 04	1872	9.43
高要林场	多施疏型	0.022 62	1482	33.52	0.040 23	866	34.84
	多施密型	0.015 85	2355	37.33	0.031 30	1285	40.22
	少施疏型	0.015 90	1598	25.41	0.028 55	783	22.35
	少施密型	0.012 30	2255	27.74	0.021 32	1253	26.71
	平均	0.016 67	1923	32.06	0.030 35	1048	31.81
总平均值		0.010 82	1928	20.86	0.018 46	1600	26.27

(二)生物量

南洋楹各造林类型平均标准木的生物量测定结果如表7。

由表7可以看出，在局林科所，由于土壤较干旱贫瘠，南洋楹生长量明显较低，每公顷生物量还不及其他点的一半；在高要和悦城，其生物量较接近，每公顷分别为20.48t和18.15t。南洋楹主干通直，自然整枝良好，树干占整个生物量比重大(平均约占45%)，地上部分生物量是地下部分的3倍多。

不同造林措施，生物量有一定差异，一般多施肥型大于少施肥型：悦城大54.83%，局林科所大18.98%，高要大24.80%，说明南洋楹对养分是敏感的。而疏型与密型相比，规律性不明显，多数试点密型生物量较疏型大些。因此，在试验内，密型对单株生物量影响不大，但可以提高单位面积的总产量，宜在生产上推广应用。

(三)根系状况

南洋楹根系生长(2.5年生)测定结果如表8。

表7　南洋楹的生物量

地点	造林类型	10个月(鲜重)			2.5年(干重)						
		平均标准木(kg)	保留株(株/hm²)	平均生物量(t/hm²)	平均标准生物量(kg)					保留株(株/hm²)	平均生物量(t/hm²)
					干	枝	叶	根	合计		
悦城林场	多施疏型	5.74	1665	9.56	4.67/37.4	2.77/22.2	1.36/10.9	3.68/29.5	12.47/100	1568	19.55
	多施密型	5.67	2505	14.20	4.42/43.5	1.65/16.2	0.85/8.3	3.24/31.9	10.15/100	2237	22.71
	少施疏型	4.72	1665	7.86	2.81/41.2	1.30/19.1	0.72/10.6	2.00/29.3	6.82/100	1637	11.16
	少施密型	5.64	2505	14.34	3.49/44.8	1.07/18.3	0.86/9.2	2.69/34.5	7.79/100	2355	18.35
	平均	5.44	2085	11.34	3.85/41.4	1.70/18.3	0.86/9.2	2.90/31.1	9.31/100	1949	18.15
局林科所	多施疏型	1.89	1665	3.15	1.61/36.9	0.98/22.5	0.47/10.8	1.32/30.2	4.36/100	1482	6.46
	多施密型	1.39	2505	3.48	1.75/33.8	1.09/21.0	1.00/19.3	1.34/25.9	5.17/100	2280	11.79
	少施疏型	1.03	1665	1.71	1.61/46.8	0.63/18.3	0.29/8.4	0.92/26.7	3.44/100	1553	5.34
	少施密型	1.11	2505	3.41	1.67/36.5	1.10/24.1	0.60/13.1	1.20/26.3	4.57/100	2337	10.68
	平均	1.36	2085	2.84	1.66/37.7	0.95/21.6	0.59/13.4	1.20/27.3	4.4/100	1913	8.40
高要林场	多施疏型	3.08	1665	5.13	8.78/58.2	1.43/9.4	1.34/8.8	3.55/23.5	5.09/100	1482	22.36
	多施密型	3.26	2505	8.17	4.76/55.5	0.92/10.7	0.69/8.1	2.21/25.8	8.57/100	2355	20.18
	少施疏型	1.86	1665	3.10	6.42/64.6	0.80/8.1	0.72/7.2	1.99/20.0	9.93/100	1598	15.87
	少施密型	2.21	2505	5.54	5.52/57.8	1.29/14.3	0.54/5.9	1.97/21.8	9.02/100	2255	20.34
	平均	2.61	2085	5.42	6.29/59.1	1.11/10.4	0.82/7.7	2.43/22.8	10.65/100	1923	20.48
总平均		3.13	2085	6.53	3.88/43.5	1.34/16.3	0.72/9.5	1.96/30.7	8.12/100	1928	15.66

从表8可见，南洋楹主根和侧根都较发达，根系深，主根明显，侧根多而且较密集，根系分布较广，根福比冠幅大，根系生物量比例大，占全林分总生物量的30.7%，达4.8t/hm^2。可见，该树生长迅速，林分生产潜力大，但同时要求土壤深厚，水肥条件较好的土壤，在挖掘根系时发现南洋楹根瘤丰富，尤其在高要林场，所以该试验点的林分亦生长最好。

表8　南洋楹根系状况

冠幅(m)	根幅(m)			最长根(m)	最深根(m)	侧根条数/总长度(条/m)				
	上下	左右	平均			根径 0.3~1cm	根径 1~3cm	根径 3~5cm	根径 >5cm	合计
2.7	2.9	4.2	3.6	4.14	1.10	51/4.70	14/11.71	4/7.10	1/4.84	70/28.4

五、结　论

(1)南洋楹在西江丘陵山坡地的速生丰产试验，从3次观测结果可以看出，它的造林成活率高，生长迅速，生物产量大，2.5年生林分已郁闭成林，而且自然整枝良好，主干通直，出材率较高。是一个值得推广营造速生用材林的树种。

(2)南洋楹是一个喜光、喜温、喜湿、喜肥的深根性树种，对立地条件要求较严，试验结果表明，不同的立地条件，其生长差异显著，因此造林时宜选择土层深厚、湿润、肥沃、静风的环境条件。

(3) 试验结果还表明，不同造林措施除树高生长没有显著差异外，胸径、材积、生物量都有一定差异，尤其多施肥比少施肥生长要好，单株材积可提高25.78%~43.43%，生物量可提高18.98%~54.83%。所以，提高造林技术措施是木材增产的重要途径。

新银合欢品种造林试验[34]

摘要 作者于1982年从台湾和菲律宾等地引进19个新银合欢品种进行造林对比试验，结果表明：其中有10个品种生长较好，生长量和生物量较高。、

1982年我们从台湾和菲律宾等地引进了一批新银合欢品种，其中台湾5个，即k8(原产地墨西哥)、k28(原产地萨尔瓦多)、k29(原产地洪都拉斯)K67(原产地萨尔瓦多)、SL(原产地墨西哥)；菲律宾8个，即菲-65、菲-62、菲-19、菲-0、菲-5、菲-30、菲-2和菲-42；还有香港、银盏、澳洲、白头、“新气象站”、珠海等总共19个品种。其中，台湾种源由华南农业大学林学系提供，其余品种由中国林业科学研究院热带林业科学研究所提供。

一、试验设计

试验点设在广东西江林业局的高要林场红旗工区，试验地是弃荒水稻田，pH值6.5，条件较为一致，19个品种分成19个试验小区，每个品种一小区，随机排列。每小区面积约120m^2，每一品种种植90~100株，用营养袋小苗，苗高15~30cm，于1983年5月底造林，株行距60cm×75cm。

二、试验结果

对10个月、2.5年及4.4年生的新银合欢进行了调查，结果见表1。

从表1可以看出，生长较好的品种有菲-62、菲-65、k67、菲-19、SL、k8、菲-0、“珠海”、菲-42、“新气象站”等，其中，菲-62生长表现尤为突出，4.4年生时，平均树高达7.23m，胸径4.89cm，树高和胸径生长比生长最差的“香港”品种分别高2.1倍和1.9倍。而菲-30、菲-5、菲-2于1~2年生时较好，第2年以后生长减慢，长势变差。“香港”、“澳洲”、“银盏”等较差。

从2.5年生的生物量调查(见表2)也可看到，菲-62、菲-65、菲-0、菲-42，“珠海”等品种生物量达30t/hm^{2}以上。菲-62生物量达46.378t/hm^2，比生长最差的“香港”品种高5.5倍。该试验说明不同品种对比试验存在明显的遗传性状差异和在同一环境条件下的显著生长差异。

[34] 徐英宝、黄永芳、郑镜明发表于《广东林业科技》(1989，6：17~19)。

表1 不同品种的新银合欢生长情况

品种代号	10个月生			2.5年生			4.4年生		
	平均树高(m)	平均地径(cm)	生长势	平均树高(m)	平均地径(cm)	生长势	平均树高(m)	平均地径(cm)	相对适应性
菲-62	2.35	2.0	中等	6.36	3.87	优	7.23	4.89	1.000
菲-65	2.30	2.0	良好	5.34	3.29	优	5.80	3.48	0.736
K67	2.15	2.0	良好	4.73	3.03	中	5.79	3.48	0.736
菲-19	2.24	2.0	良好	5.13	2.97	良	5.72	3.32	0.711
SL	2.18	2.2	良好	5.18	3.03	良	5.69	3.47	0.728
K8	2.10	1.8	中等	5.09	3.1	良	5.55	3.29	0.697
菲-0	2.35	2.0	良好	5.08	2.78	良	5.28	3.30	0.683
"珠海"	1.97	1.9	良好	4.72	3.13	中	5.13	3.49	0.694
菲-42	1.97	2.0	良好	4.23	2.92	差	5.05	3.43	0.682
"新气象站"	1.55	1.6	中等	4.50	3.25	中	4.93	3.38	0.675
K29	1.54	1.4	中等	4.91	3.02	中	4.71	2.86	0.611
菲-30	2.06	2.1	中等	4.90	3.24	良	4.61	3.05	0.608
K28	1.48	1.5	中等	4.37	2.70	差	4.56	3.06	0.605
菲-2	2.09	1.9	中等	4.50	2.79	差	4.56	2.68	0.561
菲-5	2.08	1.7	良好	4.37	2.35	差	4.55	2.65	0.556
"白头"	1.74	1.4	中等	3.93	2.60	差	4.42	2.90	0.577
"银盏"	1.04	1.1	差	4.13	2.47	差	4.23	2.44	0.510
"澳洲"	1.49	1.5	中等	4.07	2.55	差	3.75	2.52	0.488
"香港"	1.38	1.2	差	2.73	1.52	极差	2.32	1.69	0.293
平均值	1.90	1.7		4.65	2.87		4.94	3.13	0.640

表2 新银合欢生物量调查 (干重、2.5年生)

品种代号	现有林分密度(株/hm^2)	平均标准木生物量(kg、%)					生物量(t/hm^2)				
		干	枝	叶	根	合计	干材	干+枝	枝+叶	根	总生物量
菲-62	12 015	2.20 58.81	0.61 15.80	0.17 4.40	0.81 20.98	3.86	27.274	34.603	9.372	9.732	46.378
菲-65	11 905	1.69 59.93	0.28 9.93	0.12 4.26	0.73 25.87	2.82	20.119	23.452	8.690	8.690	33.572
"珠海"	13 333	1.50 59.52	0.25 9.92	0.09 3.57	0.68 26.98	2.52	20.000	23.333	4.533	9.607	33.599
"新气象站"	11 994	1.54 63.64	0.22 9.09	0.12 4.96	0.54 22.31	2.42	18.471	21.110	4.078	6.477	29.025

（续）

品种代号	现有林分密度（株/hm²）	平均标准木生物量（kg、%）					生物量（t/hm²）				
		干	枝	叶	根	合计	干材	干+枝	枝+叶	根	总生物量
菲-30	11 574	1.35 57.20	0.42 17.80	0.10 4.24	0.49 20.76	2.36	15.625	20.486	6.018	5.671	27.315
菲-0	14 983	1.41 61.04	0.12 5.19	0.05 2.16	0.73 31.60	2.31	21.132	22.930	2.547	10.941	34.620
K67	13095	1.35 67.16	0.18 8.96	0.05 2.49	0.43 21.39	2.01	17.679	20.036	3.012	5.631	26.321
菲-42	16148	1.25 63.16	0.27 13.64	0.08 4.04	0.08 19.19	1.98	20.185	24.545	5.652	6.136	31.973
SL	13605	1.30 66.53	0.22 11.25	0.049 2.51	0.385 19.70	1.954	17.687	20.680	3.660	5.238	26.584
菲-19	13806	1.27 67.20	0.15 7.94	0.08 4.23	0.39 20.63	1.89	17.533	19.604	3.175	5.384	26.093
k29	13289	1.21 64.36	0.22 11.70	0.05 2.66	0.40 21.28	1.88	16.080	19.004	3.588	5.316	24.983
K8	13994	1.22 66.16	0.27 14.64	0.034 1.84	0.32 17.35	1.844	17.073	20.581	4.254	4.478	25.805
“白头”	14915	0.85 46.96	0.41 22.65	0.07 3.87	0.48 26.52	1.81	12.678	18.793	7.159	7.159	26.996
“银盏”	14943	0.83 48.54	0.25 14.62	0.06 3.51	0.57 33.33	1.71	12.402	16.138	4.633	8.517	25.533
菲-5	15686	0.88 63.77	0.07 5.07	0.05 3.62	0.38 27.54	1.38	13.804	14.902	1.882	5.961	21.647
菲-2	16667	0.92 68.15	0.09 6.67	0.05 3.70	0.29 21.48	1.35	15.333	16.833	2.333	4.833	22.500
K28	15504	0.71 56.26	0.098 7.77	0.034 2.69	0.42 33.28	1.262	11.008	12.527	2.064	6.512	19.566
“澳洲”	15800	0.58 50.43	0.14 12.17	0.06 5.22	0.37 32.17	1.15	9.164	11.376	3.160	5.846	18.170
“香港”	12408	0.26 45.86	0.12 21.16	0.007 1.23	0.18 31.75	0.567	3.226	4.715	1.576	2.233	7.035

注：调查株数在21株以上。*、**分别表示1个品种的生物量不小于“19个品种平均生物量+1个标准差”、“19个品种平均生物量+2个标准差”。

三个豆科树种引种试验初报[35]

摘　要　作者在丘陵山坡地酸性土上进行了象耳豆、任豆、新银合欢3个豆科树种的引种试验，结果表明3树种的生长均很差，不适宜在丘陵山坡地酸性土上大面积种植。

为了摸清象耳豆、任豆、新银合欢3个豆科树种对丘陵山坡地酸性土的适生性，为推广栽培的可能性提供理论依据。我们于1983年在广东西江林业局属下的林科所、高要林场和悦城林场进行了为期5年的引种试验。1984年3~4月、1985年12月及1987年10月分别进行了详细观测，经整理现介绍如下。

一、象耳豆在丘陵山坡地的造林试验

象耳豆(*Enterolobium contorlisiliquum*)为豆科落叶乔木，原产南美洲的阿根廷北部、巴拉圭和巴西，垂直分布一般在海拔200m以下，通常多用于“四旁”绿化。我国海南岛于1962年从古巴引进栽培，表明具有速生、萌芽力强等特点，适生于热带和南亚热带地区。

(一)试验设计

试验地采用对比排列设计，分别用2种密度和2种施肥方法，3次重复，共12个小区(见图1)，小区面积10m×33m(约0.5亩)，每小区之间设隔离行，宽2m，每个试验区4个小区组成，共2亩，试验面积(包括隔离行)约7.5亩。

栽植密度：疏型为2×3m(约111株/亩)，密型为2×2m(167株/亩)。

施肥方法：多施是每穴施火烧土25kg、磷肥0.1kg、花生麸0.1kg；少施每穴施肥量减半。

整地：带垦后定点开穴，规格为60cm×60cm×40cm。

种苗：种子来源于中国林业科学研究院热带林业研究所海南尖峰岭试验站，种子处理采用80℃热水浸种，营养杯育苗，造林时苗高20~25cm。

(二)结果分析

试验结果(见表1)表明，象耳豆对于不同的造林措施，生长差异不显著，保存率较高，达90%。总的来看树形粗矮，分枝低，梢多干枯，叶稀少。

[35] 徐英宝、黄永芳发表于《广东林业科技》(1990，1：12~16)。

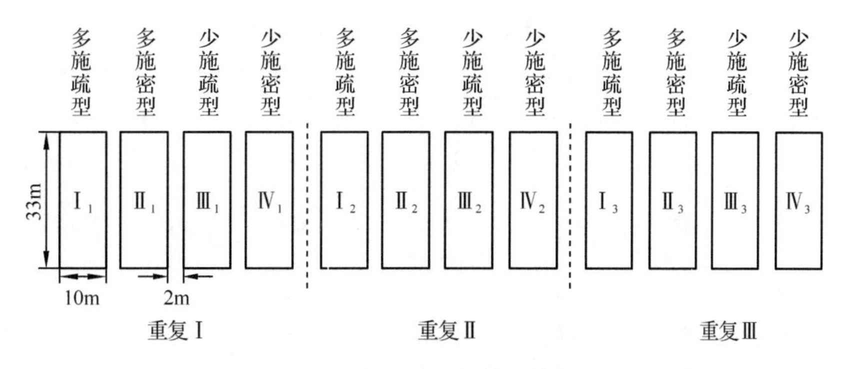

图1　试验设计图

表1　各试验点的象耳豆生长情况

实验地点	10个月		2.5年		4.4年		
	树高(m)	地径(cm)	树高(m)	地径(cm)	树高(m)	地径(cm)	胸径(cm)
局林科所	1.13	2.2	2.20	5.73	2.07	6.98	2.17
悦城林场	1.27	3.0	2.01	7.10	1.92	7.31	2.32
高要林场	0.89	2.3	1.98	5.89	1.80	5.20	1.38
总平均值	1.10	2.5	2.06	6.23	1.93	6.26	1.96

从表1可以看出，10个月生树高已达1.1m，地径2.5cm，生长速度较快，到2.5年生时，树高生长变慢，平均高只有2.06m，而地径达6.23cm；4.4年生，由于生长停滞，不少树梢干枯、落叶，总平均高仅为1.93m，年平均生长量为0.44m，胸径总生长量为1.96cm，年平均生长量仅为0.45cm。

象耳豆2.5年生的生物量调查表明，根系发达，主根明显，侧根较粗，地下部分生物量占60.05%，而地上部分只占39.95%。

总的试验结果表明，象耳豆在山坡地造林是不适宜的，更不适宜选作西江地区丘陵山坡地的速生用材林树种，而适于水肥条件较好的“四旁”平地种植。

二、任豆在丘陵酸性土的引种试验

任豆(*Zenia inisgnis*)为豆科落叶乔木，主要天然分布在我国广西南部石灰岩地区的山地中下部，土壤呈中性至微酸性。

(一)试验设计

在各试验点丘陵山坡下部酸性土壤上进行了对比试验。每试验点设3个小区，即施基肥并追施石灰区(A区)，施基肥区(B区)和对照区(C区)，每小区面积150㎡。带垦开沟后，A区每条沟施土杂肥25kg，猪牛粪1.25kg，石灰0.75kg，造林后每月追施石灰1次，每条沟0.5kg并加大浇水量；B区每条沟施火烧土25kg，石灰0.75kg，磷肥0.5kg，但不追施尿素和石灰，也不淋水。C区作对照，不施肥，不灌水，不施石灰等。

种子来源于广西林科所，1983年3月播种，营养袋育苗，1983年5月定植，苗高15~20cm。

(二)试验结果

10个月生和2.5年生的林分生长及生物量调查结果见表2。

表2　任豆的生长及生物量调查结果

实验地点	实验小区	10个月			2.5年			
		平均树高（m）	平均地径（cm）	平均标准木生物量(kg)	平均树高（m）	平均地径（cm）	平均胸径（cm）	平均标准木生物量(kg)
悦城林场	A	2.48	1.7	0.64	3.4	3.0	-	0.95
	B	2.05	1.5	0.47	3.3	3.1	-	1.40
	C	1.84	1.7	0.50	2.4	2.4	-	0.65
	平均	2.12	1.6	0.54	3.0	2.8	- -	1.00
高要林场	A	2.10	1.7	0.40	5.0	-	3.7	3.05
	B	2.44	1.61	0.37	2.9	-	2.2	1.25
	C	1.51	1.2	0.16	2.6	-	1.6	0.93
	平均	2.20	1.5	0.31	3.5	-	2.5	1.74
局林科所	A	1.89	1.5	0.39	3.4	-	2.1	1.23
	B	1.23	1.1	0.13	2.6	-	1.6	0.82
	C	0.82	0.8	0.07	1.3	1.2	-	0.20
	平均	1.31	1.1	0.19	2.4	-	-	0.78
总平均		1.82	1，4	0.35	3.0	-	-	0.76

从表2可知，10个月单株生物量为0.35kg，2.5年生为1.76kg；树高生长，10个月为1.82m，2.5年生为3.0m；地径生长10个月只有1.4cm。总的来说，生长较慢，不同小区之间差异较大，生长顺序为A区＞B区＞C区。不同立地之间，差异也较大，高要林场和悦城林场的长势较好，局林科所的较差。只是因为局林科所土壤较为干旱贫瘠，酸性大，物理性状较差，总孔隙度仅44.5%，不利于持水，透气和通气(见表3)，三个试验点土壤酸性均较强，pH值5.38～5.56，对任豆生长影响较大，4.4年生时，高、径生长减慢，枝叶稀疏，保存率只有50%～60%，林地杂草丛生。说明该树种对土壤要求严格，不适宜在丘陵山坡酸性土上大面积种植。

表3　各试验点土壤肥力性状

实验地点	pH值		有机质（%）	全氮（%）	P_2O_5（mg/L）	K_2O（mg/L）	毛管持水量（%）	毛管孔隙度（%）	总孔隙度（%）
	H_2O	KCl							
悦城林场	5.56	3.72	3.12	0.145	1.17	32.37	32.7	38.0	57.1
高要林场	5.38	3.53	2.09	0.116	0.55	15.95	27.4	34.0	53.2
局林科所	5.78	3.71	1.82	0.097	1.05	13.72	25.7	30.8	44.5

三、新银合欢在不同土壤上引种和速生丰产栽培试验

新银合欢(*Leucaena leucocephala* var. *salvador*)为豆科常绿乔木，原产中美洲，为“巨大型”变种，又称萨尔瓦多银合欢，现已引种于南、北纬30°范围内广大热带低地湿润地区的树种，在自然条件下，新银合欢只能在中性和碱性土壤生长良好，而在酸性土上生长很差，目前尚处于引种试验阶段。

表 4　新银合欢在不同土上的生长情况

地点	土壤类别	2.5 年生		4.4 年生		pH 值	有机质（%）	全氮（%）	速效磷（mg/L）	速效钾（mg/L）	毛管持水量（%）	总孔隙度（%）	毛管孔隙度（%）
		树高（m）	胸径（cm）	树高（m）	胸径（cm）								
悦城林场	酸性赤红壤	2.63	1.65	2.27	1.78	4.5	3.12	0.145	1.17	32.37	32.7	57.1	38.0
局林科所	酸性赤红壤	1.25	1.25	—	—	4.5	2.00	0.089	1.19	6.24	20.0	44.5	29.4
高要林场	酸性赤红壤	1.55	1.55	2.05	1.61	4.5	2.09	0.116	0.55	0	27.4	53.2	34.0
高要林场	弃根水田	4.65	2.84	4.94	3.13	6.5	2.15	0.077	2.316	24.117	23.3	45.9	34.0
局林科所	沙质冲积土	5.11	4.39	—	—	7.7	1.14	0.071	73.474	27.723	24.9	47.4	35.4
斗门县白藤湖	冲积土泥滩地	7.62	14.56	13.99	12.42	8.0	0.76	0.075	51.419	64.823	30.7	56.7	35.3

（一）新银合欢在不同土壤上引种试验

1. 试验设计

在西江沿岸丘陵山坡酸性土、弃耕水田、冲积土上进行小面积引种造林实验。种源来自斗门县林业局；试验设计、播种、育苗、种植方法等均与任豆相同。

2. 实验结果

新银合欢在砂页岩或花岗岩成土的酸性赤壤土山坡上，植后10个月成活率达90%以上，平均树高2.12m，2.5年生保存率仅20%左右，平均树高2.4m；4.4年生，平均树高出现负生长，只有2.16m。而在高要林场红旗工区pH值6.7的弃耕水田上，4.4年生平均树高为4.94m；在斗门县白藤湖冲积土泥潭地，pH值7.8，4.4年生平均树高为13.99m，胸径12.42cm（见表4）。结果表明，土壤的酸碱性对新银合欢的生长影响极大，在pH值低于5.5，交换性铝含量高而缺乏磷、钙、镁的丘陵山坡上不宜种植新银合欢。

（二）新银合欢速生丰产试验

1. 试验设计

试验地选在悦城林场，面积为25亩；造林整体采用开大穴，规格是100cm×70cm×50cm，造林密度120株/亩，株行距1.5m×3m；每穴施火烧土25kg，生盐、生石灰0.1kg。1983年3月用1年生裸根苗截干造林，截干高度30～35cm，主根长25cm，侧根经修剪。4～5月份进行除草培土并通常抚育一次，追施尿素75g/株，6月份施磷肥75g/株。

2. 试验结果

造林当年生长良好，成活率高达95%，1年生林分平均树高2.8m，胸径1.8cm，平均标准木鲜重为2.59kg，每亩生物量311kg。但是，1年生已有40%的植株开花结果，4.4年生时，大部分植株已枯梢，生长停滞，甚至死亡。

通过上面两项试验表明，新银合欢为深根性树种，对土壤条件非常敏感，在pH值小于5.5的酸性丘陵山坡地，由于土壤交换性铝含量高，又缺乏磷、钙、镁等营养元素，种植新银合欢必须很慎重。如果靠施石灰或化肥来改地适树，难于收到预期效果。在富含交换性铝的酸性土壤上，施石灰对新银合欢生长虽有一定效果，但石灰量太大，妨碍植物对磷的吸收，实惠量太小，效果的持续性不理想。

高要林场和悦城林场的山坡地，其表土层和心土层pH值均小于5.5，交换性铝含量很高，心土层往往缺磷。其中在高要林场A区（施基肥并追施石灰区），150m^2地段上，6个月内施生石灰51kg，相当于1818.2g当量的钙，而由容重及土壤交换性铝含量计算出0～30cm的土层内有交换性铝为186.8g当量，可知施石灰量相当于土壤交换性铝含量的9.7倍，虽有一定量石灰渗入到30cm以下的土层，但仍比适宜值（约2～3倍）大得多，而B区（少施区）内为5.7倍。所以在2，5年生时，B区生长要比A区要好些，在C区（对照区），由于无石灰处理，容易受Al^{+++}毒害，特别当根系伸达缺磷心土层时，根系很快萎缩死亡。A区施石灰的效果3年后逐渐消失，4.4年生时出现严重负生长，大部分植株已枯梢。悦城林场的栽培试验同样存在这种现象，虽然悦城林场的土壤交换性铝含量更高，但表土层较厚，速效磷含量较高，所以生长比局林科所和高要林场的好些，但最后还是枯梢死亡。

总之，在新银合欢生物学特性尚未摸清之前，不宜在pH值低于5.5的丘陵山地上种植，而有必要作更深入的适应性试验。

几个阔叶树种的栽培试验[36]

摘 要 对越南安息香、米老排、红苞木和木荷4个阔叶树种的栽培试验结果分别作了介绍，并对其利用提出了建议。

为了发展和推广阔叶树种营造速生用材林提供科学依据，于1985年12月和1987年10月在广东省西江林业局属下的局林科所和高要林场对几个速生阔叶树种的引种栽培试验林进行了调查，其结果分别报道如下。

一、越南安息香引种栽培试验

越南安息香(*Syrax tonkinensis*)属安息香科，原产印度及越南，在广西龙州、田林、南宁等地亦有分布。垂直分布于海拔140～2400m之间，常见于山谷或山坡的次生阔叶林中。是喜光、喜湿的速生性半落叶乔木树种。适生于砂岩、页岩、花岗岩等发育的酸性或微酸性土壤，要求土层深厚、持水力强、排水良好的土壤。木材结构细致，纹理通直，干缩小，材质较软，容易旋刨切削，可做造纸、胶合板、火柴杆等用材。树皮含树脂，提取香料用于制肥皂和巧克力。在医药上供消毒、制药酒和愈伤剂。树脂干燥后即为中药安息香，用作开窍、辟邪，通常与其他中药制成苏合丸、十香丹等丸剂。西药方面则可配置成复方安息香酊作为防腐剂。

(一)试验设计

试验林地选在高要林场山坡地，坡度25°～35°，采用对比排列组合，每小区$10 \times 33m^2$(约0.5亩)，4小区为一个试验区(面积2亩)，共分12个小区，3次重复，试验林面积约7.5亩。

种子来自广西，于1984年5月用苗龄3～4个月、苗高1m左右的裸根苗定植。造林密度：疏型株行距$2m \times 2.5m$，每公顷2000株；密型$2m \times 1.67m$，每公顷3000株。带垦整地后开穴(规格为$60cm \times 60cm \times 40cm$)。施肥：多施肥是每穴施火烧土25kg，磷肥0.1kg，花生麸0.1kg；少施肥则每穴施肥量减半。

(二)试验结果

1985年12月和1987年10月分别作了调查，结果表明，林木生长整齐，速生，长势旺盛。幼林期内，1.6年生树高和胸径年平均生长量分别为2.6m和3.16cm，单株材积0.004 7m^3，林分平均蓄积量11.36m^3/hm^2，保存率达93.6%；3.4年生树高和胸径年平均生长量分别为1.60m和2.17cm，单株材积0.014 37m^3，已疏伐，保存率为50%，林分蓄积量仍达17.82m^3/hm^2(见表1)。林分生长不同措施间与措施内均没有显著差异。

㊱ 徐英宝、黄永芳发表于《广东林业科技》(1990，2：21～23)。

表 1　越南安息香生长状况

年 龄（年）	造林类型	树高（m）		胸径（cm）		保存率（%）	平均单株材积（m^3）	林分蓄积量（m^3/hm^2）
		平均树高	年平均生长量	平均胸径	年平均生长量			
1.6	多施疏型	3.8	2.38	5.1	3.19	91.7	0.0044	7.99
	多施密型	4.2	2.63	4.7	2.94	91.2	0.0041	12.06
	少施疏型	4.0	2.50	5.0	3.13	95.8	0.0044	8.47
	少施密型	4.6	2.88	5.4	3.38	95.8	0.0059	16.91
	合　计	4.2	2.60	5.1	3.16	93.6	0.0047	11.36
3.4	多施疏型	5.08	1.49	7.6	2.24	50.0	0.01477	14.77
	多施密型	5.40	1.58	6.8	2.00	50.0	0.01202	18.03
	少施疏型	5.30	1.56	7.6	2.24	50.0	0，01517	15.17
	少施密型	5.95	1.75	7.4	2.18	50.0	0.01553	23.30
	合　计	5.44	1.60	7.4	2.17	50.0	0.01437	17.82

1.6 年生越南安息香生物量，平均单株为 8.24kg，每公顷平均为 19.98t，最高是少施肥密型，每公顷达 28.65t；最低是多施肥疏型，为 11.77t/hm^2。3 年生的平均标准木重 17.05kg，干重生物量达 39.43t/hm^2。1.6 年生的平均干材率为 38.5%，3 年生时已达 56%，与前者比较，干材率已增加 17.5%。

对根系调查，该树种属浅根性树种，垂直根系细小，侧根发达、粗壮，抗风倒能力较差。林分内枯落物量丰富，每公顷鲜重达 7.5t，对改良地力有良好作用。

通过 3 年多时间的试验表明，越南安息香适应性强，不同造林措施对生长没有显著影响，早期生长迅速，林分整齐，干形通直、圆满，自然整枝良好，生物产量高，枯枝落叶丰富，具有改良地力的良好作用，是优良的速生用材树种，宜在西江流域各地推广造林。

二、米老排、红苞木和木荷的造林试验

西江林业局林业科学研究所自 1980 年以来试种多种落叶树种，至 1984 年已引种 40 多种，大部分生长良好，其中，米老排、红苞木生长表现尤好。

米老排（*Mytilaria laosensis*）为金缕梅科常绿乔木，树干通直，是我国南方优良速生用材林树种之一，喜光、喜温、喜肥，具有一定耐寒力，比较适生于肥沃、湿润和排水良好的山坡地。木材略重，易加工，干燥后不变形，不开裂，是上等家具和建筑用材。

红苞木（*Rhodoleia parvipetala*）为金缕梅科常绿乔木，分布于两广各地，属中性偏喜光树种，对土壤条件要求不严格，生长迅速，是优良的用材和观赏树种。

木荷（*Schima superba*）为山茶科常绿乔木，分布较广，适生于夏热冬暖多雨的气候，对土壤的适应性较强，能耐一定的干旱、贫瘠。材质坚硬、结构均匀细致，易加工，耐磨耐腐，是用材林、纸浆林、薪炭林及营造防火林带的优良树种。

3 个树种各设置一个长方形小区（包括同一坡面的上、中、下三个部位），各试区面积为 450m^2，株行距 1.7m×1.7m，密度为每公顷 3600 株。穴垦整地，规格为 60cm×60cm×30cm。1981 年春用 1 年生裸根苗定植，未施基肥，也未浇水。造林后当年通带，前 3 年每年抚育 2 次，以后到郁闭前每年抚育 1 次，抚育为全铲、全埋和全面松土。

对5年生林分的生长调查表明，3个树种保存率在94% 以上，生长良好，其中，米老排树高和胸径年平均生长量分别为1.22m和1.08cm，蓄积量为32.28m^3/hm^2。

表2　米老排、红苞木、木荷的生长情况

树种	坡位	林龄	保存率(%)	林分密度(株/hm^2)	树高(m)		胸径(cm)		材积(m^3)	
					平均树高	年平均生长量	平均胸径	年平均生长量	平均单株材积	每公顷蓄积量
m老排	上坡	5	88.0	3138	4.9	0.98	5.1	1.02	0.0056	17.57
	下坡	5	100	4517	7.3	1.46	5.7	1.14	0.0104	46.98
	平均	5	94.0	3828	6.1	1.22	5.4	1.08	0.0080	32.28
红苞木	上坡	5	90.5	3219	4.5	0.90	3.9	0.78	0.0031	9.98
	下坡	5	100	3972	5.0	1.00	5.1	1.02	0.0058	23.04
	平均	5	95.4	3596	4.8	0.96	4.5	0.90	0.0044	16.51
木荷	上坡	5	98.0	4218	3.1	0.62	2.7	0.54	0.0011	4.64
	下坡	5	100	4699	4.6	0.92	3.7	0.74	0.0029	13.63
	平均	5	99.0	4059	3.9	0.78	3.2	0.64	0.0019	9.14

红苞木树高和胸径年平均生长量分别为0.96m和0.90cm，林分蓄积量16.51m^3/hm^2。木荷生长稍慢，树高和胸径年平均生长量分别为0.78m和0.64cm，蓄积量为9.14m^3/hm^2(见表2)。

5年生生物量调查结果：米老排单株生物量为10.14kg，每公顷32.28t；红苞木单株生物量为7.17kg，每公顷为25.78t；木荷单株生物量为3.32kg，每公顷14.80t。米老排、红苞木和木荷林下的枯落物量分别为12t/hm^2、8.14t/hm^2和5.5t/hm^2。3个树种的垂直根系均不明显，深度60~80cm，属浅根系树种，抗风力弱。

总之，米老排、红苞木和木荷在局林科所的造林实验已获得初步成效，3个树种均生长良好，较速生，保存率高，适应性强，对立地条件要求不严，其中红苞木和木荷更能适应不良生境，而米老排生势尤盛，生物产量高，树干通直，干材比亦大。3个树种的枯枝落叶丰富，具有改良地力的作用，并可选为针阔混交林的伴生树种。

新银合欢施石灰与根瘤菌接种效应的研究㊲

新银合欢(*Leucaena leucocephala* cv.'Salvador')又叫萨尔瓦多银合欢，是热带低地湿润地区树种，在适生条件下非常速生，是优良的多用途树种之一[1,2]。

在自然条件下，新银合欢在中性和碱性土壤上生长良好[8]，而适于该树种生长的热带、亚热带气候区，土壤酸化现象日趋严重。许多国家试用施石灰、施肥、根瘤菌接种以及选种等措施使其在酸性土上生长，但效果因为不同试验而异[3~5]。在我国，新银合欢尚处于引种阶段，还未形成一套培育技术。为此，我们1987~1988年在酸性土和中性土上进行了施石灰、浇水、根瘤菌接种等交互试验，以探讨新银合欢幼苗生长效应和对土壤的适应能力，并提出相应的引种栽培措施。

一、材料与方法

(一)供试材料

种子由本校牧草引种园提供。容器育苗用土取自本校苗圃地(表1)，容器用聚氯乙烯袋，规格为10cm×15cm，可盛土1.5kg。银合欢根瘤菌制剂由广西生物制药厂提供。

表1　容器育苗基土的化学性质

土壤	取土厚度(cm)	pH(H_2O)	有机质(%)	交换性离子(me/100g土)					速效养分(mg/L)		
				盐基	H^+	Al^{3+}	Ca^{2+}	Mg^{2+}	N	P	K
酸性土(Sa)	>50	4.8	1.03	4.55	0.141	2.168	0.166	0.028	8.8	痕迹	3.8
中性土(Sn)	0~5	6.7	2.87	13.73	0	0	0.282	1.417	87.6	15.4	18.2

(二)试验方法

(1)施石灰(L)与根瘤菌接种(I)试验(简称L-I试验)。取Sa基土，按土壤交换性Al含量的0(对照)、0.5、1、1.5、2、3及4倍的量施石灰，分别为L_0、$L_{0.5}$、L_1、$L_{1.5}$、L_2、L_3、L_4试验，并作不接种根瘤菌(I_0)和接种根瘤菌(I_1)对比试验。采用双因子完全随机区组设计，共14种处理，每处理20袋，重复3次。播种前每容器施过磷酸钙2g。育苗后5个月分别测定各性状的平均值。

(2)石灰丸种子(LP)与根瘤菌接种(I)试验(简称LP-I试验)。用Sa和Sn基土同时按L-I试验方法进行8种处理。在糊状石灰浆内倒入已催芽的种子，搅拌，使种子披一层"石灰衣"，即成L_PI_0供试种子。同法将种子和根瘤菌拌成"石灰—根瘤菌衣"，即为L_PI_1供试种子。

(3)浇水(W)与根瘤菌接种(I)试验(简称W-I试验)。取Sa基土，在塑料大棚内按L-I试验方

㊲ 徐英宝、郑镜明发表于《林业科学研究》[1990，3(4)：398~402]。

法分别将I_0、I_1进行7种处理，以每次容器浇水量10ml为基数，称W_1，其余以基数的2、4、6、8、12和16倍水量浇水，称W_2、W_4、W_6、W_8、W_{12}和W_{16}试验。隔2天浇水一次。4个月时测定生长结果。

二、结果与分析

（一）L－I试验

5个月后试验结果见表2。从表2可见，在酸性土上，施石灰对幼苗高径及生物量都有显著的促进作用，但过量石灰（L_4）开始抑制生长。L－I实验结果的L因子水平之平均值及其差异见表3。从表3看出，5个月时除结瘤量外，施石灰水平之间各性状平均值均显著高于对照（L_0）；一定量的石灰（$L_{1.5}$）对结瘤有显著的促进效应。

表2　L－I容器育苗实验结果

项目处理		株高（cm）	地径（mm）	生物量干重（g）			根瘤（mg）	冠幅（cm）
				茎叶	根系	全株		
L_0	I_0	24.55	4.59	1.96	0.53	2.49	30.7	9.7
	I_1	22.34	4.50	1.88	0.59	2.47	25.3	8.7
$L_{0.5}$	I_0	48.27	5.90	2.91	2.82	5.73	69.4	18.3
	I_1	56.98	5.97	2.76	2.48	5.24	33.3	16.2
L_1	I_0	61.83	5.86	3.69	2.89	6.57	50.1	18.1
	I_1	60.27	5.82	3.70	2.69	6.39	47.9	21.7
$L_{1.5}$	I_0	56.15	6.13	3.59	2.93	6.52	56.3	17.1
	I_1	64.05	5.59	4.29	3.18	7.47	55.8	20.1
L_2	I_0	62.27	5.37	3.46	3.04	6.50	50.4	17.4
	I_1	64.88	5.64	5.02	2.79	7.81	52.4	20.4
L_3	I_0	70.40	5.60	4.34	2.40	6.74	46.2	19.2
	I_1	70.00	5.87	4.84	2.84	7.68	49.3	16.0
L_4	I_0	67.49	5.40	3.82	1.93	5.75	37.9	20.6
	I_1	64.32	5.07	3.57	2.15	5.72	24.2	18.7
F值	I_0	40.87**	10.89**	14.43**	12.99	23.07**	2.49	6.59
	I_1	0.83	0.24	1.81	0.05	1.82	2.09	0.03
误差均方		11.939	0.045	0.209	0.044	0.242	95.044	4.162
临界值		$F_{0.05}(6, 6)=4.28$，$F_{0.01}(6, 6)=8.47$，$F_{0.05}(1, 6)=5.99$，$F_{0.01}(1, 6)=13.74$						

(二) L_P - I 试验

表3　L - I 试验的 L 效应

L 水平	株高 (cm)	地径 (mm)	生物量干重(g)			根瘤 (mg)	冠幅 (cm)
			茎叶	根系	全株		
L_0	23.5	4.5	0.92	1.56	2.48	28.0	9.2
$L_{0.5}$	52.6	5.9	2.84	2.65	5.48	51.4	17.2
L_1	61.0	5.8	3.96	2.79	6.48	49.0	19.9
$L_{1.5}$	60.1	5.9	3.94	3.06	7.00	56.1	18.6
L_2	63.4	5.5	4.24	2.92	7.16	51.4	18.9
L_3	70.2	5.7	4.56	2.62	7.21	47.8	17.6
L_4	65.9	5.2	3.70	2.04	5.74	3.1	19.6

在不同土壤上，5 个月生时幼苗平均值及差异见表 4。试验结果表明，在 Sa 条件下，L_p 的株高、生物量及根瘤量值都比 L_0 显著增大；在 Sn 条件下，L_p 与 I 对生长量均无影响。但在 Sn 条件下，各项因子的平均值(除根瘤量外)均极显著地大于 Sa 的平均值，L_p 效果只有在 Sa 条件下才显示出来，而且 L_p 在短期内对幼苗的生长促进作用比 L 大，它的石灰含量虽很少，但都能满足种子发芽要求，并能中和种子周围的交换性酸。随着根系的生长，此现象较快消失，特别在强酸性土上，L_p 效果很快消失，此时应在施一定量的石灰。

表4　L_p - I 在不同土壤上的 L_p 效应

处理 \ 平均值 \ 项目		株高 (cm)	地径 (mm)	生物量干重(g)			根瘤量 (mg)	冠幅 (cm)
				茎叶	根系	全株		
Sa 条件下	L_0	23.5	4.5	0.92	1.56	2.48	27.9	9.2
	L_P	66.4 *	5.3	3.84 *	2.41	6.25	43.8	17.6 *
Sn 条件下	L_0	156.1	9.4	24.69	5.66	30.34	53.1	30.7
	L_P	159.1	10.1	22.86	4.42	27.28	40.7	26.7
Sa × Sn 条件下	L_0	89.8	7.0	12.80	3.61	16.41	40.5	19.9
	L_P	112.7	7.7	13.35	3.42	16.77	42.2	22.2
	Sa	45.0	4.9	2.38	1.98	4.36	35.8	13.4
	Sn	157.6 * *	9.8 *	23.78 * *	5.04 * *	28.82 * *	46.9	28.7 * *

注：*、* * 分别表示平均值显著和极显著。

(三) W - I 试验

在 4 个月时，W 因子各水平的平均值及其差异性见表 5。从表 5 可见，随浇水量增加，幼苗株高、生物量和结瘤量都有增加，但 W 达一定水平(W_8)后就趋于稳定。当水分不足(W_1)时，植株生长纤弱，形成的根瘤尚未分枝就已消亡。当水分得到满足时，植株生长明显加快，根瘤分枝增多，单株根瘤干重较大者多出现于 W_8 和 W_{12}。W_{16} 的浇水量最大，常见积水，但幼苗生长正常，没有烂根，而且是生长最好的实验处理之一，所以，苗期生长必须具备充足的水分。

表5　W－I试验的W水分效应

项目 \ W水平	W_1	W_2	W_4	W_6	W_8	W_{12}	W_{16}
株高(cm)	60.1	84.2	98.6	102.8	117.0	112.8	114.0
全株生物量(g)	5.99	6.98	9.69	10.32	11.54	12.37	13.16
根/茎(比值)	0.27	0.23	0.20	0.21	0.22	0.23	0.23
结瘤量(mg)	28.2	58.6	71.4	74.8	73.2	77.6	75.6

(四)根瘤菌接种(I)效应

L、Lp试验(5个月)及W试验(4个月)的I对比试验结果的平均值及差异性见表6。从表6看出，在两种试验基土上，根瘤菌接种和不接种对幼苗生长和结瘤量均无明显影响。在国外，这方面报道也不一致，如在缺磷的酸性土上，对新银合欢进行根瘤菌和VA(Vericular－arbucular)菌根菌双重接种，能促进根瘤菌的形成及对磷的吸收[6]，但在尼日利亚Duguma和Okala(1987)研究表明，种子和幼苗接种根瘤菌均不能促进其结瘤和生长[7]。

表6　根瘤菌接种(1)对幼苗生长和结瘤的影响

项目	L－I(Sa)		Lp－I(Sa)		Lp－I(Sn)		W－I(Sn)①	
	I_0	I_1	I_0	I_1	I_0	I_1	I_0	I_1
株高(cm)	55.9	57.6	47.0	42.9	160.6	154.7	97.5	99.4
全株生物量(g)	5.76	6.11	4.40	4.32	29.23	28.40	9.71	10.30
根/茎(比值)	0.77	0.71	0.88	0.80	0.21	0.21	0.22	0.23
根瘤量(mg)	48.7	41.2	37.5	34.2	45.4	48.4	67.1	64.1

①此项系4个月时平均值。

三、小结与讨论

在酸性土上，L－I容器苗(5个月)生长试验表明，使用土壤交换性Al含量3倍以下的石灰，与对照(L_0)相比较，新银合欢幼苗生长量显著增加，超过3倍则生长量开始下降。苗期在较肥沃的酸性土或中性土上，根瘤菌接种对生长均无影响，但幼树在较干旱贫瘠的坡地酸性土上，根瘤菌接种和施石灰对生长有显著促进作用。因此，有必要对新银合欢根瘤菌作进一步分离、鉴定，以确定适合于不同土壤的根瘤菌种。

在酸性土上，石灰丸种子能收到明显效果，但其持续性比施石灰差。在较肥沃的中性土上，新银合欢容器苗生长最适浇水量为每日每株40～60ml。

参考文献

[1]徐英宝，等．薪炭林营造技术[J]．广东科技出版社，1987，81－89.

[2]潘志刚，等．银合欢在我国的引种[J]．林业科技通讯，1982，(7)：8－12.

[3]Ahmad, I. et al. The performance of five selected Leucaena leucocephala accessions on sandy soil in Peninsular Malaysia[J]. Abstracts on Tropical Agriculture, 1984, 10: 50527

[4]Almeida, J. E. et al. Response of Leucaena leucocephala to inoculation in a soil of pH5.5[J]. Abstracts on Troical Agriculture, 1983, 9: 48384

[5]Bushby, H. V. A.. Rhizosphere populations of rhizobium strains and nodulation of Leucaena leucocephala[J]. Australian J. of

Experimental Agriautrue and Animal Husbandary, 1982, 22: 293 ~ 297
[6] Manjunath, A. et al. Dual inoculation with VA mycorrhiza and Rhizobium is beneficial to leucaena[J]. Plant and Soil, 1984, 78(3): 445 ~ 448
[7] Nitrogen Fixing tree Association (NFTI). Leucaena Research Reports, 1987, 8: 85
[8] Palit, S. Trails of Albizia falcataria(L.) Fosbery and Leucaena leucocephala(Lam.) de Wit in North Bengal. The Indian Forester, 1980, 106(7): 461 ~ 465

新银合欢对土壤适应性研究[38]

摘 要 在广东进行新银合欢对土壤适应性的研究结果表明，该树种对 pH 值异常敏感，土壤交换性 Ca、Mg 离子及速效 P、K 对林分生长有显著促进作用，而土壤交换性 Al、H 有抑制作用。在 pH < 5.5、交换性 Al 含量高、又缺 P、Ca、Mg 的山地上，发展新银合欢宜十分慎重。

关键词 新银合欢 立地条件 研究 土壤反应

新银合欢(*Leucaena leucocephala* ‘Salvador’)原产中美洲，是热带湿润低地树种，在适宜立地条件下，为优良的速生树种。引种至广东，表现出对土壤反应非常敏感。为了评估该树种对不同土壤条件的适应能力，探讨影响其生长和吸收的主要土壤因子，以便提出相应的引种栽培措施，就广东现有具代表性的不同林分生长状况进行了调查研究。

一、材料与方法

(一)选点与取样

在广东省境内，分别不同土壤类型，选取有代表性的 8 个生长点进行土壤和植物部分的对比分析。

(1)土壤：分别表土层和心土层取样，计算 0 ~ 30cm 的土壤平均性状值。

(2)植物：随机选取 20 株以上新银合欢，实测树高、胸径。根据林龄计算年生长量。根据平均高和胸径选取 2 ~ 3 株平均木，再向阳面采摘一定量嫩枝叶样品，分析植株 N、P、K、Ca 和 Mg 的营养全量。

(二)统计分析

分别土壤和植物部分进行模糊聚类，根据聚类图别两者的相关性。将各调查点的高、径年均生长量及植物 N、P、K、Ca、Mg 含量当作适应性指标。根据观测结果把生长最优点的相对适应性作为 1，其它点的则与最优点的相应系数表示。相似系数的计算方法如下：

1. 指标标准化

$$x'_{ik} = \frac{x_{ik} - x_k}{\delta_k}$$

其中：$i = 1, 2, \cdots\cdots n$(样本数)；

$k = 1, 2\cdots\cdots m$(性状数)。

---

[38] 徐英宝、郑镜明发表于《林业科技通讯》(1990，3：17 ~ 18)。

$$\delta_k = \sqrt{\frac{1}{n-1}\sum_{k=1}^{m}(x_{ik}-x_k)^2}$$

$$\bar{x}_k = \frac{1}{n}\sum_{k=1}^{m}x_{ik}$$

2. 以夹角余弦作为相似系数

$$C_{ij} = \cos\theta = \frac{\sum_{k=1}^{m} x'_{ki}\cdot x'_{kj}}{\sqrt{\sum_{k=1}^{m} x'^{2}_{ki}\left(\sum^{m} x'^{2}_{kj}\right)}}$$

即为第 i 个样本和第 j 个样本的相似系数。

以相对适应性值做因变量，土壤性状值做自变量进行回归分析，探讨影响新银合欢生长的主要土壤因子。

二、结果与分析

（一）土壤与植物生长类型的模糊聚类调查

土壤与新银合欢生长状况见表1、2。为探讨不同土壤和植株生长的相关性，将土壤理化性质和植物部分的生长及营养水平作为聚类指标，分别模糊聚类，结果如图1、2所示。

从图中可以看出，植物和土壤聚类相似，说明植物生长及对营养元素的吸收与土壤条件相关密切。

当取 $0.6 < \lambda \leq 0.7$ 时，土壤部分可以分为3类，级Ⅰ{1、2、3}，Ⅱ{4、5}和Ⅲ{6、7、8}。Ⅲ类的植物与土壤完全一致，Ⅰ、Ⅱ类中除5外，其他样本也一致，属于Ⅱ类土壤的华农大住宅区(5)的植物与Ⅰ类土壤上的植物更相似。权衡整个聚类过程，如 $\lambda > 0.7$ 时，植物5尚不与Ⅰ类土壤的其他样本聚在一起，所以，当取 $0.6 < \lambda \leq 0.7$ 时，植物和土壤大致都可以分为3类：Ⅰ{1、2、3}，Ⅱ{4、5}和Ⅲ{6、7、8}。

Ⅰ类土：pH > 7.0 的碱性或微碱性土。主要为沿江及滨海泥炭地冲积土和紫色土，交换性酸极低，不存在Al的毒害性，含有很高的交换性Ca、Mg离子，土壤速效P、K较高，包括白藤湖，西江林科所和太和水保站。从表1、2结果来看，南雄县太和水保站紫色土上的植物生长并不理想。虽然刚风化的土壤含有对植物生长有利的营养元素较多，但是由于植被稀少，有机质含量低，这些元素很易淋失。另外，新银合欢是深根性树种，由于土层薄，根系得不到应有的扩展，吸收面积小，所以生长较慢且有矮化现象。

Ⅱ类土：6.0 < pH ≤ 7.0 的微酸性土，主要为"四旁"土和肥沃的农耕土，土层深厚，交换性酸较小，有较高的交换性Ca、Mg离子，包括老爷田和华农住宅区。

Ⅲ类土：pH < 0.6 的酸性土，含较高的交换性Al，心土层P严重缺乏，交换性Ca、Mg离子较少，包括华农大长岗山、高要林场和悦城林场山坡地。

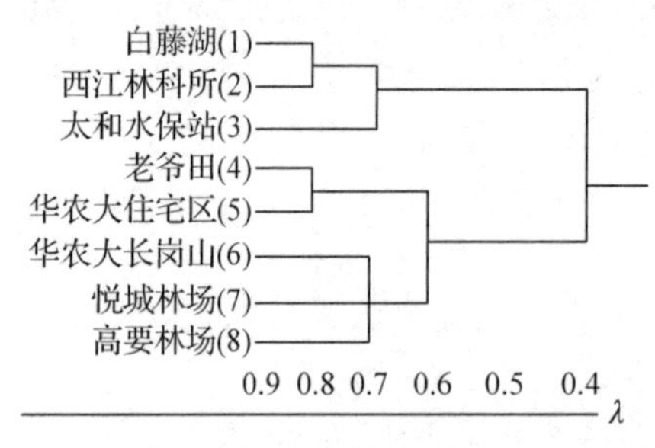

图1 土壤部分聚类图

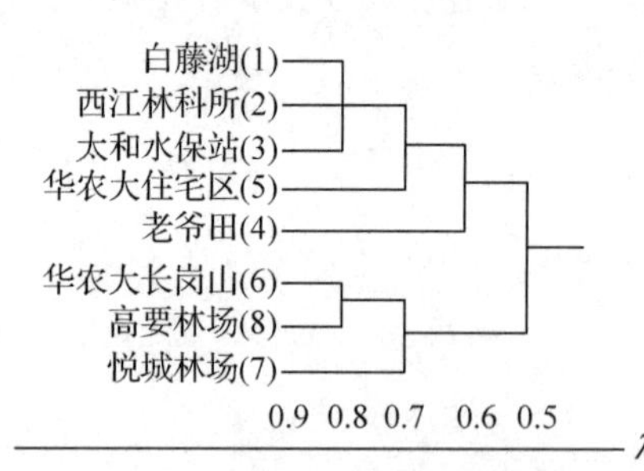

图2 植物部分聚类图

表 1　广东新银合欢的不同土壤类型理化性状

地点	土壤类型	土层 (cm)	容重 (g/cm^3)	坚实度 (g/cm^3)	pH (H_2O)	有机质 (%)	交换性离子(me/100g 土)					速效养分(mg/L)		
							盐基	H^+	Al^{3+}	Ca^{2+}	Mg^{2+}	N	P	K
斗门县白藤湖	滨海泥滩地土	0～30	1.45	25.6	7.8	1.47	25.03	0.000	0.000	1.32	1.49	45.3	5.6	40.4
西江林科所	河流冲积土	0～30	1.41	22.5	7.2	1.31	25.20	0.000	0.000	1.13	2.27	33.7	8.2	42.9
南雄县太和	紫色土	0～5	1.42	0.4	7.7	0.21	25.32	0.000	0.000	1.35	1.21	12.4	6.2	28.7
高要林场老爷田	水稻土	0～30	1.39	27.1	6.7	1.35	4.00	0.098	0.378	0.50	0.15	49.6	3.6	22.1
华农大住宅区	“四旁”土	0～30	1.40	21.4	6.1	2.24	5.16	0.130	0.703	0.58	0.37	53.9	2.9	14.7
悦城林场山坡地	酸性赤红壤	0～50	1.37	17.7	1.7	3.29	1.96	0.560	10.866	0.19	0.14	75.5	5.3	8.4
高要林场山坡地	酸性赤红壤	0～30	1.47	26.1	4.8	2.33	2.26	0.446	7.616	0.15	0.22	55.9	2.0	3.2
华农大长岗山	酸性赤红壤	0～30	1.54	32.9	5.5	1.85	5.48	0.096	2.187	0.42	0.06	30.6	1.0	4.5

表 2　广东新银合欢的生长状况

地点	土壤类型	林龄 (年)	树高 (m)	胸径 (cm)	年平均生长		养分全量(%)					相对适应性
					树高 (m)	胸径 (cm)	N	P	K	Ca	Mg	
斗门县白藤湖	滨海泥滩地土	5	13.99	12.42	2.80	2.48	3.32	0.28	1.44	1.51	0.41	1.00
西江林科所	河流冲积土	1.5	8.32	7.52	1.85	1.67	3.18	0.28	1.41	1.44	0.47	0.86
南雄县太和	紫色土	5	4.95	5.70	0.99	1.14	3.25	0.26	1.54	1.76	0.50	0.60
高要林场老爷田	水稻土	4.5	4.94	3.13	1.10	0.70	3.10	0.25	1.42	1.34	0.42	0.43
华农大住宅区	“四旁”土	8	9.36	6.02	1.17	0.75	3.44	0.26	1.30	1.40	0.44	0.46
悦城林场山坡地	赤红壤	4.5	2.27	1.78	0.50	0.40	3.98	0.15	1.13	1.13	0.36	0.24
高要林场山坡地	赤红壤	4.5	2.05	1.61	0.46	0.36	3.00	0.16	1.18	1.07	0.39	0.12
华农大长岗山	赤红壤	2	2.08	1.87	1.04	0.94	3.09	0.16	0.99	1.00	0.40	0.26

表 3 新银合欢适应性与土壤性状的直线相关性

编号	地名	土壤类型	风干容重 (g/cm³)	坚实度 (kg/cm³)	pH (H_2O)	有机质 (%)	交换性离子(me/100g 土)					速效养分(mg/L)			相对适应性 (*Y*)
							盐基	H^+	Al^{3+}	Ca^{2+}	Mg^{2+}	N	P	K	
1	白藤湖	滨海泥滩土	1.45	25.82	7.8	1.47	25.03	0.000	0.000	1.32	1.49	45.3	5.6	40.4	
2	西江林科所	河流冲积土	1.40	22.50	7.2	1.31	25.20	0.000	0.000	1.13	2.29	33.7	8.2	42.9	1.00
3	太和水保所	紫色土	1.42	0.31	7.7	0.21	25.12	0.000	0.000	1.35	1.21	12.4	6.2	28.7	0.86
4	老爷田	水稻土	1.39	27.07	6.7	1.35	4.00	0.098	0.378	0.50	0.15	49.6	3.6	22.1	0.60
5	华农大住宅区	“四旁”土	1.40	21.25	6.1	2.24	5.16	0.130	0.703	0.58	0.37	53.9	2.9	14.7	0.43
6	华农大长岗山	酸性赤红壤	1.54	32.91	5.5	1.85	5.48	0.096	2.187	0.42	0.06	30.6	1.0	4.5	0.46
7	悦城林场	酸性赤红壤	1.37	17.67	4.7	3.29	1.96	0.560	10.866	0.19	0.14	75.5	5.3	8.4	0.26
8	高要林场	酸性赤红壤	1.47	26.08	4.8	2.33	2.96	0.446	7.616	0.15	0.22	55.9	2.0	3.2	0.24
与 *Y* 直线回归相关系数 *r*			-0.201	-0.163	-0.866**	-0.173	0.892**	-0.741	-0.698	0.903**	0.872**	-0.509	0.728*	0.967**	0.12

(二)适应力与土壤性状

这里以白藤湖的相对适应行为1，其它各点的则与白藤湖相比的相似系数表示，由此计算各土壤因子与相对适应性的直线回归相关系数(见表3)。从表3可见，相对适应性与土壤pH值、交换性盐基、Ca、Mg离子及土壤速效P、K都存在显著直线相关，而与土壤交换性H、Al离子存在显著负相关。

三、结论与讨论

(1) 在pH≥7.0的中性至盐碱性的滨海泥滩地和江河沿岸冲积土上，新银合欢生长良好，不需要精心管理就能获得较高的生长量，因此，可以扩大引种栽培。在碱性紫色土上，由于土层浅薄、土体疏松，保水保肥能力差，对植物生长不利，但经改良后引种植物可收到良好效果。如建“拦沙坝”就是有效措施。新银合欢成林后，便形成改良性的生态系统。

(2) 6.0≤pH<7.0的“四旁”土和肥沃的碱性土，发展新银合欢的潜力很大。但“四旁”土的土壤条件变化很大，生长差异也很大。如华农大住宅区，新银合欢植株的胸径变异系数达80%，树高变异系数也在30%以上。土层深厚、水肥充沛的地段生长的树木，只要稍加管护，就能获得良好效果。

(3) 在pH<5.5的酸性丘陵山坡地上，由于土壤交换性Al含量高，对新银合欢有毒害性，靠施石灰或化肥也难于收到预期效果，不宜推广种植。

马尾松、黎蒴栲混交林养分生物循环的研究㊴

摘　要　本文分别从乔木层生物量及其养分、凋落物及其养分动态、枯枝落叶层及其养分的解和周转、养分生物循环等方面对异龄的马尾松、黎蒴栲人工混交林做了研究。结果表明：①混交林乔木层生物量和生产量分别比纯林高46.37%和112.99%；②混交林乔木层N、P、K、Ca、Mg和Ash贮量比纯林高20%～190%；③混交林凋落量及养分贮量比纯林高60%～210%。各林分树种凋落量与养分含量的动态变化基本一致；④枯枝落叶层年分解率和周转系数为混交林略低于纯林(39.78% < 42.52%；0.66 < 0.74)，但混松则略高于纯松(60.57% > 58.27%，1.54 > 1.39)；5)养分元素的生物循环为混交林年吸收量、存流量和归还量均大于纯林。上述研究从生态机制上为该混交林的种植成功提供了理论依据。

关键词　马尾松　黎蒴栲　混交林　养分生物循环

前　言

马尾松(*Pinus massoniana*)是我国亚热带地区的主要用材树种，也是荒山造林的先锋树种。但南方丘陵低海拔地区大面积的马尾松纯林，容易导致土壤肥力下降，林分生长衰退，松毛虫、松突圆蚧的危害加重。为改善林地的生态环境，提高林分生产力，探讨混交林的营造技术，广东省国营增城林场从1970年开始，在该场的白水寨工区经1～2次间伐的马尾松林下，用不规则逐渐混交方式，穴播黎蒴栲(*Castanopsis fissa*)种实，先后营造了马尾松、黎蒴栲异龄复层混交林约400hm^2。

对于上述混交林，有关的调查研究已从林分的生长状况、改土效益等方面作了肯定，说明这一混交类型是成功的[8]。为了进一步探讨这一混交林成功机制，我们于1988年4月至1989年4月对该混交林的养分生物循环进行了调查研究。关于森林生态系统养分生物循环的研究，目前国内应用于混交林生态系统方面的还比较少，但这一研究是混交林理论逐渐深化的基本方向之一[1]。本文拟从混交林养分生物循环的某些特点及其机制进行探讨，同时为混交理论的深化提供基础性材料。

一、调查地区的基本情况

增城林场位于广东省增城县中部，东经113°22′～114°03′，北纬23°02′～23°24′，林地海拔在100～400m间，丘陵地貌。气候带属亚热带季风气候，温暖湿润。年平均气温21.6℃，最冷月(1月)平均气温13℃，最热月(8月)平均气28.3℃,，≥10℃的年平均积温为7898.7℃，年降水量1904.7mm，年

㊴　徐英宝、陈红跃发表于《热带亚热带森林生态系统研究》(1990，7：148～157)。

蒸发 1528.2mm，相对湿度为 80%。

土壤为花岗岩发育的赤红壤，土层深厚，厚度多至 1m 左右，质地为中壤，pH 值 4.5～6.0。

地带性植被为南亚热带季风常绿阔叶林，但已破坏无遗，代以马尾松为主的针叶人工林。林下植被多为芒箕(*Dicranopteris dichotoma*)、桃金娘(*Rhodomyrius tomentosa*)、乌毛蕨(*Blechnum orientale*)等。

调查标准地设置在白水寨工区。混交林和纯林的马尾松为 1958 年春用一年生裸根苗造林，混交林黎蒴栲为 1978 年春季林下穴播。

二、调查方法

在混交林试验地上及附近立地条件基本一致的纯林内，分别各设置 3 块标准地，面积各约 $0.1hm^2$，基本情况见表 1。

表 1　混交林和纯林固定标准地情况

林分	标准地号	树种	密度（株/hm^2）	平均胸径（cm）	平均高（m）	蓄积（m^3/hm^2）
混交林	Ⅰ	松	897	19.3	15.8	190.27
		栲	1697	8.3	9.1	44.65
	Ⅱ	松	911	18.6	15.1	172.78
		栲	1424	8.8	9.2	42.21
	Ⅲ	松	904	19.8	16.2	205.94
		栲	1648	8.6	9.5	48.42
	平均	松	904	19.2	15.7	189.66
		栲	1589	8.6	9.3	45.09
纯林	Ⅰ	松	890	19.4	14.9	180.21
	Ⅱ		896	19.5	15.3	187.86
	Ⅲ		933	18.2	14.5	163.49
	平均		906	19.0	14.9	177.19

(一)乔木层生物量和净生产量的测定

在各标准地附近(5～10m 范围内)选择标准木，不同林分不同树种各选 5 株，按“乔木层生物量测定方法”[5]测定地上、地下部分的生物量。叶枝干根的净生产量测定按“乔木层地上各部分生物量的测定”、“地下部分生产量的测定”方法[7]进行，松树皮净生产量则由树干解析的方法，内插求近 5 年的净生产量，各测定数据均为 3 个标准平均值。

(二)乔木层养分含量和贮量的测定

采集标准木的枝、叶、干、根、皮的混合样品在室内测定其养分含量，并由生物量的测定结果推算其养分(包括氮、磷、钾、钙、镁和灰分)的贮量。

(三)年凋落物量及其养分状况的测定

1988 年 4 月底，在各样地内按上中下坡 3 点分别设置长宽高 1m×1m×0.2m 的收集器，于 1988 年 7 月、10 月，1989 年 1 月和 4 月底收集掉落物，将相同林分各标准地样品混合，在室内测定其凋落物量及氮、磷、钾、钙、镁和灰分含量。

(四) 枯枝落叶层贮量及养分含量的测定

在收集凋落物的同时，按枯枝落叶层贮量的有关测定方法[6]，测定其贮量，并采集混合样品，在室内测定养分含量。

(五)植物样品的分析方法

用 $H_2SO_4 \cdot H_2O_2$ 消煮样品制备待测液，氮用扩散法，磷用钼锑抗比色法测定；用1mol/L浸提制备钾、钙、镁待测液；用火焰光度法测钾；用原子吸收分光光度法测钙、镁；粗灰分测定用干灰化法[2]。

三、结果与分析

(一)乔木层的生物量和净生产量

由表2看出，混交林乔木层的生物量高于纯林。混交林的生物量比纯林松高6.81%，混交林的各器官生物量也均比纯林松各对应器官高。就整个林分而言，混交林生物量比纯林高46.37%。不同器官在生物总量中所占的比例大小，马尾松为干>根>枝>叶>皮，而黎蒴栲则为干>根>枝>叶。

表2表明，无论是混交林的各器官，还是整个混交林各器官的净生产量，均高于纯林。各器官净生产量合计，混交林松比纯林松高7.60%，混交林比纯林净生产量高112.99%。

表2 乔木层的生物量和净生产量 (单位：t/hm^2，$t/hm^2 \cdot a$)

林分	树种	生物量/净生产量)					
		干	皮	枝	叶	根	合计
混交林	松	94.00/2.74	6.68/0.19	13.74/0.40	8.64/0.27	26.95/0.79	150.01/4.39
混交林	栲	38.33/3.02	**	7.46/0.61	4.17/0.28	5.58/0.39	55.54/4.30
混交林	合计	132.22/5.76	6.68/0.19	21.20/1.01	12.81/0.55	32.53/1.18	205.55/8.69
纯林	松	89.25/2.59	6.60/0.18	12.70/0.36	8.52/0.23	23.36/0.71	140.43/4.08

**栲树皮归于树干计算。

(二)乔木层的养分含量与贮存

表3表明，同一树种，不同器官的营养元素和灰分含量差别甚大，其含量大小顺序有一定规律性。混交林松的N、P、K和Mg的含量大小基本上表现为叶>根>枝>干>皮。而Ca和Ash(灰分)，以根最大，叶次之。混交林的栲，N、P、K均为叶>根>皮>枝>干，Ca、Mg、Ash则为叶>根>干>枝，均以叶最大，根次之。

不同林分的同一树种，各器官营养元素和灰分的含量大小顺序基本上一致。混交林松和纯林松比较，K、Mg的顺序完全一致，N、P和Ash大同小异。Ca则差异较大，混松为根>干>枝>根>叶。与其他产地(湖南会同)的马尾松比较[3]，各器官养分含量大小顺序稍有不同。

不同树种各器官的养分元素含量不同。在混交林中，黎蒴栲各器官的养分含量基本上大于马尾松相应器官的含量。

表4为林分养分贮量。混松与纯松比较，其N、P和K总贮量比纯松高，混交林养分总贮量则比纯林更高，N、P、K、Ca、Mg和Ash分别比纯林大185.55%、68.03%、80.14%、21.17%、27.75%和85.52%。可见，由于黎蒴栲引入马尾松林，林地养分元素的贮量大为提高。

表 3　不同林分乔木层各不同器官的养分含量

林分	养分	树种	养分含量(%)					
			干	皮	枝	叶	根	平均
混交林	N	松	0.107 0	0.278 7	0.316 8	1.850 3	0.578 3	0.626 2
		栲	0.343 1		0.399 1	1.950 8	0.555 0	0.812 0
	P	松	0.012 1	0.011 2	0.026 7	0.112 1	0.034 5	0.039 3
		栲	1.016 7		0.021 9	0.098 5	0.035 3	0.043 1
	K	松	0.079 7	0.034 8	0.162 5	0.932 6	0.231 4	0.288 2
		栲	0.176 5		0.776 8	1.110 4	0.307 7	0.354 3
	Ca	松	0.183 1	0.101 2	0.166 9	0.213 7	0.231 4	0.179 3
		栲	0.190 6		0.156 3	0.356 4	0.194 0	0.179 5
	Mg	松	0.026 5	0.015 5	0.056 3	0.116 6	0.053 2	0.053 6
		栲	0.034 3		0.031 3	0.148 6	0.080 5	0.073 7
	Ash	松	0.355 6	0.718 3	0.382 8	2.118 5	2.429 1	1.200 9
		栲	0.884 8		0.818 5	3.288 5	1.995 5	1.746 8
纯林	N	松	0.071 4	0.328 6	0.290 4	1.544 6	0.468 8	0.540 8
	P		0.009 4	0.019 6	0.026 9	0.105 2	0.036 4	0.039 5
	K		0.064 0	0.037 6	0.167 0	0.594 1	0.327 0	0.237 9
	Ca		0.245 1	0.316 7	0.220 4	0.168 4	0.175 2	0.225 2
	Mg		0.029 1	0.022 5	0.079 2	0.128 2	0.075 0	0.066 8
	Ash		0.348 7	0.809 2	0.896 6	1.822 9	0.988 4	1.373 2

表 4　不同林分乔木层养分贮量

林分	树种	养分贮量(kg/hm^2)					
		N	P	K	Ca	Mg	Ash
混交林	松	478.564	34.774	242.510	282.632	58.092	1 272.519
	栲	273.600	16.585	144.315	110.404	26.171	1 198.223
	合计	752.164	51.359	386.825	393.036	84.263	2 470.742
纯林	松	263.406	30.566	207.815	322.920	65.958	1331.795

(三)凋落物量及其养分含量的动态变化

从凋落物的动态变化看(图 1)，混交林栲的凋落物量以 5 ~7 月最高，8 ~ 10 月最低，而纯林松则以 2 ~4 月最高(因此时换针叶)，11 月到翌年 1 月最低。但混交林松的凋落量动态变化则与纯林完全一致。由于栲的凋落量在混交林总凋落量中占优势，因此，混交林总凋落量的动态变化与栲一致，表现高—低—高—低的变化，恰好与纯松和混松相反。这种凋落物量与养分含量动态变化基本相同的规律，与有关研究的结果是一致的[4,10]。

表 5　年凋落量及其养分累积量

林分	树种	年凋落量（t/hm² · a）	养分积累量（kg/hm² · a）					
			N	P	K	Ca	Mg	Ash
混交林	松	2.197	24.735 0	1.036 6	4.233 5	5.268 8	1.563 7	48.636 9
		(－15.40) * *	(－7.34)	(－29.20)	(15.00)	(－17.35)	(－9.80)	(－19.90)
		2.718	36.124 4	1.409 7	7.215 6	11.960 9	3.383 8	82.175 6
	栲	4.915	60.859 4	2.446 3	11.449 1	17.229 7	4.947 5	130.812 5
		(189.26)	(127.98)	(67.07)	(210.00)	(170.27)	(185.41)	(115.44)
纯林	松	2.597	26.694 6	1.464 2	3.681 4	6.375 1	1.733 5	60.717 7
		(100)	(100)	(100)	(100)	(100)	(100)	(100)

* * 表中括号内数字为百分数。

表 5 的结果表明：混交林松年凋落量比纯林松低 15.40%；营养元素和灰分累积量，除 K 外，也比纯林松低。但整个混交林的年凋落量、累积量，则都比混交林高，其中尤其是 K、Ca、Mg 的积累量更高。

（四）枯枝落叶层的分解和周转

1. 枯枝落叶层的现存量

由表 6 可知，混交林枯枝落叶层及其养分的总现存量均比纯林高。混交林的为分解现存量，除 N、K 外，其余均低于纯林。

枯枝落叶层中各元素的贮量，无论是未分解的混交林松和栲，还是纯林松，其养分贮量大小为 Ash > N > Ca > K > Mg > P，这与乔木层和凋落物的养分含量大小的顺序一致。

2. 枯枝落叶层的周转和分解

枯枝落叶层的分解率由下式计算[9]：

$$年分解率 = \frac{年凋落量}{年凋落量 + 现存量}$$

$$即\ K = \frac{L}{L + SL}$$

为探讨不同林分的松和不同树种分解率的差异，这里特将现存量按未分解和总量两部分计算。将各种凋落物作为输入物，各种未分解加半分解物作为现存物分别进行计算。

表 6　枯枝落叶层及其养分的现存量

林分	树种	现存量（t/hm²）	养分现存量（kg/hm²）					
			N	P	K	Ca	Mg	Ash
混交林	松	1.43	17.087	0.664	1.995	3.589	0.903	37.269
	栲	2.38	4.769	0.337	0.438	3.626	0.833	33.944
	半分解	3.63	67.18	5.960	8.022	7.296	2.438	1280.16
	合计	7.44	89.036	7.001	10.653	17.511	4.174	1351.373
纯林	松	1.86	17.005	1.056	1.572	5.178	1.129	53.094
	半分解	1.65	5.217	0.390	1.695	5.825	1.057	44.555
	合计	3.51	22.222	1.446	3.267	11.003	2.336	97.649

从计算结果(表7)可以看出，以未分解物为现存量计算，则混交林松的分解率比纯林松高(60.57% >58.27%)，但按总现存量为现存物计算，则相反(22.80% <42.52%)。但这并不意味着混交林松的分解率比纯林松低，因为现存量含有大量榜的未分解物和半分解物。混交林枯枝落叶物的分解率比纯林低(29.78% <42.52%)，这是因为榜的分解率比松低(53.35% <58.27% <60.57%)。

枯落物的周转系数是枯落物分解作用与养分元素动态的一个重要指标，可用于衡量枯落物分解速度和营养元素迁移速度的快慢，其大小为枯落物(L)与现存量(X)之比，即周转系数C[15]。

从表7可知，枯落物的周转系数，混松>纯松>混榜(以未分解物为现存物计算)，但以总现存量为现存物计算，结果则相反。还可以看出，分解率与周转系数成正比关系，周转系数大，分解率也大，周转快。

养分元素的周转系数，其规律表现为以未分解物为现存物计算，各元素周转系数大小为：混交林榜>混交林松>纯林松；以总量为现存量计算，则为：混交林榜>纯林松>混交林松。榜的养分周转系数始终是最高的。混交林与纯林比较，除Ca、Mg外，其余均比纯林低。

从表7还可以看出，在各种输入物与现存物关系中，钾的周转系数最大，这说明钾的分解速率大、周转快。有关研究也证明，枯枝落叶的分解过程中，钾的含量迅速降低，其释放最快。因钾的流动性最强，已被雨水淋洗[13,14]。

表7　枯落物及其养分的分解率和周转系数

林分	输入物—现存物	枯落物		养分的周转系数					
		年分解率(%)	周转系数	N	P	K	Ca	Mg	Ash
混交林	松(凋)-松(未)	60.57	1.54	1.45	1.56	2.12	1.47	1.73	1.31
	松(凋)-总(现)	22.80	0.29	0.28	0.15	0.40	0.30	0.37	0.04
	榜(凋)-榜(未)	53.32	1.14	7.57	3.74	16.47	1.81	4.06	2.42
	榜(凋)-总(现)	26.76	0.003	0.41	0.20	0.68	0.68	0.81	0.06
	总(凋)-总(现)	39.78	0.66	0.68	0.35	1.07	0.98	1.19	0.10
纯林	松(凋)-松(未)	58.27	1.39	1.57	1.38	2.34	1.23	1.35	1.14
	松(凋)-总(现)	42.52	0.74	1.20	1.01	1.13	0.58	0.74	0.02

(1)松(凋)和榜(凋)指松和榜的凋落物：总(凋)=松(凋)+榜(凋)。

(2)松(未)和榜(未)指松和榜的未分解物：总(现)=松(未)+榜(未)+半分解物。

(五)养分的生物循环

这里指的是养分元素在森林植物群落和土壤之间进行的周期性生物循环。年存留量等于每年增长的生物量中的养分量。归还量一般认为等于年凋量[11,12]，但实际上，年归还量并不等于年凋落量，而是等于年凋落量×分解率[4]，存留量和归还量之后即为吸收量。由表8可知，混交林养分元素的吸收量、存留量均为分别高于纯林，而归还量除P外，混交林也大于纯林。

不同林分的松比较，混交林松养分元素的吸收量，除K外，其余均低于纯林，而存留量则混交林松的N、P、K比纯林高，Ca、Mg、Ash比纯林低。归还量除K外，其余养分，混交林松比纯林低。

表 8　混交林和纯林养分的生物循环　　单位：kg/(hm^2 · a)

林分	树种	林分	吸收量	存留量	归还量
混交林	松	N	19.9325	14.2929	5.6596
		P	1.2711	1.0348	0.2363
		K	8.8981	7.2460	1.6521
		Ca	9.4832	8.2819	1.2013
		Mg	2.1071	1.7159	0.3912
		Ash	48.6385	37.5494	11.0892
	栲	N	30.0898	20.4229	9.6669
		P	1.4286	1.0514	0.3772
		K	12.6363	10.7054	1.9309
		Ca	11.2492	8.0485	3.2007
		Mg	2.8623	1.9568	0.9055
		Ash	70.6943	48.7041	21.9902
	合计	N	50.0223	34.7158	15.3065
		P	2.6997	2.0862	0.6135
		K	21.5344	17.9514	3.5830
		Ca	20.7324	16.3304	4.4020
		Mg	4.9694	3.6727	1.2967
		Ash	119.3328	86.2534	33.0794
纯林	松	N	21.7177	10.3672	11.3505
		P	1.4986	0.8760	0.6226
		K	7.5799	6.0146	1.5653
		Ca	12.0535	9.3428	2.7107
		Mg	2.6438	1.9067	0.7371
		Ash	64.9432	39.1260	25.8172

混交林中松和栲比较，养分元素的吸收量、归还量，栲均比松高，而存留量，则除 Ca 外，栲均比松高。各林分各树种养分吸收量大小顺序基本为 Ash > N > Ca > K > Mg > P，反映了两树种对元素的需要基本相同。

四、讨论与结论

广东省目前大面积经营的马尾松纯林，林地一般较干燥，养分循环不良，地力减退，生境恶化，松毛虫、松突圆蚧、松梢枯病日益严重，森林火灾频繁，这种状况对发展马尾松人工林十分不利。为此，南方各省区近十多年来开始营造马尾松与多种阔叶树的混交林，已显示出良好效果。不过，对混交林的评价与研究，除从生长、经济、抗性诸方面进行评价外，从生态系统的角度进行评价是十分重要的，因为混交林的种间关系，归根到底是一种生态关系。本文的研究结果表明：松栲混交林是一种高生产力的植物群落，其生物量和净生产量分别比纯松林提高 46.37% 和 112.9%；混交林枯落物现存量比纯林提高 14.8%；混交林乔木层的养分总贮量比纯松林高，各主要营养元素差值从 21.17% ~ 185.55%；混交林的年吸收量、存留量、归还量均大于纯林。这一切充分表明，松栲混交林种间关系是协调的，具有良好的养分转化和生物循环机制，能够改变局部环境的多种作用，为马尾松南缘产区发展丰产林提供了有效途径。对于这一混交林的研究，还可从生态系统角度、在系统分析方法上逐步深化混交理论。

从对该混交林的研究及已有的经营措施出发，我们认为可发展为成为一种针叶纯林←→针阔叶混交林←→阔叶林之间的循环模式，这种模式对于南方丘陵低海拔地区林地生态环境的改善，地力的维持，林分生产力的提高，均有一定得借鉴意义。

参考文献

[1]王九龄.1986. 我国混交林的研究现状[J]. 林业科技通讯，(11)：1~5

[2]中国土壤学会农业化学专业委员会. 1984. 土壤农业化学常规分析方法[M]. 北京：科学出版社，257~259，273~282

[3]冯宗祎等. 1982. 湖南会同两个森林群落的生物生产力[J]. 植物生态学与地植物学丛刊，6(4)：257~266

[4]冯宗祎等，1985. 亚热带杉木纯林生态系统中营养元素的积累、分配和循环的研究[J]. 植物生态学与地植物学丛刊，9(4)：252

[5]许慕农，陈炳浩. 1983. 林木研究法(上). 山东省泰安地区林业科学研究所，298~301

[6]张万儒，许本彤. 1983. 森林土壤定位研究法[M]. 北京：中国林业出版社，84~88

[7]李文华，等. 1981. 长白山主要生态系统生物生产量的研究[J]. 森林生态系统研(Ⅱ)：37~38

[8]林民治. 1987. 马尾松、黎蒴栲混交林效益的调查研究[J]. 林业科技通讯，(1)：26~29

[9]蒋有绪. 1981. 川西亚高山冷杉林枯枝落叶层的群落学作用[J]. 植物生态学与地植物学丛刊.5(2)：90

[10]翟明普. 1982. 北京西山地区油松元宝枫混交林生物量和营养元素循环的研究[J]. 北京林学院学报。(4)：67~77

[11]Puvignead. P 等. 1974. 温带落叶矿质元素的生物循环[J]. 植物生态学译丛.(1)：72~92

[12]Foster. N. M. and I. K. Mnoison. 1976. Distribution and cycling of nutrients in a natural *Pinus banksiana* ecosystensρ[J]. Ecol. 57：110~120

[13]Gholz. H. L.，R. F. Fisher and W. L. Pritehett. 1985. Nutrient Dynamics in pine plantation Ecosystems[J]. Ecol. 66(3)：647~659

[14]Lousier，J. D. et al. 1978. Chemical element dynamics in decomposing leaf litter[J]. Can. J. Both. 56：2795~2812

[15]Swift. M. J.. A. Russell - Smith and T. J. Perfect T. 1981. Decomposition and mineral - nutrient dynamics of plant litter in a regenerating bush - fallow in sub - humid tropical Nigeria. J[J]. Ecol. 69：981~995

南洋楹不同生长阶段适生环境条件的研究初报[40]

我们于1990年12月承担广东省林业厅下达的课题“南洋楹适生立地研究”，经过近2年调查研究和水培试验，已得出初步结果，现对南洋楹的苗木、幼林与成林3个生长阶段的适生环境条件作一研究简介。

一、苗木阶段

采用15种营养配方、4种pH值水平进行水培试验研究。配方是根据广东省南洋楹主要栽培区土壤样品N、P、K、Ca、Mg 5种元素含量(分成高、中、低3种水平)和pH值的分析结果，参照霍格兰配方(Hongland，1919)设计，用$Ca(NO_3)_2$、KNO_3、$MgSO_4 \cdot 7H_2O$、$CaCl_2$、KCl、KH_2PO_4配制N、P、K、Ca、Mg含量不同的15种浓度和4种pH值的营养液。每升营养液加入阿农(Arnon1938)微量元素混合液1ml。每种处理重复4次。用不施任何营养元素的砂培苗，在苗高2.5cm时放入盛上述营养液的塑料盒中，每盆10株，水培期共82d，测定苗木的高度、基径、根长、根幅、结瘤量、瘤大小以及苗木的鲜(干)重等指标。用方差分析，检验各元素含量、pH值水平的营养液的南洋楹苗木上述生长指标的差异性。用多元回归方法，求算各元素含量、pH值水平、结瘤量、瘤大小与苗木各项生长指标的相关性，找出影响苗木生长的主导环境因子。结果表明：养分元素中K、P含量对南洋楹苗木生长有较显著的影响，K含量≥10mg/L、P含量≥5mg/L有利于南洋楹生长，P含量<1mg/L时，南洋楹苗木生长受抑制，Mg含量≥70mg/L对其苗木生长不利。南洋楹苗木适生的pH值为4.5~5.5。

二、幼、成林阶段

(一)立地划分与主导因子分析

在广东省南洋楹主要栽培区，依据地貌、母岩、局部地形的差异，3次重复布设样地，每块样地面积以拥有70株林木为度。一般达600m^2左右。样地内每木检尺，测出5株优势木，求出平均优势木伐倒作树干解析。于解析木近邻挖土壤剖面进行常规项目测定与剖面形态记录。样地内选林下植物分布均匀处设4m^2样方调查优势植物种类及其多度与高度，共完成样地调查112块，单株或不成片的调查24个，解析木115株，土壤剖面136个，土壤分析样本121个。剔除后，作为数据处理的样地102块，单株或不成块的调查点20个。以各样地的平均优势木树高年均生长量为因变量(yi)，各个立地因

[40] 徐英宝、林民治、岑巨延。原文载于《速生工业用材树种——南洋楹》(第1集)，广东省南洋楹工业用材林技术研究协调组编印(1992，1：24~26).

子为自变量(xi)进行回归分析和对影响南洋楹生长的立地因子进行主成分分析，结果表明：影响南洋楹幼、成林(以下简称林木)生长的主导立地因子为：坡位、母岩、地貌与坡形。将这4个因子分级排序组合，研究区共分为：高丘立地类型区、低丘立地类型区和平原立地类型区；花岗岩高丘、砂页岩高丘、石灰岩高丘、花岗岩低丘、石灰岩低丘、砂岩低丘和平原滨海沉积土、河积土7个立地类型小区；花岗岩高丘坡上部，花岗岩高丘坡下部，花岗岩高丘坡沟谷，砂页岩高丘坡上部，砂页岩高丘坡下部，砂页岩高丘沟谷，石灰岩低丘坡上部，花岗岩低丘坡上部，花岗岩低丘坡下部，花岗岩低丘坡沟谷，石灰岩低丘坡下部，砂岩低丘坡上部，砂岩低丘坡下部，砂岩低丘沟谷，平原滨海沉积土、河积土等15个立地类型组；在同一立地类型组内，对不同坡形的立地质量进行差异性检验，把差异不显著的坡形进行归并(被归并的凸、凹形坡都是由于其典型性不够，如属微凸、微凹的类型)，最后分为17种立地类型，即：花岗岩高丘坡上部凸、斜、凹形坡立地类型，花岗岩高丘坡下部凸、斜面坡立地类型，花岗岩高丘坡下部凹形坡立地类型，花岗岩高丘沟谷，砂页岩高丘上部凸、斜、凹形坡，砂页岩高丘下部凸、斜、凹形坡，砂页岩高丘沟谷，石灰岩高丘坡上部斜面坡，花岗岩低丘坡上部凸斜形坡，花岗岩低丘坡下部凸、斜面坡，花岗岩低丘坡下部凹形坡，花岗岩低丘沟谷，石灰岩低丘坡下部斜面坡，砂岩低丘坡上部斜面坡，砂岩低丘坡下部凸斜凹形坡，砂岩低丘沟谷，平原滨海沉积土、河积土立地类型。以系统聚类法对分类结果进行检验，结果表明上述分类正确。

研究结果表明：地貌类型、岩性与坡位、坡形对南洋楹林木生长起主导作用。各种地貌类型中，以平原类型区的南洋楹林木生长最佳，8年生树高年均生长量为2.51m/a；高丘类型区的南洋楹林木生长次之，8年生树高年均生长量为1.48m/a；低丘类型区的南洋楹林木生长最差，8年生树高年均生长量为0.84m/a。各成土母质中，以滨海沉积物、河流冲积物与花岗岩风化所形成的土壤，南洋楹林木生长最佳，8年生树高年均生长量为2.34m/a；砂页岩风化发育的赤红壤，南洋楹林木生长次之，8年生树高年均生长量为1.36m/a；石灰岩风化发育的石灰土南洋楹林木生长再次之，3年生树高年均生长量2.23m/a；砂岩风化发育的赤红壤南洋楹林木生长最差，8年生树高年均生长量0.84m/a。

各种坡位中，以沟谷洼地的南洋楹林木生长最佳，3年生树高年均生长量为4.1m/a；坡下部的南洋楹林木生长最差，3年生树高年均生长量为2.58m/a；坡上部的南洋楹林木生长最差，3年生树高年均生长量为2.17m/a。

各种坡形中，以凹形坡的南洋楹林木生长最佳，3年生树高年均生长量为3.21m/a；斜面坡的南洋楹林木生长次之，3年生树高年均生长量为2.45m/a；凸形坡的南洋楹林木生长最差，3男生更树高年均生长量为2.19m/a。

综上所述，平原区滨海沉积土、河积土和高低丘的沟谷洼地，南洋楹最适生，林分生产力最高；花岗岩高丘坡中下部，南洋楹适生，林分生长力次之，花岗岩低丘坡中下部与砂页岩高丘坡中下部，南洋楹较适生，林分生产力中等；石灰岩丘陵地区，南洋楹生长最差；砂页低丘坡和上述岩性的高、低丘坡上部，南洋楹不适生，不宜种植。

(二)研究结果

衡量南洋楹林地立地质量和预估南洋楹平均优势木树高年均生长量的回归方程为：

$$Y_i = 0.2659846 + 1.00314346x_1 + 0.82497779x_2 + 1.31485602x_5 + 0.97863955x_9 + 0.94033527x_{14}$$

经检验精度符合要求，可用于预估广东南洋楹主要栽培区3~8年生林分的平均优势木树高年均生长量，进而预估该林地的生产力。

广东省马尾松产区区划研究[41]

摘要 本文以广东省马尾松产区的气候水热条件、海拔高度、岩性和马尾松林的生产力水平等因素的差异性，采用主分量分析、模糊聚类的方法，结合定性分析，对广东省的马尾松林进行综合生态分类，共划分2个地区和15个产区。

马尾松(*Pinus massoniana*)在广东省分布广、面积大、蓄积多。据广东省林业勘测设计院1987年统计，全省马尾松林面积达109.8万hm^2，占全省用材林面积的31.9%，占总蓄积量的23.2%，在各树种中所占比重最大。同时，马尾松适应性强，生长迅速，天然更新及人工造林容易。随着国民经济发展，对马尾松的需材量将不断增加，因此，发展马尾松仍具有重要的经济意义。

广东省的马尾松产区区划是根据马尾松各产区的水、热条件，地貌、地质、土壤条件和马尾松林的亚群系和林型以及林分生产力等方面的异同性，采用定量定性相结合的方法，进行综合生态区划，为生产基地的合理布局，以及造林规划和产量指标的制定，提供科学依据。

一、广东省马尾松产区的自然条件类型

广东省马尾松产区区划，从根本上说是其产区的自然地理环境的区划，是马尾松生长及其环境的综合生态区划。现分别地貌特征、气候、土壤、林型等方面叙述如下：

(一)地貌特征

广东省地形破碎复杂，北高南低，粤中至沿海：丘陵、台地、平原交错；粤北以山地为主，丘陵、盆地交错分布其间。根据马尾松生长与地貌的关系，把地貌区分为6个大区和10个小区。

(二)气候

广东省属东亚季风气候区的南部，夏半年多偏南风，高温多湿；冬半年多偏北风，温暖干燥，干湿季较明显。同时，广东省地处低纬度，面向海洋，具有热带、亚热带海洋季风气候特点。年均温高，热量丰富，但冬季有短暂寒冷。根据中国科学院广州地理研究所汇编的《广东省综合自然区划》(1963)，并考虑了马尾松生态要求，全省可划分为3个热量型：

1. 第一热量型

本类型年辐射平衡$<234.19kJ/cm^2$，≥ 10℃的活动积温<6500℃，最冷月平均温<10℃，主要分布于梅县—龙川—英德—怀集以北山地区，也片断出现在莲花山、罗浮山、南昆山、云开大山(海拔约600m以上)。

---

[41] 徐英宝，黄永芳。原文载于《广东马尾松研究》(广州：广东高等教育出版社，1994，1~27)。

2. 第二热量型

本类型年辐射平衡 234.2 ~ 259.3 kJ/cm^2，≥10℃活动积温 6500 ~ 7500℃，最冷月均温 10 ~ 15℃，主要分布于雷州半岛以北，梅县—龙川—怀集以南，另外，高州、信宜出现明显马尾松生长优势，是因为雷州半岛气热缓冲作用以及该地域山地、丘陵地形影响所致。

3. 第三热量型

本类型年辐射平衡≥259.3kJ/cm^2，≥10℃活动积温 >7500℃，主要集中在雷州半岛。

广东省大部分地区无气候学上的冬季，夏长从最北地区的 5 个月增加到南部区的 7 个月，冬季偶有霜冻和寒潮，霜期短少。根据年水热系数、年雨量和旱季长短，全省可分为 3 个干湿型。

(1)潮湿型。本类型水热系数 >2.5，年降雨量 >2000mm，旱季 <3 个月，分布于近海的东北至西南迎风坡，包括海丰、清远、阳江、阳春等县市。

(2)湿润型。本类型年水热系数 2.1 ~ 2.5，年雨量 1600 ~ 2000mm，旱季 3 ~ 5 个月，遍及全省，自北向南由春雨型过渡到夏雨型。

(3)微湿型。本类型年水热系数 <1.5，年雨量 <1200mm，旱季 5 ~ 6 个月，分布于兴梅盆地、罗定盆地、饶平沿海、雷州半岛，常年冬春季雨量不足。

全省夏秋虽多台风，但沿海地区马尾松分布较少，直接危害不大，反而带来充沛雨量，有利于内陆的马尾松生长。

总之，广东省内几乎受收到亚热带气候影响，由于纬度地带性及地貌的综合作用，造成了全省范围的气候生物地带性差异，可以分成 5 个分区 。

(三)土壤类型及其分布

广东省马尾松产区的地带性土壤主要有红壤、赤红壤、砖红壤和山地黄壤等。

1. 红壤

分布于本省北部，海拔 700 ~ 800m 以下的低山、丘陵，占全省土地面积的 13.9%。在南面常与赤红壤交错分布。成土母质系花岗岩和砂页岩。风化层较厚，自然肥力较高，有机质含量 3% ~ 6%，pH4.5 ~ 6.0，土壤较湿润，是广东省针叶用材林的重要生产基地。

2. 赤红壤

分布于大陆中部以南，地形特点以丘陵为主，多分布于海拔 300m 以下，占全省面积 18.2%。岩层主要为花岗岩，土层厚，pH4.5 ~ 5.5，土壤经侵蚀和破坏，有机质含量较低。

3. 砖红壤

分布于雷州半岛的低丘和台地，母岩主要为花岗岩和浅海沉积物，土壤呈酸性反应，肥力中等。

4. 山地黄壤

分布于山地，海拔 700m 以上，土层较薄，有些地方有机含量较高，pH4.0 ~ 5.0，一般林木生长尚好。

(四)森林资源状况

根据广东省林业厅 1983 年森林资源调查统计，马尾松林分布面积和中、成熟林单位面积蓄积整理于表 1 和表 2。

表1 广东省各县(市)马尾松分布面积情况

分布面积(hm^2)	县(市)名
6000以上	封开、梅县、信宜、曲江、紫金、德庆、五华、高要、高州、惠东
40000~60000	南雄、翁源、龙川、仁化、英德、河源、连平、惠阳、广宁、郁南、云浮、饶平、揭西
20000~40000	始兴、连县、博罗、东莞、兴宁、大埔、平远、怀集、新丰、阳春、台山、乳源、连山、阳山、新兴、从化、佛岗、龙门、恩平、海丰、陆丰、蕉岭、罗定、增城、清远
10000~20000	乐昌、和平、花县、高明、四会、新会、开平、惠州市、阳江、普宁、揭阳
10000以下	韶关市郊、丰顺、肇庆市、广州市郊、番禺、化州、电白、茂名市郊、潮阳、惠来、潮州市郊、澄海、吴川、廉江、遂溪、鹤山、南海、连南、顺德、宝安、三水、斗门

注：非南岭山区县调查年限不一致。据广东省林业厅1983年森林资源调查统计。

由表1可见，马尾松在广东省分布很广，其分布南界为雷州半岛北部的廉江等县，北至粤北山地。水平分布明显呈地带性，粤北、粤东北、粤中西部和北部分布较多，而珠江三角洲及沿海一带较少，信宜、高州两线因特定的自然地理条件而有较大面积分布。在粤北马尾松林大都是由于常绿阔叶林遭到反复破坏后，天然下种更新的林分，并常与阔叶树、杉木、毛竹混交；马尾松人工林多数分布在南亚热带的丘陵、低山地区，其中由飞播造林的占相当大面积，且绝大多数为幼龄林和中龄林。由表2可知，广东各地马尾松生产力以粤北、粤西的信宜、高州及肇庆市各县较高，而南亚热带的台地和低丘陵地区，由于人为活动及病虫灾害影响，马尾松人工林的生产力一般较低。

垂直分布可以从台地直至海拔1000m的山地，一般多在海拔300~800m丘陵、低山，尤以300~500m的丘陵为多。

表2 广东省各县(市)马尾松中成熟林单位面积蓄积

单位面积蓄积(m^3/hm^2)	县(市)名
50以上	始兴、连山、仁化、怀集、佛岗、封开、河源、阳山、连南、德庆
40~50	信宜、乳源、乐昌、高州、翁源、新丰、曲江、南雄、蕉岭、博罗、郁南、龙门、从化、肇庆市郊、广宁、东莞市
30~40	紫金、惠东、龙川、连增、和平、惠阳、大埔、平远、丰顺、英德、增城、清远、罗定、云浮、高要、开平、恩平、鹤山、韶关市郊
20~30	兴宁、五华、海丰、梅县市、新兴、四会、阳春、饶平、揭西、新会、台山、高明、顺德、南海、三水、广州市郊、揭阳、普宁
20以下	花县、番禺、化州、陆丰、电白、茂名市郊、阳江、江门市郊、宝安、半门、潮阳、澄海、惠来、潮州、吴川、廉江、遂溪

注：非南岭山区县调查年限不一致。据广东省林业厅1983年森林资源调查统计。

广东省马尾松产区，南北气候、地形和土壤条件差异较大，伴生植物种类也有较大差别，可划分为南亚热带马尾松林和中亚热带马尾松林。主要常见的林型，南亚热带有：芒萁+马尾松林；桃金娘+岗松+乌毛蕨+马尾松林；岗松+鹧鸪草+马尾松林；中亚热带有：杉木+马尾松林；乌药+马尾松林；乌药+杉木+马尾松林。主要林下植被有野牡丹、九节木、黑面神、三椏苦、秤星木、芒萁、淡竹叶、狗脊蕨和蕨类等。

二、区划的原则、单位及依据

（一）区划的原则

1. 自然地理分异原则

产区区划以区域自然地理分异为基本原则，广东省纬度水平地带性分异和地貌海拔高不同引起的垂直非地带性分异，是自然地理区域分异的主要原因，也是马尾松产区区划的最基本原则。

2. 自然地理环境和生产力一致性原则

自然地理环境是马尾松林生长和分异的物质基础，在马尾松林生态系统中，环境是主导的，马尾松林的生长和分布均与水热等生态条件相关。环境的差异将导致产区的不同。故气候地貌土壤的区域分异是区划的重要依据。马尾松林的生长类型和生产力现状则是区划的直接依据，但在人为干扰的区域仅作参考依据。这是产区区划的重要原则。

3. 综合性——主导原则

生态因子综合对树木生长起作用，它所依赖是全部自然因子综合表现的“整体效应”，区划时必须进行综合分析。同时，主导因子变化，也可能引起整个自然综合体变化。

4. 区域完整性原则

产区区划主要目的是从宏观角度提出用材林基地的合理分布。因此，在区划时，用于分类的因子，应尽量采用对林业生产关系大、影响林木生长的主导因子。如温度、水分、地貌、土壤等。区划要科学性与生产性结合，做到简明扼要，便于推广应用。

5. 生产服务性原则

为了保证区划单位在空间上的连续性、完整性和不重复性，在不影响主导因子的前提下，可将其它因素影响所致的小范围差异性，归并到同一适宜区内。

（二）区划单位、依据及系统

1. 区划单位

广东省属全国马尾松产区区划的中南地带区，因此，在省级区划中不再作带的划分和描述，考虑区划的简明、实用，广东省马尾松区划按地区、产区两级分。

地区：广东省自然地理具有一定的特异性，在怀集—英德—新丰—龙川—蕉岭一线，出现了南亚热带到中亚热带的变化，也是海洋性气候到大陆性气候的过渡；从地貌上言，该线以南以丘陵为主，以北以山地盆地为主。因此，可把广东省划出两个地区，即南亚热带地区和中亚热带地区。

产区：指地区以下的区划单位，主要依据地区中的中地貌、气候、土壤、植被、马尾松林型以及生产力的差异划分。在产区内，由于地貌、岩性、土壤类型的不同，且镶嵌分布，形成复杂的自然地理环境，产生生产力的差异，区划序级可能较多，但限于目前经营水平和资料，产区以下不再进行区划。

2. 区划指标和生产力等级

表3是根据我国南方主要用材林树种区划要求，提出广东省各地马尾松林分以树高和材积年平均生长量，作为广东省马尾松区划指标，而表4在此基础上，结合林分现在生产力，综合自然条件和总的经营水平，把广东省马尾松划为6个生产力等级区，为了方便应用，每2个等级区合并为一个适宜区，则全省划分为最适宜区、适宜区和较适宜区3个区（带）。

3. 产区区划系统

由于马尾松生产长期未得应有重视，且破坏较严重，其现实分布与生产并不能客观反映地域分异规律这一事实。考虑到区划性质的作用，以自然界线为基础，以生态数量分类为重要参考依据，故应结合地域完整性综合安排。

三、马尾松综合生态区划

适地适树是人工实现树种理想分布的途径，应充分考虑树种对环境的适宜性，在此基础上进行综合生态区划。

表3　广东省马尾松各分部区指标　　单位：$m^3/(hm^2 \cdot a)$，m/a

适宜区	最适宜区(带)		适宜区(带)		较适宜区(带)		不适宜区(带)	
指标	材积	树高	材积	树高	材积	树高	材积	树高
	>9.0	>0.7	8.9~6.0	0.69~0.50	5.9~3.0	0.49~0.50	<3.0	<0.30

表4　广东省马尾松各适宜区生产力等级及数量简表　　单位：$m^3/(hm^2 \cdot a)$，m/a

适宜区	Ⅰ				Ⅱ				Ⅲ			
等级区	$Ⅰ_1$		$Ⅰ_2$		$Ⅱ_1$		$Ⅱ_2$		$Ⅲ_1$		$Ⅲ_2$	
	材积	树高	材积	树高	材积	树高	材积	树高	材积	树高	材积	树高
平均生长量	大于12	0.80~1.00	9.0~11.9	0.70~0.79	7.5~8.9	0.60~0.75	6.0~7.4	0.56~0.65	4.5~5.9	0.40~0.55	小于4.5	0.30~0.39

注：以20年位计算年龄。

(一)生态变量因子的选择

产区区划的生态变量大体可分成两类：① 气候指标；②地理指标。本次区划选择水、热因子及海拔高度因子为生态变量因子。

(二)综合生态区划

自然环境综合作用于林木，分析树种特性与自然地理条件的相关性，故宜选用气候、海拔高、岩性、生长等4个因素，每个因素又选取若干因子，总共14个因子为生态变量，进行综合生态区划。

1. 材料搜集与整理

气候：根据《广东省农业资源区划数据汇编》，选用8个因子资料。

海拔高：根据《广东省农业资源要览》(1987)，以各县各地貌百分比为权重，乘以各种地貌类型的平均海拔，即得各县平均海拔高度。

母岩：分为若干类：花岗岩、砂页岩、石灰岩、石英岩、流纹岩、玄武岩、片麻岩等，作为综合生态分析的定性因子。

生长：以中、成熟林的公顷蓄积为该县的平均生长水平为现实参数，再以华南农业大学林学院历年对广东各地马尾松林地位指数标准的调查材料以及部分县(市)林业局提供的马尾松年生长量作为区划依据。

2. 主分量分析(简称PCA)

主分量分析是把具有一些错综复杂的因子(样品或变量)归结为少数几个综合因子的一种多元统计分析方法。本区划共取92个县(市)气候林、海拔高资料，通过主分量分析方法，进行降维，以新因子来表征观测数据，经计算得出特征值、特征向量、因子负荷量，列于表5。

由PCA结果可以看出来，前3个主分量，综合了原有的70.46%信息量，海拔高、降水量、蒸发量、日照时数、湿度5个因子，在第一、第二、第三主分量中负荷量最大，说明海拔高、降水量、蒸发量是广东省马尾松生长的主导因子。由此可见，数学分析与定性分析基本吻合，其说明更为深刻和具体。

为了更为直观，以地貌、气候的主分量分析结果进行二维排序，第一主分量（海拔高）为纵坐标，第二主分量（降雨量）为横坐标，将各县在1、2主分量的分点绘于二维坐标系空间，即成分布县的散布图。第一主分量轴基本反映分布县（市）平均海拔高由高到低的变化趋势；第二主分量轴基本上反映了水分由少向多变化趋势。

由此可以看出，水热、地貌条件相似的县（市）彼此相互靠拢，反之则相互远离，根据这一特点进行初步分类，通过计算分成7个区：

(1)粤北北部（曲江、连山、仁化、乳源等县）为高海拔、降水适中区；

(2)粤北南部及粤东北部（翁源、英德、蕉岭、平远等县）为中海拔、降水适中区；

(3)粤中西部和东部（封开、怀集、五华、大埔等）为中海拔、降水丰富区；

(4)粤中中部（龙门、佛岗、清远、从化等县）为中海拔、降水丰富区；

(5)珠江三角洲（高明、增城、惠阳等县）为低海拔、降水丰富区；

(6)潮汕和珠江三角洲沿海（普宁、海丰、宝安、阳江等县市）为低海拔、降水丰富区；

(7)雷州半岛（吴川、电白、海康等县）为低海拔、降水少区。

还有南澳县，由于东面的台湾山脉屏蔽作用，降水极少而远离各区；徐闻县地处琼州海峡，海拔极低而远离它区；饶平、罗定县也因降水少，成游离状态，这些都符合实际。

由于前两个主分量占信息量的56.34%，为使分类更可靠，特采用模糊聚类法进行排序。

3. Fuzzy 聚类

根据主分量分析的5个主要因子的特征值，建立了Fuzzy相似矩阵，并符合运算成等价矩阵，然后结合定性分析，选择适当入值聚类，最后区分为2个大区、15个产区。

广东省马尾松中亚热带地区：

(1)粤北北部山地丘陵I_1类产区；

(2)粤东北部山地丘陵 I_1类产区；

(3) 粤北南部山地丘陵I_2类产区；

(4)粤东北南部山地丘陵I_2类产区。

广东省马尾松南亚热带地区：

(1) 粤西北部丘陵低山II_1类产区；

(2) 粤西南部丘陵低山II_1类产区；

(3) 粤中北部丘陵低山II_1类产区；

(4) 粤东北部丘陵低山II_1类产区；

(5) 粤东南部丘陵II_2类产区；

(6) 粤中南部丘陵II_2类产区；

(7) 潮汕低丘陵III_1类产区；

(8)珠江三角洲低丘陵III_1类产区；

(9)潮汕沿海低丘谷地III_2类产区；

(10) 珠江三角洲沿海低丘平原III_2类产区；

(11)粤西沿海低丘平原III_2类产区。

（三）产区类型

用气候—地貌综合生态区划方法，把广东省马尾松分布区划分成2个地区、15个产区。结合马尾松林的经营及现实生产力，可归并为3个类型产区，如图4所示（需扫描）。各产区概况见表6（Ⅰ、Ⅱ、Ⅲ、Ⅳ）。

表 5　主分量分析

因子	第一主分量		第二主分量		第三主分量		第四主分量		第五主分量		第六主分量		第七主分量		第八主分量		第九主分量	
	特征向量	负荷量	特征向量	负荷量	特征向量	负荷量	特征向量	负荷量	特征向量	负荷量	特征向量	负荷量	特征向量	负荷量	特征向量	负荷量	特征向量	负荷量
海拔高度	0. 472 4	0. 47	−0. 063 8	−0. 06	0. 078 5	0. 08	0. 060 2	0. 06	−0. 215 4	−0. 22	−0. 136 5	−0. 14	0. 358 4	0. 35	0. 750 1	0. 75	0. 831	0. 08
平均温度	−0. 468 1	−0. 46	0. 085 6	0. 08	0. 496 3	0. 05	−0. 034 9	−0. 03	−0. 208 4	−0. 21	0. 062 1	0. 06	−0. 625 4	−0. 63	0. 563 1	0. 56	−0. 119 6	−0. 01
≥10℃积温	−0. 330 2	−0. 330	0. 263 3	0. 26	−0. 252 8	−0. 25	−0. 256 1	−0. 25	−0. 501 1	−0. 50	−0. 582 1	0. 58	0. 297 0	0. 29	−0. 109 2	−0. 11	−0. 045 9	−0. 05
降水量	0. 031 1	0. 03	0. 720 5	0. 72	0. 138 5	0. 13	0. 095 5	−0. 09	0. 097 8	0. 09	0. 038 9	0. 04	−0. 063 8	−0. 06	0. 012 8	0. 01	0. 662 5	0. 66
湿度	−0. 258 6	−0. 25	0. 155 1	0. 16	−0. 590 0	−0. 59	−0. 234 9	−0. 23	0. 468 3	0. 47	0. 292 8	0. 29	0. 331 5	0. 33	0. 293 6	0. 29	−0. 086 4	−0. 07
日照	−0. 353 7	−0. 35	−0. 069 7	−0. 07	0. 243 8	0. 24	0. 485 6	0. 49	0. 540 41	0. 50	0. 524 6	−0. 52	0. 157 2	0. 15	0. 132 6	0. 13	−0. 055 8	−0. 06
蒸发量	−0. 149 2	−0. 15	0. 005 9	0. 01	0. 652 0	0. 62	−0. 685 9	−0. 69	0. 194 8	0. 19	0. 031 7	0. 03	0. 196 5	0. 19	0. 053 5	0. 05	−0. 039 8	−0. 04
无霜期	−0. 380 4	−0. 38	0. 076 5	0. 07	0. 261 9	0. 26	0. 389 9	0. 38	−0. 360 6	−0. 36	0. 524 3	0. 52	0. 460 4	0. 46	−0. 029 0	−0. 03	−0. 105 0	−0. 11
干燥度	−0. 298 0	−0. 29	−0. 604 4	−0. 60	−0. 098 2	−0. 09	−0. 082 9	−0. 08	−0. 090 2	−0. 09	0. 018 5	0. 02	0. 054 2	0. 05	0. 025 1	0. 02	0. 719 3	0. 72
贡献率（%）	36. 24		20. 10		14. 12		8. 20		7. 12		6. 31		4. 10		3. 29		0. 52	
特征根	3. 261 7		1. 808 4		1. 270 8		1. 270 8		0. 640 9		0. 567 9		0. 366 8		0. 290 2		0. 049 7	

表 6-1　广东省马尾松各产区概况

地区	产区	包括范围	地形地貌	气候特点								母岩	土壤	地位指数
				温度		降水量(mm)	湿度(%)	全年日照时数(时)	蒸发量(mm)	无霜期(天)	干燥度			
				年均(℃)	≥10℃积温(℃)									
中亚热带地区	粤北北部中低山丘陵 I_1 类产区	乐昌、仁化、始兴全部、南雄、乳源、连县、连山、连南、翁源的大部分	山地为主、丘陵次之、海拔多在 500 ~800m	18.8 ~ 24.6	5960 ~ 7120	1520 ~ 1790	76 ~ 82	1470 ~ 1860	1070 ~ 1680	295 ~ 310	0.57 ~ 0.71	花岗岩为主，次为砂页岩、石英岩	山地红壤（300 ~ 700m）红壤（<300m）山地黄壤（>700m）	18 ~ 20
	粤东北北部低山丘陵 I_1 类产区	连平、和平、平原的全部、蕉岭的一部分	山地为主、丘陵次之、海拔多在 400 ~700m 之间	19.5 ~ 20.7	5800 ~ 6840	1640 ~ 1770	77 ~ 80	1670 ~ 1870	1380 ~ 1610	290 ~ 310	0.52 ~ 0.70	花岗岩为主，次为砂页岩、石英岩	山地红壤（300 ~ 700m）红壤（<300m）山地黄壤（>700m）	18 ~ 20
	粤北南部低山丘陵 I_2 类产区	英德、阳山、曲江的大部分、韶关、乳源、连县、连南、翁源的部分地区	山地为主、丘陵，盆地次之，海拔多在 300 ~ 500m 之间	20.1 ~ 20.7	6540 ~ 6840	1540 ~ 1900	76 ~ 79	1580 ~ 1860	1550 ~ 1660	305 ~ 310	0.57 ~ 0.69	花岗岩为主，次为砂页岩，石英岩	山地红壤（300 ~ 700m）红壤（<300m）山地黄壤（>700m）	16 ~ 18
	粤东北南部低山丘陵 I_2 类产区	河源、龙川、兴宁、蕉岭的大部分地区	山地为主，丘陵次之，海拔多在 300 之间	20.3 ~ 21.1	6720 ~ 7090	1500 ~ 1960	77 ~ 80	1580 ~ 2070	1360 ~ 1680	300 ~ 320	0.59 ~ 0.70	花岗岩为主，次为砂页岩、流纹岩	山地红壤（300 ~ 700m）红壤（<300m）山地黄壤（>700m）	16 ~ 18

表 6-Ⅱ　广东省马尾松各产区概况

地区	产区	包括范围	地形地貌	气候特点								母岩	土壤	地位指数
				温度		降水量（mm）	湿度（%）	全年日照时数（时）	蒸发量（mm）	无霜期（天）	干燥度			
				年均（℃）	≥10℃积温（℃）									
南亚热带地区	粤西北丘陵低山Ⅱ$_1$类产区	怀集、广宁、封开的全部地区和德庆、罗定、新兴、云浮、郁南的大部分地区	丘陵为主、山地次之、海拔多在 300 ~500m	20.7 ~ 22.0	6850 ~ 7700	1340 ~ 1750	77 ~ 82	1570 ~ 1990	1330 ~ 1790	320 ~ 340	0.67 ~ 0.80	多为花岗岩，部分砂页岩，变页岩	山地赤红（<300m）红壤（400 ~ 700m）山地黄壤（700 ~ 1200m）	14 ~ 16
	粤西南丘陵低山Ⅱ$_1$类产区	信宜、高州全部、阳春的大部分	丘陵为主，海拔 300 ~ 500 之间	22.0 ~ 22.8	7780 ~ 8190	1760 ~ 2330	78 ~ 82	1720 ~ 1950	1720 ~ 1950	340 ~ 360	0.53 ~ 0.74	以花岗岩为主，部分砂页岩	山地赤红（<300m）红壤（400 ~ 700m）山地黄壤（700 ~ 1200m）	14 ~ 16
	粤中北部丘陵Ⅱ$_1$类产区	龙门、新丰、佛岗全部、清远的大部分、河源、紫金、英德的一部分	丘陵为主，海拔多在 350 ~ 500m 之间	20.8 ~ 21.5	6810 ~ 7450	2170 ~ 2200	78 ~ 81	1630 ~ 1720	1580 ~ 1680	300 ~ 330	0.50 ~ 0.53	多为花岗岩部分砂页岩	山地红壤（<350m）红壤（350 ~ 600m）山地黄壤（>600m）	14 ~ 16
	粤东北部丘陵Ⅱ$_2$类产区	大埔全部、兴宁、龙川、梅县市、蕉岭的一部分	丘陵为主，海拔多在 250 ~ 300m	20.5 ~ 21.0	6715 ~ 7240	1480 ~ 1700	77 ~ 89	1710 ~ 2070	360 ~ 1580	310 ~ 320	0.64 ~ 0.78	以花岗岩为主，部分砂岩	山地红壤（<300m）红壤（300 ~ 700m）山地黄壤（>700m）	14 ~ 16

表 6-Ⅲ　广东省马尾松各产区概况

地区	产区	包括范围	地形地貌	气候特点：温度：年均（℃）	气候特点：温度：≥10℃积温（℃）	气候特点：降水量（mm）	气候特点：湿度%	气候特点：全年日照时数（时）	气候特点：蒸发量（mm）	气候特点：无霜期（天）	气候特点：干燥度	母岩	土壤	地位指数
南亚热带地区	粤东南部丘陵Ⅱ$_2$类产区	五华、丰顺全部；揭西的大部分；龙川、兴宁、梅县的大部分	中高丘陵为主；海拔多 250 ~ 400m 之间	21.1 ~ 21.4	6910 ~ 7570	1480 ~ 2110	76 ~ 82	1840 ~ 1970	1600 ~ 1840	315 ~ 320	0.55 ~ 0.75	多为花岗岩，少部分砂页岩	山地红壤（<300m）红壤（300 ~700m）山地黄壤（>700m）	12 ~ 14
	粤中南部丘陵Ⅱ$_2$类产区	肇庆、高明、四会、从化、增城、博罗全部；花县、云浮、新兴、恩平、开平、惠州市、惠东、海丰、陆丰、河源的一部分	中丘陵为主，少部分太低，海拔多在 250 ~ 350m 之间	21.2 ~ 22.1	7270 ~ 7760	1640 ~ 1870	79 ~ 83	1800 ~ 1970	120 ~ 1800	300 ~ 335	0.62 ~ 0.75	以花岗岩为主，少部分砂页岩	中土层赤红壤为主，少量红壤	12 ~ 14
	潮汕低丘陵Ⅲ$_1$类产区	饶平、揭阳全部；揭西、普宁、陆丰、海丰、惠来的部分地区	中低丘陵为主，海拔多在 200 ~ 300 之间	21.1 ~ 21.4	7650 ~ 7670	1480 ~ 1850	79 ~ 82	2060 ~ 2110	1580 ~ 2030	340 ~ 350	0.70 ~ 0.83	以花岗岩为主，次为砂页岩，曾几眼	中土层赤红壤为主，少量红壤	8 ~ 10
	珠江三角洲低丘陵Ⅲ$_1$类产区	惠阳、东莞、泰山全部、惠东、新会、宝安、广州市、开平、恩平、三水、南海的大部分	地丘陵为主，海拔多在 150 ~ 250m	21.5 ~ 21.9	7530 ~ 7880	1630 ~ 2600	78 ~ 82	1820 ~ 2070	1530 ~ 1890	330 ~ 355	0.48 ~ 0.75	以花岗岩为主，少部分砂页岩	中土层赤红壤为主，少量红壤	10 ~ 12

表 6-Ⅳ　广东省马尾松各产区概况

地区	产区	包括范围	地形地貌	气候特点 温度 年均（℃）	≥10℃积温（℃）	降水量（mm）	湿度（%）	全年日照时数（时）	蒸发量（mm）	无霜期（天）	干燥度	母岩	土壤	地位指数
南亚热带地区	潮汕沿海低丘谷地Ⅲ$_2$类	潮阳、南澳、澄海全部；惠来、海丰、陆丰大部分；普宁的一部	低丘陵，谷地为主；海拔多在100m以下	21.2～21.9	7600～7890	1360～2380	79～83	2030～2270	1250～2050	310～355	0.53～0.91	以花岗岩为主，少部分砂页岩	低丘以薄土层赤红壤为主	10～12
	珠江三角洲沿海低丘Ⅱ$_1$平原Ⅲ$_2$类	佛山市、番禺、顺德、斗门、珠海、宝安、深圳市的大部分	平原、台地为主，地丘陵次之，海拔多在100m以下	21.8～22.4	7310～7820	1630～2270	79～82	1950～1820	1560～1820	270～345	0.54～0.76	以花岗岩为主	以薄土层赤红壤为主，含砂质多	12～14
	粤西沿海低丘平原Ⅲ$_2$类	电白、吴川、遂溪、廉江、茂名市的大部分	台地为主、低丘陵次之，海拔多在100m以下	22.3～23.0	8140～8250	1530～1780	78～84	1720～2160	1750～2070	320～360	0.69～0.85	以花岗岩为主次为砂页岩、沉积岩	以砖红壤为主部分赤红壤	8～10

1. Ⅰ类型产区

包括粤北、粤东北山地为主的4个产区，该类型产区内气候、地貌、土壤等自然条件极适宜马尾松生长，是广东省马尾松最适宜区，马尾松一等级区材料每年的生长量可达$12m^3/hm^2$以上，树高年均生长达0.8～1.0m；二等级区材积每年生长量达9.0～$11.9m^3/hm^2$树高生长达0.70～0.79m，在一般经营条件能生产大、中径材。

2. Ⅱ类产区

包括粤西、月中、粤东丘陵为主的6个产区。改产区内，自然条件适宜马尾松生长，在一般经营条件下能生产大、中经材，马尾松三四等级区材积的年生长量为7.5～$8.9m^3/hm^2$及6.0～$7.4m^3/hm^2$，树高年生长为0.60～0.75m及0.56～0.65m。林分生长尚速，20年生一般能达到地位指数14～16，是广东省主要松材生产基地及松脂基地。这类产区还有部分地区如信宜、高州，马尾松生产力更高些，可如Ⅰ类产区经营。

3. Ⅲ类产区

包括珠江三角洲、粤西及潮汕地区的低丘、平原沿海的5个产区。

四、结论与讨论

(1)根据广东省92个县(市)的气候和海拔高度的资料，通过主分量分析，得出海拔高度、降水量，蒸发量是影响广东省马尾松生长的主导因子，再通过Fuzzy聚类得出的结论与定性分析基本相符，说明上述区划是比较客观、合理的。

(2)根据经营及松林的生产力水平，结合产区区划，结果分为3个类型产区：Ⅰ类产区适宜于大面积发展速生用材林基地；Ⅱ类产区也可以发展速生丰产林，但应着重选择对马尾松生长有利的地形和土壤的地段，基地面积不宜太大，宜提倡营造松阔混交林或针叶树混交林；Ⅲ类产区由于纬度较低，海拔较低，热量对马尾松似嫌过量，不利于马尾松生长，故产区较多用于发展桉类、相思类、国外松、经济林果等树种，而不宜发展较大面积的马尾松用材林基地。但该区部分丘陵地段，植被破坏较少，立地条件较好，宜小面积营造马尾松速生丰产用材林，尤应提倡营造松阔混交林。

参考文献

[1]张志云. 江西省马尾松产区区划研究[J]. 江西农业大学学报(专辑), 1987.
[2]林业部林业区划办公室. 主要树种区划研究[M]. 北京：中国林业出版社, 1988：163～225.

附录 A 广东省马尾松产区划分和范围

表 A_1 广东省马尾松按地貌划分范围

范围	海拔高度(m)	县(市)	县(市)数
低山区	500~800	仁化、始兴、乐昌、南雄、连县、连山、连南、乳源、阳山、信宜、梅县、五华、紫金、平远、和平、连平、河源、新丰、龙门、龙川	21
高丘区	300~500	曲江、英德、翁源、高州、阳春、大埔、蕉岭、陆丰、怀集、博罗	10
低丘区	100~300	从化、花县、增城、清远、佛岗、广州市郊、潮州、饶平、普宁、揭阳、南澳、惠来、揭西、高明、台山、新会、鹤山、开平、恩平、阳江、韶关市郊、廉江、电白、宝安、斗门、珠海、兴宁、惠州市郊、惠阳、东莞、惠东、海丰、肇庆市郊、高要、罗定、德庆、广宁、新兴、四会、郁南、封开、云浮	42
岗地 平原区	<100	番禺、潮阳、澄海、汕头市郊、中山、南海、顺德、三水、佛山市郊、江门市郊、吴川、海康、遂溪、徐闻、湛江市郊、化州、茂名市郊	17
总计			90

表 A_2 广东省马尾松按林分生产力指标划分

产区类型	产区名称	20 年生的生产力指标(m^3/hm^2)	指数级	县(市)	县(市)数
重点商品材基地县(最适宜区)	$Ⅰ_1$(粤北、粤东北的北部低山丘陵区)	12.0	>16	乐昌、仁化、始兴、连平、和平、平原的全部、南雄、乳源、连县、连山、连南、翁源、蕉岭、信宜、高州的一部分或大部分地区	15
	$Ⅰ_2$(粤北、粤东北的南部低山丘陵区)	10.5	14~16	英德、阳山、曲江、河源、龙川、兴宁、蕉岭、的大部分地区；韶关、乳源、连县、连南、翁源、怀集、新丰、梅县、平远、仁化、南雄的部分地区	18
一般基地县(适宜产区)	Ⅱ(粤西北、月西南、粤中、粤东丘陵山地产区)	9.0	12~14	怀集、广宁、封开、新丰、佛岗、大埔、五华、丰顺、肇庆、高明、四会、从化、增城、博罗的全部地区；德庆、罗定、新兴、云浮、郁南、阳春、揭西的大部分地区；河源、紫金、英德、兴宁、龙川、梅县、惠州市、惠东、海丰、陆丰的部分地区	36
后备基地县(较适宜区)	Ⅲ(潮汕低丘陵、珠江三角洲低丘陵、粤西低丘陵产区)	<9.0	<12	饶平、揭阳、惠阳东莞市、台山、潮阳、南澳、澄海的全部地区、；惠东、新会、宝安、广州市、开平、恩平、三水、南海、惠来、海丰、陆丰、佛山市、番禺、顺德、斗门、珠海、深圳市、电白、吴川、遂溪、廉江、茂名市的大部分地区；揭西、普宁、陆丰、海丰、惠来的部分地区	35
总计					104

表 A_3　广东省马尾松产区区划各县(市)范围表

产区类别		县(市)	县(市)数
Ⅰ(最适宜区)	$Ⅰ_1$	乐昌、连山、仁化、南雄、始兴、曲江、乳源、连县、连南、阳山、翁源、连平、和平、龙川、平远、蕉岭、信宜、高州	19
	$Ⅱ_2$	韶关市郊、英德、怀集、广宁、新丰、龙门、河源、清远、兴宁	9
Ⅱ(适宜区)		肇庆市郊、云浮、罗定、新兴、德庆、郁南、封开、五华、揭西、紫金、陆丰、海丰、潮州市郊、梅县市郊、大埔、丰顺、阳春、化州、饶平、电白、揭阳、普宁、佛岗、从化、博罗、增城、惠东、四会、惠阳、高要、开平、恩平、鹤山、高明、花县、阳江	36
Ⅲ(较适宜区)		广州市郊、汕头市郊、顺德、澄海、惠来、潮阳、东莞、宝安、珠海、斗门、中山市郊、三水、新会、台山、吴川、茂名市郊、廉江、遂溪	18
总计			82

广东省马尾松用材林速生丰产标准(草案)[42]

摘要 本标准提出了广东省马尾松用材林速生丰产的生长指标、培育技术措施要点和检查验收的要求。

一、总则

(一)马尾松是广东省主要的速生用材造林树种之一。为了明确培育速生丰产用材林的指标与培育技术措施,确保造林质量,特制定本标准。

(二)本标准适用于我省国营和接受国家计划的集体、个人以及合作造林的单位。

二、各项计算指标

(一)计算年龄

速生丰产林的生长指标以 20 年为计算年龄,不包括苗龄。

(二)生长量指标

根据广东的水热条件和现有马尾松速生丰产用材林的水平(见表 1),并分别Ⅰ、Ⅱ类立地(表 2)确定生长量指标:Ⅰ类立地 20 年生时每公顷蓄积不低于 $300m^3$、林分平均胸径不小 20cm;Ⅱ类立地 20 年生时每公顷蓄积不低于 $240m^3$、林分平均胸径不小于 18cm。各龄阶的各项生长量应达到表 1 的指标。

(三)每个造林单位的速生丰产林面积不少于 66.7$(m^{10})^4$,每块林地不少于 2$(m^{10})^4$。

(四)造林当年每块林地的成活率不低于 95%,分布均匀;低于 95% 者应于当年补植成活。林分郁闭前的保存率不低于 85%。

三、主要技术措施

(一)造林地选择

1. 为确保马尾松用材林速生丰产,达到上述生长量指标,造林前应按表 2 要求选择造林地。

2. 为避免马尾松大面积连片纯林易发生病、虫害的弊端,提倡块状保留或营造阔叶树种,形成针阔镶嵌。

---

[42] 林民治,徐英宝。原文载于《广东马尾松研究》(广州:广东高等教育出版社,1994:180~190)。

表1　广东省现有马尾松速生丰产用材林各龄阶生长量

龄阶	Ⅰ类立地			Ⅱ类立地		
	H (m)	D (cm)	V (m^3/株)	H (m)	D (cm)	V (m^3/株)
2	2.6	2.1		1.40	1.3	
4	4.9	6.4	0.01054	2.82	2.2	0.00155
6	7.3	9.6	0.2273	4.60	5.9	0.00767
8	8.9	11.3	0.04218	6.38	9.1	0.02239
10	10.6	13.1	0.06848	8.37	11.6	0.04498
12	12.7	15.8	0.11897	10.16	13.9	0.07992
14	14.6	17.8	0.17511	12.05	16.0	0.12492
16	16.4	19.4	0.23886	13.46	17.5	0.17360
18	18.1	20.4	0.26557	14.82	18.7	0.22295
20	19.2	21.7	0.34845	16.37	19.7	0.26814
22	19.9	22.9	0.41715	17.04	20.7	0.31414
24	20.6	23.8	0.47445	17.65	21.5	0.35678

注：1. 表中各项生长量为林分平均的生长量。2. 20年生时，每公顷立木不少于900株，Ⅰ类立地20年生时每公顷蓄积不少于$300M^3$ Ⅱ类立地20年生时每公顷蓄积不少于$240M^3$。

表2　广东省马尾松速生丰产用材林造林选地要求

主要立地因子＼地类	Ⅰ类立地	Ⅱ类立地
地貌与海拔	低山；低中山 海拔300～800m	高丘；低山 海拔250～500m
局部地形	坡位：长坡（坡长>500m）的中部到下部； 短坡（坡长<500m）的下部 坡向：阳坡；半阳坡 坡度：缓坡（6°～15°）：斜坡（16°～25°）	长坡的中上部：短坡的上部。 坡向与Ⅰ类立地要求相同。 缓坡、斜坡或陡坡(26°～35°)
成土母岩	砂页岩类、花岗岩类、板岩类	
土壤条件	亚类：红壤（或赤红壤）、黄红壤、黄壤 土层厚：Ⅰ类立地：>100cm；Ⅱ类立地：>80cm 腐殖层厚：Ⅰ类立地：>20cm；Ⅱ类立地10～20cm pH值：4.5～6.5	

（二）良种壮苗

（1）选用粤西信宜高州县或广西宁明县桐棉经过鉴定品质优良的林分为种源。按照国家林木种子质量分级标准，采用Ⅰ级种子培育苗木。

(2) 采用马尾松种子园生产的Ⅰ级种子育苗。

(3)容器育苗。培养基用黄心土和火烧土各半，加入2% ~3%的粉碎了的腐熟的过磷酸钙。每个容器播种1 ~2粒，播后覆以细土。待种子发芽后1个月左右将带有马尾松菌根的土壤铺盖于容器培养基表面。使之接种，促进松苗生长。经3个月或半年培育，选用无病虫害、无机械损伤、顶芽完好、生长健壮、苗高12cm以上的苗木定植。

(三)细致整地

(1) 造林前3个月整好林地。

(2) 块状整地。开明穴，规格40cm×40cm×30cm，翻动土层，表土填底，心土填表，检净石块和树根。

(四)造林密度

Ⅰ类立地每公顷3000 ~3600株，Ⅱ类立地每公顷3600 ~4500株。

(五)造林季节与方法

(1) 早春造林或雨季定植。

(2)栽时解除容器，保持营养土完整，不损伤根系。植株置于穴中央，周围填土压实。

(六)幼林抚育

造林当年夏、秋除草割灌，不松土；第2年至第4年扩穴除草、松土、培土。第2 ~3年每年夏、秋各1次，第4年仅夏季进行。

(七)抚育间伐

(1) 当林分郁闭度0.8以上，被压木占林分株数20% ~30%时就要进行间伐。首次约在8 ~10年生时间伐，以后每隔5年间伐1次，间伐后林分郁闭度不得低于0.6.

(2) 采用下层抚育间伐。间伐强度为林分株数25% ~30%。首次强度较大，以后逐次减少。

(3) 抚育间伐前应进行作业设计，报上级林业主管部门批准后，方可施工。

(4) 为取得科学数据，应设置固定标准地，定期观测抚育间伐前、后林分生长的变化情况。

(八)森林保护

马尾松速生丰产林的护林防火和病虫害防治，应根据部颁《造林技术规程》(试行)第三十五条和第三十七条规定执行。

四、检查验收

(一)营造马尾松速生丰产林的单位或承包者，均必须按照林业主管部门批准的造林设计方案进行施工。

(二)当年造林面积、作业质量的检查验收，按《广东省速生丰产用材林基地管理办法》的有关条款执行。

(三)幼林阶段检查验收采用标准地或标准行的调查方法，每块标准地林木株数不少于100株，标准地数量桉丰产林总面积比例推算。面积33.3$(m^{10})^4$以上，占1%；6.7 ~33.3$m^{104}(m^{10})^4$占2%；6.7以下占3%。

(四)丰产林必须建立造林经营技术档案，设置永久性标准地，进行连续观测记载。

广东省马尾松用材林速生丰产标准说明

一、制定标准的目的、原则和依据

制定本标准的目的在于使广东省承接营造马尾松速生丰产用材林的单位或个人有一个统一明确的培育目标和为达到目标而必须采取的措施及检查验收的方法，以便确保造林质量，提高生产效益。

本标准提出的各项指标以技术上先进、经济上合理、生产上可行为原则，并且以马尾松的生物学特性和广东省的自然地理条件、社会经济条件以及造林历史习惯等作为依据。

二、标准的主要内容

（一）各项计算指标

1. 计算年龄

本标准提出的以20年为计算年龄不是马尾松丰产林的成熟年龄、亦不是其轮伐期，而是既考虑尽量缩短考察丰产林的时间，又考虑丰产林生长的稳定性。根据马尾松的生长发育规律，20年生时生长已趋稳定；同时，此时也已达到中小径材的规格，故以20年为计算年龄。

2. 生长指标的依据

本标准提出的生长指标是以下列为依据的：

（1）着眼于大面积速生丰产，而不是小面积的速生丰产；

（2）着眼于广东省现有的林地资源，若生长指标过高，选地就很困难。

（3）提出的生长指标是以本省现有较大面积的马尾松速生丰产林实际测得解析木材料为依据的。

此外，为了随时检查和考核丰产林生长能否达到标准，提出不同立地上各龄阶的平均树高、平均胸径和平均单株材积应达到的指标。这些指标也是以上述解析木材料为依据的。

（二）主要技术措施

本标准提出的主要技术措施是马尾松林达到丰产标准的基础和保证，是最基本的技术要求，不是每个生产环节的操作细则。马尾松用材林要达到大面积丰产，必须采用较高的技术措施和较集约的经营强度。根据生产经验和科研成果表明：马尾松用材林要达到大面积速生丰产，必须抓住地理种源、造林地选择和林分密度3项技术关键。采用优良种源一般可增产10%～20%。从全省马尾松种源的生长表现看，高州、信宜的种源最佳；广西宁明县的种源生长也好。因此，应选用这些地方的种源；同时，还要根据种子质量标准要求，从中选择Ⅰ级质量的种子。造林地一定要按本标准提出的条件进行选择。林分密度按本标准提出的从初植密度到林分郁闭后的抚育间伐要求，不断调节密度。

当然，其他的技术环节如苗木质量、整地、造林季节与方法，以及幼林抚育等，也应一环扣一环地跟上去，不能忽视其中任何一个环节，只有这样，大面积的速生丰产林就有保障。

(三)检查验收

检查验收的目的在于考核造林效果，按本标准提出的条款认真贯彻执行。

为便于生产管理，总结经验和科学地掌握生产单位的资源动态，必须从造林设计施工开始到成林成材阶段为止，以小班为单位，进行造林育林活动登记，建立经营档案。

附 录

广东省马尾松产区区划

(1)广东省在全国马尾松产区区划中属中南地带区。但在怀集－英德－新丰－龙川－蕉岭一线以南为南亚热带地区，而以北为中亚热带地区。地区之下又划分为Ⅰ、Ⅱ、Ⅲ类产区。

广东省马尾松中亚热带地区：粤北北部山地丘陵$Ⅰ_1$类产区、粤东北部山地丘陵$Ⅰ_1$类产区、粤北南部山地丘陵$Ⅰ_2$类产区、粤东北南部山地丘陵$Ⅰ_2$类产区。

广东省马尾松南亚热带地区：粤西北部丘陵低山$Ⅱ_1$类产区、粤西南部丘陵低山$Ⅱ_1$类产区、粤中北部丘陵低山$Ⅱ_1$类产区、粤东北部丘陵低山$Ⅱ_1$类产区、粤东南部丘陵$Ⅱ_2$类产区、粤中南部丘陵$Ⅱ_2$类产区、潮汕低丘陵$Ⅲ_1$类产区、珠江三角洲低丘陵$Ⅲ_1$类产区、潮汕沿海低丘谷地$Ⅲ_2$类产区、珠江三角洲沿海低丘平原$Ⅲ_2$类产区、粤西沿海低丘平原$Ⅲ_2$类产区。

(2)$Ⅰ_1$类产区(重点商品材基地县)。乐昌、仁化、始兴、连平、和平、平远的全部、南雄、乳源、连县、连山、连南、翁源、蕉岭、信宜、高州的一部分或大部分。

(3)$Ⅰ_2$类产区(重点商品材基地县)。英德、阳山、曲江、河源、龙川、兴宁、蕉岭的大部分地区；韶关、乳源、连县、连南、翁源、怀集、新丰、梅县、平远、仁化、南雄的部分地区。

(4)Ⅱ类产区(一般基地县)。怀集、广宁、封开、新丰、佛岗、大埔、五华、丰顺、肇庆、高明、四会、从化、增城、博罗的全部地区；德庆、罗定、新兴、云浮、郁南、阳春、揭西的大部分地区；河源、紫金、英德、兴宁、龙川、梅县、惠州市、惠东、海丰、陆丰的一部分地区。

(5)Ⅲ类产区(后备基地县)。饶平、揭阳、惠阳东莞市、台山、潮阳、南澳、澄海的全部地区；惠东、新会、宝安、广州市、开平、恩平、三水、南海、惠来、海丰、陆丰、佛山市、番禺、顺德、斗门、珠海、深圳市、电白、吴川、遂溪、廉江、茂名市的大部分地区；揭西、普宁、陆丰、海丰、惠来的一部分地区。

附加说明：

(1)本标准由广东省林业厅提出，由华南农业大学林学院造林学教研室组织起草。

(2)本标准起草人：林民治、徐英宝。

(3)本标准于×年×月×日发布执行。

广东省马尾松速生丰产林基地适宜的产区和立地类型[43]

马尾松(*Pinus massoniana*)是我国亚热带东部湿润地区低山丘陵的主要树种，也是广东省的主要造林树种之一。在其自然分布的各省(区)中，其森林面积与蓄积量均占优势。马尾松是一个速生丰产的用材树种，据报道，在适生区内一般经营20年生的人工林，蓄积年均生长量达8 m^3/hm^2，良好立地达10m^3/hm^2，高产林分可达15m^3/hm^2以上。后两种林分的年均生长量与广东省提出的马尾松速生丰产林指标接近。因此，本世纪末广东省计划营造的6670 km^2速生丰产用材林中，马尾松是一个不可忽视的主要造林树种。

本文根据我们近年来“马尾松用材林速生丰产技术研究”的成果和有关文献，论述了广东省营建马尾松速生丰产林基地的适宜产区和立地类型，供广东省林业部门决策参考。

一、基地布局

营建马尾松速生丰产林基地，宏观方面要解决的问题是其适宜的地域范围。即是说，要研究马尾松在广东省内各产区的适生程度(生产力等级)，然后才能选择最适生(生产力水平最高)和适生(生产力水平较高)的产地部署基地。

根据我们近年来的调查研究，广东省的马尾松林，按综合生态分类，共可划分为中亚热带与南亚热带两个地区15个产区。其中最适生(Ⅰ类)的有4个产区：

(1)粤北北部山地丘陵Ⅰ1类产区。包括乐昌、仁化、始兴全部和南雄、乳源、连县、连山、连南、翁源的大部。

(2)粤东北北部山地丘陵Ⅰ1类产区。包括连平、和平、平远全部和蕉岭一部分。

(3)粤北南部山地丘陵Ⅰ2类产区。包括英德、阳山、曲江大部分和乳源、连县、连南、翁源的部分地区。

(4)粤东北南部山地丘陵Ⅰ2类产区。包括河源、龙川、兴宁和蕉岭的大部。

上述Ⅰ1类产区的产量最高，松林蓄积平均每年每公顷生长量达12 m^3以上；Ⅰ2类产区的次之，蓄积平均每年每公顷生长量9.0～11.9m^3。这两类产区均适于大面积成熟速生丰产林基地。

适生Ⅱ类的有下列6个产区：

(1)粤西北丘陵低山Ⅱ1类产区。包括怀集、广宁、封开的全部和德庆、罗定、新兴、云浮、郁南的大部。

(2)粤西南丘陵低山Ⅱ1类产区。包括信宜、高州全部和阳春的大部。

---

[43] 林民治、徐英宝发表于《营造一亿亩速生丰产用材林技术路线与对策论文选集》(中国林学会编印，1991，382～384，1399)

(3)粤中北部丘陵低山Ⅱ1类产区。包括龙门、信封、佛岗全部，清远大部分和河源、紫金、英德的一部分。

(4)粤东北丘陵低山Ⅱ1类产区。包括大埔全部和兴宁、龙川、梅县、蕉岭的一部分。

(5)粤东南部丘陵Ⅱ2类产区。包括五华、丰顺全部，揭西大部和龙川、兴宁、梅县的一部分。

(6)粤中南部丘陵Ⅱ2类产区。包括肇庆、高明、四会、从化、增城、博罗全部和花县、云浮、阳春、新兴、恩平、开平、惠阳、惠东、海丰、陆丰、河源等的一部分。

Ⅱ类产区的自然条件虽适宜马尾松生长，但不及Ⅰ类产区优越，松林蓄积的年均生长量明显低于Ⅰ类产区，一般每公顷在6.0～8.9 m^3。因此，这类产区的马尾松速生丰产林基地面积不宜太大。

二、地貌地形条件

地貌地形条件影响地表的组成物质及侵蚀或堆积作用，并对小气候的水、热条件起再分配的作用。因此，同一产区的马尾松林在不同的地貌、地形条件影响下，林分的生产力水平截然不同。我们的研究结果与有关文献报道一致，马尾松在低山类型(包括海拔500～800m的低山带，下同)生长最好，林分生产力最高；高丘类型的生长次之；低丘、台地的生长最差。

地形条件中，坡位对马尾松生长的影响作用最大。例如，在低中山地貌的高州国营新田林场，坡位影响马尾松林生长的作用程度占入选立地因子总合的70.3%，在高丘地貌的英德林场连江口工区和樟木头林场簕竹排工区，影响马尾松林生长的主导因子也是坡位。这些林场不同坡位的马尾松林生产力差异如表1、2。

根据上述3个场和其他地方多点调查研究的结果表明，在低山和中山体的低山带的坡中部至下部及山洼，马尾松生长显著优于同地貌的其余坡位；在高山地貌的坡下部(包括坡长＞200m的中部及下部)和丘洼，马尾松生长显著优于同地貌的其余坡位。因此，马尾松速生丰产林要选择坡中部至下部的坡位。

表1　新田林场中低山体不同坡位24年生马尾松林优势木平均高比较

坡位组	优势木 $\bar{H}$ 值(m)	比较
坡中下部组	23.14	
坡中部组	21.32	23.14** ＞ 21.32** ＞ 19.28** ＞ 15.27
坡中上部组	19.28	**在 α =0.01 水平上差异极显著
坡上部组	15.27	

注：表中数据系林民治等1985年在该场部调查的结果。

表2　高丘地貌不同坡位马尾松林林地指数比较

坡位组	丘洼组均值	坡下部组均值	坡中部组均值	坡上部组均值	丘顶丘脊组均值
樟木头林场	19.2 *	＞18.4 *	＞17.6 *	＞12.4	12.8
英德林场	18.0 *	＞15.5 *		＞12.0	＞11.71

注：1. 坡长＞200m，分上、中、下3个坡位；坡长＜200m只分上、下2个坡位。2. *在 α =0.05 水平上差异显著。3. 表中数据系林民治等1986～1987年在该两场调查的结果。

三、土壤条件

马尾松虽对土壤条件要求不严，能在赤红壤、红壤和黄壤的深浅不同的土壤中生长，但营造速生丰产林，仍要求一定的土壤条件。据我们的研究结果表明，土层与腐殖质层的厚度对马尾松生长影响较大，深厚土层与腐殖质层对马尾松生长有利(表3)。主要是两项指标综合影响土壤的养分和水分。坡位、土层和腐殖质层三者对马尾松生长的影响作用比较，换位的作用更显著(见表3)。

表3　英德林场不同坡位、不同土层与腐殖质层厚度对马尾松生长的影响

坡　位	样地重复(块)	土层厚度均值(cm)	腐殖质厚度均值(cm)	松林立地指数均值
丘　洼	3	100	16.8	18
坡下部	4	96	8.7	15.5
坡上部	7	86.8	6.4	12
丘顶、丘脊	4	89	3.7	11.7

注：表中的数据系林民治等1987年在该林场调查的结果。

全国"用材林基地立地分类评价及适地适树研究"南方西部片专题组在南岭山地的低山区，对马尾松的研究结果与我们上述结论一致：山脊中土层(40～80cm，下同)、中腐层(10～20cm，下同)立地类型马尾松林的立地指数为11.6，山坡中土层中腐层立地类型的立地指数为13.8，而山洼中土层中腐层立地类型的立地指数为16.9；在同一区域内相同山坡的厚土层(>80cm)中腐层立地类型的立地指数为14.3，山洼厚土层厚腐层(>20cm)立地类型的立地指数也只16.9。

马尾松速生丰产林的土壤条件虽不像杉木要求那么严格，但仍以厚土层、中腐层或厚土层、厚腐层的土壤条件为好。

四、结论与建议

(1)马尾松是广东省主要的速生丰产用材树种之一，虽广泛适生于全省的低山丘陵地区，但因分布地域广阔，存在自然地理条件各异的若干产区，因而各产区间松林的生产力等级差异较大。营造马尾松速生丰产林，宏观上要选择生产潜力最高或较高的产区部署基地，才能取得最佳的经济效益。根据对广东省马尾松产区区划的研究：适于较大规模营建丰产林基地的有4个产区，适于较小规模营建基地的有6个产区。

(2)在适生的产区内，由于地貌类型不同，产区的水、热条件和土壤条件进一步产生差异，导致松林生产水平不同。研究结果表明，低山类型(包括中山体海拔500～800m的低山带)的生长最佳，生产力水平最高；高丘类型的次之；低丘、台地的最差。因此，马尾松速生丰产林基地应以低山及低山带为主，辅以高丘地区。

(3)上述研究结果表明：坡位、土层厚度与腐殖质层厚度对马尾松生长影响比较，以坡位的作用占主导。因此，马尾松速生丰产林的土壤条件不必像杉木那么严格，更主要的是选择地形坡位。马尾松速生丰产林最适生、适生的立地类型为：

A. 低山(包括低山带，下同)中部厚土层中腐层立地类型；

B. 低山下部厚土层厚腐层(或中腐层)立地类型；

C. 高丘中部厚土层中腐层立地类型；

D. 高丘下部厚土层厚腐层(或中腐层)立地类型。

至于低山和高丘中的沟谷两侧的坡面和坡麓等立地质量更优越的地段，可让给杉木速生丰产林。

参考文献

[1] 安徽农学院林学系．马尾松[M]．北京：中国林业出版社，1982：1～17.
[2] 林民治．高州山地马尾松林生产力与立地因子相关的初步研究[J]．华南农业大学学报，1988，9(3)：71～76.
[3] 林民治．高州山地不同立地类型马尾松林分生产力的调查研究[J]．亚热带林业科技，1988，16(1)：7～13.
[4] 林民治．广东省樟林场低山丘陵区马尾松生产力与立地因子相关分析[J]．广东林业科技，1990，6.
[5] 周政贤，等．论马尾松在我国亚带山地开发利用中的地位和作用[J]．贵州农学院丛刊(合刊)，1989：12～13.

杉木与阔叶树混交林试验初报[44]

摘要 在高明县国营云涌林场以3∶1的混交比例，分别营造杉木(*Cunninghamia lanceolata*)与红荷木(*Schima wallichii*)、木荷(*Schima superba*)、火力楠(*Michelia macclurei*)3种混交林，经过6年的调查观测表明：混交3年后种间关系开始激化，6年以前要适时修枝、截顶、间伐，调整1~2次种间关系。混交林与纯林比较：0~30cm土层养分消耗较大，但林分生物量较高，有较高的林分生产率；6年生的混交林枯落物量及其养分元素含量、含水量比纯林大；0~10cm表层N、P、K含量有增加趋势。这些混交类型，宜从现有的3∶1比例，扩大至4∶1或5∶1，尤以杉木+火力楠的类型值得推广。

关键词 混交林 杉木 红荷木 木荷 火力楠

一、试验地基本情况

(一)试验地概况

云涌林场位于北纬22°46′54″，东经112°44′48″。年平均气温21.6℃，极端最高气温37.5℃，最热月均气温28.2℃；极端最低气温0℃，最冷月均气温13.1℃；年均降雨量1681mm；年均蒸发量1085mm，相对湿度为81.3%，年均日照时数为1085mm，海拔高度一般为300m左右，属丘陵地貌，土壤为花岗岩风化发育的赤红壤，土层深厚、质地中壤至轻砂壤。植被繁茂主要有：桃金娘(*Rhpdomyrtus tomentosa*)、三桠苦(*Euodia lepta*)、九节木(*Psychotria rubra*)、野牡丹(*Melastoma candidum*)等。反映出气候温暖湿润南亚热带植被带的生态环境。

(二)试验林营造

1983年3月在该场山塘尾选择环境条件基本相似的立地，分别营造杉木与红荷木、木荷两种混交林共计20.4亩(包括对照纯杉木林5.4亩)；在天湖营造杉木、火力楠混交林12.6亩(包括对照纯杉木林5.1亩)，1年生规格苗上山栽植，水平带整地，开明穴，植穴规格50cm×40cm×30cm，采用3行杉木与1行阔叶树混交方式，造林后连续抚育2年，每年抚育2次，试验林基本情况见表1。

二、观测项目与方法

(一)设置永久性标准地

面积20m×25m(500m²)，定期按常规方法进行林分生长量调查、土壤理化性质测定、林分生物量

[44] 谭绍满，徐英宝，陈红跃，等。原文载于《植物生态学报》[1995，19(2)：183~191]。

测定(潘维涛，1981)、林内枯落物量测定(张万儒等，1986)。

表1 试验地基本情况

	标准地号	标准底面积（m^2）	坡向	坡度	混交类型	混交方式	混交比例	试验林面积（hm^2）	试验林保存率（%）
山塘尾	Ⅰ混	25×20	西	30°	杉木+红荷	行带[1]	杉7.5 红荷2.5	0.41	杉90 红荷95
	Ⅱ混	25×20	西偏南30°	30°	杉木+木荷	行带	杉7.5 木荷2.5	0.59	杉90 木荷95
	Ⅲ纯	25×20	北偏东10°	30°	杉木	春林	杉10	0.36	杉90
天湖	Ⅳ混	25×20	南偏东15°	30°	杉木+火力楠	行带	杉7.5 火力楠2.5	0.50	杉90 火力楠90
	Ⅴ纯	25×20	南	30°	杉木	纯林	杉10	0.34	杉90

行带混交：即3行杉木与1行阔叶树混交，株行距2m×2m。

(二)调整种间关系

1987、1989年曾两次对混交林内阔叶树的生长状况分析、并隔株截干，以便控制阔叶树对杉木生长的影响，保留的植物适当修枝，减少对逆行目的树种的欺压，促进混交林的正常生长。现将6年来观测的资料整理分析，以供参考。

三、结果分析

(一)适时调整种间关系

选择的几个阔叶树种与杉木混交，3年后阔叶树生长较快，无论树高、冠幅均超过杉木，为它的生长形成侧方庇荫的条件，枝叶繁茂，树冠重叠覆盖林地，避免阳光直射，减少地面蒸发，改善林内小环境，有利林分生长(表2)。尽管在造林前，已考虑它们的生物学特性，并通过混交比例、混交方式、种植的先后等措施以减少种间矛盾，但仍出现一些问题。3年后木荷、红荷木、火力楠树高分别为对照杉木的115%、126%、215%。其余类型的杉木均由于阔叶生长过快而开始受压，故在1987年开始隔株截干间伐，抑制阔叶树生长，6年后再次调查，种间关系渐趋缓和，与对照杉木比较，Ⅰ混杉木高生长由74.6%上升至82.9%，Ⅱ混由93.3%上升至113%，Ⅳ混的杉木由于火力楠生长过盛，由115%下降至81.7%。由此看来，必须经常监测混交林的动态变化，及时调整种间关系(包括间伐、截干、截顶、修枝等)，这是混交林能否获得成功的重要手段。

(二)林分的立木分化

混交林的种间关系常表现在立木分化程度上，个体间比较协调的林分其株数按径阶的变化应符合正态分布，统计林分的平均径阶及相邻径阶数及百分数可知：6年后Ⅰ混的杉木株数(4-6径阶)为89株(46.7%)、Ⅱ混的杉木株数(5-7径阶)59株(41.3%)、Ⅲ纯的杉木株数(4-6径阶)为78株(39.7%)、Ⅳ混的杉木株数(4-6径阶)为70株(62.7%)、Ⅴ纯杉木株数(5-7径阶)57株(38%)，表明混交林中央径阶及其相邻径阶的株数百分率较高，林分生长较均匀，个体间竞争程度较少，有利于林分稳定生长(表3)。

表 2　两类林分不同龄期生长情况的比较

地点	林龄(a)	标准地号	调查树种	调查株数	树高(m)		胸径(cm)		冠幅(m)		枝下高(m)	
					平均	比值(%)	平均	比值(%)	平均	比值(%)	平均	比值(%)
山塘尾	3.5[1]	Ⅰ$_{混}$	杉	165	1.88	74.60	3.49	72.71	1.28	84.21	0.19	70.37
			红荷木	59	3.20	126.98	6.75	140.63	2.34	153.95	0.33	122.22
		Ⅱ$_{混}$	杉	146	2.35	93.25	4.20	87.50	1.50	98.68	0.20	74.07
			木荷	54	2.89	114.68	4.80	100.00	1.94	127.63	0.18	66.67
		Ⅲ$_{纯}$	杉	213	2.52	100.00	4.80	100.00	1.52	100.00	0.27	100.00
	6.5	Ⅰ$_{混}$	杉	165	4.40	82.96	5.30	84.39	1.81	119.08	1.13	98.26
			红荷木	41	4.56	85.87	4.25	67.68	1.97	129.61	0.65	56.52
		Ⅱ$_{混}$	杉	143	5.99	113.00	6.64	105.73	1.94	112.79	1.55	134.78
			木荷	24	5.70	107.00	5.26	83.76	2.09	121.51	0.38	33.04
		Ⅲ$_{纯}$	杉	194	5.31	100.00	6.28	100.00	1.72	100.00	1.15	100.00
天湖	3.5[1]	Ⅳ$_{混}$	杉	113	2.27	115.00	4.58	113.65	1.54	126.23	0.07	–
			火力楠	33	4.26	215.15	6.76	167.74	1.90	155.00	0.11	–
		Ⅴ$_{纯}$	杉	158	1.98	100.00	4.03	100.00	1.22	100.00	0	–
	6.5	Ⅳ$_{混}$	杉	110	3.93	81.70	5.41	88.98	2.05	110.22	0.37	72.55
			火力楠	32	5.63	117.05	6.74	110.86	3.16	169.89	0.20	39.22
		Ⅴ$_{纯}$	杉	150	4.81	100.00	6.08	100.00	1.86	100.00	0.51	100.00

(1) 3.5 年调查时为地径。比值计算是以纯林各项调查因子 100% 为基数进行比较。

表 3　杉木两类林分株数按径阶的分布变化(调查时间 1989. 10)

标准地号	混交林型	调查树种	调查株数	各径阶株数(株)/各径阶株数百分率(%)											
				1	2	3	4	5	6	7	8	9	10	11	12
Ⅰ混	杉+红荷	杉木	169		1.0/5.9	27/16	32/18.9	27/16	30/12.8	25/14.8	12/7.1	5/3.0	1/0.5		
Ⅱ混	杉+木荷	杉木	143			9/6.3	19/13.3	25/12.5	14/9.8	20/14.0	17/11.9	26/18.2	10/6.9	2/1.4	1/0.7
Ⅲ纯	杉纯林	杉木	194	2/1.0	16/8.2	14/7.2	9/4.6	31/16.0	25/12.9	21/10.8	32/16.5	21/10.8	13/6.7	8/4.1	2/1.0
Ⅳ混	杉+火力楠	杉木	111			13/11.7	26/23.4	21/18.9	23/10.7	9/8.1	6/5.4	8/7.2	5/4.5		
Ⅴ纯	杉纯林	杉木	150		4/2.7	17/11.3	19/12.7	20/13.3	13/8.7	24/16.0	19/12.7	14/9.3	10/6.7	7/4.6	3/2.0

(三)混交早期林地养分消耗量增加

1986、1990 年对林分的土壤取样分析，混交林与纯林比较，土壤养分有下降趋势，1986 年测定(0 ~30cm 取样)1990 年再次测定(0 ~10，0 ~30cm 取样)，分析结果表明：各类林分养分均有下降变化，如Ⅰ$_{混}$的有机质从 2. 30% 降至 1. 52%，全氮从 0. 135% 下降至 0. 093%，速效氮从 9. 59%(mg/100g 干土)下降至 6. 19(mg/100g 干土)。Ⅳ$_{纯}$亦有此趋势，相应有机质由 2. 43%→2. 26%，全氮由 0. 154%→0. 138%，速效氮 12. 45→9. 04(mg/100g 干土)，其余类型也有此现象，而总的来看，混交林要下降得快一些。从表土层(0 ~10cm)看，混交造林 6 年后，其养分含量接近或超过纯林，尤以Ⅳ$_{混}$与Ⅴ$_{纯}$对比更为明显(表 4)。以上两种情况的出现均属正常，因为在密度基本相同的条件下，混交林两个树种在单位面积上对养分的消耗量应比纯林大，特别是根系活动层(0 ~50cm)更是如此，在一定期内林地养分下降并不奇怪，它符合在有限的营养空间内多树种充分利用地力，必然消耗较多的养分的一般现象，在枯落物分解、养分归还不及时，这种现象就更明显。所以混交林改土效果有阶段性，在云涌林场特定环境下，以杉木为主的树种与红荷木、木荷、火力楠混交，前 6 年土壤养分有所下降，6 年历年积累的枯落物分解，养分归还，从表 4 内容看有增加的趋势，随着林分年龄的增大，预计有更多的积累，改土作用将会明显。

表 4　两类林分土壤养分变化情况

标准地号	测定时期(year)	取样深度(cm)	有机质(%)	全氮(%)	全磷(%)	全磷(%)	速效氮	速效磷	速效钾
							(mg/100g 干土)		
Ⅰ$_{混}$	1986	0 ~30	2. 30	0. 135	0. 030	–	9. 59	0. 340	1. 24
	1990	0 ~30	1. 52	0. 093	0. 036	2. 98	6. 19	0. 030	3. 00
	1990	0 ~10	2. 65	0. 123	0. 028	2. 60	7. 85	0. 310	4. 30
Ⅱ$_{混}$	1986	0 ~30	2. 37	0. 165	0. 035	–	11. 50	0. 470	1. 63
	1990	0 ~30	1. 86	0. 076	0. 036	2. 35	8. 57	0. 058	4. 00
	1990	0 ~10	2. 51	0. 116	0. 033	3. 26	9. 04	0. 090	3. 40
Ⅲ$_{纯}$	1986	0 ~30	2. 43	0. 154	0. 036	–	12. 45	0. 480	1. 46
	1990	0 ~30	2. 26	0. 138	0. 033	0. 44	9. 04	0. 075	3. 50
	1990	0 ~10	2. 81	0. 129	0. 033	3. 08	10. 24	0. 230	4. 70
Ⅳ$_{混}$	1986	0 ~30	2. 63	0. 150	0. 036	–	10. 44	0. 480	1. 46
	1990	0 ~30	2. 18	0. 104	0. 040	1. 58	9. 04	0. 043	2. 00
	1990	0 ~10	3. 27	0. 171	0. 038	1. 40	10. 24	0. 160	2. 80
Ⅴ$_{纯}$	1986	0 ~30	2. 42	0. 130	0. 033	–	10. 92	0. 330	1. 34
	1990	0 ~30	2. 34	0. 115	0. 032	2. 58	7. 14	0. 058	2. 50
	1990	0 ~10	3. 06	0. 145	0. 036	2. 52	8. 57	0. 180	3. 20

(四)枯落物量及养分含量积聚

1. 枯落物量

混交林每年有大量枯落物覆盖于林地，在逐渐腐烂分解的过程中，不断补充和提高土壤肥力，对维护地力具有良好作用，是森林自我调节维持养分良性循环的重要途径。1986 年对 5 个标准地枯落物测定结果，按Ⅰ$_{混}$、Ⅱ$_{混}$、Ⅲ$_{纯}$、Ⅳ$_{混}$、Ⅴ$_{纯}$的顺序，其量依次为 1158(kg/hm^2，单位下同)、583. 5、273. 0、507. 0、91. 5，比值为 424. 2%、213. 7%、100%、554. 1% 、100%(以纯林为 100% 计算)。1990 年重新测定，按上顺序依次为 2. 65t/hm^2(155%)、2. 84t/hm^2(166. 1%)、1. 71% t/hm^2(100%)、2. 89t/hm^2(166. 1%)、1. 71t/hm^2(100%)、2. 89t/hm^2(283. 3%)、1. 02t/hm^2(100%)，混交林的枯落

物明显的比纯林多(表5)。枯落物主要为阔叶树的枝叶，已少量分解或半分解，而杉木的枯落物未见分解或极少分解，说明混交林的养分归还能力较杉木纯林强。

2. 枯落物的养分含量

枯落物取样分析表明，混交林与纯林比较($Ⅰ_{混}$与$Ⅲ_{纯}$)：N、P、K、Ca、Mg 和灰分相应为前者是后者的1.50倍、1.31倍、2.67倍、1.47倍、2.24倍、2.34倍，其他类型的混交林也有相似的情况。据陈楚莹等人(1984年)测定：杉木枝叶分解速率为54%，火力楠则高达95%，所以混交林中的阔叶树的枝叶能在短期内比针叶树更快分解，以养分元素的形式淋溶渗入到土壤中，成为补充地力的重要渠道。

3. 枯落物的含水量

森林涵养水源的能力，与枯落物的种类、积存量、含水量密切相关。针、阔叶树组成的混交林与针叶纯林比较，前者有更多的含水量。由表5可知，按样方内枯落物鲜，干重计算，依$Ⅰ_{混}$、$Ⅱ_{混}$、$Ⅲ_{纯}$、$Ⅳ_{混}$、$Ⅴ_{纯}$的顺序，其含水量分别为549.43kg/hm^2(178%)、634.37kg/hm^2(201.3%)、319.68kg/hm^2(100%)、954.05kg/hm^2(502.6%)、189.0kg/hm^2(100%)，说明混交林比针叶纯林有良好的水源涵养能力(图1、2)。

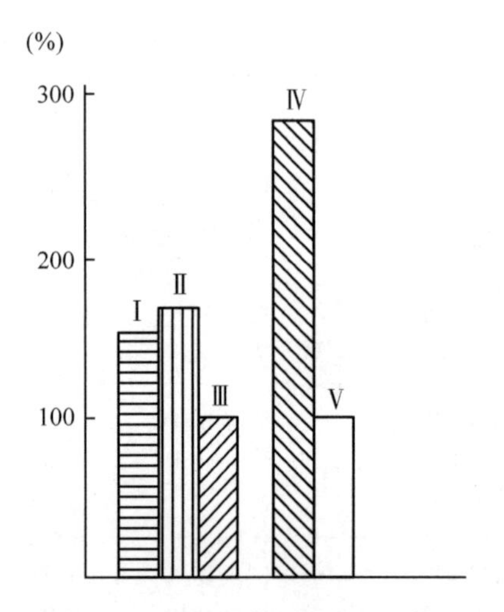

图1 不同林分类型枯落物比较

$Ⅰ = Ⅰ_{混}$ $Ⅱ = Ⅱ_{混}$ $Ⅲ = Ⅲ_{纯}$

$Ⅳ = Ⅳ_{混}$ $Ⅴ = Ⅴ_{纯}$(图2同)

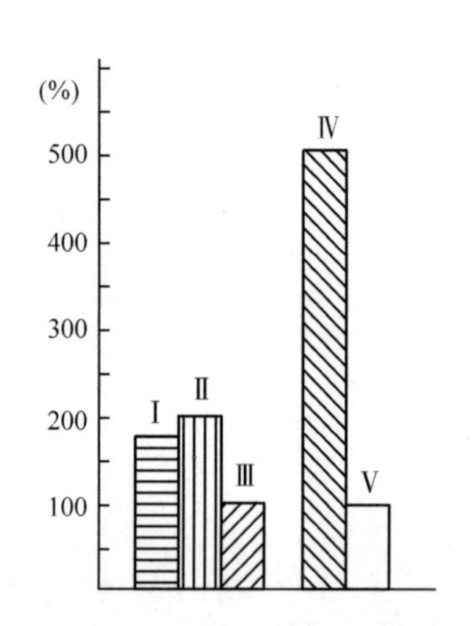

图2 不同林分类型枯落物含量比较

五、混交林林分生物量大

林分生物产量的大小，是客观评价林分生产量高低的重要依据，因为生物量是绿色植物在单位面积上进行光合作用所积累的有机质(东北林学院等，1983)。调查测定结果，造林3年后，在天湖杉木与火力楠混交($Ⅳ_{混}$)，杉木单株地上部位重量，为杉纯林($Ⅴ_{纯}$)单株的1.3倍，连同火力楠的单株重量，则为杉纯林单株重量的7.8倍。即使在山塘尾的立地条件较差，混交林中杉木单株重量偏小，但两个树种的单株合计重量。$Ⅰ_{混}$为$Ⅲ_{纯}$的1.42倍，$Ⅱ_{混}$为$Ⅲ_{纯}$的1.07倍，$Ⅳ_{混}$为$Ⅴ_{纯}$的2.86倍。对地下部分生物量调查结果：单株根量$Ⅰ_{混}$是$Ⅲ_{纯}$的7.35倍，$Ⅱ_{混}$是$Ⅲ_{纯}$的7.84倍，$Ⅳ_{混}$是$Ⅴ_{纯}$的7.42倍。而林分的根量则相应为6.08倍、5、60倍、2.72倍。整个林分的地上、地下生物量，按$Ⅰ_{混}$、$Ⅱ_{混}$、$Ⅲ_{纯}$、$Ⅳ_{混}$、$Ⅴ_{纯}$相应值为180.4%、144.2%、100%、282%、100%(表6)。以上说明：在相似的立地条件下，混交林能充分利用生存空间，以较协调的生长关系，生产出较大的生物量。

表 5　两类林分枯落物量、含水量及其养分元素含量比较

地点	标准地号	树种	样方数	鲜重(g)/干重(g)	含水量(g)/含水量(kg/hm²)	干重(t/hm²) 树种	干重(t/hm²) 合计	养分含量(%)/养分元素贮存量(kg/hm²) N	P	K	Ca	Mg	灰分 Ash
山塘尾	I 混	杉木	红荷与杉木间取3个	452/377	75/749.25	1.26	2.65	0.585/7.37	0.02/0.25	0.13/1.64	0.30/3.37	0.10/1.26	5.04/63.5
		红荷木	杉木与杉木间取6个	248/209	39/389.61	1.39		0.682/9.48	0.03/0.42	0.08/1.11	0.36/5.00	0.13/1.81	4.80/66.7
	II 混	杉木	木荷与杉木间取3个	545/454	91/909.09	1.51	2.84	0.808/12.20	0.03/0.45	0.14/2.11	0.39/5.89	0.12/1.81	9.44/142.5
		木荷	杉木与杉木间取6个	235/199	36/359.64	1.33		0.710/9.44	0.03/0.40	0.09/1.20	0.46/6.12	0.12/1.60	7.51/99.9
	III 纯	杉木	杉木与杉木间取9个	203/171	32/319.68	1.71	1.71	0.656/11.22	0.30/0.51	0.06/1.03	0.35/5.99	0.08/1.37	3.25/55.58
天湖	IV 混	杉木	杉木与火力楠间取3个	932/778	154/1538.46	2.59	2.89	0.652/16.9	0.02/0.52	0.13/3.37	0.35/9.07	0.05/1.30	7.90/204.6
		火力楠	杉木与杉木间取6个	232/195	37/369.63	1.30		0.710/9.23	0.03/0.39	0.04/0.52	0.39/5.07	0.06/0.78	3.84/49.9
	V 纯	杉木	杉木与杉木间取9个	121/102	19/189.81	1.02	1.02	0.804/8.20	0.03/0.31	0.06/0.61	0.48/4.90	0.10/1.02	3.71/37.8

调查测定日期:1990.5。表中数值为多个样方的平均数,样方面积 1m×1m。

表6　两类林分单株林分生物量比较

地点		山塘尾					天湖		
标准地号		I混		II混		III纯	IV混		V纯
树种		杉木	红荷木	杉木	木荷	杉木	杉木	火力楠	杉木
密度（株/hm²）		3300	1185	2955	1080	4260	2800	825	3165
单株重量（kg）	干	0.161	1.180	2925	1.230	0.480	0.360	1.790	0.360
	枝	0.059	1.340	0.310	0.920	0.190	0.130	1.160	0.124
	叶	0.150	1.780	0.067	0.604	0.370	0.410	1.500	0.210
	根	0.180	1.512	0.230	1.670	0.230	0.413	2.040	0.330
	合计	0.550	5.812	0.741	4.524	1.270	1.313	6.590	1.024
	比值（%）	43.3	457.6	58.3	356.2	100.0	128.2	643.5	100.0
生物量（kg/hm²）	干	531.3	1398.3	906.8	1326.8	1597.8	1015.2	1476.8	1139.4
	枝	194.7	1587.9	196.1	1002.6	809.4	366.6	957.0	392.4
	叶	495.0	2109.3	672.8	652.4	1576.2	1156.2	1320.0	664.7
	根	594.0	1791.8	392.0	1803.6	392.0	1161.8	1683.0	1044.5
	合计	1815.0	6887.3	2167.6	4787.9	4822.4	3699.8	5436.8	3241.0
	比值（%）	37.6	142.8	44.9	99.3	100.0	114.2	167.8	100.0

四、小结与讨论

在云涌林场，杉木与红荷木、木荷、火力楠混交，3 年后种间关系激化，特别是红荷木生长较快，在杉木受到欺压时适当修枝、截顶、间伐、控制伴生树种的生长。几个混交类型宜在10 年前进行2～3 次调整种间关系，今后新造林分混交比例扩大至4 或5∶1。

杉木与几个阔叶树种混交，6 年前表层0～30cm 土壤养分消耗较多，其后伴随混交树种枯落物的积累与分解，0～10cm 表层积聚，混交林内枯落物养分含量及含水量均比纯林多，这是混交林能够恢复养分的良性循环与改善生态条件的重要方面。

杉木与几个阔叶树种混交，能充分利用生存空间、分层利用养分和水分，增加生物量，提高生产率，这是营林工作的一个重要方向，随着林业综合利用发展，其意义就更为重大。杉木与火力楠混交，具有良好的生态效益，N、P、K、Ca 与灰分的归还量最多，枯落物的含水量最大，而又具有最高的林分生物量，是值得推广的类型。

参考文献

[1]潘维涛等. 1981. 森林生态系统第一性生产量的测定技术与方法[J]. 湖南林业科学，(2)：1－12.

[2]陈楚莹. 1988. 杉木火力楠混交林生态系统中营养元素的积累、分配和循环的研究[J]. 生态学杂志，(4)：12－14.

[3]东北林学院等. 1983. 森林生态学[M]. 北京：中国林业出版社，16－17，62－63，160－163.

[4]张万儒，许本彤. 1986. 森林土壤定位研究法[M]. 北京：中国林业出版社，84－88.

粤西沿海基干林地受台风影响情况的调查报告[45]

为摸清9615号台风对广东省粤西沿海基干林带的破坏情况，尽快提出恢复沿海基干带的方案，在广东省林业厅的组织下，我们一行4人最近对阳西县、电白县、吴川市、湛江市坡头区、东海岛经济开发试验区等地的沿海防护基干林带遭受9615号台风侵袭情况进行了调查。

一、9615号强台风对沿海防护林带的破坏情况

(1) 9615号强台风的气象特点。今年15号强台风9月9日先后掠过广东省西部地区阳江市的阳西县、茂名市的电白县近海后，在湛江的吴川市吴阳至黄坡一带登陆，经过坡头区、霞山区、赤坎区、遂溪和廉江南部地区，向西移动。15号强台风，风力强、来势猛、移动快，风速48～57m/s，风力12级以上，是百年一遇的大台风，给粤西地区工农业生产和人民生命财产造成严重损失。处于台风袭击第一线的沿海防护林带遭到巨大的破坏，全国闻名的电白博贺林带、吴川吴阳林带、南三林带和东海林带，瞬间风到树折，三龄以上的林带，受到极其严重的破坏。

(2) 对防护林带造成的破坏与损失。在这次台风袭击中，基干林带出于抵御台风的第一线，在发挥防风固沙作用的同时，损失非常严重。据统计，受9615号台风严重损害的基干林带面积达23.87万亩，其中：湛江市16.07万亩，阳江市3万亩，茂名市4.8万亩。受害基干林带出现大面积的风折风倒，据湛江市汇报，受害林带总面积为16.07万亩中，林木折倒率80%以上的有4.83万亩，占30.1%；折到率在20%以下的有3.66万亩，占22.7%，除1～2年生的幼龄林带保存较好外，大部分中龄以上林带几乎完全破坏，此外，这次台风还毁坏林区公路85km和公路树1200多km，世行贷款速生丰产林23.5万亩，经济林果5万亩，一般用材林64万亩，林业直接经济损失达21.1亿元。

(3) 对沿海基干林带生态效益的评价。从这次对沿海基干林带的抗风调查中看到，虽然林带受到很大破坏，历史上大风带来流沙掩埋村庄、农田的灾害，但这次没有出现，说明林带固沙是发挥了很大作用，林带降低了风速，对沿海的村庄、农田、农作物及群众的生命财产起了很大的保护作用，使损失减轻到最低限度。如电白县龙山镇基干林带长15km，横跨5个管理区及圩镇，3万亩田在基干林带保护下没有受到很大损害。电白县旅游区调查，有林带保护的房屋多未受损，而风口处的房屋，基础设施受损非常严重。因此，沿海基干林带的防护效能是十分显著的。

---

[45] 徐英宝、谭绍满、陈远生等发表于《广东林业调研》[1996(8)：10～13]。

二、林带抗风能力下降的原因

(1)这次台风超出了沿海基干林带抗御自然灾害的能力。9615 号强台风是历史罕见的一次特大自然灾害，是粤西新中国成立以来最大的一次，破坏力最大，超出了林带正常的防御台风能力。

(2)部分基干林带年龄衰老，降低了抗风固沙能力。木麻黄林龄越大抗风能力越差。如电白虎头山林带、吴川吉兆林带以及东海岛东间林场的北部沿海林带，林龄为 16 ~ 18 年林木严重被毁。木麻黄防护林如何经营，有待作进一步的研究。

(3)部分林带较窄，削弱了抗御自然灾害的能力。据国家林业部和省有关部门对防护林带的要求，一般宽度应在 100m 以上，但粤西被毁的某些地段基干林带较窄，达不到要求，这也是造成林带防风效能减弱的重要原因之一。

(4)人为开辟风口，降低了基干林带的整体防护效能。粤西沿海具有丰富的旅游资源，旅游部门为征询林业部门的意见，砍去林带，开辟直通海边的大道，人为造成风口，台风侵袭时就造成长驱直入，势不可挡的局面。如虎头山旅游区开辟的一条主干道，宽达 50m 以上，直抵海边，这次台风造成严重经济损失，就是典型的一例。初步调查，在粤西沿海这种旅游点就有 10 个左右。

(5)基干林带造林树种抗风能力的差异。目前，粤西沿海基干林带除营造木麻黄树种为主以外，不少副林带还有桉类、松类、相思类等树种，其中松类的湿地松、加勒比松，桉类的刚果 12 号 W－4、W－5，相思类的台湾相思等抗风能力较强；而尾叶桉、马尾松、大叶相思等抗风能力较弱，其结果导致风害程度不同，故今后在恢复基干林带是除继续把木麻黄作为基干林带的主要树种外，在营造其他林带时考虑选择抗风性强的树种，以加强林带整体的防护效能。

三、对恢复沿海基干林带的意见

粤西沿海基干林带，在抗御 9615 号强台风中发挥了重大作用，自身也受到严重破坏。据现场调查，受台风的影响后，林龄 3 年以上现有的木麻黄林带严重受损，防风作用基本丧失，固沙能力大大下降，必须重新造林，此类林面积达 23. 87 万亩，其中湛江市占一半。

粤西沿海地区是广东省经济发展较快地区，也是对外开放和发展外向型经济重要基地和窗口，沿海防护林体系的建设对保护沿海地区经济建设，改善生态环境，具有十分重大的意义。受灾地区的党政领导和人民群众已有共识，灾后已作出具体行动，湛江市委拨出 80 万元给受灾的场、圃、所，要求有关单位排除万难，马上恢复苗木生产，电白县多方筹集资金，现已开展木麻黄育苗无疑是恢复粤西林带的有利条件。各级党政和人民的重视是恢复粤西沿海基干林带的另一有利条件。

粤西是中国沿海木麻黄林带的发祥地，40 多年来，广东省林业科技人员对木麻黄育苗、造林和选育种等方面进行了大量研究，曾获包括全国科学大会在内的多项科技成果奖，粤西人民群众对造林经营也有丰富的经验，广东省林业厅决定在两年内把沿海基干林带恢复，经努力是完全能够实现的。

通过实地调查，我们认为，恢复粤西沿海林带，不仅仅是过去数量上的重复，而且还要在质量上提高，同时有比过去更好的经济效益，为重绘粤西沿海基干林带新图，我们建议：

1．作好林带规划及组织准备

广东省林业厅和有关林业局对林带恢复要制定专门机构和专人负责，组织技术人员进行调查勘测并作出规划设计，做到责任落实，措施落实，按工程造林办法写出规划设计和绘制造林设计图，规划中对一般基干林带和基干林带中的特殊地段(如旅游区等)以及不同类型困难地段要有不同的造林要求和技术措施，根据林带受毁情况，进行分段分层次施工，严防全线裸露。

2. 做好种苗准备

根据造林面积、落实育苗计划，设置若干中心苗圃，并在造林地附近设置临时苗圃。选用多个优良无性系并在有条件的地方布点设立木麻黄无性小苗培育圃，落实育苗任务，建议由省林业厅营林处组织和调配小苗。注意培育一些健壮的实生苗用作基干林带临海前沿浮动沙地的造林。

3. 造林技术

(1) 林带的宽度。应贯彻因地制宜，因害设防原则，宽度一般在100m以上。建议今后滨海旅游已设计应由各级林业主管部门和科研部门的防护林工程技术人员参加审定。

(2)林带的密度。我们认为每公顷造林1800～2400株(每亩120～160株)为宜。

(3)苗木规格。造林以木麻黄优良无性系容器苗为主，苗高30～40cm，苗龄3～5个月。特殊地段使用的实生苗，也用容器、高60～80cm，苗木要粗壮，苗龄约6～8个月。

(4)施肥技术。要求每株施过磷酸钙150g作基肥，造林后半年至一年追施复合肥100g。

做好造林的抚育管理，一定要实施当年造林能固沙，次年郁闭成林，树高达5m以上。

4. 结合生产开展科学研究

木麻黄林带科研工作在80年代已取得阶段性成果，这次在后林带调查发现了不少问题，我们认为科研工作必须加强，建议重点如下项目。

(1)良种选育。在速生、干型良好、抗逆性强的指标中，应重视抗风一项，选用优良无性系，实行多系造林。

(2)多树种、多层次造林新技术的探索。建议滨海沙土引入椰子等棕榈科树种以及相思类等阔叶树及加勒比松、湿地松等针叶树种，为滨海旅游创造良好的环境和提高防护性能。

这些项目可设立专门协作机构，结合生产，每年营造一定面积的试验林、示范林，列入林业厅生态功能公益林造林计划并拨给足够经费。

5. 造林资金的初步预算和筹集

此次调查，对林带恢复的造林成本，每到一地都加以核实，初步认为，每亩造林成本需150元，其中苗木50元，基肥50元，追肥20元，造林整地40元，造林用工20元，抚育管理5元；另外风灾清理林地(包括挖树头)预计每亩需100元未列入预算。粤西林带恢复重新造林共23.87万亩，计需资金3600万元。沿海防护林生态公益林，建议由中央、省地方各级政府多方筹集。

混交林的土壤物理性质与微生物数量及酶活性的研究⑯

摘要：研究了枫香×樟树、楠木×尖叶杜英、椆木×海南红豆、格木×海南红豆、火力楠×阴香、枫香×米老排×降香黄檀、樟树×马占相思混交林林地的土壤物理性质与微生物数量及酶活性。各林地的容重、毛管孔隙、非毛管孔隙、自然含水量、毛管持水量的不同引起其保水性和通气性的差异。细菌是土壤微生物总量的主要组成者。各混交林地的细菌、真菌、放线菌的数量差异大。各混交林地的脲酶、过氧化氢酶和纤维素分解酶活性有一定的差异。放线菌与容重呈显著正相关，而与总孔隙呈显著负相关。脲酶与自然含水量、毛管持水量、毛管孔隙呈显著或极显著正相关。

关键词：混交林　土壤物理性质　土壤微生物　酶活性　相关关系

水源涵养林通过其枯枝落叶层和多孔的土壤吸收和蓄积降水，并通过其林冠层、林下的植被、地被物层、森林土壤、森林小气候对降水形成的地表径流、壤中流、地下径流产生的物理、化学及生物作用改善水质，为城市提供清洁用水。东源县位于东江中上流，而东江为香港和深圳提供用水。由于东源县的植被多为天然次生林和以松类、杉木、桉树为主的人工林，涵养水源效果不佳，引起有关人士注意。广东省在东江流域大力投资建设由乡土阔叶树种构成的水源涵养林，以提高涵养水源功能。

对于针叶林和针阔混交林林地的土壤状况有较多的报道(陈竑峻等，1993；杨玉盛等，1994；邓仕坚等，1994；孙翠玲等，1995，1997；焦如珍等，1997；杨承栋等，1999；许景伟等，2000)，而阔叶混交林林地的土壤状况尚欠研究(薛立等，2003)。笔者对东江的阔叶混交幼林林地的土壤物理性质与土壤微生物数量及酶活性进行对比分析，试图揭示不同混交林对土壤性质的影响，这对水源涵养林的营造具有一定的参考价值。

一、试验地概况

试验地位于东源县仙塘镇附近的山地，属于亚热带气候。降雨量充沛，集中在夏季和初秋。气候温和，夏无酷暑，冬无严寒，无霜期长。年平均气温20℃，平均日照1850个小时。降雨量充沛，平均每年达1665 mm。土壤为中低丘陵花岗岩发育的中腐殖质、中土层酸性赤红壤，土层深达1m以上。

试验地原为马尾松 *Pinus massoniana* 火烧迹地，林地上有少量残存的马尾松和杉树 *Cunninghamia lanceolata*、湿地松 *Pinus elliottii* 幼树，林地植被以铁芒萁 *Dicranopters dichotoma*、桃金娘 *Rhodomyrtus tomentosa* 和芒草 *Miscanthus sinensis* 为主。2000年3月试验地造林前按株行距2m×2m块状整地。试验林面积$20hm^2$，由30个乡土阔叶树种构成7个不同混交组合(表1)。

⑯ 薛立、陈红跃、徐英宝等发表于《土壤通报》[2004，34(2)：154～158]。

表1　东江水源涵养林不同混交组合

林分	主要树种	混交树种	下层树种
枫香×樟树	枫香、樟树	马占相思、海南红豆、阴香、八角、秋枫、木荷	铁冬青、大头茶
楠木×尖叶杜英	楠木、尖叶杜英	枫香、木荷、马占相思、米老排、椆木、红锥、阴香	鸭脚木
椆木×海南红豆	椆木、海南红豆	枫香、木荷、红锥、阴香、土沉香、樟树、复羽叶栾树、马占相思、海南蒲桃	铁冬青、大头茶
格木×海南红豆	格木、海南红豆	火力楠、红锥、海南红豆、黎蒴、红荷木、马占相思	铁冬青、大头茶、红花油茶
火力楠×阴香	火力楠、阴香	复羽叶栾树、海南红豆、楠木、红锥、木荷、杨梅、马占相思、降香黄檀、千年桐、红苞木、樟树	铁冬青、大头茶
枫香×米老排×降香黄檀	枫香、米老排、降香黄檀	红锥、黎蒴、八角、复羽叶栾树、马占相思、楝叶吴茱萸、火力楠、木荷	铁冬青、大头茶
樟树×马占相思	樟树、马占相思	海南红豆、阴香、杨梅、红苞木、复羽叶栾树、深山含笑、降香黄檀、椆木、大叶杜英、楝叶吴茱萸、黎蒴、木荷、枫香	铁冬青、红花油茶

二、研究方法

2000 年 3 月在 7 个混交林地中各设 1 个样地，样地面积为 20m×30m。2000 年 12 月用常规方法采取 7 个样地中 0～40cm 处的土样，带回实验室分析微生物数量和酶活性。土壤微生物计数用稀释平板法(中国科学院南京土壤研究所微生物室，1985)。纤维素分解酶用硫代硫酸钠滴定法测定；过氧化氢酶用高锰酸钾滴定法测定；脲酶用扩散法测定(关松荫等，1986)。用环刀法测土壤容重和进行其他土壤物理性质的分析(中国科学院南京土壤研究所，1978)。

三、结果与分析

(一)土壤物理性质

在各混交林地中，土壤容重的大小顺序为樟树×马占相思林地＞枫香×米老排×降香黄檀林地＞格木×海南红豆林地＞火力楠、阴香林地＞椆木×海南红豆林地＞枫香×樟树林地＞楠木×尖叶杜英林地，总孔隙的大小顺序正好相反，说明各混交林地按照土壤容重的大小顺序土体趋于疏松，土壤容蓄能力增加。

各混交林地的土壤毛管孔隙呈现枫香×樟树林地＞楠木×尖叶杜英林地＞枫香×米老排×降香黄檀林地＞樟树×马占相思林地＞格木×海南红豆林地＞椆木×海南红豆林地＞火力楠×阴香林地。土壤毛管孔隙多有利于水分保持，因此，各林地毛管持水量的大小顺序与土壤毛管孔隙相同。

表2　土壤的物理性质

林分	容重（g/cm³）	毛管空隙（%）	非毛管空隙（%）	通气孔隙（%）	总孔隙（%）	自然含水量（%）	毛管持水量（%）
枫香×樟树	1.05	53.7	8.1	35.6	61.8	25.00	51.5
楠木×尖叶杜英	0.96	49.2	15.9	44.5	65.1	21.50	51.3
椆木×海南红豆	1.11	32.7	27.1	41.5	59.8	16.61	20.4
格木×海南红豆	1.13	33.6	25.3	39.7	58.9	17.00	29.7
火力楠×阴香	1.10	21.3	38.1	43.5	59.4	14.50	19.5
枫香×米老排×降香黄檀	1.20	40.7	15.8	36.0	56.5	17.16	34.0
樟树×马占相思	1.44	32.9	12.8	30.0	46.7	11.75	23.5

土壤非毛管孔隙和通气孔隙可以反映土壤的通气状况。火力楠×阴香林地、椆木×海南红豆林地、格木×海南红豆林地的非毛管孔隙大于25%，而其余林地的非毛管孔隙小于16%。土壤通气孔隙则呈现楠木×尖叶杜英林地>火力楠×阴香林地>椆木×海南红豆林地>格木×海南红豆林地>枫香×米老排×降香黄檀林地>枫香×樟树林地>樟树×马占相思林地。一般来说，总孔隙在50%左右，其中非毛管孔隙占1/5～2/5为好(北京林学院，1982)，枫香×樟树林地的非毛管孔隙仅占总孔隙的13%，火力楠×阴香林地则高达64%，其他混交林地为24%～45%。

自然含水量受土壤孔隙数量和组成的影响。各林地的自然含水量呈现枫香×樟树林地>楠木×锥栗林地>米老排×降香黄檀林地>格木×海南红豆林地>椆木×红锥林地>火力楠×复羽叶栾树林地>樟树×马占相思林地。枫香、樟树林地、楠木×锥栗林地和米老排×降香黄檀林地的毛管孔隙多，因而自然含水量高。在7种林地中，火力楠×复羽叶栾树林地的毛管孔隙最少，而樟树×马占相思林地的总孔隙最少，导致了这2种林地的自然含水量低。

总的来说，枫香×樟树林地的土壤容重小，土壤毛管孔隙多，但是非毛管孔隙和通气孔隙少，因而土壤保水性好而通气性差；楠木×锥栗林地的土壤容重小，土壤毛管孔隙和通气孔隙多，故土壤保水性和通气性均好；椆木×红锥及火力楠×复羽叶栾树的土壤通气性好而保水性差；格木×海南红豆林地的保水性和通气性中等；米老排×降香黄檀林地保水性而通气性差；樟树×马占相思林地的土壤容重大，土壤毛管孔隙和通气孔隙少，因而土壤保水性和通气性均差。

(二)土壤微生物数量和酶活性

土坡徽生物在生态系统中的作用非常重要。细菌分解土壤中的有机残体，释放CO_2供植物进行光合作用。同时代谢产生许多有机酸类能提高土壤养分的有效性。细菌是微生物总量的主要组成者，在混交林地中占微生物总量的82.12%　～99.89%(表3)。各混交林地的细菌数量差异大，枫香×樟树林地的细菌数量比其他林地大7倍以上，为细菌数量最小的火力楠×阴香林地的33倍。枫香×樟树林地的自然含水量和毛管持水量在混交林地中最大，而水是原生质的主要成分，供应适当对营养体发育有利(亚历山大，1983)，从而使细菌数量增加。真菌能将有机质彻底分解，增加土壤的N含量，也可促进腐殖质的形成。在混交林地中真菌所占微生物的比例仅为0.01%～5.73 %。枫香×樟树林地的真菌数量特别少，不到其他林地的1/4，仅为椆木×海南红豆林地的1/34。真菌对土壤中氧气较敏感(亚历山大，1983)，枫香×樟树林地的非毛管孔隙和通气孔隙少可能是其真菌数量少的原因。火力楠×阴香林地的真菌数量比枫香×樟树林地多，但是比其他林地少的多，这可能与其土壤水分含量低有关，因为环境水分的改善有利于真菌的增加(亚历山大，1983)。放线菌积极参加有机质分解，多种放线菌能分解木质素、纤维素、单宁、蛋白质等物质，其占的比例为微生物总量的0.07%～15.00%。在混交林地中樟树×马占相思林地的放线菌数量最大，枫香×樟树林地的最小，前者为后者的21倍。放线菌喜欢干燥的环境，而枫香×樟树林地的自然含水量和毛管持水量在混交林地中最大，樟树×马占相思林地的自然含水量在各林地中最小，这可能是造成前者放线菌数量小而后者放线菌数量大的原因。

由上可见，枫香×樟树林地的细菌数量大，真菌和放线菌数量小；楠木×尖叶杜英林地的细菌和放线菌数量大，真菌数量中等；椆木×海南红豆林地的细菌和放线菌数量小，真菌数量大；格木×海南红豆林地的细菌和真菌数量小，真菌数量中等；火力楠×阴香林地的细菌和放线菌数量大，真菌数量中等；枫香×米老排×降香黄檀林地的细菌、真菌和放线菌数量均小；樟树×马占相思林地的细菌和真菌数量小，放线菌数量较大。

表3　土壤微生物和酶活性

林分	微生物（10^4个/克干土）	细菌（10^4个/克干土）	真菌（10^4个/克干土）	放线菌（10^4个/克干土）	脲酶[NH_3-N mg/(kg·d)]	过氧化氢酶[0.1mol/L $KMnO_4$ ml/(g·h)]	纤维素分解酶[0.1mol/L $Na_2S_2O_3$ ml/(kg·d)]
枫香×樟树	1401.7	1400	0.15	1.02	742.70	7.26	3.86
楠木×尖叶杜英	173.19	165	2.41	5.78	777.40	7.37	3.84
椆木×海南红豆	87.84	81	5.03	1.81	462.00	6.60	6.39
格木×海南红豆	115.56	107	4.28	4.28	480.10	6.73	4.39
火力楠×阴香	46.88	42	0.64	4.24	508/50	6.42	4.23
枫香×米老排×降香黄檀	62.49	57	1.59	3.90	481/09	6.09	5.18
樟树×马占相思	139.94	115	3.94	21.00	451.50	7.67	4.41

土壤酶催化土壤中的一切生物化学反应，酶活性高低是土壤肥力的重要指标之一。脉酶能促进有机分子中肽键的水解，其活性可以用于表示氮素供应状况。枫香×樟树林地和楠木×尖叶杜英林地的脉酶活性比其他林地大46%以上，这有利于改善氮素供应状况。这2种林地土壤水分含量高，导致其脲酶活性增强。

过氧化氢酶能催化过氧化氢成水和分子氢，其强度表征土壤腐殖化强度大小和有机质积累程度。过氧化氢酶的活性与土壤有机质关系密切。枫香×樟树林地、楠木×锥栗林地及樟树×马占相思林地的过氧化氢酶的活性比其他林地大，反映其土壤有机质转化快，有利于土壤肥力的提高。

纤维素分解酶是表征土壤碳素循环速度的重要指标。椆木×海南红豆林地的纤维素分解酶活性最高，火力楠×阴香林地次之，而枫香×樟树林地和楠木×尖叶杜英林地较低。纤维素分解酶活性与枯枝落叶中木质素含量有关。各种林地的凋落物中木质素含量的不同可能造成其纤维素分解酶出现差异的原因。

（三）土壤物理性质与微生物数量和酶活性的关系

一些土壤物理性质和土壤微生物及土壤酶活性有密切关系（表4）。土壤自然含水量和细菌数量呈显著正相关。反映出在调查林地的土壤含水量范围内，细菌的发育随着土壤含水量的增加而变得有利，细菌数量不断增加。放线菌与容重呈显著正相关，而与总孔隙呈显著负相关。这说明在调查林地的土壤条件下，放线菌在容重较大而总孔隙较少的土壤中发育良好，因为这样的土壤毛管孔隙少，比较干燥，细菌和真菌发育受影响，有利于放线菌得到更多的营养。脲酶与自然含水量、毛管持水量、毛管孔隙呈显著或极显著正相关，显示出土壤水分含量有利于脲酶活性的增加。

表4　土壤物理性质与微生物数量及酶活性的相关系数(R)

项目	细菌	真菌	放线菌	脲酶	过氧化氢酶	纤维素分解酶
自然含水量	0.763 *	-0.475	-0.636	0.683 *	0.150	-0.341
容重	-0.281	0.342	0.823 *	-0.688	0.185	0.177
毛管持水量	0.649	-0.467	-0.284	0.916 * *	0.384	-0.569
毛管孔隙	0.680	-0.292	-0.198	0.789 *	0.424	-0.339
非毛管孔隙	-0.570	0.131	-0.262	-0.464	-0.570	0.283
通气孔隙	-0.261	-0.058	-0.632	0.290	-0.350	0.036
总孔隙	0.279	-0.322	-0.841 *	0.657	-0.208	-0.142

$R_{0.05}$ =0.755 * 显著相关；$R_{0.01}$ = 0.875 * * 极显著相关；n =7。

四、结论

(1)枫香×樟树林地和枫香×米老排×降香黄檀林地的保水性好而通气性差，楠木×尖叶杜英林地的保水性和通气性均好；椆木×海南红豆林地及火力楠×阴香林地的通气性好而保水性差，格木×海南红豆林地的保水性和通气性中等，樟树×马占相思的保水性和通气性均差。

(2)细菌是微生物总量的主要组成者，占微生物总量的82.12% ~99.89%。各混交林地的细菌、真菌和放线菌的数量差异大。各林地中，枫香×樟树林地的细菌数量比其他林地大7倍以上，椆木×海南红豆林地、格木×海南红豆林地、樟树×马占相思林地的真菌数量较大，樟树×马占相思林地的放线菌数量为其他林地的3.6倍以上。

(3)各混交林地的酶活性有一定的差异。枫香×樟树林地和楠木×锥栗林地的脲酶活性比其他林地大46%以上。枫香×樟树林地、楠木×尖叶杜英林地及樟树×马占相思林地的过氧化氢酶的活性略大于其他林地。椆木×海南红豆林地的纤维素分解酶活性是最高，火力楠×阴香林地次之。

(4)土壤自然含水量和细菌数量呈显著正相关。放线菌与容重呈显著正相关，而与总孔隙呈显著负相关。脲酶与自然含水量、毛管持水量、毛管孔隙呈显著或极显著正相关。

参考文献

[1]M. 亚历山大. 广西农学院农业微生物学教研组译. 1983. 土壤微生物学导论[M]. 北京：科学出版社

[2]北京林学院. 1982. 土壤学(上册)[M]. 北京：中国林业出版社.

[3]陈兹峻，李传涵. 1993，杉木幼林地土壤酶活性与土壤肥力[J]. 林业科学研究，6 (3)；321 ~326.

[4]邓仕坚. 张家武. 陈楚莹，等，1994. 不同树种混交林及其纯林对土壤理化性质影响的研究[J]. 应用生态学报. 18 (3)：236 ~242.

[5]关松荫，等. 1986. 土壤酶及其研究法[M]. 北京：农业出版社.

[6]焦如珍，杨承栋，屠星南，等. 1997. 杉木人工林不同发育阶段林下植被、土壤微生物、酶活性及养分的变化[J]. 林业科学研究，10 (4)：373 ~379.

[7]孙翠玲，朱占学. 王珍，等. 1995. 杨树人工林地力退化及维护与提高土壤肥力技术的研究[J]. 林业科学，31(6)：506 ~512.

[8]孙翠玲，郭玉文，佟超然，等. 1997. 杨树混交林地土壤微生物、酶活性的变异研究[J]. 林业科学，33 (6)：488 ~496.

[9]许景伟，王卫东，李成. 2000. 不同类型黑松混交林土壤微生物、酶及其与土壤养分关系的研究[J]. 北京林业大学学报，22(I)：51 ~55.

[10]薛立，邝立刚，陈红跃，等. 2003 不同林分土壤养分、微生物与酶活性的研究[J]. 土壤学报，40 (2)：280 ~285.

[11]杨承栋，焦如珍，盛炜彤，等 . 1999. 江西省大岗山湿地松林土壤性质的变化[J]. 林业科学研究，12（4）：392～397.
[12]杨玉盛，李振问，俞新妥，等 . 1994. 南平溪后杉木林取代杂木林后土壤肥力变化的研究[J]. 植物生态学报，5（2）：126～132.
[13]中国科学院南京土壤研究所 . 1978. 土壤理化分析[M]. 上海：上海科学技术出版社 .
[14]中国科学院南京土壤研究所微生物室 . 1985. 土壤微生物研究法[M]. 北京：科学出版社 .

马尾松(桐棉松)中成林多因子试验设计方案[47]

“八五”期间，虽然马尾松纸浆材和建筑材林在樟木头林场建立不同密度间伐固定样地25块，进行了较系统、较全面的实验研究工作，特别在栽培技术研究方面做了不少工作，但由于研究时间短，要提出马尾松不同材种工业专用林定向培育的整套技术为时尚早。因此，根据广东发展马尾松工业用材林技术发展规划要求，在“八五”期间执行第一阶段的基础上，转入第二阶段的科技攻关，进一步完善马尾松工业专用林定向培育的优化栽培模式研究是必要的。本研究是在“八五”研究的基础上，进一步应用系统工程的整体性原理和控制论的“黑箱”原理，采用均匀设计实验法，研究不同的间伐强度，不同肥料种类和配比对马尾松(桐棉松种源)人工林生长的影响，以建立马尾松(桐棉松种源)林分的产量收获模型，找出各栽培措施的最优区域和最优搭配组合方案，进而提出培育马尾松大径级胶合板材林的优化栽培模式，这在理论上和实践上均有重要意义。

为此，设试验的因素级水平值见表1。

表1　因素水平表

因素	水平列													
	1	2	3	4	5	6	7	8	9	10	11	12	13	14
密度(株/亩)	60	60	90	90	120	120	150	150	180	180	210	210	240	240
过磷酸钙(g/株)	0	0	100	100	200	200	300	300	400	400	500	500	600	600
尿素(g/株)	0	0	75	75	125	125	175	175	225	225	275	275	325	325
氯化钾(g/株)	0	0	75	75	125	125	175	175	225	225	275	275	325	325

试验在新丰县芹菜塘林场1988年营造的马尾松(桐棉松种源)现有林(9年生)内进行，采用均匀设计实验安排，试验条件见表2。小区面积约1亩，随机区组排列，重复3次。

试验小区排列图见图1。

图1　试验小区排列图

Ⅰ	8	4	2	6	12	10	3	14	1	13	5	11	9	7
Ⅱ	3	14	7	11	6	1	10	4	9	2	12	5	8	13

(1) 肥料费预算：过磷酸钙总需量1356kg，单价1元/kg，合计1356元；尿素，总需量628.5kg,

[47] 徐英宝为“马尾松纸浆材、中纤板材、建筑材和胶合板材林优化栽培模式”课题设计方案负责人，原文提出于1997年9月(未发表)。

单价 2.6 元/kg，合计 1634 元；氯化钾，总需量 631.5kg，单价 1.8 元/kg，合计 1136 元。肥料费总计 4126 元。

(2)间伐施肥用工费：150 元/亩，共计 4200 元。

(3)样地设置，调查，实施，建档，旅差费，6 人 10 天 6000 元。

预算总计：14326 元。

表 2　试验条件表

试验号	试验条件			
	密度(株/亩)	过磷酸钙(g/株)	尿素(g/株)	氯化钾(g/株)
1	60	100	175	325
2	60	300	325	275
3	90	500	125	225
4	90	0	325	175
5	120	200	125	125
6	120	400	275	75
7	150	600	75	0
8	150	0	275	325
9	180	200	75	275
10	180	400	225	225
11	210	600	0	.175
12	210	100	225	125
13	240	300	0	75
14	240	500	175	0

营造 $1000hm^2$ 短轮伐期互叶白千层经济林的可行性报告[48]

一、背景

1997 年 8 月 24 日，广西北海市中达公司总经理连军先生通过华南理工大学副校长、湛江海洋大学党委书记陈年强高级工程师与华南农业大学林学院陈北光院长、徐英宝教授、陈尊典教授会晤，并提出要在广东湛江(廉江)或广西北海(合浦)用互叶白千层种子 14kg 营造 $1000hm^2$ 面积的互叶白千层经济林工程项目任务，经过先后两次洽谈，确定先由徐英宝教授提出该工程项目的可行性论证，然后组织有关人员赴澳大利亚对该树种经营开发情况进行实地考察，最后由华南农业大学林学院提出 $1000hm^2$ 互叶白千层经济林总体规划设计方案。为此，还建议北海中达公司应成立一个公司企业实体，专门负责该工程项目的经营与全面管理工作。

二、引进开发互叶白千层资源的必要性

互叶白千层[*Melaleuca alternifolia* (Cheel)]为原产于澳大利亚新南威尔士北海岸一带。属桃金娘科白千层属的灌木类型经济植物。1925 年 Penfold 和 Grand 首次报道互叶白千层鲜枝叶可提取精油，尔后便作为澳大利亚一种超短周期香料植物来利用。它生长速度快，树干通直，萌芽力强，一次种植可多次收获，生物量还逐年有所增加。这种白千层油是一种对许多常见病原菌和真菌有良好抗菌作用，现已成功用于烧伤(灼伤)处理上，它是一种有特殊价值的护肤剂，能使面部清洁和健康。

由于白千层油的稳定性和香味品质，还受到食品防腐、调味、香料、化妆品、香皂等工业关注。目前，它像宠儿一样开始广泛用于诸如防腐霜、防腐膏、药物洗发水、香波、漱口水等保健化妆系列产品。

澳大利亚为白千层油主产国，以往原有天然林 $350hm^2$，年产白千层油约 50t，80% 的产品出口美国和东南亚地区。但 90 年代以来，白千层油的需求量和市场价格都有戏剧性的变化，现在世界对用精油和离析菌制造的调味品和香精的需求量，每 7 年就增加 2 倍。据市场预测，世界白千层油的需求量达 1500t，1993 年这种精油市场销售价每吨 66 800 美元，现价格仍在上升中。

目前，澳大利亚白千层油的生产，大多数是采割小片灌木。到 1990 年末，主要生产者大约 5 家，它们是：澳大利亚人工林公司(Australian Plantations)、澳大利亚“茶树”种植园(A. Tea tree Estates)、星期四人工林公司(Thursday Plantations)、“茶树”地产租地公司(T. Tree Property Holdings)、Ballina“茶

48 徐英宝为该可行性报告执笔人，完成于 1997 年 9 月 12 日(未发表)

树”种植园(Ballina Tea Tree Estates)。

因此，澳大利亚在严格控制该树种子出口的同时，从1992年以来已扩种互叶白千层种植园380hm^2，使精油年产量每年增加了105.6t，即使如此，也远远不能满足世界市场对该油的需求量。所以，在我国引进互叶白千层，营建原料生产基地，对发展林业产业经济和“三高”农业均有重要意义，经济发展前景也是很好的。

三、广东互叶白千层引种情况

高要市林业局于1993年3月首次引种互叶白千层，造林2.5hm^2。1993年11月调查，造林保存率92%，平均树高0.94m，平均地径2.0cm，平均单株地上部分生物量0.25kg。采割鲜枝叶进行精油×蒸馏测定其精油含量为0.84%。1993年12月经专家验收，鉴定，该树种在高要初步试种栽培是适生的，化学分析精油的主要成分松油醇—4为36.5%，已接近原产地2782白千层油的标准，但引种培育技术一般，立地选择不理想，管理较粗放，所以该数单位面积生物产量偏低。

华南农业大学林学院于1994~1995年间与高要市林业局合作开展了互叶白千层集约栽培技术研究，即引种后盆栽苗的土壤质地、灌溉、施肥以及幼林施基肥和追肥实验，初步摸清该树种一些生态特性的培育技术，特别注意超短周期培育技术中的良种选育、种植密度、施肥、灌溉、套种、优化经营模式等问题的解决，以提高该树的生物量、精油含量和精油品质，最终达到高产、优质、高效、持续经营的目标。这方面的研究结果部分内容已提出《互叶白千层引种与栽培试验初报》论文一篇，将刊于1997年第4期《林业科学研究》上。

1996年高要市林业局又获得中央林业部资助的互叶白千层中试项目任务，面积66.6hm^2，这次中试林地选择得到改善，主要租赁当地撂荒的农田土壤，水肥条件较好，更适于互叶白千层生长，因而林分生物产量有所增加。这一中试成果将为该树种在华南地区大面积推广提供了实用技术。

四、经营战略

这里所指的经营战略是拓展开展互叶白千层油的最佳战略，这使投资者的利润增加到最大限度。

所设计的经营战略是根据详尽的可行性研究后提出，包括但不限于：住宅开发、旅游开发、生物种植、科学研究与开发。

本开发阶段的经营战略，要求工程计划集中于能表现获得最显著利润的“互叶白千层油”。互叶白千层种植15个月后即可收获，但其产量低于随后几年。这些产量要依靠选种和现代先进技术。特别在通过提高土壤肥力、生产力和基础结构，去开发低质土地使之成为生产力和活动能力强的企业方面做出成效。独特的和稳定的技术，这种经营实力会大大增加工程计划的进展。

长期的经营战略需要对基本经济条件和沿着上述方针的任一种或受特殊的市场条件所左右的其他任何利润的可能发展。

五、营造互叶白千层经济林的关键技术环节

(一)林地选择

互叶白千层原产于澳大利亚新威尔士州北海岸，即南回归线上下滨海平原的狭窄地带，属亚热带暖湿气候，年平均温度19~21℃，年降水量1400~1600mm，喜生于深红色火山土、深褐色和黑色土类，能耐淹浸，最适生于潮湿肥沃的土壤。

因此，把互叶白千层引种到广东雷州半岛或桂南合浦，完全可以选择出该树种适生的自然气候、

地形、土壤条件。气候上，粤西是光照充足，年总辐射量大(481.16kJ/cm^2)，热量丰富，夏长冬暖(雷州年均温23℃左右)，年雨量充沛(1400~1600mm)的地区。地形、土壤方面，选择滨海平原台地，地势平缓，土层深厚，肥力中等，便于机耕作业的砖红壤或退耕的农田旱地。

但局限因子是每年台风频繁、干旱季长、冬偶有低温、土壤肥力较低等，这些对引种像互叶白千层经营强度大的经济树种有很大影响。

(二)重视整个生产基地的总体 规划设计工作

林地选定后要有一个长远安排。边界最好有车道或公路包围，以提供优越的进出道路，基地靠近城镇，甚至能与铁路和空运网络相接。还要根据实际需要，设计不同类型的农田防护林网，以减轻风害、低温对林分破坏。

同时，从长远经营建设考虑，从开始就要着眼于土地与植株的资产成本建设，它包括：采伐设备、蒸馏设备和库房；灌溉喷洒设备；拖拉机及附件设备：车辆、中耕机设备等。

(三)精耕整地

采用机械耕作整地，全面机耕纵横各一次，深耕40cm。并开造林行沟，行距100cm，株距45~50cm。

(四)提高土壤肥力的主要措施

由于互叶白千层人工林属超短轮伐期经营的作物类型，如何维持和提高地力就是一个能否今后持续经营的重要技术。粤西或桂南林用土地的土壤基本性状是风化和淋溶强烈，富铁铝化作用明显，土层虽厚，但水土流失严重，土壤贫瘠，严重缺磷、钾，呈酸性。为此，要特别重视科学施肥，间种绿肥、牧草(如糖蜜草、柱花草、菠萝等)，多施有机肥和基肥，实行氮磷钾肥配施，并改进整地方式等，这些措施是防止林地土壤退化、培肥土壤的最有效方法。

(五)良种壮苗培育

这次互叶白千层人工造林的全部种子均采用常规的容器实生苗培育。播种期在11月中旬，先苗床撒播，后移植营养袋，营养土采用火烧土、干净河沙、黄泥心土、复合肥等配成，水肥精细管护，出圃期4个月，苗高20cm以上。按造林总面积1000hm^2，每公顷平均种植2.2万株计，总需苗量为2200万株，再加10%补植苗量200万株，总育苗量2400万株。

从互叶白千层长久经营看，良好选育是集约栽培的重要内容，良种选育特别要开展无性系林业的研究，走无性繁殖技术的途径，它以人工选育出的无性系为基础而组成的一种人工林综合经营体系，其最大优点在于生物学、林学和自然资源利用方面达到最大的合理性，实现收获产品品质的预见性，从而获得优厚的经济效益回报。

(六)合理密植

在营造特用经济林时，要根据自然立地条件、树种特性、经营目标和集约经营程度等来确定适宜的种植密度，这也是获得最好生物产量的重要技术一环。这次互叶白千层种植密度是根据高要密度初试情况和原产地集约栽培模式做法综合考虑后拟安排两种密度，即每公顷20 000株和24 000株，以探求精油产量和品质的相关性。

(七)林分抚育管理

造林后整个林分还需精细管理，每年要进行两次全面铲草松土、施追肥、中耕培土，时间分别在6~7月和10~11月各一次。必要时，安装灌排水体系，特别是干旱季节的灌溉喷洒对经济产量和油份品质提高有重要意义。除此，加强护林，防止人畜破坏，及时注意病虫害，适时加以防治。

六、工程技术投资概算和精油产量效益预估

(一)造林成本

互叶白千层1000hm^2工程造林成本概算，包括偶然性的不可预见费共计2380.5万元，资金期望于

来自工程计划的现金来源和额外贷款。

（二）精油产量效益预估

根据专家的市场调查研究和产量分析，以及这次营造的互叶白千层 1000hm^2 工程项目的备耕情况和经营计划，可以预期达到原产地该树种最适宜立地与集约经营程度的一般平均产量是可能的，即每公顷种植密度 22 000 株，种植后 15 个月单株生物量收获 0. 8kg，总生物量的含油量为 0. 6%，计算，每公顷生产 105. 6kg 精油，1000hm^2 生产经营总量 105. 6t。按目前互叶白千层油市场销售价每吨 69 000 美元计，总产值达 728. 64 万美元，兑汇人民币 1 美元 8. 3 元计，总产值 6047. 7 万元，即投入产出比为 1∶2. 45，就是说互叶白千层造林后 15 个月不仅收回栽种成本，还有丰厚的利润回报，更不用说以后若干年将会以很少投入而获得更大的经济效益。

表 1　互叶白千层工程造林投资概算

项目	单价（元）	亩预算（元）	公顷预算（元）	总预算（万元）
1. 育苗	0. 25/株	400	6000	600
2. 整地		160	2400	240
3. 种植	22/亩	40	600	60
4. 肥料	2. 6/kg（复合肥） 0. 32t/亩	832	12 480	1248
5. 抚育	22/（亩・次）	80	12 300	120
6. 管护	（含不可预见费占总投资 5%）	75	11 125	1112. 5
合计		1587	23 805	2380. 5

西樵山森林景观改造试验研究方案[49]

一、目的意义

根据《西樵山森林景观改造总体规划设计》指出，西樵山森林景观改造是一项特殊的森林生态建设工程，在改造过程中要保持西樵山的“绿化”基调不至于突然强度变化，并能逐渐恢复其新的森林景观面貌。因此，在实施西樵山森林景观改造过程中，应重视科技内涵和投入，这是确保改造获得预期成功的关键，试验课题的拟定将紧密结合西樵山森林景观实际，主要内容包括造林适生树种的选择，探讨树种的生态特性，在森林结构组成方面进行多类型试验，提出配套适用的人工重建栽培技术，从而总结出一套即可大部分保留现有林分树种资源，又能保证引入的建群种成活、生长、协调、稳定，不引起水土流失的科学培育技术。

二、试验内容

(一)树种选择

本试验选用树种是根据西樵山自然地理条件和广东各地长期造林园林绿化实践可取的，为南亚热带季风常绿阔叶林和具季相变化亚热带常绿半落叶林两个景观类型需要，并注意乡土树种与外引树种结合，考虑树种特性、生长特点、层次结构、色泽变化或落叶与否等，以期恢复形成的森林景观与旅游环境相协调，具有较强的林分抗逆性和生长稳定性。为此，现经具体落实能够在 1997 年 6 月至 1998 年 3 月栽种的规格容器苗树种为 21 种，分述如下：以下所选树种可见，属热带、亚热带 14 个科属，乡土树 17 种，外引树种 4 种，喜光树占一半多。同时有大、中、小乔木和灌木以及不同花期，叶色变化等树种。

(二)混交方式

由于西樵山现有林分改造时，虽要砍伐相当数量的松树受害木。但林下还密生植被，特别高杂草灌木，在完全不清理、不动土情况下整地开穴，这对造林种植、幼林抚育、质量监管、生长观测以及对幼林生长均不利，也不方便。同时，西樵山林分改造也不能按一般用材林的全面清山整地方法，而是严格控制一定范围的除杂动土面积，约占三分之一，即林地的三分之二仍保持原来“绿化”状态。这就是本实验为什么采用小块混交的清山整地方法。

---

[49] 本文为徐英宝提出的试验研究方案，提出时间为 1997 年 3 月。

表1　试验选用树种

树号	树名	科属	树性
1	马占相思	豆科	强喜光
2	五桠果 a 幌伞枫 b	五桠果科 五加科	强喜光 喜光
3	海南蒲桃	桃金娘科	强喜光
4	山乌桕 a 枫香 b	大戟科 金缕梅科	喜光 喜光
5	黄檀	豆科	喜光
6	大叶紫薇	千屈菜科	喜光
7	圣诞树	大戟科	喜光
8	假槟榔(丛生鱼尾葵)	棕榈科	喜光
9	尖叶杜英	杜英科	中性
10	火力楠	木兰科	中性
11	海南红豆 a 红苞木 b	豆科 金缕梅科	中性 中性
12	黎蒴栲 a 红锥 b	壳斗科 壳斗科	中性 中性
13	大头茶 a 红荷木 b	茶科 茶科	中性 中性
14	大叶竹柏 a 阴香 b	罗汉松科 樟科	耐阴 耐阴
15	红背桂	大戟科	耐阴

注：a 表示喜光，b 表示耐阴。

这种人工小面积块状混交模式，方块面积为 $5\times5m^2$，每亩品字形配置 10 个方块，其混交林面积 $5\times5\times10=250m^2$，造林动土面积占每亩面积的 38.88%。$37m\times18m=666m^2$，每一方块内种植 10 株树，即 5 喜光+ 5 中性、耐阴(含灌木)，每亩种植株数为 10×10 株 =100 株/亩。

这种块状混交试验林总面积 200 亩，分为 6 大片，每片为一种混交类型，配置同类树种，用树号表示，面积为 30 亩，6 片共 180 亩。余下 20 亩作对照，不另做设计，就按省林勘院设计措施要求种植，每亩 100 株，其中马占相思 10 株，五桠果、幌伞枫各 2 株，山乌桕 5 株，枫香 5 株，海南蒲桃 10 株，大叶竹柏 5 株，阴香 5 株，尖叶杜英 5 株，海南红豆 2 株，红苞木 2 株，黎蒴栲 5 株，红锥 5 株，大头茶 3 株，木荷 3 株，火力楠 5 株，黄槐 4 株，大叶紫薇 4 株，假槟榔 7 株，圣诞树 5 株，红背桂 7 株。定植时，按喜光、中性、耐阴、灌木搭配种植，分布均匀，株行距 $2m\times3m$ 或 $2.5m\times3m$。

(三)苗木规格与数量

该试验主要采用容器小苗，苗高 25～30cm。少数树种苗高 40～50cm，不用过大苗木上山种植，以防失水，降低造林成活率。所需苗量按各片混交林和对照以及 5% 补植苗量为 21000 株，详见表 2。

(四)造林技术设计实施细则

1. 试验地选定

试验地面积 200 亩。林地要选在交通方便，避免人畜破坏，易于保护，并能代表西樵山中等立地状况，即坡度较缓，土层中等厚度，石砾含量30% ~40%左右的地方。

2. 清山整地

在试验地上，当均匀选留一定数量(20株左右)遭受虫害相对较轻的松树时，砍去上层松树后，林地郁闭度保持0.3~0.4。当每亩保留的松树影响状决定位时，每亩块数不变，但块可上下左右移位，尽量使块分布均匀。若局部地形石块不能按正方形划线可根据实际改变为长方形或椭圆形，如正方形 $5m \times 5m = 25m^2$，可改为长方形 $7 \times 3.6 = 25.2m^2$ 等。施工时，由于坡下部向坡上部拉线定块，品字形配置。

施工时，每个方块内要将全部杂草灌木砍除，大的松树或其它阔叶树的根桩要挖除，然后由下而上用锄头大块翻土，不敲碎，这有利于蓄水保土、减少杂灌草。这样再在块内定点开穴挖土，开明穴，规格 $50 \times 50 \times 40cm$，穴土全部清到穴边，风化一段时间，经检验合格后才填土，回土一半左右施基肥，每穴施复合肥200克，将肥与土充分混匀后备栽。

表2　造林苗木需要量统计表

单位：株

树号	树名	试验林苗木量	对照苗木两	5%补植量	合计
1	马占相思	1800	200	100	2100
2a	五丫果	300	40	20	360
2b	幌伞枫	300	40	20	360
3	海南蒲桃	1800	200	100	2100
4a	山乌桕	900	100	50	1050
4b	枫香	900	100	50	1050
5	黄槐	600	80	40	720
6	大叶紫薇	600	80	40	720
7	圣诞树	900	95	45	1040
8	假槟榔、鱼尾葵	1500	150	80	1730
9	尖叶杜英	900	95	45	1040
10	火力楠	900	95	45	1040
11a	海南红豆	300	40	20	360
11b	红苞木	300	40	20	360
12a	黎蒴栲	900	100	50	1050
12b	红锥	900	100	50	1050
13a	大头茶	450	50	25	525
13b	木荷	450	45	20	515
14a	大叶竹柏	900	100	50	1050
14b	阴香	900	100	50	1050
15	红背桂	1500	150	80	1730
合计		18000	2000	1000	21000

3. 整地、造林、抚育时间安排

根据广东历年天气特点，每年5月中旬至6月上旬有一个连续多雨"龙舟水"天气，因此今年4月上旬开始清山、除杂、翻土、4月下旬至5月中旬进行整地挖穴，5月下旬开始回土、施基肥，定植，一直到6月底为止。7月补植，9~10月幼林除草松土施肥培土，每穴施复合肥50g。

4. 小苗定植

5月下旬至6月上旬，视天气情况，选择阴雨天栽种，载时要除去薄膜袋后，土不松散，根不裸露，带土栽植，栽植深度比苗木地径深 1～2cm，栽植苗要放正，回土压实，并回成馒头状，注意不要折断苗木顶芽。

5. 幼林抚育

造林当年 9 月抚育一次，主要检查成活率，及时补植、扶正、除草以树苗为中心 $1m^2$，浅松土，施肥培土，每株施复合肥 50 克，浅埋土内；第 2 年 5 月和 9 月各抚育一次，第 3 年 5 月抚育一次，主要除草、松土、扩穴、培育、施肥(每次施复合肥 50g)，浅埋土内。同时，1998 年 3 月补种 1997 年缺苗树种，11～12 月进行幼林调查，内容有成活率、树高、树径生长等。第 2000 年提出试验林阶段性总结报告，鉴定结果。

三、经费预算

(1)试验研究费：40 000 元，含旅差费(交通、住宿)、科研补贴(外业阶段)、试验观测调查、资料分析、管理提成等。

(2)造林总经费：260 000 元(按造林每亩 1300 元计)，其中苗木费 26 250 元(21 000 株，1.25 元/株计)，占造林总经费 10.1%，清山整地费 100 000 元，占 38.46%，基肥 20 800 元，占 8%，栽植 16 000 元，占 6.15%，幼林抚育费 96 950 元，占 37.29%。

中山市五桂山林分改造试验和示范意见[50]

一、中山市自然环境概况

中山市地处珠江三角洲中南部，西江、北江的下游，北连广州，毗邻港澳，是我国改革开放的前沿地带，也是孙中山先生的故乡，其地理位置为东经113°9′~113°46′，北纬22°11′~22°46′，陆域面积达185 900hm^2。中山市地貌由大陆架隆起的山地、丘陵、台地、冲积平原和海滩等组成，土壤以花岗岩发育而成的赤红壤为主。该市属于南亚热带季风气候，水热条件非常优越，年平均日照1902h，年平均太阳辐射量460.6kJ/cm^2，年积温7692℃，年均降雨量1738mm，年平均温度22℃，其极端最高气温36.7℃，极端最低气温-1.3℃。得天独厚的自然条件孕育了丰富的植物种类，森林植被资源相当丰富。

二、中山市五桂山森林植被概况

中山市次生常绿阔叶林面积很小，多分布于五桂山北坡、东北坡海拔450m以下的山谷，优势种有壳斗科、樟科、梧桐科、茶科等。

目前占主导地位的是次生阔叶林和残次人工林，通常分布在海拔500m以下的丘陵和台地，主要树种有马尾松、湿地松、马占相思、大叶相思、尾叶桉等。此外，在山谷和山顶还存在一定面积的次生灌丛。

中山市森林概况整体上表现出林分生物多样性较低，保水固肥生态功能差，景观效果较不理想。

三、林地土壤状况

目前关于中山市林地土壤的调查资料较少。经过线路勘察，中山市山地土壤比较贫瘠，砂粒含量较多，部分山林表层覆盖着大面积的裸露岩石。

四、林分改造示范地

林分改造示范地：设置在五桂山，面积150亩；

[50] 本文是徐英宝应中山市绿委邀约提出的中山市五桂山林分改造试验和示范意见，2001年2月(未发表)。

林分改造对象：为次生马尾松、湿地松、马占相思、台湾相思、大叶相思、尾叶桉，以及次生灌丛林等。

改造原则：以群落生态学和森林美学为指导，将生态功能、景观功能优化配置，坚持因地制宜、适地适树、分类设计的原则，逐步营建生物多样性丰富、生态功能好、风景怡人的南亚热带季风常绿阔叶林群落。

五、试验设计初步方案

设想：拟提出10个植物群落类型，每类型用地15亩，从景观要求出发，主要采用地带性乡土常绿阔叶树种，兼顾大、中、小乔木，色彩观赏与珍稀树种搭配，大乔木与中乔木宜相互均匀错开混生，小乔木要种植于山间道路或小路边缘或林边处。每个群落由10个树种组成，要求密度适中，每亩100～110株，株行距2m×3m或3m×3m，不炼山，局部清理开穴，苗木用1～2年健壮袋苗，基肥与追肥皆用瑞典规格进口复合肥。穴规格50cm×50cm×40cm，基肥1kg/穴，追肥0.5kg/穴，幼抚3年，当年1次(7～8月)，另每年2次，即4～5月除草松土追肥和7～8月除草松土。成活率保证95%以上，3年生林分接近郁闭。具体的10种配置群落如下

第一群落：观光木(大乔，15株)、红锥(大乔，10株)、红苞木(大乔，15株)、乐昌含笑(中乔，10株)、千年桐(中乔，10株)、厚壳桂(中乔，10株)、山乌桕(中乔，10株)、大头茶(小乔，10株)、红花油茶(小乔，10株)、红花羊蹄甲(小中乔，10株)。每亩合计110株，下同。

第二群落：合果木(大乔，15株)、黄樟(大乔，10株)、火力楠(大乔，15株)、尖叶杜英(中乔，10株)、假苹婆(中乔，10株)、枫香(中乔，10株)、降香黄檀(中乔，10株)、白花油茶(小乔，10株)、鸭脚木(小乔，10株)、罗浮柿(小乔，10株)。

第三群落：云南拟单性木兰(大乔，15株)、樟树(大乔，10株)、中华锥(锥栗)(大乔，10株)、罗浮栲(中乔，15株)、黄桐(中乔，10株)、山杜英(中乔，10株)、大叶胭脂(又叫红桂木，中小乔，10株)、山玉兰(小乔，10株)、铁冬青(小乔，10株)、金花茶(小乔，10株)；

第四群落：鹅掌楸(大乔，15株)、沉水樟(大乔，15株)、米锥(大乔，10株)、黎蒴栲(中乔，10株)、海南蒲桃(又叫乌墨，中乔，10株)、深山含笑(中乔，10株)、毛丹(中乔，10株)、山苍子(小乔，10株)、荔枝(小乔，10株)、刺桐(小乔，10株)；

第五群落：格木(大乔，15株)、白花含笑(大乔，10株)、闽楠(又叫楠木，大乔，15株)、椆木(又叫石栎，中乔，10株)、米老排(中乔，10株)、铁刀木(中乔，10株)、多花山竹子(中乔，10株)、环榕(小乔，10株)、土沉香(小乔，10株)降真香(小乔，10株)。

第六群落：木莲(大乔，15株)、红楠(又叫红润楠，大乔，10株)、灰木莲(大乔，15株)、岭南山竹子(中乔，10株)、橄榄(中乔，10株)、猴欢喜(中乔，10株)、翻白叶树(中乔，10株)、鱼木(小中乔，10株)、美丽异木棉(小中乔，10株)、菜豆树(小中乔，10株)。

第七群落：火力楠(大乔，15株)、刨花楠(大乔，10株)、金叶含笑(大乔，15株)、华润楠(中乔，10株)、仪花(中乔，10株)、乌榄(中乔，10株)、海南红豆(中乔，10株)幌伞枫(小中乔，10株)、两广梭罗树(中小乔，10株)、血桐(小乔木，10株)。

第八群落：海南木莲(大乔，15株)、阴香(大乔，10株)、阔瓣含笑(大乔，15株)、中国无忧花(中乔，10株)、大果马蹄荷(中乔，10株)、白颜树(中乔，10株)、红荷木(中乔，10株)、木菠萝(小中乔，10株)、石笔木(小乔，10株)、龙眼(小中乔，10株)；

第九群落：乐东拟单性木兰(大乔，15株)、青皮(大乔，10株)、秋枫(大乔，15株)、亮叶含笑(中乔，10株)、海南暗罗(中乔，10株)、广东钓樟(中乔，10株)、猫尾木(中乔，10株)、无患子(小中乔，10株)、大叶紫薇(小中乔，10株)、岭南酸枣(小中乔，10株)。

第十群落：红椿(大乔，15株)、楝叶吴茱萸(大乔，5株)、红花天料木(又叫母生，大乔，10

株)，黄杞(中乔，10 株)、石梓(中乔，10 株)、山枇杷(中乔，10 株)、朴树(中乔，10 株)、乌桕(小中乔，10 株)、重阳木(小中乔，10 株)、构树(小中乔，10 株)。

150 亩生态风景林树种拉丁学名

序号	树种	拉丁名	科名
1	香港木兰	*Magnolia championii* Benth	木兰科
2	山玉兰	*Magnolia delavayi* Franch	木兰科
3	深山含笑	*Michelia maudiae* Dunn	木兰科
4	火力楠	*Michelia macclurei* Dandy	木兰科
5	乐昌含笑	*Michelia chapensis* Dandy	木兰科
6	金叶含笑	*Michelia foveolata* Merr. ex Dandy	木兰科
7	石碌含笑	*Michelia shiluensis* Chun et Y. F. Wu	木兰科
8	阔瓣含笑	*Michelia platypetala* Hand. – Mzt.	木兰科
9	白花含笑	*Michelia mediocris* Dandy	木兰科
10	亮叶含笑	*Michelia fulfens* Dandy	木兰科
11	木莲	*Manglietia fordiana* Oliv	木兰科
12	海南木莲	*Manglietia hainanensis* Daudy	木兰科
13	灰木莲	*Manglietia glauca* Blume	木兰科
14	观光木	*Tsoongiodendron odorum* Chum	木兰科
15	乐东拟单性木兰	*Parakmeria lotungensis* (Chun et C. Tsoong) Law	木兰科
16	云南拟单性木兰	*Parakmeria yunnanensis* Hu	木兰科
17	合果木(山桂花)	*Parakmeria baillonii* (Pierre) Hu	木兰科
18	鹅掌楸	*Liriodendron chinensis* (Hemsl) Sarg.	木兰科
19	紫玉兰	*Magnolia liliflora* Desr	木兰科
20	二乔木兰	*Magnolia soulangeana* Soul. – Bod	木兰科
21	黄樟	*Cinnamomum Porrectum* (Roxb) Kosterm	樟科
22	樟树	*Cinnamomum camphora* (L) Presl	樟科
23	阴香	*Cinnamomum burmanni* (C. G. et Th. Nees) Bl	樟科
24	厚壳桂	*Cryptocarya chinensis* (Hance) Hemsl	樟科
25	广东钓樟	*Lindera Kwangtungensis* (Liou) Allen	樟科
26	潺槁木	*Litsea glutinosa* (Lour) C. B. Rob	樟科
27	山苍子	*Litsea cubeba* (Lour) Pers	樟科
28	华润楠	*Machilus chinensis* (Champ. ex Benth) Hemsl	樟科
29	红楠	*Machilus thunbergii* sieb. et Zucc	樟科
30	毛丹	*Phoebe hungmaoensiss* Lee	樟科
31	沉水樟	*Cinnamomum micranthum* (Hayata) Hayata	樟科
32	刨花楠	*Machilus pauhoi* Kanehira	樟科
33	闽楠	*Phobe bournei* (Hemsl) Yang	樟科
34	中华锥	*Castanopsis chinensis* Hance	壳斗科
35	红锥	*Castanopsis hystrix* A. DC	壳斗科
36	米锥	*Castanopsis carlesii* (Kemsl) Hayata	壳斗科
37	罗浮栲	*Castanopsis fabric* Hance	壳斗科
38	黎蒴栲	*Castanopsis fissa* (Champ.) Rehd. et Wils	壳斗科

（续）

序号	树种	拉丁名	科名
39	青钩栲	*Castanopsis kawakamii* Hay	壳斗科
40	石栎	*Lithocarpus glaber* (Thunb.) Nakai	壳斗科
41	格木	*Erythrophloeum fordii* Oliv	苏木科
42	红花羊蹄甲	*Bauhinia blakeana* Dunn	苏木科
43	中国无忧花	*Saraca dives* Pierre	苏木科
44	仪花	*Lysidice rhodostegia* Hance	苏木科
45	猴耳环	*Pithecellobium clypearia* (Jack) Benth	含羞草科
46	海南红豆	*Ormosia pinnata* (Lous.) Merr.	蝶形花科
47	幌伞枫	*Heteropanax fragrans* (Roxb.) seem	五加科
48	鸭脚木	*Schefflera octophylla* (Lour) Harms	五加科
49	红苞木	*Rhodoleia championii* Hook. f	金缕梅科
50	米老排	*Mytilaria laosensis* Lecomte	金缕梅科
51	大果马蹄荷	*Exbucklandia tonkinensis* (Lec.) Steen	金缕梅科
52	白颜树	*Gironniera subaegualis* Planch.	榆科
53	木菠萝	*Artocarpus heterophyllus* Lam	桑科
54	大叶胭脂	*Artocarpus lingnanensis* Jarrt	桑科
55	环榕	*Ficus annulata* Bl	桑科
56	红花天科木	*Homalium hainanense* Gagnep	天料木科
57	土沉香	*Aguilaria sinensis* (Lour.) Gilg.	瑞香科
58	尖叶杜英	*Elaeocarpus apiculatus* Mast	杜英科
59	华杜英	*Elaeocarpus chinensis* (Gardn. et Champ.) Hook. f.	杜英科
60	山杜英	*Elaeocarpus sylvestris* (Lour.) Poir .	杜英科
61	猴欢喜	*Sloanea sinensis* (Hance) Hemsl	杜英科
62	假苹婆	*Sterculia lanceolata* Cav.	梧桐科
63	翻白叶树	*Pterospermum heterophyllum* Hance	梧桐科
64	两广梭罗树	*Reevesia thyrsoidea* Lindl	梧桐科
65	蝴蝶树	*Heritiera parvifolia* Merr	梧桐科
66	秋枫	*Bischofia javanica* Blume	大戟科
67	黄桐	*Endospermum chinense* Benth.	大戟科
68	血桐	*Macaranga tanarius* (L.) Muell. – Arg	大戟科
69	白花油茶	*Camellia oleifera* Abel	山茶科
70	华南红山茶	*Camellia semiserrata* Chi	山茶科
71	大头茶	*Gordonia axillaries* Dietr.	山茶科
72	红荷木	*Schima wallichii* Choisy	山茶科
73	石笔木	*Tutcheria spectabilis* Dunn	山茶科
74	青皮	*Vatica mangachapoi* Blanco	龙脑香科
75	多花山竹子	*Garcinia multifcora* Champ. ex Benth	山竹子科
76	岭南山竹子	*Garcinia oblongifolia* Champ. ex Benth	山竹子科
77	海南蒲桃	*Syzygium cumini* (L.) Skeels	桃金娘科
78	铁冬青	*Diospyros morrisiana* Hance	冬青科
79	罗浮柿	*Acronychia Pedunculata* (Linn.) Mig	柿树科

（续）

序号	树种	拉丁名	科名
80	将真香	*Canarium album* (Lour.) Rauesch	云香科
81	橄榄	*Canarium pimela* Koenig	橄榄科
82	乌榄	*Dimocarpus longan* Lour.	橄榄科
83	龙眼	*Dimocarpus longan* Lour.	无患子科
84	荔枝	*Litchi chinensis* Sonn	无患子科
85	扁桃	*Mangifera persiciformis* C. Y. Wu et T. L. Ming	漆树科
86	杨梅	*Myrica rubra* (Lour.) Sleb. et Zucc	杨梅科
87	猫尾木	*Dolichandrone caudo – felina* (Hance) Benth. et Hook. f	紫葳科
88	腊肠树	*Cassia fistula* Linn	苏木科
89	铁刀木	*Cassia siamea* Lam.	苏木科
90	海红豆	*Adenanthera pavonina* Linn.	含羞草科
91	降香黄檀	*Dalbergia odorifera* T. Chen	蝶形花科
92	枫香	*Liguidambar formosana* Hance	金缕梅科
93	朴树	*Celtis sinensis* Pers.	榆科
94	山桐子	*Idesia polycarpa* Maxim	大风子科
95	鱼木	*Crateva unilocalaris* Buch. – Harm.	白花菜科
96	美丽异木棉	*Celba insignis* (Kunth) Gibbs et Semir	木棉科
97	千年桐	*Vernicia montana* Lour.	大戟科
98	重阳木	*Bischofia polycarpa* (Levl.) Airy – Shaw	大戟科
99	山乌桕	*Sapium discolor* (Champ. ex Benth.) Muell. – Arg.	大戟科
100	楝叶吴茱萸	*Euodia meliaefolia* (Hance) Benth.	云香科
101	无患子	*Sapindus mukorossi* Gaertn	无患子科
102	大叶紫薇	*Lagerstroemia speciosa* (L.) Pers.	千屈菜科
103	岭南酸枣	*Spondias lakonensis* Pierre	漆树科
104	菜豆树	*Radermachera sinica* (Hance) Hemsl.	紫葳科

短周期工业原料林（人造板、纤维材）8 个优良阔叶树种造林试点方案[51]

一、背景情况

大家知道，广东的地形、地貌以丘陵山地为主，全省除沿海地区、雷州半岛和珠江、韩江三角洲外，山地面积占 46.05%，丘陵占 32.94%，盆地、台地占 19.43%，水面占 1.58%。就是说广东山地丘陵占了 80%，立地完全不同于平原和台地。广东作为改革开放的前沿，经济腾飞很快，但山区没有富，山区如何现代化？现代化社会的发展需要大量的纸张，而纸张制作，原料靠大量砍伐森林！如何解决"保护造林绿化成果"与"保障造纸材料供给"这对矛盾呢？现经多年实践，闯出"林纸一体化"新路，三江流域的山区县市将会营造大面积人造板、纤维材人工林。纸浆的国产化是我们的必然选择。

一个重要问题提出来，广东山区究竟发展什么树种作为工业原料林的经营树种？是不是像湛江、雷州半岛地区那样开发桉树呢？我们看法是桉树用于粤西北或粤东北山地很不理想。桉树是一个热带性树种，又不是改良土壤的环保树种。它喜光热，需厚土层土壤，耗肥水量大。若长期持续经营，会导致地力衰退，土壤贫瘠。

为此，我们根据广东实际，特推出 8 个优良阔叶树种作为今后广东中、北部山区短轮伐期工业原料林试种树种，它们是黎蒴栲、木荷、台湾桤木、西南桦、喜树、马占相思、厚荚相思、黑荆。这些树种的共性是喜光好热，早期速生，适应性强，适于短周期商品林的持续经营，发展潜力极大，很可能成为今后广东山区商品林营造的主要树种。

二、项目内容安排

（1）试点选在惠州市的惠东县某个乡镇并具有代表性的山地，交通方便，便于管理，地块比较整齐，海拔 500m 以下，坡度 25°以下的缓坡丘陵山地。每个树种造林面积 100 亩。8 个树种总共 800 亩。造林时间于 2004 年 5 月底至 6 月初完成。详见造林类型设计表（表 1）和萌芽更新设计表（表 2）。

（2）每亩造林成本约 500 元，项目工程总投入 40 万元。

（3）试点目标和利用方向：各试验树种选择优良种源，采用先进配套的造林技术，营造优良丰产的短轮伐期纤维用材林。试点生产量目标：各树种年平均亩生产量达到 1.0m^3 以上。产品利用方向是生产木片出口为主，人造板材为辅，内外结合。

（4）主伐年龄：相思类 5 年，黎蒴栲、木荷、喜树 6 年，台湾桤木、西南桦 7 年。

---

[51] 本文为徐英宝以教研室责任人提出的工业原料林优良阔叶树种造林试点方案，2003，6：1 ~8（未发表）.

三、树种简介

(一)黎蒴栲

壳斗科栲属，常绿乔木，树干通直，是我省优良乡土阔叶树种，适应性强，繁殖容易，萌芽力强。喜光，幼龄较耐阴，对立地要求不严，较耐旱瘠。速生，干形直，出材率高，易加工，是经营小杆材、板材等通用材树种；从纤维形态看，黎蒴栲又是一种良好的造纸原料，平均纤维长度为1.12mm，纤维长宽比大于40，纤维壁腔比为0.46，密度也较小。

(二)木荷

山茶科常绿乔木，是广东省阔叶树优质用材树种。喜光，幼年能耐阴，对土壤适应性强，人工造林幼年期速生，造林后第2年高生长加快，至第6年，连年生长量0.7～1.8m，直径生长造林后第3年加快，第5～6年连年生产量达1.5cm以上。萌生能力强，伐桩萌生率100%，4～5年轮伐1次，经营百年仍不衰败。

(三)台湾桤木

桦木科落叶乔木，干形通直。我国1987年从台湾引进，生长良好。木材、枝丫作为原料生产中密度纤维板、刨花板和用于造纸。根系发达，是造林先锋树种，具根瘤固氮，是非豆科改良土壤的优良速生树种。喜光，适应性和萌发力强，生长极快，造林后2、3年郁闭，5～7年可皆伐更新。

(四)西南桦

桦木科旱季落叶乔木，树干通直，是我国南方优良速生阔叶树种，具有巨大的发展潜力和广阔的发展前景。近年来广东省广州、肇庆、韶关等地开展引种或试种。木材广泛应用于高级建筑装饰和高档家具制造。广东省是西南桦木材的主要消费地，市场原木价格达2500元/m^3。目前国外造纸工业所用阔叶木浆，桦木木材是主要树种之一。纤维平均长度0.98mm，纤维素得率46.86%，木素含量仅20.30%。在广西大青山，西南桦天然分布海拔200～630m，是一个典型的南亚热带树种。强喜光树种，喜光，不耐阴蔽。深根性，根系发达，对土壤适应性广，但尤喜深厚、疏松、排水良好的土壤。速生，肇庆北岭山林场在海拔60m的山地上，1.5年生平均树高3.2m，平均胸径3.1cm。

(五)喜树

蓝果树科落叶乔木，干形通直，为国家二级重点保护树种，又具多用途价值的经济树种，既是一般建筑、家具材，又是胶合板、人造板、造纸等用材，而根皮、种子含喜树碱为一种抗癌药物，对胃癌、肠癌、慢性粒细胞白血病有一定疗效。树干高大端直，根深叶茂，果实奇特，生势旺盛，是优良庭园风景树种。喜光，喜暖湿气候，速生，适应性广，萌芽性强，可进行萌芽更新。树高速生期在1～8年，径速生期2～10年。纸浆材、人造板材主伐龄6～7年，通用材、胶合板材主伐龄20～25年。

(六)马占相思

含羞草科相思属，常绿乔木，树干通直。原产澳洲热带。出材率高，材性好，质坚硬。木材广泛用于人造板、家具、细木工、中密度纤维板、刨花板。又是优良的造纸原料，马来西亚9年生人工林，其木材得浆率高达61%～75%，纸张质量好，可作印刷、书写、复印和包装纸等。1979年引入广东，仅广东、海南两省栽培面积已达5000hm^2。喜光，喜高温多雨气候，对土壤要求不严，浅根性树种，不耐低温霜冻。早期速生，年均高生长2m左右，胸径生长2.5cm左右，首次主伐龄为5年生采伐利用，可萌芽更新，但伐桩高度要在60cm以上，萌芽率达95%以上。

(七)厚荚相思

含羞草科相思属，原产澳洲热带。常绿乔木，树干通直。1985年广东遂溪县林业试验场引种10种相思树对比，以厚荚相思生长最快，7年生平均高11.3m，胸径12.5cm。在同一立地条件，厚荚相思生长也超过马占相思，特别在较贫瘠、坚实的沙质土上，生长优势更加明显。喜光、生长快，适应性强，属低海拔树种，海拔上限不超过350m为宜。造林后5年生长最快，年均高生长2～4m，胸径生长2.5～4cm。经营方式宜采用矮林作业萌芽复壮，造林后4～5年开始采伐，伐桩高度保留50cm以上，萌芽效果最好，以后每隔3～4年轮伐1次。

（八）黑荆

含羞草科相思属，常绿乔木。原产澳大利亚。我国从20世纪50年代引种，目前主要在浙江、福建的南部和广东、广西的北部，造林面积上万公顷。喜光，速生，2～3年成林，6年可采伐利用。5年生林分平均高达8～10m，胸径8～10cm。亚热带树种，适应性强，较耐干旱瘠薄。分布上限可至600～700m。耐绝对低温－5℃。萌芽力强。在集约经营条件下，6年生人工林，每公顷可产木材75～80m^3，鲜树皮12t，树桠12～15t。树皮是世界上有名的栲胶原料，单宁含量达40%以上。黑荆栲胶除能揉制各种高质量的重革和轻革外，还可做单宁胶粘剂、金属防锈、水处理和选矿等。纤维含量高，是较好的造纸和纤维板原料。每立方米木材（含水率47%）获得绝干浆330kg，相当纸浆得率57.9%。木浆纸可作衬纸板、纸袋纸、包装纸、书写纸及印刷用纸。

四、主要技术措施

（一）种苗

这8个树种，目前尚未组培苗木，可以采用优良母树种子育苗造林，但可同时进行选优与组培繁殖研究，其成果提供今后造林之用。

造林用苗一律采用营养袋育苗，采取优质营养土配制（每立方米苗床土用250g敌克松<或200g多菌灵>＋1kg呋喃丹＋10kg 2号生物有机肥，搅匀、撒水、堆沤10天以上使用，效果良好）。黑色塑料薄膜袋规格是袋高15cm，径8cm。培育壮苗，苗高25～30cm即可上山造林。

（二）林地清理与整地

山地林地隔袋清理，即采用环山带状清理方式，带宽1.5m，保留带宽也是1.5m，砍去带内的灌木、杂草置于带间堆沤，以增加林地的有机质。带中穴状明穴整地，植穴布置采用上下行间品字形错位排列，穴规格50cm×50cm×40cm。林地清理与整地应在造林前2～3个月完成，让穴土有风化、熟化时间，以改善土壤的理化性质和减少土壤病虫源。

（三）造林密度

各树种造林采取相同的株行距，即1.5m×3m，每亩148株，以便5～7年生时的林分生长量最高，经济、生态效益明显，并取得良好的林分更新效果。

（四）造林方法

在种植前1个月左右，先进行穴土回穴，先回表土，回土要细，回至半穴时施放基肥，（1号生物有机肥，每穴0.4kg）并与底土充分拌匀，再回心土至平穴时备栽，栽植时间应掌握在施基肥后4～5天，透雨后阴雨天栽植。栽植时在穴中心开一植穴，苗木撕去薄膜袋后栽植，苗要正，适当深栽，然后回土压实，最后用松土培成馒头状，以减少水分蒸发。

（五）幼林抚育

连续抚育2年，每年1次，第1次抚育于造林当年秋季或次年春末夏初进行，主要工作是除草、松土、补苗、培土，同时结合追肥。这样看来两次幼抚，可能在第1、2年，也可能在第2、3年安排。每年追肥1次，一定要结合松土、除草时进行。每次每株追施生物有机肥250克，施肥方法：采用环状或半环状开沟埋施，沟深15cm左右，即在植株周围或上坡位开环状或半环状沟，把肥料均匀放于沟内，然后用土覆盖，以减少水分蒸发。

（六）萌芽更新技术

1. 迹地清理

林分采伐后，分开树干、粗大枝与细枝叶，立即进行带状清理、带宽1.5m，保留带也是1.5m。把带内可利用的树干、粗大枝运出伐区处理，而把带内细枝叶及杂灌草等置放于保留带内堆沤，让其自然腐烂分解有机质回归林地，以改良林地土壤。

2. 松土施肥

以离伐根50cm为半径，开宽20cm、深15cm左右的环形沟、在沟内均匀施入林木专用的生物有机肥每株250g，然后用土覆盖。

3. 抹芽定株

伐后第2年早春用人工方法对萌芽条抹芽定株，每个伐桩只保留1条健壮萌条(最多不超过2条)，其余全部抹掉。2个月后再进行1次抹去新发萌发条，以促进保留萌条生长。

4. 第2或第3年抚育追肥

第2年夏秋或第3年初夏抚育1次，主要工作是除草、松土、培土、抹芽和追肥，每株埋施生物有机肥250g。

关于在华南农业大学校园内栽培木兰科植物的建议[52]

要发展就要有突破、有创新，一切创新首先来自思想的解放和开拓。与任何事物的发展规律一样，华南农业大学的发展，包括校园的发展，是奋进的结果，是创新的业绩，是时代的需要。走向21世纪，华南农业大学的校园会更加美丽，并大有可为。

一、引种栽培的必要性

中国是木兰科植物资源最丰富的国家，是名副其实的“木兰王国”。木兰科植物具有非常高的观赏性，因而具有非常高的开发利用价值和广阔的市场前景，必将成为21世纪园林界一颗璀璨的明珠。

大多数木兰科树种树形优美，花大艳丽，高洁典雅，有紫、桃红、粉红、黄、浅黄、纯白、乳白等众多花色，且芳香袭人，深受广大人民群众的喜爱。像金叶含笑、阔瓣含笑、乐昌含笑、峨眉含笑、醉香含笑、木莲、乳源木莲、大果木莲、荷花玉兰、窄叶荷花玉兰、紫玉兰、观光木、合果木、二乔玉兰、乐东单性木兰、鹅掌楸等均是极其美丽、壮观、理想的优良珍稀园林绿化树种。

但目前许多木兰科树种自然繁殖能力逐渐衰退，现有自然生境条件不适于其生存下去，木兰科属于国家重点保护的濒危树种已有30多种，是被子植物中生存受严重威胁种类最多的科之一。所以，我们校园内对木兰科树木植物的恢复发展有重要的科学实践意义。

二、木兰科树种的生态学特性

多数木兰科树种植物分布于热带和亚热带的常绿阔叶林中，喜气候温凉湿润，旱季多雾，年平均气温15～26℃，年平均降雨量1200～2600mm，年平均相对湿度77%～86%。因此，木莲属和含笑属基本上只分布于北回归线南北10°的地区。木兰科树木的生长土壤多是由花岗岩、砂页岩等形成的赤红壤、红壤、山地黄壤，无机养分和有机质含量非常丰富，有机质含量为12%～24.7%，而且是排水良好的酸性土壤。需光照情况随树龄增大而逐渐增加。以上就是木兰科树种植物最主要的生态学特性。

三、栽培技术与方法

(一)种植地点的选择

在选择种植地点时，必须根据木兰科树种的生物学和生态学特性进行安排，应选阴凉湿润的环境，

---

[52] 本文是徐英宝于2005年11月以一名退休教师向校领导生态环境保护的进言(未发表)。

或山地下部近水源的地段，或有树林环绕的林中隙地，面积几亩至10亩，作为木兰园地，园内安装喷水装置，集中引入几十种木兰科珍稀品牌，每种几株。另外，可在较大的草坪地内的一角，群植大小各异的木兰树种。还可在校园内的主干道上，在中间段留出4m宽的绿化带，选木兰乔木1种与其他小乔木或灌木混植，并铺上草地，带内安装自动喷雾装置，定时几天喷水1次，如栽上荷花玉兰，这样可达到花期延长开放时间。由于木兰科树种既不耐旱又不耐涝，在平地种植时切忌长期积水。

另外，定植前最重要的就是要了解该树种(乔木或灌木)的最大冠幅，然后根据其最大冠幅来决定种植地点及密度，以便有足够的空间让其生长。从而避免与周围的树木竞争养分和空间而影响树形的美观。通常大乔木的株距应在6～10m才能有足够的空间让其长成大树。大多数木兰科树种在全日照或部分遮阴条件下生长较好，遮阴太多则会导致植物生长弱小和着花稀疏。

(二)土壤要求

木兰科树种在排水良好、有机质丰富、微酸性(pH5.5～6.5)的肥沃土壤中生长最好。因此，植穴必须尽可能大，至少应相当于土球的2倍。在种植前，还应对贫瘠的土壤进行适当改良，其中最重要的是增加有机肥，如堆积沤过的鸡粪、牛、羊粪及腐烂的树叶、杂草、锯屑等，每穴30～50kg。

(三)定植

木兰科树种定植应在其休眠期进行，一般在11月至翌年4月间进行。下地的大苗(胸径8～10cm)，则最好提前半年至一年预先断根，等其长出大量须根后，再定植。也可用小苗(高100～200cm)定植。定植前，先开好大穴(至少是土球大小的2倍)，而且有机肥料或其他塘泥必须与植穴的土壤充分搅匀。由于木兰科树种属浅根性植物，因此，定植深度适中，一般以土球顶部低于穴边2～5cm为宜。定植后，大苗还要用竹竿支撑，以免大风吹倒。

(四)抚育管理

1. 灌溉浇水

定植后需要精心管护，其中最重要的是适当浇水。如在树干基部周围盖上一层覆盖物如稻草、尼龙薄膜等，则有利于保持土壤潮湿和减少杂草生长。

2. 除草

定植一段时间后，应进行除草，同时树周围表土层进行松土，不能过深。最好不用除草剂进行除草，以免杀伤其表土层浅根。

3. 施肥

定植后一段时期，如需要可增施一定量的化肥(尿素25g/穴或复合肥200g/穴)。宜在夏季施用。施肥时，应离树干基部一定距离，最好在冠幅边缘开浅沟，圈肥，并回土平。

4. 修剪

通常木兰科树种不需要修剪，但也可适当修剪。弱枝、枯枝和病枝剪除。早春开花的种类宜在花后夏季修剪，而夏季开花种类则最好在深冬修剪。

附件

木兰科重要树种简介

(1)荷花玉兰 *Magnolia grandiflora* Linn.。别名：广玉兰、洋玉兰。

常绿乔木，高20～30m。树冠宽圆卵形，树姿端正，壮丽，叶大革质，绿荫浓密，花大芳香，状如荷花，为理想的庭院绿化树种。花期4～6月。

(2)香港木兰 *Magnolia championii* Benth。别名：香港玉兰。

常绿小乔木或灌木，高2～3m。树形幽雅，花极芳香，枝繁叶茂。为优良的观赏树种。花期5～

6月。

（3）玉兰 *Magnolia denudate* Desr。别名：木兰、白玉兰。

落叶乔木，高20～25m。树冠卵形或圆锥形，早春花朵满树，艳丽芳香，为驰名中外的优良庭院观赏树种。花期2～3月。产于湖南、江西、浙江等省。

（4）紫玉兰 *Magnolia liliiflora* Desr。别名：辛夷、木笔。

落叶小乔木或大灌木，高3～5m。树形优美，枝叶扶疏，花芳香艳丽，花瓣外紫色或紫红色，内带白色，只见花不见叶或红花衬绿叶，美不胜收，为著名的传统庭院观赏树种。可在园中孤植或群植，沿水边栽植，尤觉调和。产于福建、四川、湖北等。花期3～4月。

（5）二乔玉兰 *Magnolia soulangeana* Soul. －Bod。

落叶小乔木，离3～10m。本种是玉兰和紫玉兰的杂交种。花大色艳，花多而花期长，第一次花期2～3月，第二次花期5～7月，第三次花期9～10月。盛花期，紫红花绽开，满园生辉。国内外均有栽培，并培育出30多个品种，为著名的园林观赏树种。单植、列植和群植均有良好的景观效果。

（6）鹅掌楸 *Liriodendron chinense*（Hemsl）Sarg。别名：马褂木。属国家二级重点保护植物。

落叶大乔木，高30～40m。树干端直，树冠宽广雄伟，衬以奇特古雅的绿叶和黄中带绿的花朵，极具观赏价值，为珍贵的庭院绿化树种。花期4～5月。产长江以南，南至广东南岭。广西、湖南、福建亦产之。

（7）木莲 *Manglietia fordiana* Oliv。

常绿乔木，高20～25m。树冠伞形美观，枝繁叶茂，花洁白芳香，为特有的庭院观赏树种。花期4～5月。产于广东、福建、香港等。

（8）海南木莲 *Manglietia hainanensis* Dandy。别名：绿楠、绿兰。

常绿大乔木，高20～30m。树干端直，树冠卵圆形或伞形，枝繁叶茂，花大美丽，洁白如雪，为优良的园林风景树和木本花卉。花期3～5月。海南特产。

（9）灰木莲 *Manglietia glauca* Blume。别名：越南木莲。

常绿乔木，高可达26m。树干端直挺拔，枝繁叶茂，花大美丽花期2～4月，为优良的行道树和庭园观赏树种。在庭园内、路旁、草坪内群植或孤植均宜。

（10）乳源木莲 *Manglietia yuyuanensis* Law。别名：狭叶木莲。

常绿乔木，高15～20cm。树干端直，树冠幅中等，树形美观，枝繁叶茂，花大美丽，色白清香，为优良的庭园绿化树种。花期4～5月。产于广东北部山地下坡或阴湿溪谷边。

（11）桂南木莲 *Manglietia chingii* Dandy。别名：仁昌莲。

常绿乔木，高可达20m。树冠宽广，树形美观，花大，花色洁白素雅，下垂的花朵非常美丽，可作为园林风景树和木本花卉进行栽培。花期4～5月。产于广东北部和西南部，广西中部和东部。

（12）金叶含笑 *Michelia foveolata* Merr. ex Dandy。别名：金叶白兰。

常绿乔木，高30～35m。树形十分壮丽、美观，叶色亮绿，叶背面有黄铜色金属光泽，每年3次萌发新叶，顶芽、幼叶及叶柄均带金属色彩，表现明显的季相变化。花大，常似含苞欲放，花色金黄，使人目悦神怡，既是少有的园林风景树，又为高雅的木本花卉。花期3～4月。产南岭以南至华南和西南各省区，以南岭为中心产区。

（13）乐昌含笑 *Michelia chapensis* Dandy。别名：景烈含笑。

常绿乔木，高20～30m。树干端直，树冠宽广，呈宽圆锥形，枝繁叶茂，花期长，花白色，花芳香美丽。在城市园林中单植、列植或群植均有良好的景观效果，可作为优良木本花卉、风景树及行道树推广应用。花期3～5月。产于广东西部及北部和广西东部等。

（14）深山含笑 *Michelia maudiae* Dunn。别名：光叶白兰。

常绿乔木，高达20m。树干端直，树形壮丽、美观，枝繁叶茂，花大，花极芳香，与金叶含笑相似，可作园林美化景观树种。花期3～5月。产广东、广西、福建、香港等地。

(15)石碌含笑 *Michelia shiluensis* Chun et Y. F. Wu。别名：石碌苦梓。

常绿乔木，高达20m。树干端直，分枝上举，形成宽广优美的树冠。花大芳香，花多洁白，明媚夺目，是美丽高雅的木本花卉。也是濒危种，属国家二级重点保护植物。单植、列植或群植均有良好的景观效果。花期4～5月。产海南(石碌)和广东(阳春)。

(16)阔瓣含笑 *Michelia platypetala* Hand. - Mzt。别名：阔瓣白兰花、广东香子。

常绿乔木，高达20m。树形优美，树形伞形，枝繁叶茂，其幼叶及幼枝因被丝质绢毛而呈红褐色，富色彩美。花大，花多，花期长，洁白素雅，是优良木本花卉和园林风景树。大树可孤植草坪中，或列植道路两旁，或群植于木兰园。花期3～5月。产于广东东部和广西东北部、湖南西南部。

(17)白花含笑 *Michelia mediocris* Dandy。

常绿大乔木，高25～35m。树干通直，树冠伞形，树形优美，枝叶茂盛，花多，花色洁白如雪，极香，为优良的园林风景树和木本花卉。因其常绿，枝叶又复浓密，若栽植于楼房附近，应有适当距离间隔，以便眺望观赏。若利用其浓绿树冠，以雕像或塑像为背景，可使层次更为分明。花期12月至翌年1月。产于海南、广东东南部和广西。

(18)亮叶含笑 *Michelia fulgens* Dandy。

常绿乔木，高可达25m。树形美观优雅，幼叶因被茸毛而呈丝光状的银灰色，富季相色彩变化，盛花期花多，美丽芳香，为优良的庭院风景树和木本花卉。配植法与金叶含笑、乐昌含笑、白花含笑相若，可为校园园林生色不浅。花期3～4月。产海南、广东南部、广西、云南南部以及越南。

(19)峨眉含笑 *Michelia wilsonii* Finet et Gagnep。

常绿乔木，高达20m。本种树形美观，叶深绿光泽，花期长，花大色黄，美丽芳香，是优良的庭园绿化树种。花期3～5月。产于四川中部和西部。

(20)观光木 *Tsoongiodendron odorum* Chun。别名：香花木、观光木兰

常绿大乔木，高25～30m，胸径达1.5m。本种树干挺拔，树冠宽广，枝叶稠密，花芳香美丽，花被象牙黄色，带有紫红色斑点，为优良的庭园观赏和道路绿化树种。观光木是我国古老特有单属种，为纪念我国著名植物学家钟观光教授而定名，也是我国国家二级重点保护的珍稀树种。花期3～4月。产于广东、广西、福建、海南、湖南等省区。

(21)合果木 *Paramichelia baillonii*(Pierre)Hu。别名：山桂花、山缅桂、合果含笑、拟含笑。

常绿大乔木，高达35m，胸径达1m。树干通直，树形高大雄伟，花淡黄色，美丽芳香，为珍贵的庭园观赏树种及造林树种。也是易危种，属国家二级重点保护植物。花期3～5月。产于云南南部至西部。印度、缅甸、泰国和越南亦产。

(22)乐东拟单性木兰 *Parakmeria lotungensis*(Chun et C. Tsoong)Law。别名：乐东木兰、隆楠。

常绿乔木，高20～30m，胸径90cm。易危种，属国家二级重点保护植物。树干通直圆满，枝叶浓绿，树形优美，花大芳香，艳丽美观，嫩叶紫红色，老叶亮绿色，为理想的园林绿化树种和优良珍贵速生用材树种，花期4～5月。产海南、广东北部和西南部、福建西部。

(23)峨眉拟单性木兰 *Parakmeria omeiensis* Cheng。别名：峨眉拟克莱丽木。

常绿乔木，高达25m。胸径40cm。极度濒危种，属国家一级重点保护植物。树干端直，树冠雄伟，枝繁叶茂，花美丽芳香，为优良的园林观赏树种。特产四川峨眉山。花期5月。

(24)焕镛木 *Woonyoungia septentrionalis*(Dandy)Law。别名：单性木兰。

常绿乔木，高达20m，胸径40cm。极度濒危种，天然分布区非常狭窄，成熟植株遭到大量砍伐，属国家一级重点保护植物。仅零星分布于广西西北部、贵州东南部及云南东南部的山地常绿阔叶林中。本种花美丽芳香，枝叶浓密，为优良的庭园观赏绿化树种。花期5～6月。

关于深圳市东部华侨城湿地公园植物受损情况调查初报[53]

一、概述

2008 年 3 月 4 日方应中国人民财产保险股份有限公司深圳市分公司邀请前往深圳市盐田区大梅沙东部华侨城茶溪谷湿地公园树木植物出险现场进行调查。根据被保单位负责人员介绍，2008 年 1 月、2 月份深圳地区持续低温 21 天低于 10℃（黄色低温警报），三州田观测站曾记录到 3.8℃最低温度，造成被保险人湿地公园部分植物受到不同程度损害。在被保险人员带领下，我们对被保险人报损树木植物进行了观测调研，报损银杏 212 株，其中 190 株位于东部华侨城的茶溪谷湿地公园，另 22 株位于别墅区，现场所见银杏均是高大乔木，平均树高 7 ~ 8m，胸径约 20cm 以上，主干通直，树皮灰褐色，大长枝条由上而下斜上伸展，而短细枝条，即 1 ~ 2 年生浅黄色或灰色的细枝条，以及生长在长枝上黑灰色短枝条等均不见或少见。更未见有新芽，新叶出现，其原生老叶据称已于 2007 年 12 月份全部脱落。在现场还见到每株银杏树基部被砖砌围成一圆圈，高约 30cm，圈直径约 1.5m，原意可能是对植株起保护作用，对此是否妥当，下面还会谈及。

除银杏报损外，在茶溪谷单车道旁还有朴树 4 株，它可能是移栽的最粗大树木之一，胸径约 40cm 以上，树皮深灰色，目前树干上仅存粗大枝条，侧枝稀少，树叶脱尽，暂未见新叶芽出现；在单车道上还有国庆花 15 株和桃花心木 26 株，另在布兰花园内有垂枝暗罗 7 株，它们均显示树干上仅有枯枝，树叶全部掉光；在单车道上还有红花羊蹄甲 3 株，其枝叶也已全部枯黄。最后，被保险人报损的还有红车 21 株，现场测量树高均低于 1.5m，不属于保险标的，将剔除报损。

二、对受损程度与受损原因的初步分析

通过现场调研可见，经核实报损树种 6 个，共计 267 株，初步报损估值 600 余万元。不过，这次被保险人报损最大、最主要树种是银杏，计有 212 株，每株估值 2.9 万元，总计 614 万元。下面将侧重谈谈各受损树种能否存活及受损原因，以便理赔参考。

（一）银杏

落叶大乔木，树干通直，枝茎上有长枝和短枝，叶在长枝上螺旋状排列，在短枝上簇生状，雌雄异株。寿命很长，达 3000 年以上。

对气候适应性广，在年平均气温 8 ~ 20℃，冬季极端气温不低 －30℃，年降水量 800 ~ 1500mm，

[53] 本文是徐英宝应中国人民财产保险公司邀请写的调查报告（2008 年 3 月，未发表）。

冬春温凉湿润，夏秋温暖多雨气候条件下生长最好，当平均气温 >12℃时抽叶发芽，>15℃时显花。一般在3月底至4月初发芽展叶，4月中旬抽梢开花，1年抽梢1次。10月中下旬至11月上旬叶变黄，11月下旬开始落叶。东部华侨城湿地花园的银杏属壮年树株，树冠应是圆锥形，老树就变成广卵形，大枝稍斜上伸展。

对土壤适应性强，在pH值4.5～8.5范围内，只要土质疏松，都能正常生长，但最适宜pH值范围是6.5～7.5，即在土层深厚肥沃、排水良好、通风透气的土壤上，生长最好。较耐干旱，不耐水渍，在排水良好的山谷台地上生长最好。

由此看来，东部华侨城所种植的银杏树属壮年植株，树冠应是圆锥形，树龄70～80年，以后老树树冠会变成广卵形，大枝斜上伸展。尽管种植地为我国银杏分布南带的最边缘地区，并不理想，但东部华侨城位于背山海拔较高的山谷台地上，小气候凉爽湿润，对银杏生长还是有益的。问题在湿地花园所种植的银杏是2007年6月从广西长途运来，属大树移栽，起初树茎上还留存部分少量原生枝叶，到2007年12月份树叶全部落完，属自然现象。今年1～2月份持续低温是否使银杏死亡，尚需看3～4月份能否萌发新枝叶。若到期仍不展新叶，也不显花，就可能真正枯死，其受损原因不应是持续低温单因子所致，它只是起了一个加快最终的消亡过程。本人认为移栽外地长途运输的大树，风险很大，6月又是银杏生长高峰期，包装运输植株时伤害很大，尤其根系伤害大，种植后恢复生机慢，植株成活率低，得到的往往是反效果，欲速则不达。

另外，银杏的生物、生态学特性突出，要求种植的土壤层深、疏松、透气、肥沃，要排水良好，不要水渍、积水。前面提及每株树搞砖砌围圈是不必要的，它对恢复银杏侧细须根不利，实在要围，可改成半块砖高的圈，圈内则铺草覆盖地表。

（二）朴树

落叶乔木，是广东各地广为栽种的乡土树种，适于低山丘陵地区的水边、村前村后栽植，核果红褐色，常常招鸟采食。朴树可能是茶溪谷移栽的最大直径树木。植株运来种植时，大量枝条被修剪，仅留少量主枝，保留叶于2007年12月前后陆续脱落，今年1～2月低温更加快叶脱落。现要待3月末至4月中旬，若发新枝叶，就会逐渐恢复生长，相反，则无望了。

（三）桃花心木

短期落叶乔木，主干不高，羽状叶互生，有3对小叶，对生；白绿色花腋生。原产北美洲南部热带地区，为热带树种，在原产地气温不会低于15.6℃，气候温暖无大变化，尚能耐短期干旱。这次持续低温，引起叶全部脱落，枝条枯死。天气回暖后视有无新叶萌生，不然就算受损了。

（四）复羽叶栾树

又称国庆花，落叶乔木，为华南地区的乡土树种，9月中下旬开满树黄色花朵，金黄灿烂，12月前后落叶。湿地花园移栽的植株，现树干仅存枯枝，树叶掉光。待3月末至4月中旬，新枝叶萌生存活就无问题了。

（五）垂枝暗罗

为典型热带常绿树种，与雨树一样，在高温和雨量充沛地区（2500mm）生长良好。这次持续低温引发树干上仅存枯枝，叶已落光，恢复萌生的可能性很小。

（六）花红羊蹄甲

半落叶乔木，原产香港，为一杂交种。生长适应性强，能耐干旱，较耐寒。春秋两季为花期，夏季萌发新叶，12月份半落叶，不会全落，而湿地公园3株移植树已完全枯枝落叶，其恢复生机存活的可能性很小。

三、建　议

对已移栽成活的银杏植株应加强精心抚育管护，以促进恢复生机，加速稳定生长。以下几点是必要的：

（1）种植点不可低洼积水，或过度潮湿，这就要求把高围护圈墙改成低平地护圈，以免引发植株生长衰退，树皮坏死，最后导致枝条或植株死亡。

（2）应做好施肥管理，施肥1年可分为3次。第1次为催芽肥，在春季发芽前施复合肥2～4kg/株，离树干50cm左右辐射状开沟埋施，沟深25cm；第2次为长叶过肥，6月施入，以速效性尿素和磷酸二氢钾各0.25kg/株，加水稀至1%浓度浇施；第3次为基肥，在11月下旬或12月上旬落叶后施入，用农家肥开沟施用，施肥量每株25kg，以促进银杏侧须根系恢复生长。

（3）修剪。银杏一般不需修剪，如分枝过多过密，可适当修剪。长枝上萌发的短枝结实多年，渐趋衰老，要修剪更新。通过修剪，使树枝分布均匀，疏密适中，构成圆锥形树冠，以利观赏。

黎蒴大面积的人工栽培技术[54]

黎蒴 *Castanopsis fissa*（Champ.）Rehd. et Wils，又称黎蒴栲、大叶栎、裂斗锥、闽粤栲等，属壳斗科栲属常绿乔木。它为深根性树种，对立地要求不严，较耐旱瘠；枝叶茂密，枯枝落叶大量且易腐，有利于改良土壤；根系发达，可减少径流；萌芽力强，轮伐期短，生物产量高。木材纹理直，材质稍轻软，色白，心材不明显，易加工，出材率高，可用作纤维板材和制浆造纸原料等。该树种是广东省水源涵养林、水土保持林、能源林和用材林的优良树种。

一、生物学及生态学特性

（一）形态特征

常绿乔木，树高可达20m，胸径50cm。树皮灰褐色，浅纵裂，厚3～5mm，幼时近平滑，老则粗糙，幼枝被疏柔毛。叶互生，革质，长椭圆形到倒披针状长椭圆形，长17～25cm，宽5～9cm，先端钝尖，基部楔形，边缘有波浪状齿或钝齿，无毛，叶柄长1.5～2.5cm。壳斗全包坚果，卵形至椭圆形，长1.5～2.2cm。花期4～5月份，果熟期11～12月份。

（二）分布

黎蒴分布于我国中亚热带以南地区，主产于海南、广东、广西、福建及江西南部、湖南南部、贵州南部、云南东南部，越南北部亦有分布。在广东分布甚广，以南雄、连山、乳源、翁源、连南、英德、清新、佛冈、龙门、增城、封开、高要、广宁、怀集、高州、信宜等为集中产区，英德、封开、佛冈、增城等地的农民曾有经营黎蒴薪炭林的习惯。

（三）适生环境

黎蒴喜温暖湿润的气候，其分布区内年平均气温17～24℃，最冷月平均气温7.3℃以上，最热月平均气温22～28℃，绝对最高气温39℃，绝对最低气温－2.3～－7.8℃，≥10℃的活动积温5600～8000℃，年降水量1300～2000mm，相对湿度80%以上。

黎蒴对土壤要求不严，在花岗岩、砂岩、页岩发育而成的酸性赤红壤、红壤和黄壤上均能生长，以土层深厚、肥沃、湿润者生长最佳。

（四）生长特点

在苗期，半年生前主根细长侧根极少属明显直根型根系；之后，主根生长放慢，侧根开始发达。幼苗期只要水肥条件适宜，全光照亦可。在浅土层的地方，主根不发达，侧根较粗，根系密集于10～20cm的表土层内，但在土层深厚的地方，主根深长，侧根与地面成45°角向下生长。1年生苗造林时，

[54] 徐英宝、陈红跃撰写于广州华南农业大学林学院(2008年12月，未发表)。

更可接受充分光照，对造林成活率没有影响。以前，曾有些地方采用百日苗或半年生袋苗进行荒山坡地造林，但由于幼苗根系侧根未发生或很细少，遇晴天高温、干热、强光照季节时，造林成活率很低。

黎蒴为速生树种，树高生长以3~15年生为连年生长旺盛期；材积生长高峰期为18~20年。大约在25年生左右，材积连年生长曲线与平均生长曲线相交。与实生林相比，黎蒴萌生林具有早期生长更快和林分密度更大的特点。在南亚热带地区，萌芽林轮伐期以5~6年为宜，而在中亚热带地区，轮伐期可在6~7年间。

二、良种选育

（一）主要途径

广东省黎蒴的良种选育研究起步较晚，对其生长特性、繁殖机制及性状表现了解不多。当前黎蒴选育工作主要以表型选择为主，并通过营建母树林来获取生产造林用种。进而，以优良家系为基础营建实生种子园，利用混合无性系群体优势，通过这种低强度改良途径，在短期内提供经改良的种子。

（二）种源试验

种源试验是指把黎蒴不同产地的种苗集中于一个地点，在相同条件下进行比较试验，依据试验结果，为试验地区选出最佳供种区（种源）的过程。由于黎蒴的全省性种源试验开展较晚，且规模和覆盖面也有限，试验数据的指导意义有一点限度。因此，在有条件的地方开展种源试验，对提高黎蒴的产量和质量有十分重要的作用，是一种简易可行的方法。

1. 种源采集

在黎蒴自然分布区不同条件的立地上设点（采种点一般为10~30个，不应少于5个），在达到结实盛期，生产力较高，品质较好，代表当地种源的林分中，选择分布比较分散的优势木作为采种母树（采种株数一般为20株~50株，不应少于10株）。同一采种点所采集的种子等样取种（如每株采种母树采集的种子各取100g）混合在一起，并做好记录，包括采种地点、立地条件、林分起源、年龄、平均树高、胸径、单位面积蓄积量、病虫害情况、采种日期和采种人等。

2. 苗期测定

苗期测定的育苗地，要求立地条件及前茬一致，土壤和水肥等因子无显著差异。采用随机区组设计，3~4次重复，每小区最后保留苗木不少于50株。株行距要求符合当地生产标准。四周设置保护畦或两行保护带。测定内容和要求有：苗木的生长量和生长节律、成活率和保存率、抗逆性、物候等。分析苗木生长量、生长型、适应性和抗逆性。测定结果以小区平均值或小区内个体作统计分析。

3. 造林测定

测定林的立地条件及营林技术措施要求一致；测定林采用随机区组设计种源试验，主要观察种源适应力和生长表现，淘汰不适应当地条件的种源，对种子调拨范围做初步区划。试验期3~5年，设3~5次重复，每小区6~25株，块状小区，也可单行排列。当初选优良种源区后，再到优良种源区集中采种，以选择最好种源。其试验期3~4年，设3~5次重复，每小区36~45株，可3行或方形排列。试验林四周设计保护行。从节约成本出发，后期观测生产力和重要经济性状表现。如造林成活率、保存率、年生长量与生长型、抗逆性物候、木材理化性质等。当试验林缺株大于40%时试验林报废。

4. 建立优良种源种子供应基地

通过种源试验，可评出适于当地最好种源，并以此为基础，建立优良种源供种基地，可行途径有利用原产地优良林分改建成母树林；在原产地选出优树，建立优树无性系种子园；用初选优良种源建立产地种子园或母树林。

5. 建立技术档案

建立选择材料、繁殖、测定、抚育管理、统计分析等一系列完整的技术档案。

三、壮苗培育

(一)采种

黎蒴实生株于7～8年生开始开花结实。造林用种，宜选择15年以上、干形直、生长健壮的母树采集。有条件地区，应尽可能采用母树林或种子园的种子。在广东分布区内，花期为4～5月份，果实在11～12月份成熟。成熟良好的坚果呈卵形、粒大、栗褐色、充实饱满、光亮洁净；劣质种子长形、窄如榄状，色泽暗淡无光泽，种皮皱缩，采集时要分别取舍，黎蒴种实脱落期约1个月，熟时壳斗开裂，坚果自行脱落，一般可在林下捡拾坚果。但要捡新鲜粒大、无虫害、满实的种子。种子脱落后易霉烂和受虫鼠危害，采集要及时。为保证种植质量，最好是在种子成熟脱落前用竹秆敲打落地，于地面收集或种落地后及时拾取。坚果采集后晾干1～2天脱出种子。坚果不能暴晒，暴晒的坚果所含水分减少，胚乳干枯后不能发芽；也要避免堆积，以免引起坚果发热，降低发芽率。

(二) 贮藏

采运回的种子及时处理，要先用水选净种，将种子放入配有50%多菌灵可湿性粉剂500倍液的水缸中搅拌10～15分钟，把浮在水面上的劣质种子和杂质去掉，捞出下沉的洁净种子，即播或湿沙贮藏处理。

1. 即采即播

把经过水选消毒处理过的种子均匀撒在用作催芽的苗床上，撒种密度要适度，以种子不重叠为宜，一般每平方米播种2.5～3kg。播种后用喷雾器喷洒90%敌百虫1000倍液与50%多菌灵可湿性粉剂500倍混合液。盖上新鲜河沙，也可用泥沙混合盖种，盖沙厚度1.5～2.0cm，然后覆盖稻草，用小花洒淋水1次，再覆盖薄膜，以保湿保温。待种子露白后上袋。

2. 沙藏处理

不能及时播种的种子要用湿润细沙混藏，以达到短期保存(1.5～2个月)。沙藏方法是：在塑料大棚内、露天晒场或在室内按一层湿润细沙(厚约8cm)、一层坚果(厚约3cm)交错堆放，每层种子要用喷雾器喷洒杀虫剂与灭菌剂，以防病虫危害，高度不超过50cm，贮藏期间不宜淋水，定期查看，剔除变质或霉变种子。坚果千粒重660～1340g，发芽率70%～80%。

播种前要测定种子品质，包括千粒重、大小、颜色、生活力、种胚大小、发芽率和发芽势等。

(三)容器苗培育

1. 苗圃地选择

选择交通方便、地势平坦、靠近水源、灌溉条件好、阳光充足、排灌良好的水稻田、平地或5°以下的缓坡旱地作圃地，最好靠近造林地。切忌选择易积水的低洼地，寒流汇集、风害严重、光照弱的山谷以及泥沙堆积的地段。

2. 苗圃整地

先清理苗圃地里的杂物，将地整平，然后准备足量的黄心土，用来制作苗床，一般每个苗床需用黄心土2.5m^3。选用黄心土是因为它很少含有其它杂草种子，且较适宜黎蒴苗生长。铺前要对黄心土过筛，使土疏松。然后整理苗床。苗床宽1.1m或1.2m，长度依地形而定，最好不超过10m，苗床高度应高于地面15～20cm，苗木与苗床间步道宽，以方便人操作为宜，一般50～60cm，周边苗床沟宜低于地面，适当深挖一些，以便圃地排灌。筑床后还要对苗床上土壤进行1次消毒，可选用50%多菌灵可湿性粉剂每平方米8～10g量加拌干细土10～15kg配成药土垫床，之后就可摆放育苗容器袋。

3. 营养土配制与装袋

(1)营养土配制。第1种营养土配制方法：黄心土80%＋火烧土17%＋过磷酸钙2.5%＋有机肥(腐熟鸡粪或猪粪)0.5%，均匀混拌，堆沤15天后备用，火烧土与黄心土比例也可视火烧土数量而定。该营养土适用于平坦旱地或缓坡山地。第2种营养土配制方法是：黄心土97%＋过磷酸钙2.5%＋有机肥 0.5%（腐熟鸡粪或猪粪），均匀混拌，堆沤 15 天后备用，该营养土适用于稻田苗圃地。

（2）容器袋规格。1 年生黎蒴苗容器袋规格为口径 10cm、高 15cm、膜壁厚 7mm 的黑色塑料薄膜袋。

（3）装袋。装袋时间最好在春节前完成。装袋时应注意将营养土装满填实，薄膜不能内翻。将容器袋自然平排放在苗床上，袋与袋放置紧密，不能松散，也不宜人为挤压摆放过密。10cm×15cm 容器袋每 667m^2可放置 7 万～8 万个。

4. 催芽点播上袋和移栽小苗上袋

（1）催芽点播上袋。在苗床催芽的种子，开始大量露白，根长至 4～5cm 时，可用剪刀剪去 1 段，保留长 2cm，以抑制主根生长，促须根生长，此时点播上袋最理想。点播上袋前需要将袋的营养土浇透水，用小木棍在营养土中间插个小孔，将种子带胚根垂直放入孔内，点种深度为种子根基部刚与营养土面接触，种子露出土面为宜，点播后盖草并淋水。然后插上竹拱，覆盖薄膜保湿保温。每 6～7 天打开薄膜通风透气 1 次，以防种子霉变，并要注意水分管理，15～20 天后种子可长出真叶，播种 100 天幼苗高可达 15cm。

（2）移栽小苗上袋。在苗床催芽生长的小苗长至 5cm 左右，并有 3～5 片真叶片时移栽到容器袋，移苗时应先淋湿容器袋的营养土，小苗根太长可适当剪短，并用黄泥浆根后移植上袋，淋定根水，然后盖好遮光网。点播和移植小苗上袋季节一般多在早春 2～3 月份。

5. 苗期管理

（1）淋水与排水。上袋后幼苗生根期的水分管理很重要，要经常检查，干旱时要用花洒桶适时淋水，保持湿润。如连续雨日，积水易造成幼苗死亡，需及时排水。

（2）除草施肥。幼苗要注意及时除草，做到除小除了。幼苗移栽定根生长后才能进行施肥管理，要求勤施薄施。肥料浓度要视苗木生长而定，一般每千株黎蒴施肥量为复合肥与尿素各 10g，溶于 20kg 的水，每月用喷壶喷施 1 次。施肥浓度切忌过浓，以免造成肥害。

（3）病虫害防治。幼苗期遇持续阴雨天气，除注意排水外，待雨后转晴要用 1% 的波尔多液，喷施于叶面，也可配置每升水加入 50% 甲基托布津悬浮剂 1.25～2.0g 的药液喷施，以防苗木猝倒病害蔓延。

黎蒴苗期主要害虫有红角绿金龟、种实象鼻虫、透翅蛾等，对金龟子或象鼻虫等害虫，可于虫发期傍晚喷 90% 敌百虫 1500 倍液进行防治；对于透翅蛾则可用 40% 氧化乐果 1000 倍液进行喷雾防治。

（4）移袋与分床。当幼苗长至一定高度时，要进行断根和移袋管理，以控制主根穿透袋底，促进多发侧须根生长。苗木断根、移袋时结合进行苗木分级，高大苗向北面摆放，矮小苗向南排齐，并分别进行水肥管理。通常在 7～8 月和 10～11 月各进行 1 次，这样移袋管理便于对矮小苗加强施肥光照处理，尽可能地使其与高大苗生长一致。

（5）出圃。1 年生容器袋苗于翌年春季 2～3 月出圃，苗木规格一般均能达到苗高 40～50cm，地径 0.4～0.5cm。不能出圃造林的苗木，可集中移植在一起进行管理，直至可用于上山栽植为止。出圃时起苗、搬运、装车各环节都要小心，以保护营养袋和苗木完好。

（四）扦插苗培育

1. 采穗圃营建

扦插育苗要采用萌芽条作穗条，因而必须先建立采穗圃。营建黎蒴采穗圃的苗木最好选用母树林或种子园的种子或穗条培育的超级苗；穴垦整地，穴的规格一般为 40cm×40cm×40cm，并施足基肥。按株行距 0.5m×0.5m 定植，植后注意淋水和施肥管理。

当苗木长至 40～50cm 时，即可截去顶枝和较长的侧枝顶梢。截顶后施以少量复合肥，让其迅速恢复生长。截顶方法为：将母株主梢剪断，剪口距梢顶约 10～15cm，促使剪口以下的芽萌发。待测梢长出以后，再将侧梢剪顶，使其再萌发侧芽，直至培育出较理想的冠形为止。

2. 扦插基质

黎蒴扦插成活高低与扦插基质有直接关系，黄心土是黎蒴扦插繁殖的较好基质。黄心土不带病菌，保水性能好，插穗生根成活后造林时泥球不易松散，成活率高。

3. 扦插时间

在集约经营条件下，一年四季均可扦插，但春、秋季扦插明显比夏、冬容易且成活率高。主要是因为春、秋气温较低、蒸腾作用较弱，有助于保持插条水分平衡，扦插容易成活。

4. 扦插方法及管理

穗条应在早晨剪取，宜选择半木质化的枝条，这样有利于生根；太嫩的穗条扦插时容易枯萎，太老则生根时间过长。插穗条长 8 ~ 12cm；约为插穗条长度的 1/3 ~ 1/2。扦插后，用手掩土压实，并浇透水，使土壤与插穗密接。

黎蒴插穗生根成活时间约 1 ~ 2 个月，扦插后应搭设塑料薄膜拱棚，视棚内土壤干湿情况浇水，要保持棚内空气和土壤湿度，若土壤太湿穗条入土部分容易霉烂，太干穗条容易失水萎蔫死亡。利用薄膜小拱棚调控棚内的温度和湿度，可将薄膜剪成两半，然后用泥土将四周密封，保持棚内湿度的稳定。这种方法保温保湿效果较好，有利于穗条生根成活。

四、造林技术

(一) 造林地选择

黎蒴造林前，首先应选择在海拔 600m 以下丘陵低山，山坡中、下部或沟谷两旁土层深厚、湿润肥沃、排水良好的花岗岩、砂页岩发育成的酸性赤红壤、红壤和黄壤，并且是宜林荒山荒地、火烧迹地、郁闭度 0.3 以下的疏林地。

(二) 造林整地

在人工营造黎蒴林时，首先要对林地清理，对于杂灌草特别茂盛、造林施工困难的地段，要先进行劈山、炼山，清除杂灌、竹篼和高草地被；植被低矮稀疏时，可不炼山，直接整地。种植黎蒴，一般采用穴状整地，沿水平等高线布穴。黎蒴生态林和商品林造林的植穴规格也不一样。通常生态林为长 30cm × 宽 30cm × 深 20cm，而商品林是 40cm × 40cm × 30cm。林地清理与整理应在造林前 1 ~ 2 个月内完成，挖穴时，将有腐殖质的表层土集中放在一边，以便随后施基肥时与之搅拌，并回填到穴的一半，再回另一边的心土，回填穴深的八成左右即可，剩下土到种植时再回满穴。施基肥量是复合肥每穴 200g(生态林)或 400g(商品林)。

(三) 栽植

黎蒴造林时，首先要确定适宜的造林密度，根据造林目的，一般生态林比商品林的栽植密度大些，又根据立地条件差异，一般陡坡山地比缓坡地或上坡比下坡、中等立地比中等偏上时，种植密度要大一些。黎蒴生态公益林的造林密度可采用每亩 200 株至 250 株，即株行距 1.7m × 2m 或 1m × 2.7m，而在商品林基地建设中综合考虑，黎蒴造林密度可采用每亩 110 株至 150 株，即株行距 2m × 3m 或 2m × 2.5m。

造林季节和种植技术是造林成败的又一关键措施。早春 2 ~ 3 月是造林的最佳季节，备耕好的造林地经过 1 个月堆沤、雨水淋透，选择阴雨天气进行种植。一般在 2 月中下旬开始定植，3 月底前完成。如遇干旱天气，宜植后浇灌，提高幼苗成活率。栽植前，先将黎蒴营养袋苗运至林地，栽时轻轻撕掉薄膜袋，注意保持营养土完整，挖开已经施完基肥的穴土，把苗木栽下，栽植不宜太深，栽苗时要回土盖过苗木基部 2 ~ 3cm，保持苗干竖直，然后用细土压实，让苗木根系充分接触土壤，最后用松土将穴填成缓凸状，以减少水分蒸发。

栽植 1 个月后，应及时检查苗木成活情况，发现缺株死苗要及时补植，以确保造林成活率。

（四）幼林抚育

黎蒴造林，前3年幼林抚育很重要，内容包括除草、松土、追肥、培土、修枝等。一般造林当年7～8月份抚育一次，先除草松土，然后每株追施尿素50g，第2、3年4～5月份每株施复合肥200g，追肥方法，可沿树冠垂直投影两侧挖浅沟，沟长30cm，沟宽15cm，把肥料均匀施入沟内，然后填土，以防肥料流失，确保肥效。除草、松土、培土与追肥同时进行。

幼树生长1年期内，在秋末冬初时节应对幼树进行修枝措施，修剪时，应将树干基部萌生条、丛生枝和下部枝条剪除，剪时注意剪刀要紧贴树干，以利树干通直，剪除范围为使枝下高距地面达1.5m之内，修剪后可使树枝形成紧凑冠形。牛、羊等牲畜很喜食黎蒴幼树的嫩叶，对幼林地要设置固定的管护标志，落实管护机构和措施，对牛、羊等牲畜等来源口设置护栏，严禁人畜危害，确保造林成效。

（五）采伐更新

经营短轮伐期黎蒴商品林，主要利用它很强的萌生能力，而且萌条速生、通直、枝丫少。因此，造林后6年生左右的林分，平均树高可达7m，平均胸径7～8cm时就可分片轮伐，进行萌芽更新，只要技术措施适宜完全可以达到持续生产经营，不需重新造林，并能显著提高生态经济效益。但是，萌芽更新效果很大程度决定于采伐方式和砍伐季节。小面积皆伐最好是在11月至翌年2月份，3～4月次之，5～9月最差，这是因为冬春砍伐后，早春树液开始流动，萌生条生长粗壮整齐，接着转入高温多雨季节，萌条更速生，抗性增强。小面积皆伐方式的林分，萌条粗壮快长，林相整齐，便于采伐、加工、集材、运输等。

同时，短轮伐期萌生性黎蒴纯林，还有一个特性，就是具有天然下种更新能力。萌芽更新的黎蒴，一般3年生就开始开花结实，5～6年生时已大量结实。据华南农业大学林学院（1982）调查，不同林龄的萌生黎蒴林内，天然下种的实生苗量不一样，3年生矮林内几乎没有天然实生苗，4年生的每亩有幼苗1762株，5年生的有9524株，6年生的有16 144株。所以，黎蒴天然下种更新能力很强。不过，在黎蒴萌生林内，仍以萌生株为主，占单位面积总株数的65%～70%，组成林分的主要部分，实生株为辅（占总株数的30%～35%），使单位面积株数获得补充，为高密度黎蒴商品林可持续长期经营下去。

这里还应指出，以往文献中认为，轮伐期5～6年一次的黎蒴萌生林，第3～4代后萌芽力开始减弱，到第5～6代就要重新造林，但实际上正常合理经营的矮林作业，5～6年生皆伐时林下已有一定量的实生苗，皆伐后光照和水分状况得到改善，而萌生条更速生，对实生苗起着庇荫作用。另外，若皆伐在坚果成熟期（约12月上旬）之后进行，就更能保证天然下种更新的效果，可靠性更大，使2种更新方式有机结合，一次造林成功，便可永续经营利用。

1. 采伐迹地清理

首次林分皆伐后，应及时进行清理。以植株伐桩为中心，清理1m×1m的块状范围，并将全部小枝、树叶均匀留于林地上，让其自然腐烂分解回归林地做肥料，以提高林地的有机质含量，改良土壤，提高肥力。

2. 松土施肥

以伐桩为中心，将半径50～70cm范围内的土壤挖松，深度15cm，并在松土的外缘开一浅沟，深10cm，将肥料均匀施放于沟内，每株复合肥400g，然后用土覆盖。

3. 抹芽定株

在伐后第2年春季，当萌芽高20～30cm时进行定株，每个伐桩留下1条（个别最多2条）最健壮的萌株，其余全部清除。2个月后再清理1次，把新萌生的萌条全部除掉，以减少养分消耗，促进保留萌条生长。

4. 抚育追肥

伐后第2年春、秋季，对萌芽林各抚育1次，主要是除草、松土、扩穴、培土，同时把非保留萌条清除，在秋季（7～8月）还以树桩为中心、30～40cm为半径，开环状浅沟进行追肥1次，每桩头施复合肥400g，把肥料均匀放于沟内，然后用土覆盖。第3年，视林分生长情况和经营条件确定是否进行幼林抚育。

五、主要病害

黎蒴的病虫害主要是苗木立枯病、褐斑病、红脚绿金龟、种实象鼻虫等。

(一)病害

1. 苗木立枯病

幼苗出土后，根基部尚未木质化，在根茎地表处出现褐色长形病斑，地上部叶片失水枯萎，病株直立。多由于土壤黏湿，过量施用氮肥、过量用鸡粪做基肥等所致。防治上，可及时用绿亨一号 3000 倍液灌根。

2. 褐斑病

病菌孢子传播侵染，5~6 月份为发病盛期。主要危害当年生叶片和嫩枝，病斑为褐色圆形，常致幼苗枯梢缺顶，生长不良。发病初期喷洒 50% 甲基托布津可湿性粉剂 500~800 倍液防治。

(二)虫害

1. 红脚绿金龟

在广东一年 1 代，4~5 月初成虫出土，无风晚上，成虫大量活动，主要危害叶片，尤其嫩枝叶为甚。防治上，选择无风的 15~19 时，每亩用 2.5% 敌百虫、或 1.5% 乐果、或 5% 氯单等粉剂 0.5~1.5kg，杀死成虫。

2. 种实象鼻虫

主要危害壳斗科树种的坚果。成虫以喙刺入幼嫩坚果内产卵其中，孵化后，幼虫蛀食坚果。防治上，可采用 1∶100 白僵菌喷洒成虫；采用 45℃温水浸种 20 分钟，或用 50℃温水浸种 15 分钟，可杀死种实内幼虫；也可以用烟雾剂杀灭成虫。

东江流域水源涵养林培育技术及其效益研究工作总结报告[55]

一、立项依据，背景情况

东江流域上游是广东省的重要林区，下游是广东省的对外开放经济区。由于历史上的种种原因，森林遭受严重破坏，特别是大面积地带性的天然常绿阔叶林被破坏。目前森林植被仍然多为天然次生阔叶林或以松类、杉木、桉树为主的人工植被，尤以马尾松林最普遍，致使森林的质量、防护能力普遍降低，有些地方水土流失严重，河流和水库淤积，水旱灾害频繁，对流域内社会经济发展和人民生产、生活造成严重威胁。东江流域水资源状况好坏，还有一层重要意义，即东江除供本流域用之外，还通过流域调水工程供应深圳、香港地区，香港每年所需淡水约70%来自东江，东江在供应食水方面，就显得格外突出。

因此，在东江流域上、中游地区，进行水源涵养林培育技术试验研究，以期运用森林生态系统整体概念，营造"近地带性"的天然林植物群落，已形成高生产力、多功能效益、结构稳定的复层异龄针阔叶树种或阔叶树种混交林。

二、研究项目及主要内容

研究项目是在近期内为东江流域水源涵养林、水土保持林的人工造林与经营提供一个实用技术的试验示范点，而长远目标是如何让更好地保存、保持、恢复天然林和借助于自然力发展森林，以及使不同的经营目标更好地协同起来。

一个林分群落的营造关键是要有科学根据的、有培育技术条件的选定林分的主要经营树种，即主林冠层的优势种，数量1~2个和次生林冠层伴生混交树种，数量3~5个，以及下木层树种，数量1~2个。林分经营主要目标是涵养水源和保持水土的生态功能，但森林群落的主体仍进行正常的经营活动，当优势建群种树龄成熟后(40~50年或更大)，可进行一定限额的采伐更新，其采伐方式只能择伐或渐伐，经营目标是培育大径级珍贵用材，以达到更显著的生态经济效益。这样人工培育起来的近天然林植物群落，还可划分出部分自然保护区或森林公园作为生物多样性保护或游憩景观的社会功能。

[55] 本文是徐英宝、陈红跃、薛立等承担"东江流域水源涵养林培育技术及其效益研究"课题的工作总结报告[2007，2：1~7(未发表)]。

三、试验工作概述

东江流域水源涵养林林分改造试验研究专题，于2000年2月将试验点选在河源市东源县仙塘镇的观塘村至吉增洞一带山地，试验地面积66.67hm^2（1000亩），其中核心区20hm^2（300亩），外围区46.67hm^2（700亩）。

核心区试验林，根据树种苗木实际情况，试验林总共移栽苗木40 420株，共选用29个树种，其中绝大部分为地带性乡土阔叶树种，外引树种仅2种（马占相思和大叶相思），并安排设计19个不同的混交组合，每个混交类型2hm^2（30亩），每667m^2套种80～120株，而每个混交组合包括主要树种1～2个，占单位面积株数的35%～45%，伴生树种3～5个，占35%～45%，下层树种1～2个，占15%～20%，混交方式采取相互间开，照顾均匀，树种株行距：主要树种采用宽距（4m×4m），伴生树种和下层树种用窄距（2m×2m）相互间开。林地清理不炼山，采用环山刈带，带状疏开或开天窗方式；穴状整地，50cm×50cm×40cm，每穴施基肥过磷酸钙50g、复合肥100g；造林季节春雨后阴天进行。保留林地的少量针叶树，为幼树遮光。造林当年10月幼林抚育1次，造林后第2、3年每年4月和10月各抚育1次，内容主要除草松土，同时做好病虫害防治等工作。

外围区造林工作也于2002年4月完成，规划5块小班，设计4个混交类型，5个主要经营树种是樟树、红锥、枫香、米老排和红苞木，总共用苗87 000株，每667m^2套种120株，其中主要经营树种占1/3，混交伴生树种——木荷占2/3。

四、取得的主要成果和技术创新点

（一）总的评价

东江是广东省四大江河之心，由于历史原因，东江流域的大面积天然常绿阔叶林遭到破坏，取而代之的多是松类、杉木为主的人工针叶林，是涵养水源效果欠佳，因此，在东江流域改造原有针叶林，营造人工混交阔叶林，以提高其生态、社会和经济效益，是东江地区水资源保护和生态建设亟待解决的突出问题。为此，我们在东源县进行了东江水源林营造技术研究，营建了近30个乡土阔叶树种的水源混交试验林，设计了10个混交组合为研究对象，对其生长和物种多样性进行了为期5年的调查研究，以探讨提供较为多样组合的混交类型。国内目前对混交林的生长做了不少研究，但较多的是两个树种的简单混交林研究，很少涉及多树种的混交，一般是混交林与纯林比较，很少是多树种混交组合之间的选择。另外，对于不同混交群落的物种多样性研究较多集中在天然林，对人工混交林多树种多组合的物种多样性研究很少。本研究在这方面是一个尝试，研究结果可为南亚热带地区生态公益林造林树种选择及水源林建设提供依据，同时也可以在不太长时间内优选人工混交组合以提供新的途径。

（二）东江水源林不同混交组合生长研究

对东江水源林5年生的不同混交组合的林木生长研究结果表明，从主要树种生长速度看，木荷×椆木、红锥×枫香和枫香×樟树3种混交组合林木生长效果中等；楠木×中华锥混交组合初始效果欠佳。在参试的29个树种中，除了马占相思最速生外，乡土阔叶树种米老排、黎蒴栲、火力楠、红锥、红苞木、中华锥、椆木、鸭脚木等都相当速生；格木、阴香、秋枫等初始生长较慢，而楠木生长最慢。

从各混交组合的主要树种与伴生树种的生长情况看，分析它们之间相互关系，肯定会逐渐剔除马占相思，因为它只是一个短期行为的伴生树种。在剔除马占相思后，主要树种的高生长显著地比伴生树种高，因此，从整个林分发展看，主要树种的树高生长已经能够占优势，可以保证在组合中的高生长主导地位。这是本方案设计的出发点，即主要树种在生长上必须是占优势的。

（三）林下植被物种多样性研究

从各种混交组合林下植物调查看，各混交组合林下地被层物种丰富度差异很大，其中红锥×枫香混交组合林下植被物种丰富度最大，共有锥管束植物21种，其次是楠木×红锥，共有维管束植物18种。枫香×樟树的物种丰富度最少，只有8种，木荷×椆木也只有9种。灌木层的物种丰富度最大的是红锥×枫香，共有14种，最少的是木荷×椆木混交组合只有3中。草木层差异不大，主要有铁芒萁、芒草和黑莎草等，且这3种草木在所在样地中都同时出现。

为了从多样性方面比较混交组合之间的差异，采取各混交组合灌木层和草木层物种丰富度，Simpson指数、Shannon－Winer指数、种间相遇机率和群落均多度平均数进行聚类分析可以看出，可将各混交组合物种多样性的丰富度分为5类：第一类为楠木×中华锥混交组合，其物种多样性各项指标最高；第二类为红苞木×枫香、火力楠×红锥、椆木×红锥和第三类的格木×海南红豆，这2类物种多样性指标均较高；第四类为枫香×樟树、木荷×椆木，其物种多样性指标中等；第五类为红锥×枫香的物种多样性最低。总体上看，物种多样性以楠木×中华锥、红苞木×枫香、火力楠×红锥、椆木×红锥和格木×海南红豆混交组合较为理想，植物多样性较高，而红锥×枫香则相对较差。这种对不同人工混交组合进行评价，以及对生长与多样性进行相关分析，是一种新的尝试，可以作为不同混交组合筛选的一个途径。

（四）不同混交组合林地枯落物和土壤持水能力研究

在东源县设计和营造的不同混交组合水源涵养林枯落物和土壤持水能力研究结果表明，与对照的马尾松纯林样地比较，红锥×枫香、楠木×中华锥以及格木×海南红豆的各混交组合林地枯落物持水能力有较大提高，而枫香×樟树、红苞木×枫香的混交组合林地土壤持水能力有较大提高。总体上造林初期，水源涵养试验林在提高原有林地持水能力方面已取得了一定的生态效果，对评价不同混交组合涵养水源能力的大小，为合理配置树种提供依据。

（五）混交林地土壤物理性质与微生物数量及酶活性的研究

对于针叶林和针阔混交林林地的土壤状况有较多的报道，而对乡土阔叶树种混交林林地的土壤状况尚欠研究。对东江流域的阔叶混交林林地的土壤物理性质与土壤微生物数量及酶活性进行对比分析，以揭示不同混交组合林分对土壤性质的影响，这对水源涵养林营造具有一定的基础实用价值。研究发现楠木×尖叶杜英林地的保水性和通气性均好；格木×海南红豆林地的保水性和通气性中等；枫香×樟树和枫香×米老排的林地保水性和通气性均差。还发现枫香×樟树和楠木×尖叶杜英的林地脲酶活性比其它林地大46%以上。土壤自然含水量和细菌数量呈显著正相关等。

五、存在问题及对今后的设想

（一）试验林部分火灾问题

该项目研究起初看法是作为东江流域水源涵养林实验基地示范点营建的，包括试验林核心区和外围区，其林地面积66.67hm^2（1000亩）。通过选用近30种乡土阔叶树种和设计10种不同混交组合，是一次多个阔叶树种搭配，近地带性天然植被恢复的人工混交林营造的罕见尝试，期望获得更多信息数据达到研究的预期目的。遗憾的是，当试验进入第5年后期(2005年1月)一场山火，烧掉试验林外围区40.67hm^2（700亩）的全部幼林和核心区的两个混交组合4hm^2（60亩），对试验研究造成一定的负面影响。现保存下来的核心区各混交组合试验林生长正常，整个林分已基本郁闭成林。

（二）关于参试的几个慢生树种问题

试验林中，有几个混交组合的主要目的树种和混交伴生树种，如楠木、格木和阴香等1～5年生幼龄期生长缓慢，我们看法，这是树种生物生态学特性或立地条件引起的。楠木生物学特性就是耐阴性树种，幼龄期适宜的林冠下，20年生以前生长缓慢，20年生胸径生长量仅4.1cm，60～95年间材积生长量占材积总生长量的89%，表明楠木具有后期生长快的特性。格木也是5年生前树高、径生长缓慢，10年后就加快上升，另外格木幼树主干不明显，多层二杈分枝生长，生长到一定时期一个分枝生长较快，成为主干，另一分枝慢生，逐渐消失。阴香适于疏荫下生长，为中、下层木，5年前慢生，以后加快。红锥和火力楠是喜肥、喜湿润树种，它们在有的混交组合中生长不错，但有时在另一个组合中生长不良，这很可能是土壤因子所致。又例如在第二至四混交组合和第六混交组合的林地上主要植被均出现有蔓生莠竹，它繁衍生长特别旺盛，幼林抚育时很难除净，对幼树生长极为不利。总之，造林初期，有些混交组合林分生长效果不明显，不要急于定论，由于造林时间较短，还有待今后进一步的跟踪调查。

（三）加强管护，做好成林抚育工作

在一些参试树种中，如马占相思和大叶相思早期速生，但它们不作为主要经营树种，到一定年龄就逐步减量，不然就会影响主要目的树种的正常生长，特别在林分郁闭后应及时分批做好一些伴生树种的抚育间伐工作。

东江流域水源涵养林培育技术及其效益研究的技术研究报告[56]

森林植被的建设在水资源的保护和利用上具有重要意义，而江河两岸的森林植被——水源涵养林，具有涵养和保护水源、调洪削峰、防止土壤侵蚀、净化水质和调节气候等生态服务功能，是水资源生态环境建设的主体。东江是广东省四大江河之一，由于历史原因，东江流域的大面积天然原生态常绿阔叶林屡遭破坏，地带性森林群落已消失殆尽，现在植被多为结构简单的次生灌丛和十年绿化广东期间营造的湿地松、马尾松人工林，其涵养水源效果欠佳。东江流域的水体通过调水工程供应给深圳、香港地区，其中香港每年所需淡水约70%来自东江，所以东江流域水资源状况直接影响深圳和香港人民的生活，因此，在东江流域改造原有的针叶林、营造混交的阔叶林，是东江地区水资源保护和生态建设亟待解决的问题。为此，华南农业大学林学院与广东省林业局和东源县林业局合作，在该县进行东江水源林营造技术及其效果研究。目前国内混交林的研究，较多的是两个树种的混交林研究，一般是混交林与纯林比较，而很少多种混交组合对比，另外，对于不同混交群落的物种多样性研究多集中在天然林，对人工混交林多树种多组合的研究很少。本研究在这方面是一次尝试，研究结果可为广东省南亚热带地区生态公益林造林树种选择及培育提供理论与实践依据，同时也为探讨短期优选人工混交组合提供一些途径。

一、试验地概况

试验地位于广东省东源县仙塘镇附近的山地，全境属于亚热带气候，降雨量充沛，年平均达1665mm，集中在夏季和初秋。气候温和，夏无酷暑，冬无严寒，无霜期长。年平均气温20℃，平均日照1850h。土壤为中低丘陵花岗岩发育的中腐殖质、中土层酸性红壤(湿润富铁土)，土层深达1m以上。

试验地原为马尾松(*Pinus massoniana*)火烧迹地，林地尚有少量马尾松、杉木(*Cunninghamia lanceolata*)、湿地松(*Pinus elliottii*)幼树等，林下植被多为铁芒箕(*Dicranopteris dichotoma*)、桃金娘(*Rhodomyrtus tomentosa*)、芒草(*Miscanthus sinensis*)、黑莎草(*Gahnia tristis*)和蔓生莠竹(*Microstegium vagans*)等。

二、研究方法

(一) 试验设计

试验地造林前1～2个月按2m×2m的株行距，40cm×40cm×30cm，开穴块状整地，2000年3月

[56] 本文是徐英宝、陈红跃、薛立等承担的“东江流域水源涵养林培育技术及其效益研究”课题的技术总结报告[2007，2：1～13(未发表)]。

造林。分布着10种不同混交组合类型的林地内，选择立地条件基本一致的地段建立10个面积为20m×30m的固定样地，各样地的混交组合方式见表1。每个混交组合主要树种均由2个大乔木乡土阔叶树种组成，它们今后将成为混交林的主林冠层；伴生混交树种则由3~5个中大乔木树种组成，将形成林分次生林冠层；下木层树种由1~2个中小乔木树种组成下林冠层。试验林设计共选用29个参试树种，以期用人工重新构建或人工促进措施恢复生态功能显著，抗逆性强，生长稳定的具有地带性森林景观特点的常绿阔叶林。以乡土树种为主，速生与慢生树种相结合，喜光与中性树种相匹配，上层与下层树种相配套。经营目标主要是涵养水源和保持水土生态功能，但森林主体仍可进行正常的经营活动，可以培育大径级珍贵木材树种。

在混交组合作为主要树种的有：樟树(*Cinnamomum camphora*)、楠木(*Phoebe bournei*)、火力楠(*Michelia macclurei*)、椆木(*Lithocarpus thalassica*)、红锥(*Castanopsis hystrix*)、中华锥(*Cactanopsis chinensis*)、红苞木(*Rhdoleia championii*)、米老排(*Mytilaria laosensis*)、格木(*Erythrophloeum fordii*)、木荷(*Schima superba*)、海南红豆(*Ormosia pinnata*)、枫香(*Liquidambar formosana*)12种。

在混交组合中作为伴生树种的有：阴香(*Cinnamomum burmahii*)、黎蒴栲(*Castanopsis fissa*)、青冈(*Cyclobalanopsis glauca*)、秋枫(*Bischofia javanica*)、尖叶杜英(*Elaeocarpus apiculatus*)、千年桐(*Vernicia montana*)、降香黄檀(*Dalbergia odorifera*)、复羽叶栾树(*Koelreuteria bipinnata*)、马占相思(*Acacia mangium*)、大叶相思(*Acacia auriculiformis*)、海南蒲桃(*Syzygium cumini*)、红荷木(*Schima wallichii*)等12种；

在混交组合中作为下层树种的有：红花油茶(*Camellia semiserrata*)、大头茶(*Gordonia axillaris*)、鸭脚木(*Schefflera octophylla*)、杨梅(*Myrica rubra*)、铁冬青(*Ilex rotunda*)等5种。

（二）林木生长调查

在各混交组合的标准地内，分别于2000~2003年的12月份调查固定样地中的每木地径、树高和冠幅，其林分参试树种平均生长量情况见表2。但2005年初，由于一场山火，致使试验林外围区和核心区的第9、10两个混交组合受到波及，因此，2005年3月进行的年度外围调查，仅包含保留下来的8个组合样地株数，对各树种年平均生长量进行比较，并用SAS8.1对各树种进行回归分析和聚类分析。

表1　水源林试验设计的不同混交组合

样地	混交组合	主要树种	伴生树种	下层树种
1	枫香×樟树	枫香、樟树	阴香、海南红豆、秋枫、马占相思、木荷	红花油茶、大头茶
2	红锥×枫香	红锥、枫香	尖叶杜英、楝叶吴茱萸、马占相思、海南红豆	铁冬青、鸭脚木
3	楠木×中华锥	楠木、中华锥	黎蒴栲、降香黄檀、马占相思、阴香	大头茶、铁冬青
4	红苞木×枫香	红苞木、枫香	海南蒲桃、千年桐、阴香、马占相思	铁冬青、大头茶
5	椆木×红锥	椆木、红锥	复羽叶栾树、降香黄檀、阴香、马占相思	大头茶、铁冬青
6	木荷×椆木	木荷、椆木	红荷木、黎蒴栲、马占相思、阴香、海南红豆	铁冬青、鸭脚木
7	格木×海南红豆	格木、海南红豆	红荷木、黎蒴栲、复羽叶栾树、马占相思	红花油茶、大头茶
8	火力楠×红锥	火力楠、红锥	马占相思、千年桐、阴香、木荷	杨梅、大头茶
9	樟树×红苞木	樟树、红苞木	大叶相思、黎蒴栲、楝叶吴茱萸、阴香	铁冬青、杨梅
10	米老排×木荷	米老排、木荷	黎蒴栲、阴香、楝叶吴茱萸、马占相思	大头茶、铁冬青

(三)林下植被物种多样性调查

物种多样性调查方法是在样地内按梅花形机械设置 5 个 2m×2m 的小样方，调查林下灌木和草本的种类、盖度、株数及平均高度，并按公式计算物种丰富度指数和物种多样性指数等。

(四)枯落物层和土壤持水能力调查

2005 年 11 月对 8 个混交组合的固定标准地和对照标准地马尾松纯林地枯落物和土壤持水特性进行调查研究。

(五)土壤物理性质与微生物数量及酶活性研究方法

2000 年 3 月和 12 月在各混交林林地中用常规法采取各样地 0～40cm 处的土样，带回实验室分析微生物数量和酶活性。土壤微生物计数用稀释平板法。纤维素分解酶用硫代硫酸钠滴定法测定；过氧化氢酶用高锰酸钾滴定法测定；脲酶用扩散法测定。用环刀法测土壤容重和进行其他土壤物理性质的分析。

三、技术总结

(一) 水源涵养试验林的各混交组合树种生长调查

1. 树高生长

从表 2 可以看出，29 种树种高生长有较大差异。生长最快的是马占相思和大叶相思，年平均生长量分别是慢生树种楠木、阴香和格木的 6.7 倍、5.9 倍和 4.8 倍。12 种主要树种的树高年平均生长量排列顺序为米老排＞火力楠＞红锥＞红苞木＞椆木＞中华锥＞樟树＞木荷＞海南红豆＞枫香＞格木＞楠木。前 6 个树种 4 年生平均树高超过 2m，长势良好，无疑可以选作水源林的主要目的树种。樟树、木荷、枫香、海南红豆幼林为较慢生树种，但幼树 3～4 年生后就会加快生长，作为水源林的主要树种，其效果还待稍后期观察。楠木和格木幼龄期(1～5 年)生长缓慢，这是树种生物学特性所致。楠木 20 年生以前生长都很慢，20 年生胸径生长量仅 4.1cm，60～95 年间材积生长量占材积总生长量的 89%，表明楠木具有后期生长快的特性。格木也是 5 年生前树高、直径生长缓慢，10 年后就会加快生长。这两个树种都是大乔木大径级珍贵材乡土阔叶树种，过早得出不宜作群落主要目的树种是不可取的。伴生树树种像黎蒴栲、红荷木、楝叶吴茱萸、千年桐、海南蒲桃、秋枫、尖叶杜英、降香黄檀等均是中等生长速度、中性偏喜光树种，适宜作为混交林的伴生树种，唯有阴香亦是优良混交树种，其树中性偏耐阴，前 5 年生长较慢，以后便迅速上升，年均直径生长量达 1.1cm。从水源涵养林要求快慢树种搭配来看，这些树种均能满足要求。

2. 地径生长

从参试的 29 个树种在各混交组合中地径生长情况来看，各树种地径生长差异明显，生长最快的马占相思 4 年生时平均地径分别是生长较缓慢的楠木、阴香的 7.2 倍和 4.7 倍。在各混交组合中作为主要树种的有 12 种，其生长量排序为火力楠＞米老排＞红锥＞红苞木＞格木＞木荷＞椆木＞樟树＞海南红豆＞中华锥＞枫香＞楠木。其中火力楠、米老排、红锥、格木、木荷、椆木和红苞木等树种是适宜的。樟树、海南红豆、中华锥、枫香和楠木等生长较缓慢，以后的生长效果有待跟踪观察研究。在混交组合中作为伴生树种有 12 种，其地径年平均生长量排序为马占相思＞大叶相思＞黎蒴栲＞红荷木＞楝叶吴茱萸＞千年桐＞海南蒲桃＞秋枫＞尖叶杜英＞降香黄檀＞阴香＞复羽叶栾树，前 8 个树种 4 年生平均地径超过 3cm，其长势良好，势必能促使林分尽早郁闭成林。后几个树种生长暂时较缓慢，从水源涵养林树种搭配来看，此类树种也能满足水源林伴生树种的要求。下层树种杨梅和鸭脚木最速生，其次有铁冬青、红花油茶，仅大头茶生长较缓慢，也符合水源林对中小乔木树种的要求。

3. 冠幅生长

冠幅生长得快慢直接影响林分的郁闭，而林分郁闭是成林的显著性标志，研究林分早期冠幅生长规律，可有效地预测林分形成，为确定水源涵养最佳组合模式和指导营林生产提供科学依据。从各参

表 2　29 个参试树种在个混效组合林分内的平均生长量及年平均生长量

树种	树高生长量(m)				平均	地径生长量(cm)				平均	冠幅生长量(cm)				平均
	1a	2a	3a	4a		1a	2a	3a	4a		1a	2a	3a	4a	
马占相思	1.41	3.09	4.36	5.16	1.20	3.05	5.20	2.37	10.13	2.37	62	136	212	252	60
大叶相思	0.85	1.75	3.23	4.40	1.01	1.13	2.95	5.10	7.53	1.74	51	113	213	243	58
黎蒴栲	0.87	1.57	2.12	2.74	0.62	1.22	2.55	3.88	5.34	1.24	44	71	141	194	46
火力楠	0.64	1.15	1.98	2.42	0.52	1.16	2.19	3.82	5.17	1.22	33	65	100	116	26
杨梅	0.47	1.33	1.96	2.59	0.58	1.11	1.90	3.55	4.70	1.10	27	54	104	149	35
红荷木	0.68	1.26	1.63	1.93	0.42	1.29	2.79	3.30	4.15	0.97	33	76	103	115	27
鸭脚木	0.78	1.17	1.45	2.28	0.50	1.42	2.33	3.15	4.03	0.92	37	63	77	93	22
米老排	0.71	1.60	2.55	4.10	0.96	1.26	2.27	3.09	3.91	0.92	30	89	107	128	29
红锥	0.47	1.00	1.71	2.32	0.52	0.87	1.81	2.72	3.87	0.87	28	57	83	102	23
楝叶吴茱萸	0.48	0.95	1.69	2.12	0.47	1.24	2.00	3.52	3.84	0.87	23	52	77	100	28
千年桐	0.35	1.01	1.53	1.87	0.42	0.81	1.66	2.82	3.54	0.82	25	67	91	120	23
红苞木	0.68	1.30	1.82	2.29	0.52	0.85	1.59	2.44	3.47	0.82	27	51	75	99	23
格木	0.79	0.99	1.35	1.54	0.31	1.46	2.50	3.30	3.77	0.80	33	56	66	77	15
木荷	0.48	1.16	1.39	1.63	0.36	1.04	1.91	2.65	3.61	0.80	28	66	95	120	28
椆木	0.78	1.30	1.90	2.23	0.48	1.07	1.84	2.88	3.57	0.80	39	62	58	125	28
海南蒲桃	0.43	0.80	1.70	2.10	0.47	0.67	1.13	2.20	3.40	0.78	19	30	50	83	19
铁冬青	0.71	1.12	1.27	1.43	0.28	1.09	2.02	2.54	3.20	0.72	27	60	79	90	21
樟树	0.62	1.06	1.38	1.66	0.37	0.88	1.54	2.24	2.87	0.66	26	55	83	96	22
秋枫	0.48	0.71	0.82	0.90	0.17	1.68	2.61	2.82	3.00	0.65	15	24	33	43	9
红花油茶	0.71	1.14	1.57	1.84	0.39	0.63	1.10	1.99	2.81	0.63	24	32	52	69	16
海南红豆	0.43	1.03	1.44	1.75	0.38	0.90	1.50	2.22	2.79	0.62	24	35	50	64	14
中华锥	0.36	1.00	1.56	2.12	0.48	0.67	1.23	1.83	2.62	0.56	23	46	67	82	17
尖叶杜英	0.22	0.73	1.74	2.01	0.46	0.79	1.26	1.89	2.46	0.54	19	43	64	87	20
大头茶	0.43	0.78	1.18	1.39	0.28	0.55	0.95	1.58	2.41	0.54	17	28	39	51	11
枫香	0.59	1.13	1.32	1.53	0.33	0.83	1.56	1.94	2.38	0.51	25	58	79	88	19
降香黄檀	0.63	0.86	1.12	1.33	0.28	0.75	1.21	1.91	2.22	0.84	23	31	39	49	11
阴香	0.55	0.91	1.07	1.29	0.26	0.81	0.31	1.74	2.16	0.44	27	45	55	70	15
复羽叶栾树	0.45	0.60	0.69	0.88	0.15	0.58	0.92	1.58	1.82	0.38	29	46	53	70	15
楠木	0.47	1.14	1.21	1.31	0.26	0.68	1.13	1.31	1.40	0.27	19	38	52	67	15

试树种冠幅生长情况看出(表2)，不同树种间的生长差异较大，马占相思的冠幅年平均生长量是秋枫、降香黄檀和大头茶的6.7倍、5.5倍和5.5倍。主要树种冠幅年平均生长量排序为米老排 > 椆木 > 木荷 > 火力楠 > 红苞木 > 红锥 > 樟树 > 枫香 > 中华锥 > 格木 > 海南红豆 > 楠木。综合树高、地径的排序，可以看出，米老排、红锥、火力楠、红苞木、椆木等树种树高、地径和冠幅生长同步发展，均居于前6位，是营造水源涵养林的优良树种。其余树种生长一般，其生长效果有待较长期观察。伴生树种中黎蒴栲、千年桐、红荷木、楝叶吴茱萸、海南蒲桃和尖叶杜英等树种冠幅生长较快，黎蒴栲4年生时平均冠幅达194cm，年平均生长量46cm。下层树种中杨梅和鸭脚木生长良好，铁冬青生长中上，其余伴生树种和下层树种生长较缓慢。通过进一步观察，若适应土壤条件，在主要树种生长迅速的混交林中可以作为次林层，大中乔木树种或下层中小乔木树种搭配栽植。

(二)东江水源林5年生不同混交组合林分生长与物种多样性研究

对东江水源林5年生的不同混交组合的林分生长和林下物种多样性研究结果表明，从主要树种生长速度看，木荷×椆木、红锥×枫香和樟树×枫香3种混交组合效果理想；格木×海南红豆、椆木×红锥和红苞木×枫香3种混交组合类型中等；楠木×中华锥混交类型的效果欠佳。在参试树种中，马占相思、黎蒴栲、米老排和杨梅生长较快，而阴香、格木和楠木生长较慢。林下植被物种多样性的研究显示：林下植被物种不丰富，Simpson指数与种间相遇机率(PIE)在数值上相等，但与Shannon - Winner指数则相差比较大。从林下植物物种多样性指标的聚类分析看，楠木×中华锥、红苞木×枫香、火力楠×红锥、椆木×红锥、格木×海南红豆，物种多样性指标较高，而红锥×枫香的则较低。此外，主要树种的冠幅生长与Simpson指数、Shannon - Winner指数和PIE之间存在显著相关。

从各混交组合的主要树种和伴生树种的生长差异看(表3)，两者的地径、树高、冠幅生长量都存在显著差异。其中主要树种均比伴生树种低，这是由于马占相思生长特别快造成的。我们认为，分析今后主要、伴生树种的关系，可以剔除马占相思，因为它只是一个临时性伴生树种，今后在林分中将逐步减除。所以剔除马占相思之后，主要树种除地径和冠幅外，树高显著地比伴生树高，因此，从整个林分发展看，主要树种树高生长已经占优势，可以保证它们在组合中的高生长主导地位。这也就达到原来设计的初衷，即主要树种在生长上必须是占优势的。

表3　主要树种与伴生树种生长量差异分析

指标	全部树种统计结果	剔除马占相思的统计结果
地径(cm/a)	0.658 73B	0.658 73A
	0.922 31A	0.624 54A
树高(m/a)	0.471 50B	0.471 50A
	0.566 16A	0.406 10B
冠幅(m/a)	0.174 57B	0.182 03A
	0.256 52A	0.174 57A

注：每栏中上行和下行数据分别为主要和伴生树种平均值，数据后的字母为邓肯检验结果，字母相同表示差异不显著，反之则显著。

(三)东江水源林不同混交组合林地枯落物和土壤持水能力研究

在对该水源涵养林试验地内不同混交组合的林地枯落物和土壤持水特性进行分析研究，评价不同混交组合涵养水源能力大小，为合理配置树种提供依据。调查结果表明：

(1)在水源涵养试验林建立初期，不同混交组合之间枯落物持水能力具有明显差异。其中红锥×枫香混交组合(2号标准地)、楠木×中华锥混交组合(3号标准地)以及格木×海南红豆混交组合(7号标准地)枯落物持水能力最高，比对照马尾松标准地有较大提高，尤其是红锥×枫香混交组合，效果显著。其他混交组合试验林枯落物持水能力较对照差。

(2)不同混交组合之间土壤持水特性也具有显著区别。其中枫香×樟树混交组合(1号标准地)、楠木×中华锥混交组合(3号标准地)、红苞木×枫香混交组合(4号标准地)以及红锥×枫香混交组合(2号标准地)土壤持水能力最高，比对照标准地明显提高，枫香×樟树混交组合(1号标准地)和楠木×中华锥混交组合(3号标准地)提高幅度最为显著。其余混交组合试验林土壤持水能力较对照差。

(3)综合枯落物和土壤持水特性对各混交组合类型进行聚类分析，结果表明，椆木×红锥混交组合(5号标准地)、对照标准地、火力楠×红锥混交组合(8号标准地)以及木荷×椆木混交组合(6号标准地)林地持水能力较差；格木×海南红豆混交组合(7号标准地)和红锥×枫香混交组合(2号标准地)林地持水能力一般；红苞木×枫香混交(4号标准地)和枫香×樟树混交组合(1号标准地)林地持水能力较好；楠木×中华锥混交组合(3号标准地)林地持水能力最好。总体上，造林初期，水源涵养试验林在提高原有林地持水能力方面已取得了一定的效果，有些混交组合林地效果不明显，可能由于造林时间较短，也可能是树种配置不理想，这还有待今后进一步的跟踪调查。

(四)混交林地土壤物理性质与微生物数量及酶活性的研究

主要对各混交组合试验林的土壤物理性质与微生物数量及酶活性进行了研究。各林地的容重、毛管孔隙、非毛管孔隙、自然含水量、毛管持水量的不同而引起其保水性和通气性的差异。细菌是土壤微生物总量的主要组成者。各混交林地的细菌、真菌和放线菌数量差异大。各混交林地的脲酶、过氧化氢酶和纤维素分解酶活性有一定的差异。放线菌与容量呈显著正相关，而与总孔隙呈显著负相关。脲酶与自然含水量、毛管持水量、毛管孔隙呈显著或极显著正相关。研究具体成果如下：

(1)枫香×樟树混交组合林地和枫香×米老排混交组合林地的保水性好而通气性差，楠木×中华锥混交组合林地的保水性和通气性均好；椆木×红锥混交组合及火力楠×红锥混交组合林地的通气性好而保水性差，格木×海南红豆混交组合林地的保水性和通气性中等，樟树×红苞木混交组合林地的保水性和通气性均差。

(2)细菌是微生物总量的主要组成者，占微生物总量的82.12%～99.89%。各混交林地的细菌、真菌和放线菌的数量差异大。枫香×樟树林地的细菌数量比其它林地大7倍以上，椆木×红锥林地、格木×海南红豆林地、樟树×红苞木林地的真菌数量较大，樟树×红苞木林地的放线菌数量为其它混交林地的3.6倍以上。

(3)各混交林地的酶活性有一定的差异。枫香×樟树林地和楠木×中华锥林地的脲酶活性比其它混交林地大46%以上。枫香×樟树林地、楠木×中华锥林地及樟树×红苞木林地的过氧化氢酶的活性略大于其它混交林地。椆木×红锥林地的纤维素分解酶活性是最高，火力楠×红锥林地次之。

四、讨论

(1)从树种的生长速度看，东源水源试验林乡土阔叶树种树高、地径和冠幅年生长量平均为0.44m/a、0.64cm/a和0.18m/a，与我们在深圳宝安生态公益林乡土阔叶树种试验的地径1.36cm/a和树高0.55m/a比较，生长速度偏低。这可能是前者水热条件、土壤条件差于后者所造成的。目前南亚热带乡土阔叶树种生长研究，特别是较大年龄林木生长量研究仍然较少，这方面还有待进一步加强研究。

(2)生态公益林树种的其中一个重要标准就是“生长迅速、枝叶发达、树冠浓密”等，因此，树种的生长速度是判断混交组合好差的一个重要指标。从主要树种的生长看，混交组合以米老排×木荷、木荷×椆木、红锥×枫香和枫香×樟树4种混交组合较好，格木×海南红豆、椆木×红锥和红苞木×枫香3种混交组合中等，楠木×中华锥混交组合相对较差；但从林下植物多样性看，则楠木×中华锥混交组合最好，红苞木×枫香、米老排×木荷、火力楠×红锥、椆木×红锥和格木×海南红豆混交组合较好，枫香×樟树和红锥×枫香混交组合生长最一般。混交林由于种间相互关系和作用多种多样，因此不同混交组合效果不同，因而评价指标不同，结果也各异。本研究只从两个方面进行初步评价，且林分年龄也较小，究竟哪些组合是好的，还有待更多地、合适的评价指标进行评定。

（3）马占相思、大叶相思是一类极为迅速生长的外引树种，大大超过参试乡土树种，但我们未把它们作为主要树种是考虑到：虽然它们在早期速生，但10年左右生速下降，且易衰退，寿命较短。但它们初期良好生势，可为其它树种庇荫，且自身固氮，能改良土壤，因此目前生态公益林，特别是立地较差的林分改造，常用来作为良好伴生树种。但到一定年龄后，马占相思应予以逐渐减量，否则将影响其它树种的正常生长。因此在本试验设计中，马占相思的定位是一个短期临时性的伴生树种。

第四部分
造林学研究生毕业论文

特力尔曼林场霍比尔林管区松树人工林病害[57]

评　语

位于霍比尔河左岸冲积沙土和沙壤土上的松树人工林培育是特力尔曼林场经营活动中很重要的组成部分，不过这里人工种植的松树严重遭受真菌病害以及虫害。如果不算 E. A. 舒曼诺夫的某些观察，那么霍比尔林管区造林工作中的松树病害，至今就没有人进行过该项研究。因此，徐英宝毕业论文对林场是很急需的研究课题，具有重要的科学意义。

论文作者对该地区进行了大范围的调查和高水平的研究工作，特别对根部多孔菌病害和“皮部坏死”病害的描述。

除了收集系列的新资料外，徐英宝对调查资料的深入分析，科学总结以及精彩的图片展示，都突现了作者的优质工作。

徐英宝论文高于大学毕业生毕业论文的水平，评分只能是“优秀” 。该论文值得公开发表。

指导教师
A・T・瓦肯教授
1960 年 6 月 11 日

第五章　基本结论和建议

第 14 节　造林状况的总评价

霍比尔林管区的松树人工林，从幼树到最老树(42 年生)均不时遭受各种病害困扰。人工松林的真菌高发病率受制于外部环境综合结果，如周期性气候干旱、各种不利土壤因素、害虫侵袭以及人为无组织愚蠢活动等。在霍比尔林管区根系多孔菌(*Fomes annosus*)引起根腐是松树人工林最主要的真菌病害，但(*Cenangium abietis*)病菌引起松树细枝叶干枯，而由(*Hypodertella sulcigena*)属镰刀菌，引起松苗针叶黄化凋萎。5 ~7 年生松幼林常见松针散斑病(*Phacidium infestans*)导致松树下部针叶灰白死亡。调查区内该病通常对松树带来危害不大，但在苏联北方地区是非常危险病害。

---

[57] 本文系徐英宝 1960 年大学本科毕业论文，及导师评语和部分中文简介。

根系多孔菌(*Fomes annosus*)属于最危险病菌，是霍比尔林管区Ⅰ、Ⅱ龄级松人工林的灾难，主要引起根腐和枯死，病菌侵害松树根部表皮，土壤深度15～35*cm*。干旱年份不形成真菌子实体，它的孢子与分生孢子由动物、昆虫传播开去。健康根系与病菌接触时受到传染。当松树根系大部腐烂枯死之后才见树干枯以及树干害虫、病菌(*Cenangium abietis*)等病症。松树在任何龄阶都会受多孔菌原生地被传染。根据林分稠密情况可区分两种多孔菌发生地类型：单一树木的慢生发生地和快速丛生状树木发生地。后者对Ⅰ龄级松人工林特别危险。发生地内松树发病率达32.2%～56.2%，林中空地和疏林地受害面积为0.02hm^2到几公顷。

在多孔菌发生地内首先染病者多为纤弱小树，根系不深，树脂分泌较少，病菌难穿透组织内部。该菌在较好沙质土和沙壤土上，松树人工林郁闭度大时病害传播尤为厉害。

Cenangium abietis 为泛生病菌，是霍比尔林管区松树人工林最有害的半知病菌。在多种类型土壤上，从1～2年生幼松到10～40年中龄树均受害。先染幼苗，针叶干枯脱落，在较大林分内引起细粗枝和树干感染，直至整株枯死。该菌多寄生因干旱、皮下蟀象、松针散斑病、根系多孔菌等至弱松树上，其枯树量明显变幅于3%～36.4%。在更干旱贫瘠的沙地上，松树立木度很低，更易受外皮下蟀象、红褐叶蜂等损害。

另一种 *Hypodermella sulcigena* 病菌，在林管区传播明显，使针叶黄化，2～3年生松幼树多受害，在沙壤土区、路旁或运材通道附近多发生病害。7月幼树嫩枝鲜叶易感染黄化病，经检测感病率为15～30%。

由Fusarium镰刀菌感染的松枯凋萎病，在霍比尔林管区松树人工林广泛传播，特别对1～2年生甚至3年生松幼树是最易受害的，主要在幼树根颈造成细扎状干死。该菌感染幼松树多见于厚腐殖质沙壤土上，或未更新的采伐迹地或菜园土壤。幼松凋萎发病率第1年较第2年高些，而第2年又比第3年高些，幼松树发病率为6.8%～31.0%。幼松干枯排列呈丛状或单株状。按我们调查，由于缺乏相应病菌的生态形状资料，幼松树感病率与气候条件不成相关联系。

霍比尔林管区所有松树人工纯林得病严重程度各不相同，所有这些发病不利环境因素的综合，强烈阻碍造林事业的发展，并且年复一年整体上会降低松树人工林的状况。

第15节　现存人工林的恢复改善

A·T·瓦肯教授于1954年专门对特力尔曼森林病理学考察论文中作重指出以下情况：防治树木真菌病害是林业经营实践最困难任务之一，不过防治森林健康的效率是实在的，在营林学内不可能进行个体治疗，但这里可以说最有生命力是森林保护的那些方法，它简便，便宜、具有规模性、加工机械化，并与大面积森林抚育融成一片。这些状况反映出森林培育事业和营林工作的真实性。它们必须作为森林保护工作者实践建议的基础。同时要更深入研究森林培育的抵抗力和松树纯林遭遇最危险大面积病害的传染情况，要研究引发条件或从营林学观点这种稳定性下降问题。

这些问题的研究和探讨有很大实际意义，森林学的失败经验是常事，而损失很大。仅按霍比尔林管区可见如下资料：1918～1959年林管区总共栽植松树3482hm^2，至1959年人工林保存2468 hm^2，41年间消亡1014 hm^2。若松树造林成本为598卢布/ hm^2，则松树亏损共计606 392(1014×598)卢布。这些亏损是令人信服的，如果人工林抚育是系统进行，并结合一切实际森林保护措施，这在今后的将来都会是这样计算的。

此外，一定要经常、多方面扩展对营林员和工人在病害诊断以及森林防护技术方面的知识，希望林场或地方能组织当地森林病理工作者和有经验林业工作者为年轻技术员和工人开展森林保护的专门讲课。为了恢复改善现有松林，一定要有森林经营、造林和化学森保措施的配套。关于防治根系多孔菌、*Cenangium abietis*、*Hypodermell sulcigena* 和 *Fusarium* 等病菌的具体防治措施已在上面相应章节谈过，这里着重谈以下意见：

抚育伐和卫生伐是松树林分受根腐多孔菌病和半知菌干枯病之害的首要措施，通过这些采伐是选择保留树的最简便的良好方法，适时、适度、较密集的抚育采伐能带来巨大益处，能有助增加松树造林抗病菌的稳定性，降低干枯速度和延缓病害发生地传播。应特别注意做好在较肥沃沙土、沙壤土上Ⅰ龄级松树人工林的疏伐与除伐工作。对防治根腐病多孔菌病的松树人工林，其林分郁闭度不能超过0.7，而在较干旱贫瘠沙质土上对皮下蟒象和半知菌干枯病的松树要搞好透光伐和除伐(郁闭度不应低于0.8~0.9)。

卫生伐宜定期进行，届时应多伐去病株、干枯树，除卫生伐外，还要对松树根腐多孔菌病发生地进行树干害虫的化学防治。

营建人工混交林是松树恢复改善的重要措施，不同树种对病害敏感度是各不相同，根腐多孔菌病，尽管会在阔叶树种根上发生，但不引起大量干枯。混交林内会大大降低真菌病害感染程度，松树生产力、稳定性和长久性要比松纯林高。人们知道，例如桦木是改良土壤树种，为松树根系发育创造良好条件(U· H· 拉赫面科，1952；A· H·谷巴西，1960)。就应在林管区较肥沃甚至干旱沙质土或沙壤土上，种植松桦人工混交林，每公顷种植10 000株，其中松树6000株(主要树种)、桦树2000株(伴生树种)、灌木2000株(紫穗和黄槐)。造林宜采用行状混交，这种多行或棋盘式混交对生产作业和机械操作更方便。

在较干旱、贫瘠的沙质土上，不宜桦树和其他阔叶树种的生境条件，因为这里对防治 *Cenangium abietis* 病菌、蟒象等需要营造松树行状密植纯林。

大叶相思立地类型的研究[58]

摘要 本文根据大叶相思在广东不同引种区的标准地数据，用逐步回归方法筛选影响该树种生长的主要因子，再根据模糊聚类分析归纳为3个立地类型组及12个立地类型。其中，7个类型适于大叶相思生长；2个类型严重缺钾；2个类型要加强营造技术措施；1个类型不宜种植大叶相思。

关键词 大叶相思 立地因子 立地类型

引　言

大叶相思(*Acacia auriculiformis*)原产巴布亚新几内亚、托里斯海峡诸岛、所罗门群岛及澳大利亚北部，自然分布区南纬7°～20°，海拔500m以下，属热带低地树种[4-8]。

自20世纪20年代以来，已有10多个国家先后竞相引种，中国广东于60年代初首先自东南亚引种，70年代开始大面积人工造林，至1986年年底，广东、海南两省造林面积已达45 000hm^2。在桂、滇及闽南等地亦有引种。目前已成为薪炭林、用材林、水土保持林、沿海防护林和"四旁"绿化的主要造林树种之一。

为了弄清大叶相思对对立条件的适应性，1987年4～10月，对广东15个县、市作了调查，共设置标准地75块，分别进行统计分析，判别立地类型，为林业生产提供科学的依据。

一、引种区的自然条件

大叶相思在广东、海南的引种栽培较为广泛，南迄海南省最南边的崖县，北至清远、河源一带，西达廉江、遂溪，东抵潮汕滨海沙土地带。垂直分布从滨海沙滩到丘陵山地，其中，较高海拔的低山区引种面积很小，海南省及广东偏北的中亚热带引种零星分散。引种区的年降雨量1400～2200mm，年平均温度21～24℃，7月平均温度28～29℃，1月平均温度13～17℃，极端高温38～40℃，极端低温0℃左右。

二、研究方法

(一)外业调查

广东地处热带与亚热带，以廉江、高州到阳江滨海一线为界[8]。由于滨海地带，受海洋气候影响，

---

[58] 黄永芳、徐英宝发表于《华南农业大学学报》[1990，11(1)：94～99]。

相对差异较小，从湛江到汕头归在一个地带。这样，按气候、地貌及土壤可把广东大叶相思划分为三个立地类型组：滨海沙地类型组、热带低丘台地砖红壤立地类型组及南亚热带丘陵赤红壤立地类型组。在3个立地类型组内，选择造林面积大，分布较集中的县、市设点详细调查。

(二)内业工作

土壤分析采用常规法。大叶相思5年后树高生长较稳定，因而以5年生林分5株优势木平均高作因变量，立地因子为自变量，分别输入M304S中型电子计算机，筛选因子建立回归方程，再将主导因子进行模糊聚类分析，划分立地类型[2]。

三、结果与分析

(一)立地因子的逐步回归分析

(1)滨海沙土立地类型组：该立地类型组共有18块标准地，12个立地因子，回归入选6个主要因子，回归方程为：

$y=1.678+1.3675x_1-1.4568x_2-0.6057x_3-2.0368x_5-0.5832x_6+0.369x_{12}$

经标准回归系数计算表明，速效钾含量（x_{12}）作业程度占36.11%，地下水位0~50cm(x_2)占22.24%，pH值(x_1)占15.56%，松紧度(x_5)占10.58%，地下水位50~100cm(x_3)占9.25%，毛管孔隙度/非毛管孔隙度(x_8)占6.26%。

(2)热带低丘台地砖红壤立地类型组：该类型组共有19块标准地，12个立地因子，回归入选4个主要因子，回归方程为：

$Y=5.5027-3.5113x_2+0.1334x_6-0.1121x_{10}+0.0824x_{12}$

结果表明，花岗岩(x_2)作用程度占35.01%，水解性氮(x_{10})占28.73%，总孔隙度(x_6)占21.95%，速效钾(x_{12})占14.31%。

(3)南亚热带丘陵红壤立地类型组：该类型组共有38块标准地，18个立地因子，回归入选4个主要因子，回归方程为：

$y=16.0751+0.0052x_1-4.4741x_{16}-3.0365x_{11}-0.0893x_1$

结果表明，土壤松紧度(x_{11})作用程度占33.29%，石英砂岩(x_6)占31.70%，水解性氮(x_{16})占21.29%，海拔高度(x_1)占13.72%。

(二)模糊聚类分析判别立地类型

1. 滨海沙土立地类型组

根据入选的6个主要因子，进行模糊聚类，取$0.75<\lambda\leq0.86$，将滨海沙土组分为4个立地类型，见表1。

表1　滨海沙土组大叶相思立地类型表

立地类型	pH值	地下水位(cm)	松紧度(kg/cm^3)	毛管孔隙度/非毛管孔隙度	速效钾(mg/L)	平均优势木高(m)
低水位富钾疏松型	4.90	>100	0.23	1.57	5.34	9.0
低水位富钾紧实型	4.60	>100	0.49	1.87	4.38	7.6
中水位贫钾较疏松型	4.58	50~100	0.33	2.16	0.53	5.6
高水位贫钾较疏松型	4.55	0~50	0.37	1.62	0.67	5.0

(1)低水位富钾疏松型：该类型土壤物理性状良好，速效钾含量亦较丰富，优势木平均高9.0m，适宜大叶相思的生长。

(2)低水位富紧实型：该类型速效钾含量较为丰富，较紧实，通气性能状差，优势木平均高为7.6m，也比较适于大叶相思的生长。

(3)中水位贫钾疏松型：由于缺钾，地下水位较高，勇气性能不良，优势木平均高5.6m，不太适于大叶相思的生长。所以，应在林地周围开设排水沟，并适当施用钾肥。

2. 热带低丘台地砖红壤立地类型组

将入选的4个主要因子进行模糊聚类，取0.82 < λ≤0.90，使其分为4个立地类型，见表2。

表2　热带低丘台地砖红壤组大叶相思立地类型表

立地类型	母 岩	总孔隙度（%）	水解性氮（mg/L）	速效钾（mg/L）	平均优势木高（m）
河流冲积土性状良好型	河流冲积土	49.47	31.49	28.08	11.0
玄武岩成土性状较好型	玄武岩	50.40	46.59	18.41	9.5
浅海沉积成土性状中等型	浅海沉积成土	41.30	18.43	6.40	9.5
花岗岩成土性状较差型	花岗岩	47.36	27.19	13.04	6.3

(1)河流冲积土性状良好型：土壤是由江河冲刷带来的泥沙地，位于河口周围沉积成的河滩，土壤物理性良好，肥力高，优势木平均高为11.0m，最适宜大叶相思的生长。

(2)玄武岩成土性状较好型：由玄武岩发育成的土壤，物理性较好，肥力高，优势木平均高9.5m，适宜大叶相思的生长。

(3)浅海沉积土性状中等型：浅海沉积土性状中等型：浅海线沉积土理化性中等，优势木平均高9.5m，亦适宜大叶相思的生长。

(4)花岗岩成土性状较差型：由花岗岩发育成的土壤，物理性较差，保水保肥能力较差，优势木平均高6.3m。所以，对于这类立地，造林时整地质量很重要，更要抓好造林及幼林抚育管理措施。

3. 南亚热带丘陵赤红壤立地类型组

将入选的4个主要因子进行模糊聚类，取0.82 < λ≤0.88，该类型组分为4个立地类型，见表3。

表3　南亚热带丘陵赤红壤组大叶相思立地类型表

立地类型	海拔高度（m）	母 岩	松紧度（kg/cm^3）	水解性氮（mg/L）	平均优势木高（m）
高丘砂页岩土壤疏松型	270～300	砂页岩	1.26	42.53	9.9
低中邱砂页岩土壤较疏松型	40～105	砂页岩	1.18	42.95	9.5
低中丘花岗岩土壤较紧实型	20～105	花岗岩	1.83	29.20	8.0
低丘石英砂岩土壤紧实型	45	石英砂岩	2.35	24.36	2.5

(1)高丘砂页岩土壤疏松型：该类型土壤疏松，肥力较高，优势木平均高9.9m，适于大叶相思的生长。

(2)低中丘砂页岩土壤较疏松型：由砂页岩发育成的土壤，物理性良好，肥力也较高，优势木平均高9.5m，也适于大叶相思生长。

(3)低中丘花岗岩土壤较紧实型：土壤较为紧实，肥力中等，优势木平均高8.0m，比较适于大叶相思的生长。

(4)低丘石英砂岩土壤紧实型：由石英砂岩成土，紧实、黏重，优势木平均高2.5m，这是生长最差的立地类型，不适宜种植大叶相思。

（三）林分生长比较

1. 3个立地类型组的林分生长

3个立地类型组的优势木平均高、林分平均高、平均胸径、材积和生物量等进行比较，结果如表4所示。

表4　3个立地类型组5年生的大叶相思生长比较

立地类型组	标准地数量	优势木平均高(m)	林分平均高(m)	林分平均胸径(cm)	材积			生物量(鲜重)		
					单株(m^3)	林分		单株(kg)	林分	
						m^3/hm^2	$m^3/(hm^2 \cdot a)$		kg/hm^2	$kg/(hm^2 \cdot a)$
热带低丘台地砖红壤	19	8.9	6.9	7.5	0.01463	26.32	5.22	17.31	31 158.0	6231.5
南亚热带丘陵赤红壤	38	8.3	6.4	7.0	0.01182	21.28	4.26	14.57	26 226.0	5245.2
滨海沙土	18	7.4	5.8	6.6	0.00952	19.28	3.88	12.51	25 332.8	5066.8

从表4可知，不同的立地类型组，生长速度有一定差异：热带低丘台地砖红壤组>南亚热带丘陵赤红壤组>滨海沙土组。

大叶相思1~5年材积生长较慢，所以，5年生材积年平均生长量只有3.86~5.22m^3/hm^2，但该树种分枝多，生物量大，5年生林分年平均生物量（>2cm枝条及树干鲜重）达5066.6~6231kg/hm^2。

2. 12个立地类型的生长比较

通过对12个立地类型的优势木平均高进行多重比较，其结果见表5。

表5　大叶相思立地类型的优势木平均高多重比较表

立地类型	编号	平均值$\bar{x}_i$	$\bar{x}_i-\bar{x}_1$	$\bar{x}_i-\bar{x}_2$	$\bar{x}_i-\bar{x}_3$	$\bar{x}_i-\bar{x}_4$	$\bar{x}_i-\bar{x}_5$	$\bar{x}_i-\bar{x}_6$	$\bar{x}_i-\bar{x}_7$	$\bar{x}_i-\bar{x}_8$	$\bar{x}_i-\bar{x}_9$	$\bar{x}_i-\bar{x}_{10}$	$\bar{x}_i-\bar{x}_{11}$
低丘石英砂岩土壤紧实型	1	2.5											
高水位贫钾较疏松型	2	5.0	2.5										
中水位贫钾较疏松型	3	5.6	3.1	0.6									
花岗岩土壤性状较差型	4	6.32	3.82	1.32	0.72								
低水位富钾紧实型	5	7.53	5.03	2.53	1.93	1.21							
低中丘花岗岩土壤较紧实型	6	8.01	5.51	3.01	2.41	1.69	0.48						
低水位富钾疏松型	7	8.95	6.46	3.95	3.35	2.63	1.42	0.94					
低中丘砂页岩土壤较疏松型	8	9.46	6.96	4.46	3.86	3.14	1.93	1.45	0.51				
浅海沉积土性状中等型	9	9.47	6.97	4.47	3.87	3.15	1.94	1.46	0.52	0.01			
玄武岩成土性状较好型	10	9.48	6.98	4.48	3.88	3.16	1.95	1.47	0.53	0.02	0.02		
高丘砂页岩土壤疏松型	11	9.94	7.44	4.94	4.34	3.62	2.41	1.93	0.99	0.48	0.47	0.46	
河流中积土性状良好型	12	11.0	8.5	6.0	5.4	4.68	3.47	2.99	2.05	1.54	1.53	1.52	1.06

从表5可知，7、8、9、10、11、12类型之间的差异不显著，是适宜大叶相思生长的良好立地类型，优势木平均高8.95~11.0m。4、5、6类型之间差异也不显著，优势木平均高6.32~8.01m，这3个类型可通过提高造林技术措施，以提高林分生产力。1、2、3类型之间差异不显著，都不利于大叶相思生长，长势不良，出现枯枝、叶黄、叶片变小、树皮粗糙等情况，尤其是第1类型，不宜引种栽植，第2、3类型与第1类型差异较大，且与4、5类型之间均无显著差异，亦可通过整地、排灌、施肥等营造措施，提高林分生产力。

四、结果与讨论

一般认为，大叶相思在广东发展的主要限制因子是耐寒力较弱。本研究结果表明，大叶相思对土壤类型的适应性强，只有低丘石英砂岩土壤紧实类型不宜生长。但是，它是浅根性树种，对水、肥有一定要求。

（一）土壤肥力

土壤的速效钾对大叶相思生长有显著作用，尤其是在滨海沙土，速效钾含量不到1mg/L，是划分立地类型的主导因子，5年生优势木平均高仅5.3m。热带低丘台地和南亚热带丘陵地上，回归结果为与水解性氮呈负相关；聚类结果表明，氮含量低时，优势木平均高随含量增加而大，含量较高时没有明显规律，说明对氮的要求亦不高，所以滨海沙土营造大叶相思应适当施复合肥、钾肥。

（二）土壤物理性

大叶相思优势木平均高与土壤松紧度、总孔隙度、毛管孔隙度/非毛管孔隙度等的相关性显著，说明大叶相思要求土壤疏松、排水、通气性能良好。

（三）土壤pH值

回归分析结果表明，pH值4.3~5.4，优势木平均高随之增大而增加。据文献称，大叶相思能适应pH值为3.0~9.2[7]，至于在整个适应范围内是否亦正相关，有待于今后进一步研究。

（四）母岩

砂页岩、玄武岩和花岗岩成土，河流冲积土，浅海线沉积土和滨海沙土，一般都较适宜大叶相思的栽培。个别地方花岗岩成土，只有一些岗松、鹧鸪草等的荒山坡地，立地条件较差，坡度 <15°时，整地时最好能全垦，并适当施复合肥、钾肥。石英砂岩、石砾岩或粗晶花岗岩成土，往往板结、黏重、坚实、透水、通气性能不良，肥力差，不宜发展大叶相思。

（五）地下水位

滨海沙土，地下水位的高低是划分立地类型的主导因子，地下水位太高对大叶相思生长不利。地下水位1m以上时，应在林地周围开设排水沟。

参考文献

[1]何昭珩，等. 华南农学院学报，1985，5(1)：71~79
[2]杨远攸，等. 生态学杂志. 1987，(1)：20~29
[3]徐祥浩. 广东植物生态及地理. 广州：广东科技出版社，1981：64~68
[4]徐燕千，等. 热带林业科技. 1982. (1)：21~30，(2)：1~13
[5]Bancrjee，A. K. A. Cunn in west Bengal，Indian Forester，1973(a). 99：533-540
[6]Baneriee，A. K. A. Cunn Indian Forester，1973(b). 99：691-697
[7]National Academy of sciences. 1979. Fast-growing trees. Washington，D. C.：165~171
[8]NichoIson，D. I. 1965. A note on Acacia auriculiformis A. Cunn ex Benth in sabah，Mal. for. 28(3)：243~244

新银合欢苗期生长试验研究⑲

摘 要 本文是在酸性土壤上对新银合欢种苗期内通过不同措施处理，以探索它的生态特征与培育技术的相关性。研究结果表明，施过磷酸钙而不施石灰或不供尿素也能获得较高的苗期生物量；一定量的石灰对生物量有显著的促进作用；在施磷肥时，少量尿素对幼苗生长有明显的效果，但它显著抑制种子发芽。

关键词 新银合欢

一、引言

新银合欢(*Leucaena leucocephala* ‘Salvador’)为银合欢属的一个种，原产中美洲，为非酸性土生长的树种[9]。许多国家试图用施石灰、施肥、根瘤菌接种及选种等措施使其在酸性土上生长，效果则因不同地区、不同试验而异[4~7]。中国引种该树已有20多年的历史[2]，在引种的过程中发现它对土壤条件非常敏感[1]，为此，在贫瘠酸性土壤上施石灰、过磷酸钙及尿素的3因子完全随机区组的苗期试验，以探讨各因子对幼苗生物量的影响，试图选出最佳组合。

二、材料和方法

(一)供试材料

(1)种源：华南农业大学牧草引种园生产的种子。

(2)试验基土：酸性土取自华南农业大学大华山山顶心土，其化学性质为pH4.8，有机质1.03%，交换性离子(me/100g土)：盐基为4.55、H^+0.141、Al^{3+}2.168、Ca^{2+}0.166、Mg^{2+}0.028，速效养分氮8.8mg/L、磷痕迹、钾3.78mg/L。

(3)容器规格：直径10cm、15cm、底部具小孔的聚氯乙烯袋，可装试验基土1.5kg。

(二)试验方法

取试验基土，按土壤交换性Al含量(相当于me/100g土，下同)的0、1、2和4倍的量施石灰(L)，并分别称L_0、L_1、L_2和L_4试验；然后在以上个试验中，按每袋0、1、2和4g的量施过磷酸钙(P)，并分别称P_0、P_1、P_2和P_4试验；最后在上述各组合试验中，按每袋0、0.5、1和2g的量施尿素(N)，并分别称N_0、$N_{0.5}$、N_1和N_2试验。

采用3因子完全随机区组设计，在此，3因子平均数为4，共作4^3=64种处理，每处理5袋，重复

⑲ 郑镜明、徐英宝发表于《华南农业大学学报》[1990，11(2)：86~92]。

3 次。

每袋播催芽后种子 2 ~3 粒，用细碎酸性土覆盖 0.2 ~0.5cm。10 天后观测发芽率，15 天后补苗、间苗。每袋保留 1 株生长中等植株，3 个月后(3MAS)观测每个区组每种处理 5 株全株生物量。取其平均值作为该去组(重复)及单株生物量(指烘干值)。

三、结果和分析

(一)因子水平与发芽

播种 10 天后各因子水平发芽率(平均值)，见表 1。

表 1　因子水平对发芽率的影响 *

因子水平	发芽率(%)	差异性 0.05	差异性 0.01	因子水平	发芽率(%)	差异性 0.05	差异性 0.01	因子水平	发芽率(%)	差异性 0.05	差异性 0.01
L_0	26.67	b	B	P_0	39.17	a	A	N_0	81.67	a	A
L_1	40.42	a	A	P_1	35.75	a	A	$N_{0.5}$	35.00	b	B
L_2	41.25	a	A	P_2	39.75	a	A	N_1	22.92	c	C
L_4	42.50	a	A	P_4	36.17	a	A	N_2	11.25	d	D

总平均发芽率：37.71%，$LSD_{0.05}$ =7.77，$LSD_{0.01}$ =10.27。播种时间：1987 年 10 月 19 日，调查时间：1987 年 10 月 30 日

从表 1 可以看出，施石灰对种子发芽有促进作用；施过磷酸钙对发芽无影响；而施尿素对发芽有明显抑制作用，随尿素施用量增加，发芽率几乎直线下降(r = -0.87)。

(二)生物产量

播种 3 个月后，各重复、处理的生物量观测结果见表 2，方差分析结果见表 3。

表 2　施用生石灰(L)、过磷酸钙(P)和尿素(N)试验结果 (3MAS 全株生物量干重,g)

处理	现测值	N_0 重复 Ⅰ	N_0 重复 Ⅱ	N_0 重复 Ⅲ	$N_{0.5}$ 重复 Ⅰ	$N_{0.5}$ 重复 Ⅱ	$N_{0.5}$ 重复 Ⅲ	N_1 重复 Ⅰ	N_1 重复 Ⅱ	N_1 重复 Ⅲ	N_2 重复 Ⅰ	N_2 重复 Ⅱ	N_2 重复 Ⅲ
P_0	L_0	0.45	0.42	0.42	0.42	0.44	0.40	0.34	0.35	0.35	0.37	0.31	0.31
	L_1	0.40	0.49	0.48	0.53	0.55	0.50	0.42	0.58	0.53	0.43	0.50	0.49
	L_2	0.51	0.47	0.41	0.47	0.49	0.53	0.48	0.51	0.40	0.47	0.54	0.47
	L_4	0.33	0.40	0.32	0.39	0.38	0.43	0.38	0.43	0.39	0.35	0.38	0.37
P_1	L_0	0.58	0.54	0.64	0.69	0.71	0.59	0.54	0.58	0.56	0.50	0.52	0.59
	L_1	0.54	0.67	0.52	0.95	0.93	0.76	0.74	0.78	0.66	0.56	0.66	0.55
	L_2	0.67	0.65	0.56	0.93	0.99	0.88	0.80	0.75	0.69	0.58	0.51	0.53
	L_4	0.50	0.55	0.55	0.54	0.65	0.55	0.52	0.50	0.56	0.34	0.41	0.40
P_2	L_0	0.44	0.54	0.40	0.68	0.90	0.62	0.66	0.56	0.49	0.65	0.60	0.70
	L_1	0.54	0.63	0.70	0.78	0.98	0.94	0.84	0.04	0.92	0.84	0.73	0.82
	L_2	0.46	0.78	0.84	0.94	0.99	0.96	0.79	0.97	0.83	0.68	0.78	0.69
	L_4	0.63	0.68	0.49	0.74	0.92	0.66	0.78	0.70	0.48	0.64	0.56	0.52

（续）

处理＼现测值＼处理		N0			N0.5			N1			N2		
		重复			重复			重复			重复		
		Ⅰ	Ⅱ	Ⅲ	Ⅰ	Ⅱ	Ⅲ	Ⅰ	Ⅱ	Ⅲ	Ⅰ	Ⅱ	Ⅲ
P_4	L_0	0.88	0.94	0.83	0.90	0.88	0.82	1.06	1.08	0.88	0.83	0.94	0.84
	L_1	0.97	0.99	0.82	0.99	1.10	1.08	0.95	1.08	1.03	0.92	0.00	0.98
	L_2	0.95	0.94	0.85	0.93	1.09	0.95	1.04	1.05	1.03	0.93	1.00	1.02
	L_4	0.84	0.86	0.81	0.97	1.03	0.92	0.98	1.01	0.94	1.04	0.96	0.75

注:播种时间:1987 年 10 月 19 日；调查时间:1987 年 12 月 19 日。

从表 3 可知，施用生石灰(L)、过磷酸钙(P)及尿素(N)对生物量都有极显著影响。由于 3 个因子水平数相同，P 因子的 F 值比其他两因子都大得多，可见磷的作用比石灰和氮大得多。由于试验基土的速效磷的含量痕迹，所以在缺磷土壤上种植新银合欢首先应施一定的磷肥以满足幼苗生长需要。另外，P 与 L(P × L)及 P 与 N(P × N)的交互作用都极显著，而 L 与 N 的交互(N × L)作用不显著。

因子水平的影响：各因子水平的生物量平均值及其差异性见表 4。

从表 4 可以看出，生物量随磷量增加而直线上升($r=0.989^{*}$)，且每两个水平之间的差异都极显著。施 4g/袋的磷，生物量尚有上升趋势，适宜的施用量则有待于继续探讨。

少量尿素对生长有极显著促进作用，施 0.5g/袋尿素时生物量最高，施 1g/袋时就开始下降，施 2g/袋时生物量小于 0 水平。由于尿素的水解产物碳酸氢铵可使土壤溶液呈暂时的碱性反应，所以在酸性土上，少量尿素对新银合欢生长是有利的，但过量尿素在分解过程中，其中间产物如缩二脲、氰酸铵等都可能对种子和苗根产生毒害作用，转化后的残留物也能妨碍苗木生长。另外，施用氮肥，减少根瘤菌活性，抑制根瘤的形成，生长变慢[10]。可见少量尿素不宜作基肥而宜作追肥。幼苗期的尿素适宜量应远小于 0.5g/袋。

表 3　L—P—N 试验结果方差分析表

变异来源	平方和(ss)	自由度(df)	均方(ms)	F 值	F 临界值	
					$F_{0.00}$	$F_{0.01}$
重复(R)	0.0720	2	0.0360	3.80*	3.07	4.78
施生石灰(L)	0.6861	3	0.2287	24.16**	2.68	3.94
施过磷酸钙(R)	6.2005	3	2.0668	218.35**	2.68	3.94
施尿素(N)	0.6996	3	0.2332	24.63**	2.68	3.94
L×P	0.2571	9	0.0286	3.02**	1.96	2.56
L×N	0.1260	9	0.0140	1.48	1.96	2.56
P×N	0.3149	9	0.0350	3.75**	1.96	2.56
L×P×N	0.3784	27	0.0140	1.48	1.57	1.90
误差(E)	1.1927	126	0.0095			
总和(T)	9.9273	191				

*、**分别表示因子影响显著和极显著。

表 4　因子水平效应*

因子水平	生物量平均值	差异性 0.05	差异性 0.01	因子水平	生物量平均值	差异性 0.05	差异性 0.01	因子水平	生物量平均值	差异性 0.05	差异性 0.01
P_0	0.433	d	D	L_0	0.621	b	B	N_1	0.621	c	B
P_1	0.623	c	C	L_1	0.727	a	A	$N_{0.8}$	0.760	a	A
P_2	0.719	b	B	L_2	0.745	a	A	N_1	0.709	b	B
P_4	0.932	a	A	L_4	0.614	b	B	N_2	0.617	c	C

一定量的石灰(L_1、L_2)对生长有极显著的促进作用，L_2 时生物量最大，L_4 时生物量开始下降，而且急剧下降到低于 0 水平(L_0)。

1. 因子间的交互作用

P × L、P × N 及 N × L 各水平的交互组合平均值及其差异性见表 5。

从表 5 可知，不施磷肥(P_0)时，平均值最大者 L_1 仅为 0.492，与总平均值(0.667)之差(−0.175)的绝对值远大于 $LSD_{0.05}=0.039$。可见不施磷肥，施石灰或尿素的作用都很小，当磷肥量较大(P_4)时，不论是否施石灰或尿素，最低生物量都达 0.855(N_2)，显著高于总平均值。

少量磷肥(P_1)时，L_4的生物量下降，随 P 肥量增加，此现象逐渐消失。在富铝酸性土上，把土壤 pH 调至 7 时，银合欢对磷的吸收会急剧下降[8]，所以在磷得不到满足时，石灰施用量过大对生长不利。

表 5　因子交互组合的平均值及其差异性

L×P	P_0	P_1	P_2	P_4	P×N	N_0	$N_{0.5}$	N_1	N_2	N×L	L_0	L_1	L_2	L_4
L_0	0.382 f	0.587 d	0.603 d	0.911 a	P_0	0.425 j	0.461 ij	0.430 j	0.416 j	N_0	0.590 de	0.646 bcd	0.674 bc	0.576 dc
L_1	0.492 e	0.693 c	0.813 d	0.909 a	P_1	0.577 gh	0.764 cd	0.640 fg	0.513 hi	$N_{0.5}$	0.671 bc	0.841 a	0.846 a	0.682 b
L_2	0.479 e	0.712 c	0.809 d	0.981 a	P_2	0.594 g	0.843 b	0.755 de	0.684 ef	N_1	0.621 bcde	0.798 a	0.778 a	0.639 b
L_4	0.397 f	0.502 e	0.650 cd	0.926 a	P_4	0.890 b	0.972 a	1.011 a	0.855 b	N_2	0.601 de	0.623 bcde	0.683 bcd	0.560 e

从表 5 还可知，不管 P 因素如何，N_2 的生物量都低于 $N_{0.5}$和 N_1，甚至低于 N_0。对于 LXN 交互组合，当 $L_2N_{0.5}$时，生物量可达至最大值(0.846)，显著高于总平均值。

2. 因子水平组合效应

由于组合数达 64 个，无必要全部比较，现就大于总平均值的各因子水平组合的平均值及其差异性列表，并以平均值从大到小按编号排列，见表 6。

从表 6 可见，对于总平均值来说，可分为 3 类，即极显著高于总平均值的 Ⅰ 类(1、2、3，…，16)，显著高于总平均值的Ⅱ类(17、18、19、20、21)和与总平均值无显著差异的Ⅲ类(22、23、24，…，28)。就 Ⅰ 类而言，排列在前面的 1 ~ 5 号均为高量磷肥、低量石灰(甚至不施石灰)和低量尿素的组合，这些组合中又以 1 号组合($P_4L_1N_{0.5}$)较佳。

四、结论与讨论

在缺磷的贫瘠酸性土(pH4.8，交换性 AI 含量为 2.2me/100g 土)上，对新银合欢苗期施石灰，过磷酸钙及尿素的3因子完全随机区组试验结果表明：

（1）施石灰对种子发芽有明显的促进作用；施过磷酸钙对发芽无影响；施尿素显著抑制种子发芽，播种10天后的发芽率随尿素量的增加而几乎直线下降（$r=0.873$）。

（2）播种3个月的幼苗生物量随施过磷酸钙的量增加而直线上升（$r=0.989^{*}$），当施过磷酸钙达到一定水平（2.7g/kg 土）时，不施石灰也能获得较高的生物量。

（3）一定量的石灰（相当于土壤交换性 Al 含量的1～2倍）对生物产量有显著促进作用，当施4倍交换性 Al 含量的石灰时，生物量急剧下降至低于0水平（不施石灰）。

（4）施磷肥时，少量尿素（小于0.3g/kg 土）也有明显效果，过量尿素抑制苗木生长。

综述以上试验可见，除施石灰外，也许再无别的更佳办法中和酸性土使新银合欢成功生长，但L—P—N 试验，施石灰（L）的水平数不多，水平距较大，所以有必要作更具体的探讨。

表6　因子水平组合效应

N_0	处理组合	平均值	差异性		N_1	处理组合	平均值	差异性	
			$P=0.05$	$P=0.01$				P=0.05	P=0.01
1	$P_4L_1N_{0.5}$	1.057	a	A	16	$P_4L_2N_2$	0.887	bcdefgh	ABCDEFG
2	$P_4L_2N_{N1}$	1.040	ab	AB	17	$P_4L_2N_2$	0.883	bcdefghi	ABCDEFGH
3	$P_4L_1N_1$	1.020	abc	AB	18	$P_1L_2N_{0.5}$	0.880	cdefghi	ABCDEFGH
4	$P_4L_2N_1$	1.007	abcd	AB	19	$P_4L_2N_{0.5}$	0.867	cdefghij	ABCDEFGH
5	$P_4L_2N_{0.6}$	0.990	abcd	ABC	20	$P_2L_2N_2$	0.863	cdefghij	ABCDEFGH
6	$P_4L_2N_2$	0.983	abcd	ABC	21	$P_4L_2N_2$	0.837	defghijk	BCDEFGH
7	$P_4L_4N_1$	0.976	abcd	ABCD	22	$P_2L_1N_0$	0.797	efghijkl	CDEFGH
8	$P_4L_4N_{0.5}$	0.974	abcd	ABCD	23	$P_2L_4N_2$	0.773	fghijkl	DEFGH
9	$P_2L_2N_{0.5}$	0.963	abcd	ABCD	24	$P_1L_2N_{0.5}$	0.747	ghijkl	EFGH
10	$P_1L_2N_{0.1}$	0.933	abcde	ABCE	25	$P_2L_2N_{0.5}$	0.733	hijkl	EFGH
11	$P_2L_2N_{0.1}$	0.933	abcde	ABCE	26	$P_1L_2N_1$	0.727	ijkl	EFGH
12	$P_4L_2N_0$	0.927	abcdef	ABCE	27	$P_2L_2N_2$	0.717	jkl	FGH
13	$P_4L_4N_2$	0.917	abcdef	ABCF	28	$P_2L_2N_6$	0.692	kl	GH
14	$P_4L_2N_0$	0.913	abcdef	ABCF	29	总平均值	0.677	l	H
15	$P_2L_2N_{0.1}$	0.900	abcdeg	ABCFG		$LSD_{0.05}=0.158$		$LSD_{0.01}=0.208$	

参考文献

[1] 徐英宝，等．薪炭林营造技术[M]．广州：广东科技出版社，1987：81～90

[2] 徐燕千，等．广东林业科技．1981(2)：1～9

[3] 潘志刚，等．林业科技通讯．1982(7)：12～15

[4] Ahmad, I. 1984. Abstracts on Tropical Agriculture, Vol. 10: 50527

[5] Almeida, J. E. 1983. Abstracts on Tropical Agriculture, Vol . 9: 48384

[6] Bushby, H. V. A. 1982. Australian J. of Experimenal Agriculture and Animal Husbandary, Vol. 22: 293～297

[7] Hu, T. W. 1984. Forestry Abstracts, 45: 2330

[8] Olvera, E. 1985. Tropical Agriculture, 62(1): 73～76

[9] Palit, S. 1980. The Indian Forester, 106 (7) : 461～465

[10] Ram Prasad. 1984. The Indian Forester, 110 (12) : 1149～1154

粤北地区三个林场杉木林立地分类研究[60]

摘　要　本文用多元回归分析，研究了粤北地区3个林场的地位指数与立地因子的相关性，筛选出影响杉木生长的主导因子是坡位、腐殖质层厚度、土层厚度与海拔高度。根据这些主导因子，定性定量结合，将研究区划分为2个立地类型区、6个立地类型组、14个立地类型。同时，导出了评估杉木生产力的预测方程式，评价了不同立地类型区、组与类型杉木林的生产力。

关键词　杉木　立地分类

粤北是广东省杉木的主要产区，主要分布于低山与高丘陵地带。杉木(*Cunninghamia lanceolata* Hook.)各林区的立地分类虽有过研究，但未能根据地域范围由大到小、遵循地域分异的特点，采用定性与定量相结合的方法，作出逐级分类。因此于1987～1989年间，结合“南岭山地(南部)用材林基地立地分类”课题，在粤北地区，对3个林场的杉木林立地进行了逐级分类与生产力评价。

一、研究区的自然地理条件[1～3]

试验地设在粤北地区三个林场内。英德林场连江口工区位于113°15′E、24°04′N，海拔多在100～400m之间，最高处634m，属高丘陵地貌，刘张家山林场位于114°9′～114°15′E、24°48′～24°56′N；龙斗簟林场位于114°12′～114°20′E、24°25′～24°36′N之间。后两个林场海拔多在350～700m之间，最高处分别为1255m、1174m，均为低山地貌。

试验区气候均属于中亚热带湿润性季风型，水热条件优越。据所在县气象站记录：英德县平均气温20.9℃，最冷月1月10.7℃，极端最低气温-3.6℃，最热月7月均温28.9℃，极端最高温42℃，≥10℃年积温6841.2℃，年降雨量1900mm，4～10月雨量占全年80.2%，年均相对湿度79%；始兴县年均气温19.7℃，最冷月1月均温9.2℃，极端最低温-5.4℃，最热月7月均温28.4℃，极端最高温38.4℃，≥10℃年积温6820.9℃，年降雨量1543mm，3～10月雨量占全年86.4%，年均相对湿度82%。由于地貌影响，各场的热量均比县的记录偏低，降雨量偏高，且场间也存在差异。每个场内的水热条件也随局部地形变化产生分异。

三个场的土壤主要由红壤与黄壤两大类。英德林场连江口工区除丘脊与丘顶有粗骨土与石质土外，其余均为红壤。刘张家山与龙斗簟林场，海拔400m以下为红壤；400～800m之间为黄红壤；800～1200m之间为黄壤。连江口工区与龙斗簟林场的成土母岩均以花岗岩为主，土层多在100cm以上；刘张家山林场的成土母岩为砂页岩与砂岩，土层多为在60～100cm之间。每个场内土壤的堆积形式及其

[60] 乐载兵、林民治、徐英宝发表于《华南农业大学学报》[1992，13(2)：88～94]。

肥力又随局部地形的变化产生差异。

三个林场的地带性植被均为常绿阔叶林。但每个场内的植被群落随海拔与坡位的变化产生分异。

二、材料与方法[4,5]

(一)样地布设与调查

根据研究杉木林不同生产力水平(好、中、差)与局部地形分异，按每种类型3～5次重复布设样地共150多块，剔除后取88块为研究材料。样地条件、调查项目(地形、林分、土壤、林下植被)与方法均按全国《用材林基地立地分类、评价及适地适树调查研究方案》[1]详测样地要求。林分地位指数采用《广东省杉木立地指数表》查定。

(二)数据统计分析

用多元逐步回归筛选立地分类的主导因子。即以88块样地的立地因子为变量，杉木林地指数为因变量，将数量化的各立地因子的分值及相对应的地位指数依次输入编有逐步回归程序的IBM微机。选取方差贡献最大的自变量为立地分类的主导因子。

为了确保编出的各立地因子得分值能够准确地反映立地的实际差异，对各项立地因子中的分级都进行了显著性检验，只有达到或接近差异水平时才予分级，否则不分级。各项立地因子分级如下：

坡位：山顶(丘陵)、山脊；坡上部；坡中、下部；沟谷山洼(丘洼)。

海拔：<300m；300～500m；>500m。

腐殖层：薄层(<10cm)；中层(10～20cm)；厚层(>20cm)。

土层：薄层(<40cm)；中层(40～80cm)；厚层(>80cm)。

坡形：凸形坡；斜面坡；凹形坡。

坡向：阳坡(136°～225°)；半阴半阳坡(271°～315°，46°～90°，91°～135°，226°～270°)；阴坡(316°～45°)。

坡度：<15°；16°～30°；>30°。

土壤质地：黏壤、黏土；壤土、砂质壤土；砂质黏壤土。

其他一些差异不大的立地因子未参与多元回归筛选。

三、结果与分析

(一)立地分类的主导因子与立地分级分类

多元逐步回归筛选结果(表1)表明，研究区杉木林立地分类的主导因子是：坡位、腐殖层厚度、土层厚度与海拔高度。表1中偏相关系数的大小正说明它们是影响杉木生长的主导因子。

根据三个场的自然地理条件及其分异规律以及场间地形的异同，考虑到气候、土壤、植被类型及杉木的适应性与生产力水平受地形、海拔的影响，故用海拔梯度级作为划分立地类型区的依据；每一立地类型区内，坡位等局部地形的变化又进一步引起小气候与土壤条件的差异，从而影响杉木生长，所以确定以坡位作为划分立地类型组的依据；而土壤的腐殖层与土层的厚度直接影响着杉木生长的好坏，所以按腐殖层与土层厚度的等级差异划分立地类型。据此，研究的杉木林共划分为2个立地类型区、6个立地类型组、14个立地类型：

1. 低山立地类型区

(1)山顶、山脊类型组。① 薄腐中土型；②薄腐厚土型；③中腐薄土型。

(2)山坡类型组。① 厚腐厚土型；②中腐厚土型；③中腐中土型；④薄腐厚土型；⑤薄腐中土型。

(3)沟谷山洼组。① 厚腐厚土型；②中腐厚土型；③薄腐厚土型。

2. 高丘立地类型区

(1)丘顶类型组。中腐厚土型。

(2)丘坡类型组。中腐厚土型。

(3)丘洼类型组。厚腐厚土型。

(二)地位指数预测方程及其实用性检验

鉴于上述两种立地类型区的地形类型差异较大，所以，有必要分别不同类型区，导出杉木地位指数预测方程。但高丘类型区的样地数量不足，故以低山类型区的79块样地为材料，用多元回归方程导出杉木地位指数预测方程(表2)。

表1　88块样地资料多元逐步回归筛选结果

入选方法	主导因子	坡位 x_5	腐殖层厚度 x_8	土层厚度 x_7	海拔高度 x_1
$F=2.72$ [$F>F_{0.05}(4, 83)$]	偏相关系数	0.678 515	0.454 125	0.324 481	0.165 923
	复相关系数	0.845 250 5			

该方程复相关系数为0.825 340。经方差分析，SI与x_5、x_8、x_7的线性相关极显著(见表2)。用残差相对值E_i%($E_i = |\hat{SI} - SI| / SI \times 100\%$)[6]检验方程的实用性。一般认为80%以上的样地E_i%值在20%以下，预测方程精度就符合要求。用表2方程检验，有87%样地E_i%值在15%以下，说明该方程可用于粤北低山地貌的林场预测杉木林的生产力。

表2　低山立地类型区杉木地位指数预测方程

入选方差		坡位 $x_5$①				腐殖层厚度 $x_8$③(cm)			土层厚度 $x_7$②		
		山顶山脊	坡上部	坡中下部	沟谷山洼	<10	10~20	>20	<40	40~80	>80
$F=3.52$ [$F>F_{0.05}(3, 75)$]	数量化后各类目的分值	1.00	1.20	1.49	1.82	1.00	1.36	1.60	1.00	1.23	1.46
	偏相关系数	0.712 5				0.542 8			0.361 4		
	复相关系数	0.825 340									
	回归方程及其显著性检验	$SI^{④} = -10.721\ 8 + 8.838\ 84x_5 + 6.241\ 2x_8 + 4.323\ 7x_7$ $F^{**} = 62.871\ 5 > F_{0.01}(3, 75) = 4.02$									

注：①x_5为所处坡位得分值；②x_1为土层厚度得分值；③x_8为腐殖层厚度得分值；④SI为杉木地位指数。

(三)立地类型区组类型的生产力与优势木高生长的比较

1. 两种立地类新区杉木林生产力比较

在林龄相同、立木密度接近的条件下，按林分生长好中差，分别从低山和高丘立地类型区中选出33块和9块样地，比较林分蓄积和年均生长量(表3)。

表3表明：杉木林的蓄积量和年均生长量，低山立地类型区分别比高丘区大23.8%~35.3%。这主要是低山区的水热条件比高丘区更适合杉木生长的缘故。

表 3　两种立地类型区杉木蓄积量和年平均生长量比较

立地类型区	样地数（块）	林龄（a）	林分密度（株/亩）	树高（m）	胸径（cm）	蓄积量（m^3/亩）	年均生长量		
							树高（m）	胸径（cm）	材积（m^3/亩）
低山	33	24	125	12.48	15.8	16.540 7	0.52	0.66	0.689 2
高丘	9	24	131	10.24	12.6	12.218 6	0.42	0.52	0.509 2

2. 两种立地类型区杉木高生长过程比较

根据两种立地类型区内各立地类型杉木林的年龄及坡位等因素的典型性与可比性，选出低山与高丘区各 9 株平均优势木做树干解析，比较其树高生长过程(表 4)。

表 4　两种立地类型区 24 年生杉木优势木高生长过程比较

立地类型区	解析木(株)	高峰期平均起始年龄	高峰期平均终止年龄	生长高峰平均持续时间(a)
低山	9	第 5 年	第 12 年	8
高丘	9	第 3 年	第 6 年	4

注：高峰期是指杉木树高年生长量≥1m 的年龄，下同。

表 4 表明：类型区间杉木高生长过程差异显著。低山区的杉木高速生持续时间长；高丘区的杉木速生期虽早些，但速生终止也早，速生持续期短。因此，在粤北地区建立杉木用材林基地宜安排于低山类型区之中。

3. 两种立地类型区中不同立地类型组的立地类型杉木高生长过程比较

仍按杉木林的年龄、坡位等因素的典型与可比性，两种类型区中不同类型组和类型的杉木高生长过程如见表 5。

表 5 表明两种类型区中不同类型组间杉木优势木树高平均生长量和生长高峰的始末期及持续期均差异显著。低山区中以沟谷山洼的杉木生长高峰持续时间最长，山坡组次之，山顶山脊组最短。高丘区的也呈现同样的坡位差异，但杉木树高年均生长量都较小，生长高峰持续期明显缩短。

表 6 表明同一类型组中不同类型之间，有时高生长量和生长高峰的持续时间均为差异显著。说明杉木的生长除了主要受坡位影响外，还受土壤的腐殖层厚度与土层厚度影响。其中，厚腐厚土与中腐厚土型的杉木树高年均生长量大，生长量高峰期持续时间长，其余立地类型的杉木生长差。

四、结论与建议

(1)多元回归筛选结果说明影响粤北地区三个林场杉木林生长的主导因子是坡位、腐殖层厚度、土层厚度与海拔高度。按这 4 个主导因子，定性定量结合，将 3 个林场划分为 2 种立地类型区、6 种立地类型组、14 种立地类型。

表5 低山高丘区不同立地类型组24年生长杉木优势木高生长过程比较

立地类型区	立地类型组	样地重复（块）	年平均生长量（m）	连年生长量与平均生长量相交的年龄	生长高峰期平均起始年龄	生长高峰期平均终止年龄	生长高峰平均持续时间(a)
低山	沟谷山洼组	3	0.882 4	第13年	第3年	第12年	10
	山坡组	3	0.587 1	第12年	第6年	第11年	6
	山顶山脊组	3	0.476 0	第7年	第4年	第7年	3
高丘	丘洼组	3	0.716 7	第11年	第5年	第10年	6
	丘坡组	3	0.520 0	第8年	第4年	第7年	4
	丘顶组	3	0.445 0	第5年	第3年	第4年	2

表6 低山区中不同立地类型杉木优势木高生长过程比较

立地类型	样地重复（块）	树高平均生长量（m）	生长高峰持续时间（a）	生长高峰持续时间均值（a）	类型组内类型间的t检验值
山顶中腐薄土型	2	0.509 8	4；5	4.5	2.882 6*
山顶薄腐中土型	3	0.416 6	3；2；2	2.3	2.939 8*
山顶薄腐厚土型	3	0.584 9	1；2；5	2.7	1.241 6
山坡中腐厚土型	3	0.725 9	8；7；8	7.67	2.706 7*
山坡薄腐中土型	3	0.634 2	5；8；6	6.50	0.891 4
山坡厚腐厚土型	3	0.825 0	8；8；10	8.67	3.251 6*
山洼中腐厚土型	3	0.874 0	8；9；9	8.67	4.482 5*
山洼薄腐厚土型	3	0.908 6	11；9；9	9.70	1.482 5
山洼厚腐厚土型	3	0.921 3	12；10；11	11.0	2.354 9*

（2）各分类等级间杉木林生产力比较为：低山类型区较高，24年生杉木每亩蓄积16.54m^3，材积年均生长量每亩0.689 2m^3；高丘类型小区较低，24年生杉木每亩蓄积12.22m^3，材积年均生长量每亩0.509 2m^3。同一类型区中，低山区沟谷山洼类型组杉木生长最佳；山坡类型组次之；丘顶类型最差。24年生优势木树高年平均生长量分别为0.71m、0.52m、0.44m。不同立地类型之间，均已厚腐厚土类型杉木生长最佳，24年生优势木树高年均生长量0.9m以上；薄腐中土型生长最差；24年生优势木树高年均生长量0.41～0.63m；其余类型介于两者之间。

（3）求得的预估低山类型区杉木林立地指数方程为：

$$SI = -10.721\ 8 + 8.838\ 84x_5 + 6.241\ 2x_8 + 4.323\ 7x_7$$

经检验精度符合要求，可用于低山类型区两个林场的杉木及其宜林地的生产力预测。

（4）粤北地区今后营造杉木林基地，要获得高产，应选择低山地貌中的沟谷山洼和山坡中部以下的厚腐厚土型林地。其它类型林地，杉木产量均低。

参考文献

[1]陈华堂，等．韶关市地貌及开发利用研究．广东省韶关市综合科学考察报告集[M]．广州：广东科技出版社，1987
[2]张声，等．粤北山区气候特征及气候资源的开发利用研究．广东省韶关市综合科学考察报告集[M]．广州：广东科技出版社，1987
[3]林美莹，等．韶关市土壤类型及土壤资源开发利用分区．广东省韶关市综合科学考察报告集[M]．广州：广东科技出版社，1987
[4]林民治，等．高州山地马尾松生产力与立地因子相关的初步研究[J]．华南农业大学学报，1988，9(3)：71～76
[5]阳含熙，等．植物生态学数量分类方法[M]．北京：科学出版社，1983
[6]黄正秋，等．年珠林场杉木人工林立地分类与评价的研究[J]．林业科学研究，1989，2(3)：286～290

马尾松、黎蒴栲混交林土壤肥力水平的研究 ⑥①

摘要 本文对广东省国营增城林场的马尾松、黎蒴栲混交林与马尾松纯林的土壤养分、微生物生理群数量、生化强度和酶活性等肥力因素进行了研究。结果表明：在18个土壤肥力因素中，混交林有效磷，纤维素分解作用、酶蛋白活性，混交林与纯林有显著差异；而这两类林地土壤微生物生理群数量及其生化强度的季节性变化规律大致相似，但养分和酶活性的变化规律相差较大。

关键词 马尾松 黎蒴栲 混交林 土壤肥力水平

混交林具有改土增肥作用，已有不少研究报道[1,4,5,6,8]。为探讨马尾松(*Pinus massoniana*，以下简称松)、黎蒴栲(*Cadtanopsis fissa*，以下简称栲)混交林的改土增肥作用，我院造林室课题组曾于1985和1988~1989年先后对增城林场的混交林作调查研究。前期研究了混交林与纯林的枯落物和土壤林分的差异性[4]，后期(本文)则研究了这两类林分土壤微生物、生化强度及酶活性等，进一步探讨了马尾松、黎蒴栲混交林维持与提高土壤肥力的机制。

一、材料与方法

在松、栲混交林(简称混交林)内及附近立地条件基本一致的松纯林(简称纯林)内分别设置试验样地各3块，每块0.1hm^2。

(一)土壤样品的采集

分别于1988年7月、10月、1989年1月、4月，在每个样地内按V字形路线(上、中、下坡各2个点，共6个点)采样混合成一个样品，然后相同林分的3个标准地样品再混合成为2kg的混合样品，采样深度均为0~20cm，供下列项目分析：①鲜土：氨化细菌、硝化细菌、好气、嫌气型固氮菌、好气型纤维分解菌数量，氨化、硝化、固氮和纤维分解作用强度。②风干土：水解性氮、铵态氮、硝态氮、有效磷、速效钾，蛋白酶、接触酶、转化酶、脲酶活性。

(二)土壤样品分析

1. 养分分析

水解性氮用碱解—扩散法，有效磷用0.03mol/L氟化铵—0.025mol/L盐酸浸提法，速效钾用1mol/L乙酸铵浸提—火焰光度法，铵态、硝态氮，则采用生化作用强度对照组样品的有关测定数据[2,7]。

2. 微生物生理群数量和生化强度的测定

微生物生理群数量全部采用稀释法。纤维素分解作用强度用埋片法，氨化作用强度用氨化菌液体

⑥① 陈红跃、徐英宝发表于《华南农业大学学报》[1992，13(4)：162~169]。

培养法，硝化作用强度用土壤培养液，固氮作用强度用土壤培养液[2]。

3. 土壤酶活性的测定

转化酶用比色法，脲酶用扩散法，蛋白酶用茚三酮反应比色法，过氧化氢酶用容量法[3]。

二、结果与分析

(一)不同林分土壤养分含量及其变化

分析结果表明(表1)：混交林0～20cm土壤的水解性氮、有效磷、速效钾、铵态氮、硝态氮含量(平均值)高于纯林，分别比其高0.35、0.60、0.24、0.15、0.43倍。对2种林分季节性变化数量的差异性进行*F*检验表明，2种不同林分，有效磷含量的变化值，存在显著差异。说明混交后，土壤有效磷含量明显提高，这对于改善酸性赤红壤土壤有效磷缺乏的问题有一定意义。

表1　不同林分土壤养分含量及*F*检验(mg/kg)

采样时间 年/月/日	林分类型	水解性氮	有效磷	速效钾	铵态氮	硝态氮
1988/7/26	混	181.82	5.96	39.40	10.45	10.51
	纯	113.64	3.09	40.27	9.47	6.47
1988/10/28	混	139.20	3.81	41.67	16.16	3.03
	纯	176.14	3.45	34.57	12.71	8.25
1989/1/24	混	142.05	5.00	46.20	18.08	7.68
	纯	85.54	3.21	34.54	16.89	0.76
1989/4/20	混	159.09	7.28	53.24	18.14	13.50
4/20	纯	85.23	4.04	35.75	15.14	8.43
平均	混	155.54	5.51	45.13	15.71	8.57
	纯	115.14	3.45	36.28	13.62	5.98
混交林与 纯林*F*值		0.21	12.15	5.04	1.36	1.43

$F_{0.05}(3, 3) = 9.28$。

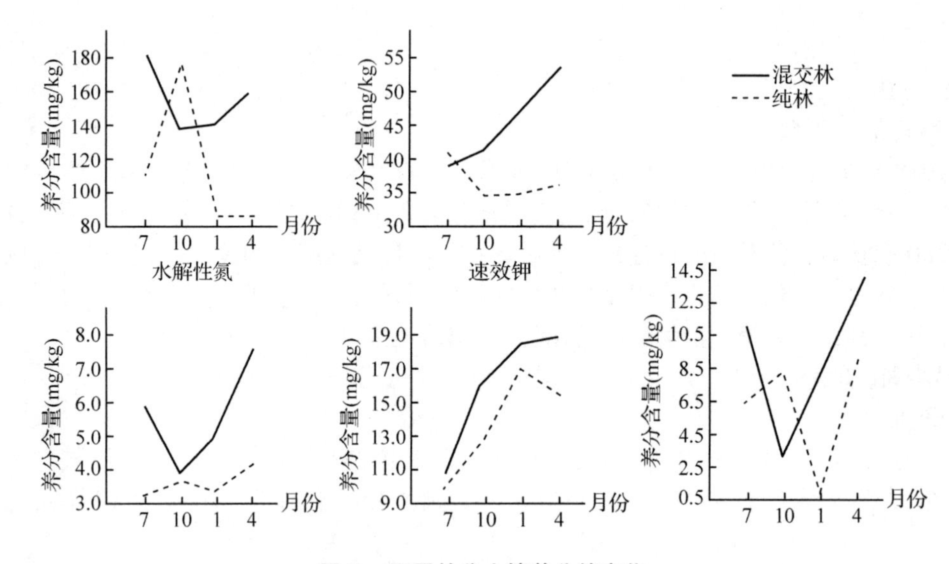

图1　不同林分土壤养分的变化

各种养分的季节性变化(图1)，混交林与纯林比较，除铵态氮较为近似外，其余很不一致。各种养分含量的高峰期和低峰期出现也不同，如混交林水解性氮最高含量出现在7月，纯林则在10月；速效钾，混交林在7月开始逐渐提高，纯林外则呈相反趋势。而混交林的水解性氮、硝态氮和有效磷，均在7月、4月较高，铵态氮和速效钾则均在4月较高，表明春季或夏季，混交林土壤养分转化加快，有效养分增加。

（二）不同林分土壤的微生物生理群数量及其变化

广东省混交林科研协作组对该混交林的细菌、真菌和放线菌曾作过调查，其结果是：混交林土壤3种菌数量均比纯林低，但其中的细菌数量两者相差不大。本文研究结果表明（表2）：混交林各生理群数量并不完全比纯林低，可以看出，松、栲混交，对林地的硝化细菌、好气性固氮菌、好气性纤维分解菌数量均有提高作用，分别提高了0.07、0.51、0.19倍。从表2还可看出，混交林土壤好气性固氮菌占优势，而纯林则相反，嫌气性固氮菌占优势。

表2　不同林分土壤微生物生理群数量及F检验

采样时间（年/月/日）	林分类型	氨化细菌（$\times10^3$个/g干土）	硝化细菌（$\times10^3$个/g干土）	好气性固氮菌（$\times10^3$个/g干土）	嫌气性固氮菌（$\times10^3$个/g干土）	好气性纤维分解菌（$\times10^3$个/g干土）
1988/7/26	混	45.21	11.20	9.05	6.95	32.47
	纯	26.13	7.20	8.14	9.85	14.62
1988/10/28	混	6.13	16.80	13.90	5.25	30.78
	纯	5.28	17.60	7.83	1.16	20.50
1989/1/24	混	0.49	0.15	2.38	9.75	2.36
	纯	7.24	1.29	1.90	15.51	4.51
1989/4/20	混	28.70	0.18	1.81	1.11	4.27
	纯	61.10	0.44	0.12	1.40	18.80
平均	混	20.13	7.08	6.79	5.77	17.43
	纯	24.95	6.98	14.68		
混交林与纯林F值		0.64	1.10	1.99	0.27	5.22

$F_{0.05}(3, 3)=9.28$

图2表明：混交林与纯林，同一生理群，其数量的季节性变化，高峰期、低峰期基本上是一致的，但同一林分，各种菌的高峰期和低峰期的出现差异甚大。

（三）不同林分土壤生化强度及其变化

土壤微生物参与各种物质的转化，生化作用的强弱直接反映了土壤有效养分的变化状况和肥力水平。分析结果表明：混交林土壤各种生化强度均比纯林高。氨化作用、硝化作用、固氮作用和纤维素分解作用强度分别比纯林提高0.09、0.60、0.92和0.54倍。其中F检验表明，2种不同林分，纤维素分解作用强度存在显著性差异。说明混交林纤维素分解能力大大提高。与生理群数量比较，虽然混交林的氨化细菌、嫌弃型固氮菌均比纯林低，但其氨化作用、固氮作用强度并不比纯林低，说明混交林土壤各种菌的活动更活跃。同时也表明：某种微生物生理群数量并不与其对应的生化强度成正比关系。实际上，一种菌可以专施一种生化作用，也可施多种生化强度。

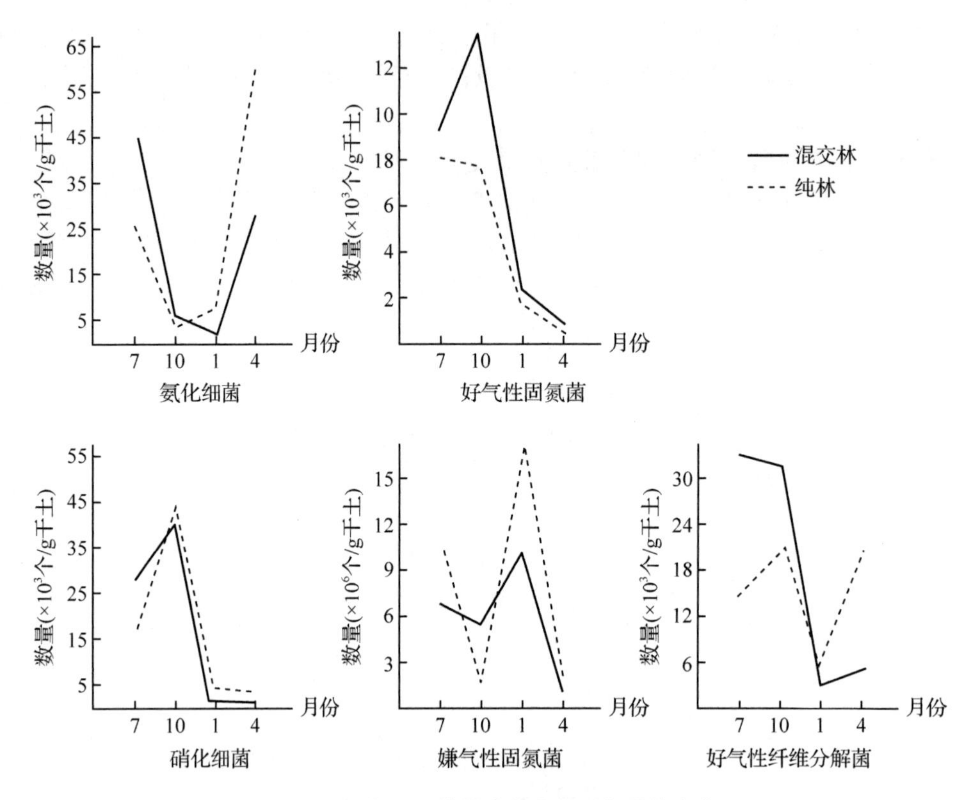

图 2　不同林分土壤微生物生理群数量的变化

表 3　不同林分土壤生化强度及 *F* 检验

采样时间	林分类型	氨化作用（NH_4^- -N mg/ 100g 干土	硝化作用（NO_3 -N mg/100g 干土）	固氮作用（Nmg/ 100g 干土）	纤维素分解作用（%）
1988/7/26	混	0.970	1.752	3.984	4.50
	纯	0.751	1.540	3.084	2.09
1988/10/28	混	0.683	2.060	3.487	3.04
	纯	0.516	2.004	0.997	2.59
1989/1/24	混	0.521	1.915	4.504	4.32
	纯	0.645	1.344	2.510	2.07
1989/4/20	混	0.843	2.102	4.385	2.09
	纯	0.835	2.041	1.985	2.32
平均	混	0.754	1.957	4.090	3.488
	纯	0.689	1.222	2.135	2.268
混交林与纯林 *F* 值		2.20	0.21	0.28	21.83

$F_{0.05}(3,3)=9.28$。

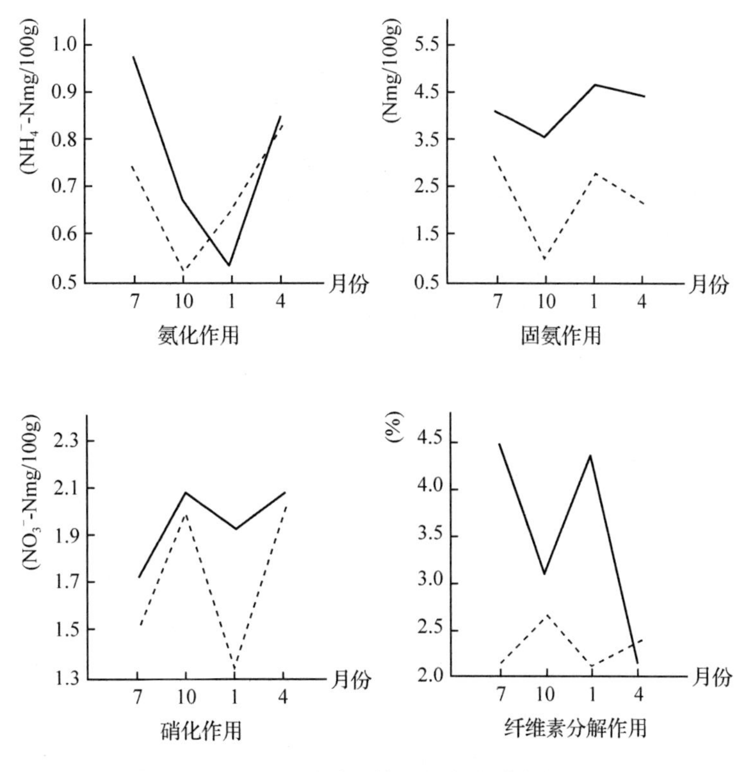

图 3　不同林分土壤生化强度的变化

从生化强度的变化来看，除纤维素分解作用强度外，不同林分其余动态变化趋势均一致。同一林分，各种作用的变化趋势则不同图 3。

(四)不同林分土壤酶活性及其变化

分析结果表明(表 4)：混交林土壤酶活性，除接触酶略低外，蛋白酶、转化酶和脲酶分别为纯林的 2.34、1.02 和 1.78 倍。F 检验还表明：2 种不同林分，蛋白酶活性的变化之外存在显著性差异。

表 4　不同林分土壤酶活性及 F 检验

采样时间年/月/日	林分类型	蛋白酶(NH_2—Hmg/g 干土)	接触酶(0.1NKMnO$_4$ ml/g 干土)	转化酶(葡萄糖 mg/g 干土)	脲酶(NH_3—Nmg/g 干土)
1988/7/26	混	1.350	1.35	15.54	1.584
	纯	0.583	1.62	11.44	0.877
1988/10/28	混	3.265	1.80	12.92	1.036
	纯	1.308	1.75	13.01	0.476
1989/1/24	混	2.286	1.71	13.94	0.728
	纯	0.782	1.98	12.07	1.148
1989/4/20	混	0.711	1.89	15.76	2.100
	纯	0.569	1.54	12.03	0.560
平均	混	1.989	1.69	14.54	1.362
	纯	0.811	1.72	12.14	0.756
混交林与纯林 F 值		10.36	1.51	4.33	3.87

$F_{0.05}(3, 3) = 9.28$

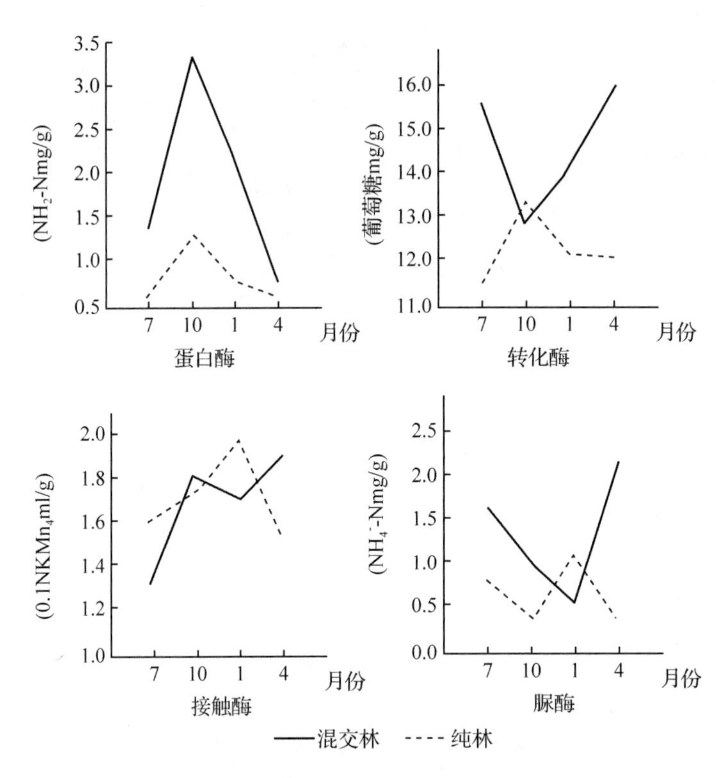

图4 不同林分土壤酶活性的变化

从不同林分土壤酶活性的变化来看(图4)，两种林分均不相同，但其中蛋白酶活性的变化规律相似。纯林的蛋白酶和转化酶，混交林的蛋白酶和接触酶，以夏季(7月)为最低，以秋季(10月)为最高。由图4还可看出，混交林酶活性的变幅高于纯林，前者在1.22～4.59，后者在1.14～2，40之间。

三、讨论与结论

(1)松、栲混交林对土壤的改良效果甚佳，其土壤肥力水平高于纯林。土壤微生物、生化强度以及土壤酶活性都分别从不同侧面反映土壤的肥力水平。混交林0～20cm土层的土壤，除氨化菌数量，嫌气性固氮菌量及接触酶活性比纯林低外，土壤其他生理群数量(硝化细菌、好气性固氮菌、好气纤维分解菌)、酶活性(蛋白酶、转化酶、脲酶)、生化强度(氨化作用、硝化作用、固氮作用、纤维素分解作用强度)都比纯林高，说明混交林土壤养分的转化、释放得到了加强，这也是其土壤养分(水解性氨、有效磷、速效钾、铵态氮、硝态氮)比纯林高的原因。

(2)*F*检验表明，混交林与纯林土壤肥力因素的变化值之间，有效磷含量、纤维素分解作用，蛋白酶活性有显著差异，说明混交林在提高土壤有效磷含量、加速枯落物分解及氮循环的某些方面有一定的意义。

(3)混交林土壤与纯林土壤比较，0～20cm土层微生物生理群数量的季节性动态变化比较相似，生化作用强度也大多相似，而养分和酶活性的变化动态则相差较大。

致谢 外业工作得到增城林场蔡文轩、何玉波、巫东祥和潘国春同志大力支持；部分工作得到林学院黄永芳、谢正生同志，广东省土壤研究所乐载兵同志、广州市微生物研究所陈卫兵同志的大力协助；承蒙林民治副教授审阅此文。一并致谢。

参考文献

[1]王九龄．我国混交林的研究现状[J]．林业科技通讯，1986，(11)：1～5

[2]徐光辉，郑培元．土壤微生物分析方法手册[M]．北京：农业出版社，1986：110～113，19～122，23～128，34～239，242～243

[3]关松荫．土壤酶及其研究方法[M]．北京：农业大学出版社，1986：22～126，74～276，297～298，302～304，323

[4]林民治．马尾松、黎蒴栲混交林效益的调查研究[J]．林业科技通讯，1987，(1)：26～29

[5]张鼎华等．杉木、马尾松混交林和杉木纯林土壤酶的初步研究[J]．福建林学院学报，1984，(2)：17～20

[6]黄耀坚等．杉木、马尾松混交林土壤微生物生理类型群的初步分析[J]．林业科技通讯，1985，(3)：12～13

[7]国家标准局．森林土壤分析方法(第三分册)[M]．北京：中国标准出版社，1988：4～9，13～15，20～21

[8]Tarront R E. Accumulation of organic matter and nitrogen beneath a platation of Red Alder and Donglas[J]. Fir Proc Soil Soc. American. 1963，27(2)：231～234

马尾松、黎蒴栲混交林生产力的研究[62]

摘要 本文分别研究了异龄马尾松、黎蒴栲混交林的生物现存量、净生产量、热能和生产结构。结果表明：该混交林的总现存量、乔木层净生产量和现存能量分别比其对照纯林高47.75%、112.99%和46.37%。混交林马尾松乔木层现存量、净生产量和现存能量分别比纯林高6.82%、7.60%和6.82%。生产结构为：混交林的同化部分与非同化部分的比例略高于纯林，混交林中生产量的垂直分布较均匀，光能利用更充分。总的来看，混交林的生产力较高，形成了更合理的生产结构。

关键词 马尾松 黎蒴栲 混交林 生产力

马尾松（*Pinus massoniana*，以下简称松）是我国南方的主要用材树种之一，也是南方荒山造林的先锋树种。然而，在南方的低丘陵地区大面积的纯林，容易导致林地土壤肥力与林分生产力下降。

为比较马尾松、黎蒴栲（*Castanopsis fissa*，以下简称栲）混交林与马尾松纯林（简称混交林与纯林）生产力的差异，我们于1988年1月至1989年5月在广东省国营增城林场对松、栲混交林与松纯林的生物现存量、净生产量、热能和生产结构4个方面作了测定，并比较其差异性。

一、研究地区的自然条件

增城林场位于广东省增城县中部，北纬23°02′~23°24′，东经113°22′~114°03′，林地海拔在100~400m间，丘陵地貌。气候为南亚热带季风气候，温暖湿润。年平均气温21.6℃，最冷月（1月）平均气温13℃，最热月（8月）平均气温28.3℃，≥10℃的年平均积温为7898.7℃，年降水量为1904.7mm，年蒸发量为1528.2mm，相对湿度80%。

土壤为花岗岩发育的赤红壤，土层深厚，厚度多至1m左右；质地为中壤，pH4.5~6.0。

地带性植被为亚热带季风常绿阔叶林，但已破坏无遗，替代以马尾松为主的针叶人工林。林下植被多为芒萁（*Dicranopteris dichotoma*）、桃金娘（*Rhodomyrtus tomentosa*）、毛乌蕨（*Blechnum orientale*）等。

试验样地设置在白水寨工区。马尾松为1958年春1年生苗造林，黎蒴栲为1978年春林下穴播。

二、研究方法

（一）样地设置与基本情况

在混交林试验地内及附近立地条件一致的纯林内分别设置试验样地各3块，其概况详见表1。

[62] 陈红跃、徐英宝发表于《华南农业大学学报》[1993，14(1)：144~148]。

(二)现存量测定

在各试验样地上选择标准木，每个树种5株，按“乔木层生物量测定方法”[1]测定林分地上、地下部分的现存量；按枯枝落叶层贮量的测定方法[1]，测其贮量。

表1　试验样地概况

林分类型	标准地号	树种	面积（hm^2）	保留密度（株/hm^2）	生产状况			
					平均胸径（cm）	平均树高（m）	平均单株面积（m^2）	蓄积（m^3/hm^2）
混交林	Ⅰ	松	0.1238	897	19.3	15.8	0.2121	190.25
		榜		1697	8.3	9.1	0.0263	44.63
	Ⅱ	松	0.1197	911	18.6	15.1	0.1897	172.82
		榜		1421	8.8	9.2	0.0297	42.20
	Ⅲ	松	0.1183	904	19.8	16.2	0.2278	205.93
		榜		1648	8.6	9.5	0.0294	48.45
纯林	Ⅰ	松	0.1360	890	19.4	14.9	0.2025	180.23
	Ⅱ	松	0.1171	896	19.5	15.3	0.2097	187.89
	Ⅲ	松	0.1178	933	18.2	14.5	0.1752	163.46

(三)净生产量测定

叶、枝、干、根净生产量的测定按“乔木层地上各部分生产量的测定”、“地下部分生产量的测定”方法[3]进行，松树皮净生产量用树干解析方法，内插求近5年的净生产量。

(四)生产结构测定

选择标准木(优势木1株、平均木3株、被压木2株)，使用北京师范大学光电仪器厂生产的萌芽牌ST-Ⅰ型照度计，按2m的层次分层测定光照强度，并根据现存量“分层切割法”的测定结果，画出林分的生产结构图[1]。

三、结果与分析

(一)现存量及其分配

由表2看出，混交林乔木层和枯枝落叶层的现存量均大于纯林。前者比纯林大46.53%，后者大102.25%。相同树种比较，混交林乔木层的现存量也比纯林松大68.22%。就整个林分而言，混交林总现存量比纯林大47.75%。

现存量的分配，相同树种比较，混交林松与纯林松，各器官在总量中所占比例的大小顺序一致，即干>根>枝>叶>皮。黎蒴榜为干>根>枝>叶。不同林分类型，混交林的枯枝落叶层现存量在其总量中所占的比例比纯林略高(3.38%>2.47%)。在枯枝落叶层中，混交林和纯林的叶量均略大于其枝量，榜的叶量比其枝量大得多，其落叶相当丰富。

(二)净生产量

表3表明：无论是混交林松的各器官，还是整个混交林各器官的净生产量，均高于纯林对应器官的净生产量。各器官净生产量合计，混交林松与纯林松的净生产量大7.60%，混交林比纯林净生产量大112.99%。可以看出，混交林作为一种森林群落，单位面积干物质的生产能力比纯林森林群落高得多。

表 2　乔木层和枯枝落叶层现存量及分析（t/na，干量）

林分类型	树种	乔木层（现存量/占林分部量的%）						枯枝落叶层（现存量/占林分部量的%）					总计
		干	皮	枝	叶	根	合计	枝	叶	皮果	半分解物	合计	
混交林	松	94.00/44.19	6.68/3.14	13.74/6.46	8.64/4.06	26.95/12.47	150.01/70.52	0.60/0.28	0.64/0.30	0.41/0.19			
	桦	38.33/18.02	*	7.45/3.51	4.17/1.96	5.58/2.62	55.54/26.11	0.51/0.24	1.50/0.71		3.52/1.65	7.18/3.38	212.73/100.00
	合计	132.33/62.21	6.58/3.14	21.20/9.97	12.81/5.02	32.53/15.29	205.55/96.62	1.11/0.52	2.14/1.01	0.41/0.19			
纯林		89.25/61.99	6.60/4.58	12.70/8.82	3.52/5.92	23.36/16.22	140.43/97.53	0.73/0.51	0.82/0.57	0.45/0.32	1.54/1.07	3.55/2.47	143.98/100.00

①＊表中数据均为 3 个标准地的平均值；②桦皮较薄，量很少，故归入树干部分。

（三）热能

热能是绿色植物通过光合作用将太阳能转化为生物化学能，贮藏于有机体中的能量。在每克植物干物质中，贮存的能量因物种和植物器官及一年中时间不同而异，可以粗略地以每克有机干物质含能量 18.5kJ，作为计算贮藏能量的标准[4]。

表 3　乔木层的净生产量

林分类型	标准地号	树林	净生产量（t/na・a）					
			干	皮	枝	叶	根	合计
混交林	Ⅰ	松	2.75	0.19	0.38	0.26	0.80	4.38
		桦	3.08	—	0.62	0.31	0.39	4.40
	Ⅱ	松	2.58	0.18	0.40	0.24	0.72	4.12
		桦	2.86	—	0.60	0.25	0.35	4.06
	Ⅲ	松	2.89	0.20	0.43	0.30	0.84	4.66
		桦	3.12	—	0.61	0.28	0.42	4.43
	平均	松	2.74	0.19	0.40	0.27	0.79	4.39
		桦	3.02	—	0.61	0.28	0.39	4.30
	合计		5.76	0.19	1.01	0.55	1.18	8.69
纯林	Ⅰ	松	2.68	0.21	0.38	0.26	0.69	4.22
	Ⅱ	松	2.71	0.19	0.36	0.21	0.78	4.25
	Ⅲ	松	2.38	0.16	0.34	0.23	0.67	3.78
	平均		2.59	0.19	0.36	0.23	0.71	4.08

表 4　不同林分乔木层的现存能量

林分	混交林			纯林
	松	桦	合计	
能量（kcal*/hm²）	6.628×10^8	2.454×10^8	9.082×10^8	6.205×10^8
百分比（%）	106.82	39.55	146.37	100.00

＊ 1cal = 4.182 J。

表4表明，混交林比纯林的现存量大6.82%，而整个混交林分总贮存能量则比纯林大46.37%．这说明，混交林与纯林比较，在相同辐射能(因其立地条件基本一致)下，混交林的光合系统更有利于其对太阳辐射能的吸收、转化和贮存。在混交林和纯林单位面积吸收辐射能相同的前提下，其光能利用效率 ε_F(ε_F = 贮存化学能 ×100/吸收辐射能)之比 $\varepsilon_{F纯}$ = 1.46，$\varepsilon_{F混松}/\varepsilon_{F纯松}$ = 1.07。若以第一性生产力的效率系数 ε_P 论，因 ε_P = 植被总生产力[kJ/(m^2 · a)]/单位面积吸收的辐射能，则 $\varepsilon_{P混松}/\varepsilon_{P纯松}$ = 混松的净生产量/纯松的净生产量 = 1.08，$\varepsilon_{P混}/\varepsilon_{P纯}$ = 2.13。可见，无论是混交松林，还是整个混交林分，其光能利用效率及年生产效率均比纯林高。

(四)生产结构

生产结构是评价林分生产力高低的重要指标。林分内部同化与非同化部分的比例，同化部分在空间的结构和配置，光的垂直分布等，是林分生产结构的重要内容，而这些方面则直接关系到光能利用和光合作用的效率，因而也关系到物质生产的基本功能，关系到林分的生产力。

测定结果表明，林分内部同化与非同化部分的比例，混交林松与纯林松基本一致，分别为0.076，0.078，但整个混交林分则比纯林略高(0.080 > 0.076)。

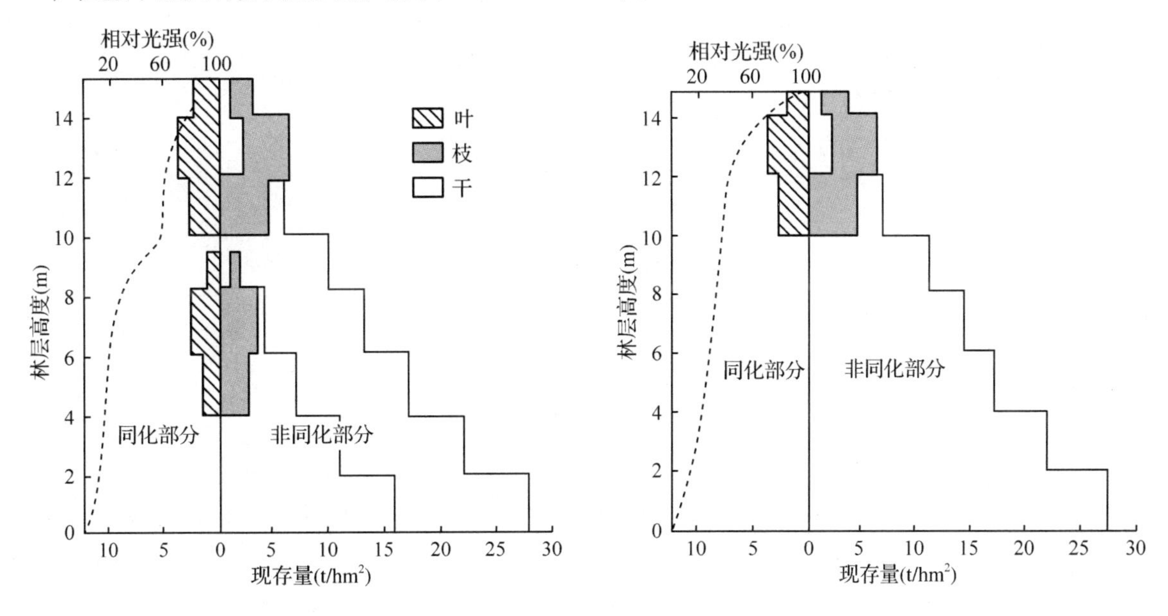

图1　混交林和纯林生产结构图

(左图：混交林，图中10m以下部分为栲；右图：纯林)

从图可以看出，混交林松与纯林松比较，树干在各层中的现存量分配，前者比后者显得均匀些；前者的叶量，在下层的分配比后者少，但叶量在各层的分配更均匀。其主要原因是因栲的影响，使松的枝下高相对增加，下层的叶枝比例相对减少。从相对光强在林中的分布曲线来看，混交林分出现了2次递减高峰，光能的利用更充分。

四、结　论

(1)10年生的松、栲混交林的生产力较高，其总现存量、乔木层净生产量和现存能量分别为212.73t/m，8.69t/hm^2 和9.082 ×108kcal/ hm^2，分别比纯林大47.75%、112.99%和46.37%。

(2)松、栲混交林的生产结构比纯林更合理。各层生物量的分配更均匀。光强在林内递减快，光能利用更充分。

(3)松、栲混交林能促进主要树种马尾松的生长。混交林松乔木层现存量、净生产量和能量均比纯松林高(150.01 >140.43t/hm^2，4.39 >4.08t/hm^2，6.628 ×10^8 >6.205 ×10^8kcal/ hm^2)。

致谢　外业工作得到广东省增城林场蔡文轩、何玉波、巫东祥和潘国春同志的大力支持；承蒙林民治副教授审阅此文，一并致谢。

参考文献

[1] 许幕农，陈炳浩．林业研究法(上、下册)．山东：山东省泰安地区林业科学研究所，1983：298～301，394～400
[2] 张万儒，徐本彤．森林土壤定位研究法[M]．北京：中国林业出版社，1986：84～88
[3] 李文华，等．长白山主要生态系统生物生产量的研究[J]．森林生态系统研究，1980，(1)：37～38
[4] W·拉夏埃尔．植物生理生态学[M]．李博等译．北京：科学出版社，1982：107～108

应用^{32}P对马尾松、黎蒴栲种间关系的研究[63]

摘要 应用^{32}P分别对马尾松、黎蒴栲混交林及马尾松纯林树种根系的吸收能力进行研究，结果表明：不同林分结构中树种对^{32}P的吸收能力有差异，大小顺序为：混交林黎蒴栲 > 混交林马尾松 > 纯林马尾松。应用^{32}P研究马尾松、黎蒴栲的异株克生作用，结果表明：①黎蒴栲的根及其它器官组成的7种试验液对马尾松苗叶子的^{32}P水平有提高作用；马尾松的枝、根等5种试验液则对黎蒴栲苗叶子的^{32}P水平也有提高作用。②两个树种地上部分的相互作用使马尾松和黎蒴栲苗叶子的^{32}P水平分别比其对照组提高41.1%和55.8%。

关键词 马尾松、黎蒴栲 ^{32}P 种间关系 异株克生

广东省国营增城林场从1970年开始，在经1～2次间伐的马尾松(*Pinus massoniana* Lamb，以下简称松)林下，穴播黎蒴栲[*Castanopsis fissa*(Champ ex Benth) Rehd. et Wils.，以下简称栲]种实，营造松、栲异龄混交林，取得了很好的混交效益[1]。为了探索这种混交林成功的内在原因，应用^{32}P对该混交林的松、栲根系吸收能力和种间异株克生作用作了研究。

植物吸收^{32}P后的放射性强度可作为树木生命活动，特别是根系生命活动的指标[2]。对于混交林中松、栲吸收^{32}P能力的研究，曾采用浸根法[3]，结果未获成功。改为浇灌法[3]并只测定根的放射性强度，则得到良好效果。异株克生(allelopathy)，是种间关系研究的新课题[4,6]，一般以生长效果或光合作用或发芽率的测定为研究的传统方法[6~8]。我们认为，异株克生作用实际上是生化分泌物对树木生命活动的影响，这种影响部分地可以通过某部位^{32}P水平的高低状况来显示。本文即为用^{32}P研究异株克生作用的结果。

一、材料和方法

(一)松、栲根系对^{32}P吸收能力的测定

分别在混交林和纯林内选择50cm×50cm的小样方作为试验地，两种林分样方中又分表土层喷施和在15cm深处喷施两种方式，每种样方各3次重复。在表土层处(去除枯枝落叶后的0cm处)及15cm深处各喷施入强度为7.474×10^7Bq的$NaH_2{}^{32}PO_4$溶液，其中15cm深处土层喷施方法为挖去0～15cm表土层，喷施$NaH_2{}^{32}PO_4$之后在覆盖。15d分别采集0～15cm和15～30cm土层内的根系，放入0.5% $NaH_2{}^{32}PO_4$溶液中洗去泥土，按根径大小分组(表1)，烘干、粉碎，经60目过筛，称取粉末各100mg，于HF－408自动定标器上测定样品的放射性强度。

---

[63] 陈红跃、徐英宝原文发表于《林业科学研究》[1995，8(1)：7～10]。

(二)松、栲异株克生作用的测定

分别采集松、栲的叶、根、枝、枯落物(简称枯)样品，以水(1∶4，W/W)浸泡2h。按随机试验设计方法[9]，配成16种试验液，浇灌松或栲的1年生容器苗[50mL/(株·次)]。第2天每株苗木施入总强度为9.62×10^7Bp的$NaH_2{}^{32}PO_4$溶液，每天继续同量施入试验液至第6天，取出2树种苗木的叶，烘干、粉碎，测定其放射性强度。地上部分异株克生作用测定方法是：将松、栲各一株苗的地上部分放置于同一密闭的薄膜袋中(3次重复)，2d后施入9.62×10^5Bp的$NaH_2{}^{32}PO_4$溶液，4d后开袋，取出测定叶子的放射性强度(样品处理及测定方法同前)。

二、结果与分析

(一)松、栲根系对^{32}P的吸收能力及其差异

由表1可知，无论是纯林松还是混交林的松、栲，其放射性强度(反映根吸收水分、养分能力)均随根径的增大而减少；相同径级的根，随土层加深而减少。这与Ахромейко的研究报道一致[10]。

表1还表明：马尾松在不同结构的林分中，其根的吸收能力有差异，混交林的比纯林高。混交林松随根径的增大，其吸收能力的减少除1～2mm根略慢外，其余基本一样。混交林中，栲的吸收能力比松大，但其1～2mm的吸收能力下降比松快。2～5mm以上的下降则慢，在20～30mm的根中，尚可测出高于本底2倍的放射性强度(29cpm/g干重)。

不同林分结构中松、栲根系的吸收能力大小顺序为：混交林栲、混交林松、纯林松。

(二) 松、栲种间的异株克生作用

表2的放射性强度反映了松、栲种间的异株克生作用在^{32}P水平上的表现。表2表明：

表1　不同林分、不同土层松、栲根系的放射性强度　　单位：cpm/g干重

土层(cm)	根径(mm)	纯林松		混交林松		混交林栲	
		强度	减少的百分数(%)	强度	减少的百分数(%)	强度	减少的百分数(%)
0～15	0～1	14823	0	17849	0	20125	0
	1～2	6841	53.85	8751	50.97	3412	83.05
	2～5	680	95.41	707	96.04	1729	91.41
	5～10	247	98.33	206	98.85	766	96.19
	10～20	78	99.48	50	88.72	252	98.75
	20～30	0	100.00	0	100.00	28	99.86
15～30	0～1	11540	0	11985	0	15786	0
	1～2	3394	70.59	3981	66.78	2392	84.48
	2～5	325	97.18	320	97.33	1197	92.42
	5～10	109	99.06	110	99.08	548	96.53
	10～20	40	99.65	57	99.52	196	98.76
	20～30	0	100.00	0	100.00	30	99.81

（续）

土层 (cm)	根径 (mm)	纯林松		混交林松		混交林樗	
		强度	减少的百分数 (%)	强度	减少的百分数 (%)	强度	减少的百分数 (%)
平均	0～1	13182	0	14917	0	17956	0
	1～2	5118	61.18	6366	57.32	2902	83.84
	2～5	503	96.18	514	96.55	1463	91.85
	5～10	178	98.65	158	98.94	657	96.34
	10～20	59	99.55	54	99.64	224	98.75
	20～30	0	100.00	0	100.00	29	99.84

(1)樗的不同样品所浸提的试验液，对松的吸收作用影响各异，其中第3、5、8、9、13、14、15号均高于16号，说明樗根、枝＋叶、枝＋根、枝＋枯、叶＋根＋枯、枝＋根＋枯、叶＋枝＋根＋枯的浸提液对于松苗叶子的^{32}P水平均有提高作用，尤以樗根的提高作用较大。

(2)松的枝、根、叶＋枝、叶＋枯、叶＋枝＋枯的浸提液对樗苗叶子^{32}P水平均有提高作用，其余则产生抑制作用。

(3)各样品的单独作用与联合作用不同，如樗叶、枝浸提液对松苗叶子的^{32}P水平均有抑制作用，但其联合则表现提高作用。松浸提液的作用也有类似的特点。

地上部分异株克生作用的测定结果为：试验马尾松放射性强度(仅指苗木的全部叶子)为2396cpm/g干重(平均值，下同)，对照松1698cpm/g干重；试验樗2366cpm/g干重，对照樗1519cpm/g干重，地上部分这种异株克生作用使松与樗叶子的^{32}P水平对照组分别提高了41.1%和55.8%。

表2　不同试验液处理的松、樗幼苗叶的放射性强度　　单位：cpm/g干重

编号	用于配制试验液的样品	松幼苗	樗幼苗
1	叶	572	3247
2	枝	454	41627
3	根	4740	17426
4	枯(枯落物)	617	4031
5	叶＋枝	2053	16168
6	叶＋根	409	10156
7	叶＋枯	730	28433
8	枝＋根	1400	3979
9	枝＋枯	1333	7854
10	根＋枯	339	5282
11	叶＋枝＋根	416	6654
12	叶＋枝＋枯	546	13592
13	叶＋根＋枯	1400	4850
14	枝＋根＋枯	5444	7960
15	叶＋枝＋根＋枯	2218	1952
16	对照(水)	1019	13557

三、结果与讨论

(1)从松、栲根系吸收^{32}P能力的试验结果看，虽然在混交林中，栲的根系对养分的竞争能力大于松，但仍然没有削弱松的根系吸收能力，因为混交林松根径5mm以下的根的吸收能力比纯林松还高。我们的另一项研究已表明：该混交林中，由于栲的引入，地力得到了较大的提高[11]。因此，在良好的土壤环境中，根系生长及根的活性均会得到加强，这是混交林松根系吸收能力提高的主要原因。

(2)地上部分异株克生作用表现为明显的互利关系(^{32}P放射强度均比对照组高)。而16种试验液的试验结果则多种多样，还未能有互利或互害的定论。当然，这里的试验仅仅是1∶4浓度，浸泡2h的结果，至于其它浓度、时间结果如何，还待进一步探讨。

参考文献

[1]林民治．马尾松、黎蒴栲混交效益的调查研究[J]．林业科技通讯，1987，(1)：26～29
[2] ЛавриекоДД. 孙欧，等译．同位素及辐射在植物生理学、农业化学及土壤学中的应用[M]．北京：科学出版社，1963. 361
[3]翟明普．应用^{32}P研究混交林中油松和元宝枫的相互关系[J]．北京林学院学报，1983，(2)：68～72
[4]张鼎华，陈由强．森林植物间的异株克生[J]．林业科技通讯，1989，(2)：1～3
[5] Fisher R F. Allelopathy：a potential cause of regeneration failure[J]. J. For.，1980，78(6)：346～348
[6]王九龄，朱靖才，倪秉端．杨树、刺槐和茅草相互关系的初步研究[J]．林业科技通讯，1982，(8)：7～9
[7]宋墨禄，宋自忠．刺槐根水浸液对茅草根茎生根、发芽影响的初步试验[J]．林业科技通讯，1981，(1)：18～19
[8]考克斯 G W. 蒋有绪译．普通生态学实验手册[M]．北京：科学出版社，1979. 114～116
[9]北京林学院．数理统计[J]．北京：中国林业出版社，1980. 295～304
[10] АхроешйкоА и. 同位素在农业化学和土壤学研究中的应用[J]．北京：科学出版社，1957. 144～180
[11]陈红跃，徐英宝．马尾松、黎蒴栲混交林土壤肥力水平的研究[J]．华南农业大学学报，1992，13(4)：162～169

应用^{32}P对马尾松刺栲生化他感作用的初步研究[64]

摘要 采用混交林马尾松、刺栲和纯林马尾松各器官以1∶4和1∶20(鲜重：清水)比例制成38种浸提液，水培马尾松、刺栲、芒萁和桃金娘植株，并测定水培后植株吸收核素^{32}P的能力。结果表明：①马尾松各器官浸提液能促进刺栲吸收^{32}P的能力。②刺栲各器官浸提液对马尾松吸收^{32}P能力则以1∶20浓度表现为促进作用，以1∶4浓度表现为抑制作用。③混交林马尾松和刺栲混合浸提液能促进刺栲、芒萁和马尾松的吸收能力，但抑制桃金娘的吸收能力.

关键词 马尾松 刺栲 生化他感 ^{32}P

马尾松(*Pinus massoniana* Lamb.)与刺栲(*Castanopsis hystrix* A. DC.)混交是南方混交林中一种较成功的混交组合，在广西(如广西七坡林场、六万林场)和广东(如广东信宜)等地均有较大面积的试验林，并取得了较好的混交效果[1,2]。但对这两树种间关系的研究还不多。种间关系的研究内容很多，其中生化他感(allelopathy)是一个重要的方面[3,4]。运用^{32}P从浸提物对植物吸收能力的影响等方面研究生化他感是一种行之有效的方法，我们曾利用这一技术研究了马尾松、黎蒴栲(*Castanopsis fissa*)的种间关系并取得满意结果[5]。本文拟继续从这一方面探讨马尾松、刺栲的种间关系，此外还选择了南方丘陵地区林下常见的芒萁(*Dicranopteris dichotoma*)和桃金娘(*Rhodomyrtus tomentosa*)2种植物，研究它们在松、栲两树种器官浸提液作用下吸收^{32}P的表现，以探讨混交林树种与林下植物的关系。

一、材料与方法

实验材料采用广西六万林场7年生马尾松、刺栲混交林及马尾松纯林。该混交林为隔行隔2株混交，混交比为8∶2。林下植被优势种为芒草(*Miscanthus sinensis*)、芒萁和乌毛蕨(*Blechnum orientale*)。试验苗木马尾松和刺栲分别为我院苗圃百日苗和半年生苗，芒萁、桃金娘苗采自校园山坡地，高约20cm。

分别采集混交林马尾松和刺栲、纯林马尾松的叶、枝条、树根、枯枝落叶(简称叶、枝、根、枯)，快速洗去表面泥土，然后以1∶4和1∶20(样品鲜重：清水重)浸泡24小时。考虑到现实林分中，分泌物不只是单独来自某种器官，而可能是多种器官分泌物混合发挥作用，因此又配成各种混合液(详见表1，共38种)。将配成的42种浸提液(包括清水对照)各150ml置于三角瓶中，按设计投入刺栲、马尾松、芒萁和桃金娘苗(每瓶5株)，在连续光照条件下水培。第3天，在每瓶中加入150ml，强度

[64] 陈红跃、徐英宝。原文载于《混交林研究——全国混交林与树种间关系学术研讨会文集》(北京：中国林业出版社，1997：198~201)。

为 5.49×10^{5}Bq 的 $NaH_2{}^{32}PO_4$溶液，摇匀，24 小时后，取下各植株(全株)，洗净，烘干，研碎，取样用 NE—SRS 型定标仪测定样品放射性强度。

二、结果与分析

(一)马尾松、刺楞的生化他感作用

1. 纯林马尾松浸提液对刺楞的作用

从表 1 可以看出：与对照组(第 40 号)比较，纯林马尾松除 1：20 的根(第 6 号)和叶 + 枝 + 根 + 枯(第 10 号)外，其余浸提液培育的刺楞苗的放射性强度均提高，最高的第 2 号(叶，1：20)为 356cpm/g 干重，比对照提高了 709.09%。结果表明：大多数的浸提液对刺楞吸收^{32}P 的能力具有促进作用。尤其是 1∶4 的浓度，全部呈促进作用。

2. 混交林马尾松浸提液对刺楞的作用

从表 1(11～20 号)可以看出：各种浸提液的作用均比对照组(40 号)高，它们都对刺楞吸收^{32}P 的能力有促进作用，其中最高的第 11 号比对照组提高了 634.09%。

与纯林比较，混交林松各器官浸提液略有不同：①混交林松各浸提液均呈促进作用，而纯林松则出现个别抑制作用；②混交林有 3 种试验液的作用使刺楞放射性强度大于 300cpm/g(第 11、13、15 号)，而纯林松则只有 1 种(第 2 号)。两者比较，混交林松比纯林松对刺楞吸收能力的促进作用略大一些。

3. 混交林刺楞浸提液对马尾松的作用

从表 1(21～30 号)的结果看，与第 39 号比较，第 21、24、26、28 和 30 均表现为促进作用，而第 22、23、25、27 和 29 则均表现为抑制作用。从不同浸提液的浓度看，基本上表现为 1∶4 的呈抑制作用，而 1：20 的呈促进作用。即高浓度具抑制作用，低浓度具促进作用。

4. 马尾松和刺楞混合液对两种树种的作用

表 1 的第 31～34 号是混交林的马尾松和刺楞材料等量混合配成的浸提液，它们比单一树种浸提液可能更接近混交林的实际情况，因为混交林中的分泌物是松、楞的混合分泌物。

表 1　各树种受不同浸提液作用后的放射性程度

作用树种及其用于浸提的材料		浸提液浓度	被作用树种	放射性强度	编号
树种	材料	(样重∶水重)	(树苗)	(cpm/g 干重)	
纯林马尾松	叶	1：4	刺楞	127	1
		1：20		356	2
	枝	1：4		156	3
		1：20		139	4
	根	1：4		165	5
		1：20		38	6
	枯	1：4		280	7
		1：20		166	8
	叶 + 枝 + 根 + 枯	1：4		64	9
		1：20		32	10

（续）

作用树种及其用于浸提的材料		浸提液浓度（样重：水重）	被作用树种（树苗）	放射性强度（cpm/g 干重）	编号
树种	材料				
纯林马尾松	叶	1：4	刺楞	323	11
		1：20		256	12
	枝	1：4		315	13
		1：20		113	14
	根	1：4		305	15
		1：20		173	16
	枯	1：4		126	17
		1：20		48	18
	叶＋枝＋根＋枯	1：4		62	19
		1：20		96	20
混交林马尾松	叶	1：4	马尾松	7546	21
		1：20		4244	22
	枝	1：4		3178	23
		1：20		11091	24
	根	1：4		1869	25
		1：20		35578	26
	枯	1：4		2282	27
		1：20		19728	28
	叶＋枝＋根＋枯	1：4		3676	29
		1：20		5787	30
混交马尾松＋刺楞	叶＋枝＋根＋枯（两树种材料等量混合）	1：4	马尾松	7295	31
		1：20		4104	32
		1：4	刺楞	681	33
		1：20		1896	34
		1：4	芒萁	1022	35
		1：20		657	36
		1：4	桃金娘	197	37
		1：20		327	38
对照（清水）		—	马尾松	5673	39
		—	刺楞	44	40
		—	芒萁	143	41
		—	桃金娘	1342	42

从表1看出，高浓度(1:4，第31号)的混合液对马尾松吸收能力有促进能力，而低浓度(1:20，第32号)则有抑制作用，前者比对照组提高28.59%，后者比对照组减少27.65%。对于刺栲的吸收力而言，无论高浓度还是低浓度的浸提液，都表现为促进作用，其中尤其是1：20低浓度促进作用更大，比对照组提高了4209.09%。

(二)马尾松、刺栲与桃金娘、芒萁的生化他感作用

混交林下植被同时受到两树种分泌物的共同影响，因此本文仅以两树种浸提液的混合液试验芒萁、桃金娘的吸收能力。结果表明(第35~38号，41、42号)：验组与对照组比较，两种浓度的浸提液对芒萁都变现为促进作用，分别提高614.69%(第35号)和359.44%(第36号)。而对桃金娘则表现为强烈的抑制作用，分别比对照降低85.32%(第37号)和75.63%(第38号)。

三、结论与讨论

(1)从本文的试验结果看，无论是混交林马尾松还是纯林马尾松的浸提液都基本上表现为促进刺栲的吸收能力。因此，在马尾松林下栽种刺栲幼苗，可能在一定程度上能得益于马尾松各种分泌物的作用。当然，在现实林分中，马尾松分泌物对刺栲的作用机理比本实验要复杂得多，真正搞清楚这种作用，还是有待于更深入的研究。

(2)马尾松和刺栲混合的浸提液能促进芒萁的吸收能力，而对桃金娘则表现为抑制，这一结果可以初步解释混交林下植被的存在情况。从广西六万林场实地调查结果看，松、锥混交林下植被则以芒萁为优势种，而桃金娘则很少出现，比当地相同立地条件的林下要少得多。

(3)从表1的实验结果看，刺栲浸提液对马尾松的作用表现为高浓度(1:4)促进能力差于低浓度(1:20)，而马尾松浸提液对刺栲的作用则相反，多数表现为高浓度优于低浓度。由此看来，浓度高低的作用规律，对于不同树种来说，其规律不同。

(4)对于生化他感作用，国内一般采用发芽试验、光合作用测定、生根情况测定等方法进行研究[6,7,8]，而本文则采用^{32}P从吸收能力测定方面进行试验。从本次试验结果看，这种方法是有效的，能反映一定的规律。当然，要准确地反映种间生化他感，这一技术有待进一步的完善。

参考文献

[1] 信宜县林业局．人工马尾松此栲混交林的生长和生态效益初报[J]．广东林业科技，1986(3)：37~38
[2] 南方混交林科研协作组．马尾松、栲树混交林的研究//王宏志．中国南方混交林研究[M]．北京：中国林业出版社，1993：35~57
[3] Fisher R F. Allelopathy：A potential cause of regeneration failure[J]．J For. ，1980，78(6)：346~348
[4] 张鼎华，陈由强．森林植物间的生化他感[J]．林业科技通讯，1989(2)：1~3
[5] 陈红跃，徐英宝．应用^{32}P对马尾松、黎蒴栲种间关系的研究[J]．林业科学研究，1995.8(1)：7~10
[6] 王九龄，朱靖才．倪秉瑞．杨树、刺槐和茅草相互关系的初步研究[J]．林业科技通讯，1982(8)：7~9
[7] 宋墨禄，宋自忠．刺槐根水浸液对茅草根茎生根、发芽影响的初步试验[J]．林业科技通讯，1981(1)：18~19
[8] 考克斯G W. 普通生态学实验手册[M]．蒋有绪译．北京：科学出版社，1979.114~116

广东南洋楹主要栽培区立地分类及其适生性的研究[65]

摘要 本文根据82块样地调查分析的数据，用逐步回归和主成分分析的方法筛选出广东南洋楹主要栽培区立地类型的主导因子为坡位、坡型、母岩与地貌。根据这些因子，对栽培区的立地作了逐级控制分类；并对不同立地等级的林分生产力及各立地类型对南洋楹的适生性作了讨论。

关键词 南洋楹 立地类型 适生性

南洋楹[*Albizia falcata* (L.)Baker]为含羞草科(Mimosaceae)的热带速生树种。原产于马来西亚的马六甲(Malacca)和印度尼西亚的马鲁古(Maluka)群岛。我国于1940年前后引入粤、桂、闽等地，位于24°48′N，25°N，26°N以南地区为庭院和“四旁”绿化树种，生长良好。由于它生长迅速、木材可制纸和胶合板等，70年代以来，广东饶平、博罗、惠阳等县先后在平原和丘陵区营造较大面积的南洋楹用材林，以供造纸等工业用材之需。

南洋楹的生物学特性与造林技术虽有记载[1,3,4,5]，但对其适生立地类型的研究尚未见报道。广东林业厅根据今后发展的需要，将“南洋楹适生立地的研究”列为“八五”林业科研项目之一。本文是该课题研究成果的一部分。

我们根据立地因子繁多而采用逐步回归分析与主成分分析的方法，筛选影响南洋楹生长的主导因子，定性与定量相结合。据研究区材料对广东南洋楹主要栽培区的立地作了逐级控制分类，比较和分析了不同立地等级的南洋楹生长差异性及其原因，讨论了对南洋楹不同立地类型的适生性，为广东省今后发展南洋楹用材林的立地选择提供了依据。

一、自然条件概况

南洋楹在广东的主要栽培区有饶平、惠阳、博罗、广州、肇庆、高要、德庆、阳春、高州与信宜等县、市。位于110°50′~117°03′E、21°56′~23°42′N之间。林地有高丘、低丘与平原。

气候属南亚热带季风气候区，各县、市的水热条件虽有差异，但均温暖、湿润，适宜南洋楹生长。

立地成土母岩(母质)有花岗岩、砂页岩、砂岩、石灰岩与滨海沉积土、河积土。土壤有赤红壤、砖红壤、石灰土、滨海沉积土与河积土。

地带性植被为南亚热带季风常绿阔叶林。

---

[65] 岑巨延、林民治、徐英宝发表于《华南农业大学学报》[1993，14(1)：149~156]。

二、材料与方法

(一)样地调查

依上述县、市不同地貌与岩性的南洋楹人工林，按坡位、坡型等局部地形不同的林分生长差异各设立样地3次重复以上。

调查的林分年龄多为3～8年生，郁闭度>0.6，样地面积400～600m^2，立木不少于70株。“四旁”的南洋楹，选择具代表性的标准行进行调查。

样地做每木检尺，实测5株优势木的胸径与树高，求出平均优势木伐倒作树干解析。在平均优势木边挖土壤坡面，进行常规项目测定，在0～40cm之间取0.8kg土条供室内分析。沿样地对角线调查林下优势植物。

共调查样地112块，不成片的调查点24处，解析木115株，土壤剖面136个，土壤分析样本121个。剔除后，用作统计分析的样地材料102块、调查点20处。

(二)分析与计算

土壤样本分析的项目与方法：自然含水量(质量法)、pH值(电位法)、有机质(重铬酸钾氧化—外加热法)、机械组成(比重计法)、全N(半微量凯氏法)、水解性N(碱解—扩散法)、全P(氢氧化钠碱熔—钼锑抗比色法)、有效P(0.05mol/L HCl—0.025mol/L H_2SO_4浸提法)，全K(氢氧化钠碱熔—火焰光度法)、速效K(1mol/L乙酸浸提—火焰光度法)、交换性Ca和Mg(火焰原子吸收法)。

样地立木材积与每公顷立木蓄积用软阔叶树种二元材积表查算。树干解析用PC-1500计算机计算。

选取有代表性的样地82块，用数量化回归法求出各项立地因子和南洋楹树龄的得分值作为自变量(x_i)、以南洋楹优势木树高(5株优势木的均值，以下同)年均生长量为因变量(y_i)，进行逐步回归分析，作为立地分级分类的依据。

三、结果分析与讨论

(一)立地分级分类的依据与南洋楹生长预测方程的检验

逐步回归分析结果(表1)：偏相关系数的大小，说明了它们是影响南洋楹生长的主导因子。

表1中回归方程的复相关系数达0.906 482 64，F检验说明该方程的因变量(y_i)与自变量(x_i)的线性相关极显著。用残差相对值E_i%($E_i=\frac{yi-\widehat{yi}}{yi}\times 100\%$)[2]检验方程的实用性，一般认为80%以上的样地E_i值在20%以下，预测方程精度符合要求。用表1方程检验结果，有83%的样地E_i值<20%，说明该方程可用于预测广东南洋楹主要栽培区林分行将达到的树高生长量。

表 1　82 块样地南洋楹优势木树高年均生长量与立地因子逐步回归分析结果

入选方差	入选因子 / 结论	坡位(x_1)			地貌(x_2)			坡型(x_5)			母岩(x_9)				树龄(x_{14})	
		上部	下部	沟谷	低丘	高丘	平原	凸	斜	凹	砂岩	花岗岩	砂页岩	石灰岩	8 年	3 年
	数量化后各类目得分值	0	0.32	1.46	0	0.65	0.53	0	0.10	0.40	0	0.85	0.26	0.24	0	0.18
$F=3.96$ [$F > F_{0.01(5.76)}$]	偏相关系数	0.530 018 2			0.128 657 27			0.511 047 636			0.444 611 78				0.663 757 16	
	复相关系数回归方程及其显著性检检验	$y_1=0.265\,958\,46+1.0-314\,346x_1+0.824\,977\,79x_2+1.134\,856\,02x_5+0.978\,639\,55x_9+0.940\,335\,27x_{14}$; $F=9.175 > F_{0.01(5.76)}=3.28$														

表 2　82 块样地南洋楹优势木树高年均生长量与立地因子逐步回归分析结果

变量	特征向量		
	第一主成分	第二主成分	第三主成分
坡位	0. 638 793 4	-0. 053 212 28	-0. 251 829 11
地貌	-0. 201 411 9	0. 417 228 11	-0. 510 098 19
腐层	-0. 123 492 25	0. 042 503 13	0. 301 977 82
土层	-0. 348 811 851	0. 375 864 48	0. 357 152 76
坡型	0. 567 296 607	0. 004 796 68	0. 016 670 88
坡向	-0. 343 663 44	-0. 064 645 39	0. 240 349 38
坡度	-0. 246 503 406 4	0. 072 989 9	-0. 524 345 41
土壤质地	-0. 527 748 23	-0. 605 403 45	0. 125 303 25
母岩	0. 176 858 87	0. 551 290 67	0. 330 073 42
特征值	2. 044 437 08	1. 594 640 71	1. 540 442 93
贡献率(%)	21. 9	17. 08	16. 5
积累贡献率(%)	21. 9	38. 98	55. 48
特征值总和		9. 336 512 004	

表 2 表明：第一主成分中，坡位、坡型的特征向量最大，是影响局部地域南洋楹生长的主导因子；第二主成分中，母岩和地貌的特征向量最大，是影响较大地域南洋楹生长的主导因子。

综合上述分析结果，确定坡位、坡型、母岩与地貌为广东南洋楹主要栽培区立地分级分类的依据。

(二) 立地分级分类

我们以上述 4 个主导因子作为立地分级分类的依据。基于地貌类型对地域小气候和土壤条件影响较大，而以地貌类型作为划分立地类型区的依据；同一立地类型区因母岩的不同而形成不同性质的 土壤，而以母岩种类来划分立地类型小区；同一立地类型小区内岩性相同，因坡位分异而影响小气候和土壤因子的再分配，而以坡位的异同作为划分立地类型组的依据；同一坡位因坡型不同而影响到土壤的水分、养分和透性等的差异，而以坡型异同作为划分立地类型的依据。

按上述划分立地等级的依据，对广东南洋楹主要栽培点的立地共分为 3 个立地类型区、6 个立地类型小区、14 个立地类型组、18 个立地类型(表 3)。

(三) 不同立地等级对南洋楹林分生产力比较

鉴于所栽培的南洋楹林龄不一，为了便于比较，分别以 3 年生(代表幼林)与 8 年生(代表成林)林分优势木树高年均生长量和每公顷的立木蓄积量作比较。

1. 优势木树高年均生长量比较

82 块样地统计结果(表 3)表明：在类型小区(花岗岩类型小区)一致的条件下，高丘类型区各类型组与类型的南洋楹 3 年生优势木树高年均生长量均显著大于低丘类型区各相应的类型组与类型的生长量(沟谷组的生长量类型区间基本一致)。

高丘类型区中 3 个类型小区各类型组与类型的优势木树高年均生长量均是：花岗岩类型小区 > 砂页岩、石灰岩类型小区。

低丘类型区中 3 个类型小区各类型组与类型的优势木树高年均再说了排序为：花岗岩类型小区 > 石灰岩类型小区 > 砂岩类型小区。

高丘和低丘类型区各类型小区的不同类型组与类型的优势木树高你家呢生长量均是：沟谷类型组 > 坡下部类型组 > 坡上部类型组；沟坡、洼地类型 > 凹型坡类型 > 凸斜坡与凸斜凹型。

不同立地等级 8 年生优势木树高年均生长量的差异性也与 3 年生的差异相似。

2. 林分蓄积量比较

表 4 表明：不同立地类型区南洋楹林分每公顷的蓄积量为：平原立地类型区 > 高丘立地类型区 > 低丘立地类型区。在一定的密度范围内，林分单位面积的立木蓄积与林分密度成正比。平原立地类型区林分密度为高丘立地类型区的 236.26%，但每公顷立木蓄积量，平原类型区为高丘类型区的 243.64%，说明前者林分生产力略高于后者。高丘类型区林分密度为低丘类型区的 38.66%，但每公顷立木蓄积前者为后者的 129.14%，说明前者的生产力比后者高得多。

南洋楹喜高温、多湿、静风的气候条件[1]。高丘类型区比平原类型区较多湿和静风而有利于南洋楹生长；但平原类型区的土壤条件优于高丘类型区（表 5），可能因生态因子之间的相互作用及其补偿作用关系而致两者之间的南洋楹林分生产力差异甚小。低丘类型区的湿度和静风条件虽不比平原类型区逊色，但其土壤条件均比高丘类型区和平原类型区的差（表 5），因此其林分生产力最低。

表 3　广东南洋楹主要栽培区立地分类及其平均优势木树高生长量

立地类型区	立地类型小区	立地类型组	立地类型	平均优势木		
				林龄（a）	树高（m）	年均生长量（m/a）
高丘	花岗岩	坡上部	凸、斜、凹型[a]	3	9.48	3.161 *
				8	17.10	2.140
		坡下部	凸、斜型[b]	3	9.02	3.008 *
				8	19.27	2.408
			凹型	3	12.01	4.003 *
				8	19.94	2.492
		沟谷	沟坡、洼地	3	13.35	4.450 *
	砂页岩	坡上部	凸、斜、凹型[a]	3	6.43	2.143
				8	9.35	1.169
		坡下部	凸、斜、凹型[a]	3	7.22	2.406
				8	11.30	1.413
	石灰岩	沟谷	沟坡、洼地	3	11.92	3.972 *
		坡上部	斜型	3	6.94	2.313
低丘	花岗岩	坡上部	凸、斜、凹型[a]	3	7.18	2.392
		坡下部	凸、斜型[b]	3	6.71	2.236
			凹型	3	8.69	2.896
		沟谷	沟坡、洼地	3	14.00	4.667 *
	砂岩	坡上部	斜型	3	2.56	0.852
				8	4.62	0.578

（续）

立地类型区	立地类型小区	立地类型组	立地类型	平均优势木		
				林龄(a)	树高(m)	年均生长量(m/a)
		坡下部	凸、斜、凹型[a]	3	4.27	1.424
				8	7.74	0.967
		沟谷	沟谷、洼地	3	10.00	3.333 *
				8	17.34	2.168
	石灰岩	坡下部	斜型	3	6.28	2.092
平原			滨海沉积土	3	7.60	2.530
			河积土	8	20.10	2.510

注：a 表示凸、斜、凹 3 种坡型不够典型的样地，其平均优势木树高年均生长量差异不显著，故归并为同种立地类型；b 表示凸、斜 2 种坡型不够典型的样地，其平均优势木树高年均生长量差异不显著，故归并为同种立地类型；＊ 各立地类型 3 年生南洋楹平均优势木树高年均生长量 S 检验，有＊者表示 在 $\alpha=0.05$ 水平上，显著大于没有＊者。

表 5　不同立地类型区有显著差异的土壤因子

立地类型区	腐殖质层 (cm)	pH 值 (H_2O)	全 P 含量 (%)	有效 P 含量 (mg/L)	土壤容重 (g/cm^3)	*F* 检验临界值
高丘	26.4	4.80	0.058	1.55	1.22	
低丘	20.8	4.19	0.048	1.38	1.19	$F_{0.05}=3.21$
平原	31.5	5.10	0.061	3.41	1.28	
方差分析 F 值	$F^{\cdot}=3.33$	$F^{\cdot}=10.75$	$F^{\cdot}=4.78$	$F^{\cdot}=12.57$	$F^{\cdot}=3.54$	

不同立地类型小区南洋楹林分每公顷蓄积量见表 6。3 年生林分每公顷蓄积量，高丘类型区中的各类型小区为：花岗岩类型小区 > 砂页岩类型小区 > 石灰岩类型小区。林分密度花岗岩类型小区为砂页岩类型小区的 65.17%，但每公顷蓄积量前者为后者的 128.58%；砂页岩类型小区林分密度为石灰岩类型小区的 122.91%，但每公顷蓄积量前者为后者的 216.95%；花岗岩类型小区林分密度为石灰岩类型小区的 80.11%，但每公顷蓄积量前者为后者的 278.95%。

8 年生林分高丘花岗岩类型小区比高丘砂页岩类型小区的密度小 54.24%，但每公顷蓄积量前者比后者大 54.78%。

低丘立地类型区中各类型小区，南洋楹林分的年龄与密度均不同，林分因子生长指标均以平均年生长量作比较，结果：花岗岩类型小区南洋楹林分因子生长指标最大，石灰岩类型小区的次之，砂岩类型小区的最小。

上述 2 种林龄 2 种地貌的各种岩性林分的蓄积量对比，表明花岗岩类型小区的生产力均显著高于其余类型小区。表 7 表明，各类型小区林地 0～40cm 土层均值差异显著的因子有：pH 值、全 P 含量、有效 P 含量和速效 K 含量，其余项目差异不显著。这些矿质元素含量，以花岗岩类型小区的最高，砂岩类型小区的最低。不同类型小区南洋楹林分生产力高低可能与这些元素的含量有关。

表7　不同立地类型小区土壤有显著差异的因子

立地类型小区	pH值（H_2O）	全P含量（%）	有效P含量（mg/L）	速效K含量（mg/L）	F检验临界值
花岗岩类型小区	5.0	0.063	1.75	54.83	
砂页岩类型小区	4.6	0.047	1.39	34.15	
石灰岩类型小区	51	0.041	1.67	77.10	$F_{0.01}=2.61$
砂岩类型小区	3.9	0.021	0.69	29.50	
方差分析F值	$F^{**}=13.35$	$F^{**}=3.61$	$F^{**}=9.74$	$F^{**}=6.41$	

（四）南洋楹对不同立地类型适生性的讨论

南洋楹为早期速生树种，它的生长盛期在10年生前，树高年均生长量达2.5m以上[1]。

本文以南洋楹林龄≥8年生的林分优势木在3年生时的树高年均生长量（x）与在8年生时的树高年均生长量（y）的相关式为：

$Y=0.02208+0.62856x$

相关系数 $R=0.8566>r_{0.001}(f=46)=0.464$

可见x与y相关极显著。如以99.9%的可靠性预计：若南洋楹3年生时树高年均生长量大，则其8年生时的树高年均生长量也较大；反之，则8年生时的树高年均生长量较小。因此，可用优势木3年生时的树高年均生长量来评价不同立地类型对南洋楹的适生性。若按林分优势木3年生时树高年均生长量>2.5m为适生，树高年均生长量1.5～2.5m为较适生。树高年均生长量<1.5m为不适生，则各立地类型南洋楹的适生性如下：

适生的立地类型有：花岗岩高丘沟谷沟坡洼地型，花岗岩高丘坡下部凹型，花岗岩高丘坡下部凸斜型，花岗岩高丘坡上部凸斜凹型，砂页岩高丘沟谷沟坡洼地型，花岗岩低丘沟谷沟坡洼地型，花岗岩低丘坡下部凹型，砂岩低丘沟谷沟坡洼地型，平原滨海沉积土与河积土型。

较适生的立地类型有：砂页岩高丘坡下部凸斜凹型，砂页岩高丘坡上部凸斜凹型，花岗岩低丘坡下部凸斜型。花岗岩低丘坡上部凸斜凹型，石灰岩高丘坡上部凸斜型，石灰岩低丘坡下部斜型。

不适生的立地类型有：砂岩低丘坡上部斜型，砂岩低丘坡下部凸斜凹型。

四、结论

（1）本文据立地因子的多样性，用逐步回归和主成分分析方法选出广东南洋楹主要栽培区立地分异的主导因子为坡位、坡型、母岩与地貌。将这4个因子分级排序组合，栽培区共分为3个立地类型区、6个立地类型小区、14个立地类型组、18个立地类型。并用逐步回归方法建立了栽培区南洋楹优势木树高年均生长量的预测方程为：

$Y=0.26595846+1.00314346x_1+0.82497779x_2+1.31485602x_5+0.97863955x_9+0.94033527x_{14}$

经检验精度符合要求，可用于生产预测。

（2）地貌类型、母岩、坡位、与坡型是影响南洋楹生长的主导因子。各地貌类型中，平原立地类型区和高丘立地类型区的林分生产力较高，低丘立地类型区的林分生产力较低；各种岩性中，花岗岩立地类型小区的林分生产力最高，砂页岩与石灰岩立地类型小区的林分生产力次之，砂岩立地类型小区的林分生产力最低；各种坡位中，沟谷地段的生产力最高，坡下部的生产力次之，坡上部的生产力最低；各种坡型中，沟坡洼地型的生产力最高，凹型坡的生产力次之，其余坡型的生产力较低。不同立地等级林分生产力的差异是小气候因子和土壤肥力不同的综合作用结果。

（3）按南洋楹3年生林分优势木树高年均生长量>2.5m为适生、树高年均生长量1.5～2.5m为较

表 4　不同立地类型区南洋楹林分蓄积量比较

立地类型区	样地数(块)	林龄(a)	密　度 (株/hm^2)	树高(m)	胸径(cm)	蓄积量(m^3/ hm^2)	F 检验临界值
高丘	22	8	568	10.04	11.39	33.59	$F_{0.01}(2,30)=5.39$;
低丘	9	8	1469	5.54	7.48	26.01	
平原	4	8	1342	13.60	17.88	81.84	
				$F^{**}=57.90$	$F^{*}=4.49$	$F^{**}=10.39$	$F_{0.05}(2,30)=3.32$

表 6　高、低丘中各类型小区南洋楹林分生长指标比较

立地类型区	立地类型小区	样地数	林龄(a)	密度 (株/ hm^2)	平均树高(m)	平均胸径 (cm)	蓄积量 (m^3/hm^2)	年均生长量		
								树高 (m)	胸径 (cm)	蓄积量 [m^3/(hm^2·a)]
高丘	花岗岩	12	3	818	8.96	10.27	37.52	2.99	3.42	12.51
		6	8	367	15.53	17.11	57.24	1.94	2.14	7.16
	砂页岩	21	3	1255	7.16	7.93	29.18	2.39	2.64	9.73
		16	8	802	8.05	9.40	25.83	1.01	1.18	3.23
	石灰岩	5	3	1921	5.76	6.76	13.45	1.92	2.25	4.48
低丘	花岗岩	20	3	548	6.66	7.36	16.14	2.22	2.45	5.38
	砂岩	8	8	1469	5.54	7.48	21.01	0.69	0.93	3.25
	石灰岩	2	3	1291	5.60	5.60	14.55	1.87	1.87	4.85

适生。树高年均生长量 <1.5m 为不适生来区分，在 18 个立地类型中：适生的为花岗岩高丘沟谷沟坡洼地等 10 个立地类型，较适生的为砂页岩高丘坡下部凸斜凹型等 6 个立地类型，不适生的为砂岩低丘坡上部斜型与砂岩低丘坡下部凸斜凹型 2 个立地类型。

致谢　本文的样地调查得到有关林业部门的大力支持，谨此致谢。

参考文献

[1] 中国树木志编委会. 中国主要树种造林技术[M]. 北京：中国林业出版社，1981：669～672

[2] 林民治，徐英宝，乐载兵. 粤北地区三个林场杉木林立地分类研究[J]. 林业科学研究，1991，4(Supp)：84

[3] Chinte F O. Fast-growing pulp wood trees in plantations. Philippines[J]. Forestry. 1971，5(1)：21～29

[4] R. S. Troup. M A. C. I. E. The Silviculture of Indian trees[J]. Reprinted，1986. Vol. Ⅱ：484

[5] Walters G A. Species that grew too fast —*Albizia falcate*[J]. Journal Forestry，1971. 69(3)：169

人工混交林种间生化关系研究综述[66]

摘要 综述了克生作用的概念、克生物质产生的生理基础、释放途径和收集方法以及克生作用的表现形式，并对克生现象的研究前景和研究问题进行了讨论。

合理的种间关系是人工混交林营造的基础。过去选择混交树种，往往从树种的阴阳性、根系的深浅性、叶的针阔型和树种生长速度等方面考虑；而树种之间通过生化物质相互作用而形成的克生现象却未被人们所认识。近年来，由于化学生态学实验技术和理论日臻完善，种间生化关系研究也得到迅速发展，并实际应用。

一、种间生化关系研究的内容

(一)种间生化关系的概念

混交林的种间生化关系是指混交树种间通过生化物质的相互作用，形成一种生态现象称为克生作用(allelopathy)，也叫他感作用[1]。起作用的生化物质称为克生物质(allelopathic matter)。一般认为，克生物质是植物的次生代谢产物[10]，几乎存在于所有植物中，在外界环境因子的作用下，当释放到周围环境中时，影响着包括自身在内的一些植物的生长，其作用的方式既有遏制作用，也有促进作用。

自然界中与自然生态系统进行着物质能量信息的交流，在长期进化过程中，以形成一个和谐的整体，如植物叶片的适光变态、适水变态等。但越来越多的研究表明：植物通过分泌克生物质对外界作出反应；对其它植物生长遏制甚至杀死；以及对病虫害进行撕抗，以避过突如其来的灾难保护自身。同时，许多植物种类彼此间能够相安无事地生长，甚至相互促进地生长。

克生物质的研究是种间生化关系研究的核心内容，包括了克生物质产生的生理基础[2]及其分离鉴定；克生物质对植物生长发育及土壤理化性质的影响；克生物质的作用机制等研究。

(二)克生物质产生的生理基础

在活生物体内(即活体内)，化合物是通过一系列化学反应而被合成和降解的，每一个反应都由一种酶来调节，这个过程即为代谢作用。所有生物具有相同的代谢途径，以合成并利用某些必要的化合物，如糖类、氨基酸类、普通的脂肪酸类、核酸类以及由它们形成的聚合物(多糖类、蛋白质类、酯类、RNA 和 DNA 等)，这就是初生代谢，这些对生物生存和健康必要的化合物即为初生代谢产物。

生物利用由初生代谢提供的许多小分子，并利用其它代谢途径，产生一些通常无明显用途的化合物，即次生代谢产物。

---

[66] 王洪峰、徐英宝、陈富强等发表于《广东林业科技》(1994，2：46～49，转45)。

次生代谢主要有3种原材料：莽草酸、氨基酸和乙酸，形成的次生物质有萜类、酚类等。许多研究表明，起克生作用的物质为植物的次生代谢产物。

Fisher[16]列举了林业上一些主要的生化克生植物、它们产生的化学物质及受其影响的植物如下表。

表1　产生生化克生物质的植物

生化克生物质	产生的化学物质类型	受影响的植物
糖槭	酚类	黄桦
美国朴树	香豆素	阔叶草本、禾木科杂草
桉树	酚类萜烯	灌木、阔叶草本
胡桃	醌类	乔木、灌木、阔叶草本
桧	酚类	禾本科杂草
大槭	香豆素	阔叶草本、禾本科杂草
野黑樱	氰苷	红槭
栎	香豆素、酚类	阔叶草本、禾本科杂草
檫树	萜烯类	榆、槭

(三)克生物质的释放途径

克生物质的释放途径[8、9、10]与环境因素密切相关。

(1)通过降雨淋洗叶片、树干释放。

(2)通过植物的上部分(叶片、枝干)分泌挥发性物质释放。

(3)通过根系分泌释放。

(4)通过枯落物(叶片、树皮等)或枯死枝条、腐烂根系释放。

(四)克生物质的收集方法

克生物质的收集一般采用如下方法：

(1)叶片以水或有机溶剂抽提液。

(2)根系以水的淋洗液(注意保护根系，不能受伤)。

(3)新鲜枝叶、枯落物、土壤以水或有机溶剂抽提液。

收集克生物质的一个很重要的原则是：要尽可能在模拟自然状况的情况下收集。植物组织的抽提液，只能反映出在植物中含有可能起作用的物质，而无法肯定是否因之而产生克生作用，但由于在自然状态下进行收集较难，故此种方法也被采用。同时，活体植物状态下收集到的物质才能反映克生作用，所以叶片、枝干采下后，必须尽可能避免伤流，防止对克生物质的污染。

一般认为，克生物质如生物碱、萜烯类等次生产物，以疏水性或部分疏水性物质，所以采用层析柱(如聚酰胺柱、XAD柱等)对克生物质加以收集。

二、混交林种间生化作用的表现方式

目前，植物种间生化关系的研究已发展成为一门新兴学科——化学生态学(chemiecology)。国内外在这方面的研究集中在：寻找有遏制作用的克生物质，从而释放植物群落的独特结构。人工营造混交林的成功，给我们提出了一个全新的课题：合理配置的树种，能相安无事地共同生长，甚至有促进作用，除了在光照温度水分养分等生态的协调之外，是否还有生化方面的内容，这在国内外的研究中都肯定了这一点，并从以下5个方面做了大量的工作，验证克生作用。

（一）克生物质对树木种子发芽、扦插成活方面的作用

对树木种子发芽，克生物质一般起遏制作用或无影响。如槭树（*Acer mono*）、接骨木（*Sambucus ralemosa*）等枯落物浸提液对美国黄杉（*Pseudotsuga menzisii*）种子发芽起遏制作用。蟛蜞菊（*Wedelia chinensis*）叶片抽提液的某些组织与清水对照，遏制种子发芽率达90%[3]。影响种子发芽的因素很多，如温度、水分、氧气以及溶液的渗透压，目前尚无法确定克生物质以何种行式起作用，但众多的实验证明：克生物质对种子的发芽率及胚轴的伸长多起抑制作用或无影响。

克生物质对扦插生根有促进作用。白茅草（*Imperata cylindrica* var. *major*）的根源液对落叶松插条的生根，起作用优于IBA + NAA处理[4]。柳树（*Salix babylonica*）枝条的浸出液对一些花木扦插成活起着激素作用，与经NAA、VB_{12}生长激素处理相比较，发根早，成活率提高10%以上[5]。

（二）克生物质对树木生长的影响

在加杨（*Populus canadensis*）的混交树种选择试验中，蒙古锦鸡儿（*Caragana arborescens*）、毛忍冬（*Lonicera fatarica*）等的浸出液能促进加杨生长，而疣皮桦（*Betula verruceosa*）、榆树（*Ulmus pumila*）、接骨木则抑制加杨的生长[11]。疣皮桦叶片分泌物可使橡树（*Quercus tobut*）的光合作用强度比对照（清水）增强16%，而叶片与根的分泌物同时作用于橡树时，光合强度降低26%[1]。现代生理技术分离出线粒体，离体状态下观测到克生物质的遏制作用[12]。

（三）克生物质对树木吸收养分能力的影响

在混交林种间关系研究中，采用^{32}P示踪是一种很有效的探索树种吸收养分能力的手段[6]。黎蒴栲（*Castanopsis fissa*）作为马尾松（Pinus massoniana）的混交树种其根、叶 + 枝、枝 + 根等组分的浸泡液对马尾松幼苗吸收营养粉均有促进作用[7]。同样，也有克生物质遏制吸收能力的报道，Tileberg采用^{14}C示踪，发现水杨酸、C - 肉桂酸等次生物质对植物吸收磷的能力有遏制作用[13]。

（四）克生物质对土壤微生物种群数量及其生化活性的影响

从人工混交林的生态效益研究中，可以看出：成功的人工针阔混交林，林地微生物（特别是各种细菌）的种群数量及生化活性均高于针叶纯林。张鼎华等（1985）研究了南方山地木荷（*Schima superba*）纯林、马尾松与木荷混交林及马尾松纯林的细菌数量表明：进展演替地位越高级，细菌数量越多；而胡成斌等人（1987）的研究结果，杉木（*Cunninghamia lanceolata*）人工林林地微生物的硝化作用强于针阔混交林，与Rice[14]（1972），Lodhi[14]（1978）的研究结果一致，Rice认为：演替的顶极群落林地硝化作用应达最小，而氨化作用则至最大，这是稳定的森林生态系统为防止易被淋湿的硝态氮产生而形成的一种自我保护机制。

克生物质在这些过程中所起的作用，Rice认为是顶极群落中的一个重要组成部分，大量的克生物质形成，遏制了硝化菌的活性，维护了生态系统的平衡。

（五）森林生态系统中克生物质的其它作用

亚热带的森林顶极群落通常为常绿阔叶林，成功的针阔混交林，在进展演替的阶段上，比针叶纯林更高一级。对比针叶林脆弱的生态系统，针阔混交林的则较为稳定，特别表现在病虫害发生上，克生物质起着关键作用。王希蒙（1989）研究臭椿（*Toona sinensis*）的挥发物对天牛行为的影响，结果表明：这种挥发物在天牛对云杉（*Picea asperata*）、桧柏（*Sabina chinensis*）、侧柏（*Plateladus orientalis*）取食时有较强的忌避作用。从一些树种，如苦楝（*Melia azedarach*）、喜树（*Camptotheca acuminata*）提取出的克生物质，用作杀虫剂，在国内外已有许多报道。

三、混交林种间生化关系研究的前景

对混交林种间生化关系的研究，将极大地丰富混交林种间关系的理论。国内外在这方面尚处于起步阶段，随着化学生态学的发展，以及现代生理技术（如细胞水平的研究）和化学物质的分离鉴定技术的逐步提高，种间生化关系的研究必将进入一个新的阶段。

在实际应用方面，种间生化关系研究首先对造林学的学科基础有一个填补作用，尤其在营造混交林时对如何进行树种选择、林地处理有着深远的指导意义。同时，一些新的克生物质的发现，使杀虫剂、除草剂和生长抑促剂的开发利用，具有广阔的前景。

四、混交林生化关系研究的几个问题

（一）大量的克生现象研究，必须组织协作攻关

因克生现象不仅存在于某些树种间，更遍及所有植物或林木。同时，克生现象的研究，必须联合多门学科，如生态学、植物分类学、化学、土壤学、树木生理学等协同研究，才能揭示其机制的奥秘。

（二）环境因素的复杂性给克生现象研究造成困难

克生物质不是孤立的作用于植物，而是与其它生态因子一起，共同构成植物的生长环境，同时，自身的作用方式又受环境因素所影响。例如，水分会影响克生物质的遏制活性，如杨桃（*Juglans regia*）根系分泌胡桃苷，在干旱条件下形成胡桃醌，才具有克生活性；更重要的是，大部分克生物质是通过土壤介质对植物发生作用，而土壤的各种理化性质，尤其是土壤中的微生物，更增加了对克生现象研究的复杂性。

（三）克生物质的分离、提纯与鉴定是混交树种间生化关系研究的重点

在不同的水热条件下，对在不同森林群落中起作用的克生物质进行分离鉴定，这对混交林生化关系乃至化学生态的理论研究都具有重要的意义。同时在克生现象研究过程中，只有通过分离鉴定出各种克生物质，才能进一步在有控制的实验条件下，验证这些克生现象。

（四）克生物质自身具有复杂性

克生物质是一种次生的代谢产物，在稳定性、生物活性等方面具有其自身的特点。如在实验中分离出的克生物质，其放置时间的长短，起作用时的浓度高低均会给实验带来影响。

参考文献

[1]俞新妥．混交林营造原理及技术[M]．北京：中国林业出版社，1989：21~25

[2]［英］J．曼．次生代谢作用．曹日强译[M]．北京：科学出版社，1983，7~10

[3]林象联．蟛蜞菊化学他感作用研究[D]．华南农业大学硕士论文，1991

[4]曹瑞廷．用白茅草原液促进落叶松生根[J]．植物杂志，1987，（2）：10

[5]王立清．柳条的浸出液可以代替生长素[J]．园林，1986，（6）：28~29

[6]翟明普．应用^{32}P研究混交林中油松和元宝枫的相互关系[J]．北京林业大学学报．1983，（2）：68~70

[7]华南农业大学林学院造林学教研室[J]．马尾松黎蒴栲混交林的研究．1990，43~48

[8]张玉麟，王镇圭编译．生态生物化学导论[M]．北京：农业出版社，1989，135~145

[9]宋君．植物间的他感作用[J]．生态学杂志，1990，9(6)：35~42

[10] Alan R. Putran and Chung－shih Tang . The Science of Allelopathy. John Wiley&Sons Inc.，1986，113~189

[11] Reason for the Change in the Physiological Condition for Canadian Poplar´in Mixed Plantations. FA－1977~154

[12] Donce R. Sorgoleons from Root Excudate Inhibits Mitochondrial Functions. J. Chem. Ecol.，1992，18(2)197~200

[13] Tileberg . J. Effects of Abscissic Acid、Solicylic Acid and Transcinnanic Acid on Phosphate Uptake ATP－level and Oxygen Evolution in Sceredesmus . Physiol Plant，1970，23：647~653

[14] Rice E. L etc . Inhibition of Nitrification by Climax Ecosystems. Amer. J. Bot.，1972，23：647~653

[15] Lodhi M. A. K. Comparative Inhibition of Nitrifiers and Nitrification in a Forest Community as a result of the Allelopathic Nature of Various tree Species. Amer. J. Bot.，1978，65(10)：1135~1137

[16] Richard F. Fisher. Allelopathy：A Potential Cause of Regeneration Failure. j. of Fore. June，1980，346~348

应用^{32}P对马尾松木荷混交幼龄林树种间相互关系研究[67]

摘要 通过试管套根法在松荷混交林和松纯林土内引入$NaH_2{}^{32}PO_4$(0.144mci/株)表明：连续60d观测中，木荷的^{32}P吸收量一直低于马尾松；同时，混交林吸收量比纯林松高，最高达111.3%，养分运输较纯松快，而养分分配速率比纯松慢。水培试验表明：木荷枯落物的次生代谢产物中，黄酮体能显著促松苗养分吸收，低浓度较高浓度促进作用强，最高值比对照大80.1%，差异显著，而皂甙则起抑制作用，浓度愈高抑制愈强，最高抑制率达51.1%，差异显著。

关键词 ^{32}P示踪 马尾松 木荷 混交林 树种间关系 生化他感作用

马尾松(*Pinus massoniana*)是我国南方重要针叶用材林树种。为了避免大面积纯林连续经营出现地力减退及病虫害，在林业生产上不断提出马尾松与一些阔叶树种混交的经营模式。自70年代以来，南方混交林科研协作组已进行了60多种混交组合造林的试验研究[1]，其中马尾松×木荷(*Schima superba*)混交林是一个经济、生态、社会效益较显著的组合。随着现代生物技术的发展，生理生化实验技术和同位素示踪等技术，逐步应用于种间关系机制的研究。“八五”期间，南方混交林科研协作组曾对马尾松木荷人工混交林进行了全面评估与总结，本文主要应用^{32}P示踪技术研究了混交林中马尾松、木荷在养分竞争上的相互关系及伴生树种木荷枯落物次生物质对松养分吸收的影响，以期为混交林种间相互关系评价和树种配植提供依据。

一、试验林概况

马尾松×木荷混交林及马尾松纯林选在广东省新丰县芹菜塘林场，面积6.6hm^2。试验地为高丘陵，海拔420m，土壤为砂页岩发育的赤红壤，土层深厚，肥力中等。试验林于1986年4月先种松，1988年1月引入木荷，行带混交，4行松1行荷，用同龄纯松林为对照，2种林分生长状况见表1 。

二、研究方法

(一)林地示踪方法

试验采用$NaH_2{}^{32}PO_4$溶液，由中国原子能科学研究院同位素研究所提供。

1. 选取标准树和^{32}P引入

根据树高、胸径和冠幅指标，在两种试验林中，选择生长指标相近的马尾松(混交林中1株，纯林

[67] 王洪峰，徐英宝原文载于《混交林研究—全国混交与树种间关系学术研讨会文集》(北京：中国林业出版社，1997，202~206)。

中相邻2株)，而木荷选择与林分生长指标接近的植株作标准树(表2)。清除标准树四周杂草，在其树下挖出一条直径2mm、生长正常的树根，截去先端过长须根，插入装有0.144mci/10mL $NaH_2{}^{32}PO_4$溶液的指形管中，根接触到管底，管放置近于直立，管口用脱脂棉封好，固定试管位置后用土埋实。

表1　两种林分生长指标比较

林分类型	生长指标(cm，m)	调查时间		年增长(cm，m)
		1993.5	1994.3	
混交林	马尾松平均胸径	7.74	9.03	1.29
	马尾松平均树高	6.09	6.79	0.70
	马尾松平均冠幅	2.30	2.40	—
	木荷平均胸径	2.39	2.83	0.44
	木荷平均树高	2.93	3.50	0.57
	木荷平均冠幅	2.20	2.30	—
纯林	马尾松平均胸径	8.43	9.23	0.80
	马尾松平均树高	6.41	7.59	1.18
	马尾松平均冠幅	2.00	2.10	—

表2　标准树基本情况

林分类型	树种	树龄(年)	坡向	坡度	胸径(cm)	树高(m)	冠幅(m)
混交林	马尾松	7	正西	27.5°	7.7	5.8	2.3
	木荷	5	正西	27.5°	2.4	3.0	2.2
纯林	马尾松	7	西南20°	25.0°	7.6	6.0	2.1
	马尾松	7	西南20°	25.0°	7.3	5.3	2.1

注：引入^{32}P时间：1993.7.3

2. 采样方法

引入^{32}P后第2、7、10、15、30、60d分别采样分析，每树按冠位上中两层，每层按四面方向采1年生新叶混合，4次重复，测定放射性强度，结果经T检验。

(二)水培试验方法

1. 营养液配制

按Knop氏配方制营养液，装入三角瓶中，每瓶100ml。

2. 苗木选择

选用桐棉松种源的马尾松百日苗，苗高约15cm，生长正常，插入水培液中，每瓶2株，适应2d。

3. ^{32}P引入

加入提取的次生物质后，每瓶加入^{32}P4.9μci。

4. 管理与采样

每日向营养液中输入空气，控制pH6.0~7.5；在培养第3d和第7d分别采集苗木全部叶片测定放射性强度。

(三)放射性脉冲测定和衰变校正

将引入^{32}P树木或幼苗的叶片烘干、粉碎、称重后，用FH-408自动定标器测定脉冲数，以cpm/g

表示，并进行半衰期校正。

三、结果与分析

（一）混交林树种和竞争能力比较

在不同林分类型中同时引入 $NaH_2{}^{32}PO_4$ 后，在连续60d 观测中，木荷吸收量一直低于松树，经T检验，差异均达极显著；不同林分松吸收 ^{32}P 是，在前15d 混林松与纯林松差异不显著，而30d 和60d 测定时，混林松远大于纯林松，分别高111.3%和84.5%，*T* 检验，差异达极显著和显著水平。同时，混林松上层叶中放射性脉冲一直高于中层叶片，而纯林松自吸收和第10d 开始，上层叶片放射性脉冲与中层叶片接近，以后中层叶片高于上层叶片，说明混林松较纯林松吸收 ^{32}P 能力强，运输快而分配速率慢。

（二）木荷枯落物次生物质检识与分离

1. 木荷叶片和树皮次生物质检识

方法主要借助中草药活性物质研究方法[5,6]，将枯落物烘干、粉碎、用乙醇回流溶解后，分别获过滤浓缩至小体积的提取液，经一系列实验检识，在木荷叶片中有数量较多的黄酮体次生物质，树皮中则有皂甙类明显存在。但生物碱类物质等没有明显检识反应，不能断定它不存在，可能数量太少。

2. 木荷枯落物次生物质组分分离

检测产生生化他感作用物质的化学组分分离方法是按相似相溶原理，采用萃取的溶剂极性由小到大为：石油醚 < 乙酸乙酯 < 正丁醇 < 水。则溶液Ⅰ中主要是油酯类化合物；溶液Ⅱ中主要是黄酮体化合物及其极性相似的化合物；溶液Ⅲ中主要为皂甙类化合物；溶液Ⅳ中主要是一些溶于水的极性化合物。

3. 木荷树皮皂甙提取

我们根据陈维新[4]对银木荷（*Schima argentea*）皂甙提取方法来提取木荷树皮中的皂甙，所获得溶液Ⅴ的白色皂素加水摇动产生不消失的泡沫，并有溶血反应，可以肯定为一种三萜皂甙，由于条件限制，未能进行结构鉴定。

4. 木荷叶片主要次生物质分离

检识结果，叶片次生物质主要为黄酮体，采用传统的薄板层析进行分离。首先将叶粉材料用甲醇回流，经 $CHCl_3$ 萃取，再用乙酸乙酯萃取，获浓缩小体积待试液，再用展开剂（CHCL380 + MeOH20%）进行薄板层析，得到1个点叶绿素、2个点黄酮体物质。

（三）木荷枯落物次生代谢产物的他感作用

Rice（1984）[7]指出，次生代谢产物可通过根对K、Ca、P等营养元素吸收而表现出他感作用。按照本文前面提到的水培法，通过提取的木荷次生物质及其各组分对松幼苗吸收 ^{32}P 的影响，将深入地探讨其他感作用。

1. 木荷次生物质粗提物的他感作用

“木荷枯落物次生物质组分”内容里粗提物中的O溶液，设3个浓度处理：O1——100mL的O溶液中取10mL加入水培液中；O2——100mL的O溶液中取5mL加入水培液中；O3——100mL的O溶液中取1mL加入水培液中。

每个处理4次重复，T检验显著性水平 $a = 0.05$，极显著 $a = 0.01$。粗提物各浓度处理均对马尾松吸收 ^{32}P 有不同程度的促进作用。在引入P素的第3d，吸收量 O2 > O1 > O3 > CK，其中2达到显著水平；第7d，吸收量 O2 > O3 > O1 > CK，但差异性均未达到显著水平。

2. 木荷枯落物不同组分的克生作用

按照“木荷枯落物次生物质组分”内容里分离方法，得到组分Ⅰ、Ⅱ、Ⅲ、Ⅳ，按“木荷次生物质精提物的他感作用”内容中介绍的方法分别设置浓度处理各重复和T检验。

(1)组分Ⅰ的他感作用：组分Ⅰ为石油醚萃取物，主要成分是木荷叶和树皮中的油脂类极性弱的一些物质。从表4可以看出，该组分浓度配比对松苗吸收^{32}P有轻微促进作用，但与对照差异均未达到显著水平。

(2)组分Ⅱ的他感作用：组分Ⅱ为乙酸乙酯萃取液，溶液主要化学成分为黄酮体化合物和乙酸乙酯极性相似的化合物。组分Ⅱ不同浓度处理对松苗吸收^{32}P的促进作用明显，特别Ⅱ3的促进作用最强，表现出“高抑低促”的他感现象(见表5)。

表3　引入O溶液松幼苗叶片放射性强度比较

处理	第3d (cpm/100mg)	增多 (%)	第7d (cpm/100mg)	增多 (%)
O1	2344	57.2	5267	4.9
O2	2667 *	78.8	7402	47.2
O3	2196	47.3	5434	8.2
CK	1491	—	5023	—

表4　引入Ⅰ溶液松幼苗叶片放射性强度比较

处理	第3d (cpm/100mg)	增多 (%)	第7d (cpm/100mg)	增多 (%)
Ⅰ1	2528	69.6	6686	33.1
Ⅰ2	2481	66.4	5379	7.1
Ⅰ3	1886	26.5	7368	46.7
CK	1491	—	5023	—

(3)组合Ⅲ的他感作用：组分Ⅲ为正丁醇溶液，主要化学成分为皂甙类物质。该组分各浓度处理对松苗吸收^{32}P均有不同程度的抑制，其中Ⅲ1抑制最强，与对照差异达显著水平，其浓度愈大，抑制能力愈强(见表6)。

表5　引入Ⅱ溶液松幼苗叶片放射性强度比较

处理	第3d (cpm/100mg)	增多 (%)	第7d (cpm/100mg)	增多 (%)
Ⅱ1	2128	42.7	6649	32.4
Ⅱ2	2908 *	95.0	6396	27.3
Ⅱ3	3147 * *	111.1	9047 *	80.1
CK	1491	—	5023	—

表6　引入Ⅲ溶液松幼苗叶片放射性强度比较

处理	第3d (cpm/100mg)	增多 (%)	第7d (cpm/100mg)	增多 (%)
Ⅲ1	961 *	-47.6	2958 *	-51.1
Ⅲ2	1176	-35.9	3076 *	-49.2
Ⅲ3	1455	-21.3	3926	-35.2
CK	1835	—	6054	—

(4)组分Ⅳ的他感作用：组分Ⅳ为枯落物的粗提物，经石油醚、乙酸乙酯、正丁醇萃取后的溶液，主要的次生产物都已萃取出来，剩下多为初生代谢产物，如氨基酸、蛋白质、糖及无机盐等。该组分对松幼苗吸收 $NaH_2{}^{32}PO_4$ 无明显的影响，随浓度增大，对吸收促少抑较多(表7)。

表7　引入Ⅳ溶液松幼苗叶片放射性强度比较

处理	第3d (cpm/100mg)	增多 (%)	第7d (cpm/100mg)	增多 (%)
Ⅳ1	1756	15.3	3133	-37.2
Ⅳ2	1396	-8.3	5903	18.4
Ⅳ3	1534	0.7	5007	0.4
CK	1523	—	4987	

从表8实验结果表明，皂素对马尾松吸收 ^{32}P 具明显的抑制作用，吸收量均呈 V1 < V2 < V3 < CK，而V1与对照差异达极显著和显著水平。水培液中加入皂素，浓度愈大，抑制吸收愈明显。与前文提到通过正丁醇萃取的皂素试验结果一致。

3. 木荷皂甙的他感作用

按照前文提到的方法分离得到皂甙，用100g树皮粉，提取皂甙配成100mL的1% tween溶液(溶液Ⅴ)(表8)。设3个浓度处理和重复及T检验，方法同“木荷次生物质粗提物的他感作用”内容。引入 ^{32}P，强度为11.03μci/瓶。

表8　引入Ⅴ溶液松幼苗叶片放射性强度比较

处理	第3d (cpm/100mg)	增多 (%)	第7d (cpm/100mg)	增多 (%)
V1	937**	-75.6	2363*	-58.5
V2	1391*	-63.9	3624	-36.3
V3	2700	-29.8	5446	-4.3
CK	3848	—	5688	—

四、结论与讨论

(1)通过林地 ^{32}P 示踪表明：混交林中马尾松竞争力强于木荷，松吸收 ^{32}P 较木荷量多，混林松竞争力又强于纯林松，在引入 ^{32}P 第30d和第60d，混松P吸收量分别比纯松高111.3%和84.5%，体现出混交林树种配搭的合理性。

(2)混交林中伴生树种木荷枯落物的次生代谢产物中黄酮体明显促进松苗吸收，皂甙则抑制松苗吸收，但在总体上仍体现一定的促进作用，从生化他感作用分析，木荷作为马尾松伴生树种是可取的。

(3)在试验地条件下，马尾松年生长量较木荷大，并已形成良好的营养空间分配格局，使得混松的胸径生长比纯林快，说明松荷人工混交幼龄林树种间相互关系的协调性。

(4)本文虽然首次探讨克生物质在松荷混交林中的作用，尚属初步尝试。以后应结合森林土壤学、林木病理学，采用更完善的化学分析方法，对木荷的黄酮体与皂甙作进一步研究。

(5)林地示踪对7年生马尾松施用 ^{32}P 强度0.144mci(毫居里)，在7d前均无明显吸收，说明施用强度偏小，建议加大施用强度。

参考文献

[1] 王宏志. 中国南方混交林研究[M]. 北京：中国林业出版社，1993
[2] 华南农学院造林学教研室. 马尾松木荷飞播混交林调查研究[J]. 林业科技通讯，1982(9)：9～12
[3] 张鼎华等. 马尾松木荷混交林土壤微生物及脂力的初步研究[J]. 林业科技通讯，1988(9)：6～8
[4] 陈维新. 银木荷皂甙研究[J]. 化学学报，1989，36(3)：229～232
[5] 肖崇厚. 中药化学[M]. 上海：上海科学技术出版社，1983
[6] 龚春茹，等. 中药化学实验技术与实验[M]. 郑州：河南科学技术出版社，1986，376～380
[7] Rice. E. L. Allelopathy[J]. Academic press Inc. Orlando Florida，1984

南洋楹幼苗生长的土培试验研究[68]

摘要 对南洋楹(*Albizzia falcata*)幼苗进行了不同土壤质地、水分、接种效应的土培试验以及固氮酶活性测定。结果表明：①中壤土和沙壤土对苗木生长和结瘤均有利，而含沙量≤16.6%的黏重、紧实土壤使幼苗生长受抑制。②不同质地的土壤接种根瘤菌的效果差异较大，以中壤土、沙壤土效果最佳。③经测定，南洋楹根瘤菌的固氮酶活性偏低(≤11.04(mol/L)C_2H_4/(g 鲜瘤·h))，可能是测定前长期低温阴雨天气所致，还待进一步深入研究。

关键词 南洋楹 土培 接种效应 固氮酶活性

土壤肥力是决定植物生长优劣的关键因素之一，是土壤物理、化学、生物等性质的综合反应。不同质地土壤具有不同的肥力，并明显影响着苗木生长。为配合南洋楹速生丰产林的育苗需要，特进行了土壤质地、水分、幼苗接种根瘤菌的土培试验，还测定了苗木根瘤菌的固氮酶活性。这一研究成果对今后进行南洋楹大田育苗具有借鉴意义。

一、材料与方法

(一)供试幼苗

将浸种、催芽24h的优良种子播于无任何营养元素的沙盆中，保持沙盆湿润。种子发芽后长至2.5cm高时即进行土培试验。

(二)土壤采集与配土

从华南农业大学打靶场洼地采集粘土，按一定比例掺入洁净的河沙，配成黏土、重壤土、中壤土和砂壤土4种质地土壤。

(三)营养液配方

参照霍格兰配方(山崎肯哉，1989)作适当修改，用 $Ca(NO_3)_2 \cdot 4H_2O$，KNO_3，$MgSO_4 \cdot 7H_2O$，$NH_4H_2PO_4$，$CaCl_2$，KCl 等化学试剂配成 N，P，K，Ca，Mg 含量不同的15种营养配方。先经水培试验后从中选取4种配方供土培试验。营养液配方各元素水平见表1。

[68] 舒薇、徐英宝、林民治发表于《华南农业大学学报》[1995，16(3)：56~61]。

表1　4种营养液配方养分水平

配方	元素浓度(%)				
	N	P	K	Ca	Mg
1(高浓度)	1.2×10^{-4}	0.2×10^{-4}	1.1×10^{-4}	1.8×10^{-4}	0.7×10^{-4}
2(中等浓度)	0.8×10^{-4}	0.1×10^{-4}	0.5×10^{-4}	0.9×10^{-4}	0.35×10^{-4}
3(低浓度)	0.5×10^{-4}	0.01×10^{-4}	0.3×10^{-4}	0.5×10^{-4}	0.12×10^{-4}
4	0.8×10^{-4}	0.1×10^{-4}	1.1×10^{-4}	0.9×10^{-4}	0.35×10^{-4}

(四)接种剂

是广东省土壤研究所提供的从南洋楹植株新鲜根瘤中分离培养的根瘤菌剂。

(五)试验期间管理

1992年5月19日至1992年7月5日，每种质地土壤均用1，2，3配方施肥处理，每一处理又分淋水量多(900ml/次)、适中(600ml/次)、少(300ml/次)3个淋水量水平，每水平3次重复，每日早晚各淋水1次；1992年10月至1993年3月末，每种质地土壤均以2，4配方施肥处理，每一处理又分接种和不接种2个水平，接种的共分3次喷施接种剂，设3次重复。

(六)测定项目与统计分析方法

(1)苗木测定指标。苗高、根长、基径、植株鲜(干)重、结瘤数、瘤干重。

(2)土壤样品测定项目。质地，pH值，速效N、P、WK，有机质含量，机械组成等。

(3)固氮酶活性测定。用乙炔还原法测定固氮酶活性，所用仪器为带有氢焰检测器的气相色谱仪。

(4)统计分析方法。用方差分析、多重比较检验和分析土壤质地因子、水分等对南洋楹幼苗生长和结瘤的差异性。

二、结果与分析

(一)土壤质地、水分对苗木生长和结瘤的影响

1. 土壤质地、水分对苗木生长和结瘤的差异性

用配成的黏土、重壤土、中壤土、砂壤土4种质地的土壤，选1，2，3营养配方，分多、适中、少3个淋水量水平，设3次重复进行土培试验。

方差分析结果(表2)表明：质地、水分两因子显著、极显著地影响着苗高、基径、鲜(干)重和结瘤状况，说明各因子的不同水平对幼苗的影响有极显著的差异性。

表2　土壤质地、水分对苗木生长、结瘤影响的方差分析

指标	*F*值						DF	$F_{0.05}/F_{0.01}$
	苗高	根长[(1)]	基径	鲜重	干重	瘤干重		
质地	12.58**	0.052	5.42**	4.22*	8.18**	33.27**	df(3，30)	2.92/4.51
水分	3.44*	0.122	9.97**	6.70**	17.28**	13.44**	df(2，30)	3.32/5.39

(1)取苗时有拉断苗根现象。

质地、淋水量两因子的多重比较(见表3、表4)结果表明：①生长于砂壤土、中壤土上的幼苗各生长指标和结瘤状况均好于黏土和重壤土。以砂壤土最好，中壤土次之，重壤土生长和结瘤状况较差，黏土对根瘤形成尤为不利。②从幼苗生长来看，淋水量适中、稍多对苗木生长有利，表现为：随淋水

量增加，幼苗不仅没有烂根，而且生长良好。5～7月正值高温，南洋楹又为速生、喜多湿树种，因此充足水分有利于幼苗在速生期内进行生理活动和结瘤。

2. 土壤质地的理化性状与苗木生长、结瘤的关系

质地因子极显著地影响苗木生长，而这种影响最终是因为不同质地的理化性状及生物状况所决定的。从4种土壤质地样本的理化性状分析结果(表5)表明：土壤质地的肥力按黏土、重壤土、中壤土、砂壤土依次降低；而酸度、透水性、通气性等物理性状依次提高。

从表2、表3、和表5可得出：①南洋楹幼苗对土壤肥力要求不严格，只要是肥力中等的土壤均能有利于幼苗生长和结瘤；②土壤的机械组成、含沙量对幼苗生长作用较大。含沙量较多的土壤通气性和保水性良好；而结构紧实的黏土不利于根系发育，往往因通气不良而引起幼苗生长受抑制，甚至死亡。可见，土壤理化性状对苗木生长影响不大。属豆科树种的南洋楹只有生长在疏松、肥力中等以上、湿润的土壤中，才能表现出其速生特性。

(二)根菌接种效应

南洋楹幼苗接种根瘤菌剂的试验结果(表6)表明：①接种的幼苗比不接种的在各项生长指标上均有提高，以苗鲜(干)重、瘤干重的增长率最为显著。②不同质地土壤接种根瘤菌效果也不同。中壤土接种效果最显著，表现为各生长指标的增长率较其它质地的接种效果好；砂壤土次之，黏土最差。

表3　土壤质地对苗木生长指标影响的多重比较

苗木生长指标		土壤质地				D值
		砂壤土	中壤土	黏土	重壤土	
苗高	$\bar{x}_i$	$\bar{x}_1$	$\bar{x}_2=10.68$	$\bar{x}_3$	$\bar{x}_4$	$D_x=2.704$
	$\bar{x}_i-\bar{x}_4$	5.73*	2.01	1.06		
	$\bar{x}_i-\bar{x}_3$	4.67*	0.95			
	$\bar{x}_i-\bar{x}_2$	3.72*				
基径	$\bar{y}_i$	$\bar{y}_1=0.25$	$\bar{y}_2=0.214$	$\bar{y}_3=0.213$	$\bar{y}_4=0.19$	$D_y=0.033$
	$\bar{y}_i-\bar{y}_4$	0.66*	0.024	0.023		
	$\bar{y}_i-\bar{y}_3$	0.037*	0.001			
	$\bar{y}_i-\bar{y}_2$	0.036*				
鲜重	$\bar{z}_i$	$\bar{z}_1$	$\bar{z}_2$	$\bar{z}_4$	$\bar{z}_3$	$D_z=0.752$
	$\bar{z}_i-\bar{z}_4$	0.85*	0.53		0.07	
	$\bar{z}_i-\bar{z}_3$	0.78*	0.48			
	$\bar{z}_i-\bar{z}_2$	0.32				
干重	$\bar{m}_i$	$\bar{m}_1$	$\bar{m}_2$	$\bar{m}_3$	$\bar{m}_4$	$D_m=0.185$
	$\bar{m}_i-\bar{m}_4$	0.32*	0.13	0.05		
	$\bar{m}_i-\bar{m}_3$	0.27*	0.08			
	$\bar{m}_i-\bar{m}_2$	0.19*				
瘤干重	$\bar{n}_i$	$\bar{n}_1$	$\bar{n}_2$	$\bar{n}_4$	$\bar{n}_3$	
	$\bar{n}_i-\bar{n}_4$	103.64*	33.57*		9.0	$D_n=31.318$
	$\bar{n}_i-\bar{n}_3$	94.64*	24.57			
	$\bar{n}_i-\bar{n}_2$	70.07*				

（三）固氮酶活性测定

1. 固氮酶活性的测定

用乙炔还原法测定固氮酶活性（尤崇杓，1987；陈因等，1985；斯普特朗，1985），所用仪器为带有氢焰检测器的气相色谱仪。用归一法，将仪器绘出的乙烯、乙炔峰曲线各数值和有关数据代入公式：

表 4　淋水量对苗木生长指标影响的多重比较

苗木生长指标		淋水量			D 值
		中	多	少	
苗高	$\bar{x}_1$	$\bar{x}_1=11.51$	$\bar{x}_2=11.49$	$\bar{x}_3=9.55$	$D_x=2.123$
	$\bar{x}_1-\bar{x}_3$	1.96	1.94		
	$\bar{x}_1-\bar{x}_2$	0.02			
基径	$\bar{y}_1$	$\bar{y}_2=0.225$	$\bar{y}_1=0.23$	$\bar{y}_3=0.19$	$D_y=0.026$
	$\bar{y}_1-\bar{y}_3$	0.035*	0.04*		
	$\bar{y}_1-\bar{y}_2$		0.005		
鲜重	$\bar{z}_1$	$\bar{z}_2=1.98$	$\bar{z}_1=2.07$	$\bar{z}_3=1.27$	$D_z=0.590$
	$\bar{z}_1-\bar{z}_3$	0.71*	0.80*		
	$\bar{z}_1-\bar{z}_2$		0.09		
瘤干重	$\bar{k}_1$	$\bar{k}_1=78.54$	$\bar{k}_2=62.9$	$\bar{k}_4=28.09$	$D_k=24.586$
	$\bar{k}_1-\bar{k}_3$	50.45*	34.81*		
	$\bar{k}_1-\bar{k}_2$	15.64			

表 5　四种质地土壤样本的理化性状分析

土壤质地	土壤含沙量	水解氮	速效磷	速效钾	有机质	pH 值（水提）
轻黏土	–	7.39×10^{-5}	4.17×10^{-6}	4.23×10^{-5}	1.21	4.29
重壤土	16.7	4.58×10^{-5}	3.22×10^{-6}	3.75×10^{-5}	1.19	4.32
中壤土	37.5	4.33×10^{-5}	2.65×10^{-6}	2.04×10^{-5}	1.08	4.43
砂壤土	75.0	3.91×10^{-5}	2.65×10^{-6}	1.27×10^{-5}	0.85	4.55

表 6　南洋楹幼苗接种根瘤菌剂后各生长指标的增长率(1)　　%

质地	配方	苗高	主根高	基径	鲜重	全干重	瘤干重
黏土	2	13.62	4.36	24.58	20.65	83.50	115.45
	4	5.38	19.10	2.50	12.05	11.69	89.55
重壤土	2	14.12	6.95	8.88	59.80	27.00	313.56
	4	0.52	11.65	0.00	64.70	65.00	250.43
中壤土	2	32.90	0.32	26.60	97.80	95.83	499.53
	4	17.37	6.44	30.05	79.96	79.60	194.24
砂壤土	2	21.32	1.93	9.21	58.50	62.03	137.86
	4	16.06	3.06	13.80	72.80	59.40	261.11

（1）各指标增长率/% =（接种后数值 - 不接种数值）/不接种数值。依此式求得。

固氮酶活性 = $(x/22.4) \times [273/(273 + t℃)] \times (p/760) \times (1/t) \times (1/w) \times 10^6$

即可计算出固氮酶活性大小(表7)。

2. 影响固氮酶活性的因子

从表7可见：①固氮酶活性大小在接种和不接种之间有极显著差异。接种处理的幼苗，其固氮酶活性显著提高。②不同质地土壤接种的南洋楹幼苗，其固氮酶活性也有显著差异。中壤土中的固氮酶活性最大，砂壤土次之，黏土和重壤土较低。③固氮酶活性大小还随温度、光照、通气和水分等条件变化而有所不同，表现为季节性，昼夜性变化规律(陈因等，1985；黄维南等，1987)。有试验得出：在25~30℃时幼苗根系最易感染根瘤菌；一天24h中以17时固氮菌活性最强，23时为低谷(黄维南等，1983；1987)本试验于4月12日、14日重复2次进行，温度均在19~26℃之间，因测定前期均为阴雨低温天气，所以固氮酶活性偏低。

表7　土壤质地、接种根瘤菌对固氮酶活性影响(1)　($\mu mol/L$) C_2H_4/(g鲜瘤·h)

z处理	质地							
	黏土		重壤土		中壤土		砂壤土	
				配		方		
	2	4	2	4	2	4	2	4
不接种	–	–	–	–	–	*	–	*
接种	–	*	–	5.664	9.999	11.041	*	8.638

(1) –表示测定中只出现乙炔峰，而未出现乙烯峰。*表示测定中乙烯峰出现，但还原生成的乙烯较少，还不能计算出具体数值。

三、讨论与建议

(1)南洋楹属豆科树种，为促进其幼苗生长，并提高固氮酶活性，在播种或育苗时最好接种根瘤菌剂。

(2)南洋楹生长要求土层深厚、疏松、肥力中等、湿润的土壤条件。因此，育苗地应选择轻质砂壤土，过于粘重、酸性较强的土壤不宜选作育苗地。

(3)国外研究报道(徐英宝等，1987；Edward et al，1983)，南洋楹能结瘤，但根瘤是否具固氮能力未见说明。本试验初步测定出其固氮酶活性大小。到目前为止，对南洋楹根瘤及固氮酶活性的试验研究还待进一步完善和深入。

(4)用乙炔还原法测定固氮酶活性大小或有无具有间接的性质。必要时，应直接测定氮还原和氨形成来进行验证(陈因等，1985)。

(5)南洋楹早期生长较快，在育苗时应加强管理，注意清除杂草，对病虫害做好防治工作。

参考文献

[1]山崎肯哉. 1989. 营养液栽培大全[M]. 刘步洲，刘宜生，赵士杰，等译. 北京：农业出版社，117~118

[2]尤崇杓. 1987. 生物固氮[M]. 北京：科学出版社，186~202

[3]陈因，陈永宾，唐锡华，等. 1985. 生物固氮[M]. 上海：上海科技出版社，51~58，110

[5]徐英宝，罗成就. 1987. 薪炭林营造技术[M]. 广东：广东科技出版社，244

[6]黄维南，蔡克强，吴以德，等. 1983. 福建共生固氮植物资源调查(Ⅰ)：几种豆科树种的分布、生长特点、结瘤固氮和主要用途[J]. 热带植物通讯，2：15~23

[7]黄维南，蔡克强，蔡龙祥，等. 1987. 南洋楹的结瘤固氮研究[J]. 亚热带植物通讯，2：5~10

[8]斯普特朗 J. I. 1985. 固氮生物生物学[M]. 刘永定译. 北京：农业出版社，191~192

[9]Edward S A，John G B，James S B，et al. 1983. Firewood Crops – Shrud and Tree Species for Energy Production[J]. Washington：National Academy of Sciences，2；70

水培营养液中供养水平、pH 值对南洋楹苗木生长及结瘤影响的试验研究[69]

摘要 本文研究了水培营养液中不同供养水平、pH 值对南洋楹幼苗生长的反应，同时，对苗体地上部分 N、P、K、Ca、Mg 的含量及元素含量比例与苗木生长、结瘤的关系进行了测定与分析。结果表明：①最佳元素供养水平和 pH 值的组合为：80mg/L N +（10～20mg/L）P +50mg/L K + 90mg/L Ca + 35mg/L Mg + pH(5.0～6.0) ±0.5。②苗体内有效元素 N、P、K 的比例与幼苗的生长具有相关性。③建立起生长季与养分的综合效应模型：$Y = 0.041 + 26.668X_{10} + 108.53X_{01} + 1.848P + 0.278Ca + 0.012K^2 + 0.018Mg^2 - 0.04K \times Mg$。此方程经检验达极显著水平，且精度较高，可用于南洋楹水培苗的生物产量预测。

南洋楹(*Albizzia falcata*)是含羞草科(Mimosaceue)合欢属(*Albizzia*)树种，是世界上最速生的树种之一。我国南方引种已逾半个世纪，自 1970 年以来广东省科研、教学及生产单位开始进行南洋楹引种栽培试验研究，有一些报道，但对其苗期适生条件及生理反应的研究较少，因此，有必要进一步在苗期生理、生态方面(最适供养水平、pH 值等)进行水培试验。本文采取相同配方和方法对南洋楹苗期进行了连续 3 次近 1 年的水培试验，取得了初步结果。

一、材料与方法

(一)育苗与定植

将从优良的单株上采集的种子浸于 70～90℃的热水中，搅拌数分钟至冷却以去掉种皮的蜡质层，于 26℃恒温催芽 24h，然后播于无任何营养元素的砂盆中，保持湿润，待种子发芽后长至 2.5cm 高时定植于水培液上的定植板孔中，每盆 10 株，每种处理重复 3 次。试验期分别在 1992 年 5～7 月，10～12 月，1993 年 3～5 月。

(二)营养液配方

参照霍格兰配方(Hoagland，1919)做适当修改，用 $Ca(NO_3)_2 \cdot 4H_2O$、KNO_3、$MgSO_4 \cdot 7H_2O$、$NH_4H_2PO_4$、$CaCl_2$、KCl 等化学试剂配制成 N、P、K、Ca、Mg 含量不同的 15 种营养配方，每升营养液加入阿农(Arnon)微量元素混合液 1ml。

(三)试验期间的管理

水培过程中用柠檬酸 - $NaHCO_3$缓冲液调控 pH 值水平，1 日 1 次；全天用气泵向培养盆中冲空气；

---

[69] 舒薇、徐英宝、林民治发表于《速生工业用材树种——南洋楹(资料 2)》，广东省南洋楹工业用材林技术研究协调组编印(1995，2：6～13)

每隔 7 日换新的营养液。

(四)苗木的测定、分析与统计分析方法

(1)苗木生长指标测定及叶片分析。从各种处理的每次重复中选取水培苗 8～10 株，测定苗高、根长、基径、植株鲜(干)重、结瘤数、瘤干重；叶片分析项目：N、P、K、Ca、Mg 含量(由广东省林业科学研究所测试中心完成)。

(2)统计分析方法。用方差分析检验各元素、pH 值水平对南洋楹幼苗生长差异性；用数量化方法、采用逐步回归建立养分综合效应模型，以找出主导因子进行综合评估。

二、结果与分析

(一)pH 值水平相同、供养水平不同的溶液对南洋楹幼苗生长和结瘤的影响

在 pH 值 =4.5～5.5，不同供养水平的 15 种营养液中，3 次水培试验的方差分析结果(表 1)均表明：苗木生长各指标均表现出显著或极显著差异。说明溶液中各元素含量的不同相互配比是引起苗木生长量显著差异的原因。这样，根据溶液中营养元素的不同含量及其相应水平的植株干重和瘤干重，可绘制出各元素含量与苗干重、瘤干重相关曲线。

表 1　pH 值水平相同，供养水平不同的溶液对南洋楹幼苗生长的差异性

	指标						$F_{0.05}/F_{0.01}$	试验时间
	苗高	根长	基径	植株鲜重	植株干重	瘤干重		
F	17.4**	18.298**	3.101*	49.34*	40.44**	-	$F(15, 16)=2.35/3.45$	1992.5.15～7.3
DF	df(15, 16)				df(15, 15)		$F(15, 15)=2.4/3.53$	
F	9.3**	9.52**	44.85**	16.716**	-	17.559**	$F(9, 10)=3.02/4.94$	1992.10.12～12.30
DF	df(9, 10)							
F	3.82**	6.234**	6.686**	3.15*	4.003**	-	$F(9, 20)=2.39/3.46$	1993.3.23～5.15
DF	df(9, 20)							

(二)南洋楹苗期适宜养分含量的确定

图 1 的养分含量与苗干重的相关曲线与养分效应方程 $Y=a+bx+cx^2$ 相拟合，其中 Y 为每株苗木生物产量，x 为养分含量。对此效应方程求一阶偏导数，又令 $dy/dx=0$，则 $b+2c=0$，$x=-b/2c$，即为最适供养量，超过这一最大值，苗木生物产量将随养分含量的增加而递减，遵循“报酬递减规律”。依此建立各元素拟合方程，并求出理论最适供养量(表 2)。

由相关曲线(图 1 至图 2)与表 2 得出如下结论：高 N(≥80mg/L)不仅会降低苗木生物产量，也会抑制结瘤；P 对结瘤有良好影响；50≤K≤110mg/L 对苗木生长有促进作用但对结瘤不利；Ca 90mg/L 有利于根瘤的生长发育及提高结瘤品质；Mg 浓度以 35mg/L 为宜，即营养液中养分含量为：80mg/L N +(10～20mg/L) P + 50mg/L K + 90mg/L Ca + 35mg/L Mg 时对南洋楹幼苗生长有利。

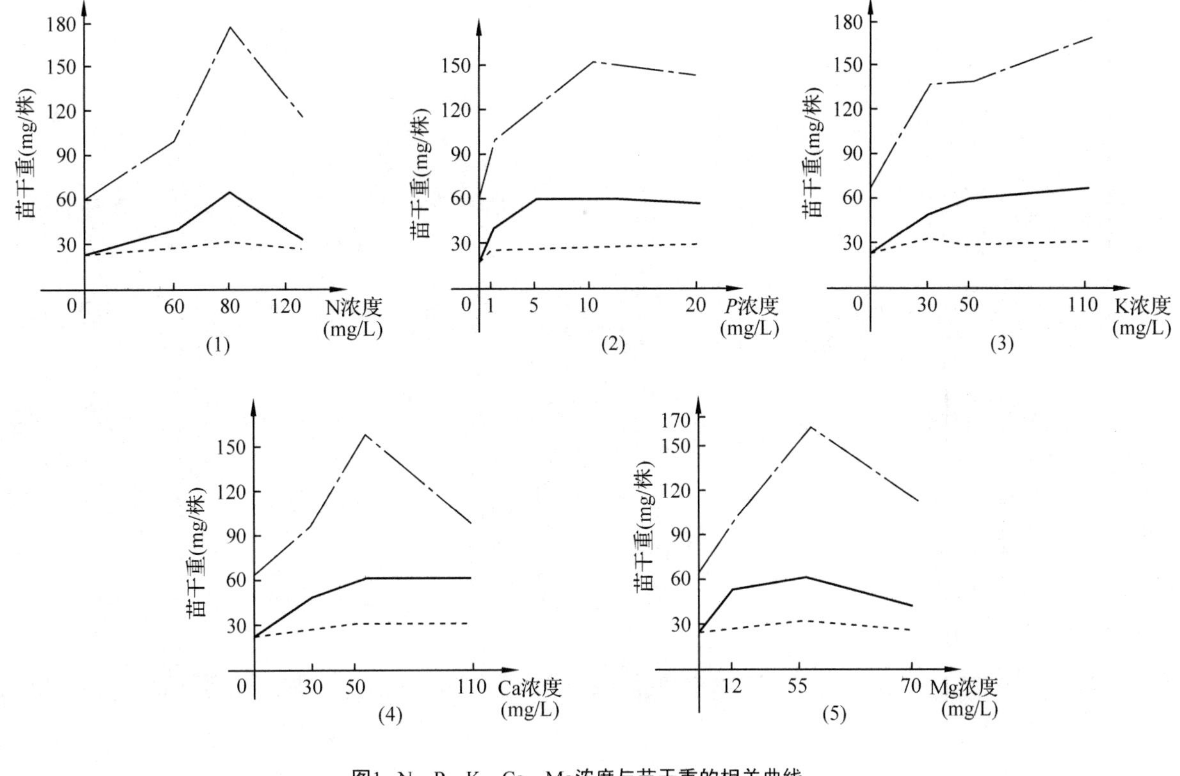

图1 N、P、K、Ca、Mg浓度与苗干重的相关曲线

——1992年5~7月相关曲线

----1992年10~12月相关曲线

– – –1993年5~5月相关曲线

(三)生长季、营养元素含量混合效应模型的建立及其综合评估

采用相同的试验方法和培育措施，分别在1992年5~7月，10~12月，1993年3~5月的三个试验重复进行水培试验。所得数据运用IBM-PC计算机进行逐步回归分析。生长季(X10、00、01)的0~1变量非数量化因子和N、P、K、Ca、Mg数量化因子的供养水平为自变量，以苗木单株干重为因变量(Y)建立混合模型：

$$Y=0.041+26.668X_{10}+108.53X_{01}+1.848\mathrm{P}+0.288\mathrm{Ca}+0.012\mathrm{K}_2+0.018\mathrm{Mg}_2-0.04\mathrm{K}\times\mathrm{Mg}$$

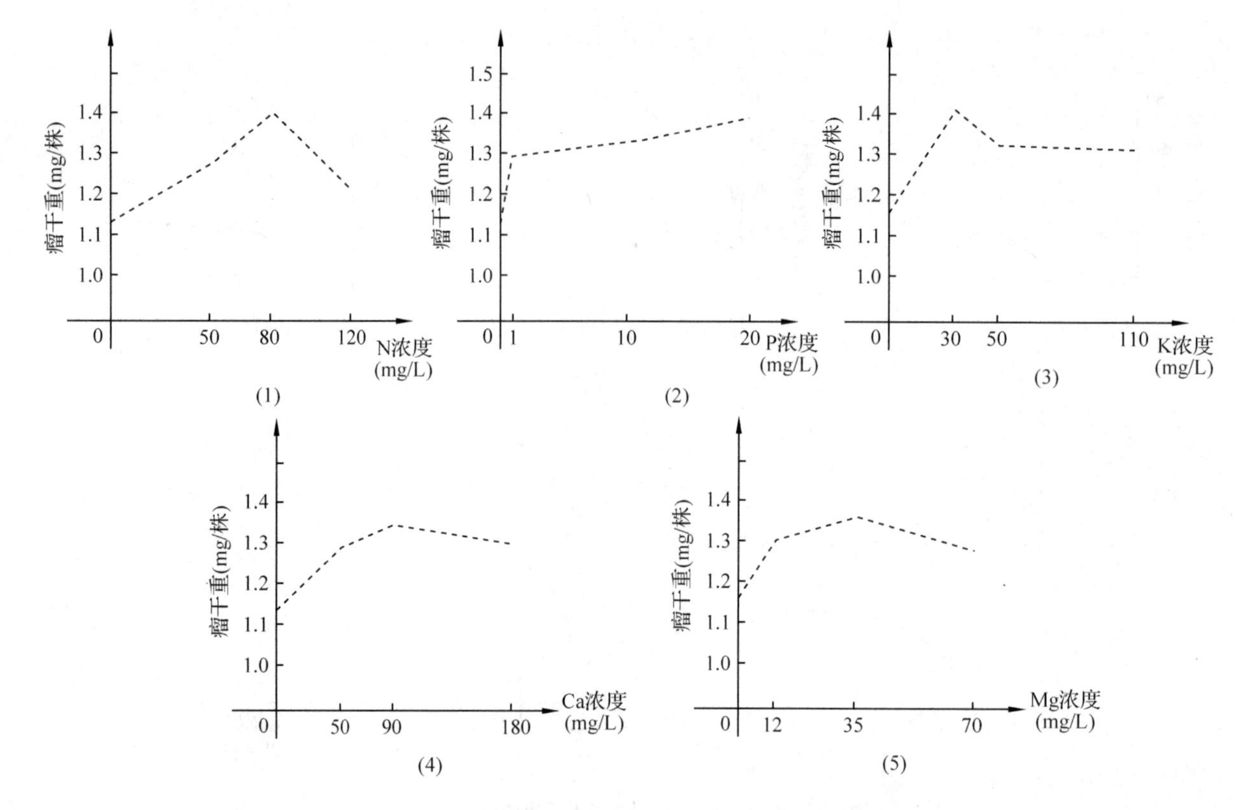

图2　N、P、K、Ca、Mg浓度与瘤干重的相关曲线

----1992年10~12月相关曲线

表 2　由拟合方程求出的理论最适供养浓度(mg/L)

试验时间	元素				
	N	P	K	Ca	Mg
1992 年 5 ~ 7 月	82. 2	12. 96	89. 2	134. 9	40. 66
1992 年 10 ~ 12 月	75. 11	16. 72	87. 12	90. 7	45. 5
1993 年 3 ~ 5 月	81. 98	13. 81	92. 87	113. 48	42. 84

注：本表数据由养分效应拟合方程 $Y = a + bx + cx^2$ 得出。

其中，X_{10} 为 1992 年 5 ~ 7 月生长季；$X_{00} = 0$，1992 年 10 ~ 12 月生长季；X_{01} 为 1993 年 3 ~ 5 月生长季。

此回归方程的主要参数为：复相关系数 $R = 0.9186$

F 值 $= 41.68^{**} > F_{0.01}(7, 54) = 2.99$

P(精度) = 92.5%

方程检验结果表明：上述回归方程达极显著水平；其精度较高，可用于南洋楹水培苗的生物产量预测。

此方程还表明：①生长季对南洋楹幼苗的生长影响很大，其中 $b_1 = 26.668$，$b_2 = 0$，$b_3 = 108.53$，表明在养分含量相同条件下，3 ~ 5 月的生物产量大于 5 ~ 7 月的，更大于 10 ~ 12 月的，而 5 ~ 7 月的生物产量又大于 10 ~ 12 月的。必须指出：3 ~ 5 月的生物产量大，这与试验环境条件较前两次改善有一定关系。②N 素未入选，表明南洋楹对 N 浓度不灵敏，较低 N 量就可促苗木生长。③P 与 Ca 均入选，表明它们是影响幼苗生长的重要因子。④K、Mg 呈二次曲线关系，且 K 与 Mg 存在负向交互作用，说明 K、Mg 需配合适当，否则将引起不良效果。

（四）供养水平不同，不同 pH 值对幼苗生长和结瘤的影响

pH 值分别在 4 ±0.5、5 ±0.5、6 ±0.5、7 ±0.5 的 4 种水平进行水培试验。对植株鲜重、干重和瘤干重作多重比较表明：pH 值为 6.0 的幼苗，其鲜（干）重、瘤干重均大于其余 pH 值水平相应指标，pH 值为 5.0、7.0 的次之，pH 值为 4.0 的各项生长量最小。其中 pH 值为 5.0 的干重大于 pH 值为 7.0 的，而这两种 pH 值水平的瘤干重之间无明显差异。

综上所述：南洋楹幼苗在 pH 值为(4.0 ~7.0) ±0.5 范围均能生长和结瘤，但 4 种 pH 值水平之间幼苗生长存在显著差异，其中 pH 值为 6.0 ±0.5 水平各生长指标最好，pH 值为 5.0 ±0.5 次之，但二者间无显著差异，所以 pH =（5.0 ~6.0）±0.5 时对幼苗生长及结瘤是有利的，pH≤4.5 幼苗生长不良且结瘤少，此与有关研究报道一致。

（五）营养液供养水平对苗体养分含量的影响及其与苗木生长和结瘤的相关性

试验结果表明：营养液供养水平相同，苗体不同器官中元素含量有很大差别，按茎叶→根递减；供养水平不同，苗体内元素含量也不相同，二者之间不是成正比的关系，不是供养水平越高，苗体养分含量随之增高，苗木生物量也越高。从表 3 可以看出，苗体中 N、P、K 含量的比例是一个比其绝对含量更为重要的指标，其比例与苗木生长具有相关性。

表 3　苗体内 N∶P∶K 比例与苗干重、瘤干重的相关性

茎叶中 N∶P∶K	苗干重（mg/株）	瘤干重（mg/株）
7.7∶1∶3.0	24.0	1.14
7.1∶1∶2.3	32.6	1.31
6.9∶1∶1.9	33.5	1.50
7.2∶1∶2.2	29.0	1.3
6.5∶1∶1.8	35.2	1.48
7.1∶1∶1.7	38.5	1.51
8.6∶1∶2.3	36.5	1.32
6.4∶1∶1.7	29.6	1.25
5.2∶1∶1.5	30.0	1.27
8.8∶1∶2.2	24.6	1.1

试验结果（表 3）表明，当苗体内三要素比例在 N∶P∶K =（6.5 ~7.1）∶（1.7 ~1.9）这一范围时，苗木各生长指标均高于其它比例的苗木，这一比例是在 1992 年 10 ~12 月的试验中得出的。虽然这一比例作为植物的特征性指标是最稳定的，是一种遗传性特征，但也只是对这一生长期的苗木而言。不同生长期叶片养分状态各有特点，这一比值将随生态条件的不同而有波动性变化。

我国湿地松主要引种区气候区划的研究[70]

摘要 选择了16个与水热状况有关的气象因子，作R型主成分分析，用前5个主成分坐标作模糊ISODATA聚类分析，将研究区划分为5类；用逐步判别分析建立了各类的判别函数式，回判准确率为89.35%；然后结合模糊相拟优先比的结果，将我国湿地松主要引种区划分为气候最适应引种区、气候适宜引种区和气候次适宜引种区3个气候区，湿热气候最适宜引种亚区、湿润气候最适宜引种亚区、温暖气候适宜引种亚区、温和气候适宜引种亚区4个气候亚区。最后，作了分区论述。

关键词 湿地松 气候划分 R型主成分分析 模糊ISODATA聚类分析 逐步判别分析 模糊相拟优先比

据1988年年底统计(朱志淞，1993)，参与本次区划的广东、广西、江西、湖南、湖北5省(区)湿地松(*Pinus elliottii* Engelm)的造林面积为109.09万hm^2，占我国湿地松总面积的90.56%，是我国引种湿地松的主要区域，地理位置在东经104°28′~118°29′，北纬20°14′~33°20′之间。由于引种地域广大，各引种点间气候条件差异悬殊，生长效果差异显著，而且目前引种仍在不断扩大，为了合理规划湿地松在我国主要引种区的布局，避免盲目引种，有必要对湿地松主要引种区进行气候区划的研究。

一、材料与方法

(一)材料收集

收集了5省(区)共385县(市)的气候资料，包括：1月均温(℃)、7月均温(℃)、温年较差(℃)、年均温(℃)、极端最高温(℃)、极端最低温(℃)、≥10℃积温(℃)、相对湿度(%)、年均降水量(mm)、年日照时数(h)、日照百分率(%)、平均风速(m/s)、大风日数(指风速≥8级的日数)、初终霜间日数(d)、雾日数(d)、全年无霜期(d)等指标20年的均值；以及12~15年生湿地松标准地调查材料87块。

(二)区划方法

本次区划采用定性和定量相结合的方法。首先，利用气象因子作R型主成分分析(唐守正，1989)，依据累计贡献率的大小选出主成分的个数；利用入选主成分的得分值进行模糊ISODATA聚类分析(于贵瑞，1991)，将样本分类；把聚类分类的结果作为预分类，利用各县(市)的原始气象指标进行逐步判别分析(陈国良等，1986)，建立各类的分类判别函数式并检验其有效性；其次，根据湿地松的生物学特性选择气象相似因子，运用模糊相拟优先比的方法(贺仲雄，1985)，比较各县(市)与原产

---

[70] 郑永光、徐英宝原文发表于《华南农业大学学报》[1996，17(1)：41~46]。

地气候条件的相似性和差异性；最后，结合湿地松在我国的生长表现作出区划。

二、结果与分析

(一)区域划分

为了消除各气象因子间的相关性，减少因子个数，先对385个县(市)的16个气象指标作R型主成分分析。结果前5个主成分的积累贡献率已达88.11%，已能综合反应16个气象指标的绝大部分信息，这样，16个气象因子可减少为5个互不相关的主成分。

计算各县(市)前5个主成分的得分值后进行模糊ISODATA聚类分析，并结合我国的自然区划和林业区划以及湿地松的生长表现，将研究区划分为5类。将各类的16个气象指标分别进行单因素方差分析，结果显示16个气象指标的类间差异都达到极显著水平，这说明聚类分析是成功的，聚成5类是适合的。

为使未参与聚类的其它县(市)能归入合适的气候区，同时去除一些不太重要的变量，用模糊ISODATA聚类分析的结果作为预分类，利用385个县(市)的16个气象指标进行逐步判别分析，得各类的分类判别函数：

第1类(归为湿热气候最适宜引种亚区)：

$Y_1 = -2170.334 + 0.07346X_2 + 60.41724X_4 - 0.03313X_5 + 6.23509X_6 - 23.03692X_7 - 11.63885X_9 + 0.06516X_{11} + 0.54530X_{14} + 7.82175X_{15} + 0.44528X_{16}$

第2类(归为湿润气候最适宜引种亚区)：

$Y_2 = -2130.055 + 0.06468X_2 + 61.26676X_4 - 0.03301X_5 + 6.22611X_6 - 22.03183X_7 - 11.10350X_9 + 0.05571X_{11} + 0.45837X_{14} + 7.80236X_{15} + 0.51567X_{16}$

第3类(归为温暖气候适宜引种亚区)：

$Y_3 = -2087.129 + 0.06375X_2 + 60.48047X_4 + 0.03428X_5 + 5.97999X_6 - 18.43552X_7 - 10.77616X_9 + 0.06555X_{11} + 0.55133X_{14} + 7.57887X_{15} + 0.515687X_{16}$

第4类(归为温和气候适宜引种亚区)：

$Y_4 = -2099.437 + 0.07246X_2 + 55.80064X_4 - 0.03793X_5 + 6.02083X_6 - 15.54435X_7 - 11.57216X_9 + 0.06555X_{11} + 0.99915X_{14} + 7.56849X_{15} + 0.52878X_{16}$

第5类(归为气候次适宜引种区)：

$Y5 = -1982.647 + 0.06474X_2 + 57.50941X_4 - 0.03221X_5 + 5.88934X_6 - 17.53805X_7 - 10.98097X_9 + 0.04726X_{11} + 0.60954X_{14} + 7.42435X_{15} + 0.63615X_{16}$

由此可见，判别函数中入选了10个气象指标：≥10℃(积温X_2)、7月均温(X_4)、年均降雨量(X_5)、全年无霜期(X_6)、温年较差(X_7)、极端最低温(X_9)、年日照时数(X_{11})、大风日数(X_{14})初终霜日数(X_{15})、雾日数(X_{16})。

把判别样本的气象指标代入上述5个方程，若$Y_g*(X) = \max\{Y_g(X)\}$，则把该样本归为第g*类。

经检验，5类判别函数总的差异极显著，两两判别函数的差异也极显著，故所建立的判别函数有较满意的判别结果。对385个县(市)的聚类结果进行回判，准确率达89.35%，可见判别函数的有效性较高，可用于判别分类。

(二)湿地松气候适宜性的研究

根据湿地松的生物学特性，以及我国引进区与原产地气候条件的相似性和差异性，选取年均温、最冷月均温、最热月均温、绝对最高温、年均降水量等5个气象指标，作为衡量引种湿地松气候适宜性的条件。根据有关资料(朱志淞等，1993)，选取湿地松原产地的年均温18.3℃，最冷月均温12.0℃，最热月均温32℃，绝对最高温37℃，年降水量1500mm作为固定样本，用模糊相似优先比的方法比较了我国385个县(市)与它的相似程度，结果表明：江西南部、湖南东南部、两广中北部与湿地松所要求的气候条件较相似，而与湖南西部、北部、湖北、两广热带北缘及其临近地带的相似性较差。

(三)分区和论述

据报道(潘志刚等，1991)，在我国湿地松的材积生长与纬度、年均温及年降雨量呈极显著关系，越向南，年均温及年降水越高，湿地松的材积生长量明显增加。因此，根据模糊 ISODATA 聚类进而逐步判别结果，并适当照顾区域的连续性，降本研究区区划为3个气候区和4个气候亚区。

1. 气候最适宜引种亚区(Ⅰ)

本区包括广东(连山县除外)、广西(资兴、三江县除外)和江西的寻龙、安远、定南、龙南、全南等县。地处低纬度，北回归线贯穿其中，夏季炎热多雨，冬季偶有奇寒，干湿季节明显。本区12～15年生湿地松的胸径年生长量为1.20cm，树高年生长量为0.83m，年均材积生长量为0.0091m^3，立地指数(标准年龄为20年)为17.11。经方差分析和多重比较(S检验)，结果显示：本区湿地松的树高年生长量、年均材积生长量和立地指数均显著高于Ⅱ、Ⅲ区。根据模糊 ISODATA 聚类结果，将此区分为两个气候亚区：湿热气候最适宜引种亚区($Ⅰ_1$)和湿润气候最适宜引种亚区($Ⅰ_2$)。

(1)湿热气候最适宜引种亚区($Ⅰ_1$)。本亚区位于平远、龙川、新丰、翁源、英德、怀集、梧州、平南、来宾、上林、平果、巴马、百色一线(此线基本与中亚热带和南亚热带的分界线吻合)以南。处在南亚热带和热带北缘，南部临热带海洋，长寿台风影响。区内气温高，热量充足，夏长冬短，甚至无冬，雨量充沛。本亚区12～15年生湿地松的胸径年生长量为1.23cm，树高年生长量0.83m，年均材积生长量为0.009 4m^3，立地指数为17.11，是本研究区年生长量最大的地区，适于培育大、中径级工业用材和纸浆材，可作为速生丰产林的重要基地和主要的采脂基地。

(2)湿润气候最适宜引种亚区($Ⅰ_2$)本亚区位于两广的和平、连平、曲江、乳源、阳山、贺州、昭平、蒙山、金秀、象州、柳江、忻城、马山、都安、东兰、风山、凌云、田林一线以北(连山、资源。三江诸县除外)，以及江西的安远、龙南一线以南。地处中亚热带的南部，属于亚热带湿润性季风气候区，冬季盛行东北风，夏季盛行西南和东南季风。本亚区12～15年生湿地松的胸径年生长量为1.02cm，树高年生长量为0.83m，年均材积生长量为0.007 7m^3，立地指数为17.11。对$Ⅰ_1$、$Ⅰ_2$亚区湿地松的生长指标进行方差分析表明：本亚区湿地松的年均材积生长量仅次于$Ⅰ_1$亚区，但没有显著差异，而胸径年生长量则较显著低于$Ⅰ_1$亚区。因此，本亚区的低海拔地带适于培育以中径材为主的中、大径级工业用材和纸浆材。

2. 气候适宜引种区(Ⅱ)

本区包括江西和湖北的大部，以及湖南东部的低海拔地区。地处中、北亚热带，气候温暖湿润。模糊相似优先比结果表明，此区的气候条件没有Ⅰ区优越，但湿地松仍能正常生长发育(朱志淞等，1993；潘志刚等，1991)。本区12～15年生湿地松的胸径年生长量为1.18cm，树高年生长量为0.65m，年均材积生长量为0.0070m^3，立地指数为14.89。经方差分析和多重比较(S检验)，结果显示本区湿地松的树高年生长量、平均材积生长量和立地指数均显著低于Ⅰ区，立地指数显著高于Ⅲ区。根据模糊 ISODATA 聚类结果，将此区分为两个气候亚区：温暖气候适宜引种亚区($Ⅱ_1$)和温和气候适宜引种亚区($Ⅱ_2$)。

(1)温暖气候适宜引种亚区($Ⅱ_1$)。本亚区包括江西会昌、信丰一线以北至德兴、乐平、余干、进贤、丰城、高安、奉新、靖安、修水一线以南(铜鼓、宜丰、宁冈、井冈山、崇义诸县除外)，湖南的浏阳、长沙、望城、宁乡、韶山、涟源、邵东、祁东、祁阳、东安一线以东(江华、汝城、郴县、资兴、永兴、桂东、酃县诸县市除外)，以及湖北的通山、崇阳、蒲圻等县(市)。地处中亚热带的中、北部，属中亚热带季风气候区，气候温暖。本亚区12～15年生湿地松的胸径年生长量为1.17cm，树高年生长量为0.68m，年均材积生长量为0.0071m^3，立地指数为15.73。对$Ⅱ_1$、$Ⅱ_2$亚区湿地松的生长指标进行方差分析表明，本亚区湿地松的树高年生长量和立地指数均极显著高于$Ⅱ_2$地区。因此，本亚区低海拔地带适于培育中径级的工业用材和纸浆材，也可作为采脂基地。

(2)温和气候适宜引种亚区($Ⅱ_2$)。本亚区包括江西的婺源、景德镇、波阳、南昌、新建、安义、武宁一线以北，湖南的岳阳、汨罗、湘阴、益阳、汉寿、常德、慈利、石门一线以北、以及湖北的巴东、秭归、宜昌、枝城、松滋一线以东(通山、崇阳、蒲圻诸县除外)。地处北亚热带或中亚热带北缘，属中亚热带季风气候区，气候温和湿润。本亚区12～15年生湿地松的胸径年生长量为1.18cm，树高年生长量为0.61m，年均材积生长量为0.006 8m^3，立地指数为13.62。树高年生长量和立地指数均极显著低于$Ⅱ_1$亚区。年均材积生长量也低于$Ⅱ_1$亚区，但差异尚未达到显著水平。因此，本亚区的低海拔地带适于培育中、小径级工业用材和纸浆材。

3. 气候次适宜引种区(Ⅲ)

本区分布在鄂西南、湘西、南岭、幕阜山等高海拔地带，包括广东的连山县、广西的资兴、、三江县，江西的铜鼓、宜丰、宁冈、井冈山、崇义诸县，湖南的桑植、大庸、桃源、桃江、新化、冷水江、新邵、邵阳、新宁一线以西以及江华、汝城、郴县、资兴、永兴、桂东、酃县、平江诸县，湖北的建始、长阳、五峰一线以西。该区山地海拔大都在1000m以上，气候寒冷。本区地势高耸，沟壑纵深，河谷窄而长，其间虽有一些山间盆地，但光照条件差，年日照时数只有1461.5h左右。这些光温条件对湿地松生长不利。因此，本区不宜大面积发展湿地松。本区12～15年生湿地松的胸径年生长量为1.21cm，树高年生长量为0.59m，年均材积生长量为0.0059m^3，立地指数为12.74。经方差分析和多重比较(S检验)，结果显示本区湿地松的树高年生长量、年均材积生长量的立地指数均显著低于Ⅰ和Ⅱ区。因此，在本区引种栽培湿地松时，应充分利用小气候，选择海拔较低的低山、丘陵、台地，在小范围内栽植。

三、结论与讨论

(1)通过应用主成分分析、模糊ISODATA聚类分析、逐步判别分析和模糊相似优先比等方法，将我国湿地松主要引种区划分为气候最适宜引种区、气候适宜引种区和气候次适宜引种3个气候区，以及湿热气候最适宜引种亚区，湿润气候最适宜引种亚区、温暖气候适宜引种亚区和温和气候适宜引种亚区4个气候亚区。

(2)对模糊ISODATA聚类分析结果的检验和气候特征的分析，证明各气候亚区(区)之间的气候条件、气候特征差异大，而亚区(区)内具有相对一致性。

(3)逐步判别分析表明各气候亚区(区)之间的气候差异非常显著，入选的10个气象指标对各气候亚区(区)有足够的判别能力，判别函数回判准确率达89.35%，说明判别函数的有效性较高，可用于判别分类，可以将386个县(市)以外的点归于合适的气候区或气候亚区。

(4)各气候区(亚区)湿地松生长情况分析表明：①Ⅰ区的树高年生长量、年均材积生长量和立地指数均显著高于Ⅱ、Ⅲ区，Ⅱ区的立地指数显著高于Ⅲ区；②$Ⅰ_1$和$Ⅰ_2$亚区的差异在于1亚区的胸径年生长量较显著高于$Ⅰ_2$亚区；③$Ⅱ_1$和$Ⅱ_2$亚区的差异在于Ⅱ1亚区的树高年生长量和立地指数均极显著高于$Ⅱ_2$亚区。

(5)通过应用主成分分析、模糊ISODATA聚类分析、逐步判别分析和模糊相似优先比等数量分类的方法对我国湿地松主要引种区进行气候区划，可以认为是非常有效的方法，它的优点在于既考虑了众多气象因子的综合作用，又考虑了引种地与原产地气候的相似性。从这次的区划结果来看，各区(亚区)间充分体现了气候条件和湿地松生长量等方面的差异。正因如此，这种方法可以推广到引种、扩种和先进经验的推广等方面的研究。

(6)本文主要运用气象资料，并结合湿地松现有林的生长情况进行气候区划，若结合土壤、地貌、地形、植被和社会经济条件等因子进行综合区划，则能使区划更臻完善，对生产具有更大的指导意义。

参考文献

[1]于贵瑞．1991. 种植业系统分析与优化控制方法[M]．北京：农业出版社，48～90

[2]朱志淞，丁衍畴．1993. 湿地松[M]．广州：广东科技出版社，7～75

[3]陈国良，将定生，帅启富．1998. 微机应用与农业系统模型[M]．西安：陕西科学技术出版社，133～152

[4]贺仲雄．1985. 模糊数学及其应用[M]．天津：天津科学技术出版社，137～151

[5]唐守正．1989. 多元统计分析方法[M]．北京：中国林业出版社，20～36

[6]潘志刚，游应天．1991. 湿地松火炬松加勒比松引种栽培[M]．北京：北京科学技术出版社，10～23

南方五省(区)适种外引松的研究[71]

摘要 本文选取了纬度、平均温和年均降水量3个与外引松生长发育密切相关的因子，运用模糊相似优先比的方法对研究区引种外引松进行了气候适宜性的研究，进而将研究区区划为火炬松区、湿地松与巴哈马加勒比松区、巴哈马加勒比松与湿地松区、正种加勒比松与巴哈马加勒比松区等4个气候适宜区。

关键词 湿地松 火炬松 加勒比松 模糊相似优先比

湿地松(*Pinus elliottii*)、火炬松(*Pinus taeda*)原产美国，正种加勒比松(*Pinus caribaca* var. *caribaca*)原产古巴和松树岛，洪都拉斯加勒比松(*Pinus caribaca* var. *hondurensis*)原产中美洲(伯利兹、危地马拉、尼加拉瓜、洪都拉斯)，巴哈马加勒比松(*Pinus caribaca* var. *bahamensis*)原产巴哈马和凯科斯群岛，他们都是世界松类中最重要的针叶用材树种。这几种外引松生长迅速，适应性强，育苗造林容易，木材利用价值高，可做多种工业用材、建筑材及纸浆材，还能生产优质的松脂、松香等林副产品，因而被世界许多亚热带及部分热带地区广为引种。我国引种湿地松、火炬松已有60余年的历史，引种加勒比松3个变种也有22~31年。但由于不同树种或种源对水热等环境因子具有不同的要求和选择，因而必然有其相对适宜种植的生态区域。本文就此几种外引松在广东、广西、江西、湖南、湖北五省(区)的合理布局进行研究，目的在于充分发挥区域自然资源优势，提高林木单位面积的产量，为今后的引种和扩种提供更为可靠的依据。

一、材料与方法

(一)材料收集

收集了研究区403个县(市)的气候资料，包括：1月均温、7月均温、温年较差、年均温、极端最高气温、极端最低气温、≥10℃的积温、相对湿度、年均降水量、年日照时数、日照百分率、平均风速、大风日数(≥8级的日数)、初终霜间日数等指标20年的均值以及各县(市)所处的经度和纬度。

(二)研究方法

在引种工作中，只有在气候条件基本相似的条件下，引种才有可能成功。为了合理规划外引种在南方五省(区)的布局，本研究应用模糊相似优先比的方法，用绝对距离所定义的优先比来研究引种地与几种外引松原产地气候条件的相似性，进而对它们作出合理的布局。具体步骤如下：

(1)根据这几种外引松的生物学特性，确定气象相似因子。

---

[71] 郑永光、徐英宝发表于《中南林业调查规划》[1996，15(2)：13~15]。

(2)分别根据引种地各县(市)的气候条件，确定固定样品(X_0)。

(3)把外引松原产地的气候条件作为样品单元。

(4)求算绝对距离(D_i，D_j)，建立相似优先比矩阵。

用相似因子值的绝对距离 $D_i = | X_0 - X_1 |$，$D_j = | X_0 - X_j |$ 来建立相似优先比 r_{ij}，其表达式为：$r_{ij} = D_j/(D_j + D_i)$，$r_{ij} = 1 - r_{ij}$。把求出的优先比，列成模糊相似优先比矩阵 $R^{(K)}$($K = 1，2，\cdots，m$；m 为相似因子个数)，$R^{(K)} = [r_{ij}]_{m.\ m}$。

(5)用 λ 水平截集评出相似地区。

对上述相似优先比矩阵 $R^{(K)}$，由大到小选取 λ 值作出水平截集，以首先达到全行为 1 的那一行所属的产地为与固定样品最相似，并记序号为 1，然后删除该产地的影响，划掉该行及所对应的列。降低 λ 值再依次求取相似产地，记序号为 2，3，…。序号越小，相似程度越高。

(6) 求出各产地对应的各相似因子序号之和，和数愈小，说明该产地与固定样品愈相似，因而该树种或种源愈适于该引种地生长。

二、结果与分析

根据树种的生物学特性，以及引种地与外引松原产地气候条件的相似性和差异性，选取纬度、年均温和年均降水量等 3 个气象指标，作为衡量引种外引松的气候适宜性条件。根据有关资料，分别选取湿地松原产地美国佛罗里达州麦迪逊的纬度 30. 5°N，年均温 19. 6℃，年均降水量 1440mm；火炬松原产地美国南卡罗莱纳州乔治城的纬度 34. 0°N，年均温 17. 4℃，年均降水量 1150mm；洪都拉斯加勒比松原产地伯利兹的纬度 17. 0°N，年均温 25. 6℃，年均降水量 2057mm；正种加勒比松原产地古巴西部的纬度 22. 0°N，年均温 25. 0℃，年均降水量 1600mm；巴哈马加勒比松原产地大巴哈马的纬度 26. 3°N，年均温 24. 0℃，年均降水量 1469mm 作为样品单元。运用模糊相似优先比的方法，分别比较研究区各县(市)与它们的气候相似程度，若引种地与某树种原产地的气候条件愈相似，则说明该引种地愈适于引种该树种，进而对研究区引种外引松做出合理的布局。

(一)火炬松区

该区分布在湖北的麻城、新洲、黄冈、鄂城、武昌、沔阳、潜江、公安、松滋、宜都、宜昌、秭归、巴东一线以北。其气候生态特点是：年均温 12. 1 ~ 17. 9℃，≥10℃积温 3735. 1 ~ 5729. 9℃，极端最高气温 36. 4 ~ 43. 4℃，极端最低气温 - 19. 7 ~ - 8. 9℃，1 月均温 0. 7 ~ 6. 5℃，7 月均温 22. 7 ~ 29. 1℃，年均降水量 774. 9 ~ 1280. 0mm，相对湿度 69% ~ 81%，年日照时数 1593. 8 ~ 2170. 8h，全年无霜期 222. 0 ~ 304. 8d。本区的水热状况与火炬松原产地最相似，与湿地松原产地较相似，而与加勒比松原产地的相似性最差。因此本区最适于引种火炬松，其次是湿地松，而最不适于引种加勒比松。

(二)湿地松与巴哈马加勒比松区

该区包括湖北的罗田、浠水、大冶、咸宁、嘉鱼、洪湖、监利、石首、长阳、建始一线以南；湖南的大部(道县、江永、江华、蓝山、汝城、桂东等县除外)；江西的玉山、上饶、横峰、戈阳、贵溪、万年、余干、南昌、新建、奉新、上高、宜丰、铜鼓一线以北以及秦和、万安、兴国、遂川、赣县、南康等县；广西的灵川、桂林、临桂、永福、融安、蒙山、昭平、武宣、象州、柳州、柳江、柳城、忻城、宜山、环江、河池、南丹、天峨、乐业、隆林、西林、邕宁、南宁、武鸣、扶绥、上思、隆安、平果、崇左、宁明、凭祥、龙州、大新、天等、田东、田阳、德保、那坡等县(市)；广东的乐昌、梅县、大埔等县。其气候生态特点是：年均温 12. 7 ~ 21. 8℃，≥10℃积温 3869. 2 ~ 7855. 5℃，极端最高气温 32. 5 ~ 44. 9℃，极端最低气温 - 18. 9 ~ 0. 9℃，1 月均温 1. 8 ~ 13. 1℃，7 月均温 23. 1 ~ 30. 1℃，年均降水量 1111. 2 ~ 2121. 4mm，相对湿度 75% ~ 85%，年日照时数 1149. 8 ~ 2110. 3h，全年无霜期 237. 2 ~ 363. 1d。本区的水热状况与湿地松原产地最相似，与巴哈马加勒比松原产地较相似。因此，本区最适于引种栽培湿地松，而最不适宜引种洪都拉斯加勒比松。

（三）巴哈马加勒比松与湿地松区

该区包括湖南的道县、江永、江华、蓝山、汝城、桂东、酃县、等县；江西的广丰、铅山、余江、东乡、进贤、丰城、高安、新余、万载一线以南（泰和、万安、遂川、兴国、赣县、南康等县除外）；广西产资源、全州、龙胜、三江、兴安、灌阳、恭城、富川、阳朔、平乐、荔浦、钟山、贺县、梧州、苍梧、藤县、岑溪、金秀、鹿寨、罗城、融水、巴马、东兰、凤山、凌云、田林、百色等县（市）；广东的南雄、仁化、韶关、曲江、乳源、连县、连南、连山、阳山、翁源、连平、和平、平远、蕉岭、兴宁、封开、郁南、德庆、高要、新兴、罗定等县（市）。其气候特点是：年均温 15.4 ~ 22.2℃，≥10℃积温 4644.8 ~ 7911.3℃，极端最高气温 32.6 ~ 42.1℃，极端最低气温 -12.5 ~ 0.2℃，1 月均温 4.8 ~ 13.6℃，7 月均温 23.8 ~ 31.0℃，年均降雨量 1126.5 ~ 1934.0mm，相对度 71% ~ 83%，年日照时数 1227.8 ~ 1984.5h，全年无霜期 236.7 ~ 361.3d。本区的水热状况与巴哈马加勒比松原产地最相似，与湿地松原产地较相似。因此，本区最适于引种栽培巴哈马加勒比松，其次是湿地松，再次是正种加勒比松和火炬松。

（四）正种加勒比松与巴哈马加勒比松区

该区包括广西的都安、马山、上林、宾阳、来宾、贵县、桂平、平南、容县、北流、玉林、陆川、博白、浦北、横县、灵山、钦州、东兴、合浦、北海等县（市）；广东的饶平、潮安、顺丰、揭西、紫金）、龙川、新丰、英德、怀集一线以南（封开、郁南、德庆、高要、云浮、新兴、罗定等县市除外）。其气候生态特征是：年均温 20.3 ~ 26.7℃，≥ 10℃积温 6656.8 ~ 8478.1℃，极端最高气温 35.6 ~ 39.6℃，极端最低气温 -4.8 ~ 3.6℃，1 月均温 10.5 ~ 16.2℃，7 月均温 27.4 ~ 28.9℃，年均降水量 1278.3 ~ 2440.4mm，相对湿度 75% ~ 84%，年日照时数 1364.4 ~ 2321.0h，全年无霜期 300.0 ~ 365.0d。本区的水热状况最适于引种栽培正种加勒比松，其次是巴哈马加勒比松，再次是湿地松。海拔较高的丘陵、低山也可以充分利用小气候在小范围内引种栽植火炬松。

三、结论与讨论

（1）应用模糊相似优先比的方法，通过比较引种地与外引松原产地气候条件的相似性和差异性，将研究区划分为火炬松区、湿地松与巴哈马加勒比松区、巴哈马加勒比松与湿地松区、正种加勒比松与巴哈马加勒比松区 4 个气候适宜区。这 4 个区的划分主要是针对这几种外引松及其变种的气候相对适宜性而言，并非其它外引松在该区就不能生长，有的在该区可能还是生长正常，如湿地松在正种加勒比松和巴哈马加勒比松区也能正常生长，只不过是从树种的气候适宜性来看，引种栽培正种加勒比松与巴哈马加勒比松比引种栽培湿地松更为适宜。

（2）从研究来看，巴哈马加勒比松在中亚热带和南亚热带、正种加勒比松在南亚热带具有很大的发展潜力，今后应重视这 2 种加勒比松变种的引种。

（3）在多树种的引种工作中，应用模糊相似优先比的方法对多个外来树种作出合理的布局，可以认为是非常有效的方法，值得推广应用。

（4）作为对多树种合理布局研究方法的探讨，本研究以县（市）作为样本区划单元，由于有些县（市）内地貌类型的差异，往往气候条件也形成一定的差异，而这种差异在本研究中没有表现出来；同时，对于其他立地条件（如土壤、海拔、地貌及坡向、坡度、坡位等）也未考虑。因此，有待今后增加有代表性的样本点进行更深入的研究。

参考文献

[1] 潘志刚，游应天．湿地松火炬松加勒比松引种栽培（第 1 版）[M]．北京：北京科学技术出版社，1991：1 - 105
[2] 贺仲雄．模糊数学及其应用（第 1 版）[M]．天津：天津科学技术出版社，1985：137 - 151
[3] 朱志淞，丁衍畴，王观明．加勒比松（第 1 版）[M]．广东：广东科技出版社，1986：5 - 13

南方五省(区)火炬松气候适宜性的研究[72]

摘要 本文选取纬度、年平均气温和年均降水量3个与火炬松生长发育密切相关的因子，用模糊相似优先比的方法对研究区火炬松的气候适宜性进行研究，进而将研究区区划为火炬松气候适宜区、火炬松气候次适宜区和火炬松气候不适宜区3个气候生态区。

关键词 火炬松 气候适宜区 模糊相似优先比

火炬松(*Pinus taeda*)原产美国东南部，是美国南方松类中分布最广、蓄积量最多的一种树种，蓄积量约占南方松类总蓄积量的50%，是世界松属中最重要的针叶用材树种之一。它具有生长迅速，适应性强，育苗造林容易，木材利用价值高等优良特性，其木材可作多种工业用材、建筑材及纸浆材，还能用于生产优质松脂、松香等林副产品，因而被世界许多亚热带地区引种栽培。我国引种火炬松已有60余年的历史，据1988年年底统计[1]，全国火炬松造林面积已达24.583万 hm^2。总的来看，在我国的亚热带地区发展火炬松具有很大的潜力。但由于引种地域广大，各引种点间气候差异悬殊，故生长差异显著。为了合理规划火炬松在广东、广西、湖南、湖北、江西五省(区)的布局，避免盲目引种栽培，本文对此五省(区)火炬松的气候适宜性进行了研究。

一、材料与方法

(一)材料收集

在上述五个省(区)收集了403个县(市)的气候资料，包括：1月平均温、7月平均温、温年较差、年均温、极端最高温、极端最低温、≥10℃的积温、相对湿度、年降雨量、年日照时数、日照百分率、平均风速、大风日数(指风速≥8级的日数)、初终霜间日数等指标20年的均值，以及各县(市)所处的经度和纬度。

(二)研究方法

在林业生产中，引进外来树种时首先涉及的是该树种能否适宜引种地的气候条件的问题。只有在气候条件基本相似的条件下，引种才有可能成功[2]。为了探索南方五省(区)火炬松的气候适宜性，本研究应用模糊相似优先比的方法[3]，用绝对距离所定义的优先比来研究引种地与原产地气候条件的相似性。具体步骤如下：

(1)根据火炬松的生物学特性，确定气候相似因子。

(2)根据火炬松原产地的气候条件，确定固定样品(X_0)。

---

[72] 郑永光、徐英宝发表于《中南林学院学报》[1996，16(1)：26～31]。

(3)求算绝对距离(D_i，D_j)，建立相似优先比矩阵。用相似因子值的绝λ式为：$r_{ij}=D_j/(D_j+D_i)$，$r_{ji}=1-r_{ij}$，把求出的优先比列成模糊相似优先比矩阵 $R^{(k)}$($k=1$，2...，m；m 为相似因子个数)，$R^{(k)}=[r_{ij}]_{m\times m}$。

(4)用λ水平截集评出相似地区。对上述相似优先比矩阵 $R^{(k)}$，由大到小选取λ值作水平截集，以首先达到全行为1的那一行所属的县市为与固定样品最相似，并记序号为1，然后删除该县(市)的影响，划掉该行及所对应的列。降低 r 值再依次求取相似县(市)，记序号为2，3…。序号越小，相似程度越高。

(5)求出各县(市)对应的各相似因子序号之和，和数越小，说明该县(市)与固定样品愈相似。

二、结果与分析

火炬松在原产地美国分布在北纬28°~39°，西经75°~98°。北界至马里兰州中部的海岸平原及特拉华州的多佛以北32km处(39°12′N)。南至佛罗里达州中部的海岸平原及山麓，西至德克萨斯州东部，几乎遍及南部及东南部14个洲。分布区气候湿润，夏季长而炎热，冬季温和，年平均气温13.0~19.0℃，7月平均气温23.9℃，有的地区有时最高温可超过37.8℃，1月平均气温2.2~17.2℃，在分布区北界偶有达-23.3℃的最低温；无霜期北部6个月，南部10个月；年均降水量1016~1520mm，多夏雨型，但有的地区全年降水量分布均匀。综观有关文献[1,4]，纬度、年平均气温和年均降水量3个因子作为衡量本研究区引种栽培火炬松的气候适宜性条件。

据报道[4]，美国墨西哥湾利文斯通是我国南亚热带和中亚热带的优良火炬松种源区。因此，选取美国墨西哥湾利文斯通的纬度30.5℃、年平均气温19.5℃、年均降水量1500mm作为固定样本，比较研究区403个县(市)与它的相似程度，结果见表1。

表1　各县(市)与美国墨西哥湾利文斯通气候相似程度序号和

序号和	包括县(市)
13	连县、南雄、信丰、荔浦
14	德保、上犹、于都、吉水、新干、瑞昌、宜恩、浠水、长阳、建始
15	永新、恩施、黄冈
16	和平、钟山、平乐、仁化、赣州、都昌、潜江、枝江、汉阳
17	贵县、藤县、汕头、忻城、蒙山、连平、贺县、风山、蕉岭、龙南、定南、环江、江华、乐昌、蓝山、会昌、郴县、南康、兴国、安福、丰城、高安、新建、安义、永修、崇阳、通山、咸宁、五峰、蕲春、黄石、武昌、沔阳、汉口、枝城、鄂州、汉川、英山
18	新兴、横县、靖西、苍梧、饶平、五华、昭平、柳江、巴马、鹿寨、宜山、东兰、柳城、河池、乳源、韶关、富川、恭城、罗城、安远、天峨、融水、江水、临桂、道县、三江、全州、鄗县、泰和、洞口、吉安、莲花、分宜、进贤、新余、东乡、广丰、上高、沅陵、古丈、余干、南昌、平江、波阳、通称、临湘、湖口、咸丰、蒲圻、德安、洪湖、彭泽、武穴、阳新、嘉鱼、大冶、松滋、利川、江陵、天门、宜昌、罗田、当阳、秭归
19	海康、电白、茂名、凭祥、大新、岑溪、天等、德庆、宾阳、那坡、平果、桂平、封开、平南、潮安、龙川、梅县、大埔、柳州、凌云、永兴、永州、遂川、耒阳、常宁、万安、宁冈。宁都、茶陵、安仁、攸县、永丰、衡东、衡山、宜春、南城、峡江、醴陵、株洲、崇仁、冷水江、涟源、新化、韶山、溆浦、抚州、金溪、辰溪、铅山、长沙、浏阳、宁乡、吉首、万载、贵溪、余江、弋阳、望城、上饶、桃江、横峰、湘阴、益阳、花垣、保靖、万年、奉新、玉山、汨罗、桃源、汉寿、永顺、乐平、修水、靖安、武宁、鼎城、星子、桑植、慈利、龙山、来风、石门、石首、澧县、监利、鹤峰、黄梅、公安、新洲、黄陂、孝感、应城、京山、云梦、荆门、远安、巴东、钟祥、麻城、兴山、安陆、红安

（续）

序号和	包括县（市）
20	湛江、遂溪、化州、上思、浦北、龙州、中山、北流、高鹤、南宁、顺德、容县、高要、惠阳、普宁、四会、上林、从化、揭阳、武宣、紫金、广宁、龙门、河源、丰顺、马山、佛岗、怀集、都安、象州、新丰、英德、田林、翁源、隆林、全南、南丹、桂林、灵川、兴安、桂阳、双牌、资源、通道、桂东、石城、安东、靖县、绥宁、祁阳、广昌、祁东、武冈、衡南、衡阳、南丰、黎川、乐安、黔阳、萍乡、怀化、湘乡、资溪、湘潭、麻阳、凤凰、泸溪、安化、宜丰、铜鼓、沅江、德兴、大庸、岳阳、婺源、南县、安乡、临澧、华荣、景德镇、九江、大悟、广水、随州、宜城、南漳、保康、房县、襄阳、枣阳、竹山、竹溪、谷城、老河口、丹江口、郧阳、郧县、郧西
21	徐闻、北海、廉江、合浦、上川岛、阳江、高州、钦州、宁明、台山、博白、珠海、陆川、信宜、崇左、灵山、安宝、扶绥、玉林、邕宁、罗定、汕尾、陆丰、惠来、东莞、广州、武鸣、隆安、三水、博罗、增城、田东、清远、田阳、来宾、百色、金秀、乐业、资兴、新宁、城步、井冈山、会同、邵阳、隆回、邵东、新邵、新晃、宜黄、芷江、双峰、神龙架
22	阳春、恩平、海丰

表1中，序号和反映了该县（市）与火炬松原产地气候的相似程度。和数愈小，则说明该县（市）的纬度、年平均气温和年均降水量3个影响火炬松生长的主导因子的综合信息与火炬松原产地的相似程度愈高，气候愈适于火炬松生长。据此划出本研究区引种火炬松适宜的气候生态区域（见附图）。

（一）火炬松气候适宜区（Ⅰ区）

序号和为13～18的县（市）连成的区域是火炬松气候适宜区。该区包括：广东的连县、连南、连山、乐昌、乳源、韶关、曲江、仁化、南雄、始兴、连平、和平、平远、蕉岭等县（市）；广西的苍梧、藤县、梧州、贺州、钟山、昭平、蒙山、荔浦、平乐、阳朔＊、恭城、富川、临桂、永福＊、鹿寨、柳州＊、柳江、忻城、宜山、柳城、罗城、融水、融安＊、三江、环江、河池、南丹＊、天峨、风山、东兰、巴马等县（市）；江西的定南、龙南、全南＊、寻乌＊、安远、信丰、南康、上饶、赣州、于都、会昌、兴国、泰和、吉安、新建、南昌、进贤、东乡、余干、波阳、都昌、永修、德安、星子＊、九江＊、瑞昌、湖口、彭泽等县（市）；湖南的江华、江永、道县、蓝山、平江、临湘等县（市）；湖北的通城、崇阳、蒲圻、洪湖、嘉鱼、咸宁、通山、大冶、阳新、武穴、黄石、蕲春、黄梅、浠水、英山、罗田、黄冈、鄂州、汉口、汉阳、汉川、沔阳、天门、潜江、江陵、松滋、枝江、枝城、长阳、当阳、宜昌、秭归、五峰、宣恩、咸丰、利川、恩施、建始等县（市）。其气候生态特点是：年平均气温12.7～21.7℃，≥10℃积温3869.2～7780.2℃，极端最高气温33.9～42.1℃，极端最低气温－18.9～0.8℃，1月平均气温1.8～13.4℃，7月平均气温23.1～31.0℃，年均降水量1009.7～2086.2mm，相对湿度71%～86%，年日照时数1149.8～2162.3h，全年无霜期235.3～361.0d。由此可见该区的水热状况与火炬松原产地最相似，是本研究区内引种栽培火炬松的最适宜区域。故在该区的低山。丘陵地带可扩大火炬松的栽培面积。

（二）火炬松气候适宜区（Ⅱ区）

序号和为19～20的县（市）连成的区域是火炬松气候次适宜区。该区包括：两广的大埔、梅县、兴宁、龙川、河源、新丰、翁源、英德、阳山、怀集、岑溪、平南、金秀、象州、来宾、都安、田阳、凌云、乐业一线以南至潮阳、普宁、陆河、资金、龙门、从化、花县、四会、高要、新兴、云浮、北流、横县、宾阳、上林、苹果、大新、龙州、凭祥一线以北的地区；江西的东部、东南部、东北部、西南部、西北部；湖南的郴州市、零陵地区的宁远、双牌一线以北地区、湘潭市、岳阳市大部（临湘、平江县除外）、益阳市、常德市、衡阳市、邵阳市的西南及中北部、怀化地区大部（会同。新晃、芷江县除外）、湘西土家族苗族自治州、长沙市、株洲市；湖北的麻城、新洲、黄陂、孝感、应城、京山、钟祥、荆门、远安、兴山、巴东一线以北地区以及鄂西南的来风、鹤峰、公安、监利、石首等县。其气候生态特点是：年平均气温14.2～23.1℃，≥10℃积温4464.1～8395.6℃，极端最高气温34.0～

44.9℃，极端最低气温 -19.7 ~3.6℃，1 月平均气温 2.1 ~15.7℃，7 月平均气温 24.2 ~30.1℃，年均降水量 774.9 ~2230.3mm，相对湿度 69% ~84%，年日照时数 1195.6 ~2186.5h，全年无霜期 222.0 ~363.1d。该区的水热状况与火炬松原产地的相似程度仅次于Ⅰ区。据报道，该区的气候条件仍适于火炬松生长，但造林时应注意立地条件的选择，宜选择海拔 500 ~600m 以下的低山、丘陵、岗地微酸性的砾土、砂质土或黏土上栽植。

(三)火炬松气候不适宜区(Ⅲ区)

序号和为 21 ~22 的县(市)连成的区域是火炬松气候不适宜区。该区分布在两广的惠来、陆丰、海丰、惠东、博罗、增城、广州、三水、高明、新会、开平、恩平、罗定、信宜、陆川、玉林、灵山、邕宁、南宁、武鸣、隆安、崇左、宁明一线以南以及湖南的会同、新晃、芷江、城步、新宁、邵阳、隆回、新邵、邵东、双峰等县。其气候生态特点是：年平均气温 12.1 ~26.7℃，≥10℃积温 3735.1 ~8478.1℃，极端最高气温 32.5 ~40.9℃，极端最低气温 -17.7 ~3.3℃，1 月平均气温 0.7 ~16.2℃，7 月平均气温 22.7 ~29.2℃，年均降水量 975.2 ~2443.4mm，相对湿度 73% ~85%，年日照时数 1227.8 ~2321.0h，全年无霜期 223.7 ~365.0d。方差分析结果表明：该区两广区域的年均温、≥10℃积温和年降水量均极显著高于Ⅰ，Ⅱ区。总之，该区的水热状况与火炬松原产地的相似性最差，不利于火炬松的生长。因此，该区的两广区域，可根据当地的气候特点选种湿地松或加勒比松，若要引种栽培火炬松，则应充分利用小气候，或选择较高海拔的低山、高丘局部地方，在小范围内栽植；而该区的湖南区域，则宜选种其它树种。

三、结论与讨论

(1)应用模糊相似优先比的方法，对南方五省(区)引种火炬松的气候适宜性进行研究，将研究区区划为火炬松适宜区、火炬松气候次适宜区和火炬松气候不适宜区 3 个气候生态区。

(2)鉴于目前我国引种栽培火炬松面积不大且分布不均，引种缺乏可靠科学依据的情况，应用模糊相似优先比的方法对南方五省(区)火炬松的气候适宜区进行研究，是非常有效的方法。它的优点在于根据火炬松的生物学特性和引种地的气候特点，选择影响火炬松生长的主导因子作为相似因子，比较引种地与原产地气候条件的相似性和差异性，再根据气候分异规律和树种适宜性统一的原则对火炬松的气候适宜性进行研究，进而作出合理的气候适宜性区划。因此，这种方法可以应用到引种、扩种和先进经验的推广等方面的研究。

(3)目前人们笼统认为，我国中亚热带最适于火炬松生长，但从本研究的结果来看，并非中亚热带所有地区的气候条件都适于火炬松生长。因此，本研究将今后我国引种栽培火炬松提供更为可靠的科学依据。

参考文献

[1] 潘志刚，游应天．湿地松、火炬松、加勒比松引种栽培[M]．北京：北京科学技术出版社，1991：8 ~78
[2] 李国庆，刘君惠．树木引种技术[M]．北京：中国林业出版社，1982：48 ~56
[3] 袁嘉祖，冯晋臣．模糊数学及其在林业中的应用[M]．北京：中国林业出版社，1988：68 ~77
[4] 潘志刚．湿地松、火炬松种源试验研究[M]．北京：北京科学技术出版社，1992：1 ~37

互叶白千层引种与栽培试验初报 ⑬

摘要 对近年新引进的互叶白千层苗期和幼林生长效应的研究结果表明：在引种区苗期以湿润砂质壤土生长最好；盆栽施肥在本实验条件下以N：0.5～1.0，P：0.6～0.9，K：0.8～1.2g/盆为适宜肥量；造林时，施基肥与不施基肥生长差异显著；林地施不同追肥2个月后，根据树高、地径、地上部分生物量得出的施肥效果排序为：复合肥Ⅱ＞复合肥Ⅰ＞碳氨＞尿素。

关键词 互叶白千层 引种适应性 栽培措施

互叶白千层〔*Melaleuca alternifolia*(Cheel)〕原产于澳大利亚新南威尔士的北海岸一带[1]，为桃金娘科(Myrtaceae)白千层属的灌木树种。速生，干直，萌芽力强，定植后可多次收获。1965年Penfold和Grand首次报道互叶白千层枝叶可提取精油[2]，尔后便作为澳大利亚一种超短轮伐期的香料经济植物来栽培。其精油具有抗菌效能，因而在医药、食品防腐调味、化妆品护肤等方面广泛应用[3-6]。

澳大利亚为互叶白千层油主产国，目前年产量约50t，而根据市场推测，世界年销量可达1500t，现主要销往美国及东南亚等地。若仅靠野生资源远远不能满足市场需要。因此，引进该树种，建立原料生产基地，对发展林业产业经济具有重要意义。国外对互叶白千层精油的成分，提取工艺有一定的研究[4,7,8]，但对该树种配套的培育技术迄今尚未见报道。广东省高要市林业局于1992年从原产地引进该树种，为尽快摸清树种生长特性和在引种区的适应性，作者于1994年在该引种区进行了密度、施肥、混种等试验。本文作为整个研究计划的一部分，侧重探讨互叶白千层幼苗对土壤质地、土壤水分以及盆栽和林地施肥等生长效应，并在引种区调查了地形变化对生长影响，为该树种适生和培育提供理论依据。

一、试验地概况、试验材料和方法

(一)试验地概况

试验地设在广东省高要市回龙镇黄石坳，22°40′N，112°30′E，具有明显的南亚热带季风气候，年平均气温21.9℃，极端最高气温39.8℃，极端最低温－1℃. 年均雨量1927mm，雨量集中在4～9月份，占全年80%。试验地为低丘缓坡地，海拔29.8m，坡度10°～12°，成土母岩为砂岩，立地属薄腐殖质厚土层砂质赤红壤，有机质贫瘠，石砾含量约7%。植被以旱生矮型鹧鸪草(*Eriachne pallescens* R. Br.)、岗松(*Baeckea trutescens* L.)、芒萁骨(*Dicranopteris dichotoma* Bernh)为主。

(二)材料

(1)坡地造林试验：供试种子来自澳大利亚，1992年11月播种育苗，芽苗上袋，育苗120d，苗高

---

⑬ 林仕洪、徐英宝、甘文友发表于《林业科学研究》[1997，10(4)：383～388]。

20cm 时于 1993 年 3 月定值。机耕全垦整地。造林密度 10 800 株/hm^2，株行距 0.67m×1.4m。试种面积 2.5hm^2。每株施基肥(复合肥)100g。造林后常规管理，未施追肥。1993 年 11 月进行生长测定，7 个月生平均高 0.94m；平均冠幅 0.47m，平均地径 2.0cm，造林保存率 92%，地上部分生物量单株鲜重 0.25kg。经现场验收认为互叶白千层在该地区引种是适生的，但生长一般，生物量偏低。(2)盆栽试验：土壤取自华南农业大学校园内的赤红壤 B 层土，按比例掺入洁净河沙，<0.01mm 颗粒含量%的机械组成配成轻黏土、中壤土和沙壤土。盆栽施肥试验和幼林追肥试验的土壤理化性状见表 1。

表 1　盆栽施肥试验土壤和追肥试验不同坡位土壤的理化性状

土壤名称与坡位	pH (H_2O)	有机质 (g/kg)	全 N (g/kg)	全 P (g/kg)	全 K (g/kg)	水解 N (mg/kg)	速效 P (mg/kg)	速效 K (mg/kg)
赤红壤 B 层土	4.8	1.25	0.43	0.059	6.37	44.7	痕迹	46.9
坡上部	4.02	6.32	0.877	0.111	8.01	84.5	0.36	63.2
坡中部	4.73	12.47	1.596	0.273	8.79	118.9	0.67	55.6
坡下部	4.56	12.04	1.449	0.252	7.65	112.4	0.61	50.4

盆栽施肥试验以尿素(含 N46%)作 N 肥，P、K 肥用 P_2O_5(含 P26.87%)和 K_2SO_4(含 K44.88%)；幼林施肥以复合肥作基肥，追肥有 4 种：尿素(N 46%)、碳氨(N　17.1%)复合肥Ⅰ(N 8%、P_2O_5 5%、K_2O 12%)和复合肥Ⅱ(N 16%、P_2O_5 16%、K_2O 16%)。

(三) 方法

(1)盆栽土壤质地试验分 3 种，每种处理 7 盆，每盆 3 株。

(2)盆栽灌溉试验，灌溉量分 1120ml/次(多量)、720ml/次(中量)、360ml/次(少量)。每隔 2d；淋水一次，共 10 盆，每盆 2 株。

(3)盆栽施肥试验，采用 N、P、K 三元素 8 种处理，即对照($N_0P_0K_0$)、单肥型($N_2P_0K_0$、$N_0P_2K_0$、$N_0P_0K_2$)和复合肥($N_2P_1K_2$、$N_1P_2K_2$、$N_2P_2K_1$、$N_3P_3K_3$)的 4 水平 8 处理的施肥量配合，见表 2。

表 2 盆栽施肥 3 因素 4 水平 8 处理的肥料用量　　单位：纯量 g/盆

因　素	肥料配比							
	$N_0P_0K_0$	$N_2P_0K_0$	$N_0P_2K_0$	$N_0P_0K_2$	$N_2P_1K_2$	$N_1P_2K_2$	$N_2P_2K_1$	$N_3P_3K_3$
N	0	1.0	0	0	1.0	0.5	1.0	1.5
P	0	0	0.6	0	0.3	0.6	0.6	0.9
K	0	0	0	0.8	0.8	0.8	0.4	1.2

每种处理有苗 21 株，分 7 盆，每盆 3 株。试验时间 1994 年 10 月 15 日~1995 年 3 月 10 日。磷钾肥作基肥一次性施入，N 肥分 2 次施，分别于 1994 年 11 月 15 日和翌年的 1 月 1 日，各施 50%。(4)林地追肥试验：试验设 5 个处理(含对照)，采用 5×5 拉丁方设计。小区面积 10m×6m，种植密度 90 株/小区。与 1994 年 8 月下旬(种植前)对各小区均施等量同种基肥。1995 年 1 月 19~20 日施追肥，尿素 50g/株，碳氨 100g/株，复合肥Ⅰ(N 8%、P 5%、K12%)和复合肥Ⅱ(N 16%、P 16%、N 16%)100g/株。1995 年 4 月 20 日作第一次追肥后的生长测定。

(四)植株生长指标测定与计算

盆栽试验苗各生长指标(苗高、地径、根长、全株干重等)为一次性测定；追肥试验用随机数法每小区取 10 株作树高、地径和地上部生物量测定，在第一次是种地上用标准地法测定树高、地径和冠幅，作施基肥与不施基肥、阴坡与阳坡、坡上部与坡下部的生长差异调查。各处理间的差异性用方差分析和多重比较进行检验。

二、结果与分析

(一)在不同土壤质地的生长效应

在不同土壤质地的苗木生长差异显著，见表3。各生长指标以沙壤土最好，中壤土次之，轻黏土最差，说明互叶白千层适生于疏松、通气透水的壤质土上。从表3也可以看出，不同质地的土壤养分含量不同，按轻黏土、中壤土、沙壤土依次降低，但含沙量(机械组成)依次提高。互叶白千层在3种质地土壤的生长表现说明土壤养分水平相差不大时，土壤机械组成对幼苗生长影响较大。这是由互叶白千层本身的生物学特性所决定的，同时也说明土壤肥力具有生态相对性。

(二)不同灌溉量的生长效应

不同灌溉量对盆栽互叶白千层苗期生长有明显的影响(表4)。3种灌溉处理使盆栽土壤每次灌水后在下次灌水前呈干旱、潮润、潮湿状态，但3种处理均使幼苗正常生长。3种灌溉之间对互叶白千层各生长指标都有极显著的差异。以720ml/次(中量)的灌溉量对苗木生长最好，而1150ml/次(多量)的次之，少量最差，说明土壤湿润对幼苗生长有利。

(三)不同N、P、K水平盆栽的施肥效应

互叶白千层盆栽施肥试验结果表明(表5)：单施N、P、K中的一种或不施，均不利于幼苗生长；施P、K肥幼苗主根较长，但根生物量却低于N、P、K按比例配施的复肥型。从苗高、基径、地上部干重、根干重和全苗干重5项指标看，复肥型高于单肥型和对照，苗高/基径比值也是复肥肥型高于单肥型和对照，表明N、P、K合理配施对高径生长均有利，施N、P、K中的一种或不施，只能导致土壤养分比例失调或养分缺乏，对苗高生长有较大抑制作用。在本试验条件下，N：0.5～1.0，P：0.6～0.9，K：0.8～1.2(g/盆)为适宜的施肥量。

(四)施基肥的生长效应

在互叶白千层第一次试种地上，除一块200m^{2}的西北坡地未施基肥外，其余均施复合肥100g/株作基肥。通过样地调查，树高、地径、冠幅等生长药量测定结果见表6。

施基肥与不施基肥在高、径、冠各指标均有极显著差异，前者分别为后者的151%、202%、177%；另外，对第一次试种施过基肥的幼林于1993年10月下旬首次平茬，伐桩离地面<5cm，萌芽更新。1994年5月进行了萌芽生长观测(不足7个月)，萌条平均高120cm，平均冠幅56cm，分别为未施基肥(生长期14个月)的124%和177%。

所以，施基肥是一项培育互叶白千层高产的重要措施。

表 3　不同土壤质地主要理化性状与苗期各生长指标的差异

土壤质地	土壤理化性状					生长指标					
	机械组成（< 0.01mm 颗粒含量%）	水解 N（mg/kg）	速效 P（mg/kg）	速效 K（mg/kg）	有机质（g/kg）	苗高（cm）	基径（mm）	根长（cm）	全干重（g）	地上部干重（g）	地下部干重（g）
轻黏土	26.1	48.3	3.11	50.4	11.3	20.48	2.10	9.8	0.242	0.186	0.056
中壤土	65.6	44.5	3.53	37.9	10.1	28.24	2.38	11.2	0.524	0.392	0.142
沙壤土	82.3	41.6	2.46	26.8	8.7	31.57	2.28	11.3	0.589	0.431	0.158
F 值						8.03 * *	3.57 *	4.03 *	17.59 * *	14.80 * *	25.45 * *

注：试验期为 1994.10.2 至 1995.1.05。$F_{0.08}(2.60)=3.15$，$F_{0.01}(2.60)=4.98$。

表 4　不同灌溉量互叶白千层苗各生长指标的差异

灌溉量	苗高（cm）	基径（mm）	根长（cm）	全株干重（g）	地上部分干重（g）	根干重（g）
少	54.1	4.775	16.00	0.615	0.536	0.078
中	77.7	7.185	18.66	1.835	1.551	0.285
多	77.5	6.810	16.19	1.409	1.202	0.244
F 值	11.58**	17.70**	8.27**	14.35**	14.35**	13.90**

注：试验期为 1994.9.25 至 1995.1.20。$F_{0.05}(2.57)=3.15$，$F_{0.01}(2.57)=4.99$。

表5　不同 N、P、K 水平盆栽的生长效应

施肥处理	苗高(cm)	基径(mm)	地上部干重(g)	根长(cm)	根干重(g)	全苗干重(g)	苗高/基径	地上部干重/地下部干重
$N_0P_0K_0$	44.0	3.82	1.24	20.14	0.29	1.52	118.9	4.48
$N_2P_0K_0$	40.2	3.66	0.98	16.19	0.26	1.24	114.1	3.99
$N_0P_2K_0$	48.8	4.05	1.30	22.03	0.35	1.62	128.5	4.51
$N_0P_0K_2$	45.0	3.97	1.28	20.47	0.31	1.59	116.5	4.15
$N_2P_1K_2$	53.3	4.13	1.33	17.80	0.39	1.71	133.8	4.07
$N_1P_2K_2$	57.3	4.17	1.40	19.09	0.47	1.86	141.7	2.92
$N_2P_2K_1$	58.1	4.34	1.35	16.73	0.43	1.77	140.5	3.01
$N_3P_3K_3$	62.9	4.64	1.57	18.89	0.51	2.08	137.0	3.51
F 值	25.01**	3.44**	1.66	7.23**	5.33**	2.38**	4.76**	2.52

注：试验期为 1994.10 至 1995.3。$F_{0.05}(7.160)=2.07$，$F_{0.01}(7.160)=2.76$.

表6　施基肥与不施基肥的生长差异性检验

项目	树高		地径		冠幅	
	(cm)	%	(cm)	%	(cm)	%
不施基肥(CK)	96.9	100	1.35	100	31.6	100
施基肥	146.6	151	2.73	202	55.8	177
F 值	30.93**		56.23**		50.75**	

注：试验生长期为：1993.3 至 1994.4。$F_{0.05}(1.77)=3.96$，$F_{0.01}(1.77)=6.96$。

(五)不同追肥的生长效应

林地追肥试验结果见表7，从表中可以看出：①树高、地径、地上部分干重均值以及追肥复合肥Ⅱ最高，追施复合肥Ⅰ次之，以下依次是追施碳氨、尿素、和不施追肥。②互叶白千层单追施 N 肥效果差，尿素虽含 N 高，但肥效最差。原因可能是用量较低，但也有可能与林地是沙质土壤有关。据报道，尿素的氨损失量在很大程度上决定于尿素用量和土壤质地。一般尿素用量大或土壤质地黏重，氨损失量小。③施追肥仍以复合肥好，施复合肥Ⅱ比施复合肥Ⅰ效果更好，原因可能是 N、P、K 含量较高。

(六)坡向、坡位对生长的影响

表8说明，阳坡的树高、地径、冠幅均大于阴坡，而且树高、冠幅在两坡向间的差异显著。坡中上部的树高小于坡中下部，而地径和冠幅则大于坡中下部，地径、冠幅的差异达极显著水平。互叶白千层对水肥敏感，地形因子的局部作用会引起生长量的较大差异。

表7　林地不同追肥试验的方差分析与多重比较

试验号	处理	树高(cm)		地径(mm)		地上部干重(g)
		平均值	显著性	平均值	显著性	平均值
E	复合肥Ⅱ	60.92	a	6.12	a	3.177
D	复合肥Ⅰ	59.20	a	5.62	ab	2.760
C	碳氨	57.12	b	5.30	ab	1.966
B	尿素	55.82	b	4.76	c	1.575
A	对照	51.44	b	4.40	c	1.566
F 值		8.27***		55.31***		24.23***

注：$F_{0.01}(1.77)=6.96$。

表8　不同坡向、坡位对互叶白千层生长的影响

项目	树高(cm)	地径(cm)	冠幅(cm)
阳坡	173.5	3.30	82.6
阴坡	156.9	3.16	71.1
坡中上部	169.5	3.91	82.7
坡中下部	177.8	2.98	69.4
不同坡向的 F 值	6.88**	0.90	14.06**
F_α		$F_{0.05}(1.124)=3.92$　$F_{0.01}(1.124)=6.84$	
不同坡位 F 值	1.85	149.59**	28.86**
F_α		$F_{0.05}(1.195)=3.89$ $F_{0.01}(1.195)=6.76$	

三、结论与讨论

(1)互叶白千层在新引种区初期表现是适生的，但我国引种时间很短，为进一步摸清树种超短周期(约1.5a)的生长发育特性和在引种区的适应性，以探索该经济作物的速生、高产、优质、持续经营的配套技术，应尽快开展良种选育、立地类型评价、产量与质量相关的集约栽培技术等。

(2)从研究结果看，育苗地和造林地均选择湿润、疏松的壤质土，如中壤土或沙壤土。原产地互叶白千层仅分布于酸性和微酸性土[8]，故不宜选择中性土和碱性土。

(3)据报道[8]，灌溉是提高互叶白千层精油产量和质量的关键措施之一，有条件的引种地最好能实现灌溉措施。

(4)在P、K养分贫乏的土壤上造林，若施化学肥料，应施复合肥或N、P、K 3种肥料配施。

(5)在原产地，Small[6]对9年的密度试验(1970～1979年)作了总结，认为具有较高单位面积产量的适宜密度超过27 000株/hm²。我国引种区第一次种植密度只有10 800株/hm²，明显偏低，今后应把种植密度提高到20 000株/hm²以上。

(6)澳大利亚确定互叶白千层精油的质量标准是<15%的1，8－桉叶油素和>30%的松油醇－4[4]。广东省高要市林业局两次平茬的精油，其成分还有些差异，但有2种主要成分基本符合澳大利亚的标准。香料植物不同采割期和植株不同器官组织的精油成分有所不同[10.3]。建议今后能摸清采割期与精油产量和质量的关系。

(7)互叶白千层树超短周期植物，短周期持久经营是引起地力衰退的原因之一[11]。引入固氮树种或肥土植物与之混种或轮作可显著维持和改善地力。

参考文献

[1]Beylier M F. Bacteriostatic activity of some Australian essential oils[J]. Perfumer and Flavorist, 1972, 4: 23~25

[2] Anon. Review of preparation and appliances[M]. British Medical Journal. 1993, 2: 927

[3]顾静文，刘立鼎，张伊莎. 芳樟果实精油的研究[J]. 林产化学与工业，1993，10(2): 77~81

[4] Kawakami M, Sachs R M, Shibamoto T. Volatile constituents of essential oils obtained from newly developed tea tree (*Melaleuca alternifolia*) Clones[J]. J. Agric. Food Chem. , 1990, 38: 1657~1661

[5] Pena E F. *Melaleuca alternifolia* oil: its use for trichomonal vaginitis and other vaginal infections[J]. Obstetrics and Gynaeclogy, 1962, 19: 793~795

[6] Small B E J. Effects of plant spacing and season on growth of *Melaleeuca alternifolia* and yeid of tea treeoil[J]. Australian Journal of Experimantal Agricultrue and Animal Husbandry, 1981, 21(111): 439~442

[7] Swords G, Hunter G L K. Composition of Austalia tea tree oil (*Melaleuca alternifolia*)[J]. Journal of Agricultrual and Food Chemistry , 1978, 26(3): 734~737

[8] Southwell I A, Stiff I A, Brophy JJ. Terpinolene varieties of Melaleuca[J]. Journal of Essential oil Research , 1992, 4 (4): 363~367

[9] Williams L R, Home V N. Plantations of *Melaleuca alternifolia* - a revitalized Australian tea tree oil industry[J]. Proceedings of the 11th Internationl Congress of Essential Oils, Fragrances and Flavours. New Delhi , India, 1989. 3

[10]陆碧瑶，李毓敬，麦浪天，等. 黄樟油素新资源——香樟的精油成分研究[J]. 林产化学与工业，1986，6(4): 40~44

[11]徐化成. 关于人工林地力下降问题[J]. 世界林业研究，1992，(1): 66~71

蔗渣和木屑做尾叶桉容器育苗基质的研究[74]

摘要 以蔗渣、木屑为原料做尾叶桉容器育苗基质，进行不同配方、堆沤及追肥处理的实验。结果表明：木屑、蔗渣经过配比、堆沤、追肥处理后可以作为尾叶桉容器育苗的基质。配方以V(木屑或蔗渣)∶V(煤渣)∶V(黄心土)=5∶2∶3最好，其次为配以ψ为40%煤渣。经堆沤后，基质的N、P、K含量明显上升，苗木生长指标提高。育苗性能由于或等同于泥炭的基质为：①V(木屑)∶V(煤渣)∶V(黄心土)=5∶2∶3；不堆沤用追肥2(每株施尿素0.4g+$KH_2PO_4$0.2g)，堆沤3个月用追肥1(每株施尿素0.8g+$KH_2PO_4$0.4g)，堆沤6个月不用追肥。②V(木屑)∶V(煤渣)=6∶4，V(蔗渣)∶V(煤渣)∶V(黄心土)=5∶2∶3，V(蔗渣)∶V(煤渣)=6∶4；堆沤3个月用追肥1，堆沤6个月用追肥2。③纯蔗渣堆沤6个月，追肥2。

关键词 尾叶桉 容器苗 基质 木屑 蔗渣

尾叶桉(*Eucalyotus urophylla*)是当前广东发展工业用材林(主要是纸浆材林)的重要树种之一，大面积造林主要采用容器育苗。近年来，农林业生产上发展工厂化育苗，华南地区也大力发展桉树容器苗工厂化生产，其育苗基质的物理化学特性和适用性研究已成为容器育苗技术研究的重点[1]。泥炭是普遍采用的优良基质[2]，但资源有限。广东省泥炭资源分布零散，开采费用大且破坏农田，如能找到更适宜的来源广泛、廉价性能良好的轻型基质材料，将对广东育苗生产和发展起重要作用。本研究是从广东的实际情况出发，选用蔗渣和木屑2种轻型基质，旨在通过堆沤、配比和添加养分方法，降低C/N比、，使其育苗效果能达到与泥炭相当的程度。

一、材料与方法

基质原料有蔗渣、木屑、煤渣、黄心土、泥炭。设7种配方：1号为V(木屑)∶V(蔗渣)∶V(黄心土)=5∶2∶3、2号为V(木屑)∶V(煤渣)=6∶4、3号为V(蔗渣)∶V(煤渣)∶V(黄心土)=5∶2∶3、4号为V(蔗渣)∶V(煤渣)=6∶4、5号为木屑、6号为蔗渣、7号为泥炭。除7号外，均加入复合肥8g/L。各基质按配方充分拌匀，以水溶液的形式加入复合肥，加水至田间持水量ω为70%。泥炭基质作对照。育苗容器为600ml塑料袋。

6种基质均设9种处理，分别为Ⅰ：新鲜追肥1(每株施尿素0.8g+$KH_2PO_4$0.4g)；Ⅱ：新鲜追肥2(每株施尿素0.4g+$KH_2PO_4$0.2g)；Ⅲ：新鲜不追肥；Ⅳ：堆沤3个月追肥1；Ⅴ：堆沤3个月追肥2；Ⅵ：堆沤3个月不追肥；Ⅶ：堆沤6个月追肥1；Ⅷ：堆沤6个月追肥2；Ⅸ：堆沤6个月不追肥。

---

[74] 程庆荣、徐英宝发表于《华南农业大学学报》[2002，23(2)：1~40]。

各处理分别育苗 30 株。以水溶液追肥，溶液中尿素浓度为 10g/kg，KH_2PO_4为 5g/kg 分 4 次追入，每次每袋追肥 1 为 20ml，追肥 2 为 10ml。

植株定植 2 个月后测量苗高及苗鲜质量。在原堆沤堆上，保持基质自然状态下用环刀法测容量及孔隙度。各处理基质装袋时取新鲜样品，风干后粉碎，过 1mm 筛，半微量凯氏法（K_2SO_4 - $CuSO_4$ - Se 蒸馏法）测全 N；碱解扩散法测速效 N；NaOH 熔融，钼蓝比色法测全 P；0.05mol/LHCl - 0.25mol/LH_2SO_4浸提，钼蓝比色法测速效 P；NaOH 熔融，火焰光度法测全 K；NH_4OAC 浸提，火焰光度法测速效 K。

二、结果与分析

（一）不同配方基质及其处理的育苗效果比较

各基质 9 种处理方式及泥炭的苗高及苗鲜质量见图 1。可见经过配制后，基质（1、2、3、4 号）的育苗性能有很大地提高，纯蔗渣（6 号）和纯木屑（5 号）的育苗性能欠佳，纯木屑最差。木屑和蔗渣配以 40% 的煤渣后（2 号和 4 号），与不经配制相比，苗高分别平均提高了 117% 和 30%，苗鲜质量分别平均提高了 338% 和 44%；配以 20% 煤渣和 30% 黄心土后（1 号和 3 号）。与不经配制相比，苗高分别平均提高了 190% 和 43%，苗鲜质量分别平均提高了 540% 和 56%；可见配以 20% 煤渣和 30% 黄心土是较佳配方。

不堆沤的处理（Ⅰ、Ⅱ、Ⅲ号）表现最差；与其相比，堆沤 3 个月的处理（Ⅳ、Ⅴ、Ⅵ号）平均苗高提高了 39%，苗鲜质量提高了 66%；堆沤 6 个月的处理（Ⅶ、Ⅷ、Ⅸ号）平均苗高提高了 72%，苗鲜质量提高了 168%。可见堆沤能明显提高基质的育苗效果。

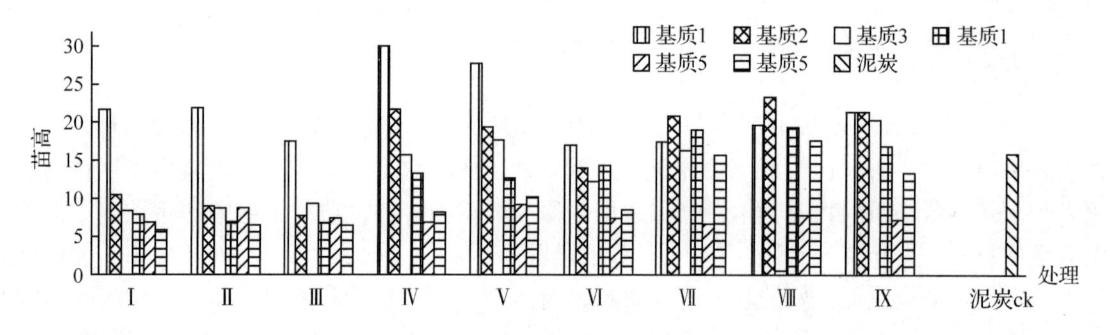

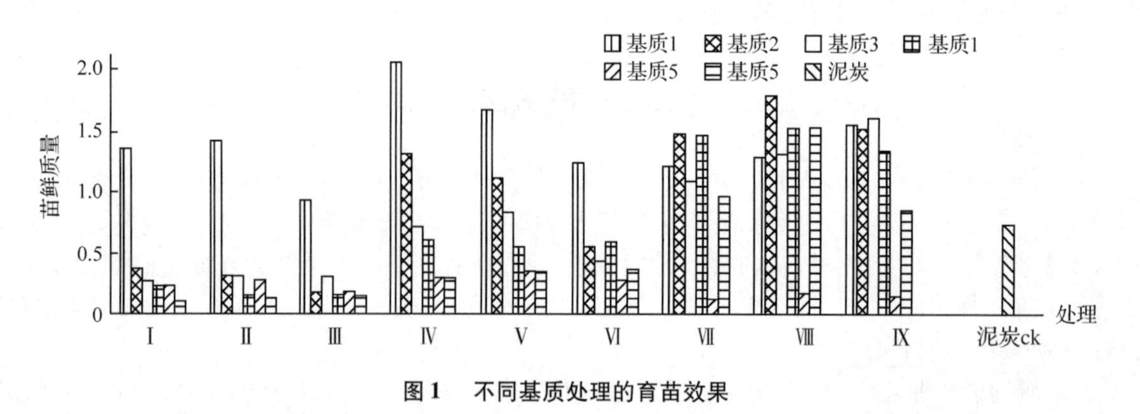

图 1　不同基质处理的育苗效果

适宜追肥能提高基质育苗效果。堆沤 3 个月的基质追肥 1 和追肥 2 即Ⅳ号和Ⅴ号处理育苗效果优于不追肥的Ⅵ号处理。堆沤 6 个月的基质追肥 2 即Ⅷ号处理为最佳处理，在苗高、苗鲜质量上均为最优；不追肥的Ⅸ号处理则与Ⅷ号无差异。而追肥 1 的Ⅶ号处理苗木生长反而比Ⅷ、Ⅸ号都要差。新鲜基质追肥1同不追肥相比，苗高减少了15%，说明新鲜基质追肥不促进苗木生长，反而抑制了苗高生长。

总体看，1号基质即使不经堆沤，也可达到与泥炭相当的育苗水平，追肥促进生长；堆沤3个月后育苗效果最好，追肥促进生长；而堆沤3个月后育苗效果最好，追肥促进生长；而堆沤6个月后育苗又稍差于堆沤3个月的处理，追肥抑制苗木生长。2、3、4、6号基质只有经过堆沤，才能达到较好的育苗水平，在堆沤6个月并追肥的处理下生长最好。5号基质经过各种处理后差异并不明显，苗木生长差，并不适于做育苗基质。

（二）基质的物理性质和养分含量

1. 基质的物理性质

不同基质在不同堆沤期物理性质有变化（表1），新鲜基质的密度以V（木屑或蔗渣）:V（煤渣）:V（黄心土）=5:2:3的1、3号较大，在0.7g/cm^{3}以上；配以40%煤渣的2、4号基质的密度次之，约为0.40~0.45g/cm^3；纯木屑和纯蔗渣（5、6号基质）密度最小，在0.1~0.2g/cm^{3}左右。显然6种配比基质的密度都不大，属轻型基质。总隙度的大小与基质密度呈负相关，以5、6号基质最大，在80%以上；2、4号基质其次，在65%~75%之间；1、3号基质的总孔隙度最小，在55%~60%之间。

堆沤期间，1号基质的密度下降，而3、5、6号基质的密度上升，2、4号基质的密度基本保持不变。总孔隙度除1号基质外，其他基质均有下降，而毛管孔隙度上升。这种变化一方面有利于保水保肥，另一方面，若大小孔隙比例过小，也可能出现通气不良、大小孔隙度不适宜的情况，但由于本次配比的基质是很疏松的，因而这种变化是有利的。

2. 基质的养分含量

基质的不同配方及堆沤期均对基质的养分状况有影响，基质经堆沤后，养分含量迅速上升，并随堆沤期延长而增加，堆沤6个月的基质养分含量比堆沤3个月高。堆沤期间，养分元素速效含量上升比全量上升更快，到堆沤至6个月时，6种基质的速效N含量分别上升了150%、330%、129%、217%、80%、298%；速效P含量分别上升了25%、24%、19%、39%、125%、294%；速效K含量分别上升了132%、1242%、155%、1180%、180%、1105%，2号和4号基质的速效K含量上升非常明显。可见堆沤能明显改善基质的养分供应状况。

表1　基质的物理性质和养分含量[1)]

处理	基质	物理性质			养分含量/(g/cm^3)		
		密度(g/cm^3)	总孔隙度(φ)/%	毛管孔隙度(φ)/%	全N	全P	全K
新鲜	1	0.736	59.11	50.28	0.131(25.80)	0.158(194.37)	0.158(257.75)
	2	0.432	65.98	49.54	0.119(18.90)	0.116(175.20)	0.233(36.26)
	3	0.741	55.80	51.27	0.145(31.52)	0.148(259.45)	0.442(209.50)
	4	0.425	74.09	42.04	0.136(19.64)	0.063(144.82)	0.275(44.43)
	5	0.190	82.41	60.49	0.036(24.56)	0.035(44.40)	0.015(67.90)
	6	0.089	91.76	49.97	0.054(29.10)	0.010(43.00)	0.020(48.94)

（续）

处理	基质	物理性质			养分含量 /(g/cm^3)		
		密度 (g/cm^3)	总孔隙度 (φ)/%	毛管孔隙度 (φ)/%	全 N	全 P	全 K
堆沤 3 个月	1	0.712	60.44	55.72	0.213(6.39)	0.138(207.01)	0.355(443.90)
	2	0.450	64.57	50.50	0.189(64.87)	0.131(209.47)	0.183(257.94)
	3	0.776	53.81	39.45	0.244(78.56)	0.147(281.85)	0.396(417.10)
	4	0.424	74.14	46.85	0.206(62.08)	0.201(168.84)	0.204(334.34)
	5	0.195	81.90	68.89	0.065(42.99)	0.027(77.66)	0.027(152.75)
	6	0.095	91.80	48.35	0.086(84.56)	0.058(152.58)	0.032(207.13)
堆沤 6 个月	1	0.692	61.56	42.00	0.211 (64.72)	0.152(243.67)	0.419(598.98)
	2	0.430	64.33	50.40	0.249(81.34)	0.134(217.53)	0.313(486.78)
	3	0.786	53.21	38.91	0.254(72.25)	0.165(307.53)	0.522(535.08)
	4	0.428	73.90	49.73	0.224(62.24)	0.178(201.96)	0.304(568.77)
	5	0.199	81.57	64.64	0.070(44.09)	0.032(99.82)	0.039(190.02)
	6	0.110	90.59	52.65	0.130(115.74)	0.099(169.60)	0.056(552.11)
泥炭(CK)		0.272	81.11	59.51	0.226(108.36)	0.013(3.80)	0.132(27.97)

1）括号内数据为速效养分含量，单位 $\mu g/cm^3$。

6 种基质在堆沤过程中全 N 含量均有上升，堆沤至 6 个月时分别上升了 61%、109%、75%、65%、94%、141%。各基质以 5、6 号基质特别是 5 号基质的全 N 含量最低，远低于其他 4 种基质和泥炭，但 6 号基质堆沤到 6 个月后全 N 含量迅速上升，提高了 141%。全 N 含量低而导致 C/N 太高，使苗木缺氮而生长不良，这可能是 5、6 号基质育苗性能差的主要原因；6 号基质在堆沤 6 个月时全 N 含量已升高，因而育苗性能也较好。泥炭的含 N 量很高，全 N 含量相当于 1、2、3、4 号基质堆沤 6 个月的水平，而 P 和 K 的含量非常低。

表 2　基质理化性状与苗木生长指标的逐步回归结果[1)]

苗高			鲜质量		
入选因子	回归系数	偏相关系数	入选因子	回归系数	偏相关系数
密度	16.823 93	0.709	总孔隙度	- 0/026 46	- 0.530
速效 N	0.051 35	0.435	全 N	0.006 78	0.450
速效 P	-0.039 85	- 0.543	全 K	1.158 58	0.377
速效 K	0.018 71	0.666	速效 P	- 0.006 86	- 0.698
	速效 K	0.003 06	0.874		
常数项(B_0)	0.969 8		常数项(B_0)	2.576 36	

1）苗高复相关系数 0.896，F 入选值 3.2；鲜质量复相关系数 0.925，F 入选值 1.4

(三)基质的物理性状、养分含量与苗木生长的相关性

以苗高、鲜质量为指标，以基质的密度、总孔隙度、毛管孔隙度、pH、全 N、全 P、全 K、速效 N、速效 P、速效 K 共 10 个因子进行逐步回归，结果(表 2)表明：对苗高起显著影响作用的因子是密度、速效 K、速效 P 和速效 N；对鲜质量起显著作用的因子是速效 K、速效 P、总孔隙度、全 N 和全 K。两个指标的逐步回归分析均表示：速效 K 的含量对苗木的生长有明显的促进作用；速效 P 的含量

则明显抑制了苗木的生长，主要是因为基质中的速效 P 含量太高；全 N 的含量增加了苗木的鲜质量，速效 N 的含量则促进了苗高生长，进一步说明增加含 N 量，降低 C/N 比值是堆沤促进苗木生长的原因。基质的物理性质显然影响苗高的最重要因素：密度的大小是影响苗高的重要因子，与苗高呈正相关性；而毛管孔隙度则影响了苗木的鲜质量，与鲜质量呈负相关。可见过于松散的基质是不利于苗木生长的。

参考文献

[1] 韦民，陈建丽. 华南地区年产100 万株容器苗工厂化生产技术研究总结[J]. 广西林业科技，1992，2(3)：93 -94.

[2]陈凤英，缪美. 我国容器育苗现状及其技术发展趋势[J]. 林业科技开发，1989，(2)：1 -5.

伤流等指标评价在尾叶桉容器苗质量中的应用[75]

摘要 测定了不同基质的尾叶桉容器苗的伤流、叶绿素含量、苗高、生物量、高径比等指标。结果表明：伤流的测定值和苗木的其它常用指标相一致：生长状况好的苗木伤流量大。表明伤流用于评价尾叶桉苗木的生活力。选择适合的容器育苗基质是可行的；同时选出了以蔗渣和木屑为主要原料的尾叶桉容器苗优良育苗基质及其处理方法。

关键词 森林培育 尾叶桉 容器苗 基质 伤流

对于桉树，前人已进行了多方面的研究[1-18]，而对于伤流等指标在林木育苗中的应用，尚未见报道。有研究认为，苗木根系生长能力是保证造林质量的关键指标[19]，根系的良好发育能使地上部良好生长和发育[20-21]，因此根系伤流量是衡量根系活力和吸水和吸肥能力的重要指标。而目前根系伤流指标只多用于作物及蔬菜研究之中。

尾叶桉 *Eucalyptus urophylla* 是目前广东发展工业用材林(主要是纸浆材林)的重要树种之一，大面积造林主要采用容器育苗[22]。如何用更能体现苗木生理特征的指标来进行苗木质量评价，从而进行尾叶桉容器育苗试验研究，这是很有意义的。此次试验选用生长较好的尾叶桉容器苗，对其进行了伤流量的测定，并将其与其它常用指标进行比较，以探讨伤流在苗木质量评价中的适用性。

一、材料与方法

(一)材料

试验所用的尾叶桉种子1996年采集于广州10年生尾叶桉人工林，该树种源来自印度尼西亚潘塔岛，育苗容器为600 ml，容积聚乙烯塑料袋。

试验所用的基质原料有蔗渣、木屑、黄心土、泥炭，基质配方共6种，以泥炭作对照(表1)。

(二)试验方法

1. 试验处理

6种基质分别设不同堆沤时限、不同追肥水平2种处理。设新鲜、堆沤3个月、堆沤6个月3种堆沤时限及追肥1、追肥2、不追肥3种追肥水平，即3×3因素共9种处理(表2)。

㉟ 程庆荣、徐英宝载于《中南林学院学报》[2005，25(5)：68～71转150]。

表1　基质配比

基质号	木屑(%)	蔗渣(%)	煤渣(%)	黄心土(%)	复合肥(kg/100L)	泥炭(%)
1	50	0	20	30	0.8	
2	60	0	40	0	0.8	
3	0	50	20	30	0.8	
4	0	60	40	0	0.8	
5	100	0	0	0	0.8	
6	0	100	0	0	0.8	
7						100

注：容基质均以体积比配方。

在保持田间持水量70%的条件下，将6种基质分别堆沤3、6个月后装袋，育苗同时配制新鲜基质装袋。各处理分别育苗30株。苗木移植1个月后开始追肥。基质追肥肥料配方为尿素和KH_2PO_4，将其2∶1混合后以水溶液形式追肥。水溶液中尿素浓度为1∶100，KH_2PO_4浓度为1∶200。追肥1为每袋基质追尿素0.8g，KH_2PO_4 0.4g；追肥2为每袋基质追尿素0.4g，KH_2PO_4 0.2g。分4次追入，每次每袋追肥1水平为20 ml，追肥2水平为10 ml。

表2　基质处理

处理号	处理方式
1	新鲜基质，追肥1
2	新鲜基质，追肥2
3	新鲜基质，不追肥
4	基质沤3个月，追肥1
5	基质沤3个月，追肥2
6	基质沤3个月，不追肥
7	基质沤6个月，追肥1
8	基质沤6个月，追肥2
9	基质沤6个月，不追肥

2. 植株各项指标测定

植株定植50d后，每处理随机抽取3株进行叶绿素含量及根系伤流侧定。将植株取回室内，剪取倒4～倒6对叶，采用Arnon法测定叶绿素含量。然后从根颈部以上2cm剪去植株，用重量法收集伤流液。时间为早上7时至次日早上7时，白天隔4h测1次，夜间从19时至次日7时1次。

定植后30d开始，每10d测量苗高1次。定植2个月后收获。将收获后的苗洗净泥沙，展开拉直测量苗高；在根颈部位用游标卡尺测量地径。

二、结果与分析

(一)不同处理基质的苗木高生长情况

1. 配比和堆沤对基质育苗性能的影响

各基质苗高测定结果见图1可以看出，纯蔗渣(6号)和纯木屑(5号)的苗木生长欠佳。木屑和蔗渣经过配比40%的煤渣后(2号和4号)，与不经配制相比，苗高平均提高了117%和30%；配以20%

煤渣和30%黄心土后(1号和3号)，与不经配制相比，苗高平均提高了190%和43%。可见配以20%煤渣和30%黄心土是较佳配方。

不经堆沤的1~3号处理苗高生长表现最差。与不经堆沤的处理相比，堆沤3个月的4~6号处理平均苗高提高了39%，堆沤6个月的7~9号处理平均苗高提高了72%，可见堆沤能明显提高基质的育苗效果，堆沤6个月又优于堆沤3个月。

2. 追肥效果分析

适宜追肥处理能提高基质育苗效果。堆沤3个月的基质追肥1和追肥2水平即4号和5号处理育苗效果优于不追肥的6号处理。同不追肥的6号相比，追肥1和追肥2处理苗高分别提高了28%、30%，可见堆沤3个月的基质还是需要补充一些养分的。2种追肥水平相比无明显差异。沤6个月的基质追肥2即8号处理为最佳处理；不追肥的9号处理与8号处理无差异。而追肥1的7号处理苗木生长反而比8、9号处理都要差，同不追肥相比，追肥1的苗高减少了7%，说明堆沤6个月的基质追施肥1过量了，抑制了苗木生长；追肥2对苗木生长促进作用不明显。新鲜基质的3种处理中，处理3(不追肥)与处理2(追肥2)稍好，同不追肥相比，追肥1处理的苗高减少了15%，说明新鲜基质追肥不能促进苗木生长，并抑制了苗木高生长，这是由于新鲜基质易产生“烧苗”现象。

3. 各基质对不同处理方式的反应

不同的基质对各处理有不同的反应。1号配方基质的最佳堆沤水平是堆沤3个月并追肥的4、5号处理，与泥炭相比，其苗高分别增加了92%、76%，不经堆沤但追肥1、2水平的处理1和处理2苗木生长也不错，与泥炭相比，其苗高分别增加了39%、40%；堆沤6个月并追肥的7、8号处理甚至差于不经堆沤并追肥的1、2号处理，只有不追肥的9号处理优于不经堆沤的处理，与泥炭相比，堆沤6个月的3种处理苗高分别增加了12%、24%、35%。这说明1号基质堆沤3个月育苗效果最好，堆沤6个月已不须追肥，追肥明显抑制了苗木生长。

除1号基质外，其它5种配方基质均在堆沤6个月的处理上生长最好。2号基质的4、5、7~9号处理优于泥炭，苗高分别比泥炭增加了38%、22%、32%、49%、35%。可见堆沤6个月的7~9号处理明显比堆沤3个月的4、5号处理好。堆沤3个月的处理对追肥反应明显，追肥1(处理4)优于追肥2(处理5)，而堆沤至6个月时追肥1(处理7)已过量了，抑制了苗木的生长，追肥2(处理8)促进生长。

3号基质的5、7~9号处理优于泥炭，苗高分别比泥炭增加了13%、4%、20%、30%。也是堆沤6个月育苗最好，堆沤6个月不追肥(处理9)是最佳处理。堆沤3个月则需追肥1。

4号和6号基质只有经堆沤6个月的7~9号处理才能达到与泥炭相当的水平。与泥炭相比，4号基质的7~9处理苗高分别增加了21%、22%、7%，追肥(处理7、8)促进生长，以追肥2最适宜。苗高则只有处理8优于泥炭11%，追肥促进生长，追肥2最适宜。

总体看，1号基质即使不经堆沤，也可达到与泥炭相当的育苗水平，追肥促进生长；堆沤3个月后育苗效果最好，追肥促进生长，而堆沤6个月后育苗效果又稍差于堆沤3个月的处理，追肥抑制苗木生长。2~4、6号基质只有经过堆沤，才能达到较好的育苗水平，在堆沤6个月并追肥的处理下生长最好。6号基质经堆沤6个月后育苗功能大大提高，苗高达到了与泥炭相当的程度，这说明6号基质经过充分的堆沤后，还是适合于做育苗基质的。5号基质经过各种处理后差异不明显，苗木生长很差，说明5号基质不适于做育苗基质或还须进一步堆沤。

(二)苗木的伤流量和叶绿素含量指标评价

为分析苗木的生活力，评价苗木的质量，测定了不同处理水平苗木的叶绿素含量和部分苗木伤流量，计算高径比，并与苗高生长情况进行比较。

1. 伤流量

选取生长较好的堆沤3个月基质或堆沤6个月基质的苗木进行伤流量的测定。测定时间为早上7时至次日7时，白天每4h测1次，夜间从19时至次日7时测1次。

表 3　苗木伤流量测定结果

基质		追肥 1 不同测定时间的伤流量				追肥 2 不同测定时间的伤流量				不追肥不同测定时间的伤流量			
		7:00~11:00	11:00~15:00	15:00~19:00	19:00~7:00	7:00~11:00	11:00~15:00	15:00~19:00	19:00~7:00	7:00~11:00	11:00~15:00	15:00~19:00	19:00~7:00
沤3个月	1	93.0	6.50	0.10	0	23.00	0	0.10	0	2.30	0	0.20	0
	2	101.85	15.05	0	0	89.05	0	7.50	0	5.80	0	0.30	0
	3	100.30	12.30	0.10	0	92.90	23.15	0	0	13.20	0	0.80	0
	4	35.15	8.95	0	0	92.50	7.85	0	0	14.05	2.35	0	0
	5	6.50	2.20	1.70	0	1.00	0	0.30	0	0.70	0	0.25	0
	6	6.80	5.40	0	0	4.90	0.20	01.20	0	1.10	0	0.75	0
沤6个月	1	2.45	0	0.70	0	2.90	0	0.70	0	3.10	0	0.80	00
	2	1.70	0.30	0.60	0.10	2.20	0.30	0.80	0.50	2.40	0	0.80	0
	3	1.70	0	0.70	0	3.30	0	0.70	0.50	1.60	0	0.25	0
	4	1.50	0	0.10	0.30	1.90	0	0.20	0	1.50	0	0.50	0.40
	5	2.40	0	0.40	0.10	2.40	0	0.60	0	1.70	0	0.70	0
	6	2.10	0	0.70	0	2.20	0	0.70	0	1.90	0	0.50	0
	泥炭	28.10	2.60	8.35	0								

从结果看(表3)，堆沤6个月基质的苗木伤流量远低于堆沤3个月的基质和泥炭基质苗木伤流量，这是由于取样的时间不同，堆沤6个月基质的苗木取样时间为12月中旬，气温较低，苗木已进入木质化阶段；而堆沤3个月的基质和泥炭基质的苗木取样时气温尚高(11月中旬)，苗木生长旺盛，因而伤流量大。从各次观测的结果来看，堆沤3个月的以1～4号基质苗木伤流量较多，而5、6号伤流量很少，说明基质经配比后明显提高了苗木的伤流量。追肥明显提高了苗木伤流量，追肥量大，苗木伤流量也增多；追肥1水平后，1～4号基质1d的总伤流量分别增加了155%、276%、188%、157%，远高于泥炭，其中2号基质伤流量对追肥的反应最为明显。从堆沤6个月基质苗木的伤流量来看，各基质间差异不大，追肥2水平提高了伤流量。以3号基质追肥、2和1号基质不追肥苗木的伤流量最好。苗木7～11时和15～19时伤流量高，而中午及夜间伤流量很少。说明上午7～11时和下午15～19时是苗木进行光合作用的高峰期，这与番茄等作物的伤流研究结果一致[3]。生长状况好的苗木伤流量大，表明伤流用于评价尾叶桉苗木的生活力是可行的。

2. 叶绿素含量

经观测，苗木生长状况不同，外部形态也表现不同。生长较健壮的苗木叶色浓绿，叶片多且宽大；生长纤弱矮小的苗木叶色发红，叶片细小稀疏。

从叶绿素含量测定结果(表4)来看，新鲜基质苗木的叶绿素含量最低，平均只有0.776mg/g；堆沤3个月基质的苗木叶绿素含量有所增加，平均1.37mg/g；堆沤6个月的基质苗木叶绿素含量最高，平均为1.76mg/g，除5号基质外，都优于或同等于泥炭基质苗木的叶绿素含量；堆沤的基质苗木生长良好，提高了苗木的叶绿素含量，堆沤6个月又比堆沤3个月好。

表4 不同基质容器苗木叶绿素含量

单位：mg/g

序号	处理方式	基质1	基质2	基质3	基质4	基质5	基质6	泥炭
1	新鲜基质，追肥1	0.897	0.888	0.220	0.959	1.130	1.020	
2	新鲜基质，追肥2	0.858	1.022	0.893	1.042	1.062	1.118	
3	新鲜基质，不追肥	0.523	0.639	0.476	0.776	0.178	0.267	1.482
4	基质沤3个月，追肥1	1.789	1.680	1.729	1.736	1.180	1.741	
5	基质沤3个月，追肥2	1.242	1.616	1.376	1.391	1.740	1.694	
6	基质沤3个月，不追肥	1.00	0.797	0.845	1.265	0.502	0.621	
7	基质沤6个月，追肥1	1.840	2.096	2.14	1.768	1.679	1.701	
8	基质沤6个月，追肥2	2.077	2.061	2.00	1.694	1.127	1.775	
9	基质沤6个月，不追肥	2.194	2.061	1.825	1.418	1.005	1.301	

追肥后的苗木叶绿素含量有所提高，新鲜基质以追肥2苗木的叶绿素含量提高，同不追肥相比，分别增加了64%、60%、88%、34%、496%、318%；堆沤3个月处理基质的苗木以追肥1水平含量最高，同不追肥相比，分别增加了79%、110%、86%、25%、260%、180%；而基质堆沤至6个月后，追肥后苗木的叶绿素含量相差不远，1号基质甚至以不追肥处理叶绿素含量最高，说明新鲜基质和堆沤3个月的基质对追肥反应明显，追肥后叶色明显变绿变浓，而堆沤6个月的基质苗木本身叶色已经很绿，生长状况好，所以对追肥反应并不明显。

三、结论与讨论

(1)木屑与蔗渣配以30%黄心土+20%煤渣并经堆沤后，其育苗性能相当于甚至优于泥炭，且来源广泛、价廉，是泥炭的优良替代育苗基质。适当追肥可进一步提高其育苗性能。

(2)尾叶桉苗木伤流量在7～11时和15～19时最大，与番茄等其他作物的伤流规律一致，苗高生长情况好的苗木，其伤流量也相应大。

(3)基质堆沤后，尾叶桉苗木的叶绿素含量增加，适当追肥后苗木生长好，叶绿素含量也相应增加。

参考文献

[1]胡曰利，吴晓芙，王尚明，等．桉树人工林地有机物和养分库的衰退及防治[J]．中南林学院学报，2000，20(4)：36~40

[2]李志辉，李跃林，谢耀坚．巨尾桉人工林营养元素积累、分布和循环的研究[J]．中南林学院学报，2000，20(3)：11~20

[3]李志辉，李跃林，杨民胜，等．桉树人工林地土壤微生物类群的生物分布规律[J]．中南林学院学报，2000，20(3)：24~28

[4]李志辉，李跃林，杨民胜，等．桉树林地土壤酶分布特点及活性变化研究[J]．中南林学院学报，2000，20(3)：29~33

[5]胡曰利，吴晓芙，王尚明，等．刚果12号桉 W_5 无性系计量施肥及校验研究[J]．中南林学院学报，2000，20(3)

[6]孙汉洲，赵芳，李志辉，用细胞膜脂肪酸成分分析法筛选出抗寒巨桉种源[J]．中南林学院学报，2000，20(3)：49~53

[7]朱宁华，李芳东．桉树耐寒性与超氧化物歧化酶关系研究[J]．中南林学院学报，2000，20(3)：63~66

[8]朱宁华，李芳东，张昭祎．赤桉组培苗生根与多酚氧化酶、过氧化物酶活性的关系[J]．中南林学院学报，2000，20(3)：67~69

[9]汤珧华，李志辉．耐寒性桉树早期选择(Ⅰ)：耐寒性桉树早期选择研究综述[J]．中南林学院学报，2000，20(3)：70~74

[10]梁及芝，李志辉，黄志文，等．耐寒性桉树早期选择(Ⅱ)：巨桉种源和家系幼林生长[J]．中南林学院学报，2000，20(3)：75~79

[11]李志辉，汤珧华，孙汉洲，等．耐寒性桉树早期选择(Ⅲ)：巨桉种源和家系膜脂肪酸组成、含量与抗寒性生关系[J]．中南林学院学报，2000，20.(3)：80~85

[12]刘卫东．应用均与设计试验法建立桉树生根率预测模型[J].2000，20(3)：93~95

[13]邓云光，李群伟，张伟佳．桉树部分种类种源试验研究初报[J].2000，20(3)：93~95

[14]莫晓勇，龙腾，彭仕尧，等．桉树嫩枝扦插育苗技术研究[J]．中南林学院学报，2002，22[4]：31~35

[15]李志辉，杨模华．巨桉种源遗传多样性的RAPD分析[J]．中南林学院学报，2003，23(4)：5~9

[16]邹小兴，梁一池，阮少宁．巨桉家系遗传距离分析[J]．中南林学院学报，2003，23(2)：58~61

[17]杨模华，薛鹏，庞统，等．巨桉全体遗传结构分析[J]．经济林研究，2003，21(3)：8~12

[18]李志辉，庞统，杨模华．桉属植物叶片DNA抽提[J]．经济林研究，2003，21(2)：3~7

[19]陈连庆，韩庆林．马尾松、杉木容器苗培育基质研究[J]．林业科学研究，1996，9(2)：165~169

[20]金成忠，许德威．作为根系活力指数的伤流液简易收集法[J]．植物生理学通讯，1954，(4)：51~53

[21]阙瑞芬，张德威，徐志豪，等．番茄不同基质无土栽培的增产效果及生理分析[J]．浙江农业大学学报，1991，3(2)：73~78

[22]韦民，陈建丽．华南地区年产100万株容器苗工厂化生产技术研究总结[J]．广西林业科技，1992，2(3)：93~94

YILANZHONGSHANLU

一览众山绿

第五部分

部分参编著作

林农间作[76]

在同一块土地上，将林木与农作物相间种植的栽培方式。这种栽培方式的优点是：① 可以从造林第一年起即从农作物中得到收益；②可充分利用光能和土地潜力，增加单位面积的生物量。但是，林农间作的优点，只有在间作合理情况下才能反映出来。由于造林树种、作物种类以及立地条件和耕作技术的不同，间作效果有很大差别，甚至有时由于间作不当，不仅影响幼林生长和作物产量，而且引起地力衰退，造成不良后果。中国农林间作历史悠久。桑树和黍间作，汉代《氾胜之书》已有记载。北魏农学家贾思勰在《齐民要术》中介绍：桑树下中菉豆、小豆，不仅“二豆良美”，而且“润泽益桑”；槐树与麻间作，当年和麻子同播的槐子，长出的苗“即与麻齐”。明代徐光启所撰《农政全书》，对杉木与农作物间作写道：“如山可种，则夏种粟，冬种麦，可当耘锄。”这一制度世代相传，不断发展，南方水果、杉木、油茶、油桐和北方泡桐、柿、枣等大部分是通过间作发展起来的。

由于经营目的和间作年限不同，间作可分为短期间作、中期间作和长期间作 3 种类型。中国的杉木、油桐、泡桐，是采用间作方式比较普遍的树种。杉木常实行短期或中期间作方式，并有先农后杉、杉农同时及先杉后农 3 种情况。先农后杉是在垦地后先种 1 ~ 2 年农作物，然后栽杉，有些地方先种 1 ~ 2 年绿肥，实行埋青施肥改土后种杉。杉农同时是在造林当年同时种农作物，幼树与作物搭配是：第一年种高秆作物(玉米)居上层，杉木处下层，农作物对幼小杉木有遮荫效用；第二年种谷子，与杉木同处一层间作第三年种矮生植物，大豆、花生处下层，杉木居上层。这样连续 3 年，效果较好。先杉后农的方式较少采用，只有间种一些需庇荫的药用植物时才运用。油桐与农作物间作多实行长期间作方式。具体配置因在农耕地和山地有所不同，分为 2 种：在农耕地上种油桐，油桐种植密度不大，一般每公顷 75 ~ 150 株，零散地种植在农耕地中间和边缘；山地种桐，则以桐为主，油桐种植密度稍大，每公顷 225 ~ 375 株，林内常年间种农作物。泡桐与农作物间种也采用长期间作类型。泡桐发叶晚，落叶迟，枝叶稀疏，根系较深，是林粮间作的优良树种。在农耕地上，实行农桐间作，具有防风、防沙、防干热风、防晚霜等自然灾害和调节农田小气候的作用，从而促进农业高产稳产。同时各种农业技术措施，对泡桐生长有很大的促进作用。因此，农桐间作特别是桐麦间作能互相促进，达到桐粮双丰收的目的。目前间作的形式有：以农为主，株行距 3 ~ 6m × 20 ~ 60m；以林为主，5m × 5m 或 6m × 6m。但绝大多数是以农为主进行经营的。

[76] 徐英宝．原文载于《中国农业百科全书・林业卷》(北京：农业出版社，1989：329)。

水 松 林 [77]

水松(*Glyptostrobus pensilis*)为杉科半落叶乔木，树高可达40m，胸径110cm，干形端直，较速生，是中国特有的珍稀孑遗树种，又是华南低湿、水湿地的造林绿化优良树种。

木材淡红黄色，轻软，细密，相对体积质量0.37 ~0.42；耐水湿，耐腐力强，除供建筑、板料用材外，还可用于造船、涵洞和水闸板，誉为“水乡杉木”。根部木质松轻，相对体积质量0.12，浮力大，可代替木栓，广泛用于加工瓶塞和救生圈，亦是做恒温室、冷藏库的软木材料。鲜叶、鲜果富含单宁，可提取栲胶。枝叶及球果入药。根系发达，多栽种于河边、堤旁，作防风固堤用。树姿优美，可作庭园或湖滨观赏树(屈大均，1685；《华南经济树木》编写组，1976)。

(一)分布和生境

水松是世界上著名的活化石树种，在中生代的上白垩纪(距今6000万年)，构成当时繁盛的植物群，到新生代第三纪(距今4000万年)曾广布于整个北半球，其化石在西欧、北美、日本和中国东北均有发现。已知水松活化石种有6种以上。据中国科学院南京地质古生物研究所调查，在吉林省延吉县三合镇曾采集到渐新世纪时期的欧洲水松(*Glyptostrobus europaeus*)化石标本，但到第四纪冰川期以后大多数水松逐渐绝灭，中国现仅残存1种，为中国特产孑遗植物。主要分布于华南、东南地区，以广东珠江三角洲和福建北部、中部及闽江下游为主要产地，广西、江西、云南、四川等省有零星分布。在长江下游的武汉、南京、上海等地有少量栽培。

广东以新会、斗门、中山、南海、番禺、顺德、东莞、博罗、台山和广州郊区等县市栽种为多，汕头、梅县、五华、兴宁、曲江、湛江等地亦有少量栽培；福建分布于浦城、建瓯、南平、屏南、罔宁、政和、晋江、大田、漳平、福州、闽侯等地；广西分布于录山、陆川、临桂、梧州、兴安等地；江西分布于全南、上饶、沿山、余江、弋阳、南城等地；云南屏边大围山也有零星分布。关于水松的分布范围可参见图1。

据中国科学院地理研究所调查(1980)表明，过去华南水湿地天然水松林分布很广，在现今广东中部平原，尤以珠江三角洲西北部的三水、四会、高要以及江门市湘莲、东莞道窖、广州市郊石牌等地下2 ~4m处埋藏有水松残体，树干基部直径达2m，根表明距今3000 ~5000年前，天然水松林还生长繁盛。由于长期砍伐和人为破坏，天然水松林今已少见，仅交通不便、人迹罕到地方，尚有小面积星散分布，如福建屏南县鹫峰山下沼泽地上的水松林和浦城县梨岭村冲积土上的水松林等。

现在各地的水松林都是人工种植，多分布于河流两岸或江河下游泛滥泥滩地以及堤围水边。清代屈大均的《广东新语》(1685)有“水松性宜水，广中凡平堤曲岸皆列植”(屈大均，1685)。广东曲江县南华寺后山现保存7株水松，树龄400 ~500年，平均树高35.5m，胸径96cm，其中最高40.5m，最大

[77] 徐英宝、陈国扬. 原文载于《中国森林》(第2卷针叶林)(北京：中国林业出版社，1991：670 ~677)。

胸径 110cm，说明水松栽培年代久远(徐英宝，1980)。斗门县是广东营造水松林最多的一个县，60 年代以来在黄洋河两岸栽植水松林 121 万株，营造水松速生丰产林 133hm^2。广东截至 1985 年水松林面积达 1 200hm^2，多数种植于低海拔地区，从平原河涌地、低湿地、沼泽地、间歇性水淹地直到丘陵。

水松分布区年平均气温 15～22℃，年降水量 1000～2200mm，水热同期，生长良好，较耐寒，在江西庐山海拔 1210m 处，1 月平均温度 0. 6℃，极端最低温度 -13. 9℃，仍能生长。在福建鹫峰山海拔 1280m 处，1 月平均温度 4℃，极端最低温度 -13℃，仍能生长正常。水松极耐水湿，在广州华南农业大学的鱼塘边生长的水松，长期水淹，树龄 25 年，树高 6～8m，胸径 12～16cm，能开花结实，但生长缓慢。

水松为强喜光树种，光照对水松生长有着强烈影响。从表 1 可以看出，在同样立地上同龄水松，不遮阴比遮阴树高大 46. 3%，胸径大 56. 8%，蓄积量几乎大 3 倍。

表 1　光照对水松生长的影响

调查地点	栽植地段	年龄	调查株数	平均生长指标		
				树高(m)	胸径(cm)	蓄积量(m^3/100 株)
广东斗门县西安区前进乡河涌边	不遮阴	5	140	6. 0	6. 9	1. 0804
	遮阴	5	126	4. 1	4. 4.	0. 3096

水松对土壤适应性较强，但不同立地上林分生长速度有显著差异(表 2)。一般在中性、微酸性土上表现最佳，酸性土较差。广东新会县湖边种植的水松，土壤 pH5. 0，21 年生平均树高只有 6. 7m，胸径 11. 1m，生长速度比适生立地上的水松慢 50%。水松耐盐性较强，斗门县白蕉区红三乡在河涌边种植的水松，每年有 4 个月被咸湖淹浸，生势依然旺盛，14 年生平均高 7. 5m，胸径 14. 4cm。又该县白藤湖垦区的盐渍土全盐量高达 0. 38%，而 3. 5 年生水松平均高 3. 12m，胸径 2. 56cm。

表 2　土壤状况对水松生长的影响

地址	年龄	平均树高(m)	平均胸径(cm)	pH	有机质(%)	含盐量(%)
广东斗门县大沙农场	7	8. 4	13. 7	7. 4	2. 5	0. 10
广东斗门县白藤湖垦区	3. 5	3. 1	2. 6	7. 6	2. 6	0. 38
广东斗门县西安区十三项	12	12. 0	13. 4	7. 2	3. 0	0. 10
广东新会县礼乐区向荣	4	3. 4	3. 3	7. 5	2. 6	0. 06
广东番禺县马克乡	13	8. 6	14. 3	7. 5	2. 5	0. 03
广东番禺县马克乡	14	8. 2	14. 2	6. 5	2. 0	0. 02
广东番禺县万顷沙	5	6. 0	6. 2	7. 5	2. 3	0. 04

注：引自徐燕千，1983。

(二)组成结构

水松人工林树种单纯，立木疏密不一。据调查，福建还有少量水松天然林分布，多为纯林生长在低湿处和山谷凹地的沼泽土上。组成结构较简单。层次较明显，可分为乔木层、灌木层和草本层。立木高度和郁闭度随林龄和立地条件的不同而异。现将 2 个林型分述如下：

1. 野古草圆锥绣球水松林

本林型分布在福建屏南县鹫峰山腰部岔道口，狭长带状的洼地上，林地稍平坦，无裸露岩石，有小土丘，地下有泉眼，每年春夏秋 3 个季节渍水约 20cm，林地西面是柳杉林，南面山坡是黄山松林，北面系杂灌坡地。海拔1280m，系沼泽土，全年潮湿，屈膝状呼吸根布满林地，水松和禾草类的地上枯落物层厚约3cm，呈黄褐色，土壤表面有苔草藓类植物。

林分为水松纯林，林相齐整，层次分明，春夏秋3季呈苍绿色，立木较均匀，郁闭度0.7，林龄约200年，长势良好，仍开花结实，林木高大于20m，胸径大于20cm，个别孤立木树高大于36m，胸径112cm。

在1200m²标准地内，水松Ⅱ～Ⅴ级木共76株（分级标准：Ⅰ级高度＜33cm；Ⅱ级高度＞33cm，胸径＜2.5cm；Ⅲ级胸径2.5～7.5cm；Ⅳ级胸径7.5～22.5cm；Ⅴ级胸径＞22.5cm），其中Ⅴ级木56株，Ⅳ级木9株，Ⅲ级木4株，Ⅱ级幼树7株，Ⅰ级幼苗1 200株；基径最大77cm，Ⅱ级木最小基径4cm。下层高2m左右，覆盖度40%以上，生长中等，分布不均，共17种，其中圆锥绣球（*Hydrangea paniculata*）占明显优势。近年来，由于严禁放牧，幼苗幼树和活地被物逐渐增多，藤本植物只有锈毛莓（*Rubus reflexus*）1种。详见表3。

表3　野古草圆锥绣球水松林下木层标准地调查

植物种名	株数	高度（m）		生活强度	物候期	分布情况
		最高	平均			
圆锥绣球 *Hydrangea paniculata*	152	2.5	1.0	稍强	＋ －	稍均匀
小叶石楠 *Photinia parvifolia*	107	2.0	0.9	中	－	不均匀
石斑木 *Rophiolepis indica*	47	1.0	0.7	一般	－	不均匀
乌饭树 *Vaccinium bracteatum*	22	0.8	0.5	一般	－	不均匀
金樱子 *Rosa laevigata*	37	1.0	0.8	一般	－	不均匀
紫树 *Nyssa sinensis*	7	0.7	0.5	一般	－	不均匀
短尾越橘（短尾乌饭树）*Vaccinium carlesii*	47	1.0	0.7	一般	－	不均匀
野漆 *Toxicodendron succedaneum*	9	1.5	1.0	一般	－	不均匀
毛杨桐（大萼红淡）*Adinandra macrosepala*	42	2.5	1.1	中	－	不均匀
高粱泡 *Rubus lambertianus*	18	0.5	0.3	中	－	不均匀
梅叶冬青 *Ilex asprella*	22	0.5	0.3	中	－	不均匀
小果南烛 *Lyonia ovalifolia* var. *elliptica*	27	2.0	1.0	一般	－	不均匀
马银花 *Rhododendron ovatum*	83	2.5	1.3	中	－	不均匀
山胡椒 *Lindera glauca*	22	1.0	0.5	中	－	不均匀
满山红 *Rhododendron mariesii*	42	0.8	0.5	中	－	不均匀
东方古柯 *Erythroxylum kunthianum*	12	0.5	0.2	一般	－	不均匀
长柄柳 *Salix dunnii*	17	1.5	1.0	中	－	不均匀

注：物候期：－为营养期；＋为结实种子尚未散出；调查地点：福建屏南上楼；海拔：1280m；面积：1200m²；调查日期：1986年7月。

林下草本植物生长繁茂，但种类较单纯，盖度80%，高30cm左右，主要有野古草、黑油莎草等。以野古草占优势，蕨类植物有紫萁等3种，详见表2至表4。

表 4　野古草圆锥绣球水松林草本层标准地调查

植物名称	高度（m）	盖度（%）	多度	生活强度	分布情况	物候期
野古草 *Arundinella hirta*	30	80	Cop^3	强	均匀	+ -
黑莎草 *Gahnia tristis*	40	10	Cop^1	强	不均匀	-
一把伞天南星 *Arisaema erubecens*	20	2	*Sp*	中	不均匀	-
三白草 *Saururus chinensis*	10	0.03	*Sol*	一般	不均匀	-
紫萁 *Osmunda japonica*	30	3	*Sp*	中	不均匀	-
中华里白 *Hicricopteris chinensis*	30	2	*Sp*	中	不均匀	-
菜蕨 *Callipteris esculenta*	30	10	Cop^1	中	不均匀	-

注：调查地点：福建全屏；海拔高度：1280m；面积：1200m²；调查日期：1986 年 7 月。

据 300 m²标地调查，乔木层 19 株。可分 2 个亚层，第一亚层全部是水松，林龄 200 年以上，长势良好，生活力强，郁闭度 0.6，水松平均高 31.4m，最高 36m，平均胸径 29.8cm，最大 33.5cm。林地上还有 5 株水松伐桩。第二亚层均是阔叶树，其中有枫香、乌桕、青冈栎、光叶石楠等乔木树种。

2．菜蕨台湾榕圆锥绣球水松林

本林型由于乔木层很高，林地三面接水田，侧方光照较充足，林地积水浅，所以林下灌木相当繁茂，覆盖度 70%，高 2m 左右，生长良好，由 19 种灌木组成，其中以台湾榕和水亚木为主。详见表 5。

表 5　菜蕨台湾榕圆锥绣球水松林下木层标准地调查

植 物 种 名	株数	高度（m）		生活强度	物候期	分布情况
		最高	平均			
台湾榕 *Ficus formosana*	27	2.5	1.7	良	-	稍均匀
檵木 *Loropetalum chinensis*	4	3.0	2.5	一般	-	不均匀
油茶 *Cameellia oleifera*	2	2.5	2.0	一般	-	不均匀
野漆 *Toxicodendron succedaneum*	16	2.5	2.1	一般	-	不均匀
凤凰润楠 *Machilus phoenicis*	5	1.5	1.0	良	-	不均匀
紫楠 *Pheobe sheareri*	4	2.0	1.2	良	-	不均匀
赤杨叶 *Alniphyllum fortune*	2	2.0	1.2	良	-	不均匀
刨花润楠 *Machilus pauhoi*	6	2.5	2.0	良	-	不均匀
变叶榕 *Ficus variolosa*	4	1.5	1.0	良	-	不均匀
圆锥绣球 *Hydrangea paniculata*	23	2.5	1.5	强	-	不均匀
高粱泡 *Rubus lambertianus*	7	2.0	1.3	一般	-	不均匀
大叶白纸扇 *Mussaenda esquriolii*	9	2.1	1.5	良	+	不均匀
棘茎楤木 *Aralia echinocaulis*	2	1.5	1.2	良	-	不均匀
长叶紫珠 *Callicarpa longipes*	3	1.2	1.0	良	-	不均匀
小构树 *Broussonetia kazinoki*	3	1.2	1.0	一般	-	不均匀
弯蒴杜鹃 *Rhododendron henryi*	7	1.2	0.8	一般	-	不均匀
盐肤木 *Rhus chinensis*	7	1.0	0.8	一般	-	不均匀
格药柃 *Eurya muricata*	12	1.0	0.7	一般	-	不均匀

注：调查地点：福建浦城梨岭村；海拔：250m；面积：300m²；调查日期：1986 年 6 月。

草本植物不发达，主要有野芋、山姜等6种。蕨类植物只有菜蕨1种，生长繁茂，分布均匀。详见表6。

表6　菜蕨台湾榕圆锥绣球水松林草本层标准地调查

植物名称	高度(m)	盖度(%)	多度	生活强度	分布情况	物候期
野芋 *Colocasia antiquorum*	30	10	*Cop*¹	强	不均匀	-
山姜 *Alpinia japonica*	20	10	*Cop*¹	中	不均匀	-
水蓼 *Poiygounm hydropiper* var. *flaccidum*	10	10	*Cop*¹	中	不均匀	-
蕺菜 *Houttuynia cordata*	5	20	*Cop*¹	中	不均匀	-
五节芒 *Miscanthus floridulus*	112	15	*Cop*¹	中	不均匀	-
黑莎草 *Gahnia tristis*	40	20	*Cop*¹	强	不均匀	-
菜蕨 *Callipteris esculenta*	30	70	*Cop*³	强	不均匀	-

注：调查地点：福建浦城梨岭村；海拔：250m；面积：300m^2；调查日期：1980年6月。

藤本植物，主要有菝葜(*Smilax china*)、野葛藤(*Pueraria montona*)、香花崖豆藤(山鸡血藤)(*Millettia dielsiana*)、异叶爬山虎(*Parthenocissus heterophylla*)、锈毛忍冬(*Lonicera ferruginea*)、络石(*Trachelospermum jasminoides*)、毛葡萄(*Vitis quinquangularis*)等7种。

(三)生长发育

水松较速生，通常10～20年生，树高8～10m，但因立地条件和种植技术不同而有显著差异。在华南平原江河下游的冲积土上，水松速生，特别在幼年，树高和胸径年生长分别可达1m，1.5cm左右，如在广东斗门县西安区河滩地上，11年生的水松，林分密度3000株/hm^2，林分生物量达110.57t/hm^2，干材比率高达62.2%～66.6%。根系发达，占林分生物量的24%左右(徐燕千等，1983)。

在珠江三角洲平原中等立地上，根据树干解析树高平均生长4～16年逐年加速，8～16年保持在0.65～0.75m之间，18年以后为0.4～0.5m，有所减少；胸径平均生长从6～23年，一直保持在0.71～0.74cm，连年生长从6～18年保持0.95～1.20cm，最大值出现在8～12年(1.95cm)，20年后生长明显下降；材积连年生长量从第8年开始加快，20年达到直径生长的旺盛期则在5～15年。材积生长从第14年开始迅速增加，并出现材积连年生长的高峰，20年以后，材积生长趋于平稳，心材比例增加，即达到木材的工艺成熟期。

水松在湿生条件下根系发达，幼年时主根明显，但10年后主根弯曲或停止生长。侧根和支根强烈发展，故成年水松根系，主根变为不明显(徐祥浩等，1959)，在长期滞水的低湿地上，尤其在水中生长的水松，根系更加发达，树干基部膨大成柱槽状，形成层活动从树干基部开始。自下而上，直径生长量下大上小，树干尖削度小。

(四)更新演替

过去华南的天然水松群落分布很广，多生长在低湿淤泥和山脚洼地的沼泽土上。现在的广东珠江三角洲地区仍可见到泥炭土中埋藏很多水松残体。说明水松在特殊的立地条件下，如光照充分，高温多雨的亚热带气候，在溪流两岸的间歇性水淹地或积水的山谷洼地上，带翅种子落到林中空地土丘之后，便能萌发生长，自然更新成林。而其他针阔叶树的种子，虽也能萌生幼苗幼树，但不耐长期水淹而相继死亡。不过，在水松长到一定年龄以后，一些常绿阔叶树的种苗就可相继出现，逐渐改变立地状况，并更替水松林。

(五)评价及经营意见

水松是中国的“活化石”，亦是珍贵的用材树种和防护林树种，具有重要的科学研究和经济利用价值。实践证明，水松在华南水湿地可以发挥防风护岸固堤的生态效益，同时为木材奇缺的平原地区提供优质用材。目前华南各地现有水松林多是人工培育的，天然林少见。今后宜加以保护和积极发展，使濒于灭绝的孑遗植物得以保存和繁衍。

1. 旱播水育

在旱地播种后 120 ~ 150d，苗高 20 ~ 25cm 时，要选水田做平床移植，忌“死水”，白天放水保持浸过床面 3 ~ 5cm，晚间排水，苗高 1m 以上才出圃。

2. 林地选择

华南平原水湿地可种植水松的土壤一般分为 5 类，即江河两岸泥滩地、溪渠两边河涌地、堤围基地、弃耕农田和塘边地。以地下水位 1m 左右或有潮水张落，时浸时干的河滩地，最宜栽植水松。堤围及河涌地，土壤结构、透水性和通气性中等，水松生长状况亦属中等。塘边池塘水处于静态，通气条件最差，水松生长缓慢，尖削度大，产量低。

3. 栽植位置

广东珠江三角洲种植水松，种植点有的在潮水线上，也有在潮水线下，生长差异悬殊，是影响水松生产力高低的关键措施。当种植点在潮水线下 40 ~ 60cm 时，树高、胸径和材积生长都急剧下降；适宜的栽植点是潮水线上 15 ~ 30cm，其生长量较其他种植点高 1 ~ 2 倍或更多。这是因为这样的条件，土壤既湿润又通气良好，符合水松生态学特性。

4. 速生丰产

各地的水松林，生长较好的都是做到适地适树和注意管护好幼林。如广东斗门县莲溪区农丰乡栽植点在潮水线上 30cm，造林用壮苗。大穴基肥，适当追肥，林农间作，逐年培土，11 年平均树高 9.5m，胸径 14.5cm，达到速生丰产。

总之，如何按适地适树原则，扩大水松林资源，探索速生丰产技术，是值得研究的课题。

湿地松林 ⑱

湿地松(*pinus elliottii*)林是一种外来人工林类型。湿地松属松科常绿乔木，原产美国东南部。适应性强，早期生长快，材质好，松脂产量高，在世界亚热带和热带地区广为栽植。

中国引种湿地松始于20世纪30年代，到49年代和60年代，又进行了小面积的引种试验。70年代以来进行大面积造林。据1985年底南方10省(自治区)的不完全统计，全国湿地松造林面积已达41万 hm^2以上(中国林业科学研究院林业科学研究所国外松协作组，1986)。

一、分布于生境

湿地松原产美国东南部，由集中于佐治亚洲。南界在佛罗里达州中部(28°10′)，北限达南卡罗来纳州的佐治顿县(北纬33°50′)。主要分布在海拔150m以下的丘陵平地。分布区属亚热带季风湿润型气候，年平均气温15.4～21.8℃，极端最高温气温37℃，偶达41℃，极端最低气温－17.8℃；年均降水量1170mm(吴中伦等，1983)。

中国已引种湿地松的地区达16省(自治区)，主要是广东、广西、福建、湖南、江西、湖北、四川、安徽、浙江、江苏10个省(自治区)，河南、山东、陕西、贵州、云南、海南等省栽植面积不大。种植范围相当于东经97°～120°和北纬19°～36°之间。主要在海拔400～500m以下的丘陵、岗地及海滨沙地。

(一)湿地松生长与气候

湿地松在中国的引种栽植地区包括暖温带、亚热带和热带(表1)。湿地松在暖温等因受较长的寒冷地区影响，针叶常遭冻害而枯黄，生长受到严重影响。所以，在暖温带发展湿地松不大相宜。表2表明，10年生的湿地松林树高、胸径生长都以中亚热带的为好，显然，这与中国中亚热带的气候与原产地相近有关。

(二)湿地松生长与地形

地形间接影响光、热、水分和养分在空间的再分配，从而影响林木生育。中国各地栽植湿地松的地理位置和海拔不同，林分生长受到影响。由表3可见，不同地点的湿地松树高、胸径生长量随海拔高度的增加而递减；中亚热带海拔500～940m的湿地松生长量低于北亚热带低丘岗地。

在暖温带，坡向与湿地松冻害关系密切，一般南坡受害较北坡为轻；在中亚热带丘陵坡向对湿地松生长影响不明显，坡位影响较明显。由于坡度不同，土层的厚度、水、气、热、肥分等有差异，从而影响林木生长，一般下坡较中、上坡为佳。

---

⑱ 徐英宝. 原文发表于《中国森林》(第2卷针叶林)(北京：中国林业出版社，1991：1007～1012)。

(三)湿地松生长与土壤

中国各地栽植的湿地松的土壤是发育咋不同母质上的各种土类，比原产地的土类复杂得多。主要有花岗岩、片麻岩、玄武岩、砂页岩、石灰岩、千枚岩和变质板岩上发育的黄褐土、黄棕壤、黄壤、红壤、赤红壤和砖红壤及第四纪黄土、红土和各种沉积物。湿地松在酸性土中生长正常，在石灰性土则生长不良。

湿地松为早期速生树种，幼龄期根系生长迅速，土层厚度和土壤有效水分对其生长影响较大；主根入土可深达 2 ~ 3m。但侧根、细根和菌根则集中分布于活土层。

表 1　中国各气候带湿地松生长情况

气候带	地点	纬度	年平均气温(℃)	年降水量(mm)	极端最低温度(℃)	立地条件	林龄	密度①(株/hm²)	树高(m)		胸径(cm)		材积(m^3)	
									总生长量	年均生长量	总生长量	年均生长量	总生长量	年均生长量
北热带	海南屯昌	19°22′	23.2	2150	5.4	台地，沙壤土	21	330	12.7	0.60	21.3	1.01	0.2300	0.0109
	广东湛江	21°25′	22.8	1171	-1.4	台地，砖红壤土	21	780	10.5	0.50	20.8	0.99	0.3717	0.0177
	广东阳江	21°55′	22.3	2300	-1.4	台地厚层沙壤土	18	525	15.5	0.86	22.2	1.23	0.3908	0.0217
南亚热带	广西博白	22°16′	21.9	1200	1.1	低丘，赤红壤	18	360	11.3	0.63	19.4	1.08	0.1744	0.0097
	广东陆丰	23°40′	21.5	185	-2.7	台地，厚层赤红壤	10	1100	8.2	0.82	13.7	1.37	0.0650	0.0065
	福建东山	23°50′	20.8	1153		滨海沙土	11	1575	10.0	0.91	12.8	1.16	0.0643	0.0058
中亚热带	江西信丰	25°24′	19.3	2221	-4.1	海拔 164m，红壤	10	1005	9.1	0.91	15.7	1.57	0.0890	0.0089
	湖南衡阳	26°56′	17.9	1346	-7.0	海拔 164m，红壤	10	—	10.2	1.02	15.2	1.52	0.0925	0.0092
	四川宜宾	28°23′	18.0	1100	-4.2	低丘，黄棕壤	8	1665	9.2	1.15	14.3	1.79	0.0742	0.0092
	安徽徽州	29°43′	16.3	1643	-10.9	丘陵岗地，黄壤	8	2490	7.0	0.88	14.6	1.83	0.0586	0.0073
北亚热带	湖北孝感	31°10′	16.0	1100	-17.5	河滩沙地	10	825	11.3	1.13	20.5	2.05	0.1986	0.0199
	安徽马鞍山	31°32′	15.9	988	-13.0	低丘，黄沙土	10	630	7.8	0.78	16.6	1.66	0.0844	0.0084
	江苏南京	32°05′	14.6	1000	-14.4	低丘岗地	11	1125	8.3	0.75	12.3	1.12	0.0453	0.0041
	河南沁阳	32°34′	14.6	931	-18.0	丘陵，薄层沙壤	10	1500	4.9	0.49	12.1	1.21	0.0511	0.0051
暖温带	江苏东海	34°33′	13.7	838	-18.3	低丘，粗骨质棕壤	11	1755	7.8	0.71	16.8	1.53	0.0680	0.0061
	山东平邑	35°33′	13.3	784	-18.0	低丘，棕壤	10	—	7.1	0.71	13.2	1.32	0.0485	0.0048

①部分林分密度偏低，是作母树林经营所致。

表 2　不同气候带湿地松生长比较(10 年生)

气候带	样地数	树高(m)		胸径(cm)	
		平均值	变异系数(%)	平均值	变异系数(%)
暖温带	6	4.67 ± 1.08	23.13	8.04 ± 2.26	28.11
北亚热带	47	5.60 ± 0.90	16.07	10.84 ± 2.11	19.46
中亚热带	190	7.57 ± 1.23	16.25	12.14 ± 1.21	14.39
南亚热带	132	6.68 ± 0.61	9.13	10.22 ± 1.21	11.84
北热带	10	6.40 ± 1.51	23.59	9.63 ± 1.84	19.11

表3 不同海拔高度10年生湿地松林分生长比较

地点	生长指标	不同海拔高度(m)的生长量(%)			
		≤200	201~500	501~700	700~940
安徽黄山	树高		100.0	51.4	
	胸径		100.0	45.6	
四川高县	树高		100.0	84.4	65.3
	胸径		100.0	87.0	70.5
湖南衡山	树高	100.0	76.2		
	胸径	100.0	50.0		
湖南衡阳	树高	100.0	88.5		
	胸径	100.0	78.9		
福建高山和旗山	树高	100.0		75.3	50.5
	胸径	100.0		87.4	65.2

二、组成结构

湿地松林有人工纯林和混交林。湿地松纯林的林龄一致。林相整齐，林下灌木和草本种类因立地条件及经营水平不同而异，一般不发达，约有4个不同林型分述于下。

（一）胡枝子湿地松林

主要分布于秦岭淮河一线以南的汉江中上游和长江中下游地区，如江苏镇宁丘陵、江淮丘陵、信阳丘陵、南阳盆地，鄂北丘陵岗地等。乔木层以湿地松为优势，间有少量落叶阔叶树种如白栎(*Quercus fabri*)、麻栎(*Q. cutissima*)、茅栗(*Castanea seguinii*)、化香树(*Platycarya strobilacea*)、枫香树等。灌木层常见矮化的白栎以及多种胡枝子(*Lespedeza* spp.)、盐肤木(*Rhus chinensis*)、白檀(*Symplocos paniculata*)、悬钩子(*Rubus* spp.)等。草本层多以白茅(*Imperata cylindrical* var. *majar*)、黄背草(*Themeda japonica*)等禾草占优势，芒萁(*Dicranopteris* Linearis)少见。

（二）檵木湿地松林

主要分布于长江以南、南岭以北的广大丘陵低山和河谷平原地区，集中产地为江南丘陵、河谷以及盆地等。在海拔500~600m以下的立地，春夏降雨强度较大，四季雨量分布较均匀，是湿地松最适宜生长区，一般生长中等林分，10年生年平均树高生长0.75~0.90m，胸径1.3~1.5cm，乔木层偶有常绿阔叶树种，苦槠、水空、木槠、甜槠等混生；落叶阔叶树种有枫香树、栓皮栎等。下层木以檵木(*Loropetalum chinense*)、杜鹃(*Rhododendron simsii*)、乌饭树(*Vaccinium bracteatum*)、细齿叶柃(*Eurya nitida*)等为优势；其他树种还有：油茶、黄瑞木(*Adinandra millettii*)、乌药(*Lindera strychnifolia*)、冬青(*Ilex chinensis*)、赤楠(*Syzygium buxifolium*)等。草本层以芒萁为优势。此外还有白茅、芒(*Miscanthus sinensis*)、毛鸭嘴草(*Ischaemum ciliare*)、苔草、野古草等。藤本植物常见的有菝葜。

（三）桃金娘湿地松林

主要分布于华南南部和东部的广大低丘、台地和海滨沙地。18年生平均树高11.8m，平均胸径20.8m，单株材积0.1744m^3。乔木层以湿地松为主，尚有少量木荷、枫香树等树种混生，下木层常见的有桃金娘、黑面神(*Breynia fruticosa*)、黄牛木(*Crotoxylum ligustrinum*)、余甘子(*Phyllanthus emblica*)、红磷蒲桃等。局部干旱地段常见山芝麻(*Helicteres angustifolia*)、岗松、水湿条件较好地方则出现黑牡丹。草本层多以芒萁为优势。林冠郁闭度大的林分则以乌毛蕨(*Blechnum* orientale)为多，常见的还有毛鸭嘴草、鹧鸪草(*Eriachne pallescens*)、竹节草(*Chrysopogon aciculatus*)以及野香茅(*Cymbopogon tortilis*)等。藤本植物有菝葜、藤黄檀(*Dalbergia hancei*)。

(四)岗松湿地森林

主要分布于广东、广西南部，海南北部。以丘陵台地为主。海拔高度150m以下。根据调查，广东阳江、电白至广西合浦一线以南的10~20年生湿地松林生长比不上热带加比勒松林。乔木层为单优湿地松。林龄一致，林冠整齐，林下灌木草本植物主要有岗松、桃金娘、车桑子(坡柳)(*Dodonaea viscosa*)、芒萁等。滨海沙地林下，主要有绢毛飘拂草(*Fimbristylis sericea*)、画眉草(*Eragrostis pilosa*)、莎草(*Cyperus diffasus*)、猪笼草(*Nepenthes mirabilis*)和厚藤(*Ipomoea pescaprae*)等。

近年来各地营造了湿地松混交林。所用的混交树种有大叶相思(*Acacia auriculiformis*)、台湾相思(*A. confuse*)、木荷(*Schima superb*)、黎蒴栲(*Castanopsis fissa*)、窿缘桉(*Eucalyptus excreta*)等。其中以大叶相思和黎蒴栲的混交效果较好。混交林能提早林分郁闭，增加生物量，改善林内的光、温、湿等条件，有利于林木的生长和减少病虫害。

三、生长发育

(一)年生长发育过程

据在江西吉安青山对湿地松林年生育期的观测，湿地松年生长过程可分为6个时期。

萌动期从1月下旬冬季膨胀，2月中旬芽展开。

(1)生育前期。2月下旬至3月上旬抽春梢，3月底停止生长，形成顶芽、侧芽及节。

(2)生长中期。4月开始展叶，5月下旬抽出夏梢，7月下旬停止活动，并形成顶芽及侧芽。

(3)生长后期。8月中旬开始抽秋梢，至10月上旬生长渐缓并逐渐停止生长。

(4)封顶期。10月下旬梢顶形成休眠芽。

(5)休眠芽。从11月上旬老叶黄，中旬脱落，直至翌年萌动期止，休眠期70~90d。

湿地松一般可抽梢4~5次，高生长以前期最大，中期次之；径生长以中期最大。

林木年生育期，在不同年份，由于气候的立地差异而有所不同。一般提前或推后6~11d；树龄小萌动早，幼龄林较壮龄林相差7~10d。

(二)林木生长发育过程

通过对中国各地树龄较大的湿地松的树干解析资料分析(中国林业科学研究院国外松协作组，1986)，对其树高、胸径及材积生长量随年龄的变化说明如下：

(1)树高5年前生长较慢，年平均生长0.52~0.60m；连年生长高峰多在5~15年，连年生长为0.64~1.15m，平均0.92m；平均生长高峰在15年左右，年生长量0.54~0.88mm，平均为0.78m。随纬度降低，树高连年与平均生长达到最高期推迟。树高连年生长与平均生长曲线一般在15年左右相交。

(2)胸径5年前生长缓慢，年平均生长量0.42~0.47cm；5~15年最高连年生长为0.86~0.47cm；5~15年最高连年生长为0.86~1.80cm，平均1.23cm；最高峰平均生长为0.70~1.40cm，平均0.90cm，连年生长与平均生长曲线一般在15~18年相交，最迟20年左右。纬度靠南，相交年龄相应较迟。

(3)材积10年以后材积迅速增加，连年生长高峰一般在15~20年。速生期单株材积生长量平均0.0245m^3，最高平均材积生长为0.0158m这一结果与美国1983年湿地松讨论会提出的结论大致相似。湿地松早期速生，人工林5年内高可达3~6m，10年生时树高连年生长量达到最高。材积连年生长在稀值时12年达到最高，密植时连年生长高峰不迟于15年，通过集约经营，这个时期还可缩短。

四、评价及经营意见

湿地松适应性强，早期速生，用途广，经济价值高，发展湿地松在经济效益上具有重大意义。但是，经营湿地松林还存在如下问题。

(一)良种选育

中国林业科学研究院在南方7个省(自治区)作过湿地松种源试验，结果是种源间有差异，但不明显。因此，可以在人工林进行单株优选。用1年生湿地松针叶来扦插繁殖，采取有性与无性方法繁殖优树，建立母树林和种子园以生长良种。根据试验结果，建议南亚热带地区可采用佛罗里达及沿墨西哥湾产区的种源，中亚热带地区可采用佛罗里达、佐治亚及阿拉巴马产区的种源。

(二)气候带的分区

湿地松时需水量较多的树种，原产地湿地松的自然分布与全年各季节的降雨强度有很大关系。中国中亚热带的湿润月数占生长月数的百分率与原产地最接近，是最适湿地松生长的气候条件，宜列为速生丰产林的最适区。北亚热带和南亚热带虽然基本上适宜湿地松生长，但不宜列为速生丰产区。温暖带的湿润月数占生长期月数仅为25%～38%，较长期的干旱、低温和冻害，不利于湿地松生长，应划为不宜栽植区。

(三)立地条件选择

湿地松适于亚热带海拔400～500m以下的丘陵、台地及滨海沙地，要求土壤深厚，特别是活土层。宜选择土层厚度超过30cm和活土层厚度15cm以上及土壤有效水分含水量多和养分中等的土壤。中国低丘陵台地，特别是南亚热带地区，由粗粒花岗岩发育的表蚀赤红壤，以及滨海风沙土和由第四纪红土发育的表蚀土壤，一般有机质含量低，活土层薄，少氮缺磷，栽种湿地松适当施肥是必要的措施。

(四)集约经营

良种培育、容器育苗、细致整地、适当密植、及时抚育和施肥等措施，是营造丰产林的必要措施。广东肇庆市林业科学研究所营造的湿地松林，初植密度2500株/hm^2，15年生保存1545株/hm^2，产量达184.9m^3/hm^2，年生长量12.33m^3/hm^2。在中国亚热带低丘平原地区，人口密度大，山地面积少，用材和薪材皆缺，湿地松初植密度以2m×2.5m或2m×2m较为合适。

(五)病虫害防治

中国栽种的湿地松已发现松针褐斑病、赤枯病、落针病、流脂病及苗脂病等；害虫有松毛虫、松梢螟、松梢小卷叶蛾和球果螟等。松针褐斑病(*Ecanosticta acicola*)是湿地松最严重病害，可造成植株或整片林分死亡。广东汕头市林业科学研究所调查表明，立地条件差的比立地条件好的湿地松长势弱，前者感病指数46%～59%，后者为15%～18%。不同加系抗病力亦不相同。

黎蒴栲林[79]

黎蒴栲(*Castanopsis fissa*)，别名闽粤栲、大叶栲、裂斗锥等，常绿乔木，适应性广，萌芽力强，生物量高，轮伐期短，是华南薪炭林和用材林的优良树种，又是水源涵养、保水改土的良好树种。

广东封开、英德、佛冈、增城等地历史上有经营黎蒴栲薪炭林的习惯，英德县连江口、黎溪、大同、沙坝、西牛等地，是著名的薪炭之乡。有黎蒴栲林4万hm^2为广东薪炭材生产基地，据统计，在广州市每年从英德调进薪炭材占总销量的1/3。广东共有黎蒴栲薪炭林10万hm^2以上。

(一)分布与生境

黎蒴栲产于广东、海南、广西、福建、湖南、江西等省区，贵州南部、云南东南部。越南北部也有分布。

海南的昌江、东方、乐东、琼中、屯昌、保亭、三亚、陵水、万宁、琼海等地；广东的南雄、乐昌、连山、连南、乳源、翁源、广宁、怀集、封开、德庆、云浮、郁南、高要、英德、佛冈、增城、五华、兴宁、梅县、蕉岭、平远、电白、信宜、化州、高明、鹤山、新丰、龙门等县均有分布。

广西以桂东南的苍梧、藤县、邵平、容县、钦州、防城港、北流和博白等地最多，其它各地也有分布。福建以闽西北、闽中的永安、三名、龙溪、南平、建宁、建瓯等中亚热带地区以及闽东南的仙游、蒲田、福清、安溪等南亚热带地区较多，湖南产于永江、江华、道县、通道、宜章等地。

垂直分布多在海拔200~600m的低山丘陵，南海可达800m，福建850m，云南海拔1600m以下的山坡沟谷有生长。

喜湿热气候，适生于年平均气温17~24℃，而以20~22℃的地区较适宜；最令月平均气温7.3℃以上，最热月平均气温22~28℃，极端最高气温39℃，极端最低气温高于-2.3~7.3℃，≥10℃的活动积温5600~8000℃，年降水量1300~2000㎜，相对湿度80%以上。

适宜于花岗岩、板岩、砂页岩和变质岩发育而成的深厚湿润的赤红壤、红壤和山地黄壤，pH4.5~5.0在瘠薄干燥的山脊生长不良。由于立地条件不同，生长有明显差异(表1)。

从表1可见，尽管林分起源、林龄、密度等相同。但由于山坡部位不同，导致中下土坡壤容重、自然含水量和有机质含量等水肥因子比上坡分别大7.8%、21.7%和22.7%，而林分生长蓄积量大19.8%。

土层厚度不同，对黎蒴栲根系生长有很大影响，据调查，6年生的黎蒴栲林，在土层厚度100 cm，主根深115 cm，侧根18条，分布在25cm的表土层，根幅平均1.9m。因此，黎蒴栲适生于坡中、下部或沟谷两旁的深厚土壤(徐英宝，1982)。

(二)林分组成

海南尚有黎蒴栲天然林，多分布在海拔800m以下的山坡上，常与密花梭罗木(*Reevesia pycnan-*

[79] 徐英宝. 原文载于《中国森林》(第3卷阔叶林)(北京：中国林业出版社，2000年：1565~1568)。

表 1　不同地理条件对黎蒴栲生长的影响

地点	山坡部位	土壤					林龄（年）	郁闭度	林分密度（株/hm^2）	平均树高（m）	平均胸径（cm）	蓄积量（m^3/hm^2）
		厚度（cm）	pH	容重（g/cm^3）	自然含水量（%）	有机质含量（%）						
广东英德县连江口区初溪乡	上	0～7	4.6	1.22	22	2.23	6	0.85	29100	6.85	3.38	100.93
		8～50	4.8	1.35	14	1.52						
	中	0～20	4.5	1.08	24	2.82	6	0.90	27420	7.20	3.65	102.88
		21～50	4.4	1.12	23	1.77						
	下	0～20	4.2	1.21	22	2.58	4	0.95	27120	7.30	3.80	120.48
		21～50	4.6	1.25	20	1.56						

注:引自徐英宝,1983。

tha)、白花含笑(吊鳞苦)(*Michelia mediocris*)、黄丹木姜子(*Litsea elongata*)、海南树(*Altingia obovata*)、毛五桠果(*Dillenia turbinata*)、托盘青冈(盘壳青冈)(*Cyclobalanopsis patelliformis*)、五列木(*Pentaphyllax euryoides*)等混生。林下植物有鸡屎树(*Lasianthus cyanocarpus*)、钩枝腾(*Ancistorcladus tectorius*)、高良姜(*Alpinia officinarum*)、刺葵(针葵)(*Phoenix hanceana*)等。在云南低海拔的沟谷常绿阔叶林中,有赤杨叶、马蹄荷(白克木)、血桐(*Macaranga tanarius*)、南酸枣、杯状栲(*Castanopsis calathiformis*)、黄椆栲(*C. indica*)、马尾树等混交。黎蒴栲在天然次生林中,20 年生树高 10 cm,胸径 15cm。在荫蔽度大的立地上,生长较慢,如在海南岛吊罗山海拔 600m 的密林山坡,在 50 年生树高 17cm,胸径 25cm。

黎蒴栲在广东的南亚热带低山丘陵常与木荷、黄杞、桂林栲(*Castanopsis chinensis*)及厚壳桂(*Cryptocarya chinensis*)等组成优势群落;但在湘南的中亚热带黎蒴栲天然林,海拔 550m,花岗岩发育的酸性黄红壤,pH4.5~6.0。郁闭度 0.7,外貌较稀疏,树冠浑圆,连续状,第一层为乔木,高 12~14m,有黎蒴栲、木栲、甜栲、刺栲(C. hystrix)、栲树、石栎、黄樟、紫楠(*Phoebe sheaeri*)、黄杞、基楠,以及湖南稀见的烟斗石栎(*Lithocarpus corneus*)、饭甑青(*Cyclobalanopsis fleuryi*);还有落叶树赤杨叶、光皮桦、樱桃(*Prunus pseudocrasus*)、翅荚木(*Zenia insignis*)。第二层高 5~8m,有山乌桕(*Sapium discolor*)、檀毛泡花树、尖萼毛柃(*Eurya acutisepala*)、密花树、粗毛石笔木(*Tutcheria hirta*)、桃叶石楠(*Photinia prunifolia*)等。灌木层有木、短尾越橘、网脉酸果藤(*Eutcheria hirta*)、桃叶石楠(*Photinia prunifolia*)等。草本层有芒、金茅(*Eulalia speciosa*)、淡竹叶等。

黎蒴栲人工林一般多形成短轮伐期的薪炭林,群落结构和类型简单,多为纯林,多伐萌芽更新,伐轮期 6 年(南亚热带)或 8~10 年(中亚热带),林层高 6~8cm,胸径 6~10cm,林相较齐整,或密或稀,郁闭度 0.7~0.9,有时混生少量的木荷、黄杞、杜英(*Elaeocaours decipieus*)、车轮梅(石斑木)、石栎等。林下有芒萁、狗脊蕨、毛冬青、米碎花(*Eurya chinensis*)等。

(三)生长发育

从湖南通道县甘溪乡张里的次生林天然常绿阔叶林中采伐的黎蒴栲解析木,位于海拔 310m,山坡上部,东北坡 27°,酸性黄红壤,土层厚度 90cm,林分伴生树种有木荷、枫香、厚壳桂、甜栲、南酸枣等。27 年生,树高 19.3m,胸径 29.4cm,材积 0.576 0m^3(表 2)。

黎蒴栲速生,树高生长旺盛来得快,5~6 年生长开始加快,5~15 年连年生长量为 0.88~1.40m,10 年生长达到高峰,此后生长趋势于缓慢;胸径生长,以 5~18 年为连年生长期。18 年生两曲线相交,以后速度下降;材积生长曲线持续上升,20~25 年为高峰期,后速度下降,估计 30 年后曲线相交,达到数量成熟期。在南亚热带的广东中部地区,黎蒴栲实生人工林生长还要快些,20~22 年就可以达到数量成熟。

黎蒴栲萌生林生长过程不同于实生林,具有早起生长更速和林分密度大的特点。如广东英德县连江口初溪乡的薪炭林,3 年生 53 850 株/ hm^2平均树高 4.8m,胸径 2.08cm;6 年生 27 400 株/hm^2平均树高 6.9m,胸径 3.65cm;9 年生 11 700 株/hm^2均树高 8.5m,胸径 5.6cm。萌生林一般 3 年生已郁闭,进入群体生长阶段,林木与环境之间的矛盾转化为植株之间的矛盾,4 年生林分分化剧烈,自然稀疏明显,被压木渐枯死,株数减少,6~7 年生长势稳定,以后分化又趋剧烈,生长减慢,生产实践证明,在广东 5~6 年生萌生薪炭林产量最高,一般将此期定为轮伐期是最适宜的。

(四)更新演替

黎蒴栲为喜光树种,在疏林内仍有更新能力,特别是轮伐期 6~10 年生的林分,由于萌芽力强,可继续更新,常构成纯林或混交林,但在封山育林较久的次生常绿阔叶林中,林下有许多较耐荫的树种。如刺栲、木荷、丝栗栲、饭甑青冈(*Cyclobanopsis fleuryi*) 等逐渐增多,当它们的高度超过黎蒴栲时,黎蒴栲便逐渐被淘汰,而成为以木荷、栲和青冈类为优势的林分。但是,集约经营的黎蒴栲薪炭林则很少被更替。

表 2　黎蒴栲树干生长过程表

龄阶	树高(m)				胸径(cm)				材积(m^3)				形数
	总生长量	连年生长	平均生长	生长率(%)	总生长量	连年生长	平均生长	生长率(%)	总生长量	连年生长	平均生长	生长率(%)	
5	4.6		0.92		4.7		0.94		0.005 56		0.001 11		0.70
		1.40				1.14		15.10		0.006 87		30.21	
10	11.6		1.16	17.26	10.4		1.04		0.039 89		0.003 99		0.41
		0.88				1.48		10.50		0.023 36		23.77	
15	16.0		1.07	6.38	17.8		1.19		0.156 70		0.010 45		0.39
		0.22				1.10		5.35		0.030 80		13.18	
20	17.1		0.86	1.33	23.3		1.17		0.310 69		0.01554		0.43
		0.34				0.74		2.94		0.031 15		8.02	
25	18.8		0.75	1.86	27.0		1.08		0.466 46		0.018 66		0.43
		0.19				0.45		1.64		0.030 62		6.16	
27	19.3		0.72	1.31	27.9		1.03		0.527 60		0.019 54		0.44
(27)	(19.3)				(29.4)				0.572 69				

注:地点是湖南通道县甘溪乡张里(引自《湖南森林》,1986)。

（五）评价及经营意见

黎蒴栲生长迅速，适应性广，萌芽力强，造林技术简易，天然下种更新良好，而且，轮伐期短，薪材产量高，为优良薪炭林树种，营造黎蒴栲薪炭林，对解决农村能源问题具有很大意义。营造黎蒴栲薪炭林，要与用材林和水源涵养林结合起来，以发挥多种效能。

黎蒴栲适宜与马尾松营造混交林，可改善生态环境和提高林木生长量，广东增城林场有这两个树种的混交林 400 hm^2松 28 年生，平均树高 18. 5m，胸径 20. 3 cm，蓄积量 178. 85m^3/hm^2。黎蒴栲 15 年生，树高 13. 2m，胸径 11. 0 cm，蓄积量 78. 28 m^3/hm^2，林分总蓄积量为 257. 08 m^3/hm^2。相同立地的马尾松，28 年生，平均树高 15. 5m，胸径 19. 0cm，蓄积量 163. 52 m^3/hm^2，混交林总蓄积量比纯林高 57. 22%。所以，营造马尾松黎蒴栲混交林，要采用中林作业，即马尾松施乔林作业，培育大、中径材，黎蒴栲用矮林业，生产小径材和薪炭材，做到薪柴与用材兼备；在河流中、上游和水库周围营造马尾松黎蒴栲混交林，形成针阔复层林，以改善自然环境，涵养水源。

台湾相思林[80]

台湾相思林(*Acacia confusa*)别名相思树、相思子、台湾柳(福建沿海)，属含羞草科类常绿乔木。根系发达，适应性较强，具根瘤，能固氮，落叶量多，是改良土壤的优良树种，又是营造用材林、水体保持林、防风林和防火冷的树种，并且是松、桉、樟等混交造林的较理想树种；冠形美观，枝叶浓密，行道和茶园庇荫树种。1949 年以来，华南沿海栽有较大面积的人工林。

木材坚硬致密，花纹美观，具光泽，有弹性，干后少裂，是造船、桨橹、车轴、家具和农具等良材。燃烧热值高(19 422. 244kJ/kg)，火力旺盛，耐烧，少烟，无异味，易劈，运输方便，是上等的薪炭材。树皮含鞣质 23%~ 25%，可提制栲胶，花含芳香油，可做调香原料。嫩枝叶还是良好的绿肥。

一、分布与生境

台湾相思原产中国台湾恒春，现台湾平原丘陵普遍栽培；华南各地引种广泛，福建东南沿海各地及宁德地区部分县栽培较多，广西南部多人工林，桂林地区也有栽培；广东全省各地均有栽种，以南部普遍；海南省亦有栽种；云南、四川、江西、浙江等地均有少量引种。菲律宾、印度尼西亚亦产。

广东东部沿海和潮汕平原经营台湾相思薪炭的历史较长，经验丰富，如朝阳县原严重少林缺柴，1950 ~ 1980 年共营造台湾相思薪炭林 1. 37 万 hm^2，占该县森林面积的 28. 5%，基本上解决了农村烧柴为问题。德庆、五华两县，1956 ~ 1964 年营造的台湾相思水土保持林，初见成效。70 年代，广东中部近海的丘陵山地台湾相思飞播造林成功。40 多年以来广东共营造台湾相思人工林 13. 6 万 hm^2。

台湾相思分布在北纬 25° ~ 26°以南的热带、亚热带地区，沿海分布更北，如福建沿海的福州、宁德超过了北纬 26°，仍生长正常，但内陆同纬度的南平，甚至 26°以南的永安，却易受冻害。分布海拔因纬度而异，南海热带地区可栽种至 800m 以上，较高纬度地区一般栽种在 200 ~ 300m 以下的低丘陵平原。喜光、喜温暖，适生于夏雨型、干湿季节明显的热带和亚热带；在年平均气温 18 ~ 26℃ 地带生长停滞，高于 25 ~ 27℃ 地带生长最快；适宜生长的降水量为年平均 1 300 ~ 3 000mm，相对湿度 70% ~ 80%。性畏寒，在桂林、赣州、福建一线，如遇较强的寒潮，部分枝叶受寒。小叶退化为叶柄状叶，是旱生形态构造。在冲刷严重的酸性粗骨土、沙质土、黏土以及海岸碱性沙地均能生长，在石灰岩山地则生长不良；对土壤水分状况的适应性较广，不怕河岸间歇性的水淹或浸渍。但在贫瘠的立地，生长缓慢，树干弯曲；在土层深厚、湿润肥沃的立地生长迅速，生物产量高，干形较通直(见表 1)；根深材韧，抗风力强，受 12 级台风袭击，受害很少。

---

[80] 徐英宝. 原文刊载于《中国森林》第 3 卷阔叶林(北京：中国林业出版社，2000 年：1659 ~ 1663)。

表 1　台湾相思薪炭林年生物量(地上部分)与土壤因子的关系

调查地点			年生物量(干重 t/hm^2)	土层厚度(cm)	容重(g/cm^3)	pH	N(%)	K(mg/kg)	P(mg/kg)	有机质(%)	可溶性盐含量(%)
广东省潮阳市	三保林场	鱿　鱼	11.45	> 100	1.34	4.2	0.084	19.57	0	1.020	0.136
		瓜　仔	6.91	80	1.42	4.1	0.108	9.23	0.160	1.886	0.272
		茅江头	4.45	45	1.46	4.4	0.055	14.40	0.217	1.272	0.191
		红面石	3.61	40	1.50	4.5	0.062	28.27	0	0.990	0.109
	白竹林场	横龙山	7.39	> 100	1.33	4.2	0.100	41.83	0	1.316	0.436
		客谷山	8.54	75	1.39	4.3	0.054	20.67	0.053	1.143	0.109
	简朴林场	猫股山	8.66	> 100	1.32	4.3	0.102	71.73	0	1.556	0.299
		虎尾沟	8.32	40	1.53	4.4	0.062	19.03	0	0.760	0.436
	东门林场	龟　坪	4.28	25	1.36	5.0	0.030	25.53	0.097	0.871	0.245

二、组成与结构

华南沿海丘陵平原地区，台湾相思一般为纯林或混交林，纯林多为矮作业的薪炭林，林龄 10 年生以下，林分高度因经营目的不同而有 3～4m，6～8m，胸径 2～4cm，或 6～10cm，为多代萌生林，郁闭度 0.6～0.8，林下常见灌木有桃金娘、岗松、山芝麻(*Helicterer angustifolia*)、黄牛木(*Cratoxylum ligustrinum*)毛冬青、龙船花(*Ixora chinensis*)等，草本有芒萁、鹧鸪草(*Eriachne pallescens*)、画眉草(*Eragrostis plcsa*)、毛穗鸭嘴草(*Ischaemun aristatum*)等。

台湾相思常与马尾松、湿地松、杉木、窿缘桉、木麻黄、刺栲、樟树、木荷、粉单竹(*Bambusa ebungii*)和黄竹(*B. textilis* var. *glabra*)等组成混交林，据不完全统计，广东的台湾相思混交林占其他人工林总面积的 50%。广东潮汕南门林场 1956 年在台湾相思、马尾松混交林中试种杉木 3000 株，面积 1.3 hm^2，生长很好，9 年生杉木即可砍伐利用；21 年生，杉木平均高 13m，胸径 19cm，单株面积 0.1780m^3。1969 年进行杉木台湾相思混交造林和杉木纯林对比试验，1978 年 4 月调查结果如表 2。

表 2　杉木台湾相思混交和杉木纯林的生长对比(广东潮阳)

林分组成	树种	林龄	地点	密度(株/hm^2)	胸径(cm)	树高(m)	单株材积(m^3)	蓄积量(m^3/hm^2)
杉相思混交	杉木	9	林楼前	2400	9.2	6.8	0.0260	62.40
杉木纯林	杉木	9	温土堆	3600	5.5	3.6	0.0060	21.60

从表 2 可以看出，在杉木台湾相思混交林中，杉木高生长比纯杉木快 1 倍，胸径生长大 70%，每公顷蓄积量约大 3 倍，混交林所以取得较好的效果，是由于台湾相思能适应高温干旱环境，庇荫能为杉木创造适生的微气候环境。据广东汕头地区林业科学研究所在南门林场的观察，在 1978 年 4 月 19 日下午 1 时，雨后初晴时，台湾相思林内与林外相比较，气温降低 1℃，地表温度降低 5.5℃，在底下 20cm 的土温降低 4℃，空气相对湿度增加 12%，还由于台湾相思主根发达，分布深度在杉木之下，又有根瘤固氮，据分析，台湾相思的叶，含氮量 1.75%、磷 0.34%、钾 0.12%，能改良土壤。

当杉木、台湾相思出现竞争时，后者应适当打枝或分批进行截顶使其成为丛生矮林，亦可比杉木先栽种2～3年。

广东普宁县在土壤肥力中等的立地，台湾相思与粉单竹、黄竹混交造林，比例1∶1或1∶3，台湾相思居上层，粉单竹、黄竹居下层，能促进竹林生长，提高单位面积产量，枯落物增加了土壤养分含量。

三、生长发育

台湾相思树高达15～18m，胸径>60cm，台湾有胸径100cm的大树，生长比较快，3～4年前稍慢，树高年生长量0.6～0.7m，胸径0.8～1.0cm；5～6年以后生长逐渐加快，树高年生长量0.8m以上，胸径1.4m以上；15～20年进入生长旺期，树高年生长量仍保持0.8m左右，胸径1.5～2.0cm，在水、肥条件好的立地，生长更快，8年生树高7.6m，年生长量0.95m，胸径20～25cm，年生长量2.5～3.1cm，初植密度较大，未经间伐或间伐强度较小的林分，树高和胸径生长受到抑制，15年生树高>15m，胸径<20cm。

四、更新演替

台湾相思林有性更新(包括人工造林和天然下种更新)和萌芽更新(包括砍伐更新和挖头更新)，不同更新方式对台湾相思薪炭林的生长和产量有着明显的影响(表3)。由表3可以看出在相同的立地条件下，更新方式不同，树高差异不显著，而胸径生长和生物量迥然不同，萌芽更新6年和8年生的标准木生物量比种子更新的分别大65.5%和40.4%，后者甚至比10年实生林木大17.5%。

表3　不同更新方式对台湾相思生长与生物量的影响

调查地点	更新方式	立地状况	林龄(年)	树高(m)	胸径(cm)	平均标准木的生物产量(鲜重，kg)				
						干	枝	叶	根	共计
广东潮阳	种子	好	6	7.2	9.2	26.5	13.5	11.5	12.5	64.0
简朴林场	萌芽	好	6	7.3	11.0	46.0	12.0	20.5	22.5	101.0
广东潮阳	种子	好	8	7.9	9.7	73.5	36.5	34.5	26.0	170.5
简朴林场	萌芽	好	8	7.4	14.7	87.5	61.5	40.0	50.0	349.5
广东潮阳 简朴林场	种子	好	10	6.8	15.2	75.5	41.5	47.5	40.0	204.5

台湾相思萌芽力强，无论伐头或挖头，其萌生率均达95%以上，且能多代萌蘖生长。一般1～2年生的萌芽株，平均每桩萌条15～20条，3～4年生的4～7条，8～10条年生的2～3条，砍伐更新时，伐根离地不超过3～6cm，或保留1～3根生长良好的萌芽条；挖头更新时，应注意挖头后留在土壤中的侧根一般粗4cm以下，并让其裸露地表，不覆满土，以利根部的隐萌芽生；当树皮粗糙，树皮由灰色变褐色，萌芽力衰弱时，不宜继续砍伐更新；宜采用挖头更新，否则更新效果不良。

五、评价及经营意见

台湾相思生长较快，根系发达，适应性较强，根据根瘤，能固氮和改良土壤，是华南绿化荒山的先锋树种，又是用材、薪炭和防护林树种。

应根据营林目的、生态特性和立地条件来确定营林措施。用材林株行距一般以1.5m×1.5m或2m

×2m 为宜；有条件的平缓地区，用机耕全垦，可节省劳力，提高造林成活率和促进林木生长。在坡度较陡或冲刷严重的地方，株行距以 1m×1.5m 或 1m×1m 为宜，用块状整地，注意水土保持；在土壤疏松湿润的立地可直播造林，但在高温多雨地区不易成功。用小苗或容器苗造林较好，大苗宜用低切干造林。适当施磷肥和有机肥，可促进根瘤及根系生长发育，加速幼林生长。

华南广大丘陵台地及沿海平原营造台湾相思薪炭林，可进行萌芽更新，营林成本低，只要经营得法，一次造林成功，便可永续利用。营造台湾相思薪炭林，在广东、福建东南沿海地区已经形成一套作业方式和更新技术，可分为薪柴作业、薪炭作业和综合作业。薪柴作业可分为“平茬”作业，轮伐期 1~2 年，主要经营瓦窑燃料；薪柴作业，轮伐期 3~4 年主要经营薪柴。薪炭作业，轮伐期 8~10 年，采用挖头更新，树干和树头用于烧炭，枝桠用于烧柴，也有少数树干用作用材。综合作业法即在同一林内，薪柴和薪炭作业兼用。在中等立地 3000~4500 株/hm^2，平茬作业年平均可生产燃料 10t/hm^2；薪柴作业平均年产烧柴 11~13t/hm^2；薪炭作业平均年产薪炭材 13~17t/hm^2。这一套经营措施是行之的作业法。

台湾相思是最好的伴生树种，宜与杉木、马尾松、窿缘桉、刺栲、火力楠、樟木等营造混交，以改善林分结构和生态条件。

茶秆竹林[81]

茶秆竹(*Pseudosasa amabilis*)是中国特产的珍贵竹种之一，竹秆通直，节平，壁厚，光滑，坚韧，材质优良，可制各种竹器家具，运动器材，雕刻装饰，手杖、篱笆、瓜棚、菜架、花架、旗竿、蚊竿、晒竿、笔杆、滑雪杖、钓鱼竿等。在竹类中竹材纤维含量最高，占53. 2%(朱惠方等，1964)，纤维细长(长2338μm，宽15. 3μm)，适于造纸和制人造丝浆；劈篾性能良好，适于编织各种农具、用具等。竹秆用细沙除垢后，称“沙白竹”，呈象牙色，具有光泽，不易虫蛀，不易干裂，经久耐用，在国际市场上很受欢迎。中国出口茶秆竹产品已有百余年历史，远销欧美和东南亚30多个国家(中国树木志编委会，1978；徐英宝等，1984)。

一、分布与生境

茶秆竹是复轴型，秆散生兼为多丛性。主要分布在中国广东、广西和湖南相邻的丘陵河谷地带，集中分布于广东的绥江流域，包括怀集、广宁、四会、封开、连山、连南、连州等地。怀集为主要产区，截至1981年，有茶秆竹林13400hm^2，其中县东南的中心产区占绝大部分(92. 3%)，而新发展区造林面积不大，仅占4. 2%(见表1)。

表1　广东怀集的茶秆竹林分布状况

产区 / 村镇	中心区					边缘区		新发展区				
	坳仔	大坑山	永固	闸岗	幸福	治水	中洲	附城	干洒	凤岗	诗洞	连麦
面积(hm^2)	5005. 4	3645. 7	2051. 5	1569. 1	1372. 5	333. 3	11. 9	396. 8	206. 0	71. 1	14. 7	0. 2

垂直分布多在海拔600m以下，但在广东怀集北面的石羊顶垂直分布达到海拔800m。茶秆竹林分布于中亚热带与南亚热带过渡地带，北纬23°35′~25°45′，东经111°25′~112°30′，年平均气温约11~21℃，年降水量1600~1800mm。

在广东怀集坳仔的茶秆竹林内观测的气象资料(表2)表明(徐英宝等，1984)，适宜竹笋地下生长的气温和土壤温度为16~18℃；4月份气温、土温都达到20以上，并雨量充沛，则最适宜于出笋和幼竹初期生长；5月份气温和土温达到25℃左右，雨量亦多，幼竹生长达到高峰；随后温度进一步增高，茶秆竹已进入枝叶分生和成竹的干材生长。

---

[81] 徐英宝. 原文载于《中国森林》(第4卷，竹林 灌木林 经济林)(北京：中国林业出版社，2000：1909~1915)。

表 2　茶秆竹竹笋和幼竹生长的气候条件

月　份		1	2	3	4	5	6
气温(℃)	(高 1.5m 处)	13.5	16.8	18.8	22.2	26.2	27.5
地温(℃)	(0m 处)	17.9	20.8	21.3	23.4	27.0	28.7
	(深 5cm 处)	16.2	18.7	18.9	21.7	25.9	27.4
土温(℃)	(深 10m 处)	16.8	18.2	18.4	20.8	25.1	26.3
	(深 15cm 处)	16.4	17.9	18.0	21.1	24.7	25.5
	降水量(mm)	33.8	77.7	142.7	599.7	410.0	220.8

茶秆竹分布区的气候特点是高温多湿，旱雨季明显，霜期短，光照足，极端最高气温 38.7℃，极端最低气温 -1.9℃，局部偶有冰冻。但茶秆竹对气候的适应性较强，70 年代初期，引种到浙江杭州生长良好，引种到江苏南京、宜兴、句容，在 -7℃低温下安全越冬。但茶秆竹的引种范围是不能超越北亚热带的。表 3 是广东怀集茶秆竹林产区的气候情况(徐英宝，1984)。

表 3　怀集茶秆竹林几个主要分布点的气候资料

地点位置	年平均气温(℃)	日平均≥10℃积温(℃)	最热月气温(℃)	最冷月气淅(℃)	年有霜日数(d)	年总降水量(mm)	4～9 月降水量(mm)	年降水日数(天)	年蒸发量(mm)	年日照时数(h)
坳仔(县东南)	20.5	6951.0	28.1	11.1	11.1	1780.4	1375.3	172.2	1393.0	1843.8
诗洞(县南)	20.4	6776.0	28.0	10.3	11.6	1540.4	1199.6	165.1	1586.0	1670.0
治水(县东北)	19.8	6397.0	27.7	10.3	15.2	2245.3	1364.2	176.5	1397.0	1579.2

表 4　茶秆竹林分的土壤剖面特点

母岩	土壤名称	土壤剖面情况
页岩	赤红壤	残落层(A_c)较厚,2～4cm;腐殖质层(A_1)2cm,分解良好;表土层(A_2)厚达 42cm;淋溶层(B)12～18cm;上层厚度 100cm 以上,石砾含量少
花岗岩	赤红壤	残落层(A_n)1～2cm;腐殖质层(A_1)0.5～1.0cm,分解尚好;表土层(A_2)30cm;淋溶层(B)14～16cm;上层厚度 80～100cm,石砾含量较少
砂岩	赤红壤	残落层(A_c)0～4cm;腐殖质层(A_1)1.6cm,分解好;表土层(A_2)28～30cm;淋溶层(B)15～17cm;上层厚度 70～80cm,石砾含量较多

从广东怀集茶秆竹林地的土壤剖面表 4 和土壤理化分析表 5 的结果可见，茶秆竹适生的土壤条件是页岩、砂岩、花岗岩发育而成的赤红壤、红壤、红黄壤，土层深厚，含有较多的有机质和矿质营养，碳氮比较窄，有良好的机械组成和物理性状的沙质壤土，呈酸性反应，pH 值为 4.5～5.5。过于干燥的山顶、山脊和石灰质土以及低洼积水地带都没有茶秆竹的生长。

表5　茶秆竹林分的土壤特征

调查地点	母岩	容重(g/cm³)	结构性(%)		孔隙性(%)		土壤质地
			3～1cm	<1mm	总孔	毛管孔	
坳仔	页岩	1.07	37.96	49.0	60.9	31.9	中壤土—重壤土
	砂岩	1.17	29.70	36.7	58.0	33.0	中壤土—重壤土
诗洞，实源	花岗岩	0.97	44.90	53.0	63.0	32.8	重壤土
幸福，眉田	页岩	0.99	57.10	39.0	67.0	32.7	中壤土
治水，白水	花岗岩	1.04	51.10	34.7	60.1	34.0	轻壤土—中壤土

≥3mm石砾占土体(%)	毛管持水量(%)	有机质(%)	全氮量(%)	C/N	pH值		速效养分(mg/kg)	
					H_2O	KCl	P	K
15.9	29.9	2.26	0.188	6.2	4.6	3.5	2.88	87.8
33.7	29.7	2.23	0.146	8.4	4.6	3.5	3.47	30.1
2.1	33.8	3.57	0.164	12.1	4.5	3.4	3.92	16.8
3.9	35.9	2.78	0.196	7.6	4.6	3.4	2.71	37.2
14.9	33.0	2.74	0.175	8.6	4.5	3.4	4.15	99.7

二、组成结构

茶秆竹多为人工起源的单纯林，林向整齐，结构简单，生长茂盛，少量的茶秆竹人工林中间有杉木、马尾松、黎蒴栲、刺栲、木荷等混生；林下常见的灌木有柃木、罗伞树、冬青、乌饭树、桃金娘等；常见的藤本有菝葜、金银花、山鸡血藤等；草本植物稀疏，有狗脊蕨、铁线蕨、淡竹叶、芒萁等。但混交林为数极少。正常经营的茶秆竹人工林，其株数依直径分布符合正态分布的规律(图1)。一般中径竹(2～5cm)占75%～90%，小径竹(<1.9cm)占6%～15%，大径竹(>5cm)占4%～8%。

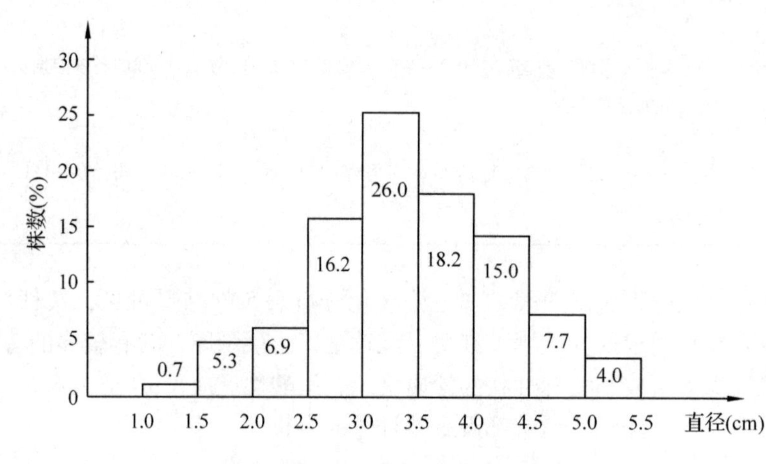

图1　茶秆竹株数按径阶分布规律

三、生长发育

(一)竹鞭和竹根生长

茶秆竹地下茎为复轴型，既有横走竹鞭上的芽，生长成新竹或新鞭，又有秆基上的芽，发育成新竹或新鞭。地下茎生长有大小年之分，大年发笋，小年长鞭(俗称“行龙”)。根据华南农业大学林学院定位观测(徐英宝等，1984)，鞭梢断头附近的芽于1月上旬开始萌发新鞭，经过90~110d，先完成新鞭的茎向生长，夏季以后，进入长度生长，8~9月生长速度最快。入冬后渐慢，直至鞭梢萎缩而停止。1~3年生竹鞭生活力最强，4年生以上基本失去萌发能力。

在不同立地与经营条件下，竹鞭生长状况是不一样的(表6)，竹鞭一般分布不深，多在20cm左右的表土层。在土壤深厚、疏松、肥沃的山谷、山坡下部，鞭根入土较浅，且鞭茎大，边节长，起伏变化小；在土层较薄的山坡上部或山脊，分布较深，且鞭茎小，鞭节短，起伏变化大。

茶秆竹根系生长有两种类型：一是从竹竿基部根眼上长出的轮生成层根系，一般有7~11轮，仅2~3节不生根，但有笋芽或鞭芽。每轮生根30~40条，长达60cm，分布深度3~15cm，根上没有次生根，待竹笋及幼竹高生长结束后才生出次生根(须根)；二是从鞭茎上生长的放射状根系，根长达40cm，分布深度5~25cm，生长中、后期才出现次生根。

表6　立地条件对茶秆竹竹鞭生长的影响

标准地号	坡向	坡位	坡度	土壤深度(cm)	pH值	土壤养分(mg/kg)			竹鞭状况				经营程度
						N	P	K	最长(m)	平均直径(cm)	节间长(cm)	入土深度(cm)	
15	西南	山顶	39°	51	5.0	5.5	0.30	70.0	2.85	0.75	2.77	0~65	合理采伐
16	西南	山腰	31°	60	6.0	6.0	0.25	47.5	3.60	0.84	3.40	10~78	合理采伐
17	西坡	山脚	35°	70	5.0	5.0	0.40	65.0	5.21	0.85	4.50	10~54	合理采伐
18	东南	山脚	29°	120	4.5	4.5	0.30	35.0	15.14	1.50	5.00	10~60	施肥

(二)竹笋及幼竹生长

茶秆竹鞭上的笋芽，从发育分化到膨大出土，一般从12月下旬始至次年4月上旬止，历时90~110d。出笋期在3月下旬至4月中旬，持续20~25d。同一个地方，林缘要比林分内出笋早7~10d。竹笋出土后，幼竹地径仍有增粗。在林缘，幼竹从出土到增粗停止，一般20d左右，这期间地径生长量平均增加1cm，至少增加0.3cm，最多增加1.7cm；在林分内，地茎生长终止期比林缘短，仅10d左右。在林内地茎增粗亦不多，平均0.45cm，最少增加0.1cm，最多增加0.8cm。在林缘，竹笋出土至幼竹高生长结束，需要40d以上，而在林分内完成高生长期需35d左右，比林缘缩短5d。竹笋出土后，自基部节间开始，由下而上，按慢、快、慢的生长规律，逐节生长，推移前进。根据生长速度差异，幼竹高生长阶段可分为4个时期。初期，生长缓慢，每日生长量1~4cm，约12~15d；上升期，生长加快，日生长5~20，约5~7d；盛期，生长达高峰，日生长11~50cm，约9~12d；末期，生长减慢，日生长10~20cm以下，10d左右停止；竹箨大部分或全部脱落，新枝开始生长。幼竹放叶期在出笋后40~50d，而老竹换生新叶是隔年1次。

(三)成竹生长

幼竹干形生长结束后，其高度、直径和体积不再有什么变化，而转入材质生长阶段。1年生为幼龄竹，杆成青绿色，并被蜡质褐色条纹；2~3年生为壮龄竹，枝叶茂密，生命力最强；4年生以上为老龄竹，杆呈灰黄色，密被蜡质花纹，其枝开叉下垂。在合理经营的情况下，不同的立地条件对茶秆竹林的密度。竹高和竹径生长均有一定的影响。从表7可见，竹林立地部位不同，则同一径阶中竹的高生长亦不同；同时也证实经营措施能提高个径阶立竹的生长量。

表7　立地条件对茶秆竹林成竹生长的影响

标准地号	坡向	坡位	坡度	经营程度	林分密度（株/hm²）	平均高度（m）	平均胸径（cm）	各径阶平均高(m)							
								1.0	1.5	2.0	2.5	3.0	3.5	4.0	4.5
15	西南	山顶	39°	合理采伐	28620	6.1	2.1	3.3	4.6	5.9	7.0	7.8	8.5	—	—
16	西南	山腰	31°	合理采伐	23730	8.2	3.1	—	—	6.1	7.1	8.0	8.9	9.7	10.3
17	西坡	山脚	35°	合理采伐	15930	10.5	4.0	—	—	6.1	7.2	8.4	9.5	10.5	11.4
28	东北	山脚	39°	未施肥	15570	5.2	1.9	2.8	4.3	5.5	6.2	6.7	—	—	—
29	东南	山脚	29°	施肥	9495	7.5	3.1	—	4.6	5.7	6.5	7.4	8.2	—	—

注：地点：怀集 坳仔

四、更新演替

茶秆竹林的经营有着悠久的历史，现有林多是经过人工造林或多年垦殖形成的纯林，也有少量茶秆竹与杉木或阔叶树混生的混交林。演替过程表现为多种情况：一是由芒萁为主的低草群落，在自然条件下发展为由芒草、蕨等组成的高草群落，具有较高的土壤肥力；或以乌药、新木姜子、乌饭树等形成的灌丛；这种草地或灌木丛通过人工造林或自然发展可演替为茶秆竹纯林或竹杉。二是竹阔混交林。而是茶秆竹的地下茎具有强大的无性繁育能力，逐年能扩大一定的宽度，去更替周围的植物群落而形成新的茶秆竹林。三是在竹木混交林中，茶秆竹因居于次林层地位，混生的乔木树种增殖发展后，茶秆竹被乔木树种取而代之。四是在针阔树砍伐后，茶秆竹迅速侵入，靠自身的繁殖力而形成以它为主的森林群落。茶秆竹纯林的生命周期一般为40年左右，竹林衰败开花，但并不立即枯死，只是生长力大为减弱，仅6～7年后可自然更新。茶竿竹产区，常采用自然更新，因自然更新较新造林效果更好些。

五、评价及经营意见

中国的茶秆竹资源丰富，材质优良，经济价值很高。根据外部形态和显微结构上的差异，广东怀集栽培的茶秆竹有：正种茶秆竹、铁厘茶秆竹和白水茶秆竹，以正种茶秆竹分布面积最大(徐英宝等，1984)，应继续发展。

茶秆竹主要用移竹造林，母竹应是直径1～2cm，1年生竹和2年生竹相连，3根以上为一丛。挖母竹时，要留来鞭和去鞭各15～20cm，多带宿土，否则成活率很低。造林季节以“大寒”至“惊蛰”期间为宜。茶秆竹造林后7年可以郁闭成林，8～10年可砍伐利用。生产能力因立地条件和管理水平有很大差异，以怀集坳仔为例，生长好的竹林平均高11m，胸径5.3cm，平均单株重5.25kg，蓄积量87 810kg/hm²；生长中等的竹林平均高10.7m，胸径4.1cm，平均单株重3.1kg，蓄积量80 692kg/hm²。因此，应努力将茶秆竹林经营成高产、优质、高效的人工林。

应合理采伐。茶秆竹砍伐龄在3年以上，广州怀集的生产经验是“公孙同堂，竹林才旺”，即竹林内留存1～3年生“公孙竹”，才能良好生长，持久稳产。砍伐应与劈山结合起来，做到采育兼顾，永久利用。采伐是要注意竹林密度，过密的多砍，中等的少看，稀疏的不砍；砍伐后中等水平的竹林密度应在15 000～30 000株/hm²。好的竹林密度为30 000～45 000株/hm²。竹林砍伐后郁闭度应不低于0.7。砍伐时伐根要低，就地打枝叶归还林地，以增地力。

樟树林[82]

樟树（*Cinnamomum camphora*）别名香樟，属樟科常绿乔木，是南方珍贵用材林及特用经济林优良树种。

木材柔韧致密，光滑美观，硬度适中，易于加工，含挥发油和特殊香气，耐腐祛虫，为贵重家具、箱厨、造船、雕刻的上等材。樟树根茎、枝叶可提炼樟脑油。樟树含桉叶素、黄樟素、芳樟醇、松油醇、柠檬醛等重要成分。天然樟脑纯度高于合成樟脑，性能较优良，主要用于医药、化工、冶金及军工等，还用于制造橡胶接触剂电器绝缘材料。樟油在香料工业中占有重要地位，可直接使用，或作贵重合成香料的原料，是传统外贸物资。樟叶含鞣质，可提制栲胶，亦可饲养樟蚕，其蚕丝用作医疗外科手术缝合线。生长迅速，寿命很长，树冠开展，主干硕壮，抗风力强，病虫害少，叶色浓绿光泽，不怕烟尘，是城市绿化的优良树种。

一、地理分布及栽培历史

樟树原产于亚洲东部热带、亚热带，分布区域在北纬10°～30°之间，主产于中国南方各省（区），尤以台湾味最。多生与平原、丘陵、低山，垂直分布一般在海拔500～600m以下[6]。广东各地均有樟树分布，常见于河涌溪渠两旁泥滩地，房前屋后，村庄附近以及路边等地，在水肥条件较好的山洼、山麓、山下部与其他阔叶树种组成混交林。曲江县马坝及南华寺，有树高达30m，胸径150～200cm的大樟树。

1956年，中山大学调查雷州半岛植被，海康、徐闻县有以天然樟树为主的热带季雨林1330hm^2，由于人为破坏，至1980年仅剩下小面积的樟树次生林；海康县龙门区足荣乡仍存一片樟树林，最大连片面积为79hm^2。

过去，樟树处于野生状态，很少造林，资源日益减少，50年代以来，广东各地开始重视营造樟树林，种植面积有较大发展，据不完全统计，全省樟树人工林保存面积约有600 hm^2。

二、生态环境

樟树为喜光树种，幼树耐庇荫，树高2～3m时喜光，到壮年时更需要阳光。适生于年平均气温16以上，1月平均气温5℃以上，绝对最低温－7℃以上，1～2年生幼苗易受冻害，长大后抗寒性渐强。年降水量1000mm以上，且分布较均匀的地区。对土壤需求较高，虽然一般山地、丘陵、台地、平原

[82] 徐英宝．原文载于《广东森林》（广东林业科技出版社，中国林业出版社，1990：241～244）。

的黄壤、红壤、赤红壤和冲积土上均可生长，但只有在深厚、湿润、肥沃的酸性或中性沙壤或轻壤土上才能生长良好。

在广东南部如海康县东山墟四旁种植的樟树生长良好，18 年生树达 10.6m，胸径 42cm；广州员村樟树行道树 12 年生树高 7.1m，胸径 21cm，单株材积 0.027m^3。

华南农业大学林学院在乐昌林场枫树下调查表明，樟树生长速度与立地因子密切相关，山坡下部以蕨类、芒草占优势的轻壤质厚层红壤上 11 年生樟树林，平均树高，6.6m，年生长量 0.6m，平均胸径 7.1cm，年生长 0.64cm，而山坡上部以芒萁、檵木占优势的多石质薄层山地红壤，11 年生平均树高 2.9m，年生长 0.26m，胸径 3.7cm，年生长仅 0.33cm。

三、林分结构

雷州半岛现存的一片樟树次生林，在海康县龙门区足荣乡，面积 140 多 hm^2，属热带季雨林群落。林分生长在海拔 60～100m，土壤属玄武岩发育而成的粘质砖红壤，腐殖质含量丰富，团粒或小块状结构，林下枯落叶层厚 2～3cm。这片林分，植株多成丛状，覆盖度 50%～60%，有 1050 株/hm^2 以上，树龄 22 年，平均树高 16.5m，胸径 16cm，蓄积量 189m^3/hm^2。林分结构复杂。第一层樟树为主，占株数 90% 以上。混生树种有香须树(*Albizia odoratissima*)、楹树(*A. chinensis*)、猫尾木(*Dolichandrone cauda-felina*)、海红豆(*Adenanthera pavonina*)、倒吊笔(*Wrightia pubescens*)、假柿树(*Litsea monopetala*)、厚皮树、蒲桃(Syzygium jambos)、野漆(*Rhus succedanea*)、海南蒲桃(*Syzygium cumini*)、苹婆(*Sterculia nobilis*)等。第二层为耐阴性灌木，高度 2m 左右，盖度 70%～80%，主要有破布叶(*Mierocos paniculata*)，第三层为草本有弓果黍(*Cyrtococcum patens*)、麦门冬(*Liriope spicata*)，没有蕨类植物。林内藤本植物种类不多，有锡叶藤(*Tetracera asiatica*)、光叶菝葜(*Smilax glabra*)、粉叶鱼藤(*Derris glauca*)和山银花(*Lonicera confusa*)等几种。

樟树人工林多属同龄纯林，分枝低，主干矮，长势较差，病虫害多，难以培育良材。采用台湾相思、大叶相思等速生树种与樟树混交。庇荫幼树，提高土壤肥力，促进幼龄樟树生长，效果较好。

四、生长规律

樟树为常绿大乔木，树高可达 50m，胸径 3m。人工栽培樟树，10～15 年开始结实，花期 4～5 月，10～11 月果熟，海南岛花期 3～4 月，9～10 月果熟。

樟树树冠发达，分枝低，主干低矮，但与其他树种混生，侧枝少，分枝高，主干较通直。生长较速，寿命长，在乐昌县土壤较好的地方，5 年生树高达 5m，胸径 12cm，15～30 年生壮龄树生长较快，每 10 年树高可增长 4.5～5.5m，胸径增长 8～10cm。40 年后，树高生长缓慢，直径生长加快，生长可延至数百年。

根系强大，主根发达。幼苗期侧、须根较少。造林后根系恢复很快，水平和垂直根系扩展。据调查，8 年生词根粗 3cm 以上有 9 条，根幅达 9.1m，约为冠幅 5 倍，主根粗 11.4cm，深入土层 4m 以下。主要吸收根系密集范围在表土 30cm 以内，并常见邻株根系相互连生。

萌芽力较强，可行萌芽更新，海康县房参区丰南乡 10 年生樟树萌芽林，平均树高 8.9m，胸径 11.1cm，树干通直，生势旺盛，但以中龄林和近熟林萌芽力较强，而幼、老龄萌芽力较弱，在生产经营商应注意这一特性。

樟脑、樟油含量多少，与树龄有关，也受立地条件影响，如生长在沙壤土的樟树含脑量和含油量最大，壤土次之，黏土又次之。同时，疏林樟树含脑量大，而含油量小；密林含脑量小，而含油量大。

五、经营措施

良种选育对樟树速生优质具有重要意义。天然樟树多种多样，依叶形与香气不同，可区分香樟与臭樟两个类型。香樟叶薄小，具清香味，含樟脑量多，含樟油量少；臭樟叶厚大，微具臭味，含樟油量高，含樟脑量少。据调查，樟树杂种自交代后代的幼叶青色型较幼叶红色型速生，选择青色型培育速生用材林具有一定意义。宜选择现在优良樟树林，以培育母树林或营建有性或无性系种子园，生产良种。

细致整地与管护是经营樟树的重要一环。实践表明，海康县房参区丰南乡1963年秋采用全面机耕与不整地对比试验，前者11年生平均树高6.3m，胸径13.0cm，而后者树高3.1m，胸径4.4cm。遂溪县樟树林场幼林进行深耕扩穴，除草松土比不抚育管理高径生长分别增加了1.6倍和1.9倍。

樟树出枝低矮，树冠扩展，营造混交林能促进生长，干形通直，叉高节少，可形成良材。樟树与台湾相思株间混交，1410株/hm^2，6年生樟树高4.3m，胸径5.3cm，比纯林高生长快46%，径生长快39%，蓄积量比纯林多3倍。伴生树幼龄起庇荫作用，为了调节樟树光照需要，伴生树可行截干，这样不仅能早期生产小径材或薪炭林，增加经济收益，枝叶覆盖地面还能保持水土。

樟树生长较快，树冠扩展，需要合理确定栽植密度。各地调查表明，纯林密度在丘陵山地不超过1500株/hm^2；低丘台地不宜超过1950株/hm^2；混交林密度丘陵山地不宜超过750株/hm^2；低丘台地不宜超过1050株/hm^2。伴生树种密度应根据有利于樟树生长来确定混交比例。

六、评价及发展方向

樟树是珍贵用材和特用经济树种，樟木用途广泛，供不应求；樟脑樟油是医药和香料工业重要原料。因此，发展樟树人工造林具有很大意义。

樟树造林应注意选择土层深厚肥沃、湿润的向阳谷地。坡度平缓地方宜全垦造林，陡坡应带垦或块状整地，以防止水土流失。不宜强调集中连片造林，特别不宜营造大面积人工纯林。

樟树纯林分枝低、树冠扩展。广东各地用台湾相思、大叶相思、木麻黄等于樟树混交，效果很好。实践表明，选择当地速生树种与樟树混交造林，能为樟树幼年生长创造庇荫环境，促进高、径生长；同时，伴生树种又能早期提供小径材或薪炭材，并在改良土壤、保持水土、防治病虫害等方面起到相应作用。樟树混交林值得提倡。

雷州半岛足荣樟树林是广东现存唯一的一片热带樟树天然林，尽管目前面积不大，要认真保护，建议有关方面建立足荣天然樟树林自然保护区，除将现属足荣村樟树林管护好外，还宜适当扩大面积到200hm^2左右为好。

新银合欢林[83]

一、形态特征

新银合欢[*Leucaena leucocephala* (Lam.) de Wit.]是含羞草亚科(Mimosoideae)常绿乔木，高可达15～20m，胸径30cm以上；树皮灰白色，稍粗糙；叶偶数二回羽状复叶，羽片5～17对，长10～25cm，宽10～15cm；小叶11～17对，叶片长1.7cm，宽0.5cm，先端短尖，中脉两侧不等宽，背面颜色较浅。头状花序，腋生，单生或簇生，具长柄；花白色，绒毛状，常自花授粉。花瓣5片，分离，极狭，长为雄蕊的1/3。雄蕊10枚，长而突出。每花通常仅有几个至十几个花能发育成荚果；荚果下垂，薄而扁平，革质带状，先端突尖，长23.5cm，宽2.2cm。每荚有褐色扁平种子15～30粒，成熟时开裂散出种子。花期3～4月和9～10月。

银合欢属共有10种，在林业上有价值的有6～7种，我国60～70年前引种的银合欢[*Leucaena glauca* (L.) Benth.]，现在广州、雷州半岛、海南岛已乡土化，变成野生状态。目前国内外广泛推广种植的是本种新银合欢，约有800多个品系，根据形态大小，它可分为3个类型：

1. 夏威夷型

丛生灌木；树高可达5m，胸径通常不到10cm。树龄4～6个月始花，不分季节，全年开花结果，生产大量种子。原产墨西哥海滨的一般类型，现广泛分布在热带、亚热带各地区，是饲料、肥料、燃料"三料"树种。它亦可用于作物庇荫和荒山造林。

2. 萨尔瓦多型

高大乔木状；树高可达20m以上，胸径超过30cm。树干粗壮而分枝高，叶、荚果、种子大。始花期比普通类型晚，季节性开花，通常一年开花两次，结果较少。原产中美洲和墨西哥内陆森林地区，发现较晚，近20年才进行研究，它们的生物产量常超过普通类型2倍以上。某些产量极高的巨大类型如K8、K28、K67等已栽培供商品材、木材产品和工业燃料。

3. 秘鲁型

小乔木；树高可达10m，但分枝多，甚至达到树干下部；可生产小干材，叶量丰富，秘鲁类型是有前途的饲料树种。巨大类型截干萌生枝条也常获得同样高产，澳大利亚已研究培育出秘鲁和巨大类型之间的杂种，也是有前途的饲料类型。

---

[83] 徐英宝. 原文载于《中国主要外来树种引种栽培》(北京：北京科学技术出版社，1994：418－425)。

二、原产地概况

银合欢原产美洲热带地区(萨尔瓦多、洪都拉斯、危地马拉、秘鲁)及墨西哥西南部，分布在北纬15°~17°。大约在16世纪，银合欢从墨西哥传入菲律宾，从那时起银合欢在东南亚及太平洋地区，包括印度尼西亚、菲律宾、美国夏威夷、毛里求斯、澳大利亚北部等地广为种植，现遍布热带低地。在原产地分布于海平面至海拔800m范围内(图1)。分布区年平均降水量600~1000mm，属夏雨型或冬雨型，干季2~6个月；年平均温度20~28℃。

银合欢耐干旱，可生长于降水量700mm以下地方，根深，适生于微碱性或微酸性土，不耐pH5.5以下的酸性土。在干热地区(如在墨西哥及西澳大利亚)，有灌溉条件也能生长。怕冻、可耐轻霜。最适生长温度为25~30℃，在10℃以下罕见，在北纬35°以北地区不能成活。在北美洲不能超过美国德克萨斯州及佛罗里达州北部，约相当1月平均温度12.8℃。它是一个泛热带生长的树种。

三、引种概况

中国引种银合欢，早在19世纪台湾省已有栽培。广东的广州、雷州半岛、海南岛引种栽培历史约有60~70年，各地均有老龄的银合欢，而且不少地区已为野生状态。新银合欢属银合欢大类型的一种，1961年从国外引种到海南岛热带作物研究院试种，1975年又从海南岛引种到博罗县长宁区栽培，表现良好，随后推广到湛江、佛山、汕头、肇庆、惠阳、梅县等地区许多县市，在不少地方生长良好。

1975和1981年中国林科院相继引进一些速生的新银合欢优良品种(如菲律宾30号和65号以及K-8、K-28、K-67等)作对比试验，以期寻找我国发展新银合欢的环境和品种。

1982年华南农业大学林学院从台湾和菲律宾等地引进了一批新银合欢变种，其中台湾5个，即K8(原产地墨西哥)、K28(原产地萨尔瓦多)、K29(原产地洪都拉斯)、K67(原产地萨尔瓦多)、SL(原产地墨西哥)；菲律宾8个，即菲-65、菲-62、菲-19、菲-0、菲-5、菲-30、菲-2和菲-42；还有“香港”、“银盏”、“澳洲”、“白头”、“新气象站”、“珠海”等总共19个变种。其中，台湾种源有华南农业大学提供，其余变种由中国林科院热带林业研究所提供；广东高要林场造林对比试验结果表明，有10个变种生长较好，生长量和生物量均较高。

总的来说，新银合欢在中国仍处于引种试验阶段，生产上还未加以利用，然而有很大的潜力。可以预言，这是一个很有发展前途的树种。

在国外，菲律宾一直十分重视银合欢的引种栽培，据菲律宾自然资源部林业发展局统计，现有7~10年生银合欢人工林约10万hm^2。

大约在16世纪，银合欢由西班牙传教士作为饲料从墨西哥或南美引种到菲律宾，以后很快传遍及全国大小岛屿，经长期培育，逐渐形成了乡土树种——Peru银合欢；20世纪60年代初又从夏威夷引进K6、K8、K28、K67等变种进行广泛的筛选试验和观测，评选出K8、K28、K67和Peru4个变种进行扩大栽培试验，选定乔木型的K8和K28推广造林，现已遍及全国各地(表1)。

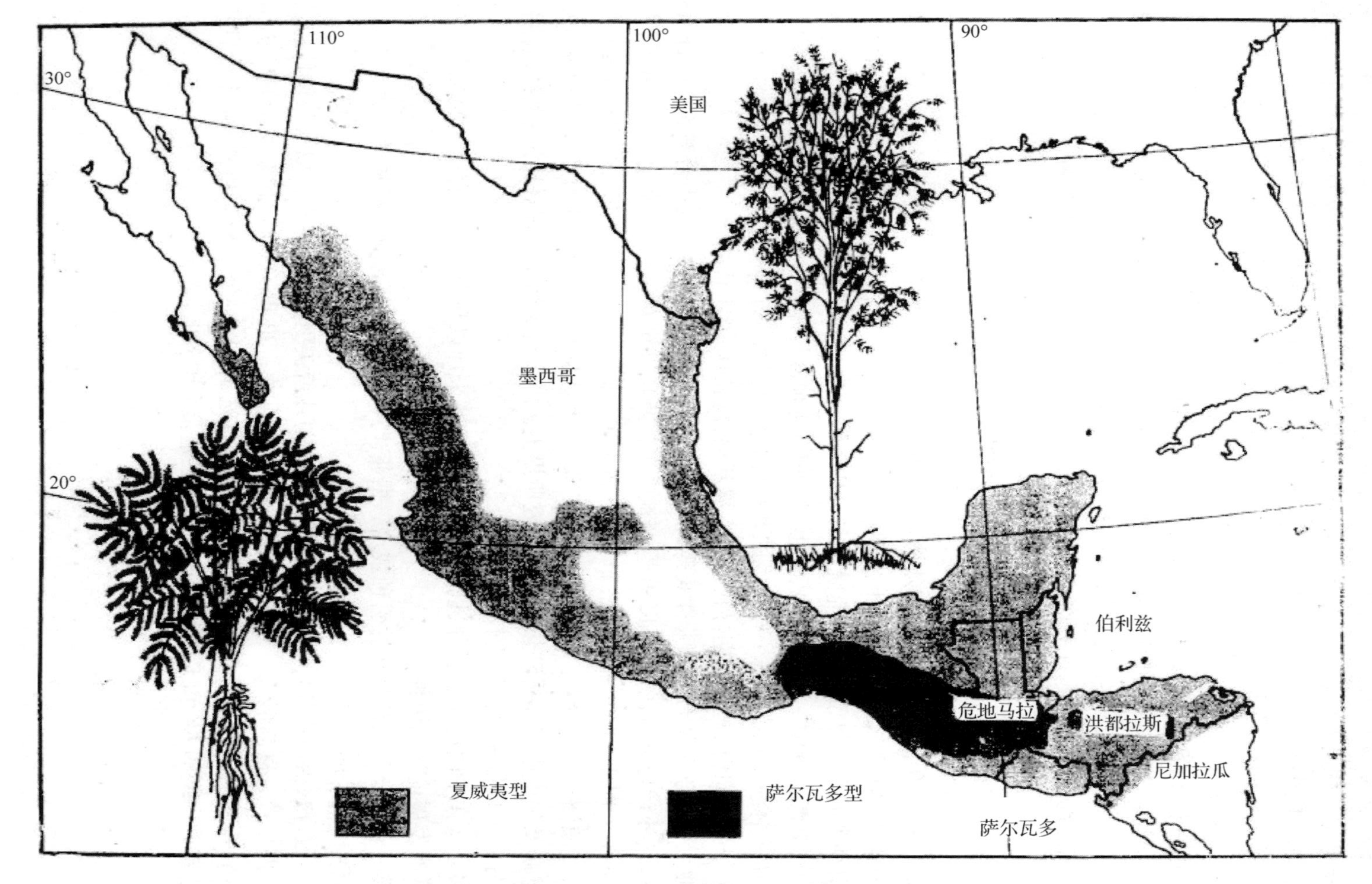

图1 银合欢分布示意图(引自1984年《银合欢是有前途的热带树林》)

表1　菲律宾4种银合欢的特性

K8	K28	K67	Peru
荚果小，细小，种子光亮，细薄，淡红色-褐棕色；叶轴细长，叶长椭圆形，羽状；树皮灰棕色。可作用材、饲料	荚果长而宽；种子光亮、平滑、较厚，深棕色；叶轴较短，叶圆形，树皮棕色。可作用材	荚果短而宽；种子光亮、平滑、较厚，圆形，棕色；叶柄短，叶长椭圆形，基部分枝小。可作饲料及用材	荚果短而狭窄，光滑、裸露；种子狭长，暗棕色；叶柄通常紫色，较长，树皮淡棕色，分枝多而密。可作饲料

四、生长与适应性

新银合欢是喜光树种，虽尚耐阴，但在全光照下生长更好。对气候适应性较强，最适生的温度为25～30℃，能耐40℃以上高温，在10℃以下生长停滞，能耐0℃以下短暂低温，但冻霜时间延长，常罹寒导致枯死。澳大利亚认为银合欢在最冷月平均最低温度不低于10℃的地区均可栽培，供引种时参考。在北纬35°以北地区不能成活。在北美不能超过德克萨斯州及佛罗里达州北部，约相当于1月平均温度12.8℃。它是一种泛热带生长植物。耐干旱，可生于降水量700mm以下地方，但以1000～3000mm生长最好；虽然能耐干旱，从潮湿热带国家如菲律宾种植银合欢的成就来看，以雨量充沛的地区生长最为迅速。

新银合欢适生于亚热带低海拔(500m以下)地区，在中性或微碱性肥沃土壤上生长最好，在中性或微酸性、肥力中等的丘陵缓坡地生长次之；土壤质地轻、中、黏重均可，但排水一般良好。在广东省各地引种后，对土壤性状反应较敏感，生长有明显差异(见表2)。从表2可见，新银合欢适生于pH6～7.7，在pH5.0的酸性土壤上生势很差，热带砖红壤含铝高，常缺钼和锌也导致生长不良；最适宜的土壤是土层深厚、肥力中等以上、排水良好的中性或酸性的沙壤土。速生程度与立地条件和经营措施密切相关。

表2　新银合欢在广东各地不同土壤上的生长情况

地点	土壤类别	2.5年生		4.4年生		pH值	有机质(%)	全氮(%)	速效磷(mg/L)	速效钾(mg/L)	毛管持水量(%)	总孔深度(%)	毛管孔隙度(%)
		树高(m)	胸径(cm)	树高(m)	胸径(cm)								
悦城林场	酸性赤红壤	2.63	1.65	2.27	1.78	4.5	3.12	0.146	1.17	32.37	32.7	57.1	38.0
西江林科所	酸性赤红壤	2.05	1.25	-	-	4.5	2.00	0.089	1.19	6.24	20.0	44.5	29.4
高要林场	酸性赤红壤	2.55	1.55	2.05	1.61	4.5	2.09	0.116	0.55	0	27.4	53.2	34.0
高要林场	弃耕水田	4.65	2.84	4.94	3.13	6.5	2.15	0.077	2.316	24.117	23.3	45.9	34.1
西江林科所	沙质冲积土	5.11	4.39	-	-	7.7	1.14	0.071	73.474	27.723	24.9	47.4	35.4
斗门县白藤湖	冲积土泥滩地	7.62	8.9	13.99	12.42	8.0	0.76	0.075	51.419	64.823	30.7	56.7	35.3

低温、海拔高度、土壤酸碱度是新银合欢生长的限制因素，引种栽培时应特别加以注意。因此，适地适树，集约经营，是营造高产林分的关键措施。

新银合欢是深根性树种，主根粗壮，能穿透到土壤下层。它和许多豆科植物一样，其根瘤菌具有固定空气中游离氮素的能力，据测定每年超过500kg/hm^{2}相当于硫酸铵2500kg。然而只有在土壤中具有适应的专性根瘤菌品系，才能起固氮作用。没有根瘤菌的植株通常是扭曲的，叶子常常是淡绿色或黄色，蛋白质含量很低，这种林分没有经济价值。因此，在新引种地区，必须接种适合的专性根瘤菌品系。新银合欢的细根和根毛也常感染菌根菌，这些巨大的网状菌丝，能促进吸收磷和其他微量元素，这对于新银合欢能够在含磷很少的土壤中生长有很大意义。

生长和生物量　新银合欢在适宜的生境下，生长非常迅速（表3）。在广东斗门县的珠江三角洲平原泥滩地上，即堤围及“四旁”，土壤肥沃、疏松湿润，最宜于种植新银合欢。2年生可粗达9cm，5年生树高达15~20m，每年每公顷生产干物质19.5~30t，即相当年生长木材40~60cm^{3}在菲律宾，营造高密度的速生纸浆林或能源林，每公顷439 50株，2年半胸径达8.9cm，树干高2.4m，每公顷年产干材238.5m^3，相当于干重115.65t。

表3　新银合欢生长情况

林龄(a)	调查株数	胸径(cm)		树高(m)		冠幅(m)	备注
		平均	最粗	平均	最高		
7个月	50	3.17	5.10	3.60	4.85	—	斗门县白藤湖
1年半	50	7.10	9.70	7.06	8.30	3.19	同上
8年	50	9.86	12.80	8.90	9.50	3.42	同上

表4　不同品种新银合欢生长情况

品种号	品种特点	树龄(a)	平均树高(m)	平均胸径(cm)	枝下高(m)	通直度*			冠幅(m)	生长势
						Ⅰ(%)	Ⅱ(%)	Ⅲ(%)		
菲-30	萨尔瓦多乔木型	5	12.60	12.20	3.8	43	51	6	2.9	良好
菲-19	同上	5	12.00	10.30	5.4	70	30		3.0	中等
菲-62	乔木型，生产木材	5	12.80	11.00	4.4	57	43		3.0	中等
菲-65	同上	5	13.45	11.70	5.35	50	50		2.8	良好

* 通直度：Ⅰ干通直；Ⅱ干稍弯曲；Ⅲ干弯曲。

据中国林业科学研究院林业科学研究所与亚热带林业研究所在海南岛尖峰岭低丘缓坡砖红壤上，对不同品种新银合欢试种结果（表4，表5）表明，这些从菲律宾引种的优良品种生长正常，林下幼树很多，天然更新良好。解析木的生物量，其干材重（鲜重）51.8kg，枝条重3.15kg，嫩枝叶重4.13kg。华南农业大学与广东林业科学研究所在博罗县长宁苗圃对6年生新银合欢进行了生物量测定，解析木树高11.8m，胸径17.5cm，单株材积0.113 97m^3，地上部生物量（鲜重）为117.44kg，其中主干76.86kg，粗枝（>1cm）22.44kg，细枝10.25kg，叶子7.89kg。

表5　新银合欢解析木生长量

树龄	树高(m)	胸径(cm)	材积(m^3)
1	2.0	1.0	0.000 33
2	5.0	2.1	0.001 91
3	8.0	5.2	0.008 11
4	12.0	7.8	0.023 35
5	14.5	10.3	0.044 82

新银合欢在林分中的树高生长与散生木的高生长差别较大。据中国林业科学研究院林研所调查，在海南岛热带作物研究院内散生的新银合欢，16 年生树高 11 ~ 13m，年平均高生长为 0. 7 ~ 0. 8m，胸径为 28 ~ 36cm，年平均径生长为 1. 75 ~ 2. 25cm，枝下高 3 ~ 5m。但林分内(郁闭度 0. 8)新银合欢树高年平均生长可达 2. 36m，比散生木高 237%，其枝下高平均 4. 2m，而散生木仅 2m。因此，为了提高新银合欢的干物质产量，特别干枝材量和增大干材长度，宜采用高度密植的造林方法，每公顷 1 万 ~ 3 万株，株行距 1m × 1m 或 0. 7m × 0. 7m 或 1m × 0. 3m。

五、育苗、造林

新银合欢多采用栽植造林，特别是容器苗造林，亦有用直播造林。

采种：新银合欢 1 年生左右即开花结实，而且每年多次开花，种子陆续成熟。但主要花期为春秋两季，种子在冬春之间大量成熟。荚果成熟时呈褐色，能自行开裂，散出种子，故宜及时采种。种子千粒重 48g 左右，每克 18 ~ 24 粒，每千克约有 2 万粒。发芽率一般达 80% ~ 90%。

育苗：播种前种子需用 80℃热水烫种 1 分钟，然后置冷水中浸泡 24 小时，使之充分吸水膨胀后播种。仅处理的种子，春播 5 ~ 7 天开始发芽，初期生长缓慢，30 ~ 45 天容器苗高达 20 ~ 25cm，即可出圃定植。据福建南屿林场观测，1 年生新银合欢苗，以 7 月初至 9 月初两个月苗高生长量最大(97. 5cm)，占全年苗高生长量的 68%，这时正值高温(月平均温度 26 ~ 28. 7℃)及降水多的季节。9 月以后降水量急剧减少，气温下降，苗高生长量也急剧降低，从 9 月初至 12 月初仅生长 23. 5cm，占全年 17%，平均每月生长量仅 8cm。苗床育苗，可用 3 个月生的裸根苗(苗高约 30cm)造林，也可用 1m 高的裸根苗截干造林。育苗宜接种耐酸根瘤菌，以提高植株的耐酸性。

造林：为了培育壮苗，播种时必须注意接种适合的专性根瘤菌品系和菌根菌，为了速生高产，饲料林和肥料林，宜选择平坦地或缓坡地，全垦整地，深耕犁耙，并酌量沟施基肥，为植株根系生长发育根瘤菌和菌根菌创造良好条件。

新银合欢作为饲料林、肥料林经营，经常收割嫩枝叶，消耗土壤中大量营养元素，与其他豆科牧草一样，要求在土壤中具有合理的矿物养分平衡，因而应注意施肥，特别是磷、钙肥最为重要，以保证高产稳产。

新银合欢作为用材林、薪炭林来经营，密植时提高产量和获得生态效益的关键。用材林种植应不少于 10 000 株/hm^2，薪炭林种植可超过 20 000 株/hm^2。新银合欢萌芽更新容易，落下种子也能萌芽成林。在立地条件好的地方，轮伐期为 3 ~ 6 年。

新银合欢具有根瘤，不但能提供大量氮肥，而且其根系深入土中，能吸收深层土壤的磷、钾、氧化钙以及其它微量元素，它是恢复和提高土壤肥力显著的树种。在陡坡栽植新银合欢，很快能覆盖地面，增加土壤有机物质，减免水土流失。新银合欢可作为柚木、桉树、松类的混交树种，实践证明，新银合欢是这些树种的配合树种。

经营：新银合欢在适宜的立地条件下生长迅速，3 年生树高、胸径分别可达 10m 和 10cm。同时，萌芽力强，种源丰富，适合经营短轮伐期的薪炭林矮林作业。据国外报道(J. Burley，1980 年)，在菲律宾的布肯隆和卡匹兹，以 5 年为一次轮伐期的新银合欢薪炭林每年每公顷产量为 27m^3，而在个体户农场 4 年为轮伐期的产量为 15m^3。因此，实生起源、密度较大的薪炭林矮林作业一般 4 ~ 5 年生即可皆伐。采伐时，在 10 ~ 15cm 处伐倒，留 3 ~ 4 萌条即可。由于萌条生长较快，此后轮伐期为 4 年左右。

六、病虫害

新银合欢木虱(*Heteropsylla cubena*)是危害新银合欢叶片的一种害虫，受害严重时，幼叶卷曲，嫩叶不能展开，甚至枯萎，严重影响其生长。

新银合欢木虱是一种小型木虱，1914 年由 Crawford 首次在古巴发现，并记录为新种。许多年来由于危害不严重，一直未引起人们的注意，直到 1985 年此虫在整个菲律宾和太平洋的许多岛屿上大发生，严重影响新银合欢的生长，才引起人们对这种新害虫的重视。1987 年 6 月 22 日在华南农业大学校园的新银合欢上观察到此虫严重危害幼叶嫩芽。1990 年 12 月 18 日又在广东肇庆市苗圃场看到此虫严重危害新银合欢。一片羽状复叶上有虫 20 ~ 60 头之多，受害严重的幼叶曲卷，嫩芽不能展开，甚至枯萎，全树叶片的正面覆盖有一层煤污菌，树冠下的灌木杂草上也都覆盖有一层煤污菌，严重影响植物的光合作用。

该虫一生经过卵、若虫、成虫三个虫期。有镰刀菌、耳霉、木虱跳小蜂、六斑月瓢虫等天敌。防治方法：目前尚处于试验阶段，认为生物防治和培育抗该虫的品种有发展前途。

印度尼西亚的 I. M. Oka(1989 年)主张对新银合欢木虱进行综合治理。他提出用自然的力量抑制其大发生，化学防治作为临时措施，在幼树期间用内吸剂喷雾，对大树剪除受害严重的枝条；保护天敌，特别对捕食性瓢虫(*Curinus coeruleus*)的保护和繁殖；选育抗虫品种等措施进行综合治理。

七、用途

新银合欢是具有多种用途的木本豆科植物，它是良好的薪材和用材树种，据报道，1. 5 ~ 7 年是呢个的新银合欢木材密度为 0. 52 ~ 0. 59g/cm^3，2 ~ 5 年生时木材密度为 0. 48 ~ 0. 50g. cm^3，气干容重 0. 675g/cm^3，热值为 17 447 ~ 19 581kJ/kg，而木炭为 30 334kJ/lg，石油为 37 656kJ/kg，其燃烧率高达燃料油的 70% 。目前，菲律宾专门种植 1. 2 万公顷新银合欢能源林，能提供相当于 100 万桶石油的热能作为发电和工厂动力之用。由于新银合欢生长迅速，萌芽力强，材质坚硬，轮伐期短，是营造薪炭林的优良树种。华南农村薪炭短缺，不但影响生活，而且也影响陶瓷砖瓦、茶叶等生产的发展，急需营造薪炭林。

新银合欢是良好浆粕原料。70 年代以来，台湾省已营造 10 000hm^2 新银合欢林，用于造纸和人造丝。其木材含纤维素 77% ，比菲律宾 95 种硬木的平均值(64%)还高，灰分含量低(0. 73%)，木材密度大，浆的蒸煮率高。其木浆是一种制作不透明纸和印花纸的优良原料，与长纤维木材一起使用，是一种主要印刷纸的生产原料。因此，华南如能发展新银合欢用于造纸，则很有用途。

新银合欢嫩枝叶产量高，枝叶及荚果的蛋白质含量很高，所以是一种优良的饲料树种。1975 年以来，银合欢粉和球状饲料早国际市场上引起人们很大的兴趣，它不仅是很好的苜蓿代替品，而且氨基酸含量优于苜蓿，含胡萝卜素和维生素也较苜蓿高。但它含有对动物有害的含羞草碱。牛羊等反刍动物，因其胃中的微生物能转化含羞草碱为二羟比任啶(dihydroxyoyridine)，如不过量饲喂，并没有中毒现象；用于饲养马猪兔数量超出其所能忍受界限会引起脱毛，对家禽则导致产前落蛋。作为高蛋白质补充饲料，巴布亚新几内亚和菲律宾用 10% 的银合欢叶子与其它饲料混合喂猪，并无不良影响；菲律宾用掺有 5% 的银合欢枝叶干粉的饲料喂鸡，并无不良反应。新银合欢含羞草碱可用高温、清水浸泡处理，消除或大量减少其毒性。因此，新银合欢作为饲料树种是有发展前途的。

银合欢在形态上和生理上都有很多变异。美国夏威夷大学农学院 J. L. Brewbaker 教授，在 1963 ~ 1975 年鉴定了 341 个品系，编为 K1 – K341，新银合欢属于巨大类型，在此类型中，K8，K28，K67 等优良品系，宜引种营造用材林和薪炭林。秘鲁类型银合欢和澳大利亚培育出来的肯氏银合欢(*Leucaena cunninghamii*)宜引种用作饲料林。除银合欢外，尚有异叶银合欢(*L. diversifolia*)是生长迅速、含羞草碱含量低的高海拔树种，有些品系还能耐酸性土；可食银合欢(*L. esculenta*)是生长迅速、含羞草碱含量低的高海拔耐寒树种；火叶银合欢(*L. maerophylla*)是生长迅速、能生长在干旱至潮湿立地的树种；某些品系还能耐酸性土；大银合欢(*L. pulverulenta*)是耐寒耐干旱树种，木材致密，为良好的薪炭林，这些树种可以直接引种试验，也可用作杂交培育新种。

总之，新银合欢生长快，在短期内能提供燃料、木料、肥料及饲料，又能改良土壤，可在我国南亚热带以南及云南、四川干热河谷地带扩大试种，以满足需要。

簕仔树林[84]

一、形态特征

簕仔树[(*Mimosa sepiaria*) Benth.]是含羞草亚科(Mimmosoideae)落叶或半落叶性小乔木；高可达12m，胸径30cm以上。幼树皮光滑，以后变粗糙，纵裂，皮厚0.5~0.8cm。二回羽状复叶，长20~30cm，有羽片4~8对，偶数，每一羽片上有小叶10~25对。小叶长约1cm，宽0.2~0.5cm，基部偏斜。叶柄有小沟槽，带刺。羽叶被触动后，能缓慢合拢，但灵敏性远不及含羞草。小枝长而斜展，枝茎具刺。刺直，呈锐三角形，长达0.6cm，不规则着生，3年以上树干或枝条的刺能渐脱落。总状花序，长20~30cm，有球花40~100枚，最多达200枚。球花白色，直径约1cm，花两性。每球花具小球花20朵以上，每一小花萼片4枚；雄蕊8枚，长0.5~0.7cm；荚果长4~6cm，宽0.7cm，每荚有种子5~9粒。荚果不开裂，但易横向以每粒种子为一节断裂，这是含羞草属树种的典型特征之一。种子小而壳硬。

目前，簕仔树的幼树有两种类型：一种刺小，主干较直，侧枝细小，树皮黄绿色；另一种刺大，侧枝多，主干不明显，树皮暗绿色。这是遗传因子引起或立地差异所致，有待进一步观测研究。

拉丁文 *sepiarius* 篱边生的意思，即说明簕仔树多用作篱笆。

二、原产地及引种概况

簕仔树原产于南美洲巴西，美国佛罗里达洲南部有人工栽培。

20世纪40年代初由旧金山华侨引入广东中山县(现今中山市)，目前该市仍以郊区一带为集中种植地，主要在该市的南朗、张家边、三边、环城、板芙、新湾、坦洲等地区和五桂山一带，在水乡河田也有零散分布，垂直分布一般在海拔100m以下的低丘脚、山谷、平地、水边等，山丘上部少见。近年来，海南岛的通什、文昌，雷州半岛的徐闻、吴川、电白、廉江等县以及阳江、化州、茂名、信宜、新会、广州、佛山、汕头、惠阳、梅县等地都有引种，生长良好。据统计，至1984年，广东全省种植面积已达3600多hm^2。

---

[84] 徐英宝. 原文载于《中国主要外来树种引种栽培》(北京：北京科学技术出版社，1994：426~430)。

三、生长与适应性

1. 生长进程

在中山市南部各区，簕仔树每年12月至翌年2月，叶大部分脱落，2~3月份萌生新芽、嫩叶，3月底叶基本出齐，进入旺盛生长季节，6月下旬始花，7~8月份盛花期，荚果于9~10月份陆续成熟，11月份初大量成熟散落。落地种子到翌年春雨期发芽生长，4~5月份即可挖取种植。

2. 个体生长发育

簕仔树为小乔木，冠形不整齐，分枝多，干弯曲，经砍伐后，萌生条多变通直。速生，一般种植后两年开花结实，3~4年后结实量大增，3年生即进入速生期。在适宜生境上，3年生平均地径达6cm，平均高5m左右，即达薪炭材利用规格要求(表1)。

表1　不同年龄簕仔树炭薪林的林分生长和生物产量(实生起源)

调查地点	林龄(年)	林分密度(株/hm²)	平均树高(m)	平均地径(cm)	概幅(m)	根深(cm)	平均标准木生物量(鲜重,kg)					生物量*(kg/hm²)	净生产量(kg/hm²·a)
							干	枝	叶	根	合计		
中山市	1	18590	2.91	2.65	0.89	27.5	1.00	0.60	0.18	0.29	2.07	29712	29712
张家边区下陵乡	2	12060	3.73	4.23	1.60	40.0	2.85	1.43	0.80	0.60	5.68	51615	25800
岗地山脚	3	6720	4.95	6.31	3.60	55.0	8.45	3.10	1.65	2.48	15.68	77616	25860

* 生物量计算包括地上干、枝部分,即薪材鲜重产量。

在同一岗地下部，3年生单株生物产量迅速增长，几乎为2年生的3倍；地下部分根幅增长1倍多，而根量增加4倍多，与地上生长相适应。3年生的实生林，由于立地的差异，地上干、枝生物量年平均每公顷最高25 860kg(岗地山脚)，最低20 445kg(沙地)。随着年龄增大，枝干比变小(1年生平均值为63∶100，3年生为37∶100)，薪材利用率、木材容重、热值均大，而含水率减小。

3. 根系生长

簕仔树是浅根性树种，根系发达，根幅达5m以上，根幅大于冠幅(表2)，侧根常露出地面，一般多分布于35cm以内的土壤表层。主根短小，长度1m左右，故常受风害。

表2　簕仔树3年生实生株的根系生长状况

调查地点	冠幅(m)	树高(m)	根幅(m)	根深(m)	冠幅/根幅
南朗区低丘地	2.61	4.85	3.26	35.0	0.80
南朗区水边地	1.95	3.85	3.28	30.0	0.59
张家边，下坡岗地下部	2.75	5.06	3.60	52.5	0.96
张家边，下坡岗地上部	1.64	4.02	2.48	37.5	0.66
平均值	2.24	4.45	3.16	38.75	0.75

簕仔树具有根瘤，易于自然感染、结瘤早。根据对30株野生苗(高5~10cm)观察，平均每株有2.5个根瘤，单株最多结瘤13个，多结合成球状团。

4. 适应特性

簕仔树适生于全光照、暖湿的热带、南亚热带气候。干湿季较明显，年均气温21.8~24.5℃，最热月均温28.4℃，最冷月均温13.0~17.7℃，极端最低温度为-1.3℃，日平均≥10℃，积温为7515.5~8759.0℃，年降水量1554~2164mm，但分配平均，4~9月为雨期，占年雨量的83%。3月下旬以后气温回升，春雨开始，这对簕仔树天然下种更新、萌芽更新和萌发新叶都十分有利，随后林木旺盛生长，但在冬季低温、迎风、干旱的地方，树叶几乎全部脱落，而向阳、避风、湿润的地方，林木落叶较少。

簕仔树适生于花岗岩、沙页岩、滨海沉积物等发育成的土壤，在壤土上生长良好，在沙土于黏土上生长较差；对养分要求不严，能耐干旱瘠薄，耐冲刷。但以水分充足、土壤湿润疏松的“四旁”地，河边地、地丘地生长良好，而在高丘干旱坡地上生长较差(表3)。

为了检验土壤理化性状对林分生物量的影响，选取8个3年生的实生林标准地进行相关分析，结果表明簕仔树的生物产量与土壤pH值有显著正相关，这是因为该树具有大量固氮根瘤菌，立木生长好坏与其固氮量关系密与，而土壤中根瘤的数量又与pH值有关。根瘤菌适生于中性土壤，但pH值6.5~7.5时，它能正常生长繁衍；如果如果酸性太强，常抑制其生长和固氮酶的活性，从而降低固氮作用。此外，pH值还影响有机物中氮的矿化，当pH值为6.5时，磷在土壤中的溶解度最大，但pH值越小，含钾量越多。

表3　不同立地条件对簕仔树(3年生、实生起源)生物产量影响(地上干枝部分)

立地类型	土　壤　理　化　性　状							
	有机质(%)	全氮(%)	速效磷(mg/L)	速效钾(mg/L)	毛管持水量(%)	总孔隙度(%)	容重(g/cm^3)	pH值
低丘地	1.732	0.0892	0.01	27.20	12.3	48.1	1.40	6.33
水边地	0.819	0.1165	1.14	25.67	15.3	45.6	1.47	6.79
沙　地	0.957	0.0152	1.08	20.95	14.0	46.2	1.40	6.18
岗地顶部	1.526	0.0938	痕迹	10.62	18.5	48.9	1.38	5.41
岗地山脚	1.439	0.0955	痕迹	6.21	22.0	51.5	1.31	6.29

立地类型	平均树高(m)	平均地径(cm)	林分密度(株/hm^2)	生物量*(kg/hm^2)	年平均生物量(kg/hm^2)
低丘地	4.70	5.24	7485	67888	22819
水边地	4.00	5.93	6600	71280	23760
沙　地	3.68	4.35	13650	61335	20445
岗地顶部	4.10	4.79	13950	63120	21042
岗地山脚	4.95	6.31	6720	77616	25867

*生物量计算仅包括地上干、枝部分，即薪材鲜重产量。调查地：广东省中山市南朗和张家边区。

簕仔树根系发达，落叶量丰富，能起到很好的改土保土作用。由于调查的林分多数是3年生的实生林，土壤养分含量林内、外差别不大；但从三乡区南坑村40多年生的十余代萌芽林的土壤分析材料看，有机质含量林内明显大于林外；从表4可以看出，林内土壤酸度普遍比林外减弱，这是因为该树能防止表土冲刷，减轻淋溶作用，防止土壤酸化，而且林内土壤中较丰富的有机质含量对土壤起到缓冲作用，缓冲性能与有机质含量成正相关；林内总孔隙度、毛管持水量也普遍比林外大，而容重、松紧度比林外小，这就提高了土壤保水保肥和通气透水性能。

表4　簕仔树林分内外土壤理化性状比较表

调查地点	pH值		有机质(%)		容重(g/cm³)		毛管持水量(%)		总孔隙度(%)		松紧度(kg/cm²)	
	林内	林外	林内	林外	林内	林外	林内	林外	林内	林外	林内	林外
张家边，下陂低丘山脚	6.29	5.48	1.4389	1.4023	1.31	1.58	22.0	16.5	51.5	41.5	10.19	12.21
张家边，下陂低丘山顶	5.41	5.70	1.5266	1.4278	1.38	1.68	18.5	15.0	48.9	37.8	14.56	15.64
南朗水边地	6.79	6.61	0.8197	1.4458	1.47	1.48	15.3	14.7	45.6	45.2	–	–
南朗低丘地	6.33	5.79	1.7324	1.7612	1.40	1.47	12.3	16.5	48.1	45.6	–	–
三乡，南抗低丘地	5.71	5.42	3.3021	2.8557	1.15	1.35	20.0	19.5	56.6	49.1	–	–

四、育苗、造林、经营

1. 采种

10月下旬，荚果由青转褐色时，大量成熟，挂树上不易脱落。采后晒干，用手搓揉，荚果节间断裂，除掉杂质，置干燥处贮藏，发芽力保存期一年左右。表5是种子品质检验的结果。种子粒小，每千克约11万粒。

表5　簕仔树种子品质检验指标

发芽率(%)	发芽势(%)	生活力(%)	纯度(%)	优良度(%)	绝对含水量(%)	相对含水量(%)	千粒重(g)
56.0	53.3	57.0	68.8	69.1	29.92	23.03	9.0

* 1983年底采种，1984年4月检验。

2. 育苗

圃地宜选择排水良好的沙壤土，播前用50～60℃温水浸种24小时，条播或撒播，每公顷播种量(带果壳)150～225kg，播种期一般在3～4月。用火烧土覆盖，不见种子为度，盖草，淋水保湿。3个月后，苗高25cm左右，即可出圃定植。每公顷出苗量为300万～750万株。该树天然下种力强，亦可挖野生苗种植。

3. 造林

在中山市一带，造林季节不受限制，但以5～6月份，雨天前开穴，雨后定植，效果较好。整地开小穴，规格30cm×30cm×30cm。造林密度，若轮伐期为3年，立地条件又较好时，株行距可用1m×1m，每公顷种植1万株；立地条件较差时，宜密植，株行距1m×0.3m，每公顷1.35万～1.5万株。造林成活率一般达95%左右。造林后当年进行1～2次松土除草，第一次在7～8月，第二次在10～11月，以促根系生长和提高根瘤菌的固氮能力。

4. 经营

簕仔树薪炭林主要采用萌芽更新矮林作业，轮伐期2～3年。表6是两块萌芽林标准地的生物量。

表 6　簕仔树萌芽更薪炭林的生物产量　　调查时间：1984 年 3 月

林龄（年）	萌芽代数	每公顷株数	每株平均萌芽条数	萌芽条平均地径（cm）	平均标准木生物量（地上，鲜重，kg）				每公顷生物产量（去叶，鲜重，kg）
					树干	树枝	树叶	合计	
3	3	3000	7	2.99	9.25	5.70	—	14.95	44 850
3	3	4890	6	3.15	5.90	4.55	2.30	12.75	51 100

萌芽林生长一般整齐粗壮，生物量也比实生林大，但表 6 表明，萌芽林的生物量较前述同龄实生林小，其原因是立地条件差，立木稀疏，生长不良所致。采伐方式因密度不同，且枝茎具刺，对密度大的林分宜采用皆伐，砍伐季节于 11 月至翌年 2 月，伐时用利刀，忌用锯，伐根高度应保留 10 ~ 15cm；对密度较小的林分可进行择伐，砍大留小，以促进保留木的继续生长。簕仔树天然下种更新良好，种子成熟落地后，遇湿润土壤即可发芽，由于该树幼苗具有一定耐阴能力，在透光度较大的林地，每平方米平均有幼苗 65 株，这对萌芽更新增加单位面积密度是一个很好的补充。

五、用　途

簕仔树是优良的薪柴林树种，速生，生物量高，按目前产地粗放经营的每公顷年平均薪柴产量已达 23 625kg，接近或大于台湾相思、黎蒴栲、任豆等薪炭林树种的产量。粗生，耐旱瘠冲刷，能固氮，少耗地肥。据测定，3 年生林分每年每公顷枯枝落叶量达 9900kg，可明显改土、保土。萌芽力极强，在中山市三乡区南坑村山坡地上，有一块 44 年生的萌芽林，面积约 0.3hm^2，已砍伐十余代，仍长势旺盛，持久不衰，现每公顷有 7050 株丛，每公顷年产薪柴约 22 500kg，即每公顷经济效益可达 1800 元，相当可观。

另外，簕仔树木材质地细致，坚韧，边材淡黄色，心材深褐色，小径材可作一般农具等用，但由于该树分枝多，树干扭曲，更适用于燃料，木材砍后晾干 3 ~ 5 天，就可烧，且纹理直，易劈加工，树干含水率为 40.8%，树枝为 46.1%，树叶为 68.4%，树根为 49.5%。气干容重 0.70 ~ 0.80g/m^3，木材热值为 18 033kJ/kg。

簕仔树也是良好绿篱树种，枝叶茂密，带刺，种后 1 ~ 2 年即可见效，近年来各地果园广泛利用栽培。花具幽香，为良好蜜源；嫩叶稍有甜味，牲畜喜食。总之，在目前农村能源缺乏情况下，在我国热带、南亚热带地区大力开发利用这一树种将具有经济意义。

序 言[85]

中国生态公益林的建设是现代社会经济可持续发展的需要。广东省早在1994年就提出了分类经营的模式，是全国最早提出和实施生态公益林建设的省区。生态公益林的建设是一项长期而艰巨的工作，无论是资金投入、造林规划设计、工程施工和经营管理，还是补偿制度的建设和效益评价，都需要不断地研究、不断地完善。因此，科学研究工作必不可少。

生态公益林建设的目标，就是培育具有高效生态和社会效益、可持续发展的森林植物群落。此外，从长远的角度来看，适当考虑珍贵用材培育的目标也是必要的。要达到这些目标，最重要的就是树种的选择及其合理搭配。在树种选择和搭配上，不仅需要根据造林目标确定和安排树种，同时也必须根据造林树种和生态学特性确定和安排树种，如采用乡土树种、模仿自然群落进行树种搭配。这种模仿天然林的造林方法一般称之为“师法自然”，这是目前公认的生态公益林建设的最科学、最有效的途径。

风水林是华南地区比较独特的森林群落，由于受到人为的保护，森林生存的时间较长，因此形成了与当地自然环境相适应的、较稳定的森林植物群落，在林分特性上基本接近并代表地带性森林植被。所以，它是我们“师法自然”最好的参照物。研究风水林就是要摸清其结构组成，深入了解其生态机理，筛选树种和混交组合，为生态公益林的营建提供科学的依据。

本书的研究正是基于上述目的而立题的。研究团队不仅包括了高等院校的植物学、生态学、森林培育学专家、教授和研究生，而且也有基层林业科学研究单位、林业技术推广单位第一线的专家和技术人员。因此，该研究成果不仅体现在科研水平及其推广应用方面，而且还培养了一批硕士研究生，充分实现了产、学、研的结合。研究人员不辞辛劳，深入珠江三角洲农村，脚踏实地地做好这项研究工作，精神可嘉，成果可喜。在风水林研究方面，目前国内外尚未见系统的、科学的研究体系，这项研究无疑是一个开拓性的工作。

在生态公益林的建设上，目前已在造林上投入了大量的人、财、物力，但在天然林调查研究方面的投入却很少，这是林业生态建设上的一个方向性的欠缺。“问君哪得清如许，为有源头活水来”，要想建设高效的生态公益林，就必须有足够的天然林方面的信息。毫无疑问，本书的出版，应该使人们得到一点“源头活水”吧！希望本书能起到抛砖引玉的功效，使天然林的研究和模拟能被充分地重视起来。如此，作为一名前辈——老林业研究者，则深感欣慰，善莫大焉。

是为序。

二〇〇七年八月十三日于广州

[85] 徐英宝为陈红跃主编的《珠江三角洲风水林群落与生态公益林造林树种》一书写的序言（乌鲁木齐：新疆科学技术出版社，2008：6~7）。

附　录

附录一　所带造林学硕士研究生简介

一、黄永芳

女，广西博白人，出生1963年9月，入学1985年9月份，毕业1988年6月，毕业论文题目"广东大叶相思立地类型的调查研究"，经修改补充已分写3篇发表：

南洋楹用材林速生丰产试验. 广东林业科技，1989，4：1～8.

三个豆科树种引种试验初报. 广东林业科技，1990，1：12～16.

大叶相思立地类型的研究. 华南农业大学学报，1990，11(1)：94～99.

现工作单位华南农业大学林学院森林培育学教研室，硕士研究生导师，教授。

二、郑镜明

男，广东五华人，出生1963年8月，入学1985年9月，毕业1988年6月。毕业论文题目"新银合欢适生性试验研究"已分写3篇发表：

新银合欢对土壤适应性研究. 林业科技通讯，1990，3：17～18.

新银合欢苗期生长试验研究. 华南农业大学学报，1990，11(2)：86～92.

新银合欢施石灰与根瘤菌接种效应的研究. 林业科技研究，1990，3(4)：398～402.

现工作单位广东省林业规划设计院副总工程师，教授级高工。

三、陈红跃

男，广东澄海人，出生1964年11月，入学1986年9月，毕业1989年6月。毕业论文题目"马尾松、黎蒴栲混交林的研究"，已分写5篇发表：

马尾松、黎蒴栲混交林养分生物循环的研究．热带亚热带林森林生态系统研究(第7集). 北京：科学出版社，1990：148～157.

马尾松、黎蒴栲混交林土壤肥力水平的研究．华南农业大学学报，1992，13(4)：162～169.

马尾松、黎蒴栲混交林生产力的研究．华南农业大学学报，1993，14(1)：144～148.

应用^{32}P对马尾松、黎蒴栲种间关系的研究．林业科学研究，1995，8(1)：7～10.

应用^{32}P对马尾松、刺栲生化他感作用的初步研究．混交林研究——全国混交林与树种间关系学术讨论会文集. 北京：中国林业出版社，1997：198～201.

现工作单位华南农业大学林学院森林培育教研室，硕士研究生导师，教授，实验中心主任，南粤优秀教师。

四、乐载兵

男，江西泰和人，出生1965年1月，入学1987年9月，毕业1990年6月。毕业论文题目"粤北低山丘陵区杉木人工林立地分类与质量评价的研究——以始兴等县三个林场为例"，经改题为"粤北三个林场杉木林立地分类的研究”，发表于《华南农业大学学报》[1992，13(2)：88～94]。

现工作单位中山大学，任职中外管理研究中心人力资源首席专家，兼职教授，企业管理博士。

五、岑巨延

男，广西平南县人，出生1964年8月，入学1989年9月，毕业1992年6月。毕业论文题目“南洋楹不同生长阶段适生环境条件的研究”。经修改后题为“广东南洋楹主要栽培区立地分类及其适生性的研究”，并发表于《华南农业大学学报》[1993，14(1)：149～156]。

现工作单位广西林业设计院，任职副总工程师，副院长。

六、郑永光

男，广东大浦人，出生1964年12月，入学1991年9月，毕业1993年12月。毕业论文题目“湿地松我国主要引种区气候区划的研究”，经修改充实将相关内容分别写成了3篇发表：

我国湿地松引种区气候区划的研究．华南农业大学学报，1996，17(1)：41～46.

南方五省(区)适种外引松的研究．中南林业调查规划，1996，15(2)：13～15.

南方五省(区)火炬松气候适宜性的研究．中南林学院学报，1996，16(1)：26～31.

现工作单位广东省林业厅，任职计财处处长。曾任职科技处处长，广东省林业科学研究院院长。现为研究员、硕士研究生导师。

七、舒薇

女，黑龙江哈尔滨人，出生1968年2月，入学1990年9月，毕业1993年6月。毕业论文题目“南洋楹苗期不同试验条件生长反应的研究”，经修改题为“南洋楹幼苗生长的土培试验研究”，并发表于《华南农业大学学报》[1995，16(3)：56～61]。

现工作单位华南农业大学实验中心，博士，副教授。

八、王洪峰

男，湖北新洲人，出生1969年6月，入学1991年9月，毕业1994年6月。毕业论文题目“应用^{32}P对马尾松木荷混交幼龄林种间相互关系研究”，经修改分写2篇发表：

人工混交林种间生化关系研究综述．广东林业科技，1994(2)：46～49，45.

应用^{32}P对马尾松木荷混交幼龄林种间相互关系研究．混交林研究——全国混交林与树种间关系学术讨论会文集．北京：中国林业出版社，1997：202～206.

现工作单位广东省林业科学研究院，任职生物技术研究所所长，教授级高级工程师。

九、林仕洪

男，广东兴宁人，出生1968年1月，入学1992年9月，毕业1995年6月。毕业论文题目“互叶白千层引种适生性与培育试验研究”，经改动题为“互叶白千层引种与栽培试验初报”，发表于《林业科技研究》，1997，10(4)：383～388.

现工作单位广东省韶关市曲江区纪检监察局。

十、程庆荣

女，湖北神农架人，出生1974年7月，入学1995年9月，毕业1998年6月。毕业论文题目“尾叶桉容器育苗基质试验研究”经修改分写2篇论文：

蔗渣和木屑作尾叶桉容器育苗基质的研究．华南农业大学学报(自然科学版)，2002：11～14.

伤流等指标评价在尾叶桉容器苗质量中的应用．中南林学院学报，2005(5)：68～71，150.

现工作单位广东省林业科学研究院《广东林业科技》编辑部，任职副主编，副研究员。

附录二　未收录文集的论文、译文

一、作者论文

1. 珠江三角洲的水松生长调查．华南农学院学报，1980，4：107～118.
2. 绿色植物对建筑物的启示．广东科技报，1980，3：138.
3. 广东的马尾松．广东科技报，1980，4：142.
4. 世界最高的几种树．农村科学，1981，9：8～9.
5. 中国农业百科全书．红锥．北京：农业出版社，1989：181～182.
6. 中国农业百科全书．经济林．北京：农业出版社，1989：237～238.
7. 中国农业百科全书．水松．北京：农业出版社，1989：636～637.
8. 中国农业百科全书．徐燕千．北京：农业出版社，1989：698.
9. 广东森林．水松林．广州：广东科技出版社；北京：中国林业出版社，1990：214～218.
10. 广东森林．火力楠林．广州：广东科技出版社；北京：中国林业出版社，1990：239～241.
11. 广东森林．檫树林．广州：广东科技出版社；北京：中国林业出版社，1990：244～246.
12. 广东森林．木荷林．广州：广东科技出版社；北京：中国林业出版社，1990：250～252.
13. 广东森林．台湾相思林．广州：广东科技出版社；北京：中国林业出版社，1990：252～254.
14. 广东森林．簕仔树林．广州：广东科技出版社；北京：中国林业出版社，1990：265～267.
15. 广东森林．黎蒴栲林．广州：广东科技出版社；北京：中国林业出版社，1990：267～270.
16. 广东森林．刺栲林．广州：广东科技出版社；北京：中国林业出版社，1990：270～272.
17. 广东森林．薪炭林．广州：广东科技出版社；北京：中国林业出版社，1990：279～283.
18. 广东森林．茶秆竹林．广州：广东科技出版社；北京：中国林业出版社，1990：1909～1915.
19. 东江流域阔叶混交幼林土壤养分变化分析．广东林业科技，2003，19(2)：5～8.
20. 不同混交林地土壤养分、微生物和酶活性的研究．湖南林业科技，2004，31(4)：43～45.
21. 不同造林技术措施对黎蒴幼林生长的影响．广东林业科技，2009，25(1)：45～51.

二、外文译、校

1. 种子园内嫁接松树的经验(译文)．林业快报，1963，14：17～18.
2. 昆虫病害及其在防治森林害虫中的意义(译文)．林业快报，1963，15：10～11.
3. 森林种子业的现代化(译文)．林业快报，1964，18：13～14.
4. 新设计的球果干燥室(译文)．林业快报，1964，20：14～15.
5. 林分生产力的数学模型和森林利用理论(俄文校阅)．北京：中国林业出版社，1983：129～179.
6. 常用科技英语句例(俄文校阅)．广州：广东科技出版社，1986：1～260.
7. 荷兰的立地生长研究和地位级(译文)．立地分类和评价．中国林科院情报所，1980：20～26.
8. 热带桉树的育种、变异和遗传改良(译文)．桉树科技协作动态，1979，4：57～62.
9. 台湾的树木植物区系(校阅)．云南林业科技，1982，1：15～18.

附录三　个人获奖项目

1. 1983 年，获广东省人民政府记功，以奖励奖学科研成绩显著。

2. 1987 年，获广东省人民政府教育事业满二十五年做出贡献奖。

3. 1987 年，获中国林学会颁赠劲松奖。

4. 1987 年，“广东怀集茶秆竹生物学特性的初步研究”论文，获广东省林学会优秀学术论文二等奖。

5. 1988 年，“薪炭林营造技术研究”，获广东省林业科技进步三等奖(主持人)。

6. 1989 年，“广东省造林典型设计”，获广东省林业科技进步三等奖(主持人)。

7. 1991 年，“以森林立地分类、评价为基础，指导广东的造林、育林事业”论文，获广东林学会优秀学术论文奖。

8. 1991 和 1992 年《广东森林》，获广东省林业科技进步一等奖和获广东省科技进步二等奖(常务编委，排名 5)。

9. 1992 年，获华南农业大学优秀研究生导师荣誉证书。

10. 1992 年，享受国务院政府特殊津贴。

11. 1992 年，广东省科委聘为省科委科学基金项目和青年科学基金项目评审专家。

12. 1992 年，“粤北低山丘陵杉木马尾松林立地研究”，获广东省林科技进步三等奖(主持人之一)。

13. 1992 和 1993 年“马尾松用材林速生丰产适用技术的研究”，获林业部科技进步一等奖和获得国家科技进步三等奖(专题主持人，排名 5)。

14. 1993 年，广东省林业科学研究院聘为学术委员会委员。

15. 1993 年，《我国相思类树种引种与开发利用》一文，获中国林学会造林分会评为优秀学术论文。

16. 1995 年，“广东省马尾松用材林速生丰产技术的研究”，获广东省林业科技进步二等奖(主持人)。

17. 1995 年，“马尾松栲树混交林的研究”，获林业部科技进步三等奖(主持人之一)。

18. 1995 年和 1997 年两届连任华南理工大学聘任为制浆造纸工程重点实验室学术委员会委员。

19. 1996 年，获华南农业大学和林学院再次评为优秀研究生导师荣誉证书。

20. 2008 年，“广东省四江流域生态公益林树种选择和营建技术研究与推介应用”，获广东省科技推广二等奖和 2009 年获广东省科技三等奖(单位主持人之一)。

编后记

《一览众山绿——徐英宝文集》汇编出版，里面凝聚了一位林学人、森林培育学家、林业教育家的一生心血，是孜孜不倦、勤勤恳恳地追求林业科学、追求林业人才培养、追求人类居住和生活的绿色环境更美丽的宏大心愿和身体力行的结晶。

本书全面收集了徐英宝老师的论文、文章、报告、专著等，内容包括了林业科普、森林培育综述、人工林试验和调查研究、造林学研究生毕业论文以及林业著作参编执笔人等正式或未曾正式发表的论文和报告，全面体现了徐英宝老师的林业思想、造林理念和研究成果，是林学尤其是森林培育学的一笔宝贵学术财富。

本书的编辑出版，了却了我们的心愿。徐英宝老师在学术上脚踏实地、任劳任怨、孜孜以求，同时又具有开放创新的思路，这在学术上是难能可贵的；在为人方面，忠厚、诚恳、和蔼；在教导学生上，循循善诱、敦敦教诲、诲人不倦；对研究生的培养，在把握其研究方向的基础上，也常常给研究生自行开拓创新的空间；我们的每一步成长，都离不开恩师学术精神和人格魅力的感染，离不开恩师的悉心教导。恩师对我们的成长，凝聚了大量的心血，我们难以忘怀。这本书，是作为学生对恩师的一种崇敬、一种感恩，一种心愿的表达，也是一种精神的弘扬。同时，这本书也是奉献给恩师80大寿的一份礼物！

本书的编辑出版，得到了广东省林学会的大力支持和资助；沈国舫院士和陈晓阳校长专门为本书作序；同时得到了华南农业大学和林学院有关领导的关怀和支持；得到森林培育学科教师们的大力支持和帮助；徐谙为和李吉娴同学对文稿的编辑做了大量的、辛苦的主要工作；王亚飞、林超、钟泳林、郭雄飞、孙同高同学协助了文稿的编辑工作；冼丽铧和李云同学协助出版事务，做了大量工作。在此，对以上单位和个人一并表示衷心的感谢！

以本书的出版为缘起，祝愿徐英宝老师和师母俞干淑老师健康长寿，家庭幸福！祝愿徐英宝老师的学术精神和理念发扬光大！祝愿徐英宝老师学术思想的传承延绵不断，为热带亚热带地区乃至中国林业发展做出更大贡献！

本书编辑委员会

2013年11月6日